小成本，創造無限可能！

Arduino+ESP32

智慧聯網 打造
最佳入門 AIoT
與應用 輕鬆學

易學易用的初學指引，用物聯網輕鬆打造夢想中的智慧家庭！

------------------------ 商標聲明 ------------------------
Arduino Uno 是 Arduino 公司的註冊商標
ESP8266 / ESP32 是 Espressif 公司的註冊商標
ATmega 是 ATMEL 公司的註冊商標
MIT App Inventor 是 Google 公司的註冊商標
AMB82-MINI 是 Realtek 公司的註冊商標
除了上述所列商標及名稱外，其它本書所提及均為該公司的註冊商標

序 PREFACE

物聯網（Internet of Things，簡稱 IoT）是指在每個實體物品上裝設感測器，使物品變得**「有意識」**而能夠善解人意。微控制器再將感測器所擷取的數據資料，透過藍牙、Wi-Fi 等無線通訊技術，連接網際網路至雲端，進行計算、辨識、監控等服務。物聯網應用範圍廣泛，由個人穿戴裝置，到家庭、醫療、汽車、交通、工廠等多個領域，其中以**「智慧家庭」**領域的進入門檻較低，競爭也較激烈。國內外科技大廠積極投入研發照明、空調、門鎖、影音設備及智慧喇叭等家庭聯網專案開發。近年人工智慧（Artificial Intelligence，簡稱 AI）的快速發展，結合物聯網及 5G 技術的 AIoT（AI+IoT）智聯網應用，勢必會創造人類未來智慧生活的無限可能。

本書為誰而寫

本書專為對於現今當紅 **AI、IoT 及智慧家庭**有興趣，卻又苦於沒有足夠知識、經驗與技術能力去開發設計的學習者編寫。全書淺顯易懂的圖文解說，按圖施工，保證成功。本書同時使用 **Arduino Uno** 及 **ESP32** 兩種最受歡迎的嵌入式開源開發板，完成相同物聯網專案設計。Arduino 板具有大量函式庫及模組支援，輕鬆上手、學習快速有效率，節省專案開發時間。ESP32 板內建藍牙、Wi-Fi 模組，節省開發成本，且 ESP32 晶片內含雙核心處理器，高效能的處理能力，極適合物聯網專案開發。另外，影像辨識使用瑞昱（Realtek）公司開發設計的 **AMB82-MINI** 開發板，內建人臉檢測及識別神經網路模型，可以輕鬆完成人臉辨識智聯網專案。

本書如何編排

全書內容以**「智慧家庭」**為主軸，從物聯網的基本概念、感知層的辨識、感測技術，網路層的藍牙、Wi-Fi 無線通訊技術，應用層的雲端運算、智慧插座、照明，以及人工智慧應用的手勢、指紋、語音及影像辨識等。全書**近百個生活化應用範例及練習**，絕對是一本最實用且 CP 值最高的物聯網入門與應用書籍。

各章所需軟、硬體相關知識及技術都有詳細圖文解說與實作，讀者可依自己興趣，適當安排閱讀順序。稍加修改本書範例，即可輕鬆完成實用的物聯網專案。

第 1 章「物聯網簡介」── 快速引領讀者認識物聯網的架構與產業發展，迎接物聯網所帶來的智慧生活與便利。

第 2 章「感知層之辨識技術」── 認識與使用一維條碼、QR-Code、RFID 及 NFC 等辨識技術。

第 3 章「感知層之感測技術」── 認識與使用溫度感測器、溼度感測器、氣體感測器、灰塵感測器、運動感測器、光感測器、紫外線感測器、土壤感測器、雨量感測器、霍爾感測器、壓力感測器、重量感測器等感測技術。

第 4 章「藍牙無線通訊技術」── 認識與使用藍牙、BLE 低功耗藍牙無線通訊技術，並且使用手機藍牙連線 Uno、ESP32，遠端監控燈光、溫度、溼度及類比輸入等資訊。

第 5 章「Wi-Fi 無線通訊技術」── 認識與使用 ESP8266、ESP32 等 Wi-Fi 模組，並且使用手機 Wi-Fi 連線 Uno、ESP32，遠端監控燈光、溫度、溼度及類比輸入等資訊。

第 6 章「雲端運算」── 認識與使用 ThingSpeak 雲端運算平台，並且使用 Uno、ESP32 連線 ThingSpeak 雲端運算平台氣象站，遠端監控溫度、溼度、光度等氣象資訊。

第 7 章「家庭智慧應用」── 認識與使用藍牙、Wi-Fi 模組，並且使用手機連線 Uno、ESP32 完成藍牙全彩調光燈、藍牙插座、藍牙電力監控插座、Wi-Fi 插座、Wi-Fi 電力監控插座等智慧家庭應用。

第 8 章「人工智慧應用」── 認識與使用手勢、指紋、語音及影像辨識模組，並且完成指紋門鎖、手勢調光燈、語音控制情境燈及人臉辨識門鎖等 AI 應用。

本書學習資源

全書相關資源請於碁峰網站 http://books.gotop.com.tw/download/AEH005200 下載，範例程式及練習檔存於 INO 資料夾，使用 Arduino IDE 開啟並上傳至 Arduino Uno 板或 ESP32 板中，就可以正確執行。外掛函式庫存於 FUNC 資料夾，使用 Arduino IDE 將其匯入程式庫安裝使用。App 程式存於 APP 資料夾，使用 MIT App Inventor 2 下載並安裝於手機執行。

楊明豐

目錄 CONTENTS

Chapter 01　物聯網簡介

1-1　認識物聯網 1-2
1-2　物聯網的架構 1-4
　　　1-2-1　感知層 1-5
　　　1-2-2　網路層 1-6
　　　1-2-3　應用層 1-6
1-3　物聯網的產業發展 1-6

Chapter 02　感知層之辨識技術

2-1　認識條碼 2-2
　　　2-1-1　一維條碼 2-2
　　　　動手做　製作一維條碼 2-10
　　　2-1-2　二維條碼 2-11
　　　　動手做　製作 PDF417 碼 2-13
　　　　動手做　製作 QR 碼 2-15
2-2　認識 RFID 2-16
　　　2-2-1　RFID 感應器 2-18
　　　2-2-2　RFID 標籤 2-18
2-3　認識 RFID 模組 2-20
　　　2-3-1　高頻 RFID 模組 2-20
　　　2-3-2　I2C 串列式 LCD 模組 2-21
　　　　動手做　I2C 串列式 LCD 顯示字元電路 2-24
　　　　動手做　讀取高頻 RFID 標籤卡號電路 2-25
　　　　動手做　大樓門禁管理系統 2-28
2-4　認識 NFC 2-32
　　　2-4-1　NFC 工作模式 2-33
　　　2-4-2　NFC 應用 2-34
2-5　認識 NFC 模組 2-35
　　　2-5-1　NFC 工作介面 2-35

2-5-2	NFC 連接方式	2-36
動手做	NFC 讀卡機讀取 MIFARE 卡號電路	2-37
動手做	NFC 卡片傳送網址電路	2-40
動手做	使用 NFC 手機讀取 NFC 卡片資料	2-42

Chapter 03　感知層之感測技術

3-1 溫度感測器 3-2
　　3-1-1 熱敏電阻 3-2
　　動手做　使用熱敏電阻測量環境溫度 3-4
　　3-1-2 熱電偶 3-6
　　動手做　使用 K 型鎧裝熱電偶測量環境溫度 3-8
　　3-1-3 LM35 溫度感測器 3-10
　　動手做　使用 LM35 溫度感測器測量環境溫度 3-11
　　3-1-4 DS18B20 溫度感測器 3-12
　　動手做　使用 DS18B20 溫度感測器測量環境溫度 3-14
　　3-1-5 DHT11/DHT22 溫溼度感測器 3-16
　　動手做　使用 DHT11 溫溼度感測器測量環境溫溼度 3-18
3-2 氣體感測器 3-19
　　3-2-1 瓦斯感測器 3-21
　　動手做　MQ-2 感測器校正 3-25
　　動手做　瓦斯警報器 3-26
3-3 灰塵感測器 3-28
　　3-3-1 GP2Y1010AU0F 灰塵感測器 3-29
　　動手做　PM2.5 空氣品質檢測器 3-31
3-4 運動感測器 3-32
　　3-4-1 加速度計 3-33
　　3-4-2 MMA7361 加速度計模組 3-34
　　3-4-3 MMA7361 加速度計的 g 值靈敏度 3-34
　　3-4-4 MMA7361 最大傾斜角與 X、Y、Z 三軸輸出電壓關係 3-34
　　3-4-5 MMA7361 傾斜角與 X、Y、Z 三軸輸出電壓關係 3-35

目錄

動手做	使用 MMA7361 加速度計測量傾斜角	3-36
3-4-6	ADXL345 加速度計模組	3-39
動手做	使用 ADXL345 加速度計測量傾斜角	3-40
3-4-7	陀螺儀	3-41
3-4-8	L3G4200 陀螺儀模組	3-42
動手做	使用 L3G4200 陀螺儀測量旋轉角	3-43
3-4-9	串列式全彩 LED 驅動 IC	3-45
3-4-10	串列式全彩 LED 模組	3-46
動手做	使用 16 位串列式全彩 LED 模組顯示七彩顏色	3-47
3-4-11	電子羅盤	3-48
3-4-12	GY-271 電子羅盤模組	3-50
動手做	電子羅盤	3-51

3-5 光感測器 3-54
    3-5-1 光敏電阻 3-54
    3-5-2 光敏電阻模組 3-55
    動手做 環境光線亮度檢測電路 3-55
    3-5-3 紅外線光感測器 3-57
    3-5-4 反射型光感測模組 3-58
    動手做 移動物體計數電路 3-58
    3-5-5 TM1637 四位七段顯示模組 3-60
    動手做 停車場車位計數電路 3-63
    3-5-6 紫外線感測模組 3-66
    動手做 紫外線指數測量電路 3-67

3-6 水感測器 3-68
    3-6-1 土壤溼度感測模組 3-68
    動手做 土壤溼度檢測電路 3-69
    3-6-2 雨滴感測模組 3-70
    動手做 雨量檢測電路 3-70

3-7 霍爾感測器 3-71
    3-7-1 霍爾感測模組 3-72

| 動手做 | 磁場強度檢測電路 | 3-72 |

3-7-2　128×64 OLED 模組 3-74

| 動手做 | 使用 OLED 模組顯示 ASCII 字元 | 3-78 |

3-7-3　使用 OLED 顯示 BMP 圖形 3-79

| 動手做 | 將 PNG 圖形轉成 Byte 陣列 | 3-80 |
| 動手做 | 使用 OLED 模組顯示 BMP 圖形 | 3-83 |

3-8　壓力感測器 3-84

| 動手做 | 壓力檢測電路 | 3-86 |

3-9　重量感測器 3-87

| 動手做 | 電子秤校正電路 | 3-89 |
| 動手做 | 電子秤 | 3-91 |

Chapter 04　藍牙無線通訊技術

4-1　藍牙技術 4-2

　　4-1-1　藍牙模組 4-4

　　4-1-2　含底板 HC-05 藍牙模組 4-5

　　4-1-3　藍牙工作模式 4-6

　　4-1-4　藍牙參數設定 4-6

　　4-1-5　SoftwareSerial 函式庫 4-8

　　4-1-6　使用 Arduino IDE 設定藍牙參數 4-8

| 動手做 | 藍牙參數設定電路 | 4-9 |

4-2　藍牙傳輸 4-11

　　4-2-1　手機與 HC-05 藍牙模組連線 4-12

動手做	藍牙調光燈電路	4-15
動手做	藍牙溫溼度監控電路	4-19
動手做	藍牙遠端類比輸入監控電路	4-24
動手做	藍牙防丟尋物器	4-28

　　4-2-2　兩個 HC-05 藍牙模組連線 4-34

| 動手做 | 藍牙遠端雙向控制 LED 亮滅電路 | 4-37 |

| 動手做 | 藍牙遠端溫溼度監控電路 | 4-40 |

4-3 認識 ESP32 開發板 4-44
4-3-1 NodeMCU ESP32-S 開發板 4-44
4-3-2 Arduino Uno 與 ESP32 特性比較 4-45
4-3-3 安裝 CH340 晶片驅動程式 4-46
4-3-4 安裝 CP2102 晶片驅動程式 4-48
4-3-5 安裝 ESP32 開發板環境 4-49
4-3-6 執行第一個 ESP32 應用程式 4-50
4-3-7 認識 ESP32 GPIO 4-52
| 動手做 | ESP32 按鍵控制 LED 亮滅電路 4-53
4-3-8 認識 ESP32 PWM 4-54
| 動手做 | ESP32 LED 呼吸燈 4-56
4-3-9 認識 ESP32 ADC 4-57
| 動手做 | ESP32 光度計 4-59
4-3-10 認識 ESP32 觸摸感測器 4-60
| 動手做 | ESP32 觸控 LED 燈 4-61
4-3-11 認識 ESP32 溫度感測器 4-62
4-3-12 認識 ESP32 霍爾感測器 4-62

4-4 ESP32 藍牙傳輸 4-62
| 動手做 | ESP32 藍牙雙向通訊電路 4-63
| 動手做 | ESP32 藍牙調光燈 4-66
| 動手做 | ESP32 藍牙溫溼度監控電路 4-68

4-5 ESP32 BLE 傳輸 4-70
4-5-1 BLE 伺服器及用戶端 4-70
4-5-2 BLE 協定 4-71
| 動手做 | ESP32 BLE 雙向通訊電路 4-73
| 動手做 | ESP32 BLE 燈光控制電路 4-79
| 動手做 | ESP32 BLE 溫溼度監控電路 4-83

Chapter 05　Wi-Fi 無線通訊技術

5-1　認識電腦網路 5-2
    5-1-1　區域網路 5-2
    5-1-2　IP 位址 5-3
    5-1-3　IPv4 位址及 IPv6 位址 5-3
    5-1-4　子網路遮罩 5-5
    5-1-5　預設閘道 5-6
    5-1-6　廣域網路 5-6
    5-1-7　無線區域網路 5-7
    5-1-8　建立可以連上網際網路的私用 IP 位址 5-8
    5-1-9　取得公用 IP 位址 5-9

5-2　認識 TCP/IP 四層模型 5-9
    5-2-1　MAC 位址 5-10

5-3　認識網頁 5-11
    5-3-1　認識 HTML 5-11
    5-3-2　HTML 文件的架構 5-12
    5-3-3　認識 CSS 5-13

5-4　認識 ESP8266 模組 5-15
    5-4-1　ESP8266 常用 AT 指令 5-16
    5-4-2　ESP8266 建立 Wi-Fi 連線 5-19
    動手做　ESP8266 參數設定電路 5-20
    動手做　Wi-Fi 燈光控制電路 5-23
    動手做　Wi-Fi 溫溼度監控電路 5-33
    動手做　Wi-Fi 遠端類比輸入監控電路 5-44
    動手做　Wi-Fi 調色 LED 燈電路 5-53

5-5　認識 ESP32 Wi-Fi 5-63
    5-5-1　ESP32 建立 Wi-Fi 連線 5-64
    動手做　ESP32 Wi-Fi 連線設定電路 5-65
    動手做　ESP32 Wi-Fi 燈光控制電路（網頁控制）........................... 5-66

動手做	ESP32 Wi-Fi 燈光控制電路（手機 App 控制）	5-71
動手做	ESP32 Wi-Fi 溫溼度監控電路（網頁控制）	5-77
動手做	ESP32 Wi-Fi 溫溼度監控電路（手機 App 控制）	5-84

Chapter 06　雲端運算

6-1　認識雲端運算 6-2
　　6-1-1　雲端運算服務模式 6-2
　　6-1-2　雲端運算部署模式 6-3
6-2　雲端運算平台 6-4
　　6-2-1　申請一個 ThingSpeak 帳號 6-5
　　6-2-2　建立一個 DHT11 溫溼度感測器通道 6-6
　　6-2-3　新增溫度及溼度數據資料至 ThingSpeak 平台 6-8
　　動手做　Wi-Fi 雲端氣象站 6-9
　　6-2-4　查詢 ThingSpeak 平台上的氣象資訊 6-16
　　動手做　利用網頁查詢雲端氣象資訊 6-18
　　動手做　利用手機 App 查詢雲端氣象資訊 6-21
　　動手做　利用 Arduino 查詢雲端氣象資訊 6-24
　　6-2-5　認識 ESP32 I2C 6-31
　　動手做　ESP32 控制 I2C 串列 LCD 顯示字元 6-31
　　6-2-6　URI 與 URL 6-32
　　6-2-7　HTTPClient 類別 6-33
　　動手做　ESP32 Wi-Fi 雲端氣象站 6-33
　　動手做　利用 ESP32 查詢雲端氣象資訊 6-37

Chapter 07　家庭智慧應用

7-1　智慧插座 7-2
　　7-1-1　認識繼電器模組 7-2
　　動手做　按鍵控制插座開關電路 7-3

7-1-2	霍爾元件	7-4
7-1-3	WCS1800 霍爾電流感測模組	7-5
動手做	電流檢測電路	7-6
動手做	藍牙插座	7-8
動手做	藍牙電力監控插座	7-13
動手做	Wi-Fi 插座	7-18
動手做	Wi-Fi 電力監控插座	7-26
動手做	Wi-Fi 雲端電力監控插座	7-37
動手做	ESP32 藍牙插座	7-43
動手做	ESP32 藍牙電力監控插座	7-46
動手做	ESP32 Wi-Fi 插座	7-49
動手做	ESP32 Wi-Fi 電力監控插座	7-52
7-2 智慧照明		7-56
7-2-1	燈具種類	7-56
7-2-2	色溫	7-56
7-2-3	發光效率	7-57
7-2-4	顯色性	7-58
7-2-5	LED 電源	7-58
動手做	藍牙全彩調光燈	7-59
動手做	ESP32 藍牙全彩調光燈	7-68

Chapter 08　人工智慧應用

8-1 指紋辨識		8-3
8-1-1	AS608 指紋辨識模組	8-3
動手做	AS608 模組指紋登錄	8-4
動手做	指紋門鎖	8-7
8-2 手勢辨識		8-11
8-2-1	PAJ7620U2 手勢辨識模組	8-12
動手做	PAJ7620U2 手勢辨識電路	8-13
動手做	手勢調光燈	8-16

目錄

8-3 語音辨識 8-19
    8-3-1 LD3320 語音辨識模組 8-19
    動手做 語音控制情境燈 8-20
8-4 影像辨識 8-23
    8-4-1 AMB82-MINI 影像辨識模組 8-23
    8-4-2 安裝 AMB82-MINI 開發板環境 8-25
    8-4-3 執行第一個 AMB82-MINI 應用程式 8-26
    動手做 人臉辨識門鎖 8-27
    動手做 AMB82-MINI 控制 LCD 顯示文字 8-38

附錄 A 實習材料表

A-1 如何購買本書材料 A-2
A-2 全章實習材料表 A-2

附錄 B 名詞索引

附錄 C Arduino 燒錄器實作 `PDF格式電子書，請由線上下載`

C-1 認識 Bootloader 程式 C-2
C-2 燒錄 Bootloader 程式 C-2
C-3 自製 Arduino Uno 燒錄器 C-5
C-4 Arduino 專題實作 C-6

▌**線上下載**

本書範例檔及練習檔／外掛函式庫／附錄 C 電子書／App 程式檔.aia（載入 App Inventor 2 修改），請至 http://books.gotop.com.tw/download/AEH005200 下載。其內容僅供合法持有本書的讀者使用，未經授權不得抄襲、轉載或任意散佈。

CHAPTER 01

物聯網簡介

1-1　認識物聯網

1-2　物聯網的架構

1-3　物聯網的產業發展

1-1 認識物聯網

物聯網（Internet of Things，簡稱 IoT）一詞最早出現在 1998 年，由美國麻省理工學院 Auto-ID 中心主任愛斯頓（Kevin Ashton）所提出的概念。所謂物聯網是指**在每個物體或裝置上裝設感測器，並且利用無線射頻辨識（Radio-frequency identification，縮寫 RFID）、藍牙（Bluetooth）、Wi-Fi 無線通訊等技術，將真實的物品連上網際網路（Internet）**。物品與物品依所規範的協定，進行資訊交換與通訊，實現識別、定位、即時查詢、遠端監控等智慧管理。物聯網裝置通常都會連結到雲端伺服器（Cloud Server），由雲端伺服器負責收集裝置感測器所產生的大量數據資料，再加以紀錄、分析、計算，成為有用的共享資訊。

如圖 1-1 所示物聯網世界，所有裝置都可以聯上網際網路，透過一個裝置直接將數據傳送給另一個裝置。例如在**智慧家庭**方面，智慧手錶可以記錄你的運動與睡眠習慣並且提供適當的運動量建議。當室內溫度過高時，自動調整冷氣機或空調的溫度。戶外光線過強時，自動關閉窗簾，光線過暗時則自動開啟窗簾及照明燈光。在**智慧工廠**方面，生產全面自動化，同時將原料、製程、組裝、倉管、物流等處理記錄，儲存在雲端資料庫。並且進行大數據分析，以改善品質、降低成本、縮短開發時程、提高產能良率等。在生產過程中，原料一旦短缺，主動發送數據至運輸系統進行自動化補給。在**智慧汽車**方面，駕駛酒駕或精神不佳時，汽車將會開啟自動駕駛模式，並將車輛駛離至安全區域，一旦發生交通事故則立即主動通知相關單位。

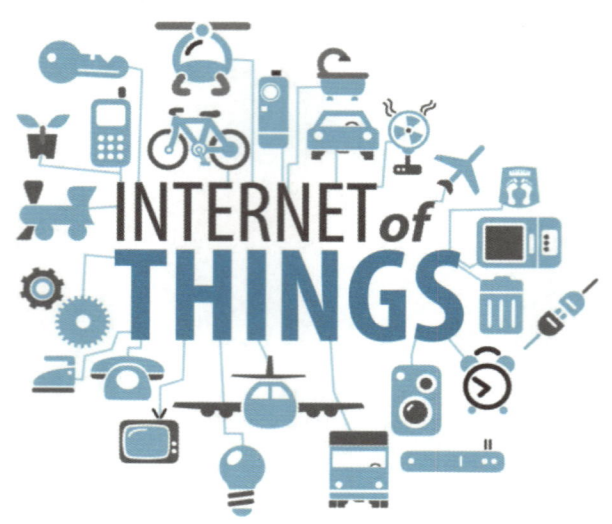

圖 1-1　物聯網世界（資料來源：mspalliance.com）

在物聯網世界中,每個人的周圍約有 1000 到 5000 個物體或裝置,如果要將全世界的裝置都連上網際網路,可能會有 500 兆到 1000 兆個物體或裝置。面對物聯網的龐大商機,各國政府或企業都競相投入大量的資源來發展物聯網。根據國際數據公司(International Data Corporation,簡稱 IDC)在 2013 年所公佈的台灣物聯網市場規模,從 2013 年的 1 億 4 千 8 百萬美金增長到 2017 年的 2 億 9 千萬美元,年複合成長率達 19%。IDC 預估 2015 年台灣物聯網應用,將從實驗階段正式進入實踐階段,預估製造、交通與醫療等產業為物聯網發展的重要領域。IDC 預估台灣金融、製造、運輸等產業及智慧城市在 2016 年會出現更多元、更深化的物聯網應用領域,年產值將突破到兆元水準。2026 年全球物聯網支出產值達 1.145 兆美元,2021~2026 年的年複合成長率達 10.7%,商機龐大。

如圖 1-2 所示物聯網的應用範圍,由最接近個人應用的穿戴裝置,到智慧家庭、智慧汽車、智慧交通、智慧工廠、智慧醫療、智慧城市、能源管理、生活商務等多個領域。**智慧手機是物聯網世界相當重要的開頭**,我們可以使用智慧手機進行各式各樣的物聯網服務。近年第五代行動通訊技術(5th-Generation Mobile Communication Technology,簡稱 5G)的快速發展。物聯網結合 5G 高速度(20Gbps 傳輸率)、低延遲(1ms 回應時間)、多連結(大量設備連網)的特性,更能真正實現裝置與裝置之間的快速連網溝通,完全不需人為介入。

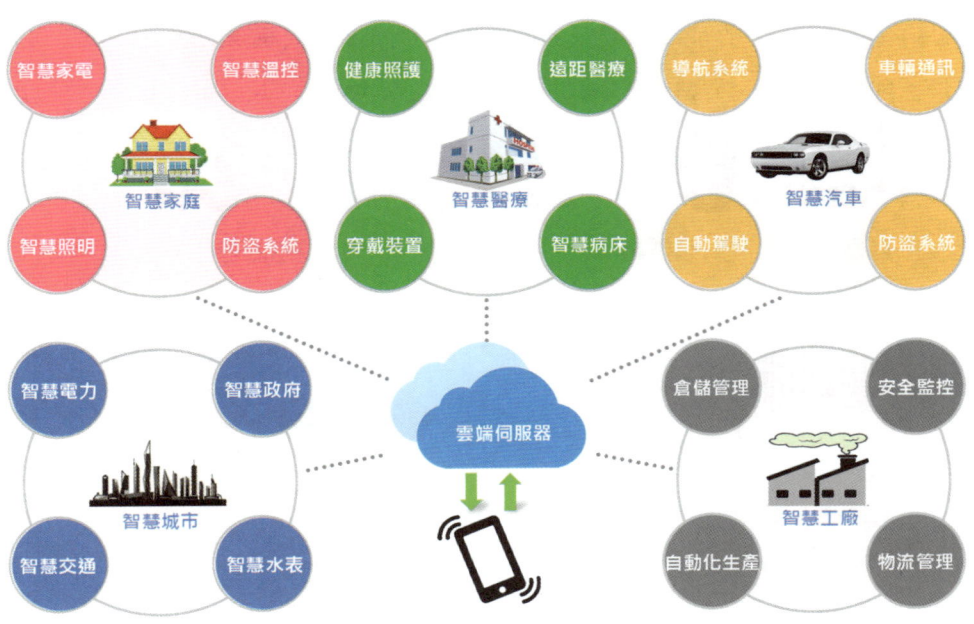

圖 1-2　物聯網的應用範圍

1-2 物聯網的架構

如圖 1-3 所示物聯網的架構,是由歐洲電信標準協會(European Telecommunications Standards Institute,簡稱 ETSI)定義,可分為**感知層**(Perception layer)、**網路層**(Network layer)及**應用層**(Application layer)三個階層。感知層包含末端被感測的物體、感測器等。網路層是由紅外線、藍牙、Wi-Fi 等內部網路及 4G/5G、TCP/IP 等外部網路所組成。應用層是企業因應不同需求所建置的應用系統。

圖 1-3　物聯網的架構

1-2-1 感知層

　　感知層如同人體的神經末梢，會持續將感應的資訊透過網路匯流到雲端伺服器。主要是用來辨識、感測末端物體的各種狀態，並且負責將感知器所收集到的數據資料傳送到網路層。如圖 1-4 所示感知層常用的感測器，感知層是由**一維條碼**（Barcode）、**二維條碼**（QRCode）、**無線射頻**（Radio-frequency identification，簡稱 RFID）、**近場通訊**（Near-field communication，簡稱 NFC）等辨識技術。以及感測器如溫度、溼度、光、聲音、震動、壓力、重量、運動、氣體、超音波等感測技術所組成。

物理量	感測器	物理量	感測器	物理量	感測器
溫度	DHT11 溫溼感測器 	溫度	LM35 溫度感測器 	溫度	GY-906 溫度感測器 
氣體	氣體感測器 	氣體	灰塵感測器 	水	土壤溼度感測器 
光	光度感測器 	光	反射型光感測器 	光	紫外線感測器 
運動	MMA7361 加速度計 	運動	L3G4200 陀螺儀 	運動	GY271 電子羅盤 
距離	超音波感測器 	壓力	FSR402 壓力感測器 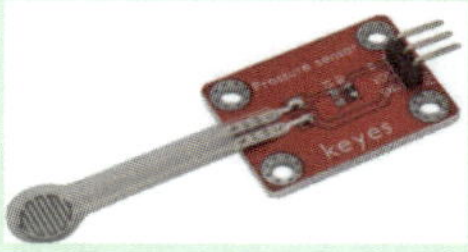	電磁	霍爾感測器 

圖 1-4　感知層常用的感測器

1-2-2 網路層

網路層如同人體的神經系統，負責將神經末梢所感應的資訊傳送到大腦進行分析、判斷，網路層分為內部網路及外部網路兩個部分。內部網路即一般所說的區域網路，如學校、公司、企業等都有自己的專屬區域網路。內部網路使用紅外線（IrDA）、藍牙（Bluetooth）、RFID、NFC、ZigBee 及 Wi-Fi 等技術。區域網路內每台主機的 IP 位址稱為**私用 IP 或虛擬 IP，具有唯一性且不可重複**。

區域網路經由一台寬頻分享器、集線器（Hub）或是交換器（Switch）對外連接至外部網路，外部網路使用 4G/5G、TCP/IP 等通訊技術。外部網路即一般所說的網際網路，在網際網路內每台主機的 IP 位址稱為**公用 IP 或真實 IP，具有唯一性且不可重複**。不同網域的網際網路必須經由一台路由器（Router）來溝通。

1-2-3 應用層

物聯網最有價值的部分是在**應用層的智慧服務（Intelligence Service）**，而不是在感知層的聯網物體。應用層是針對感知層傳送到雲端伺服器的大量數據資訊，進行分析、運算、管理，並且整合應用在各種領域如穿戴裝置、智慧家庭、智慧電網、智慧交通、智慧醫療、智慧城市、智慧工業、倉儲物流、安全監控、環境監控等。

1-3 物聯網的產業發展

物聯網是結合各領域的軟、硬體知識與技術所形成的一種**機器對機器（Machine to Machine，簡稱 M2M）應用概念**，因此所涉及的商機也遍及各種產業，產業價值是網際網路的 30 倍。依據我國經濟部的研究報告指出：物聯網可以分為**感知技術、網路與通訊技術、資訊處理技術、系統整合技術及應用服務技術**等五大領域。相關產業如關鍵晶片、晶圓代工、半導體封測、連網模組、網通設備、雲端服務等。

物聯網應用有大數據的分析及管理需求，因此對於物聯網營運商應用服務的需求量將會增加。另外，結合低功耗、小體積感測器及連網模組的系統晶片（System on Chip，簡稱 SoC）需求量也會增加。近年人工智慧（Artificial Intelligence，簡稱 AI）的快速發展，結合物聯網及 5G 技術的 AIoT（AI+IoT）智慧聯網應用，勢必會創造人類未來智慧生活的無限可能。

CHAPTER 02

感知層之辨識技術

- 2-1 認識條碼
- 2-2 認識 RFID
- 2-3 認識 RFID 模組
- 2-4 認識 NFC
- 2-5 認識 NFC 模組

物聯網感知層的主要功能是辨識或感測末端物體的各種狀態，並且負責將所收集到的大量數據資料經由網路層傳送到雲端伺服器。具有**辨識能力**的設備如條碼讀取器、RFID 讀取器、NFC 讀取器、全球定位系統（Global Positioning System，簡稱 GPS）及手勢、指紋、語音、影像處理器等。具有**感知能力**的設備如溫度感測器、溼度感測器、光度感測器、聲音感測器、氣體感測器、三軸加速度感測器、陀螺儀、壓力感測器、紅外線感測器、超音波感測器等。

2-1 認識條碼

條碼（bar code）又稱為條形碼，是由粗細不同的**黑條**（bar）與**空白**（space）依一定的排列規則，相間組合成各種文字、數字、符號等資料。條碼的長度會因種類及內容的不同而有所不同。條碼可以直接印在商品或貼紙上，利用光學掃描器（optical scanner）**黑色吸光，白色反光**的特性，將條碼資料轉成電子訊號，再經由內部微處理器解碼，快速、準確的完成辨識。條碼成本低廉、易於製作、靈活實用、準確可靠、讀取快速，準確率遠超過人工記錄。

2-1-1 一維條碼

條碼於 1970 年代開始商業化，條碼的種類很多，基本上可分成一維條碼及二維條碼兩種。如圖 2-1 所示一維條碼，包含 Code 25 碼、Code 39 碼、Code 93 碼、Code 128 碼、UPC 碼、EAN 碼、ISBN 書籍碼及 ISSN 期刊碼等，不同條碼的編碼方式不同。目前通行於全世界的一維條碼有通用商品碼（Universal Product Code，簡稱 **UPC 碼**）及歐洲商品碼（European Article Number，簡稱 **EAN 碼**）兩種。

圖 2-1　一維條碼

一、UPC 碼

1973 年美國制訂 UPC 碼,大量應用於美國及加拿大地區,是最早被大規模使用的商品條碼。UPC 碼共有 A、B、C、D、E 五種版本,常用的 UPC 碼有標準型 UPC-A 碼及簡易型 UPC-E 碼兩種,UPC-B、UPC-C、UPC-D 三種 UPC 碼已經很少使用。**UPC 碼的特性是只能使用數字 0~9,不能使用英文字母**,使用四種寬度的黑條或空白來表示,是一種長度固定的連續式(Continue)條碼。所謂連續式條碼是指在條碼中的每個黑條或空白,都是條碼的一部分,沒有間隔條碼。

(一) UPC-A 碼

如圖 2-2 所示 UPC-A 碼,可分奇(Odd,簡稱 O)資料碼及偶(Even,簡稱 E)資料碼兩種,每個數字碼的長度固定,由 7 個模組所組成,內含粗細不等的**兩個黑條**及**兩個空白**。在 UPC-A 碼中的每個模組長度為 0.33mm,所以一個數字碼的長度固定為 2.31mm。

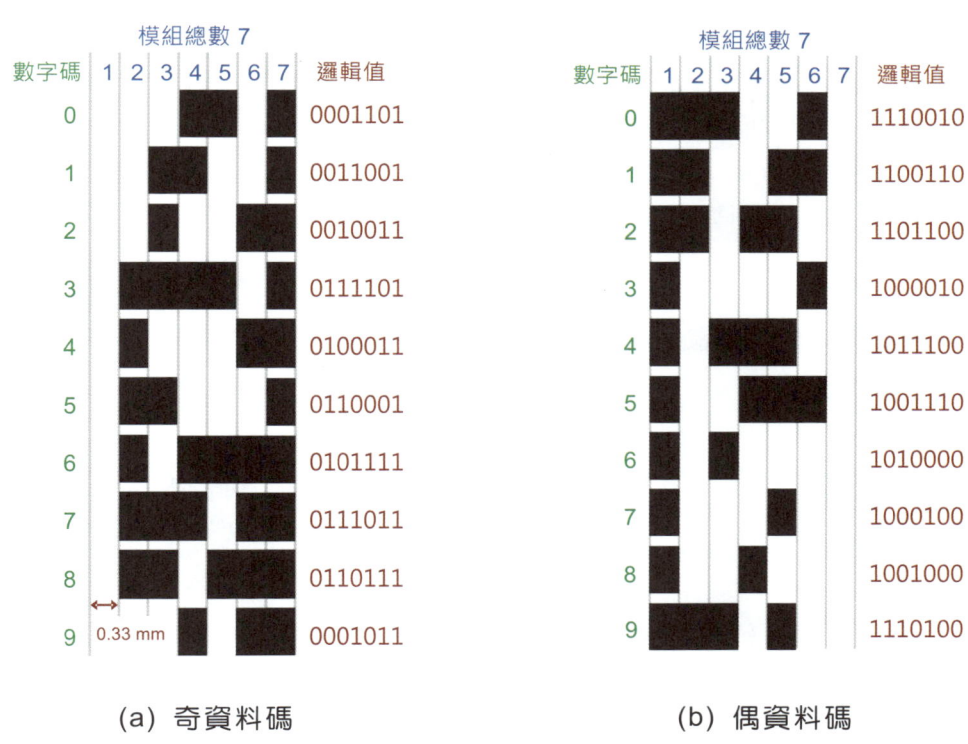

(a) 奇資料碼　　　　　　　　(b) 偶資料碼

圖 2-2　UPC-A 碼

UPC-A 碼的每個數字碼邏輯值使用 7 位元二進制數來表示，空白表示邏輯值 0，黑條表示邏輯值 1。**UPC-A 碼內含 12 個數字碼，因此又稱為 UPC-12 碼**。UPC-12 碼前 6 個數字碼稱為左資料碼，以圖 2-2(a) 所示奇資料碼來編碼。後 6 個數字碼稱為右資料碼，以圖 2-2(b) 所示偶資料碼來編碼。奇資料碼與偶資料碼的邏輯值互為補數關係，以數字碼 0 為例，左資料碼邏輯值 0001101，右資料碼邏輯值 1110010。

如圖 2-3 所示 UPC-A 碼，是由**左空白**、**起始碼**、**系統碼**（導入碼）、**5 位左資料碼**（廠商代碼）、**中間碼**、**5 位右資料碼**（產品代碼）、**檢查碼**、**終止碼**及**右空白**所組成，共有 113 個模組。UPC-A 碼為連續式條碼，一個 UPC-A 碼的總長度為 37.29mm（0.33mm×113）。UPC-A 碼的左空白及右空白使用 9 個模組，邏輯值為 000000000。起始碼及終止碼使用 3 個模組，邏輯值為 101。中間碼使用 5 個模組，邏輯值為 01010。

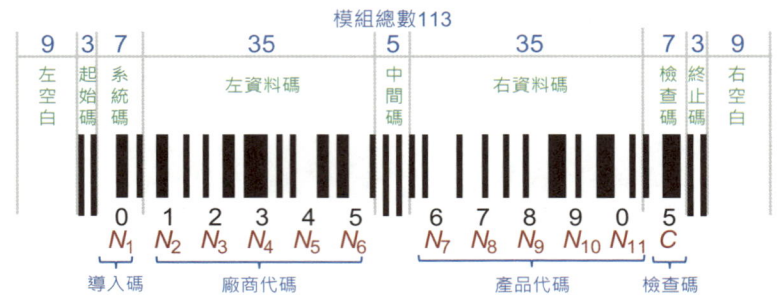

圖 2-3　UPC-A 碼

檢查碼 C 的功能是驗證所讀取的條碼資料是否正確，其值由前 11 個數字碼計算得來，計算公式如下：

$C_1 = (N_1 + N_3 + N_5 + N_7 + N_9 + N_{11}) \times 3 + (N_2 + N_4 + N_6 + N_8 + N_{10})$，$C = 10 - C_1$

以圖 2-3 所示 UPC-A 碼為例，檢查碼 C 計算如下：

$C_1 = (0 + 2 + 4 + 6 + 8 + 0) \times 3 + (1 + 3 + 5 + 7 + 9) = 85$，$C = 10 - 5 = 5$

(二)　UPC-E 碼

UPC-E 碼是 UPC-A 碼的簡易版，只有 8 位數字，又稱為 UPC-8 碼。UPC-E 碼的面積比 UPC-A 碼小，極適合使用在小型貨物上，但相對可以表示的商品種類也少很多。UPC-E 碼與 UPC-A 碼一樣，只能使用數字 0~9，不能使用英文字母。

如圖 2-4 所示 UPC-E 碼，由**導入碼**、**起始碼**、**6 位資料碼**、**終止碼**及**檢查碼**所組成。導入碼及檢查碼並沒有使用條碼，因此實際使用條碼的只有 6 位資料碼。

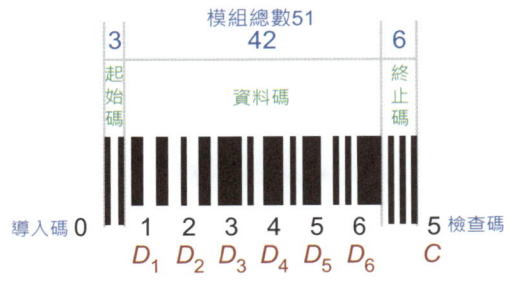

圖 2-4　UPC-E 碼

UPC-E 碼的起始碼使用 3 個模組，邏輯值為 101。終止碼使用 6 個模組，邏輯值為 010101。**檢查碼並不屬於資料碼的一部分，而是由原來的 UPC-A 碼計算產生。**

如表 2-1 所示 UPC-E 碼與 UPC-A 碼的轉換公式，因為 UPC-A 碼有 12 位數字碼，而 UPC-E 碼只有 8 位數字碼，所能表示的商品數量一定比較少。所以有些 UPC-A 碼並沒有辦法轉成 UPC-E 碼，但是所有的 UPC-E 碼一定可以轉成 UPC-A 碼。

表 2-1　UPC-E 碼與 UPC-A 碼的轉換公式

UPC-E	UPC-A	UPC-E	UPC-A
XXYYY0	0XX00000YYYC	XXXXX5	0XXXXX00005C
XXYYY1	0XX10000YYYC	XXXXX6	0XXXXX00006C
XXYYY2	0XX20000YYYC	XXXXX7	0XXXXX00007C
XXXYY3	0XXX00000YYC	XXXXX8	0XXXXX00008C
XXXXY4	0XXXX00000YC	XXXXX9	0XXXXX00009C

以圖 2-4 所示 UPC-E 碼 123456 為例，如表 2-1 黃色區所示，可將其轉成 UPC-A 碼為 01234500006C，而檢查碼 C 是由 UPC-A 碼計算產生，其計算公式如下：

$C_1 = (0 + 2 + 4 + 0 + 0 + 6) \times 3 + (1 + 3 + 5 + 0 + 0) = 45$，$C = 10 - 5 = 5$

如表 2-2 所示 UPC-E 資料碼的排列方式，由 3 個奇資料碼及 3 個偶資料碼組成，其排列方式視檢查碼不同而異。以圖 2-4 所示 UPC-E 碼為例，檢查碼 C 為 5，查表 2-2 所示黃色區，可知 D_1、D_4、D_5 使用偶資料碼，而 D_2、D_3、D_6 使用奇資料碼。

表 2-2　UPC-E 資料碼的排列方式

固定碼	D_1	D_2	D_3	D_4	D_5	D_6	檢查碼 C
0	E	E	E	O	O	O	0
0	E	E	O	E	O	O	1
0	E	E	O	O	E	O	2
0	E	E	O	O	O	E	3
0	E	O	E	E	O	O	4
0	E	O	O	E	E	O	5
0	E	O	O	O	E	E	6
0	E	O	E	O	E	O	7
0	E	O	E	O	O	E	8
0	E	O	O	E	O	E	9

　　如表 2-3 所示 UPC-E 資料碼的編碼方式，UPC-E 奇資料碼和偶資料碼的編碼方式不同，UPC-E 奇資料碼與 UPC-A 奇資料碼編碼方式相同，但是 **UPC-E 偶資料碼並不是 UPC-E 奇資料碼的補數**。

表 2-3　UPC-E 資料碼的編碼方式

數字碼	奇資料碼	偶資料碼
0	0001101	0100111
1	0011001	0110011
2	0010011	0011011
3	0111101	0100001
4	0100011	0011101
5	0110001	0111001
6	0101111	0000101
7	0111011	0010001
8	0110111	0001001
9	0001011	0010111

二、EAN 碼

EAN 碼又稱為國際商品碼，於 1977 年由歐洲 12 個工業國家共同制訂，由國際商品條碼協會（International Article Numbering Association，簡稱 IANA）管理，負責分配與授權所屬會員國的國家代碼。我國於 1986 年正式成為 EAN 會員國，獲授權使用**國家代碼 471**。美國與加拿大於 2002 年加入 EAN 組織，並將 UPC 與 EAN 兩大組織合而為一，於 2005 年正式更名為 **GS1**（Global Standard No.1）。EAN 碼使用會員遍佈五大洲近百萬商家，已成為世界第一標準。我國是由商品條碼策進會（Article Numbering Center of R.O.C，簡稱 CAN）負責商品條碼的推廣工作。

EAN 碼主要應用於超商、超市、大型賣場、餐飲服務及精品百貨等零售商品包裝，提供給電腦銷售點管理（Point of Sales，簡稱 POS）系統快速掃描結帳用。**EAN 碼的特性與 UPC 碼相同，只能使用數字 0~9，不能使用英文字母**，使用四種寬度的黑條或空白表示，是一種長度固定的連續式條碼。常用的 EAN 碼有 EAN-13 碼及 EAN-8 碼兩種，EAN-13 碼有 13 位數字，EAN-8 碼只有 8 位數字，條碼面積較小，主要應用於印刷面積較小的產品包裝上。

(一) EAN-13 碼

如圖 2-5 所示 EAN 數字碼，每個數字碼長度固定，由 7 個模組所組成，內含粗細不等的兩個黑條及兩個空白。依其編碼方式分成 Type-A、Type-B 及 Type-C 三種。

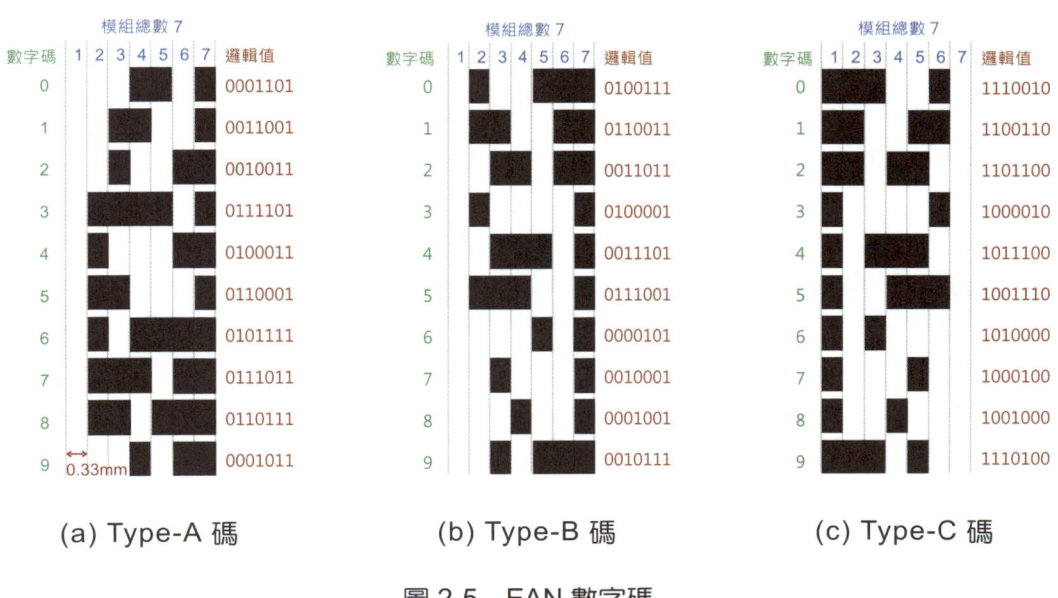

(a) Type-A 碼　　　　(b) Type-B 碼　　　　(c) Type-C 碼

圖 2-5　EAN 數字碼

EAN 碼與 UPC 碼最大的不同是在編碼原則，UPC-A 碼使用奇資料碼及偶資料碼等兩種數字碼來編碼，而 EAN-13 碼則是使用 Type-A、Type-B 及 Type-C 等三種數字碼來編碼。EAN-13 的 Type-A 資料碼與 UPC-A 的奇資料碼相同，而 EAN-13 的 Type-C 資料碼與 UPC-A 的偶資料碼相同。

如圖 2-6 所示 EAN-13 碼，由**左空白**、**起始碼**、**6 位左資料碼**、**中間碼**、**5 位右資料碼**、**檢查碼**、**終止碼**及**右空白**所組成，共有 13 位數字碼。EAN-13 碼的左空白及右空白使用 9 個模組，邏輯值為 000000000；起始碼及終止碼使用 3 個模組，邏輯值為 101；中間碼使用 5 個模組，邏輯值為 01010；導入碼沒有使用條碼，總共使用 113 個模組。

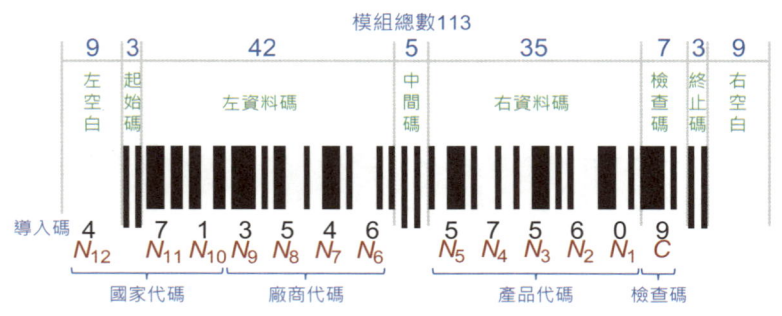

圖 2-6　EAN-13 碼

如表 2-4 所示 EAN-13 左資料碼的編碼方式，與導入碼有關，而導入碼為國家代碼的第一碼。以台灣的國家碼 471 為例，導入碼為 4，所使用的編碼方式為 **ABAABB**，其中 A 使用如圖 2-5(a) 所示的 Type-A 碼來編碼，B 使用如圖 2-5(b) 所示 Type-B 碼來編碼。EAN-13 右資料碼的編碼方式使用如圖 2-5(c) 所示 Type-C 碼來編碼。

表 2-4　EAN-13 左資料碼的編碼方式

導入碼	左資料碼的編碼方式	右資料碼的編碼方式
0	AAAAAA	C
1	AABABB	C
2	AABBAB	C
3	AABBBA	C
4	ABAABB	C

導入碼	左資料碼的編碼方式	右資料碼的編碼方式
5	ABBAAB	C
6	ABBBAA	C
7	ABABAB	C
8	ABABBA	C
9	ABBABA	C

EAN-13 碼的檢查碼計算公式與 UPC-A 碼很相似，計算公式如下所示。

$$C_1 = (N_1 + N_3 + N_5 + N_7 + N_9 + N_{11}) \times 3 + (N_2 + N_4 + N_6 + N_8 + N_{10} + N_{12})，C = 10 - C_1$$

以圖 2-6 所示 EAN-13 碼為例，檢查碼 C 計算如下：

$$C_1 = (0 + 5 + 5 + 4 + 3 + 7) \times 3 + (6 + 7 + 6 + 5 + 1 + 4) = 101，C = 10 - 1 = 9$$

(二) EAN-8 碼

EAN-13 碼主要應用於零售包裝上，以供 POS 零售系統掃描結帳用，EAN-8 碼只有 8 位數字，是 EAN-13 碼的簡易版，主要應用於印刷面積較小的零售包裝上。EAN-8 碼與 EAN-13 碼一樣，只能使用數字 0~9，不能使用英文字母。如圖 2-7 所示 EAN-8 碼，內含**左空白**、**起始碼**、**4 位左資料碼**、**中間碼**、**3 位右資料碼**、**檢查碼**、**終止碼**及**右空白**等共有 8 位數字碼。EAN-8 碼的左空白及右空白使用 7 個模組，邏輯值為 0000000。起始碼及終止碼使用 3 個模組，邏輯值為 101。中間碼使用 5 個模組，邏輯值為 01010。左資料碼固定使用如圖 2-5(a)所示 Type-A 碼，而右資料碼固定使用如圖 2-5(c)所示 Type-C 碼。

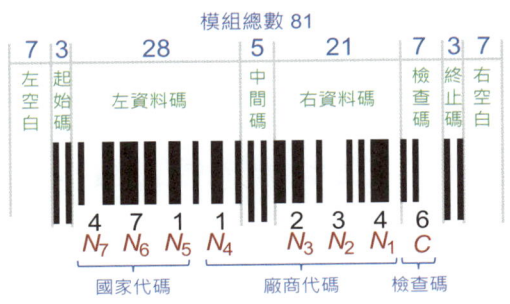

圖 2-7　EAN-8 碼

EAN-8 碼的檢查碼計算公式與 EAN-13 碼相同，計算公式如下所示。

$$C_1 = (N_1 + N_3 + N_5 + N_7) \times 3 + (N_2 + N_4 + N_6)，C = 10 - C_1$$

以圖 2-7 所示 EAN-8 碼為例，檢查碼 C 計算如下：

$$C_1 = (4 + 2 + 1 + 4) \times 3 + (3 + 1 + 7) = 44，C = 10 - 4 = 6$$

▶ 動手做：製作一維條碼

一維條碼的製作軟體很多，本文介紹由「**TEC-IT 數據處理有限公司**」所提供的免費線上條碼製作軟體，所能支援的條碼相當豐富，輸入網址 http://barcode.tec-it.com/zh，進入官方首頁。操作步驟如下所示。

STEP 1

1. 進入官網首頁後，在左側選單中有相當豐富的條碼可供選擇。點選「EAN/UPC」開始製作 EAN-13 碼。

STEP 2

1. 選擇製作 EAN-13 碼。
2. 在「數據」欄位中輸入數據內容 471354657560，檢驗碼由系統自動計算產生不需輸入。
3. 按「重新整理」鈕產生新條碼。

2-10

STEP 3

1. 按「下載」鈕，儲存 EAN-13 碼，預設圖檔格式為 GIF。
2. 如果要更改條碼模組寬度單位、影像解析度、影像格式及影像旋轉等內容，可以按「工具」鈕進行更改。

2-1-2 二維條碼

一維條碼利用水平方向來編碼英文、數字等資訊，受限於條碼長度，只能標示商品名稱，無法詳細描述商品內容。另外，一維條碼必須連接網路來存取資料庫，取得更多的商品資訊，如果網路連接不容易或是沒有資料庫，則一維條碼就顯得毫無意義。在 80 年代，業界開始發展能儲存更多資訊的二維條碼，**二維條碼利用水平及垂直兩個方向來編碼**商品資訊及內容。直到 90 年代，二維條碼應用已經相當普及。

如表 2-5 所示一維條碼與二維條碼比較，二維條碼雖然比一維條碼尺寸大，但二維條碼具有編碼內容多、編碼密度高、儲存容量高、除錯能力強、保密性高、解碼錯誤率低、抗污損性高及讀取正確率高等多項優點。

表 2-5　一維條碼與二維條碼比較

項目	一維條碼	二碼條碼
尺寸	小	大
儲存方向	水平	水平及垂直
編碼內容	文字、簡單符號	文字、圖片、聲音、影像等
編碼密度	低	高
儲存容量	15 個英文或數字	1850 個字母，500 個漢字
保密性	低，不可加密	高，可加密
除錯能力	磨損即無法讀出	磨損仍有 50%可讀出

項目	一維條碼	二碼條碼
抗污損性	無	有
解碼錯誤率	百萬分之二（$2/10^6$）	千萬分之一（$1/10^7$）
資訊儲存	資料庫，不可追蹤	產品中，可追蹤
尺寸及顏色	受限	不受限

二維條碼的種類很多，基本上可以分為**堆疊式二維條碼**及**矩陣式二維條碼**兩種，說明如下：

一、堆疊式二維條碼

如圖 2-8 所示堆疊式二維條碼如 Code 49 碼、Code16K 碼及 PDF417 碼等，其中 PDF417 碼是最早成為標準的商品條碼。堆疊式二維條碼的編碼方式是將一維條碼的高度變窄，再堆疊多行來增加儲存資訊。**堆疊式二維條碼是由一維條碼中的 39 碼及 128 碼延伸變化而來**，編碼原理與一維條碼大致相同，但必須使用專用的讀碼軟體及準確掃描，才能正確解碼。

(a) Code 49 碼　　　　(b) Code16K 碼　　　　(c) PDF417 碼

圖 2-8　堆疊式二維條碼

PDF417 碼

美國 Symbol Technologies 公司於 1992 年發明 PDF417 碼，具有容錯能力，可以從受損的條碼中讀回完整資料，錯誤復原率最高達 50%。如圖 2-9 所示 PDF417 碼，為了方便掃描，四周至少留 0.02 吋（約 0.51mm）的靜空區。

一個 PDF417 碼是由**起始碼**、**左標區**、**資料區**、**右標區**及**結束碼**五個部分組成，資料區中的每個字碼由 17 個模組所組成，包含四個黑條與四個空白，每個黑條或空白最多使用 6 個模組。

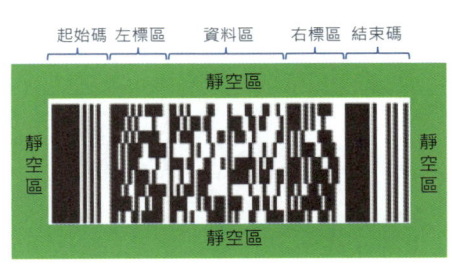
(a) 組成

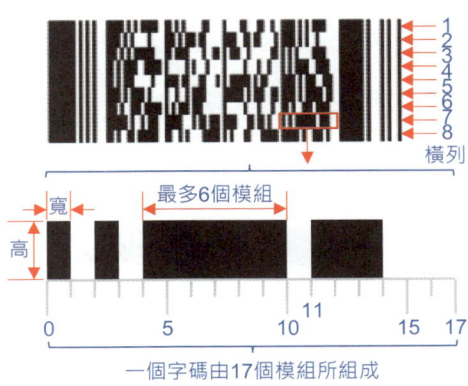
(b) 資料區結構

圖 2-9　PDF417 碼

▶ 動手做：製作 PDF417 碼

我們同樣使用「**TEC-IT 數據處理有限公司**」所提供的免費線上條碼製作軟體來製作堆疊式二維條碼 PDF417 碼，輸入網址 http://barcode.tec-it.com/zh，進入官網。

STEP 1

1. 進入官網首頁後，在左側選單區中點選「QR 圖條碼」開始製作 PDF417 碼。

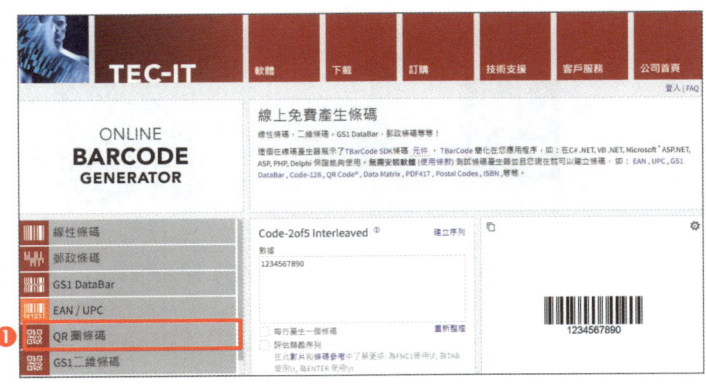

STEP 2

1. 選擇製作 PDF417 碼。
2. 在「數據」欄中輸入數據內容 This is a Arduino UNO。
3. 按「重新整理」鈕產生新條碼。

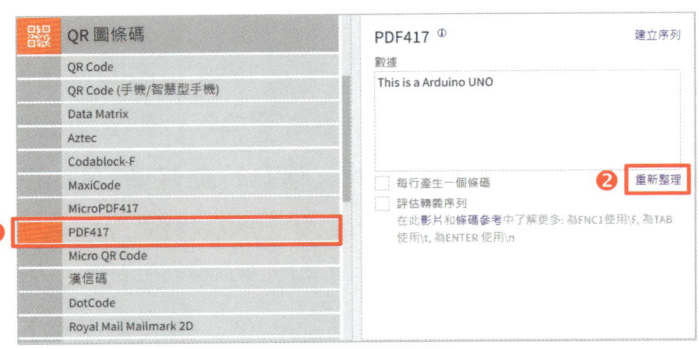

2-13

STEP 3

1. 按「下載」鈕，將 PDF417 碼存檔，預設圖檔格式為 GIF。
2. 如果要更改條碼模組寬度單位、影像解析度、影像格式及影像旋轉等內容，可以按下「工具」鈕進行更改。

二、矩陣式二維條碼

如圖 2-10 所示矩陣式二維條碼，如 DataMatrix 碼、MaxiCode 碼及 QR 碼，以 **QR 碼應用最為廣泛**。矩陣式二維條碼是以矩陣形式的**圓點**、**方點**或**其他形狀的點**所組成。在矩陣相對應元素位置上，以點表示二進位邏輯值「**1**」，不顯示表示二進位邏輯值「**0**」，利用點的排列組合來表示資訊內容。

(a) DataMatrix 碼

(b) MaxiCode 碼

(c) QR 碼

圖 2-10　矩陣式二維條碼

QR 碼

日本 DENSO WAVE 公司於 1994 年發明**快速回應圖碼**（Quick Response Code，簡稱 **QR 碼**），使用者只須使用手機等行動裝置的照相鏡頭，再配合 App 軟體，就可以讀取 QR 碼的內容，因此又稱為**行動條碼**。QR 碼比一維條碼可以儲存更多的資訊，主要特色是儲存容量大（最大 7089 個數字）、編碼密度高（相同資料內容只須一維條碼的 10% 面積）、快速多向性讀碼（每秒 30 個字元）、編碼範圍廣（不受限於英文、數字）、除錯能力強（最高 30% 錯誤還原率）。

2 感知層之辨識技術

　　QR 碼最早的用途是方便汽車製造廠商用來追蹤零件，現今 QR 碼已經廣泛應用於各行各業的存貨管理、自動化文字傳輸、數位內容下載、網址快速連結、身分識別與商務交易等方面。

　　如圖 2-11 所示 QR 碼呈正方形，包含**版本資訊**、**格式資訊**、**資料與除錯碼訊息**、**所需圖塊樣式**及**非資訊區**等五大部分。版本資訊是用來指示 QR 碼的版本，共有 40 種不同版本的儲存密度，最小版本 1 儲存密度 21×21 像素，每增加一級，長寬各增加 4 像素，因此最大版本 40 的儲存密度為 177×177 像素。在 3 個角落形狀像「回」字的正方定位標記圖形 ▣，是用來幫助解碼軟體定位，使用者以任何角度掃描，**不需對準**就能正確讀取 QR 碼的內存資料。

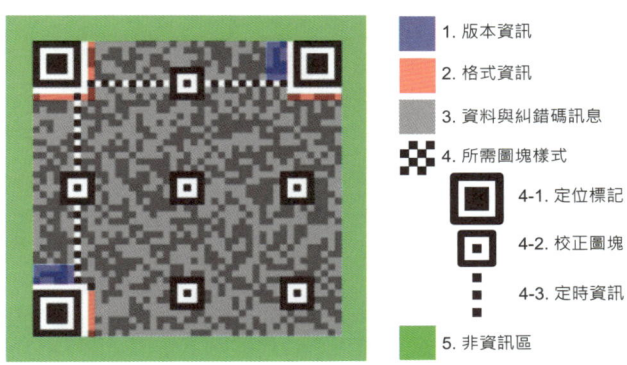

圖 2-11　QR 碼 (圖片來源：維基百科)

▶ 動手做：製作 QR 碼

　　本文所使用的 QR 碼軟體為 Google 推薦的**金揚資訊科技** QR 碼軟體 QuickMark，輸入網址 http://www.quickmark.com.tw 進入官網首頁。

STEP 1

1. 進入官網首頁後，點選「製作」開始製作 QR 碼。

2-15

STEP 2

1. 選擇製作 QR Code 碼。
2. 選擇所要製作 QR Code 的資訊內容，以「網頁網址」為例。

STEP 3

1. 在網址欄中輸入
   http://www.quickmark.com.tw
2. 按下 產生 鈕，產生 QR 碼。
3. 選擇條碼格式，下載 QR 碼。

2-2 認識 RFID

無線射頻辨識（Radio Frequency IDentification，簡稱 RFID），又稱為**電子標籤**，是一種無線的辨識技術。如圖 2-12 所示 RFID 系統包含**天線**（antenna 或 coil）、**RFID 感應器**（reader）及 **RFID 標籤**（tag）三個部分。

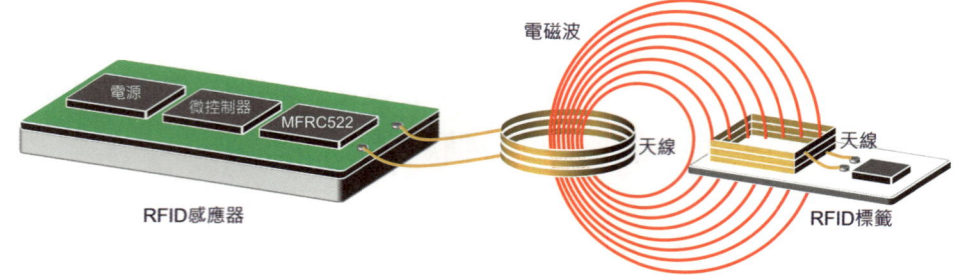

圖 2-12　RFID 系統

RFID 運作原理是利用 RFID 感應器發射無線電磁波，產生射頻場域（RF-Field），去觸動在感應範圍內的 RFID 標籤。RFID 標籤再藉由電磁感應產生電流，來供應 RFID 標籤上的 IC 晶片運作，並且利用電磁波回傳 RFID 標籤內存的**唯一識別碼**（Unique Identifier，簡稱 **UID**）給 RFID 感應器來辨識。

RFID 是一種非接觸式、短距離的自動辨識技術。RFID 感應器辨識 RFID 標籤完成後，會將資料傳到後端系統進行追蹤、統計、查核、結帳、存貨控制等處理。RFID 技術廣泛運用在各種行業中，例如門禁管理、貨物管理、防盜應用、聯合票證、自動控制、動物監控追蹤、倉儲物料管理、醫療病歷系統、賣場自動結帳、員工身分辨識、生產流程追蹤、高速公路自動收費系統等。

如表 2-6 所示條碼與 RFID 比較，RFID 具有小型化、多樣化、可穿透性、可重複使用及高環境適應性等優點。條碼最大的優點是成本較低。

表 2-6　條碼與 RFID 比較

特性	條碼	RFID
體積	較大	較小
穿透性	紅外線讀取，不可穿透	電磁波讀取，可以穿透
重複使用	不可	可以
讀取數量	一次一個	可同時讀取多個
遠距讀取	需要光線	不需光線
資料容量	小	大
讀寫能力	只能讀取	重複讀寫
讀取環境	污損即無法讀取	污損仍可以讀取
高速讀取	移動讀取受限	可移動讀取

如表 2-7 所示 RFID 頻率範圍，可分為**低頻**（LF）、**高頻**（HF）、**超高頻**（UHF）及**微波**（Microwave）等四種。

表 2-7　RFID 頻率範圍

頻帶	頻帶	常用頻率	通訊距離	傳輸速度	標籤價格	主要應用
低頻	9~150kHz	125kHz	≤10cm	低速	1 元	門禁管理
高頻	1~300MHz	13.56MHz	≤10cm	低中速	0.5 元	智慧卡
超高頻	300~1200MHz	433MHz	≥1.5m	中速	5 元	卡車追蹤
微波	2.45~5.80GHz	2.45GHz	≥1.5m	高速	25 元	ETC

低頻 RFID 主要應用於門禁管理，高頻 RFID 主要應用於門禁管理、智慧卡，超高頻 RFID 暫不開放，主要應用於卡車或拖車追蹤等，微波 RFID 應用於高速公路電子收費系統（Electronic Toll Collection，簡稱 ETC）。超高頻 RFID 及微波 RFID 採用主動式標籤，通訊距離最長可達 10~50 公尺。

2-2-1　RFID 感應器

　　RFID 感應器透過無線電波來存取 RFID 標籤資料。依其存取方式可分成 RFID 讀取器及 RFID 讀寫器兩種。RFID 感應器內部組成包含**電源電路**、**天線**、**微控制器**、**發射器**及**接收器**等。發射器負責將訊號透過天線傳送給 RFID 標籤。接收器負責接收 RFID 標籤所回傳的訊號，並且轉交給微控制器處理。RFID 感應器除了可以讀取 RFID 標籤內容外，也可以將資料寫入 RFID 標籤中。

　　如圖 2-13(a) 所示手持型讀卡機，機動性較高，但是通訊距離較短、涵蓋範圍較小，常應用於賣場商品盤點。如圖 2-13(b) 所示固定型讀卡機，資料處理速度快、通訊距離較長、涵蓋範圍較大，但是機動性較低，常應用於門禁管理、大眾運輸電子票證系統。如圖 2-13(c) 所示遠距離讀卡機，價格最高，但是通訊距離最長、涵蓋範圍最大，常應用於汽車出入管理、高速公路 ETC 收費等系統。

(a) 手持型讀卡機　　　　(b) 固定型讀卡機　　　　(c) 遠距離讀卡機

圖 2-13　RFID 感應器

2-2-2　RFID 標籤

　　如圖 2-14 所示 RFID 標籤，依其種類可分成**貼紙型**、**卡片型**及**鈕扣型**三種。貼紙型 RFID 標籤採用紙張印刷，常應用於物流管理、防盜系統、圖書館管理、供應鏈管理、ETC 收費等系統。卡片型及鈕扣型 RFID 標籤採用塑膠包裝，常應用於門禁管理及大眾運輸電子票證系統。

(a) 貼紙型　　　　　(b) 卡片型　　　　　(c) 鈕扣型

圖 2-14　RFID 標籤

　　如圖 2-15 所示 RFID 標籤內部電路，由**微晶片（microchip）**及**天線**所組成。微晶片儲存 UID 碼，天線功能是用來感應電磁波和傳送 RFID 標籤內存的 UID 碼。較大面積的天線，所能感應的範圍較遠，但所佔空間也相對較大。

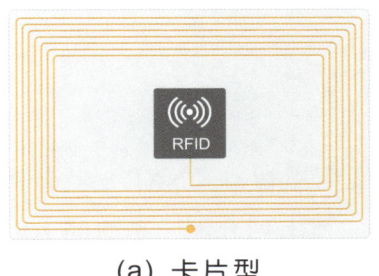

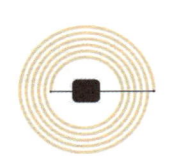

(a) 卡片型　　　　　　　　　　(b) 鈕扣型

圖 2-15　RFID 標籤內部電路

　　RFID 標籤依其驅動能量來源可以分為**被動式**、**半主動式**及**主動式**三種，三者最大不同處是有沒有內置電源裝置，有內置電源裝置的 RFID 標籤傳輸距離較遠。

一、被動式 RFID 標籤

　　被動式 RFID 標籤本身沒有電源裝置，所需電流全靠 RFID 標籤上的線圈，來感應 RFID 感應器所發出的無線電磁波，再利用**電磁感應原理**產生電流供電。只有在接收到 RFID 感應器所發出的訊號，才會「**被動**」回應訊號給感應器，因為感應電流較小，所以通訊距離較短。

二、半主動式 RFID 標籤

　　半主動式 RFID 標籤規格類似於被動式 RFID 標籤，但多了一顆**小型電池**。若 RFID 感應器所發出的訊號微弱，RFID 標籤仍有足夠電流，將內部記憶體的 UID 碼回傳給 RFID 感應器。相較於被動式 RFID 標籤，半主動式 RFID 標籤反應速度更快、通訊距離更長。

三、主動式 RFID 標籤

主動式 RFID 標籤**內置電源**，供應內部 IC 晶片所需的電流，並且「**主動**」傳送訊號供感應器讀取，電磁波訊號較被動式 RFID 標籤強，因此通訊距離最長。另外，主動式 RFID 標籤有較大的記憶體容量，儲存 RFID 感應器所傳送的附加訊息。

2-3 認識 RFID 模組

常用的 RFID 模組有**低頻 RFID 模組**及**高頻 RFID 模組**兩種。低頻 RFID 模組使用 **125kHz** 低頻載波通訊，主要應用於門禁管理。高頻 RFID 模組使用 **13.56MHz** 高頻載波通訊，主要應用於智慧卡、門禁管理及員工身分辨識等，因為載波不同，所以**兩者無法通用**。

2-3-1 高頻 RFID 模組

如圖 2-16 所示 13.56MHz 高頻 RFID 模組，使用恩智普（NXP）半導體公司所生產的 MFRC522 晶片，支援 UART、I2C、SPI 等多種串列介面。**多數的 RFID 模組以使用 SPI 介面居多**，因此支援 SPI 介面的函式庫也較容易取得。

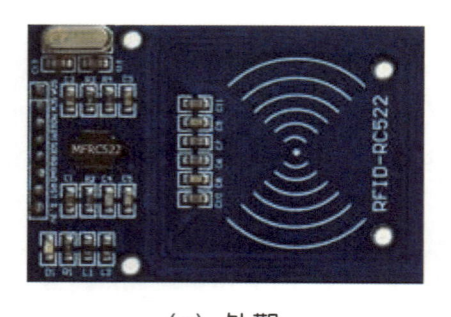

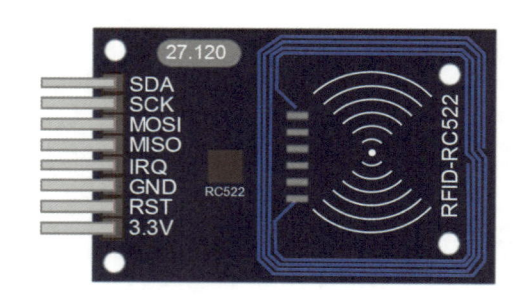

(a) 外觀　　　　　　　　　　　(b) 接腳

圖 2-16　高頻 RFID 模組

高頻 RFID 模組（Proximity Coupling Device，簡稱 **PCD**）經由感應方式來讀取非接觸式 MIFARE 卡（Proximity Integrated Circuit Card，簡稱 **PICC**）。MIFARE 卡是 NXP 公司在非接觸式 IC 智慧卡領域的註冊商標，使用 ISO/IEC 14443-A 標準。MIFARE 卡使用簡單、技術成熟、性能穩定、安全性及保密性高、內存容量大，是目前世界上使用量最大的非接觸式 IC 智慧卡。MIFARE 卡內的 UID 碼，可作為電子錢包、大樓門禁、大眾運輸、差勤考核、借書證等識別用途。

感知層之辨識技術 **2**

高頻 RFID-RC522 模組內部使用 NXP 公司生產的 MFRC522 晶片，所需函式庫可在 Arduino IDE 軟體中點選【工具→管理程式庫】，開啟如圖 2-17 所示「程式庫管理員」。在主題右邊欄位輸入 **MFRC522**，選擇安裝「MFRC522 by GithubCommunity」。

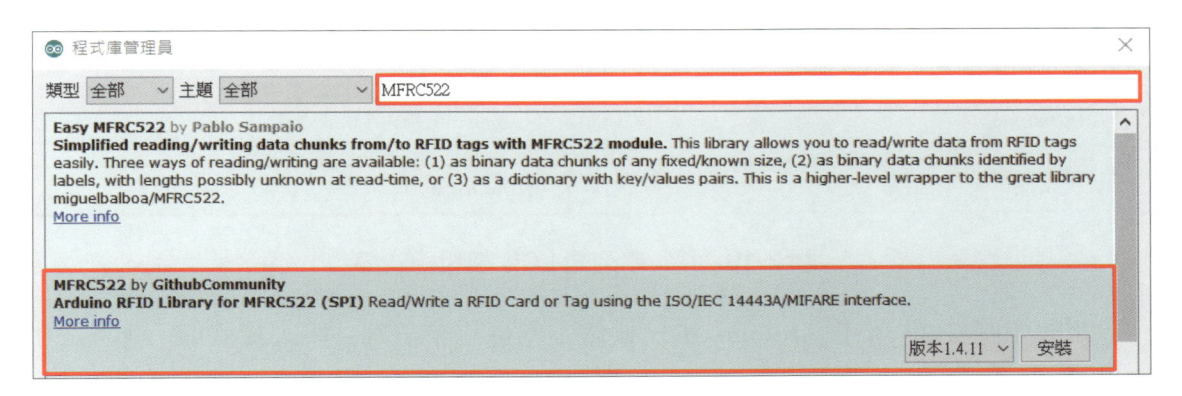

圖 2-17　高頻 RFID 模組函式庫

2-3-2　I2C 串列式 LCD 模組

如圖 2-18(a) 所示 I2C 串列式 LCD 模組，由圖 2-18(a) 所示並列式 LCD 模組及圖 2-18(b) 所示 I2C 轉並列介面模組，連接組合而成。如圖 2-18(b) 所示 I2C 轉並列介面模組，使用 Philips 公司所生產的 PCF8574 晶片，可以將 I2C 介面轉換成 8 位元並列介面，工作電壓 2.5V~6V，待機電流 10μA。**PCF8574 晶片的 I2C 介面，相容多數的微控制器，輸出電流可以直接驅動 LCD**。模組左側的短路夾可以控制 LCD 模組背光的開（ON）與關（OFF），模組右側的電位器可以調整 LCD 模組的顯示明暗對比。

(a) 並列式 LCD 模組 　　　(b) I2C 轉並列介面模組 　　　(c) I2C 串列式 LCD 模組

圖 2-18　I2C 串列式 LCD 模組

一、匯入函式庫

使用 I2C 串列式 LCD 模組前，須先下載圖 2-19 所示函式庫 **LiquidCrystal_I2C**，下載網址 https://github.com/fdebrabander/Arduino-LiquidCrystal-I2C-library。

2-21

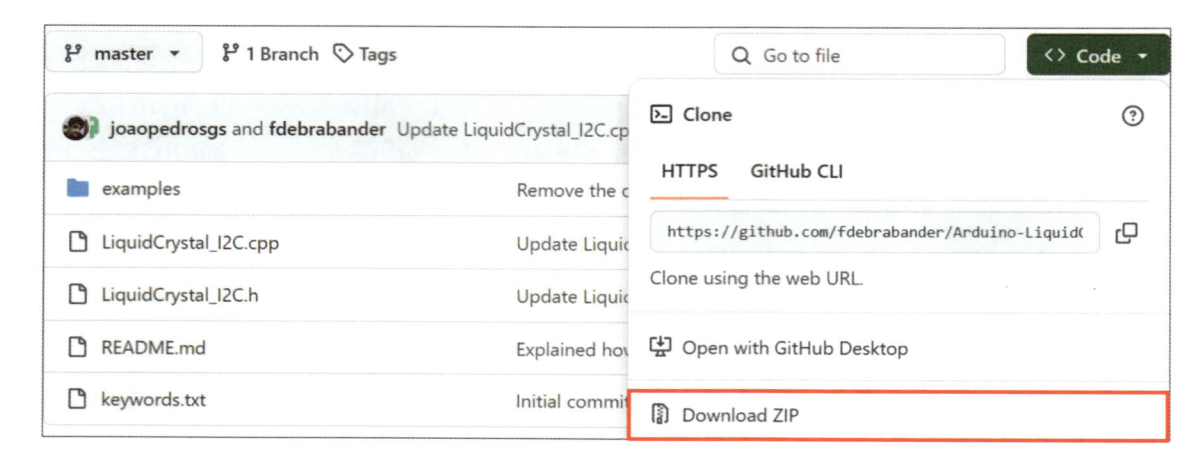

圖 2-19　I2C 串列式 LCD 模組函式庫

　　開啟如圖 2-20 所示 Arduino IDE 軟體，點選「草稿碼→匯入程式庫→加入.ZIP 程式庫…→LiquidCrystal_I2C.ZIP」，自動解壓縮並且加入 Arduino IDE 的函式庫中。

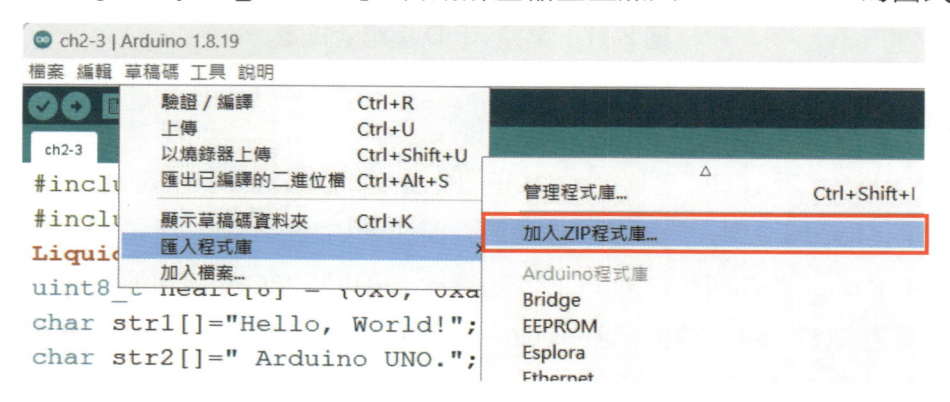

圖 2-20　匯入 LiquidCrystal_I2C 函式庫

二、建立物件

　　使用 LiquidCrystal_I2C 函式庫內的函式功能前，須先利用 LiquidCrystal_I2C 函式庫建立 LiquidCrystal_I2C 資料型態的物件，物件名稱可自訂，例如 lcd。建立的物件 lcd 內容包含 I2C 介面的**位址 addr**、**行數 cols** 及**列數 rows** 三個參數。I2C 介面位址的出廠設定為 0x27，不可更改。cols 為 LCD 的總行數，rows 為 LCD 的總列數。

格式　iquidCrystal_I2C lcd(addr, cols, rows)

範例
```
LiquidCrystal_I2C  lcd(0x27,16,2)          //宣告16行2列的lcd物件
```

2-22

如表 2-8 所示 I2C 串列式 LCD 模組函式功能說明，函式的使用方法與並列式 LCD 模組大致相同，可以參考 Arduino 官網上並列式 LCD 模組的相關說明。Arduino 官網 IP 位址：https://www.arduino.cc/en/Reference/LiquidCrystal。

表 2-8　I2C 串列式 LCD 模組函式功能說明

函式名稱	動作
init()	初始化 LCD，並且清除顯示器內容。
clear()	清除顯示器內容，並且設定游標位置在第 0 列第 0 行。
home()	設定游標位置在第 0 列第 0 行，但不會清除顯示器內容。
setCursor(col,row)	設定 LCD 游標位置，列（row）範圍 0~3，行（col）範圍 0~19。
print(val)	顯示字元或字串。
backlight()	開啟 LCD 背光（預設）。
noBacklight()	關閉 LCD 背光。
display()	開啟 LCD 顯示器（預設）。
noDisplay()	關閉 LCD 顯示器，但不會改變 RAM 內容。
cursor()	顯示線型（line）游標。
noCursor()	不顯示線型游標（預設）。
blink()	顯示閃爍（blink）塊狀游標。
noBlink()	不顯示閃爍塊狀游標（預設）。
scrollDisplayLeft()	顯示器向左捲動一行，但不會改變 RAM 內容。
scrollDisplayRight()	顯示器向右捲動一行，但不會改變 RAM 內容。
leftToRight()	設定寫入 LCD 的文字方向為由左至右（預設）。
rightToLeft()	設定寫入 LCD 的文字方向為由右至左。
autoscroll()	設定 LCD 在輸入文字前都會自動捲動一行。若目前顯示文字的方向是由左而右，執行 autoscroll() 函式後，自動先向左捲動一行後再顯示文字。若目前顯示文字的方向是由右而左，執行 autoscroll() 函式後，自動先向右捲動一行後再顯示文字。簡單來說，autoscroll() 函式不會改變游標位置，只改變顯示字元位置。
noAutoscroll()	停止自動捲動功能（預設）。
creatChar(location,string)	定義自建字元 location=0~7，字型資料 string 共有 8 個位元組。

▶ 動手做：I2C 串列式 LCD 顯示字元電路

一 功能說明

　　如圖 2-21 所示 I2C 串列式 LCD 顯示電路接線圖，使用 Arduino Uno 開發板控制 I2C 串列式 LCD 模組，開啟 LCD 模組背光並顯示如圖 2-21 所示畫面。LCD 模組第 1 列顯示「Hello,World!」，第 2 列顯示「I ♥ Arduino Uno.」。5×8 愛心符號「♥」字形使用位元對映方式自建，亮點為邏輯 1，不亮為邏輯 0。

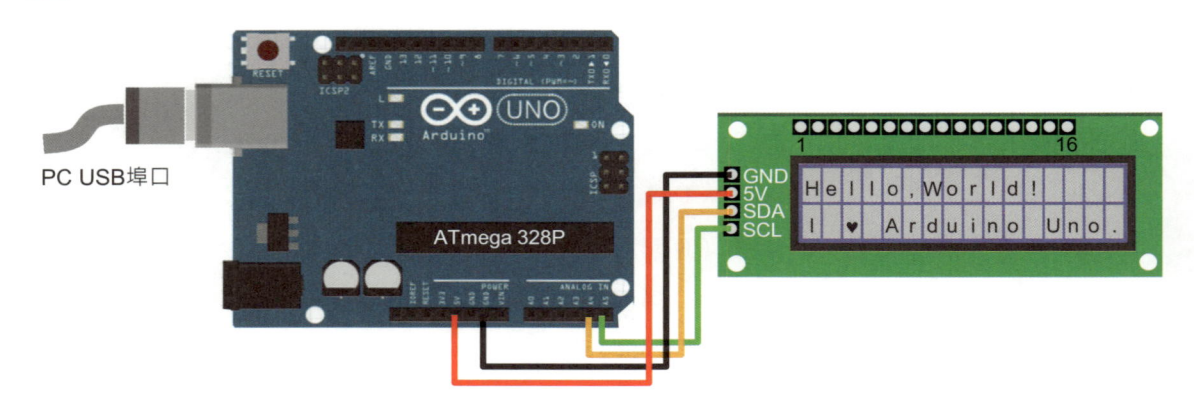

二 電路接線圖

圖 2-21　I2C 串列式 LCD 顯示電路接線圖

三 程式：ch2-1.ino

```
#include <LiquidCrystal_I2C.h>          //載入 LiquidCrystal_I2C 函式庫。
LiquidCrystal_I2C lcd(0x27,16,2);       //建立 LCD 物件，使用 1602 串列式 LCD 模組。
uint8_t heart[8] = { 0b00000,           //自建 5×8 愛心符號「♥」字形。
                     0b01010,
                     0b11111,
                     0b11111,
                     0b01110,
                     0b00100,
                     0b00000,
                     0b00000};
char str1[]="Hello, World!";            //LCD 第 0 列顯示字串。
char str2[]="I 0 Arduino Uno.";         //LCD 第 1 列顯示字串。
int n,i;
```

```
//初值設定
void setup(){
    lcd.init();                    //初始化LCD模組。
    lcd.backlight();               //開啟LCD背光。
    lcd.createChar(0,heart);       //設定愛心符號「♥」的ASCII碼為0。
    lcd.setCursor(0,0);            //設定LCD座標在第0行、第0列。
    n=sizeof(str1);                //計算字串str1長度。
    printStr(n,str1);              //顯示字串str1。
    lcd.setCursor(0,1);            //設定LCD座標在第0行、第1列。
    n=sizeof(str2);                //計算字串str2長度。
    printStr(n,str2);              //顯示字串str2。
}
//主迴圈
void loop(){}
//字串顯示函式
void printStr(int n,char *str)
{
    for(i=0;i<n-1;i++)             //字串長度不含字串結束字元'\0'。
        if(str[i]=='0')            //是愛心符號(ASCII=0)？
            lcd.write(0);          //顯示愛心符號「♥」。
        else                       //不是愛心符號。
            lcd.write(str[i]);     //顯示內建字元。
}
```

練習

1. 接續範例，第 0 列字串不動，控制第 1 列字串閃爍變化。
2. 接續範例，第 0 列字串不動，控制第 1 列字串向左旋捲。

▶ 動手做：讀取高頻 RFID 標籤卡號電路

一 功能說明

如圖 2-22 所示讀取高頻 RFID 標籤卡號電路接線圖，使用 Arduino Uno 開發板配合 13.56MHz 高頻 RFID 讀卡機。當正確讀取到標籤卡號時，蜂鳴器產生短嗶聲，同時將標籤卡號顯示在 Arduino IDE 的「序列埠監控視窗」中。

二 電路接線圖

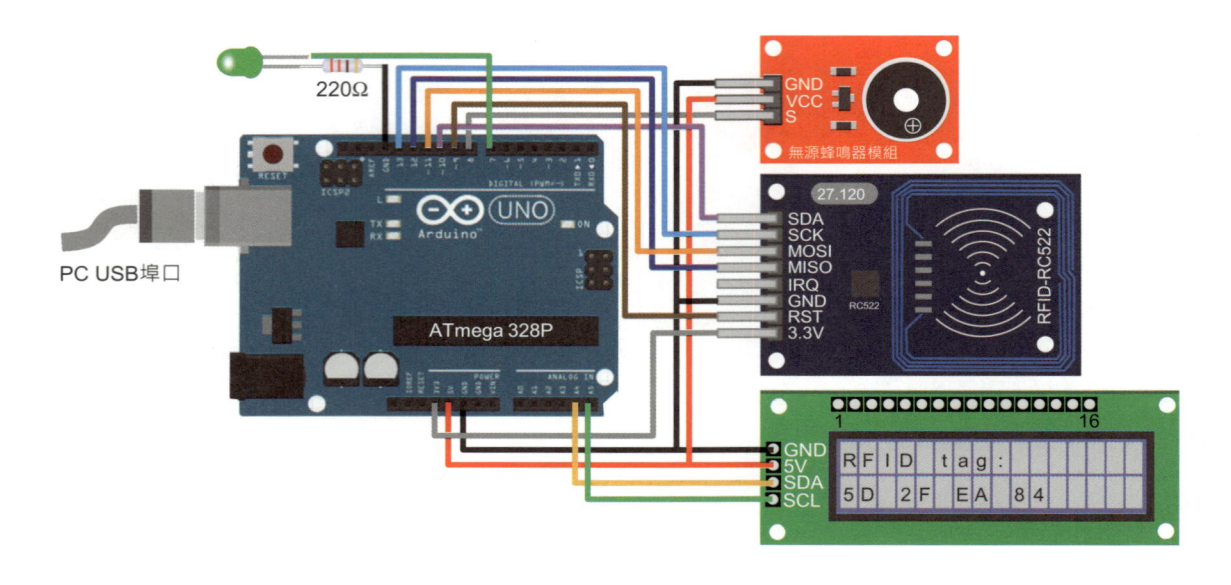

圖 2-22　讀取高頻 RFID 標籤卡號電路接線圖

三 程式：ch2-2.ino

```
#include <SPI.h>                       //載入SPI函式庫。
#include <MFRC522.h>                   //載入MFRC522函式庫。
const int led=7;                       //D7連接綠色LED燈。
const int speaker=8;                   //D8連接蜂鳴器輸出腳S。
const int RST_PIN=9;                   //D9連接RFID讀卡機RST腳。
const int SS_PIN=10;                   //D10連接RFID讀卡機SDA腳。
char str[]="RFID tag:";                //顯示訊息。
int i;                                 //整數變數i。
MFRC522 rfid(SS_PIN,RST_PIN);          //初始化RFID讀卡機。
//初值設定
void setup()
{
    Serial.begin(9600);                //初始化序列埠，傳輸速率為9600bps。
    SPI.begin();                       //初始化SPI介面。
    rfid.PCD_Init();                   //初始化RFID讀卡機。
    pinMode(led,OUTPUT);               //設定D7為輸出埠。
    digitalWrite(led,LOW);             //關閉LED。
```

2-26

```
    pinMode(speaker,OUTPUT);            //設定 D8 為輸出埠。
    digitalWrite(speaker,LOW);          //關閉蜂鳴器。
}
//主迴圈
void loop()
{
    if(rfid.PICC_IsNewCardPresent())    //感應到 RFID 卡片?
    {
        Serial.print(str);              //顯示字串。
        if(rfid.PICC_ReadCardSerial())  //讀取到 RFID 卡號?
        {
            int size=rfid.uid.size;     //RFID 卡號長度。
            for(i=0;i<size;i++)         //讀取並顯示 RFID 卡號。
            {
                Serial.print(rfid.uid.uidByte[i],HEX);//顯示一位卡號。
                Serial.print(" ");      //空一格。
            }
            Serial.println("");         //換列。
            tone(speaker,1000);         //發出嗶聲 1 秒。
            digitalWrite(led,HIGH);     //點亮 LED。
            delay(200);                 //延遲 0.2 秒。
            noTone(speaker);            //關閉聲音。
            digitalWrite(led,LOW);      //關閉 LED。
        }
        rfid.PICC_HaltA();              //讀卡機進入待機狀態,避免重複讀取。
        delay(1000);                    //延遲 1 秒。
    }
}
```

練習

1. 接續範例,將所讀取的卡號顯示在如圖 2-22 所示 I2C 串列式 LCD 模組。
2. 接續範例,控制第 0 列的顯示字串「RFID tag」自動向左捲動。

▶ 動手做：大樓門禁管理系統

一 功能說明

如圖 2-23 所示大樓門禁管理系統電路接線圖，使用 Arduino Uno 開發板，配合 13.56MHz 高頻 RFID 讀卡機及 I2C 串列式 LCD 模組，完成大樓門禁管理系統。

程式中預存四位員工的 RFID 卡號，當訪客使用卡片靠近 RFID 讀卡機且卡號正確（員工）時，則綠燈閃爍一次且蜂鳴器產生 0.2 秒長嗶聲一次，同時將 RFID 標籤卡號顯示在 LCD 上。當所讀取的 RFID 標籤卡號錯誤（非員工）時，則紅燈閃爍兩次且蜂鳴器產生 50 毫秒短嗶聲兩次。員工卡號可以執行程式 ch2-2.ino 取得。

二 電路接線圖

圖 2-23　大樓門禁管理系統電路接線圖

三 程式：ch2-3.ino

`#include <SPI.h>`	//載入 SPI 函式庫。
`#include <MFRC522.h>`	//載入 MFRC522 函式庫。
`#include <LiquidCrystal_I2C.h>`	//載入 LiquidCrystal_I2C 函式庫。
`LiquidCrystal_I2C lcd(0x27,16,2);`	//使用 16 行×2 列 LCD 模組。
`const int Rled=6;`	//D6 連接紅色 LED 燈。

```c
const int Gled=7;                          //D7 連接綠色 LED 燈。
const int speaker=8;                       //D8 連接蜂鳴器輸出腳 S。
const int RST_PIN=9;                       //D9 連接 MFRC522 晶片重置腳。
const int SS_PIN=10;                       //D10 連接 SPI 介面 NSS 腳。
int i;                                     //迴圈變數。
int size;                                  //卡號長度。
char str1[]="RFID tag:";                   //顯示訊息。
MFRC522 rfid(SS_PIN,RST_PIN);              //初始化 RFID 模組。
int index=0;                               //卡號索引值。
const int number=4;                        //會員人數 4 人。
int serialNum=-1;                          //清除會員編號。
byte card[number][4]={   {0x64,0x6B,0x87,0x10},    //會員 A 卡號。
                         {0xF5,0x5C,0x5F,0x2E},    //會員 B 卡號。
                         {0x8C,0xAE,0xEA,0x84},    //會員 C 卡號。
                         {0x79,0xEA,0xE9,0x84}};   //會員 D 卡號。
void compTag(void);                        //比對會員卡號。
//初值設定
void setup()
{
    Serial.begin(9600);                    //初始化序列埠。
    SPI.begin();                           //初始化 SPI 介面。
    rfid.PCD_Init();                       //初始化 RFID 模組。
    lcd.init();                            //初始化 I2C 串列式 LCD。
    lcd.backlight();                       //開啟 LCD 背光。
    size=sizeof(str1);                     //字串 str1 的長度。
    lcd.setCursor(0,0);                    //設定 LCD 座標在第 0 行第 0 列。
    printStr(size,str1);                   //顯示字串 str。
    pinMode(Gled,OUTPUT);                  //設定 D6 為輸出埠。
    pinMode(Rled,OUTPUT);                  //設定 D7 為輸出埠。
    pinMode(speaker,OUTPUT);               //設定 D8 為輸出埠。
}
//主迴圈
void loop()
{
    if(rfid.PICC_IsNewCardPresent())       //感應到 MIFARE 卡?
    {
        Serial.print(str1);                //顯示字串。
```

```cpp
        if(rfid.PICC_ReadCardSerial())         //已讀到MIFARE卡的卡號?
        {
            lcd.setCursor(0,1);                //設定LCD座標在第0行第1列。
            int size=rfid.uid.size;            //讀取卡號長度。
            for(i=0;i<size;i++)                //將MIFARE卡的卡號顯示在LCD上。
            {
                Serial.print(rfid.uid.uidByte[i],HEX);      //序列埠顯示卡號。
                Serial.print(" ");                          //卡號間空一格。
                lcd.print(rfid.uid.uidByte[i]/16,HEX);      //LCD顯示卡號。
                lcd.print(rfid.uid.uidByte[i]%16,HEX);      //LCD顯示卡號。
                lcd.print(" ");                             //卡號間空一格。
            }
            Serial.println("");                //換列。
            compTag();                         //比較已讀取的卡號是否為會員?
        }
        rfid.PICC_HaltA();                     //進入停止模式,避免重複讀取。
        delay(1000);                           //延遲1秒。
    }
}
//LCD字串顯示函式
void printStr(int size,char *str)
{
    for(int i=0;i<size-1;i++)                  //字串長度。
    {
        lcd.print(str[i]);                     //顯示字串。
    }
}
//卡號比對函式
void compTag(void)
{
    int exact;                                 //比對結果。
    int i,j;                                   //迴圈變數。
    serialNum=-1;                              //清除會員編號。
    for(i=0;i<number;i++)                      //比對所有會員卡號。
    {
        exact=1;                               //預設是會員。
        for(j=0;j<4;j++)                       //比對會員四位數卡號。
```

```
            {
                if(rfid.uid.uidByte[j]!=card[i][j])   //卡號相同?
                    exact=0;                          //卡號不同,不是會員(exact=0)。
            }
            if(exact==1)                              //卡號相同,是會員?
                serialNum=i;                          //記錄會員編號。
        }
        if(serialNum>=0)                              //是會員?
        {
            digitalWrite(Gled,HIGH);                  //綠燈閃爍一下。
            digitalWrite(Rled,LOW);                   //紅燈不亮。
            tone(speaker,1000);                       //長嗶聲一次。
            delay(200);                               //發音 0.2 秒。
            digitalWrite(Gled,LOW);                   //關閉綠燈。
            noTone(speaker);                          //關閉蜂鳴器。
        }
        else                                          //不是會員。
        {
            for(i=0;i<2;i++)                          //紅燈閃兩下、短嗶兩聲。
            {
                digitalWrite(Gled,LOW);               //綠燈不亮。
                digitalWrite(Rled,HIGH);              //紅燈點亮。
                tone(speaker,1000);                   //短嗶聲。
                delay(50);
                digitalWrite(Rled,LOW);               //紅燈不亮。
                noTone(speaker);                      //關閉聲音
                delay(50);
            }
        }
    }
}
```

練習

1. 接續範例,將讀取的卡號顯示如圖 2-24 所示畫面。第 0 列顯示卡號,第 1 列顯示會員編號「No:0～3」,如果不是會員,則會員編號顯示「 No:-1」。

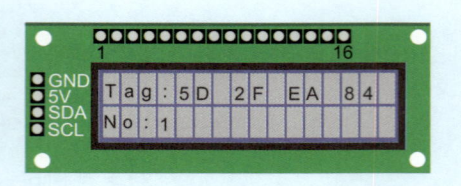

圖 2-24　大樓門禁管理系統顯示畫面

2. 接續範例，新增一名會員，由 4 人變成 5 人。

2-4　認識 NFC

　　近場通訊（Near Field Communication，簡稱 NFC）又稱為近距離無線通訊，是一種短距離的高頻無線通訊技術。NFC 可以讓裝置之間在 10 公分範圍內進行非接觸式點對點資料傳輸，有 106Kbps、212Kbps 及 424Kbps 三種傳輸速率，未來可以提高到 848kbit/s 以上。NFC 是由 NXP、Nokia 及 SONY 三家國際大廠共同研發，以 RFID 技術為基礎演變而來。**NFC 具有雙向辨識技術，而 RFID 只具有單向辨識技術**。

　　如表 2-9 所示 NFC、RFID、IrDA、Bluetooth 的特性比較，NFC 較 RFID 傳輸距離短，是為了提高行動支付的**保密性**與**安全性**。相較於其他無線通訊如藍牙、紅外線、Wi-Fi 等，NFC 只需以實體的輕觸動作就可以產生虛擬的連線，具有建立連線速度快、保密性高、功耗低、成本低、干擾小及使用簡單等優點。

表 2-9　NFC、RFID、IrDA、Bluetooth 的特性比較

特性	NFC	RFID	IrDA	Bluetooth
協會 logo				
網路類型	點對點	點對點	點對多	點對多
傳輸方向	雙向	單向	單向	雙向
通訊標準	ISO/IEC 18092	ISO/IEC 14443A	各廠自訂	IEEE 802.15.1x
傳輸媒介	電磁波	電磁波	紅外線	電磁波
保密性	最高	高	低	低
晶片成本	低	低	中	高

特性	NFC	RFID	IrDA	Bluetooth
傳輸速度	≤ 424Kbps	≤ 10Mbps	≤ 4Mbps	≤1Mbps
載波頻率	13.56MHz	125KHz、13.56MHz、2.45GHz	38KHz	2.4GHz
傳輸距離	≤ 10cm	10cm～100m	≤ 2m	≤ 100m

2-4-1　NFC 工作模式

　　市售多數的 NFC 模組都是使用 NXP 半導體生產的 PN532 晶片，適用於 13.56MHz 射頻載波的非接觸式通訊。如表 2-10 所示 PN532 晶片工作模式，支援**讀寫模式**（Reader/Writer mode）、**卡片模式**（Card mode）及**點對點模式**（P2P mode）三種工作模式。

表 2-10　PN532 晶片工作模式

工作模式	規範標準
讀寫模式（Reader / Writer mode）	ISO/IEC 14443A/MIFARE，14443B，FeliCa
卡片模式（Card mode）	ISO/IEC 14443A/MIFARE，FeliCa
點對點模式（P2P mode）	ISO/IEC 18092，ECMA 340

一、讀寫模式

　　NFC 讀寫模式又稱為**主動模式（active mode），功能如同非接觸式 RFID 讀卡機**，可以讀寫 ISO/IEC 14443A/MIFARE 卡、ISO/IEC 14443B 卡及 FeliCa 卡。ISO/IEC 14443 是近距離非接觸式智慧卡的標準規範，可以分 A、B 兩種類型，主要差異在於信號調變、位元編碼及防碰撞等規格上的不同。1906 年，英國在倫敦成立世界上最早的國際電工委員會（International Electrotechnical Commission，簡稱 IEC），並於 1976 年與國際標準組織（the International Organization for Standardization，簡稱 ISO）協議合作，由 IEC 負責規劃電工、電子領域的國際標準化工作，而 ISO 則負責其他領域的國際標準化工作。ISO/IEC 14443A 主要代表業者有 Hitachi、Philips、Siemens 等公司，ISO/IEC 14443B 主要代表業者有 Motorola、NEC 等公司。**台灣目前所使用的 MIFARE 卡屬於 ISO/IEC 14443A 規範**。

MIFARE 卡的技術原先是由瑞士米克朗集團的車資收費系統（MIkron FARE-collection system，簡稱 MIFARE）衍生而來，Philips 公司在 1998 年收購了這項技術，並成為 Philips 子公司 NXP 的註冊商標。SONY 也有自家的 FeliCa 非接觸式智慧卡標準規範，目前廣泛使用在日本 JR 鐵路乘車卡、便利商店電子現金卡。

二、卡片模式

NFC 卡片模式（card emulation）又稱為**被動模式（passive mode）**，在卡片模式下，NFC 發起設備產生射頻場域，將命令傳送給 NFC 目標設備。NFC 目標設備使用負載調變（load modulated）技術，並且使用相同速度回應訊息給 NFC 發起設備。**NFC 卡片模式相當於一張使用 RFID 技術的 IC 智慧卡**，可以代替現行大量的 IC 卡，如信用卡、悠遊卡、門禁卡及電子票券等。在卡片模式下，即使 NFC 設備沒電，仍然可以由 RFID 讀卡機供電完成讀卡功能。NFC 手機進行卡片模式相關應用前，必須先註冊手機付款服務，再使用具有內建**安全元件**（Security Element，簡稱 SE）的 NFC 晶片進行付款，以確保交易安全性。

三、雙向模式

NFC 雙向模式又稱為**點對點（Peer-to-Peer）模式**，NFC 發起設備與目標設備都產生自己的射頻場域（radio field），並且要有相同的 NFC 資料交換格式（NFC Data Exchange Format，簡稱 NDEF），才能進行資料交換。在雙向模式下，兩支手機靠近，就可以傳送資料。

2-4-2 NFC 應用

NFC 具有使用簡單、安全可靠、功耗低、成本低等優點。NFC 主要的應用可以分為以下四個基本類型。

一、接觸通過（Touch and Go）

利用 NFC 手機將**實體卡片虛擬化**，用戶只要將存有密碼或票券的 NFC 手機接觸 NFC 讀卡設備，就可以完成信用卡、悠遊卡、門禁卡及電子票券等讀卡功能。

二、接觸確認（Touch and Confirm）

此功能主要是應用在**行動支付**上，用戶只要將 NFC 手機接觸 NFC 讀卡設備，並且進行密碼認證即可完成交易。

三、接觸瀏覽（Touch and Explore）

利用 NFC 手機當作 NFC 讀卡機，讀取文件或海報上的 NFC 標籤以獲得相關訊息資料，或是利用 NFC 手機接觸後上網來下載附加說明、應用軟體等服務。

四、接觸連接（Touch and Connect）

將兩個 NFC 設備互相接觸產生虛擬連接，進行點對點的**資料傳輸**，例如下載音樂、互傳圖片及同步通訊錄等。Google 的 Android Beam 就是利用此技術發展應用。

2-5 認識 NFC 模組

如圖 2-25 所示 NFC 模組，使用 NXP 半導體公司生產的 PN532 晶片，可當 RFID 讀卡機來讀寫 ISO/IEC 14443-4 卡、MIFARE 1k 卡、MIFARE 4k 卡、MIFARE Ultralight 卡及 FeliCa 卡等。也可以當成虛擬 IC 卡取代現行信用卡、門禁卡、悠遊卡、電子票券等實體 IC 卡。NFC 模組內建印刷電路板（Printed circuit board，簡稱 PCB）天線，不需再外接天線，感應距離 0~10 公分，輸出 TTL 電位，最大傳輸速率 10Mbps。

(a) 外觀　　　　　　　　　　　　(b) 接腳

圖 2-25　NFC 模組

2-5-1　NFC 工作介面

NFC 模組支援高速 UART（High Speed UART，簡稱 HSU）、I2C、SPI 三種串列通訊，使用模組上的 SET0 及 SET1 兩個指撥開關來設定。如表 2-11 所示 NFC 模組的工作介面設定，當 SET0=L 且 SET1=L 時，使用 HSU 介面，輸出 5V TTL 準位。當 SET0=H 且 SET1=L 時，使用 I2C 介面，輸出 5V TTL 準位。當 SET0=L 且 SET1=H 時，使用 SPI 介面，輸出 3.3V TTL 準位。

表 2-11　NFC 模組的工作介面設定

串列介面	SET0	SET1	TTL 準位
HSU	L	L	5V
I2C	H	L	5V
SPI	L	H	3.3V

2-5-2　NFC 連接方式

不同串列介面有不同的連接方式，以本書所使用的 Arduino Uno 開發板為例，連接方式如表 2-12 所示。

表 2-12　NFC 模組與 Arduino Uno 開發板的連接方式

工作介面	NFC 模組	Arduino Uno 開發板
HSU	MO/SDA/TX	D0
	NSS/SCL/RX	D1
I2C	MO/SDA/TX	A4
	NSS/SCL/RX	A5
SPI	NSS/SCL/RX	D10
	MO/SDA/TX	D11
	MI	D12
	SCK	D13

　　NFC 模組函式庫可至網址 https://github.com/Seeed-Studio/PN532 下載 **PN532-arduino.ZIP** 壓縮檔，內容包含 PN532、PN532_HSU、PN532_I2C 及 PN532_SPI 四個函式庫。本例使用 **PN532** 及 **PN532_SPI** 兩個函式庫，開啟 Arduino IDE 軟體，點選「草稿碼→匯入程式庫→加入.ZIP 程式庫…」，將 PN532.ZIP 加入 Arduino IDE 的 libraries 函式庫中。

▶ 動手做：NFC 讀卡機讀取 MIFARE 卡號電路

一 功能說明

如圖 2-26 所示 NFC 讀卡機讀取 MIFARE 卡號電路接線圖，使用 Arduino Uno 開發板配合 NFC 模組，讀取 MIFARE 卡號。NFC 模組工作在**讀寫模式**如同一台 RFID 讀卡機，當 NFC 讀卡機正確讀取到 MIFARE 卡號時，綠燈閃爍一次且蜂鳴器產生 0.2 秒長嗶聲一次，同時將四位元組的 UID 卡號顯示在 LCD 模組上。

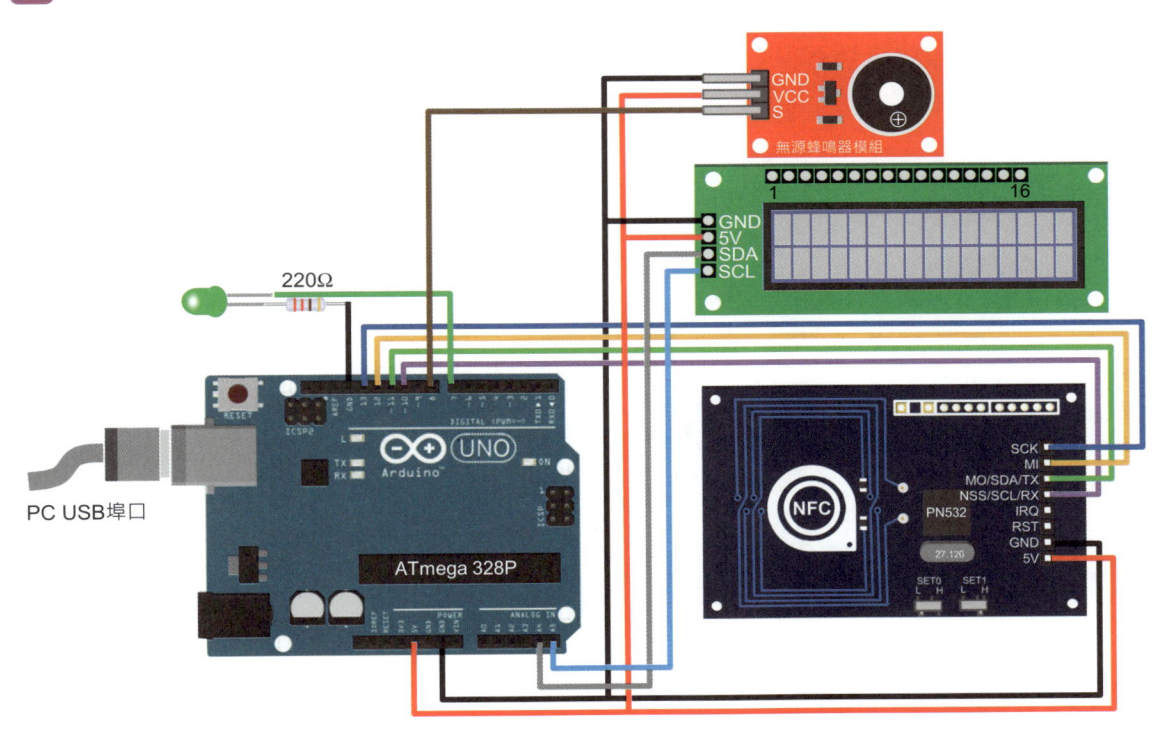

二 電路接線圖

圖 2-26　NFC 讀卡機讀取 MIFARE 卡電路接線圖

三 程式：ch2-4.ino

```
#include <SPI.h>                    //載入 SPI 函式庫。
#include <PN532_SPI.h>              //載入 PN532_SPI 函式庫。
#include <PN532.h>                  //載入 PN532 函式庫。
#include <LiquidCrystal_I2C.h>      //載入 LiquidCrystal_I2C 函式庫。
```

2-37

```cpp
LiquidCrystal_I2C lcd(0x27,16,2);           //使用1602 I2C串列式LCD模組。
const int Gled=7;                            //D7連接綠色LED燈。
const int speaker=8;                         //D8連接蜂鳴器訊號輸入S。
int i;                                       //迴圈變數。
char str[]="NFC tag:";                       //宣告字串。
PN532_SPI pn532spi(SPI,10);                  //使用SPI介面,設定D10為SS腳。
PN532 nfc(pn532spi);                         //建立nfc物件。
//初值設定
void setup()
{
    pinMode(Gled,OUTPUT);                    //設定D7為輸出埠。
    pinMode(speaker,OUTPUT);                 //設定D8為輸出埠。
    Serial.begin(115200);                    //設定序列埠傳輸速率為115200bps。
    nfc.begin();                             //初始化nfc模組。
    lcd.init();                              //初始化lcd模組。
    lcd.backlight();                         //lcd模組使用背光。
    lcd.setCursor(0,0);                      //設定lcd座標在第0行第0列。
    printStr(str);                           //lcd顯示字串str。
    uint32_t versiondata=nfc.getFirmwareVersion();  //取得nfc版本資訊。
    if(!versiondata)                         //讀取到nfc版本資訊?
    {
        Serial.print("Didn't find PN53x board");  //沒有發現nfc模組。
        while(1)                             //停止讀取。
            ;
    }
    Serial.print("Found chip PN5");          //找到nfc設備。
    Serial.println((versiondata>>24)&0xFF,HEX);  //顯示nfc晶片編號。
    Serial.print("Firmware ver. ");          //顯示訊息。
    Serial.print((versiondata>>16)&0xFF,DEC);    //顯示nfc主版本。
    Serial.print('.');
    Serial.println((versiondata>>8)&0xFF,DEC);   //顯示nfc校訂版次。
    nfc.setPassiveActivationRetries(0xFF);   //設定重複讀取卡片的次數。
    nfc.SAMConfig();                         //設定nfc模組為讀寫模式。
    Serial.println("Waiting for an ISO14443A card");  //等待nfc卡接觸。
}
//主迴圈
void loop()
```

```c
{
    bool success;                                       //success=1 表示讀卡成功。
    uint8_t uid[] = { 0, 0, 0, 0, 0, 0, 0 };            //UID 暫存區。
    uint8_t uidLength;                                  //UID 長度。
    success=nfc.readPassiveTargetID(PN532_MIFARE_ISO14443A,\
            &uid[0],&uidLength);                        //讀取 ISO14443A 卡片資訊。
  if(success)                                           //讀卡成功?
  {
      Serial.print("UID Length: ");                     //顯示訊息。
      Serial.print(uidLength,DEC);                      //顯示 UID 長度。
      Serial.println(" bytes");                         //顯示訊息。
      Serial.print("UID Value: ");                      //顯示訊息。
      lcd.setCursor(0,1);                               //設定 lcd 座標在第 0 行第 1 列。
      for(uint8_t i=0;i<uidLength;i++)                  //顯示 UID 資料。
      {
          Serial.print(" 0x");                          //顯示 16 進符號。
          Serial.print(uid[i],HEX);                     //顯示一位 UID 碼。
          lcd.print(uid[i]/16,HEX);                     //lcd 顯示一位 UID 碼(十位數字)。
          lcd.print(uid[i]%16,HEX);                     //lcd 顯示一位 UID 碼(個位數字)。
          lcd.print(" ");                               //空格。
      }
      Serial.println(" ");                              //換行。
      digitalWrite(Gled,HIGH);                          //綠色 LED 閃爍一次。
      tone(speaker,1000);                               //蜂鳴器長嗶一聲。
      delay(200);                                       //延遲 0.2 秒。
      digitalWrite(Gled,LOW);                           //關閉綠色 LED 燈。
      noTone(speaker);                                  //關閉蜂鳴器。
      while(nfc.readPassiveTargetID(PN532_MIFARE_ISO14443A,\
          &uid[0], &uidLength))
          ;                                             //等待卡片移開,避免重複讀取。
  }
}
//字串顯示函式
void printStr(char *str)
{
    int i=0;                                            //字串指標。
    while(str[i]!='\0')                                 //字串結尾?
```

```
    {
        lcd.print(str[i]);                      //顯示一個字元。
        i++;                                    //下一個字元。
    }
}
```

▶ 動手做：NFC 卡片傳送網址電路

一 功能說明

　　如圖 2-28 所示 NFC 卡片傳送網址電路接線圖，使用 Arduino Uno 開發板配合 NFC 模組來傳送網址。NFC 模組工作在**卡片模式**且預存網址資料。使用 NFC 手機接觸感應 NFC 卡片，當正確讀取到 NFC 卡片的網址資料時，綠燈閃爍一次且蜂鳴器產生 0.2 秒長嗶聲一次，同時 NFC 手機開啟所接收到的網址。

　　本例所使用的 NDEF 函式庫，可至如圖 2-27 所示網址 https://github.com/don/NDEF 下載壓縮檔 **NDEF-master.ZIP**。在 Arduino IDE 中點選「草稿碼→匯入程式庫→加入.ZIP 程式庫」，加入 Arduino IDE 的 libraries 函式庫。

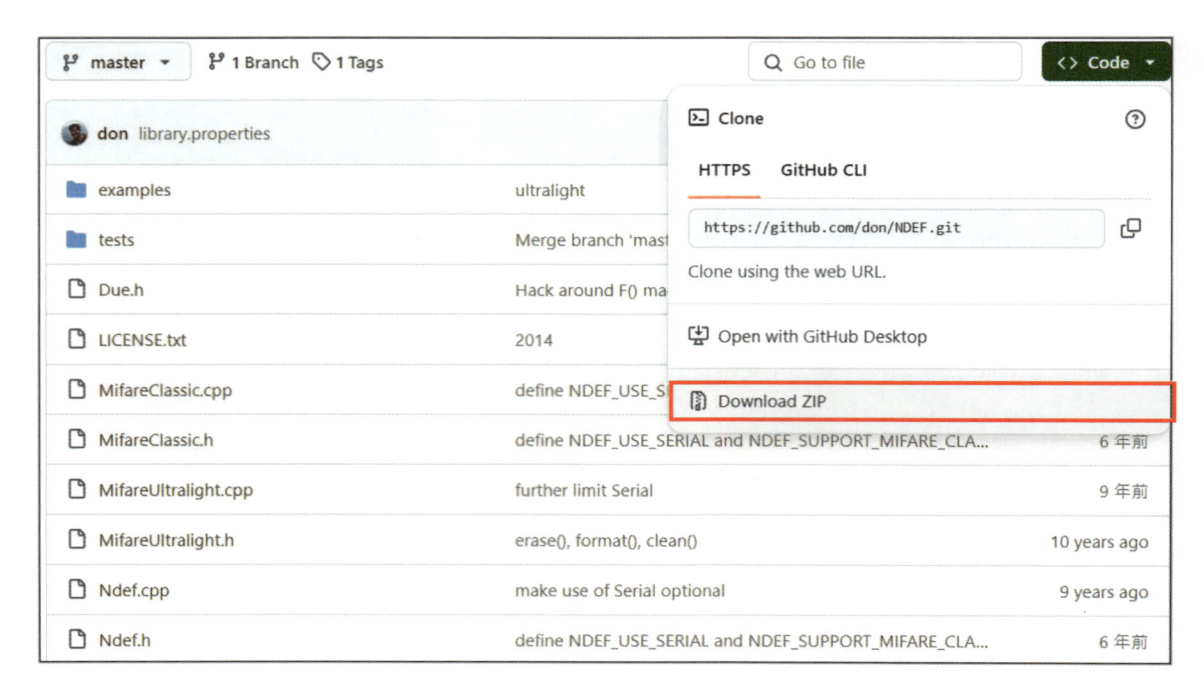

圖 2-27　NFC 模組函式庫

2-40

2 感知層之辨識技術

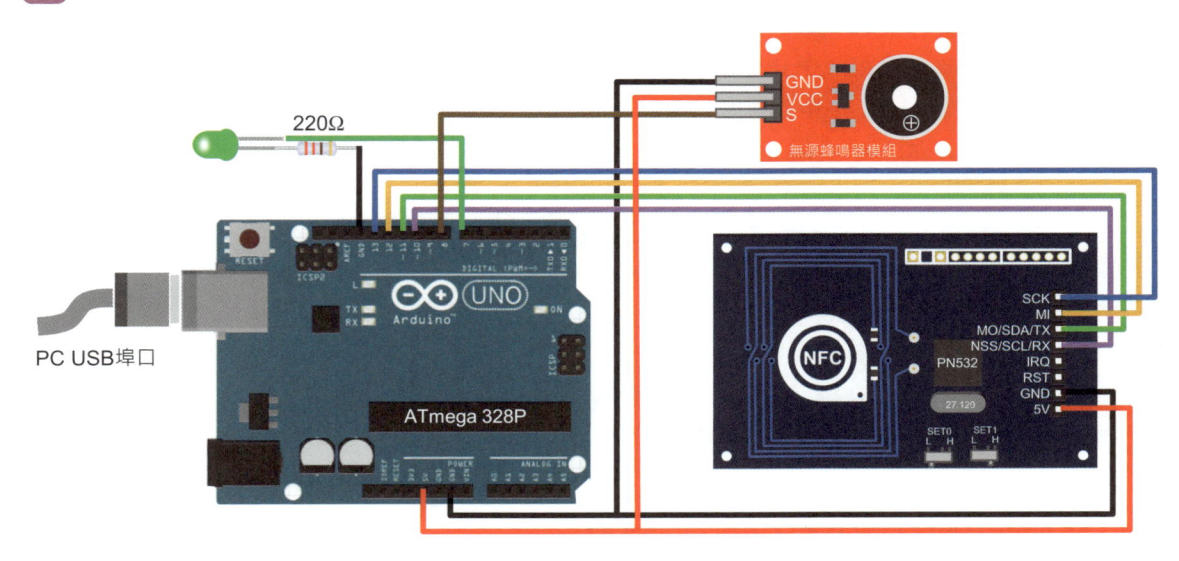

二 電路接線圖

圖 2-28　NFC 卡片傳送網址電路接線圖

三 程式：ch2-5.ino

```
#include "SPI.h"                        //載入 SPI.h 函式庫。
#include "PN532_SPI.h"                  //載入 PN532_SPI.h 函式庫。
#include "emulatetag.h"                 //載入 emulatetag.h 函式庫。
#include "NdefMessage.h"                //使用 NdefMessage.h 函式庫。
PN532_SPI pn532spi(SPI,10);             //初始化 PN532，使用 SPI 介面、設定 D10 為 SS。
EmulateTag nfc(pn532spi);               //設定 PN532 工作於卡片模式。
uint8_t ndefBuf[120];                   //儲存 ndef 卡片資訊。
NdefMessage message;                    //宣告 NdefMessage 資料型態變數。
int messageSize;                        //Ndef 訊息資料長度。
uint8_t uid[3]={0x12,0x34,0x56};        //定義卡片 uid 碼。
const int Gled=7;                       //D7 連接綠色 LED。
const int speaker=8;                    //D8 連接蜂鳴器輸入 S。
//初值設定
void setup()
{
    pinMode(Gled,OUTPUT);               //設定 D7 為輸出埠。
    pinMode(speaker,OUTPUT);            //設定 D8 為輸出埠。
    Serial.begin(115200);               //設定串列埠。
    Serial.println("------- Emulate Tag --------"); //顯示訊息。
```

2-41

```
    message=NdefMessage();                                  //建立 ndef 物件。
    message.addUriRecord("http://www.google.com.tw");  //ndef 訊息內容。
    messageSize=message.getEncodedSize();               //ndef 訊息長度。
    if (messageSize > sizeof(ndefBuf))                  //訊息長度大於緩衝區？
    {
        Serial.println("ndefBuf is too small");         //顯示訊息。
        while(1)                                        //停止讀寫訊息。
            ;
    }
    Serial.print("Ndef encoded message size: ");        //顯示訊息。
    Serial.println(messageSize);                        //顯示訊息長度。
    message.encode(ndefBuf);                            //將訊息編碼成 ndef 格式。
    nfc.setNdefFile(ndefBuf, messageSize);              //設定 nfc 模組 ndef 訊息。
    nfc.setUid(uid);                                    //設定 nfc 模組 uid 碼。
    nfc.init();                                         //初始化 nfc 模組。
}
//主迴圈
void loop()
{
    nfc.emulate();                                      //nfc 模組工作於卡片模式。
    digitalWrite(Gled,HIGH);                            //綠色 LED 燈閃爍一下。
    tone(speaker,1000);                                 //蜂鳴器長嗶音。
    delay(200);                                         //延遲 0.2 秒。
    digitalWrite(Gled,LOW);                             //關閉 LED 燈。
    noTone(speaker);                                    //關閉蜂鳴器。
    delay(200);                                         //延遲 0.2 秒。
}
```

▶ 動手做：使用 NFC 手機讀取 NFC 卡片資料

並不是所有智慧型手機都有支援 NFC 功能。本例使用具有 NFC 功能的 Samsung S3 手機為例，說明如何使用手機來讀取 NFC 卡片資料。其他 NFC 手機設定方法大致相同。

一、開啟手機 NFC 功能

STEP 1

1. 開啟 Android 手機的「設定」
2. 點選「更多設定」。

STEP 2

1. 開啟 NFC 功能。

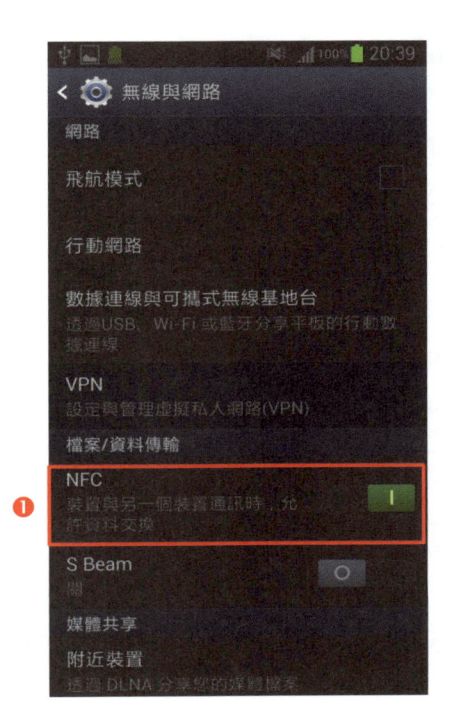

二、下載及安裝 NFC App 程式

STEP 1

1. 進入 Google Play 商店,輸入關鍵字「nfc」搜尋 NFC 工具。
2. 下載並安載「NFC Tools」。

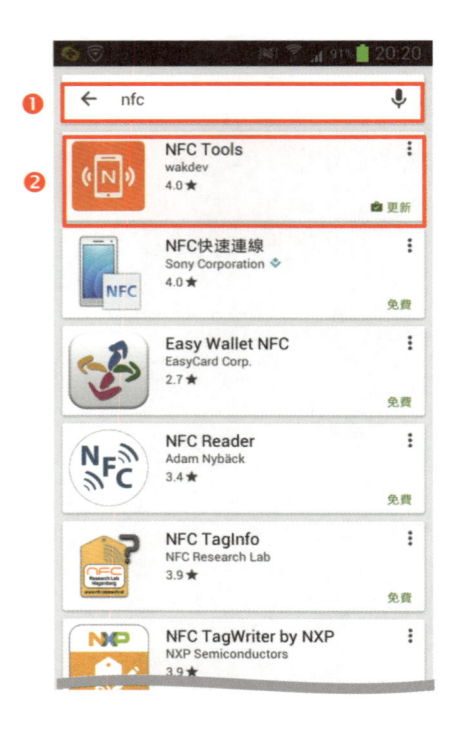

三、讀取 NFC 卡資料

STEP 1

1. 開啟「NFC Tools」App。
2. 點選「READ」開始讀取 NFC 卡片。
3. 將 NFC 卡片輕觸(Approach) NFC 手機背面,距離必須小於 0.5cm 以下,才能感應到。

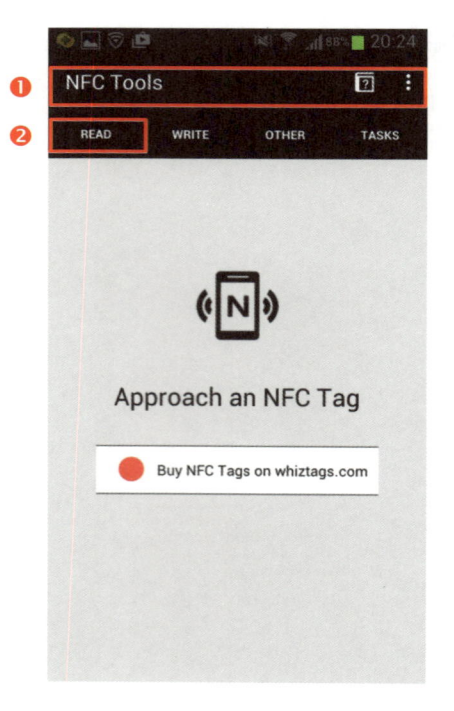

STEP 2

1. 如正確讀取到 NFC 卡片資料，則傳回卡片型式(type)、UID 碼(Serial number)、SAK 碼、卡片內存記憶體容量、卡片是否為可寫(Writable)等數據資料。

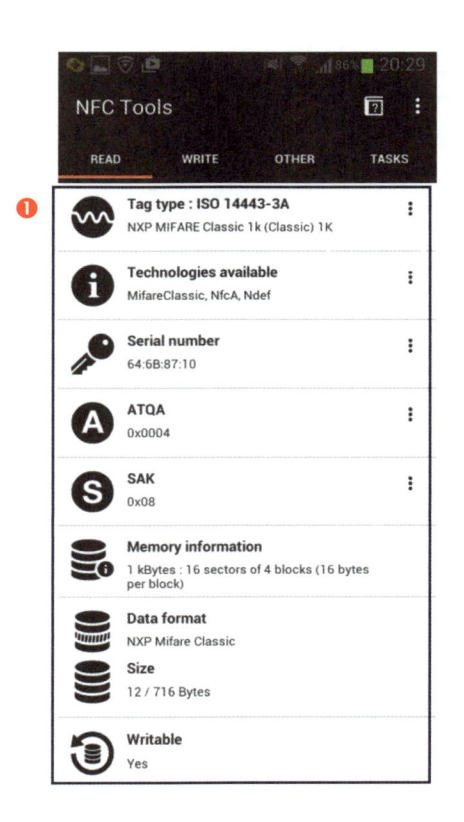

四、寫資料到 NFC 卡

STEP 1

1. 開啟「NFC Tools」App。
2. 點選「WRITE」。
3. 點選「Add a record」開啟寫入資料設定頁面。

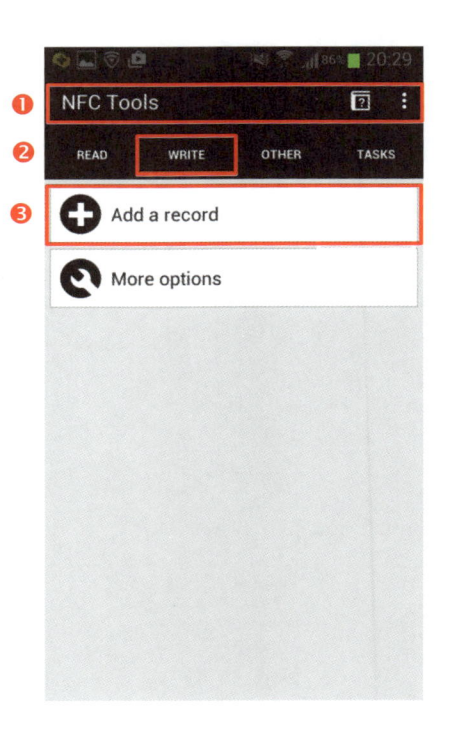

STEP 2

1. 點選「Text」。

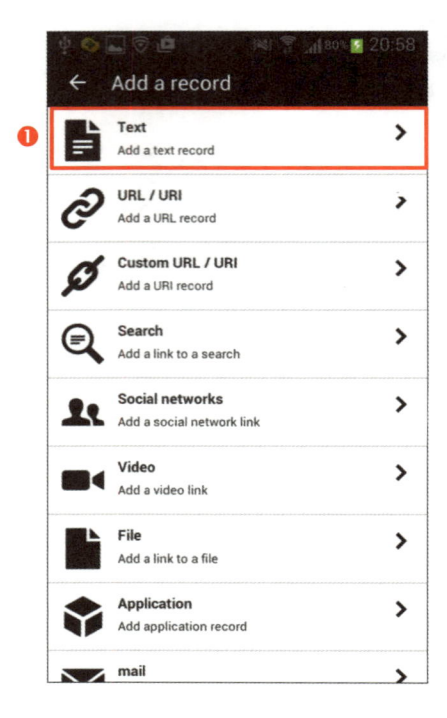

STEP 3

1. 在欄位內輸入文字資料。
2. 按下「OK」鈕結束。

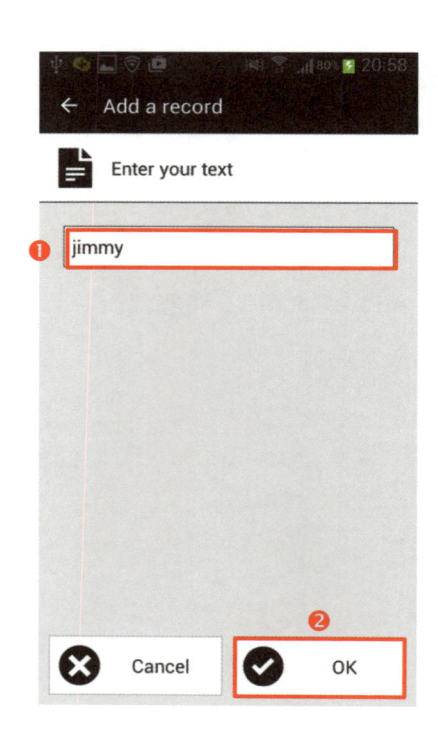

STEP 4

1. 重複步驟 1，點選「URL/URA」。
2. 輸入網址「www.google.com.tw」。
3. 按下「OK」鈕。

STEP 5

1. 將待寫入的 NFC 卡輕觸 NFC 手機，開始將資料寫入 NFC 卡片中。
2. 寫入完成會出現「Write complete」視窗。
3. 按下「OK」鈕結束。

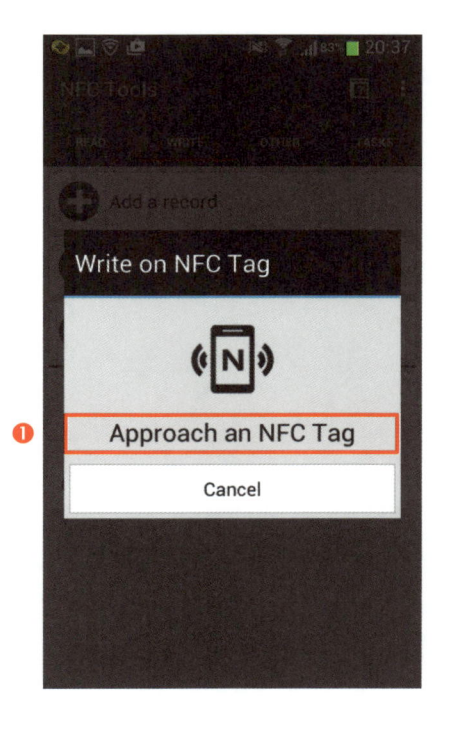

STEP 6

1. 寫入 NFC 卡的總資料長度。
2. 寫入 NFC 卡的資料內容。

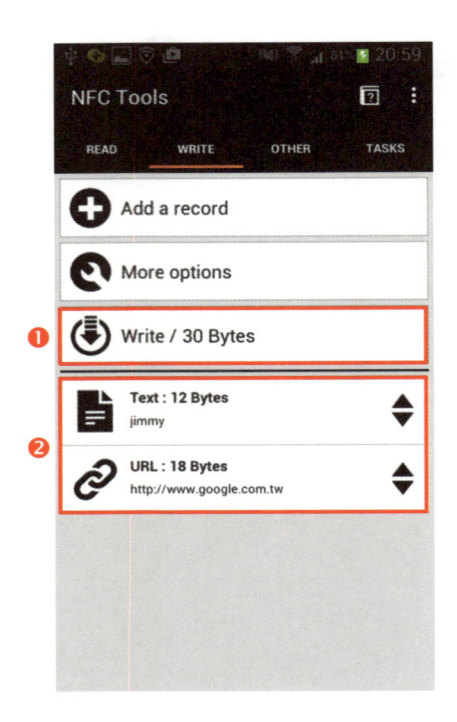

CHAPTER

03

感知層之感測技術

3-1　溫度感測器

3-2　氣體感測器

3-3　灰塵感測器

3-4　運動感測器

3-5　光感測器

3-6　水感測器

3-7　霍爾感測器

3-8　壓力感測器

3-9　重量感測器

物聯網感知層之感測技術如同人的視覺、聽覺、觸覺、嗅覺及味覺等五感功能，可以感應周圍環境的各種變化。感測器主要功能是將物理量、化學量或生物量轉換成電阻、電流或電壓值。經由比較器或類比轉數位 IC（Analog to Digital Converter，簡稱 ADC）轉換成數位訊號後，再由微控制器（microcontroller unit，簡稱 MCU）加以分析、運算、處理與記錄。感測器的種類相當多，依其技術分類可分成溫度感測器、溼度感測器、氣體感測器、灰塵感測器、運動感測器、光感測器、水感測器、霍爾感測器、壓力感測器、重量感測器、電磁感測器、聲音感測器、生醫感測器等。

3-1 溫度感測器

所謂溫度感測器是指**將溫度變化轉換成電壓、電流或電阻值輸出**。如表 3-1 所示常用溫度感測器的特性比較，包含熱敏電阻（Thermistor）、熱電偶（Thermocouple）、電阻式感溫元件（Resistance Temperature Detector，簡稱 RTD）及積體電路（Integrated Circuit，簡稱 IC）感溫元件等。

表 3-1　常用溫度感測器的特性比較

特性	熱敏電阻	熱電偶	電阻式感溫元件	IC 感溫元件
符號	T		RTD	+ -
穩定性	高	低	最高	高
準確度	高	低	最高	高
轉換速度	最快	快	最慢	慢
線性度	非線性	非線性	非線性	線性
溫度範圍	-100°C~300°C	-200°C~1800°C	-200°C~650°C	-55°C~150°C
材質	錳、鎳、銅	白金、鐵鉻、銅	白金、鎳、銅	陶瓷或半導體
輸出型式	電阻	電壓	電阻	電壓或電流

3-1-1　熱敏電阻

如圖 3-1 所示熱敏電阻是由半導體陶瓷材料製成，電阻值大小會隨環境溫度的高低而改變，主要可分為正溫度係數型（Positive Temperature Coefficient，簡稱 PTC）

及負溫度係數型（Negative Temperature Coefficient，簡稱 NTC）兩種。**PTC 熱敏電阻的阻值隨溫度上升而增加，NTC 熱敏電阻的阻值隨溫度上升而減少。**

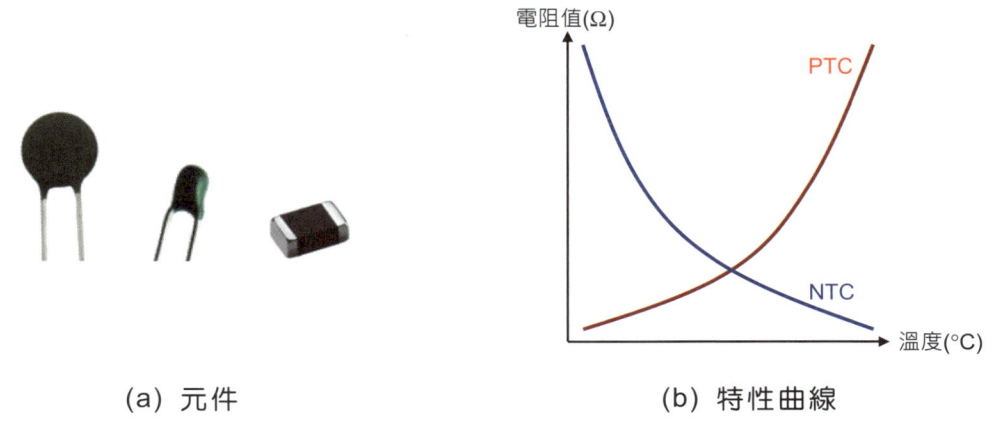

(a) 元件　　　　　　　　　　(b) 特性曲線

圖 3-1　熱敏電阻

以 NTC-NF52-103/3950 熱敏電阻為例，電阻值範圍在 100Ω~500kΩ之間，測量溫度範圍在-55°C~125°C 之間。數字 103 代表在 25°C 時的電阻值為 10kΩ，常數 B 值 3950 是一個描述**電阻值變化率與溫度的關係**。B 值與電阻值、溫度的關係如下式：

$$B = \frac{\ln(R_1) - \ln(R_2)}{\frac{1}{T_1} - \frac{1}{T_2}}，R_1、R_2 單位為歐姆 Ω，T_1、T_2 單位為絕對溫度 K$$

如圖 3-2 所示熱敏電阻特性測量電路，輸出電壓 $V_o = 5 \times \frac{R}{10+R}$，當溫度上升，熱敏電阻 R 值減少，致使 V_o 電壓下降。當溫度下降，熱敏電阻 R 值增加，致使 V_o 電壓上升。熱敏電阻 R 值計算如下式：

$$R = \frac{10}{(\frac{5}{v_o} - 1)} \text{【kΩ】}$$

已知環境溫度 $T_1 = 25°C = 298K$ 時的熱敏電阻值 $R_1 = 10kΩ$，所以只要知道現在環境溫度 T_2 的電阻值 $R_2 = R$，就可以知道現在的環境溫度 T_2 值。因此

$$T_2(K) = \frac{1}{\frac{1}{T_1} - \frac{\ln(R_1) - \ln(R_2)}{B}} = \frac{1}{\frac{1}{298} - \frac{\ln(10k) - \ln(R)}{3950}}，T_2(°C) = T_2(K) - 273.2$$

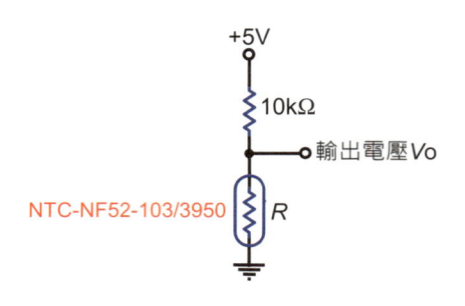

圖 3-2　熱敏電阻特性測量電路

為了方便與 Arduino Uno 開發板連線，可使用如圖 3-3 所示 NTC 熱敏電阻模組，內含類比輸出 AO 及數位輸出 DO。

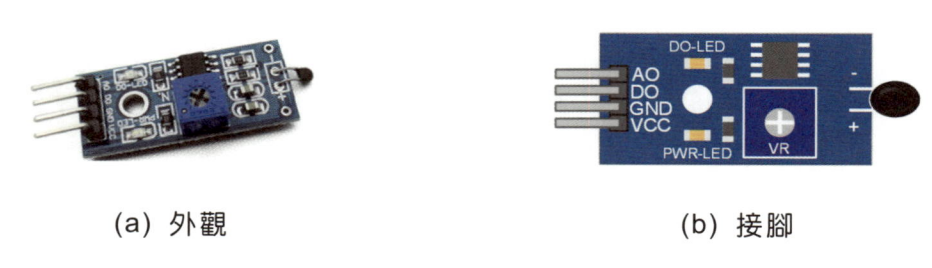

(a) 外觀　　　　　　　　　　　　(b) 接腳

圖 3-3　NTC 熱敏電阻模組

NTC 熱敏電阻模組輸出 AO 的電路接線如圖 3-2 所示。VR 電位器可以設定溫度值，順時針調整電位器，設定溫度值增加；逆時針調整電位器，設定溫度值減少。當環境溫度超過設定溫度值，DO 輸出低電位，綠燈點亮。反之，當環境溫度低於設定溫度值，DO 輸出高電位，綠燈熄滅。

▶ 動手做：使用熱敏電阻測量環境溫度

■ 一　功能說明

如圖 3-4 所示熱敏電阻測量環境溫度電路接線圖，使用 Arduino Uno 開發板配合 NTC 熱敏電阻模組，測量環境溫度。並且將熱敏電阻兩端的電壓值、電阻值及環境溫度，顯示於「序列埠監控視窗」中。

二 電路接線圖

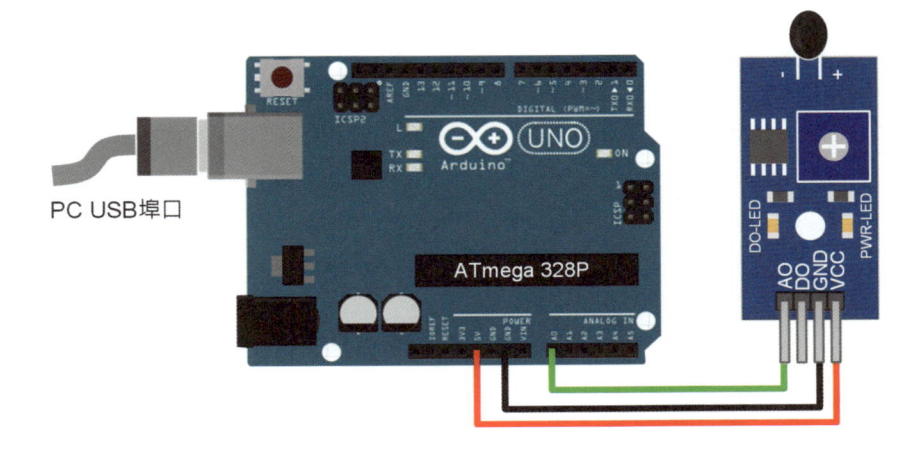

圖 3-4　熱敏電阻測量環境溫度電路接線圖

三 程式：ch3-1.ino

```
#include <math.h>                          //載入 math 算術函式庫。
int val;                                    //熱敏電阻兩端電壓的數位值。
float volts,R,T;                            //電壓值、電阻值及溫度值。
//初值設定
void setup()
{
    Serial.begin(9600);                     //設定序列埠傳輸率為 9600bps。
}
//主迴圈
void loop()
{
    val=analogRead(0);                      //讀取熱敏電阻兩端電壓的數位值。
    volts=(float)val * 5 / 1024;            //轉成電壓值。
    Serial.print("Vo = ");                  //顯示訊息。
    Serial.print(volts);                    //顯示熱敏電阻的電壓值。
    Serial.print("V");                      //顯示訊息：電壓單位。
    R=(float)10000/(5/volts-1);             //計算目前溫度的電阻值。
    Serial.print(", R = ");                 //顯示訊息。
    Serial.print(R/1000);                   //顯示電阻值，單位 kΩ。
    Serial.print("k");                      //顯示訊息：電阻單位 k
```

3-5

```
    T=(float)1/(1/298.2-(log(10000)-log(R))/3950);//計算目前環境溫度。
    T=T-273.2;                      //溫度單位 K 轉成 °C。
    Serial.print(", T = ");         //顯示訊息。
    Serial.print(T);                //顯示環境溫度。
    Serial.println("C");            //顯示訊息：攝氏溫度單位 C。
    delay(1000);                    //每秒更新顯示。
}
```

練習

1. 接續範例，D13 連接綠色 LED 燈。當環境溫度大於等於 30°C 時，綠燈點亮，當環境溫度小於 30°C 時，綠燈熄滅。

2. 接續範例，D12 連接紅色 LED 燈、D13 連接綠色 LED 燈。當環境溫度小於 25°C 時，綠燈點亮，當環境溫度大於 30°C 時，紅燈點亮。環境溫度在 25°C~30°C 之間，所有燈熄滅。

3-1-2 熱電偶

如圖 3-5 所示熱電偶的測溫原理，是將兩種不同材質的金屬或合金 A、B 連接在一起成為熱電極，在熱電極的一端稱為測量端，另一端稱為參考端。測量端加熱時，在金屬內傳導電荷的**自由電子密度會隨著溫度升高而增加**，不同金屬對溫度的反應不同，自由電子密度較高的區域會往密度較低的區域擴散（diffusion）產生電流，使兩金屬間形成電壓降 V_{AB}。利用 V_{AB} 的大小就可以換算出測量端溫度，即所謂的席貝克效應（Seebeck Effect）。

實際測量溫度包含測量端溫度 t 加上參考端溫度 t_0，**參考端又稱為冷接點**（cold junction），必須補償以保持穩定，才不會影響到測量端溫度 t 的正確性。

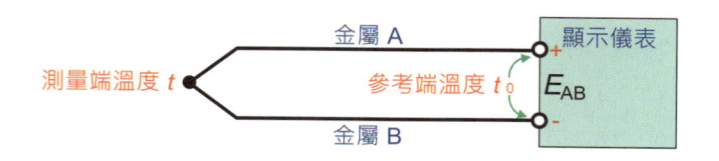

圖 3-5　熱電偶的測溫原理

如圖 3-6 所示熱電偶的種類及特性，可以分成裝配、鎧裝、端面、壓簧固定、高溫、防腐熱、耐磨、高壓、特殊、手持式及微型熱電偶等多種。依環境、用途及溫度範圍不同，選用適當熱電偶型別。依耐腐蝕、耐高溫及抗干擾等需求，選用適當保護管與被覆材質。

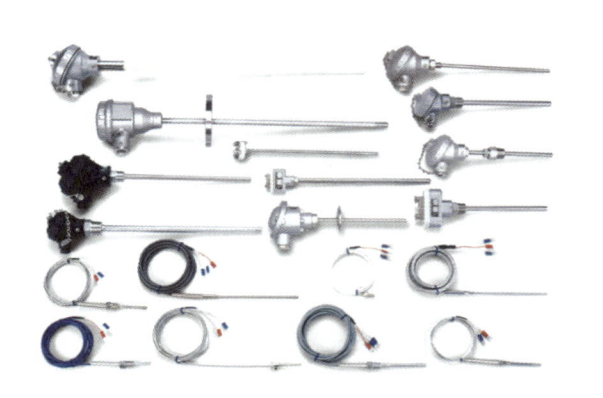

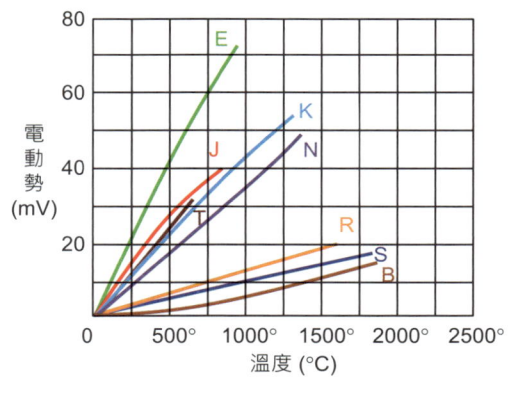

(a) 接點種類　　　　　　　　(b) 特性曲線

圖 3-6　熱電偶的種類及特性

如表 3-2 所示熱電偶種類，使用溫度範圍在-200°C~1800°C 之間，有 E、J、T、K、N、R、S、B 等多型，以 **K 型最常用**，實際測量溫度範圍以技術手冊為準。由於**溫度變化與電動勢變化呈非線性關係且電動勢極小**，必須避免與電源線平行且至少保持 1 呎以上的距離，以免受到電源干擾。本例使用 K 型鎧裝熱電偶，所謂鎧裝是指在產品外層加裝金屬保護，具有可彎曲、耐高壓、堅固耐用、熱響應時間快等優點。

表 3-2　熱電偶種類 (參考 JIS C 1610)

種類 (Type)	材質 (正極)	材質 (負極)	使用溫度範圍
高溫用 E	鎳鉻合金	鎳銅合金	-200°C~1000°C
中溫用 J	高純度鐵	鎳銅合金	-0°C~700°C
低溫用 T	高純度銅	鎳銅合金	-200°C~400°C
高溫用 K	鎳鉻合金	鋁鉻合金	-200°C~1370°C
高溫用 N	鎳鉻矽合金	鎳矽合金	-200°C~1300°C
超高溫 R	13%白金、銠	白金	0°C~1700°C
超高溫 S	10%白金、銠	白金	0°C~1700°C
超高溫 B	30%白金、銠	6%白金、銠	100°C~1800°C

如圖 3-7 所示 K 型熱電偶模組，使用 MAXIM 公司生產的 MAX6675 晶片，具有冷接點（cold-junction）補償及開路偵測功能。MAX6675 晶片可將溫度轉換為 12 位元數位值，精確度 ±0.25°C，最大可以測量的溫度為 1024°C（$2^{12}×0.25°C=1024°C$）。配合不同形式的溫度探頭，可以在狹小或是密閉空間中測量環境溫度，MAX6675 晶片使用 SPI 介面（CS、SO、SCK）與 Arduino 開發板溝通。

(a) 外觀　　　　　　　　　　(b) 接腳

圖 3-7　K 型熱電偶模組

在使用 Arduino Uno 開發板控制熱電偶前，必須先安裝如圖 3-8 所示 **MAX6675** 函式庫，下載網址 https://github.com/adafruit/MAX6675-library。

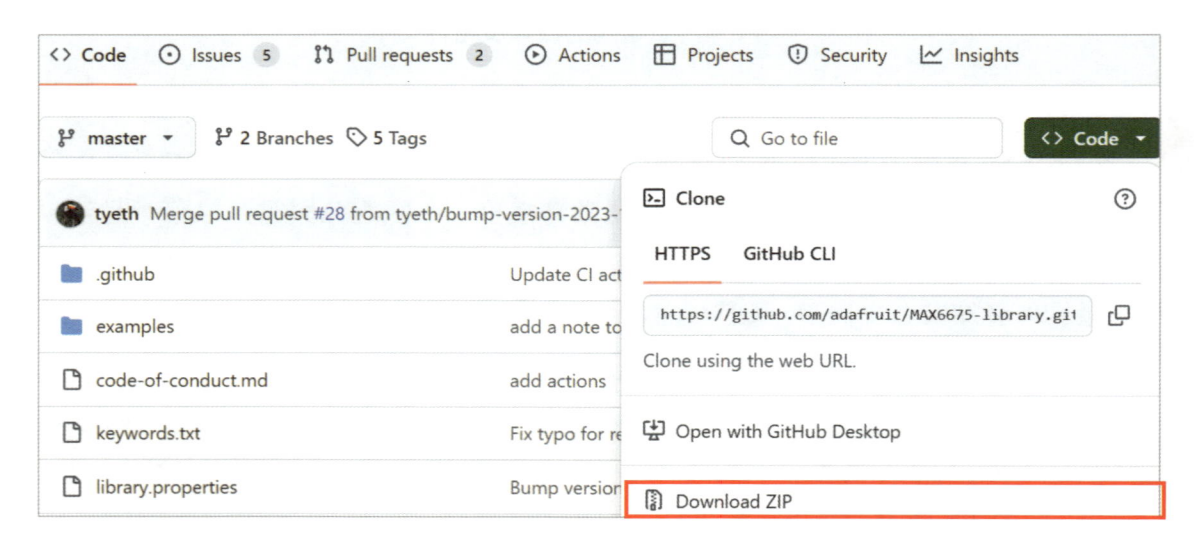

圖 3-8　MAX6675 函式庫下載

▶ 動手做：使用 K 型鎧裝熱電偶測量環境溫度

━ 功能說明

如圖 3-9 所示 K 型鎧裝熱電偶測量環境溫度電路接線圖，使用 Arduino Uno 開發板配合 K 型鎧裝熱電偶，測量環境溫度，並將環境溫度顯示於「序列埠監控視窗」。

感知層之感測技術 3

▣ 電路接線圖

圖 3-9　K 型鎧裝熱電偶測量環境溫度電路接線圖

▣ 程式：ch3-2.ino

```cpp
#include "max6675.h"                                //載入 max6675 函式庫。
int thermoSO = 4;                                   //D4 連接 K 型熱電偶模組 SO 腳。
int thermoCS = 5;                                   //D5 連接 K 型熱電偶模組 CS 腳。
int thermoSCK = 6;                                  //D6 連接 K 型熱電偶模組 SCK 腳。
MAX6675 thermocouple(thermoSCK,thermoCS,thermoSO);  //建立熱電偶物件。
//初值設定
void setup()
{
    Serial.begin(9600);                             //設定序列埠傳輸率為 9600bps。
    delay(500);                                     //等待 MAX6675 模組穩定。
}
//主迴圈
void loop()
{
    Serial.print("temperature = ");                 //顯示訊息。
    Serial.print(thermocouple.readCelsius());       //顯示環境溫度。
    Serial.println("C");                            //顯示訊息：攝氏溫度單位 C。
    delay(1000);                                    //每秒更新顯示值。
}
```

3-9

練習

1. 接續範例，D12 連接紅色 LED 燈、D13 連接綠色 LED 燈。當環境溫度小於 25°C 時，綠燈點亮，當環境溫度大於 30°C 時，紅色點亮。
2. 接續範例，連接如圖 3-10 所示 I2C 串列 LCD 顯示器，並且顯示環境溫度。

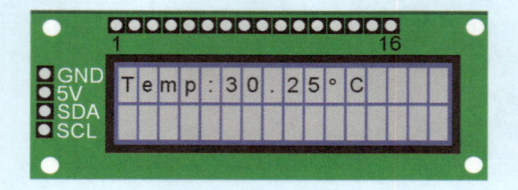

圖 3-10　顯示環境溫度

3-1-3　LM35 溫度感測器

　　如圖 3-11 所示 Texas Instruments 公司生產的 LM35 溫度感測器，具有 TO-92、TO-220 等多種包裝。LM35 為**電壓輸出型**，工作溫度範圍在 -55°C~150°C 間，工作電壓 V_{CC} 在 4V~30V 間。LM35 輸出電壓 OUT 與攝氏（Celsius，簡稱 C）溫度呈線性正比例關係 10mV/°C，非線性誤差 ±0.25°C，**在室溫 25°C 時具有 ±0.5°C 的精確度**。

(a) TO-92 包裝　　　　　　　　(b) TO-220 包裝

圖 3-11　LM35 溫度感測器

　　除了 LM35 之外，另有 LM34 及 LM335 兩種溫度感測器。LM34 輸出電壓與華氏（Fahrenheit，簡稱 F）溫度呈線性正比例關係 10mV/°F。LM335 輸出電壓與凱氏（Kelvin，簡稱 K）溫度成線性正比例關係 10mV/K。不同溫度單位轉換公式如下：

$F = 9/5 \times C + 32$【單位：°F】

$C = 5/9 \times (F - 32)$【單位：°C】

K = C + 273.2【單位：K】

本例使用如圖 3-12 所示 LM35 溫度感測模組，方便與 Arduino Uno 開發板連線。Arduino Uno 開發板有 6 組 10 位元類比輸入可以使用，電壓靈敏度約為 $5/2^{10} \cong 5mV$。因此，**每階數位值轉換解析度為 0.5°C/LSB**（＝5mV／（10mV/°C））。

(a) 外觀　　　　　　　　　　　(b) 接腳

圖 3-12　LM35 溫度感測模組

▶ 動手做：使用 LM35 溫度感測器測量環境溫度

一　功能說明

如圖 3-13 所示 LM35 溫度感測器測量環境溫度電路接線圖。使用 Arduino Uno 開發板配合 LM35 溫度感測器，測量環境溫度，並且將環境溫度顯示於「序列埠監控視窗」。以環境溫度 25°C 為例，經由 LM35 轉換產生 250mV（＝25°C×10mV/°C）輸出，加入 Arduino Uno 開發板類比輸入 A0，轉成數位值為 50（＝250mV/（5mV/°C））。因此，只要將數位值乘上轉換參數 0.5 即可得到環境溫度。Arduino Uno 開發板的工作電壓會影響測量的準確度，可依實際情況自行調整轉換參數。

二　電路接線圖

圖 3-13　LM35 溫度感測器測量環境溫度電路接線圖

三 程式：ch3-3.ino

```
#include <math.h>                          //載入math算術函式庫。
const int lm35Vo=0;                        //A0連接LM35輸出OUT。
int val;                                   //溫度的ADC轉換數位值。
float degree;                              //溫度值。
//初值設定
void setup(){
    Serial.begin(9600);                    //設定序列埠傳輸速率9600bps。
}
//主迴圈
void loop(){
    val=analogRead(lm35Vo);                //讀取LM35模組類比輸出並轉成數位值。
    degree=(float)val*500/1000;            //每一階數位值產生0.5°C溫度變化。
    Serial.print("temperature = ");        //顯示訊息。
    Serial.print(degree);                  //顯示環境溫度。
    Serial.println("C");                   //顯示訊息：攝氏溫度單位C。
    delay(1000);                           //每秒更新顯示值。
}
```

練習

1. 接續範例，D12連接紅色LED燈、D13連接綠色LED燈。當環境溫度小於25°C時，綠燈點亮，當環境溫度大於30°C時，紅色點亮。
2. 接續範例，連接I2C串列LCD顯示器，如圖3-10所示顯示環境溫度。

3-1-4　DS18B20溫度感測器

　　如圖3-14所示Dallas公司生產的DS18B20溫度感測器，有TO-92及SOIC兩種包裝。工作電壓+V_{DD}範圍3.0V~5.5V，工作溫度範圍 -55°C~125°C，在環境溫度範圍 -10°C~85°C 內具有 ±0.5°C 精確度。DS18B20使用 1-Wire 介面，接腳 DQ（Data Input/Ouput）用來傳輸資料，可程式解析度9~12位元，轉換12位元溫度值最大需要750毫秒。每個DS18B20都有一組**唯一序號**，微控制器可以同時連接多個DS18B20溫度感測器來感測多點溫度。

(a) TO-92 包裝　　　　　　　　　(b) SOIC 包裝

圖 3-14　DS18B20 溫度感測器

如圖 3-15 所示 DS18B20 溫度感測器的連接方式，DQ 接腳必須串接一個 4.7kΩ 的上拉電阻（pull-up resister），再連接至 +5V 電源，才能得到正確的數據輸出。

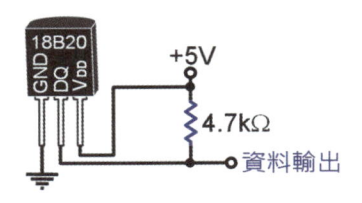

圖 3-15　DS18B20 溫度感測器的連接方式

本例使用如圖 3-16 所示 DS18B20 溫度感測模組，方便與 Arduino Uno 開發板連線。模組已內建 4.7kΩ 上拉電阻，可以直接使用。

(a) 外觀　　　　　　　　　　(b) 接腳

圖 3-16　DS18B20 溫度感測模組

在使用 Arduino Uno 開發板控制 DS18B20 溫度感測器前，必須先安裝 **OneWire** 及 **DallasTemperature** 兩個函式庫。如圖 3-17 所示 OneWire 函式庫，可至 arduino 官網 playground.arduino/Learning/OneWire 下載最新版本的壓縮檔 OneWire-2.3.8.zip。

在 Arduino IDE 中點選「草稿碼→匯入程式庫→加入.ZIP 程式庫」，將下載的 OneWire-2.3.8.zip 安裝於 Arduino IDE 的 libraries 資料夾。libraries 資料夾可在 Arduino IDE 的「檔案→偏好設定→草稿碼簿的位置」中設定。

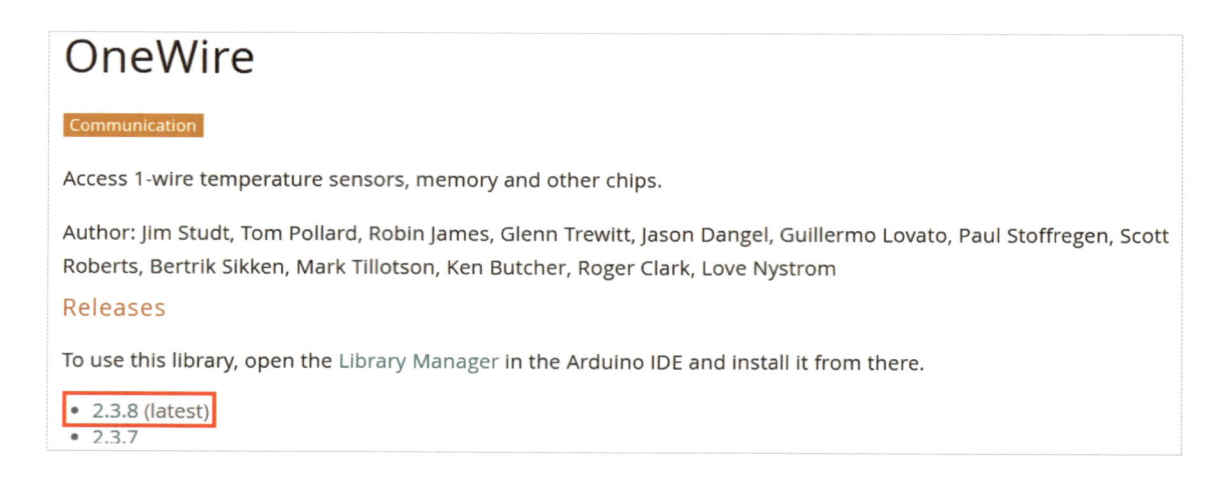

圖 3-17　OneWire 函式庫下載

如圖 3-18 所示 DallasTemperature 函式庫，可至網址 https://github.com/milesburton/Arduino-Temperature-Control-Library 下載壓縮檔 Arduino-Temperature-Control-Library-master.zip。下載完成後，在 Arduino IDE 中點選「草稿碼→匯入程式庫→加入.ZIP 程式庫」，將 DallasTemperature 函式庫加入。

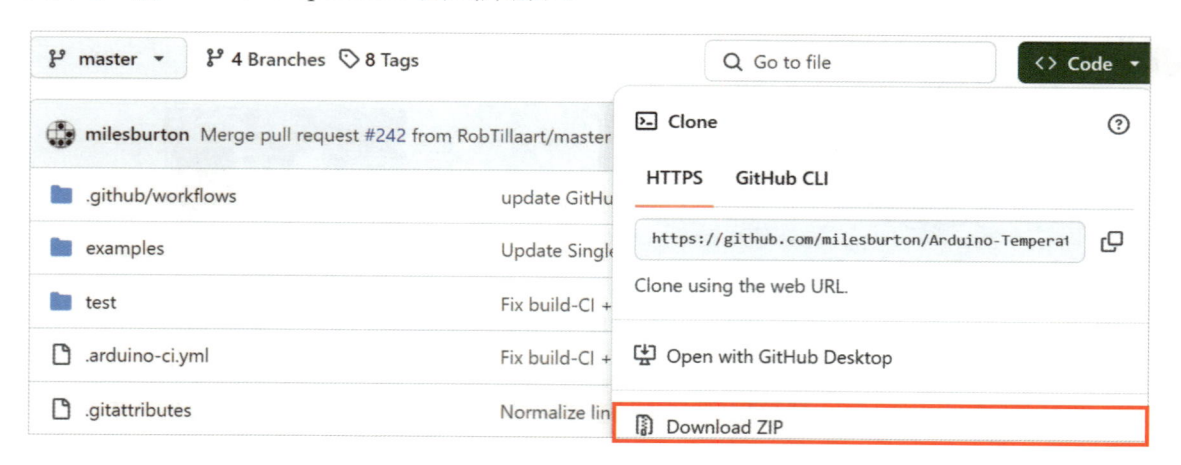

圖 3-18　DallasTemperature 函式庫下載

▶動手做：使用 DS18B20 溫度感測器測量環境溫度

■ 功能說明

如圖 3-19 所示 DS18B20 溫度感測器測量環境溫度電路接線圖。使用 Arduino Uno 板，配合 DS18B20 溫度感測器來測量環境溫度，並顯示於「序列埠監控視窗」。

二 電路接線圖

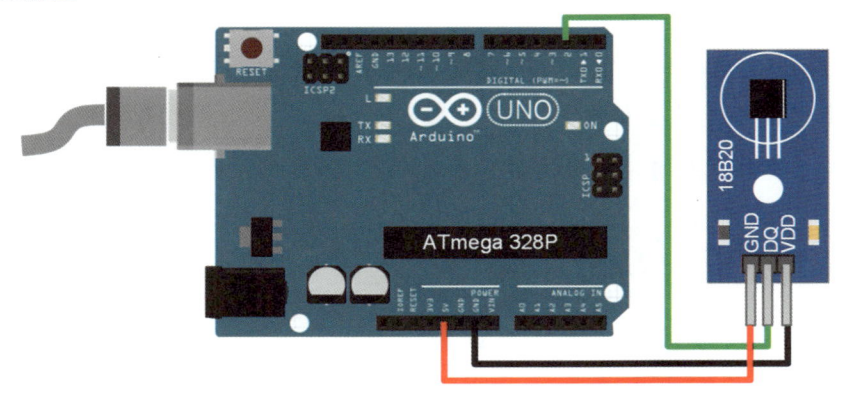

圖 3-19　DS18B20 溫度感測器測量環境溫度電路接線圖

三 程式：ch3-4.ino

```cpp
#include <OneWire.h>                              //載入 OneWire 函式庫。
#include <DallasTemperature.h>                    //載入 DallasTemperature 函式庫。
OneWire DQ(2);                                    //D2 連接 18B20 的 DQ 腳。
DallasTemperature DS18B20(&DQ);                   //初始化 DS18B20。
float degree;                                     //溫度值。
//初值設定
void setup(){
    Serial.begin(9600);                           //設定序列埠傳輸速率 9600bps。
    DS18B20.begin();                              //啟動 DS18B20。
}
//主迴圈
void loop()
{
    DS18B20.requestTemperatures();                //讀取所有 DS18B20 溫度感測器溫度值。
    degree=DS18B20.getTempCByIndex(0);            //取得裝置 0 的 DS18B20 元件溫度值。
    Serial.print("Temperature=");                 //顯示訊息。
    Serial.print(degree);                         //顯示環境溫度。
    Serial.println("C");                          //顯示訊息：攝氏溫度單位 C。
    delay(1000);                                  //每秒更新顯示值。
}
```

> **練習**
>
> 1. 接續範例，D12 連接紅色 LED 燈、D13 連接綠色 LED 燈。當環境溫度小於 25°C 時，點亮綠燈，當環境溫度大於 30°C 時，點亮紅燈。
> 2. 接續範例，連接 I2C 串列 LCD 顯示器，如圖 3-10 所示顯示環境溫度。

3-1-5　DHT11/DHT22 溫溼度感測器

如圖 3-20 所示 AOSONG 公司生產的 DHT11／DHT22 溫溼度感測器，兩者接腳完全相同，內含 NTC 熱敏電阻溫度感測器用來感測溫度。在溼度感測部分，DHT11 使用電阻式溼度感測器，DHT22 則使用電容式溼度感測器。

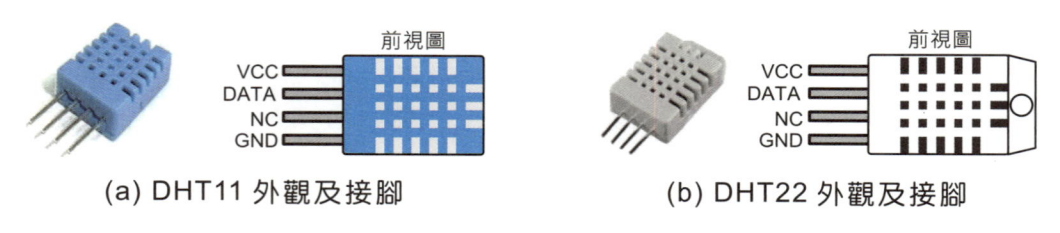

(a) DHT11 外觀及接腳　　　　(b) DHT22 外觀及接腳

圖 3-20　DHT11／DHT22 溫溼度感測器

如圖 3-21 所示 DHT11／DHT22 溫度感測器的連接方式，DATA 接腳必須串接一個 4.7kΩ 的上拉電阻，再連接至 +5V 電源，才能得到正確的數據輸出。

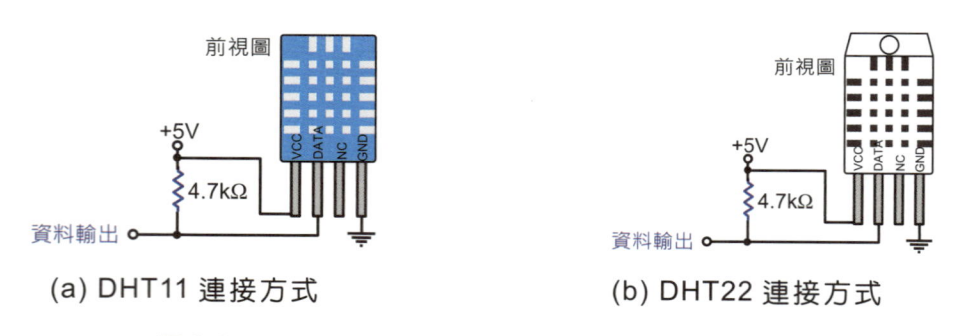

(a) DHT11 連接方式　　　　(b) DHT22 連接方式

圖 3-21　DHT11／DHT22 溫度感測器的連接方式

如表 3-3 所示 DHT11 與 DHT22 的特性比較，DHT22 可測量的溫度、溼度範圍及準確度都較 DHT11 高，但是 DHT11 價格較便宜且反應速度較快。DHT11 取樣率 1Hz，每 1 秒產生一次新數據；DHT22 取樣率 0.5Hz，每 2 秒產生一次新數據。

表 3-3　DHT11 與 DHT22 的特性比較

元件	溫度範圍	溼度範圍	工作電壓
DHT11	0°~50°C±2°C	20~80%±5%RH	3~5.5V
DHT22	-40°~80°C±0.5°C	0~100%±(2~5%)RH	3.3~5.5V

在使用 Arduino Uno 板控制 DHT11 / DHT22 溫溼度感測器前，必須先安裝 **DHT** 及 **Adafruit_Sensor** 兩個函式庫。如圖 3-22 所示 DHT 函式庫，下載網址 https://github.com/adafruit/DHT-sensor-library，完成後再加入 Arduino IDE 函式庫中。

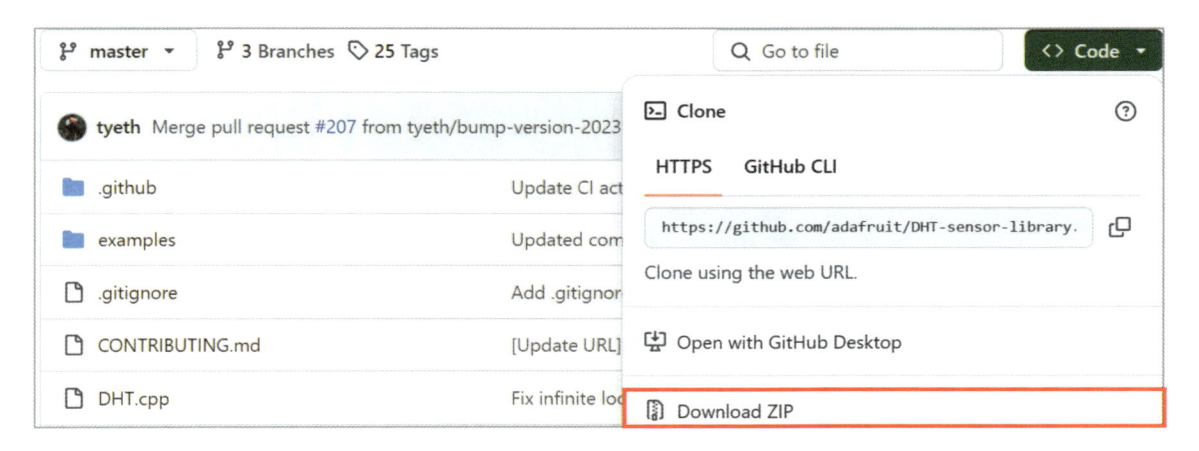

圖 3-22　DHT 函式庫下載

如圖 3-23 所示 Adafruit_Sensor 函式庫，下載網址 https://github.com/adafruit/Adafruit_Sensor，完成後再加入 Arduino IDE 函式庫中。

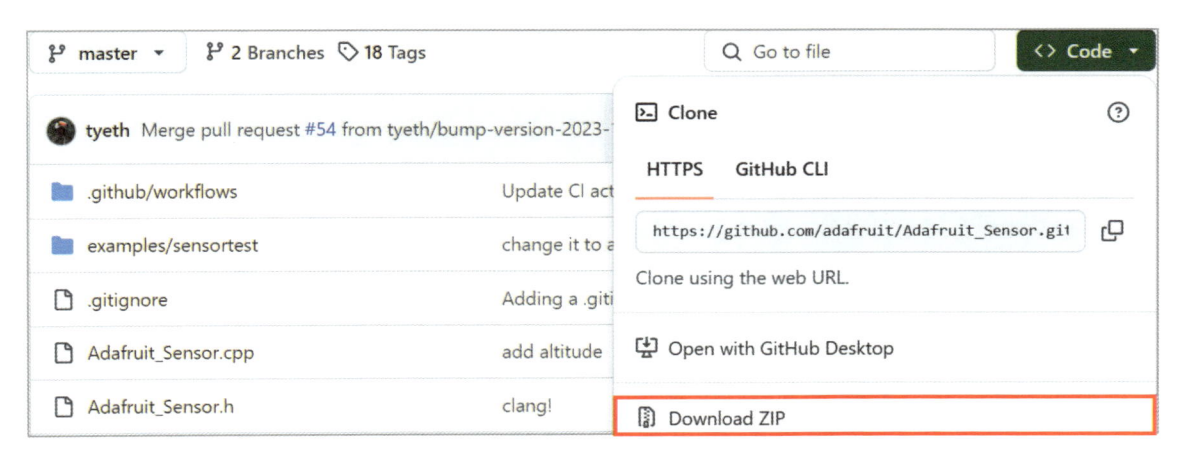

圖 3-23　Adafruit_Sensor 函式庫下載

▶ 動手做：使用 DHT11 溫溼度感測器測量環境溫溼度

一 功能說明

如圖 3-24 所示 DHT11 溫溼度感測器測量環境溫溼度電路接線圖。使用 Arduino Uno 開發板配合 DHT11 溫度感測器，測量環境溫度及溼度，並且將環境溫度及溼度顯示於「序列埠監控視窗」中。

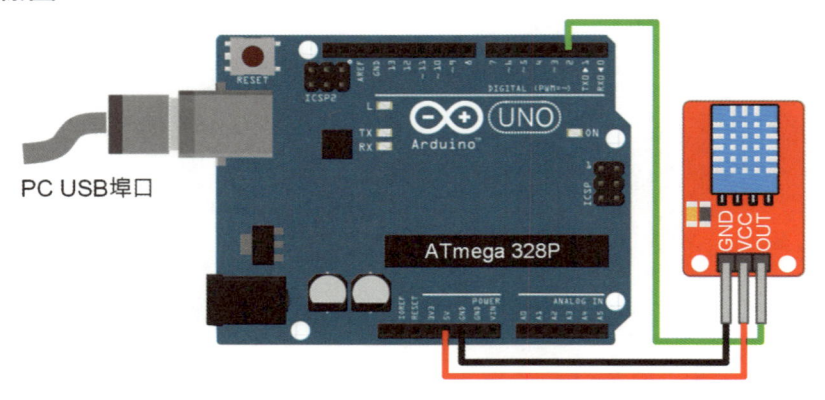

二 電路接線圖

圖 3-24　DHT11 溫溼度感測器測量環境溫溼度電路接線圖

三 程式：ch3-5.ino

```
#include <Adafruit_Sensor.h>        //載入 Adafruit_Sensor 函式庫。
#include <DHT.h>                    //載入 DHT 函式庫。
#include <DHT_U.h>                  //載入 DHT_U 函式庫。
#define dhtPin 2                    //D2 連接 DHT11 資料輸出 DATA。
#define dhtType DHT11               //使用 DHT11 感測器。
DHT dht(dhtPin,dhtType);            //建立 DHT11 物件。
//初值設定
void setup(){
    Serial.begin(9600);             //設定序列埠傳輸速率為 9600bps。
    dht.begin();                    //初始化 DHT11。
}
//主迴圈
void loop()
{
    delay(2000);                    //等待 DHT11 轉換。
```

3-18

```
    float h = dht.readHumidity();           //讀取環境溼度。
    float t = dht.readTemperature();        //讀取環境攝氏溫度。
    if (isnan(h)||isnan(t)||isnan(f))       //溫度或溼度的讀值錯誤?
    {
        Serial.println("Failed to read from DHT sensor!");//顯示訊息。
        return;                             //結束測量。
    }
    Serial.print("Temperature: ");          //顯示訊息。
    Serial.print(t);                        //顯示環境溫度。
    Serial.print("C");                      //顯示訊息：攝氏溫度單位C。
    Serial.print(" ,Humidity: ");           //顯示訊息。
    Serial.print(h);                        //顯示相對溼度。
    Serial.println("%");                    //顯示訊息：相對溼度單位%。
}
```

練習

1. 接續範例，D12 連接紅色 LED 燈、D13 連接綠色 LED 燈。當環境溫度小於 25°C 時，點亮綠燈，當環境溫度大於 30°C 時，點亮紅燈。
2. 接續範例，連接 I2C 串列 LCD 顯示器，如圖 3-25 所示顯示環境溫度及相對溼度。

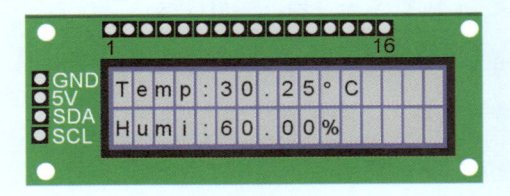

圖 3-25　顯示環境溫度及相對溼度

3-2 氣體感測器

所謂氣體感測器是指**將空氣中含有的特定氣體濃度轉換成可以測量的電壓、電流或電阻值**，如同人類的嗅覺，因此又稱為電子鼻。氣體感測器的種類相當多，依偵測原理主要可分為半導體式（Metal Oxide Semiconductor，簡稱 MOS）、電化學式（electro-chemical）及觸媒燃燒式（catalytic combustion）三種氣體感測器。

3-19

一、半導體式氣體感測器

半導體式氣體感測器主要是由金屬氧化物（二氧化錫，SnO₂）**N 型半導體**及**加熱器**所組成，外部由細孔不銹鋼包覆，具有快速傳熱及防止氣爆的功能。基本工作原理是由一條白金導線（platinum wire）將 SnO₂ 加熱至 200~300°C。在清淨空氣下，感測器吸附空氣中的氧氣（O₂）發生氧化作用，使 N 型半導體中的電子密度減少，造成氣體感測器的電阻值 R_S 上升。當可燃性氣體或有毒氣體等還原氣體接近氣體感測器時，會和氣體感測器周圍的氧氣發生還原作用。**還原作用會減少吸附在氣體感測器中的氧含量，使 N 型半導體中的電子密度增加，造成氣體感測器的電阻值下降。**

利用氣體感測器電阻值的變化，就可以檢測出氣體的濃度。半導式氣體感測器的優點是成本低、小型化、靈敏度相對高（可偵測低濃度氣體）。缺點是穩定性差、功耗大。常用的半導式氣體感測器如表 3-4 所示日本 FIGARO 公司生產的 TGS8 系列，及表 3-5 所示河南漢威（HANWEI）公司生產的 MQ 系列。

表 3-4　日本 FIGARO 公司生產的 TGS8 系列半導體式氣體感測器

主要應用	主要檢測氣體	型號	檢測濃度範圍
可燃氣體檢測	碳氫化合物	TGS813，TGS816	500~10,000ppm
	氫氣（H₂）	TGS821	30~1,000ppm
	甲烷（CH₄）、天燃氣	TGS842	500~10,000ppm
有機溶劑蒸氣檢測	酒精（Alcohol）	TGS822，TGS823	50~5,000ppm
空氣品質檢測	甲烷、酒精、一氧化碳	TGS800	1~30ppm
有毒氣體	硫化氫（H₂S）	TGS825	5~100ppm
	氨（NH₃）	TGS826	30~300ppm
烹調控制	濃煙	TGS880	10~1,000ppm
	酒精、臭氣	TGS882	50~5,000ppm
汽車通風控制	汽油排氣	TGS822	0~5,000ppm

表 3-5　河南漢威（HANWEI）公司生產的 MQ 系列半導體式氣體感測器

主要應用	主要檢測氣體	型號	檢測濃度範圍
可燃氣體檢測	煙霧、液化氣、丙烷、氫	MQ-2	300~10,000ppm
有機溶劑蒸氣檢測	酒精	MQ-3	25~500ppm
可燃氣體檢測	甲烷、天然氣	MQ-4	300~10,000ppm
可燃氣體檢測	甲烷、液化氣	MQ-5	200~10,000ppm
可燃氣體檢測	丙烷、液化氣	MQ-6	200~10,000ppm
有毒氣體檢測	一氧化碳（CO）	MQ-7	10~10,000ppm
可燃氣體檢測	氫氣(H_2)	MQ-8	100~10,000ppm
有毒氣體檢測	一氧化碳（CO）	MQ-9	10~1,000ppm
有毒氣體檢測	甲烷、丙烷	MQ-9	100~10,000ppm

二、電化學式氣體感測器

電化學式氣體感測器的工作原理是待檢測的氣體分子與特定電極之間的化學反應，所引發的氧化或還原過程，致使電流產生變化，且電流大小與氣體濃度成正成。電化學式氣體感測器主要是應用在檢測一氧化碳、硫化氫、氫氣、氨氣等有毒氣體。優點是檢測靈敏度高、線性度佳，缺點是價格較高。

三、觸媒燃燒式氣體感測器

觸媒燃燒式氣體感測器的工作原理，是在白金電阻的表面製造耐高溫的催化劑層。當可燃性氣體在其表面催化燃燒時，會使白金電阻的電阻值發生變化，因而可以檢測出待測氣體的濃度。觸媒燃燒式氣體感測器的優點是檢測準確、反應速度快、壽命長，缺點是燃燒時會**釋放毒性**，而且會有爆炸的危險。

3-2-1　瓦斯感測器

如圖 3-26(a) 所示 FIGARO 公司生產的 TGS800 氣體感測器及圖 3-26(b) 所示 HANWEI 公司生產的 MQ-2 氣體感測器，都可用來檢測甲烷、一氧化碳、酒精（Alcohol）及氫（Hydrogen）等多種可燃氣體。如圖 3-26(c)所示瓦斯感測器接腳，A、B 兩腳為感測電阻 R_s，可以互換。H 腳為白金導線，用來提供加熱電流給 SnO_2。

(a) TGS800　　　　　(b) MQ-2　　　　　(c) 底視圖

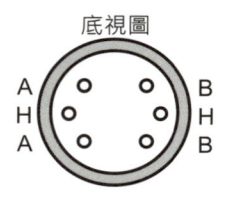

圖 3-26　瓦斯感測器

目前台灣所使用的瓦斯有液化石油氣（Liquefied Petroleum Gas，簡稱 LPG）及天然氣（Natural Gas，簡稱 NG）兩種。液化石油氣又稱為「桶裝瓦斯」，天然氣又稱為「自來瓦斯」。在瓦斯中甲烷的含量約佔 90%，因此 TGS800 及 MQ-2 都可用來檢測瓦斯濃度，又稱為瓦斯感測器。政府規定在作業環境空氣中的瓦斯**容許濃度為 1000ppm**。

如表 3-6 所示 TGS800 及 MQ-2 瓦斯感測器的特性比較，此類感測器通電後會發熱是正常現象。預熱時間約 90~130 秒即可進入穩定狀態，連續使用 48 小時進入極為靈敏的穩定狀態。瓦斯感測器具有壽命長、穩定性高及快速回應等特性。

表 3-6　TGS800 及 MQ-2 瓦斯感測器的特性比較

特性	TGS800	MQ-2
半導體材料	SnO_2	SnO_2
檢測方式	半導體式	半導體式
加熱器電壓 V_H	5.0V±0.2V (AC 或 DC)	5.0V±0.2V (AC 或 DC)
電源電壓 V_C	≤24V (AC 或 DC)	≤15V (AC 或 DC)
加熱器消耗功率 P_H	650mW	900mW
電源消耗功率 P_S	≤15mW	≤15mW
加熱器內阻 R_H	38Ω±3Ω	31Ω±3Ω
感測器電阻 R_S	10kΩ~130kΩ	3kΩ~30kΩ
檢測靈敏度 S	R_S(10ppm 氫)/R_S(空氣)=0.2~0.6	R_S(10ppm 丁烷)/R_S(空氣)=0.2
預熱時間	>48 小時	>48 小時
反應時間	<20 秒	<20 秒

一、氣體感測器測試電路

如圖 3-27 所示氣體感測器測試電路,電源電壓 V_{CC} 及加熱器電壓 V_H 皆加上 5V 直流電壓。另外,負載電阻必須依所選用氣體感測器的電阻變化範圍調整,R_L 阻值太小則檢測較不靈敏,而且感測器容易燒毀。R_L 阻值太大則所得數據較不準確。依電路分壓定則,輸出電壓 V_{out} 如下式:

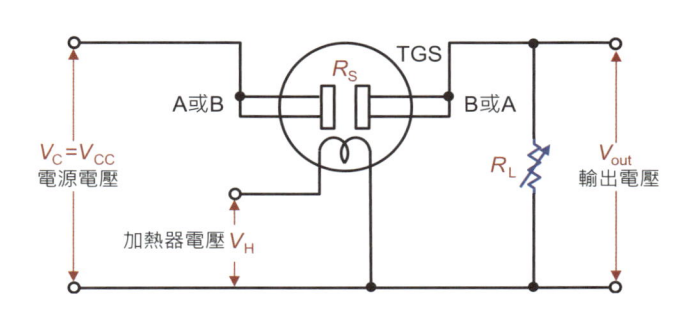

$$V_{out} = V_{CC} \left(\frac{R_L}{R_S + R_L} \right)，感測電阻\ R_S = R_L \left(\frac{V_{CC}}{V_{out}} - 1 \right)$$

圖 3-27　氣體感測器測試電路

氣體感測器所使用的感測材料是二氧化錫(SnO_2),在清淨空氣中的導電率低,感測電阻 Rs 高,因此輸出電壓 V_{out} 低。感測器的**導電率隨著可燃氣體濃度增加而上升,致使感測電阻 Rs 減少**、輸出電壓 V_{out} 增加。

氣體感測器的腳徑較粗,而且不是 2.54mm 標準間距,無法使用麵包板來製作電路。可以購買如圖 3-28 所示 MQ-2 瓦斯感測模組,輸出包含數位信號 DO 及類比信號 AO。數位信號 DO 只有邏輯 0 及邏輯 1 兩種準位,可以使用內建的 10kΩ 電位器設定檢測濃度值,當濃度超過所設定的濃度值時,LED 點亮。AO 輸出電壓範圍在 0.1V(清淨空氣)~4V(最高濃度)之間。**檢測氣體濃度愈高則 AO 輸出電壓愈高**。

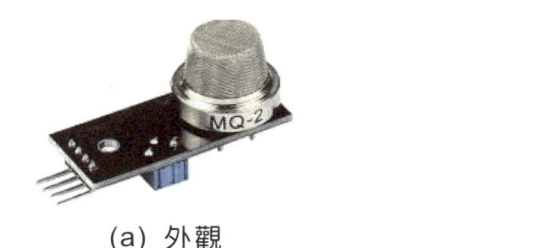

(a) 外觀　　　　　　　　　　　(b) 接腳

圖 3-28　MQ-2 瓦斯感測模組

電路連接完成後，使用電壓表測量乾淨空氣（air）時 MQ-2 瓦斯感測模組的輸出電壓 V_{out}。因為模組使用的負載電阻 R_L=1kΩ，所以乾淨空氣時 MQ-2 瓦斯感測器的電阻值 R_S 可計算如下式：

$$R_S = R_L(\frac{V_{CC}}{V_{out}} - 1) = (\frac{5}{V_{out}} - 1) \text{【kΩ】}$$

二、計算氣體濃度

如圖 3-29 所示 MQ-2 瓦斯感測器的檢測靈敏度，乾淨空氣的 Rs/Ro 比值為 10。**Ro 是指在 1000ppm H2 濃度中的感測電阻**，Rs 是指在不同氣體中的感測電阻。因此，先測量乾淨空氣下的 Rs，再依下式計算取得 Ro。

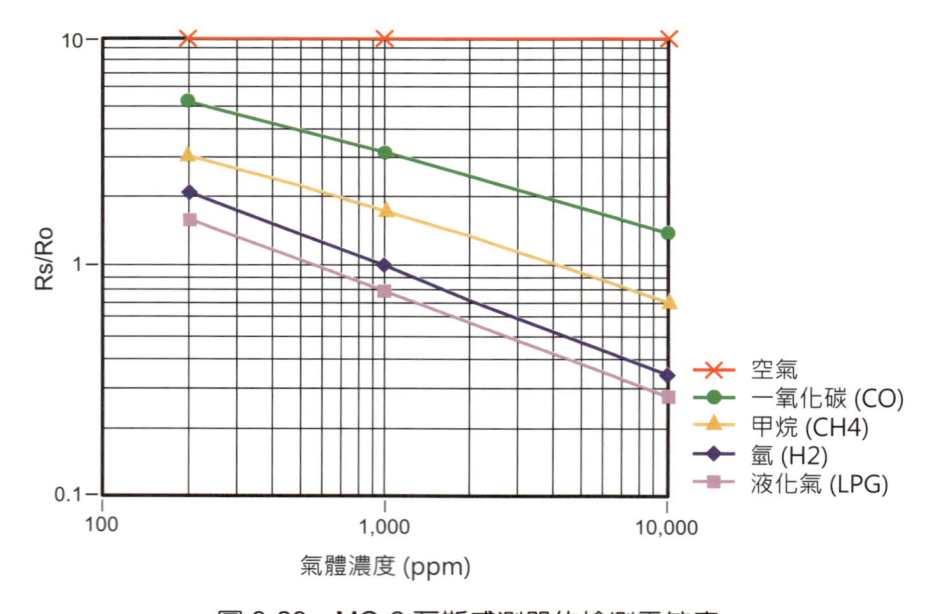

$$R_O = \frac{R_S}{10} \text{【kΩ】}$$

圖 3-29　MQ-2 瓦斯感測器的檢測靈敏度

同理，利用 MQ-2 瓦斯感測模組檢測液化氣（LPG）的電阻值 R_S，取得 Rs/Ro 比值。再比對圖 3-29 液化氣特性曲線，即可得知目前的瓦斯濃度。在瓦斯濃度 200ppm 時的 Rs/Ro=1.7、1000ppm 時的 Rs/Ro=0.8、10,000ppm 時的 Rs/Ro=0.27。實際測量值會因電源電壓穩定度而有不同，請自行調整。

感知層之感測技術　3

▶ 動手做：MQ-2 感測器校正

一　功能說明

如圖 3-30 所示 MQ-2 感測器校正電路接線圖，使用 Arduino Uno 開發板配合 MQ-2 瓦斯感測模組，測量清淨空氣下的 R_S 及 R_O 值。實測得知數位值 val=54、輸出電壓 Vout=0.25V、R_S=18.0kΩ、R_O=1.8kΩ。實測電源電壓 V_{CC}=4.7V，則最小數位值電壓靈敏度為 4.7 / 1024 = 4.6mV。

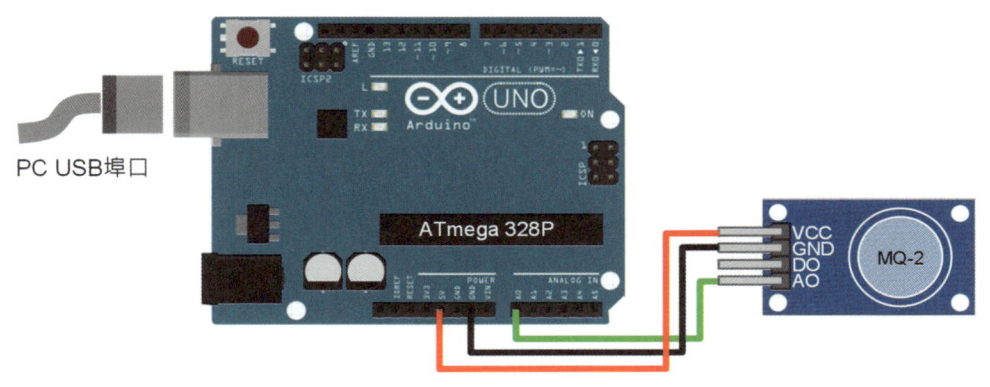

二　電路接線圖

圖 3-30　MQ-2 感測器校正電路接線圖

三　程式：ch3-6A.ino（乾淨空氣）

```
int val;                    //數位值。
float Vout;                 //MQ-2 感測器輸出電壓值。
float Ro,Rs;                //Ro 及 Rs 值。
float VCC=4.7;              //MQ-2 電源電壓，依實際測量值調整。
//初值設定
void setup()
{
    Serial.begin(9600);     //序列埠傳輸速率為9600bps。
}
//主迴圈
void loop()
{
    val=analogRead(A0);     //讀取MQ-2 感測器的輸出數位值。
    Vout=val*VCC/1024;      //MQ-2 的輸出電壓值。
```

```
        Rs=(VCC/Vout-1);                //計算 Rs 值。
        Ro=Rs/10;                       //計算 Ro 值。
        Serial.print(" val= ");         //顯示訊息。
        Serial.print(val);              //顯示數位值。
        Serial.print("Vout= ");         //顯示訊息。
        Serial.print(Vout);             //顯示電壓值。
        Serial.print('V');              //顯示訊息：電壓單位 V。
        Serial.print(" Rs= ");          //顯示訊息。
        Serial.print(Rs);               //顯示 Rs 值。
        Serial.print('k');              //顯示訊息：電阻單位 k。
        Serial.print(" Ro= ");          //顯示訊息。
        Serial.print(Ro);               //顯示 Ro 值。
        Serial.println('k');            //顯示訊息：電阻單位 k。
        delay(1000);                    //每秒測量一次。
}
```

▶ 動手做：瓦斯警報器

一 功能說明

如圖 3-31 所示瓦斯警報器電路接線圖，使用 Arduino Uno 開發板配合 MQ-2 氣體感測模組，檢測瓦斯濃度。政府規定瓦斯濃度容許標準值上限為 1000ppm，若瓦斯濃度超過標準值，LED 閃爍且蜂鳴器產生嗶！嗶！警示聲。若瓦斯濃度未超過標準值，則關閉 LED 及警示聲。如表 3-7 所示瓦斯濃度與數位值的關係，實際測量值與電源電壓穩定性、ADC 轉換靈敏度相關，請自行調整。

表 3-7 瓦斯濃度與數位值的關係

瓦斯濃度	Rs / Ro	Ro	Rs	R_L	Vout	ΔV	val
200ppm	1.7	1.8kΩ	3.06 kΩ	1kΩ	1.16V	4.6mV	252
1000ppm	0.8	1.8kΩ	1.44kΩ	1kΩ	1.93V	4.6mV	419
10000ppm	0.27	1.8kΩ	0.486kΩ	1kΩ	3.16V	4.6mV	687

二 電路接線圖

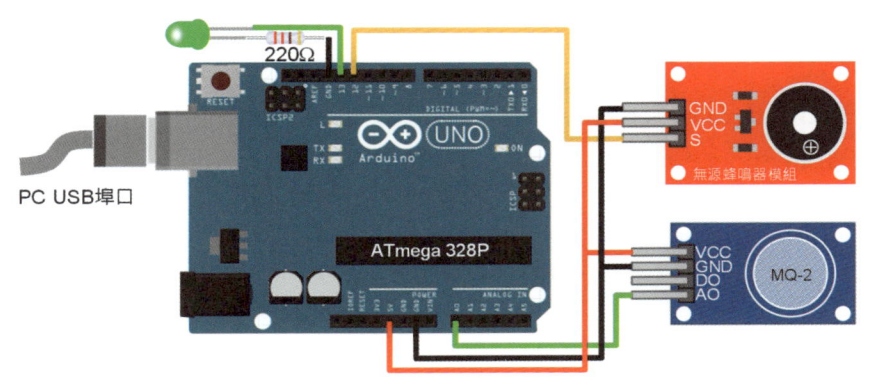

圖 3-31　瓦斯警報器電路接線圖

三 程式：ch3-6B.ino（檢測瓦斯濃度）

```
int soundPin=12;              //D12 連接聲音模組輸入 S。
int ledPin=13;                //D13 連接 LED 燈。
int val;                      //MQ-2 輸出數位值。
//初值設定
void setup()
{
    pinMode(soundPin,OUTPUT); //設定 D12 為輸出埠。
    pinMode(ledPin,OUTPUT);   //設定 D13 為輸出埠。
    Serial.begin(9600);       //設定序列埠傳輸速率為 9600bps。
}
//主迴圈
void loop()
{
    val=analogRead(A0);       //讀取 MQ-2 模組輸出數位值。
    Serial.print("val=");     //顯示訊息。
    Serial.println(val);      //顯示瓦斯濃度數位值。
    if(val>419){              //瓦斯濃度超過標準值 1000ppm?
        digitalWrite(ledPin,HIGH); //LED 閃爍。
        tone(soundPin,1000);  //發出嗶聲。
        delay(50);
        digitalWrite(ledPin,LOW);
        noTone(soundPin);
```

3-27

```
        delay(50);
    }
    else {                              //瓦斯濃度未超過標準值1000ppm。
        digitalWrite(ledPin,LOW);       //關閉 LED 燈。
        noTone(soundPin);               //關閉警示聲。
    }
}
```

練習

1. 接續範例，使用 I2C 串列式 LCD 顯示 Rs / Ro 比值。

3-3 灰塵感測器

所謂 $PM_{2.5}$ 是指漂浮在空氣中類似灰塵的粒狀懸浮微粒（particulate matter，簡稱 PM），**粒徑小於 2.5 微米（μm）**，單位以微克／立方公尺（μg/m³）表示。如表 3-8 所示懸浮微粒分類，$PM_{2.5}$ 會經由氣管、支氣管進入肺泡。長期暴露在 $PM_{2.5}$ 的環境下，容易引起支氣管炎、氣喘、心血管疾病，嚴重的更會導致肺癌或死亡。

表 3-8　懸浮微粒分類

名稱	PM 粒徑	說明	影響
總懸浮微粒	<100μm（TSP）	懸浮微粒的總稱	懸浮於空氣中
懸浮微粒	<10μm（PM_{10}）	海灘沙粒直徑的 1/10	鼻腔、喉嚨
粗懸浮微粒	2.5～10μm（$PM_{2.5}$～PM_{10}）	頭髮直徑的 1/20	呼吸系統
細懸浮微粒	<2.5μm（$PM_{2.5}$）	頭髮直徑的 1/28	肺泡、血管

環保署的空氣品質指標（Air Quality Indicators，簡稱 AQI）是依據當日空氣中臭氧 (O_3)、細懸浮微粒 ($PM_{2.5}$)、懸浮微粒 (PM_{10})、一氧化碳 (CO)、二氧化硫 (SO_2) 及二氧化氮 (NO_2) 濃度等監測資料數值。以其對人體健康的影響程度，分別換算出不同污染物之副指標值。如表 3-9 所示空氣品質指標 AQI 與 $PM_{2.5}$ 的關係，依據 $PM_{2.5}$ 濃度，以不同顏色區分等級。進入環境部網址 https://airtw.moenv.gov.tw，可以看到 AQI 及 $PM_{2.5}$ 等各項數據。**$PM_{2.5}$ 濃度越高，表示對人體的危害程度越嚴重。**

表 3-9　空氣品質指標 AQI 與 PM$_{2.5}$的關係

代表顏色	AQI	對健康的影響	PM$_{2.5}$(μg/m^3)
綠	0~50	良好	0.0~15.4
黃	51~100	普通	15.5~35.4
橘	101~150	對敏感族群不健康	35.5~54.4
紅	151~200	對所有族群不健康	54.5~150.4
紫	201~300	非常不健康	150.5~250.4
褐紅	301~500	危害	250.5~500.4

3-3-1　GP2Y1010AU0F 灰塵感測器

如圖 3-32 所示 GP2Y1010AU0F 灰塵感測器，是由 SHARP 公司所生產製造，用來感測空氣中的灰塵懸浮微粒，也能有效的檢測到非常細小的煙草煙霧微粒。灰塵感測器常應用於空氣清淨器、空氣調節器等改善空氣品質的設備。

(a) 外觀　　　　　　　　　(b) 接腳

圖 3-32　GP2Y1010AU0F 灰塵感測器

如圖 3-33(a) 所示灰塵感測器內部電路，電源電壓 V$_{CC}$ 在 5~7V 之間。紅外線 LED 電源 V-LED 最大電壓為 V$_{CC}$，最大消耗電流為 20mA，最小顆粒檢測值為 0.8μm，靈敏度為 0.5V / (0.1mg / m3)。灰塵感測器的工作原理是在對角放置紅外線 LED 及光電晶體，用來**檢測空氣中懸浮微粒反射光**，並將灰塵密度轉換成類比電壓輸出。

如圖 3-33(b) 所示灰塵密度與輸出電壓關係，得知最大可以檢測的灰塵密度為 0.5mg/m^3，即 500μg/m^3。**接地端必須連接至金屬外殼，以降低雜訊干擾**，在清淨空氣中的電壓典型值為 0.9V。灰塵密度與輸出電壓的關係式如下：

灰塵密度（dest density）= 0.17 × 輸出電壓（V）− 0.1【mg/m^3】

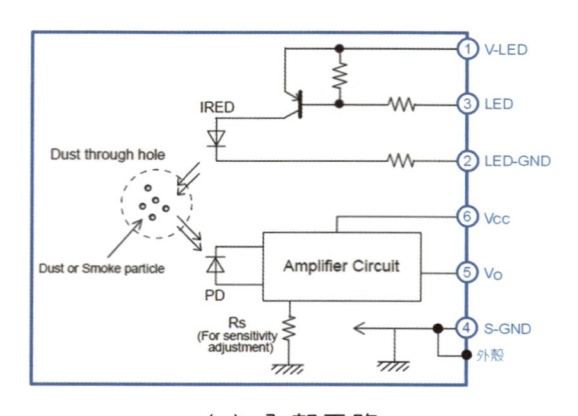

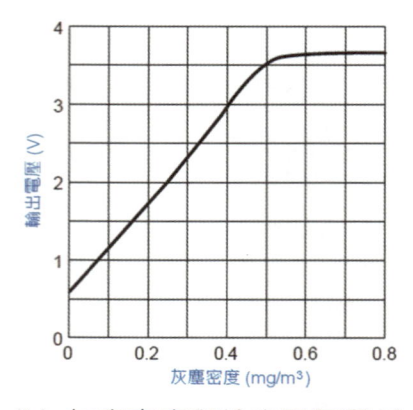

(a) 內部電路　　　　　　　　　(b) 灰塵密度與輸出電壓關係

圖 3-33　PM2.5 灰塵感測器內部電路與特性 (圖片來源：SHARP 公司)

　　如圖 3-34 所示 GP2Y1010AU0F 灰塵感測器的紅外線發射電路，電源電壓 V_{CC} 經由外接 R、C 濾波以提供穩定電源。第③腳必須輸入如圖 3-35 所示驅動信號使紅外線發射電路發射紅外線信號。

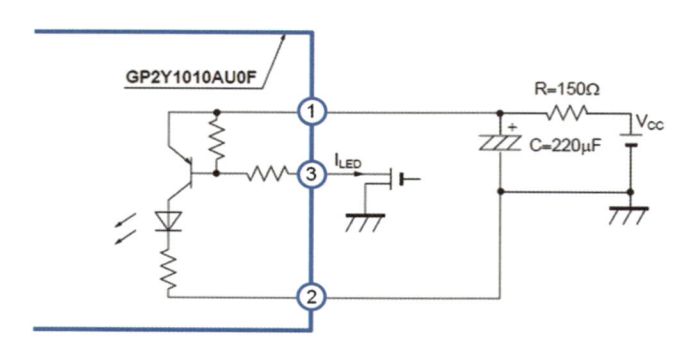

圖 3-34　GP2Y1010AU0F 灰塵感測器的紅外線發射電路 (圖片來源：SHARP 公司)

　　如圖 3-35 所示 GP2Y1010AU0F 灰塵感測器紅外線發射電路的驅動信號，依 SHARP 公司技術資料所述，脈波週期 T=10ms，脈波寬度（pulse width，簡稱 PW）PW=0.32ms，在 0.28ms 處取樣，才能得到正確的電壓輸出。

(a) 驅動脈波　　　　　　　　　(b) 取樣時間

圖 3-35　PM2.5 灰塵感測器的紅外線發射電路驅動信號 (圖片來源：SHARP 公司)

3 感知層之感測技術

▶ 動手做：PM2.5 空氣品質檢測器

一 功能說明

如圖 3-36 所示 PM2.5 空氣品質檢測器電路接線圖，使用 Arduino Uno 開發板配合 GP2Y1010AU0F 灰塵感測器，檢測空氣中的懸浮微粒。並且將懸浮微粒密度顯示於「序列埠監控視窗」中。

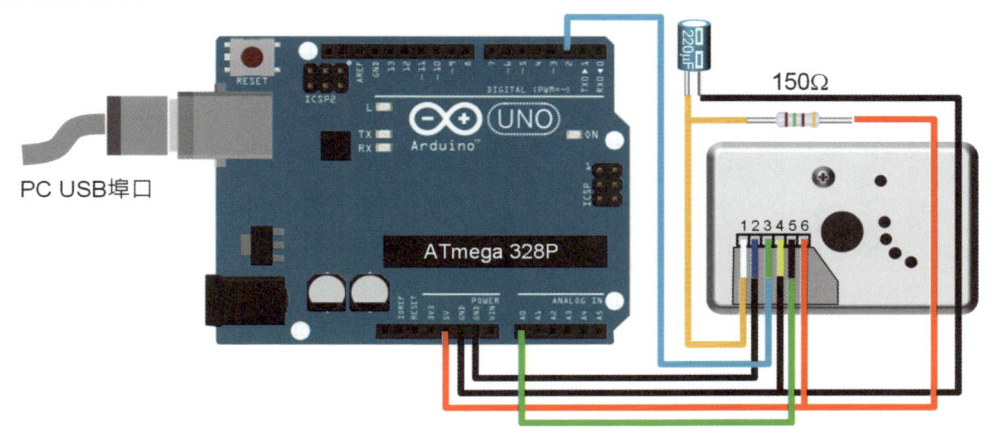

二 電路接線圖

圖 3-36　PM2.5 空氣品質檢測電路接線圖

三 程式：ch3-7.ino

```
int VoPin = A0;              //A0 連接灰塵感測器 Vo 腳。
int ledPower = 2;            //D2 連接灰塵感測器驅動信號 LED 腳。
int samplingTime = 280;      //取樣時間 0.28ms。
int deltaTime = 40;          //0.32ms-0.28ms=0.04ms。
int sleepTime = 9680;        //10ms-0.32ms=9.68ms。
int val = 0;                 //灰塵密度數位值。
float dustVolts = 0;         //灰塵密度電壓值。
float dustDensity = 0;       //灰塵密度。
//初值設定
void setup()
{
    Serial.begin(9600);              //設定序列埠傳速率為 9600bps。
    pinMode(ledPower,OUTPUT);        //設定 D2 為輸出埠。
}
```

3-31

```
//主迴圈
void loop(){
    digitalWrite(ledPower,LOW);         //開啟(ON)紅外線發射電路。
    delayMicroseconds(samplingTime);    //延遲0.28ms後再取樣。
    val = analogRead(VoPin);            //取樣灰塵感測器輸出電壓的數位值。
    delayMicroseconds(deltaTime);       //延遲0.04ms結束取樣。
    digitalWrite(ledPower,HIGH);        //關閉(OFF)紅外線發射電路。
    delayMicroseconds(sleepTime);       //延遲9.68ms完成一個驅動脈波。
    dustVolts=val*(5.0/1024.0);         //數位值轉換成電壓值。
    dustDensity=0.17*dustVolts-0.1;     //將電壓值轉換成灰塵密度(mg/m3)。
    Serial.print("Dust Density: ");     //顯示訊息。
    Serial.print(dustDensity * 1000);   //轉換並顯示灰塵密度(單位ug/m3)。
    Serial.println(" ug/m3 ");          //顯示訊息：單位ug/m3。
    delay(1000);                        //每秒檢測一次。
}
```

練習

1. 接續範例，使用 I2C 串列式 LCD 顯示如圖 3-37 所示灰塵密度。

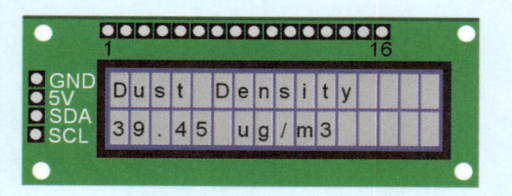

圖 3-37　顯示灰塵密度

2. 接續範例，D12 連接紅色 LED 燈，D13 連接綠色 LED 燈。當灰塵密度在 35.4μg/m³ 以下，點亮綠燈表示空氣品質優良。超過 35.4μg/m³，則點亮紅燈表示空氣品質不佳。

3-4　運動感測器

　　運動感測器是用來偵測物體的加速度、震動、衝擊、傾斜、旋轉及方位等變化。常用運動感測器有**加速度計**（accelerometer，簡稱 g-sensor）、**陀螺儀**（gyroscope）及**電子羅盤**（e-compass）等。

感知層之感測技術　3

　　市售常見加速度計模組的內置晶片如 ADXL335、ADXL345 及 MMA7361 等，皆為歐美系廠商生產。加速度計晶片的內部製程為**電容式感測結構**，藉由加速度運動所造成的內部電容極板移動，致使電容量產生變化。電容變化量經由特定應用積體電路（application specific integrated circuit，簡稱 ASIC）放大及轉換後，得到類比式或數位式輸出。如表 3-10 所示 ADXL335、ADXL345 及 MMA7361 特性比較，ADX335 及 MMA7361 為類比式輸出，ADX345 為數位式輸出。

表 3-10　ADXL335、ADXL345 及 MMA7361 特性比較

參數	ADX335	ADX345	MMA7361
電源電壓	1.8~3.6V	2~3.6V	2.2~3.6V
工作電流	350μA	140μA	400μA
g 值範圍	±3g	±2g，±4g，±8g，±16g	±1.5g，±6g
g 值靈敏度	300mV/g	1250mV/g	800mV/g，206mV/g
輸出	類比式	數位式 SPI / I²C	類比式
線性度	±0.3%	±0.5%	±1%
開啓時間	1ms	1.4ms	0.5ms

3-4-1　加速度計

　　如圖 3-38 所示加速度計，用於計算物體在三維空間中的加速度，加速度計單位**公尺/秒²（m/s²）**。物體在靜止狀態下，Z 軸所受到向下的重力加速度（gravitational acceleration，簡稱 g）為 1g = 9.8m/s²。如圖 3-38(a) 所示加速度計各軸移動位置，在不同傾斜角度所產生的重力加速度等於 **g×sinθ**，以圖 3-38(b) 為例，加速度計 X 軸向上傾斜 30°，所產生的重力加速度等於 g×sin30°=0.5g。

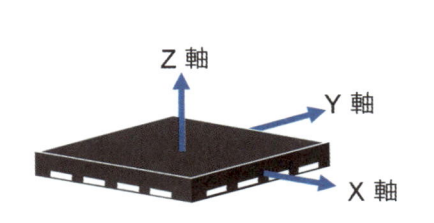

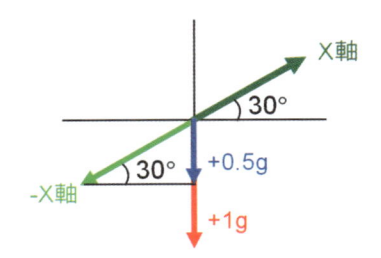

(a) 各軸移動位置　　　　(b) X 軸傾斜 30°所產生的 g 值

圖 3-38　加速度計

3-33

3-4-2　MMA7361 加速度計模組

如圖 3-39 所示 MMA7361 加速度計模組，內置 FreeScale 公司生產的 MMA7361 晶片，不同公司生產模組的引出接腳位置可能不同。MMA7361 加速度計模組的工作電壓 2.2V~3.6V（**典型值 3.3V**）。當接腳 SL=H 時為工作模式，工作模式電流 400μA。當接腳 SL=L 時為休眠（sleep）模式，休眠模式電流 3μA。經由 X、Y、Z 三腳，可讀出 X、Y、Z 軸低量級**下降**、**傾斜**、**移動**、**定位**、**撞擊**和**震動誤差**等數據。

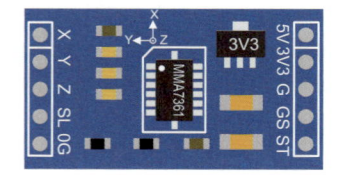

(a) 外觀　　　　　　　　　　　　　(b) 接腳

圖 3-39　MMA7361 加速度計模組

3-4-3　MMA7361 加速度計的 g 值靈敏度

如表 3-11 所示 MMA7361 加速度計的 g 值靈敏度，利用加速度計的 GS 接腳可以選擇 ±1.5g 及 ±6g 兩種 g 值靈敏度。GS=L 時的最大 g 值範圍為 ±1.5g，最大靈敏度 ±800mV/g。GS=H 時的最大 g 值範圍為 ±6g，最大靈敏度 ±206mV/g。

表 3-11　MMA7361 加速度計的 g 值靈敏度

GS 接腳	g 值範圍	g 值靈敏度
L	±1.5g	±800mV/g
H	±6g	±206mV/g

3-4-4　MMA7361 最大傾斜角與 X、Y、Z 三軸輸出電壓關係

MMA7361 零重力 0g 的輸出電壓為 1.65V，在 g 值靈敏度 800mV/g 的條件之下，+1g 輸出電壓為 2.45V，-1g 輸出電壓為 0.85V。如圖 3-40 所示 MMA7361 加速度計最大傾斜角與 X、Y、Z 三軸輸出電壓的關係。如圖 3-40(a) 所示 X 軸向 +X 方向傾斜 +90°，輸出電壓 2.45V。如圖 3-40(b) 所示 X 軸向 -X 方向傾斜 -90°，輸出電壓 0.85V。如圖 3-40(c) 所示 Y 軸向 +Y 方向傾斜 +90°，輸出電壓 2.45V。如圖 3-40(d) 所示 Y 軸向 -Y 方向傾斜 -90°，輸出電壓 0.85V。如圖 3-40(e) 所示 Z 軸向 +Z 方

向傾斜 +90°，輸出電壓 2.45V。如圖 3-40(f) 所示 Z 軸向 −Z 方向傾斜 −90°，輸出電壓 0.85V。

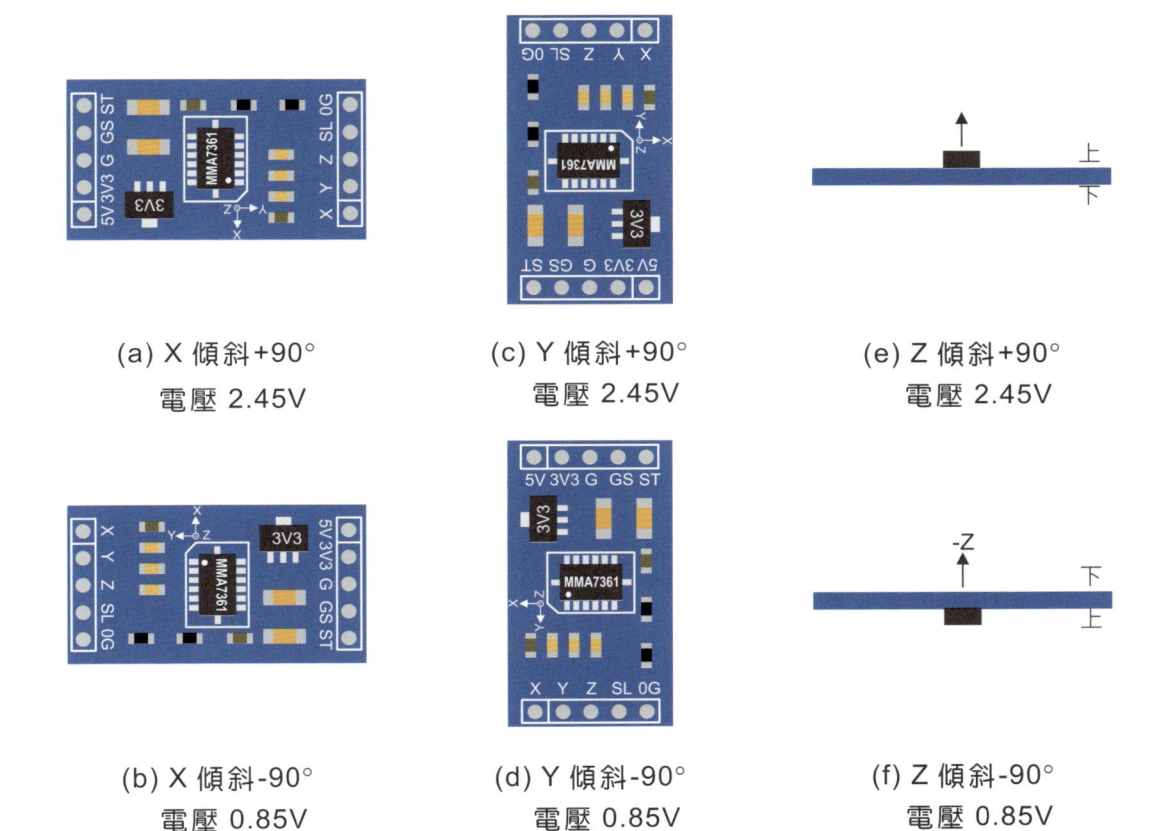

(a) X 傾斜+90°
電壓 2.45V

(c) Y 傾斜+90°
電壓 2.45V

(e) Z 傾斜+90°
電壓 2.45V

(b) X 傾斜-90°
電壓 0.85V

(d) Y 傾斜-90°
電壓 0.85V

(f) Z 傾斜-90°
電壓 0.85V

圖 3-40　加速度計 X、Y、Z 軸的最大傾斜角與 X、Y、Z 三軸輸出電壓的關係

3-4-5　MMA7361 傾斜角與 X、Y、Z 三軸輸出電壓關係

如表 3-12 所示 MMA7361 加速度計傾斜角與 X、Y、Z 三軸輸出電壓的關係，已知**零重力 0g 的輸出電壓為 1.65V、每階最小電壓為 4.88mV（≅ 5 / 1024）**。在 g 值靈敏度 800mV/g 的條件之下，±1g 的輸出電壓範圍在 0.85V~2.45V 之間。傾斜角 θ 與輸出電壓 V_{OUT} 的關係如下式。

$$V_{OUT} = 1.65 + g \times \sin\theta \times 800\text{mV/g}$$

表 3-12　MMA7361 加速度計傾斜角與 X、Y、Z 三軸輸出電壓的關係

傾斜角θ	-90°	-60°	-45°	-30°	0°	+30°	+45°	+60°	+90°
g×sinθ	-1g	-0.87g	-0.71g	-0.5g	0g	0.5g	0.71g	0.87g	1g
輸出 V_{OUT}	0.85V	0.96V	1.08V	1.25V	1.65V	2.05V	2.22V	2.34V	2.45V
數位值 D	174	197	221	256	338	420	455	479	502

　　Arduino Uno 開發板的類比輸入 A0~A5 內建 10 位元（數位值 0~1023）ADC 轉換器，本例使用 A0~A2 來讀取並轉換 X、Y、Z 三軸的類比輸出電壓。實際輸出電壓會因**電源穩定度**、**轉換解析度**、**雜訊電壓**而有所誤差，必須自行調校。如表 3-12 所示，轉換數位值 D 與輸出電壓 V_{OUT} 的關係如下式。

$$D = 1024 \times \frac{V_{OUT}}{V_{CC}}$$

▶ 動手做：使用 MMA7361 加速度計測量傾斜角

一　功能說明

　　如圖 3-41 所示 MMA7361 加速度計測量傾斜角電路接線圖。使用 Arduino Uno 開發板配合 MMA7361 加速度計，測量物體傾斜角並將數位值、g 值及傾斜角，顯示於「序列埠監控視窗」中。

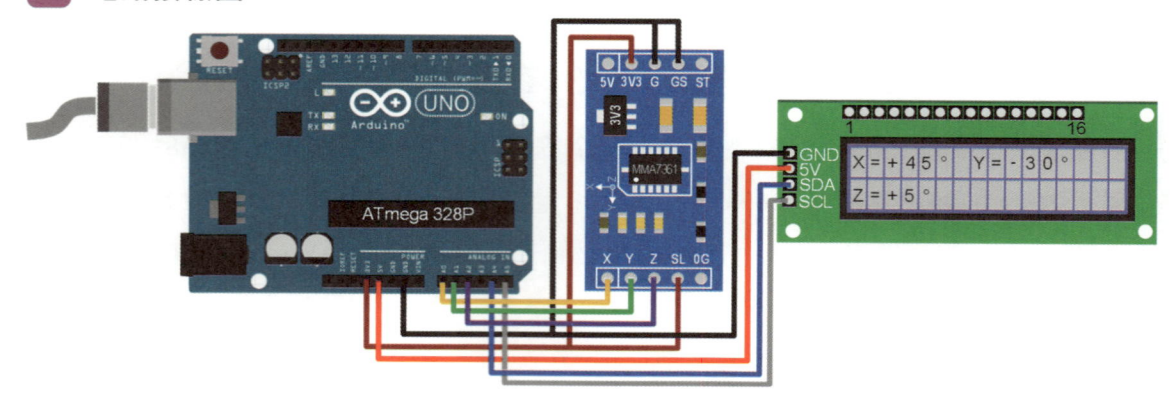

二　電路接線圖

圖 3-41　MMA7361 加速度計測量傾斜角電路接線圖

三 程式：ch3-8.ino

```
#define PI 3.1416;                          //定義常數 PI=3.1416
const int Xpin=0;                           //A0 連接 MMA7361 模組 X 軸輸出。
const int Ypin=1;                           //A1 連接 MMA7361 模組 Y 軸輸出。
const int Zpin=2;                           //A2 連接 MMA7361 模組 Z 軸輸出。
int Xval,Yval,Zval;                         //X、Y、Z 的數位值。
int Xmin=172,Xmax=487;                      //X 數位值實測最小值及最大值。
int Ymin=190,Ymax=515;                      //Y 數位值實測最小值及最大值。
int Zmin=117,Zmax=430;                      //Z 數位值實測最小值及最大值。
float VCC=4.9;                              //電源電壓實際測量值。
float V0g=1.65;                             //0g 的理想電壓值。
float Vx,Vy,Vz;                             //X、Y、Z 三軸電壓值。
float Xg,Yg,Zg;                             //X、Y、Z 三軸 g 值。
float Xdeg,Ydeg,Zdeg;                       //X、Y、Z 三軸傾斜角。
//初值設定
void setup(){
    Serial.begin(9600);                     //設定序列埠傳輸率為 9600bps。
}
//主迴圈
void loop()
{
    Xval=analogRead(Xpin);                  //讀取 X 軸數位值。
    Xval=map(Xval,Xmin,Xmax,174,502);       //調整 X 軸數位值範圍。
    Vx=Xval*VCC/1024;                       //計算 X 軸的電壓值。
    Xg=(Vx-V0g)/0.8;                        //計算 X 軸的 g 值。
    Xg=constrain(Xg,-1,1);                  //限制 X 軸的 g 值範圍。
    Xdeg=asin(Xg)*180/PI;                   //計算 X 軸的傾斜角。
    Yval=analogRead(Ypin);                  //讀取 Y 軸數位值。
    Yval=map(Yval,Ymin,Ymax,174,502);       //調整 Y 軸數位值範圍。
    Vy=Yval*VCC/1024;                       //計算 Y 軸的電壓值。
    Yg=(Vy-V0g)/0.8;                        //計算 Y 軸的 g 值。
    Yg=constrain(Yg,-1,1);                  //限制 Y 軸的 g 值範圍。
    Ydeg=asin(Yg)*180/PI;                   //計算 Y 軸的傾斜角。
    Zval=analogRead(Zpin);                  //讀取 Z 軸數位值。
```

```
    Zval=map(Zval,Zmin,Zmax,174,502);//調整 Z 軸數位值範圍。
    Vz=Zval*VCC/1024;                //計算 Z 軸的電壓值。
    Zg=(Vz-V0g)/0.8;                 //計算 Z 軸的 g 值。
    Zg=constrain(Zg,-1,1);           //限制 Z 軸的 g 值範圍。
    Zdeg=asin(Zg)*180/PI;            //計算 Z 軸的傾斜角。
    Serial.print("value(X:Y:Z)=");   //顯示三軸數位值。
    Serial.print(Xval);              //顯示 X 軸傾斜數位值。
    Serial.print(":");
    Serial.print(Yval);              //顯示 Y 軸傾斜數位值。
    Serial.print(":");
    Serial.println(Zval);            //顯示 Z 軸傾斜數位值。
    Serial.print("g(X:Y:Z)=");       //顯示三軸的 g 值。
    Serial.print(Xg);                //顯示 X 軸的 g 值。
    Serial.print(":");
    Serial.print(Yg);                //顯示 Y 軸的 g 值。
    Serial.print(":");
    Serial.println(Zg);              //顯示 Z 軸的 g 值。
    Serial.print("degree(X:Y:Z)=");  //顯示三軸傾斜角。
    Serial.print(Xdeg);              //顯示 X 軸傾斜角。
    Serial.print(":");
    Serial.print(Ydeg);              //顯示 Y 軸傾斜角。
    Serial.print(":");
    Serial.println(Zdeg);            //顯示 Z 軸傾斜角。
    Serial.println(" ");
    delay(1000);                     //每秒檢測一次。
}
```

練習

1. 接續範例，如圖 3-41 所示連接 I2C 串列式 LCD 模組並顯示 X、Y、Z 三軸傾斜角。
2. 接續範例，D11 連接紅色 LED 燈、D12 連接黃色 LED 燈、D13 連接綠色 LED 燈。當 X 軸傾斜角在-30°~+30°之間則點亮紅燈；當 Y 軸傾斜角在-30°~+30°則點亮黃燈；當 Z 軸傾斜角在-30°~+30°則點亮綠燈。

3-4-6　ADXL345 加速度計模組

如圖 3-42 所示 ADI 公司生產的 ADXL345 加速度計模組，工作電壓 2.0V~3.6V，工作電流 23μA，休眠模式電流 0.1μA。ADXL345 為**數位輸出型**，有 SPI 及 I2C 兩種介面可以選擇，內含 10~13 位元 ADC 轉換器。有 ±2g、±4g、±8g 及 ±16g 四種 g 值靈敏度範圍，**解析度為 3.9mg/LSB**。

(a)外觀　　　　　　　　　　　　　(b) 接腳

圖 3-42　ADXL345 加速度計模組

在使用 Arduino 開發板控制 ADXL345 加速度計模組之前，必須先安裝如圖 3-43 所示 **ADXL345** 函式庫，下載網址 https://github.com/Anilm3/ADXL345-Accelerometer。下載完成後，在 Arduino IDE 中點選「草稿碼→匯入程式庫→加入.ZIP 程式庫」，將 ADXL345 函式加入 Arduino IDE 函式庫。

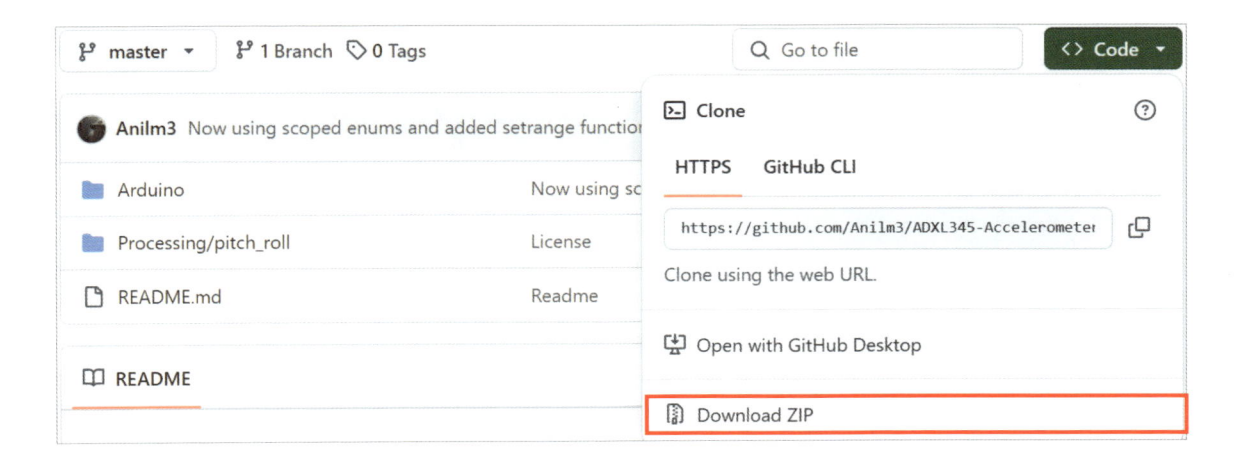

圖 3-43　ADXL345 函式庫下載

▶ 動手做：使用 ADXL345 加速度計測量傾斜角

一　功能說明

如圖 3-44 所示 ADXL345 加速度計測量傾斜角電路接線圖。使用 Arduino Uno 開發板配合 ADXL345 加速度計，測量物體傾斜角，並將 g 值、數位值及傾斜角顯示於「序列埠監控視窗」中。

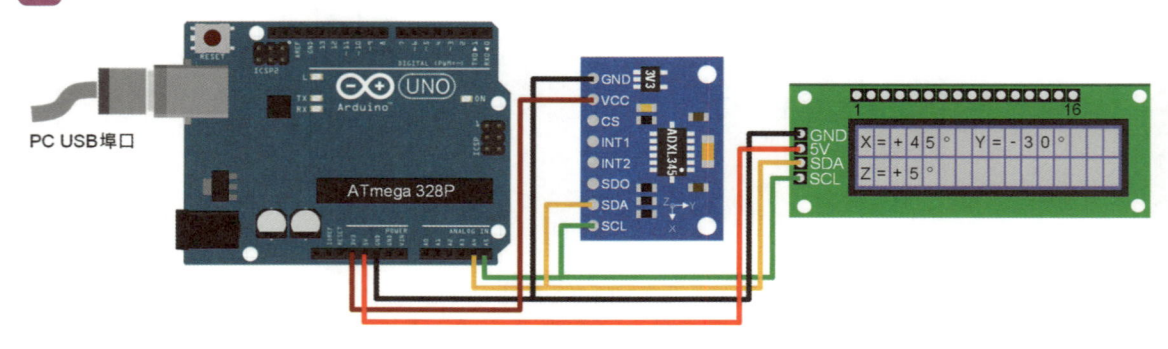

二　電路接線圖

圖 3-44　ADXL345 加速度計測量傾斜角電路接線圖

三　程式：ch3-9.ino

```
#define PI 3.1416                              //設定常數 PI。
#include <Wire.h>                              //載入 Wire 函式庫。
#include <ADXL345.h>                           //載入 ADXL345 函式庫。
ADXL345 Gsensor;                               //建立 ADXL345 物件 Gsensor。
//初值設定
void setup()
{
    Gsensor.begin();                           //初始化 ADXL345 加速度計。
    Serial.begin(9600);                        //設定化序列埠傳輸速率 9600bps。
}
//主迴圈
void loop()
{
    double Xg, Yg, Zg;                         //三軸 g 值。
    double Xdeg,Ydeg,Zdeg;                     //三軸傾斜角。
    Gsensor.read(&Xg, &Yg, &Zg);               //讀取三軸 g 值。
```

3-40

```
        Serial.print("Xg:Yg:Zg = ");              //顯示三軸 g 值。
        Serial.print(Xg);                          //顯示 X 軸的 g 值。
        Serial.print(":");
        Serial.print(Yg);                          //顯示 Y 軸的 g 值。
        Serial.print(":");
        Serial.println(Zg);                        //顯示 Z 軸的 g 值。
        Xg=constrain(Xg,-1,1);                     //設定 X 軸 g 值範圍-1g~+1g。
        Yg=constrain(Yg,-1,1);                     //設定 Y 軸 g 值範圍-1g~+1g。
        Zg=constrain(Zg,-1,1);                     //設定 Z 軸 g 值範圍-1g~+1g。
        Xdeg=asin(Xg)*180/PI;                      //計算 X 軸傾斜角。
        Ydeg=asin(Yg)*180/PI;                      //計算 Y 軸傾斜角。
        Zdeg=asin(Zg)*180/PI;                      //計算 Z 軸傾斜角。
        Serial.print("Xdeg:Ydeg:Zdeg = ");         //顯示三軸傾斜角。
        Serial.print(Xdeg);                        //顯示 X 軸的傾斜角。
        Serial.print(":");
        Serial.print(Ydeg);                        //顯示 Y 軸的傾斜角。
        Serial.print(":");
        Serial.println(Zdeg);                      //顯示 Z 軸的傾斜角。
        delay(1000);                               //每秒檢測一次。
}
```

練習

1. 接續範例，如圖 3-44 所示連接 I2C 串列式 LCD 模組並顯示 X、Y、Z 三軸傾斜角。
2. 接續範例，D11 連接紅色 LED 燈、D12 連接黃色 LED 燈、D13 連接綠色 LED 燈。當 X 軸傾斜角在-30°~+30°之間則點亮紅燈；當 Y 軸傾斜角在-30°~+30°則點亮黃燈；當 Z 軸傾斜角在-30°~+30°則點亮綠燈。

3-4-7 陀螺儀

物體旋轉時會產生角動量，角動量是一種向量，具有方向性。角動量方向可以用安培右手定則判斷，以四指為物體旋轉方向，大拇指即為角動量的方向。陀螺儀（gyroscope）是一種用來**感測與維持方向的裝置**。陀螺儀開始轉動時，因轉子的角動量守恆，陀螺儀的轉軸方向固定不變，因此可以應用在定位方向與感測轉動角度。

如圖 3-45 所示微機電系統（Micro Electro Mechanical Systems，簡稱 MEMS）陀螺儀，是用來測量三軸所發生的旋轉角速度（angular velocity，簡稱ω）變化，單位**度/秒**（degree per second，簡稱 dps）。如圖 3-45(a) 所示三軸旋轉的動作情形，以 **X 軸方向為基準**，在 X 軸的旋轉稱為滾動（roll），在 Y 軸的旋轉稱為俯仰（pitch），在 Z 軸的旋轉稱為偏航（yaw）。

如圖 3-45(b) 所示繞三軸旋轉的角速度，逆時針旋轉時，角動量為離開紙面方向、角速度ω為正值，順時針旋轉時、角動量為進入紙面方向、角速度ω為負值。因此，旋轉角度θ可以計算如下，單位時間 t 任意設定，通常使用 10ms，可自行調整。

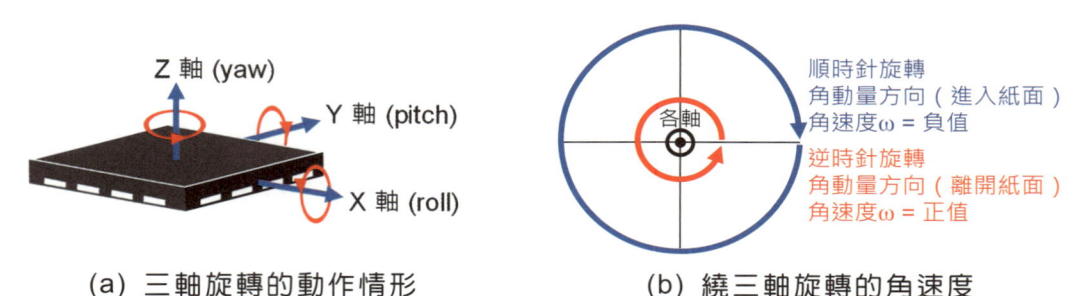

旋轉角度θ = 角速度ω × 單位時間 t

(a) 三軸旋轉的動作情形　　(b) 繞三軸旋轉的角速度

圖 3-45　MEMS 陀螺儀

3-4-8　L3G4200 陀螺儀模組

如圖 3-46 所示 L3G4200 陀螺儀模組，內部使用 STMicroelectronics 公司所生產的 L3G4200 三軸數位 MEMS 陀螺儀。陀螺儀模組工作電壓範圍 2.4V~3.6V，輸出 16 位元數位值，有 SPI 及 I2C 兩種介面可以選擇。

(a) 外觀　　(b) 接腳

圖 3-46　L3G4200 陀螺儀模組

感知層之感測技術　3

　　陀螺儀模組有 ±250dps、±500dps 及 ±2000dps 三種滿刻度可以選擇。其中滿刻度 ±250dps 的解析度為 8.75mdps/digit，滿刻度 ±500dps 的解析度為 17.5mdps/digit，滿刻度 ±2000dps 的解析度為 70mdps/digit。在使用 Arduino Uno 開發板控制 L3G4200 陀螺儀模組前，必須先安裝如圖 3-47 所示 **L3G4200D** 函式庫，下載網址 https://github.com/jarzebski/Arduino-L3G4200D。

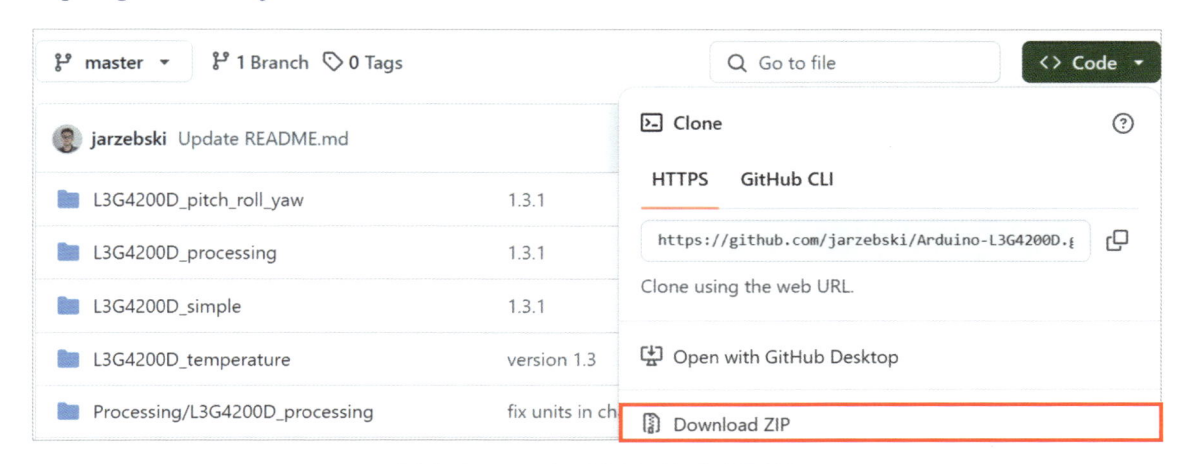

圖 3-47　L3G4200D 函式庫下載

▶ 動手做：使用 L3G4200 陀螺儀測量旋轉角

■ 功能說明

　　如圖 3-48 所示 L3G4200 陀螺儀測量旋轉角電路接線圖，使用 Arduino Uno 開發板配合 L3G4200 陀螺儀，測量物體三軸旋轉角，並且顯示於「序列埠監控視窗」中。

■ 電路接線圖

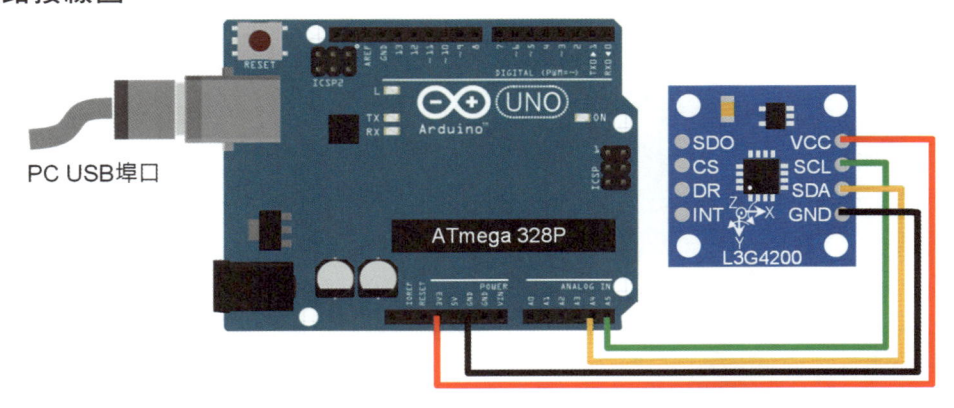

圖 3-48　L3G4200 陀螺儀測量旋轉角電路接線圖

3-43

三 程式：ch3-10.ino

```cpp
#include <Wire.h>                              //載入Wire函式庫。
#include <L3G4200D.h>                          //載入L3G4200D函式庫。
L3G4200D gyro;                                 //建立L3G4200D物件gyro。
unsigned long timer=0;                         //系統時間。
float timeStep=0.01;                           //計算旋轉角的單位時間t=10ms。
float roll=0, pitch=0, yaw=0;                  //X(roll)、Y(pitch)、Z(yaw)三軸旋轉角
//初值設定
void setup(){
    Serial.begin(115200);                      //設定序列埠傳輸率為115200bps。
    Serial.println("Initialize L3G4200D");
    while(!gyro.begin(L3G4200D_SCALE_2000DPS,L3G4200D_DATARATE_400HZ_50))
    {                                          //2000dps，資料率400Hz，頻寬50Hz。
        Serial.println("Could not find L3G4200D sensor");
        delay(500);                            //延遲0.5秒。
    }
    gyro.calibrate(100);                       //校正取樣率100次。
    gyro.setThreshold(1);                      //校正係數。
}
//主迴圈
void loop()
{
    timer = millis();                          //讀取目前的系統時間。
    Vector norm=gyro.readNormalize();          //讀取三軸旋轉角速度。
    roll=roll+norm.XAxis*timeStep;             //計算X軸的旋轉角。
    pitch=pitch+norm.YAxis*timeStep;           //計算Y軸的旋轉角。
    yaw=yaw+norm.ZAxis*timeStep;               //計算Z軸的旋轉角。
    Serial.print(" X(Roll) = ");               //顯示訊息：X軸。
    Serial.print(roll);                        //顯示X(roll)軸的旋轉角。
    Serial.print(" Y(Pitch) = ");              //顯示訊息：Y軸。
    Serial.print(pitch);                       //顯示Y(pitch)軸的旋轉角。
    Serial.print(" Z(Yaw) = ");                //顯示訊息：Z軸。
    Serial.println(yaw);                       //顯示Z(yaw)軸的旋轉角。
    delay((timeStep*1000)-(millis()-timer));   //每10ms計算一次旋轉角。
}
```

感知層之感測技術 3

> **練習**
>
> 1. 接續範例，如圖 3-44 所示連接 I2C 串列式 LCD 模組並顯示 X、Y、Z 三軸旋轉角。
> 2. 設計安全帽自動方向燈（模組置於安全帽上方且 Z 軸向上），D12 控制右方 LED 燈，D13 控制左方 LED 燈。當頭向右轉超過 30°則右方 LED 燈亮，當頭向左轉超過 30°則左方 LED 燈亮，當頭向角度在-20°~+20°之間則左、右方 LED 皆熄滅。

3-4-9 串列式全彩 LED 驅動 IC

如圖 3-49(a) 所示由 WORLDSEMI 公司生產的串列式全彩 LED 驅動 IC WS2811，包含紅（red，簡稱 R）、綠（green，簡稱 G）、藍（blue，簡稱 B）三個通道的 LED 驅動輸出 OUTR、OUTG、OUTB。每個顏色由 **8 位元數位值**控制，輸出不同脈寬的 PWM 訊號，產生 256 階顏色變化。WS2811 有 400Kbps 及 800Kbps 兩種數據傳送速度，不須再外接任何電路，傳送距離可以達到 20 公尺以上。如圖 3-49(b) 所示 WS2812 是將驅動 IC WS2811 封裝在 5050 全彩 LED 中。如圖 3-48(c) 所示 WS2812B 是 WS2812 的改良版，亮度更高、顏色更均勻，同時也提高了安全性、穩定性及發光效率。

(a) WS2811　　(b) WS2812　　(c) WS2812B

圖 3-49　串列式全彩 LED 驅動 IC

如圖 3-50 所示 WS2811 應用電路，使用串列通訊傳輸。系統重置後，DIN 腳接收從控制器傳送過來的數據。第一個傳送過來的 24 位元數據由第一個 WS2811 提取並閂鎖（latch）在內部閂鎖器，其餘數據由內部整形電路整形放大後，經由 DO 腳輸出傳送給下一個 WS2811，餘依此類推。未接收到 **50μs 以上的低電位 RESET 信號**時，OUTR、OUTG、OUTB 三支輸出接腳的信號維持不變。接收到 RESET 信號後，WS2811 會將接收到的 24 位元 PWM 信號分別輸出到 OUTR、OUTG、OUTB 腳。

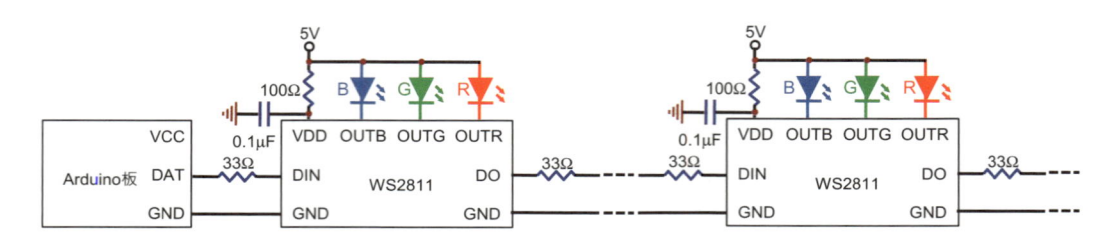

圖 3-50　WS2811 應用電路

3-4-10　串列式全彩 LED 模組

如圖 3-51 所示串列式全彩 LED 模組，有環形、方形及長條形等不同數量的 LED 組合。依實際使用場合選用合適產品，也可購買 WS2812 晶片自行組裝所需形狀。

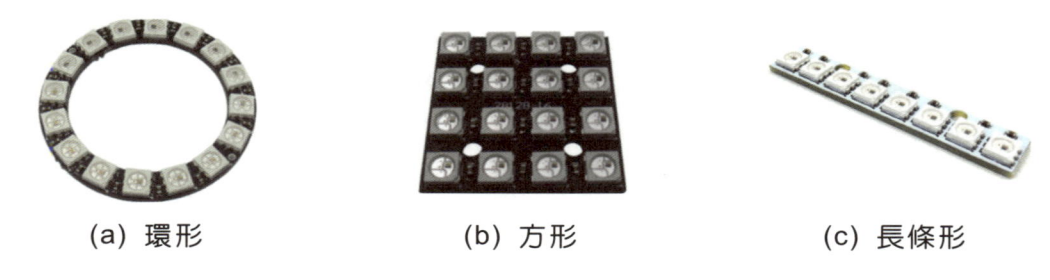

(a) 環形　　　　　　　(b) 方形　　　　　　　(c) 長條形

圖 3-51　串列式全彩 LED 模組

使用 Arduino 板控制串列式全彩 LED 模組之前，必須先安裝如圖 3-52 所示 **Adafruit_NeoPixel** 函式庫，下載網址 https://github.com/adafruit/Adafruit_NeoPixel。完成後，在 Arduino IDE 中點選「草稿碼→匯入程式庫→加入.ZIP 程式庫」加入函式庫。

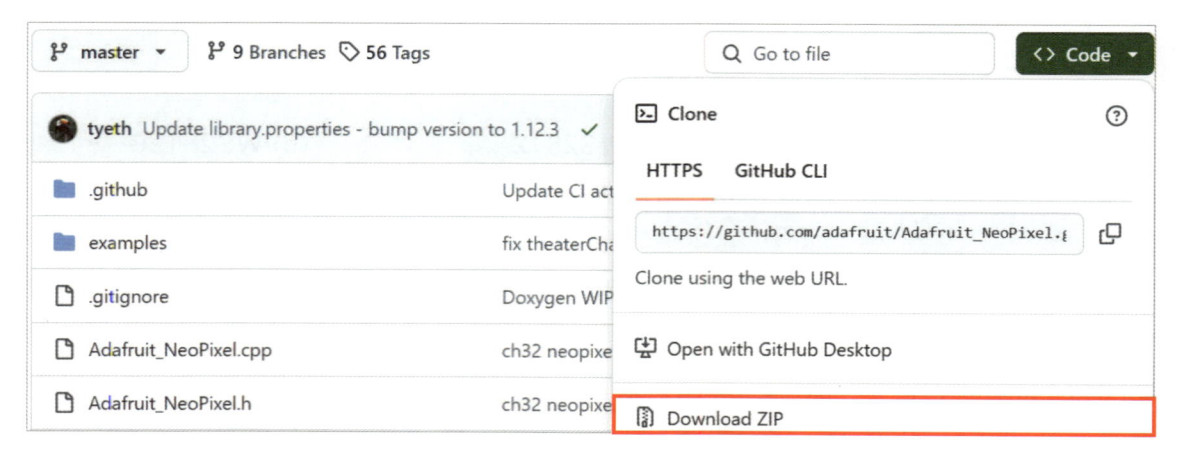

圖 3-52　串列式全彩 LED 函式庫下載

▶ 動手做：使用 16 位串列式全彩 LED 模組顯示七彩顏色

一 功能說明

如圖 3-53 所示 16 位元環形串列式全彩 LED 控制電路接線圖。使用 Arduino Uno 板，控制 16 位串列式全彩 LED 模組，依序顯示紅、橙、黃、綠、藍、靛、紫、白。

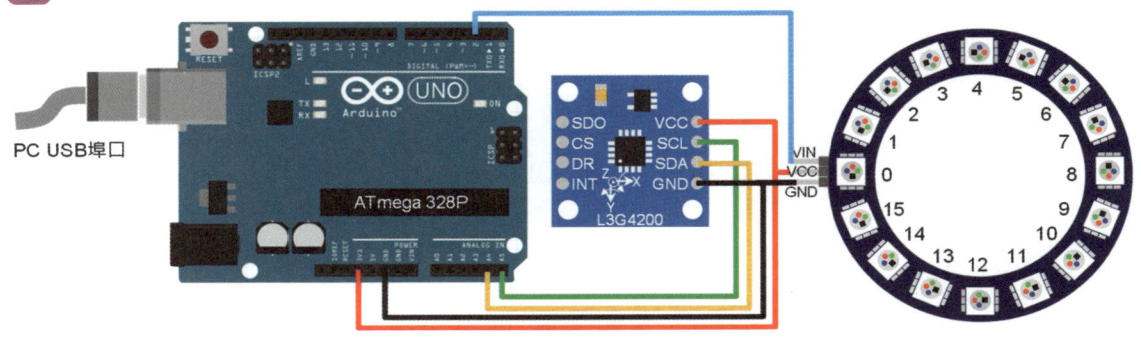

二 電路接線圖

圖 3-53　16 位環形串列式全彩 LED 控制電路接線圖

三 程式：ch3-11.ino

```
#include <Adafruit_NeoPixel.h>              //載入 Adafruit_NeoPixel 函式庫。
#define PIN  2                              //D2 連接全彩 LED 模組 VIN 腳。
#define NUMPIXELS 16                        //16 位全彩 LED 模組。
int brightness=255;                         //亮度控制：1 最暗, 255 最亮。
int rgb[8][3]={{255,0,0},{255,127,0},{255,255,0},{0,255,0},
               {0,0,255},{75,0,130},{143,0,255},{255,255,255}};
int i,j;                                    //迴圈變數。
Adafruit_NeoPixel pixels=\                  //建立全彩 LED 模組物件。
    Adafruit_NeoPixel(NUMPIXELS,PIN,NEO_GRB+NEO_KHZ800);
//初值設定
void setup()
{
    pixels.begin();                         //初始化全彩 LED 模組。
    pixels.setBrightness(brightness);       //設定全彩 LED 模組亮度。
}
//主迴圈
void loop()
```

```
{
    for(i=0;i<8;i++)                          //顯示 8 種顏色。
    {
        for(j=0;j<NUMPIXELS;j++)              //16 位全彩 LED 模組。
        {
            pixels.setPixelColor(j,rgb[i][0],rgb[i][1],rgb[i][2]);
            pixels.show();                    //更新顯示。
            delay(50);                        //延遲 50ms。
        }
    }
}
```

練習

1. 接續範例，使用 Arduino Uno 開發板配合 L3G4200 陀螺儀及全彩 LED 模組，顯示 Z 軸轉動角度。當陀螺儀繞 Z 軸順時針旋轉時，全彩 LED 模組亮燈依序為 L0→L1→L2→…→L15。當陀螺儀繞 Z 軸逆時針旋轉時，全彩 LED 模組亮燈依序為 L0→L15→L14→…→L1。每個燈號旋轉角度範圍為 22.5°（＝360°/16）。

2. 接續範例，繞 Z 軸順時針旋轉，則單燈右旋；繞 Z 軸逆時針旋轉，則單燈左旋。

3-4-11 電子羅盤

如圖 3-54 所示地球地磁，地球如同一塊大的磁棒，磁棒的延伸線與地球表面有兩個交點，一為地磁北極、一為地磁南極。

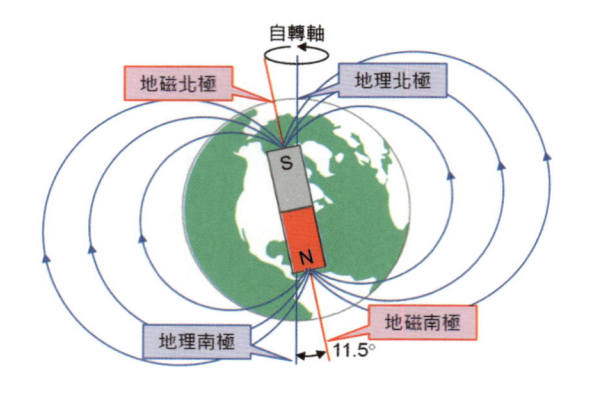

圖 3-54　地球地磁

在地理北極附近稱為地磁北極（S極），地理南極附近稱為地磁南極（N極），地磁北極與地理北極相差約 11.5°。地球表面的磁力線是從地磁南極發出，指向地磁北極，再經地表回到地磁南極。地球的磁場強度 H 約為 **0.5~0.6 高斯**（Gauss，簡稱 G）。高斯與特斯拉（Tesla，簡稱 T）的單位轉換為 $1G = 10^{-4}T$。因此，**地球磁場強度約在 50μT~60μT 之間**。

如圖 3-55 所示電子羅盤（e-compass）放置角度與磁場強度的關係，電子羅盤水平放置且 **X 軸指向磁北極**，順時針繞 Z 軸旋轉，Z 軸磁場強度不變，只有 X 軸及 Y 軸的磁場強度改變。X、Y 軸向上的磁場強度為正值，向下的磁場強度為負值。

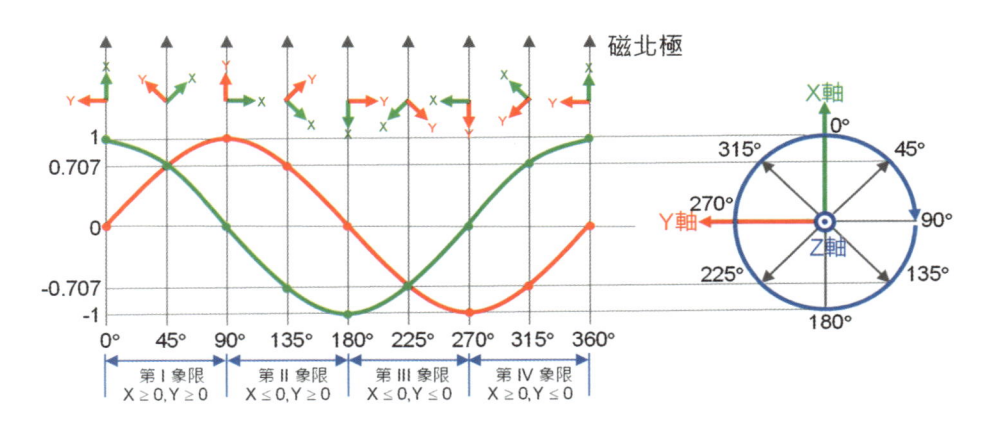

圖 3-55　電子羅盤放置角度與磁場強度的關係

電子羅盤與傳統羅盤都是用來測量磁場強度及方位角（Azimuth），傳統羅盤使用**磁力指針**，而電子羅盤使用**磁阻**（magnetic resistance）感測器。電子羅盤利用磁電效應來改變內部磁阻大小，經由磁阻電橋的電壓變化計算出各軸的磁場強度。再依所測量 X、Y、Z 三軸的磁場強度，計算出方位角。假設磁北極（θ = 0°）的磁場強度為 H，且 X 軸磁場強度為 X，Y 軸磁場強度為 Y。磁場強度 X、Y 計算如下式。

$X = H \cos\theta$，$Y = H \sin\theta$，則

$$\theta = \tan^{-1}\left(\frac{\sin\theta}{\cos\theta}\right) = \tan^{-1}\left(\frac{H\sin\theta}{H\cos\theta}\right) = \tan^{-1}\left(\frac{Y}{X}\right)$$

如表 3-13 所示磁場強度與方位角的關係，利用數學函數 atan2 取得點（X,Y）對應 X 軸的偏移角度 $-\pi \sim \pi$。

表 3-13　磁場強度與方位角的關係

磁場強度	象限	角度	電子羅盤角度	方位角
X ≥ 0, Y ≥ 0	第一象限	0°～90°	0°～90°	atan2(Y,X)
X ≤ 0, Y ≥ 0	第二象限	90°～180°	90°～180°	atan2(Y,X)
X ≤ 0, Y ≤ 0	第三象限	-90°～-180°	180°～270°	360°+atan2(Y,X)
X ≥ 0, Y ≤ 0	第四象限	0°～-90°	270°～360°	360°+atan2(Y,X)

電子羅盤會受到周圍電子零件，如蜂鳴器、麥克風及金屬元件等硬磁（Hard Iron）干擾產生如圖 3-56(a) 所示硬磁失真，也會受到電池電量變化所產生的軟磁（Soft Iron）干擾。

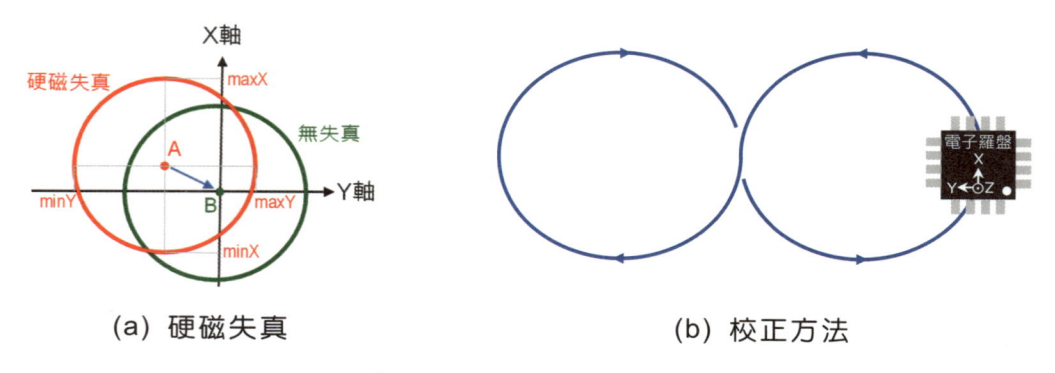

(a) 硬磁失真　　　　　　　　(b) 校正方法

圖 3-56　硬磁干擾

在使用電子羅盤前，必須先進行如圖 3-56(b) 所示校正方法。將電子羅盤對著天空劃 8 字型，以得到裝置磁場強度的最大值及最小值。計算出圓心及偏移量，再以軟體將 A 點校正移回 B 點。另外，東西向及南北向的傾斜角也會影響測量的準確度。

3-4-12　GY-271 電子羅盤模組

如圖 3-57 所示 GY-271 電子羅盤模組，使用 Honeywell 公司生產的低磁場感測晶片 HMC5883L。內含 HMC118X 系列磁阻感測器、放大器、自動消磁電路和偏差校準電路。HMC5883L 使用**異向磁阻**（anisotropic magnetoresistance，簡稱 AMR）技術測量磁場強度及方位角。HMC5883L 具有高靈敏度、高精度（1°~2°）、寬測量範圍（數 mG 到 8mG）、低工作電壓（2.16~3.6V）及低功耗（100uA）等特點。HMC5883L 內建 I2C 串列介面與微控制器連接，主要應用在低成本電子羅盤和磁場檢測電路。

(a) 外觀　　　　　　　　　　　　　　(b) 接腳

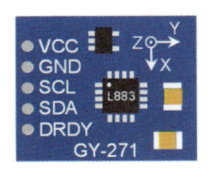

圖 3-57　GY-271 電子羅盤模組

在使用 Arduino 開發板控制 GY-271 電子羅盤模組之前，必須先安裝如圖 3-58 所示 **HMC5883L** 函式庫，下載網址 https://github.com/jarzebski/Arduino-HMC5883L。下載完成後，在 Arduino IDE 中點選「草稿碼→匯入程式庫→加入.ZIP 程式庫」加入 Arduino IDE 函式庫中。

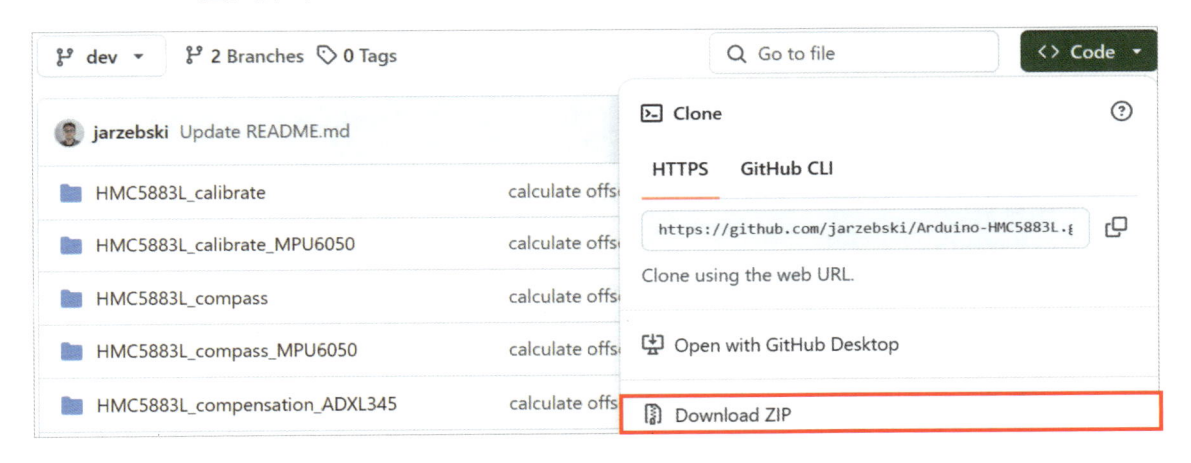

圖 3-58　HMC5883L 函式庫

▶ 動手做：電子羅盤

■ 功能說明

如圖 3-59 所示電子羅盤電路接線圖，使用 Arduino Uno 開發板配合 GY-271 電子羅盤模組，測量磁場強度及方位角，並且顯示於「序列埠監控視窗」中。GY-271 電子羅盤工作電壓為 3.3V。

二 電路接線圖

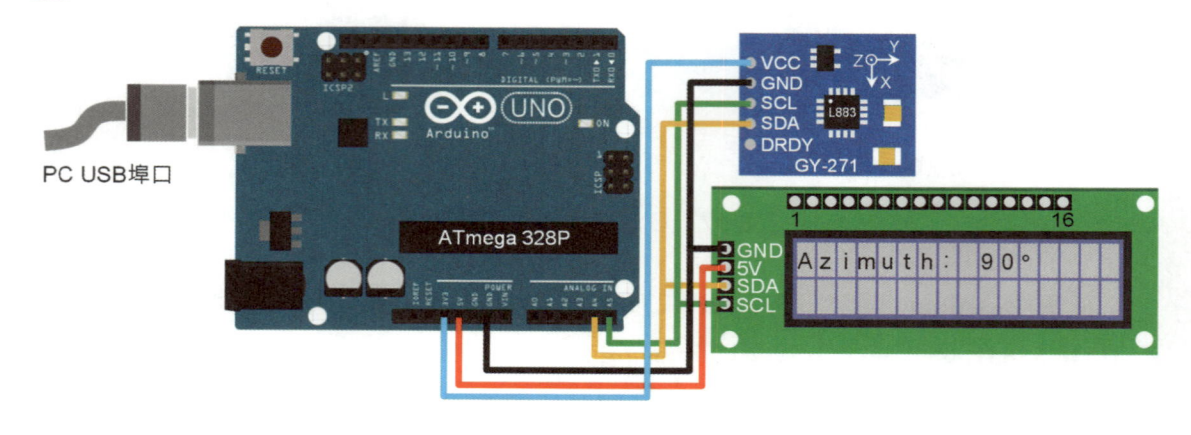

圖 3-59　電子羅盤電路接線圖

三 程式：ch3-12.ino

```
#include <Wire.h>                                        //載入 Wire 函式庫。
#include <HMC5883L.h>                                    //載入 HMC5883L 函式庫。
HMC5883L compass;                                        //宣告物件 compass。
double Tx,Ty,Tz;                                         //磁場強度(單位：tesla)。
double azimuth;                                          //方位角。
//初值設定
void setup()
{
    Serial.begin(9600);                                  //設定序列埠速率 9600bps。
    Serial.println("Initialize HMC5883L");               //初始化 HMC5883L。
    while(!compass.begin())                              //檢測 HMC5883L 是否存在?
    {
        Serial.println("Could not find HMC5883L sensor!");
        delay(500);
    }
    compass.setDataRate(HMC5883L_DATARATE_15HZ);         //設定資料傳輸速率 15Hz。
    compass.setSamples(HMC5883L_SAMPLES_8);              //設定樣本平均數為 8。
    compass.setRange(HMC5883L_RANGE_1_3GA);              //設定測量範圍 ±1.3 高斯。
}
//主迴圈
void loop(){
```

```
    Vector norm=compass.readNormalize();        //讀取三軸磁場強度高斯值。
    Tx=norm.XAxis*0.1;                          //單位轉換 1mG=0.1uT。
    Ty=norm.YAxis*0.1;                          //單位轉換 1mG=0.1uT。
    Tz=norm.ZAxis*0.1;                          //單位轉換 1mG=0.1uT。
    if(Tx>=0 && Ty>=0)                          //第一象限?
        azimuth=atan2(Ty,Tx)*180/PI;            //方位角在 0°~90°。
    else if(Tx<=0 && Ty>=0)                     //第二象限?
        azimuth=atan2(Ty,Tx)*180/PI;            //方位角在 270°~360°。
    else if(Tx<=0 && Ty<=0)                     //第三象限?
        azimuth=360+atan2(Ty,Tx)*180/PI;        //方位角在 180°~270°。
    else if(Tx>=0 && Ty<=0)                     //第四象限?
        azimuth=360+atan2(Ty,Tx)*180/PI;        //方位角在 90°~180°。
    Serial.print("X:Y:Z = ");                   //顯示三軸磁場強度。
    Serial.print(Tx);                           //顯示 X 軸磁場強度。
    Serial.print("uT");                         //顯示訊息:磁場強度單位 uT。
    Serial.print(":");
    Serial.print(Ty);                           //顯示 Y 軸磁場強度。
    Serial.print("uT");                         //顯示訊息:磁場強度單位 uT。
    Serial.print(":");
    Serial.print(Tz);                           //顯示 Z 軸磁場強度。
    Serial.println("uT");                       //顯示訊息:磁場強度單位 uT。
    Serial.print(" Azimuth = ");                //顯示訊息。
    Serial.println((int)azimuth);               //顯示方位角。
    delay(200);                                 //延遲 0.2 秒。
}
```

練習

1. 接續範例,將方位角顯示於如圖 3-59 所示 I2C 串列式 LCD 顯示器中。
2. 如圖 3-60 所示指北針電路接線圖,使用 Arduino Uno 開發板配合 GY-271 電子羅盤模組及環形 16 位串列式 LED 模組,測量地磁北極方位。電子羅盤模組的 X 軸對準地磁北極,無論電子羅盤如何轉動,LED 模組指向地磁北極方向永遠亮紅燈,且紅燈的左右兩邊永遠亮綠燈。

圖 3-60　指北針電路接線圖

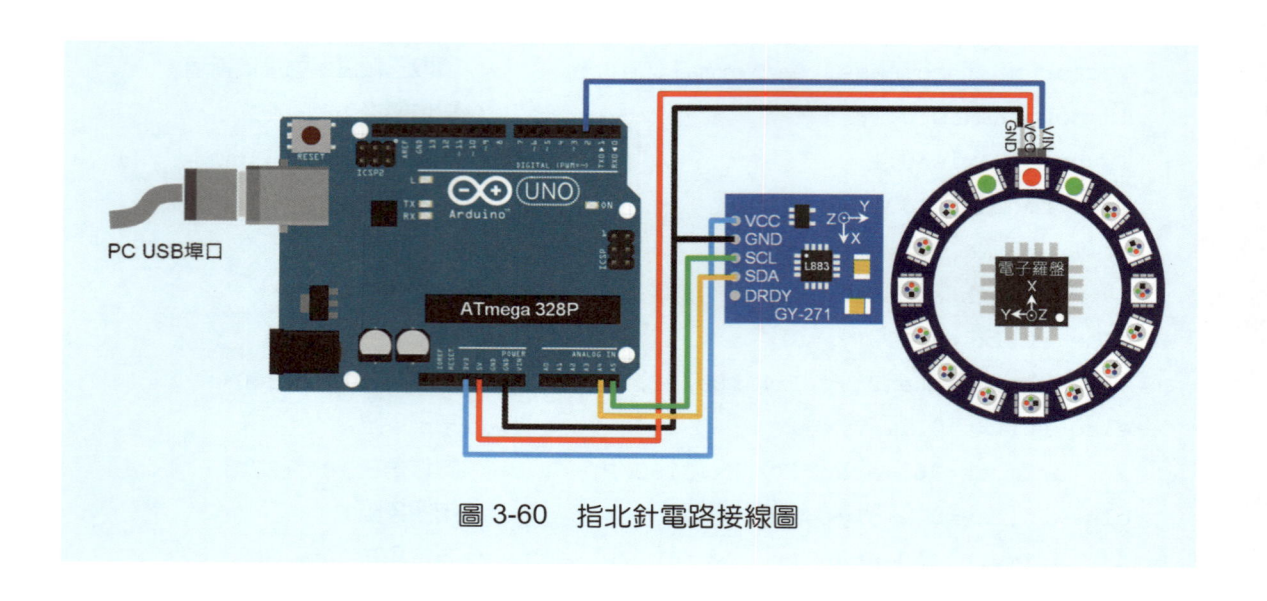

2-5　光感測器

　　光感測器（Light Sensor）是一種**將光信號轉換成電氣信號的感測器**。光感測器由光發射器、光學通路及光接收器三個部分所組成。光發射器的光源如紅外線、可見光或紫外線等，而光接收器如光敏電阻、光電池、光二極體或光電晶體等。

3-5-1　光敏電阻

　　如圖 3-61 所示光敏電阻（light dependent resistor，簡稱 LDR），又稱為光電阻或光導管。光敏電阻依其圓直徑標示尺寸，有 5mm、10mm、12mm 及 20mm 等多種規格。光敏電阻的常用製作材料為**硫化鎘（CdS）**，因此又稱為 CDS。當有光線照射時，在半導體材料中原本穩定的電子受到激發而成為自由電子，其電阻值隨著入射光強度增加而減少。

圖 3-61　光敏電阻

　　如表 3-14 所示深圳森霸光電所生產的 GL55 系列（5mm）光敏電阻規格表。**亮電阻是指在標準照度下所測量到的電阻值，暗電阻是指黑暗中測量到的電阻值**。γ值如下式，其中 R10 及 R100 分別代表 10 流明（Lux）及 100 流明照度下的電阻值。

$\gamma = \log (R10 / R100)$

表 3-14　GL55 系列光敏電阻規格表

型號	耐壓	最大功率	環境溫度	中心波長	亮電阻	暗電阻	γ 值	響應時間
GL5516	150V	90mW	-30~70°C	540nm	5~10kΩ	0.2MΩ	0.6	30ms
GL5528	150V	90mW	-30~70°C	540nm	8~20kΩ	1MΩ	0.65	30ms
GL5537	150V	90mW	-30~70°C	540nm	20~50kΩ	5MΩ	0.7	30ms
GL5539	150V	90mW	-30~70°C	540nm	30~90kΩ	10MΩ	0.7	30ms
GL5549	150V	90mW	-30~70°C	540nm	80~150kΩ	20MΩ	0.8	30ms

3-5-2　光敏電阻模組

如圖 3-62 所示光敏電阻模組，有數位輸出 DO 及類比輸出 AO 兩種選擇。使用數位輸出 DO 時，電位器可以調整環境光線的亮度設定值。當環境光線亮度未達設定值時，DO 輸出高電位且開關指示燈熄滅，當環境光線亮度已達設定值時，DO 輸出低電位且開關指示燈點亮。如果要測量更準確的環境光線亮度，可以使用類比輸出 AO，再使用 Arduino 開發板來控制。

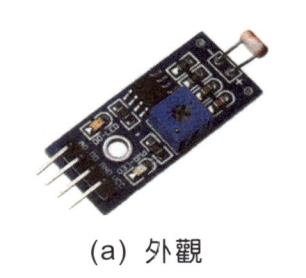

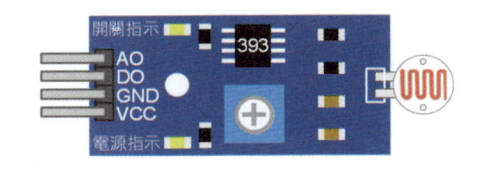

(a) 外觀　　　　　　　　　　　(b) 接腳

圖 3-62　光敏電阻模組

▶ 動手做：環境光線亮度檢測電路

一　功能說明

如圖 3-63 所示環境光線亮度檢測電路接線圖，使用 Arduino Uno 開發板配合光敏電阻模組，測量光線亮度。環境光線亮度的數位值及電壓準位，顯示於「序列埠監控視窗」中。

二 電路接線圖

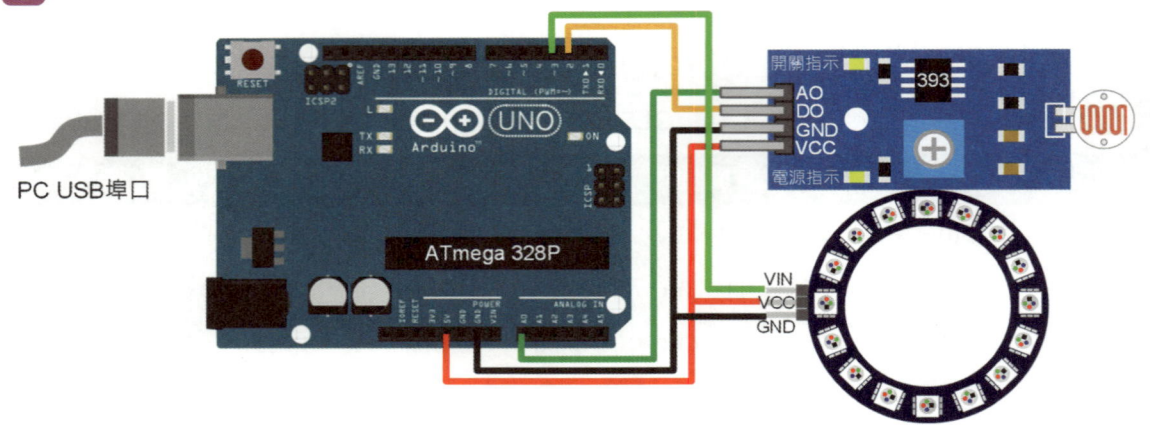

圖 3-63　環境光線亮度檢測電路接線圖

三 程式：ch3-13.ino

```
int val;                              //類比輸入值。
//初值設定
void setup()
{
    Serial.begin(9600);               //設定序列埠傳輸速率9600bps。
}
//主迴圈
void loop()
{
    val=analogRead(0);                //讀取光敏電阻模組類比輸出AO的數位值。
    Serial.print("AO=");
    Serial.print(val);                //顯示光敏電阻模組類比輸出AO的數位值。
    Serial.print(" ,DO=");            //顯示光敏電阻模組數位輸出準位。
    if(digitalRead(2)==0)             //數位輸出DO=0?
        Serial.println("LOW");        //DO=0則顯示LOW。
    else
        Serial.println("HIGH");       //DO=1則顯示HIGH。
    delay(500);                       //延遲0.5秒。
}
```

練習

1. 接續範例，如圖 3-63 所示連接 16 位環形全彩 LED 模組，依環境光線亮度不同，控制 LED 模組顯示不同的白光亮度，依序為全暗（0%亮度）→50%亮度→100%亮度。環境光線最亮時，LED 模組全暗；環境光線最暗時，LED 模組顯示 100%亮度。

2. 接續範例，依環境光線亮度不同，控制 LED 模組顯示不同的顏色，依序為全暗→藍光→白光。環境光線最亮時，LED 模組全暗；環境光線最暗時，LED 模組顯示白光。

3-5-3 紅外線光感測器

如圖 3-64 所示紅外線光感測器，依其包裝方式可以分成槽型、對射型及反射型。如圖 3-64(a) 所示槽型紅外線光感測器，是將光發射器和光接收器**面對面安裝**在一個槽的兩側。正常情況下光接收器會接收到光發射器所發射的光源，當被檢測物體從槽中通過，遮斷光源通路時，光接收器的電氣信號準位會改變。槽型光感測器的檢測距離，因為受整體結構的限制一般只有**數毫米（mm）**。

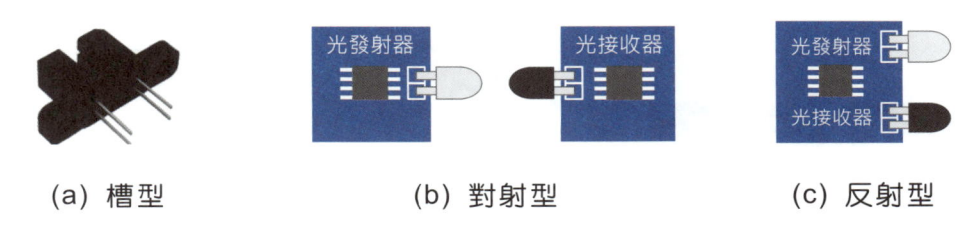

(a) 槽型　　(b) 對射型　　(c) 反射型

圖 3-64　紅外線光感測器

如圖 3-64(b) 所示對射型紅外線光感測器，是將光發射器和光接收器分開放置，放大電路可使檢測距離達**數米到數十米（m）**。正常情況下，光接收器會接收到由光發射器所發射的光源。與槽型光感測器相同，當被檢測物體遮斷光源通路時，光接收器的電氣信號準位才會改變。

如圖 3-64(c) 所示反射型紅外線光感測器，是將光發射器和光接收器安裝在同一裝置內。正常情況下，光接收器不會接收到光發射器所發射的光源，當光源經由被檢測物體反射形成光源通路時，光接收器的電氣信號準位才會改變，檢測距離**數毫米到數公分（cm）**。反射型紅外線光感測器的動作情形，與前兩者相反。

3-5-4 反射型光感測模組

如圖 3-65 所示反射型光感測模組，由紅外線發射二極體、紅外線接收二極體及 LM393 比較器所組成。工作電壓範圍在 3.3V~5V 之間，可以調整電位器來改變有效距離 2～30cm 的範圍。

在正常情狀下，OUT 腳輸出高電位信號、開關指示燈不亮。當紅外線發射二極體所發射的紅外線信號遇到障礙物（反射面）時，反射回來的紅外線信號被紅外線接收二極體接收，經由比較電路處理後，OUT 腳輸出低電位信號、開關指示燈點亮。反射型紅外線光感測模組，常應用於自走車的循跡或避障、生產線計數器、室內人員進出計數器及停車場車位計數器等用途。

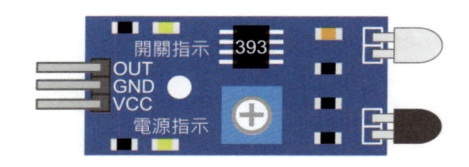

(a) 外觀　　　　　　　　　　　(b) 接腳

圖 3-65　反射型光感測模組

▶ 動手做：移動物體計數電路

一　功能說明

如圖 3-66 所示移動物體計數電路接線圖，使用 Arduino Uno 開發板配合紅外線避障模組。當有物體經過時，計數值加 1 並且顯示於「序列埠監控視窗」中。

如果是應用在人員進出計數，必須使用 IR0 及 IR1 兩個紅外線模組，並且將 IR0 模組置於前，IR1 模組置於後。當人員進入室內時，先經過 IR0 再經過 IR1，計數值加 1。當人員離開時，先經過 IR1 再經過 IR0，計數值減 1。如果是應用在停車場車位計數時正好相反，當車輛進入停車場時，先經過 IR0 再經過 IR1，車位數減 1。反成當車輛離開停車場時，先經過 IR1 再經過 IR0，車位數加 1。

IR0 連接於 D2（INT0），設定並使用 INT0 中斷服務程式。IR1 連接於 D3（INT1），設定並使用 INT1 中斷服務程式。

二 電路接線圖

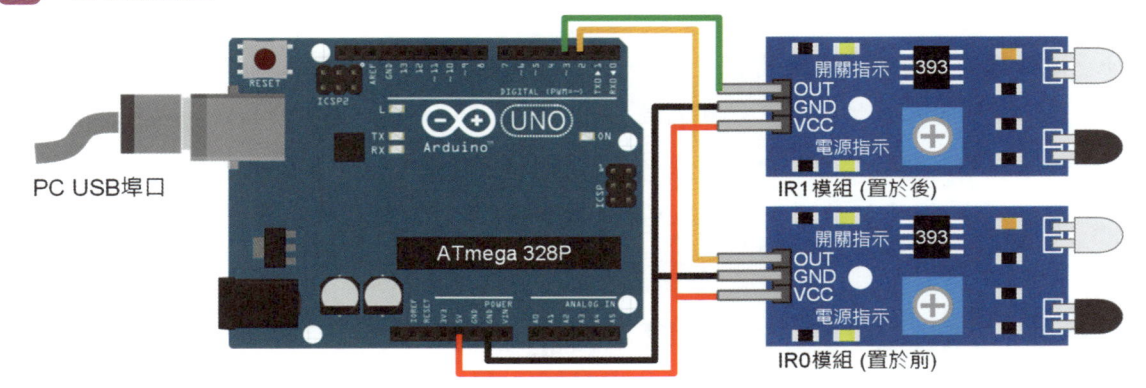

圖 3-66　移動物體計數電路接線圖

三 程式：ch3-14.ino

```
unsigned int count;                    //計數值。
unsigned long temp;                    //系統時間。
//初值設定
void setup(){
    Serial.begin(9600);                //設定序列埠傳輸率為9600bps。
                                       //設定int0中斷服務程式及觸發模式。
    attachInterrupt(digitalPinToInterrupt(2),Ir0Check,FALLING);
}
//主迴圈
void loop(){
}
//中斷服務程式
void Ir0Check()                        //INT0中斷服務程式。
{
    if(millis()-temp>=200)             //消除彈跳現象。
    {
        temp=millis();                 //記錄目前系統時間。
        count++;                       //計數值加1。
        Serial.print("count=");        //顯示訊息。
        Serial.println(count);         //顯示計數值。
    }
}
```

3-59

> **練習**
>
> 1. 接續範例，設計人員進出計數器，室內人數上限 100 人。當人員進入室內時，計數值加 1。當人員離開時，計數值減 1。人員總數顯示於「序列埠監控視窗」中。
> 2. 接續範例，設計停車場車位計數器，停車位上限 100 個。當車輛進入停車場時，車位數減 1。當車輛離開停車場時，車位數加 1。車位數顯示於「序列埠監控視窗」中。

3-5-5　TM1637 四位七段顯示模組

如圖 3-67 所示 TM1637 串列四位七段顯示模組，使用天微（Titan Micro）電子公司開發設計的 TM1637 晶片。TM1637 可以驅動六位共陽極七段顯示器，具有八種亮度調整功能。

TM1637 顯示模組有**小數點版**及**冒號版**兩種包裝，冒號版只有百位小數點才能設定，千位、十位及個位的小數點設定無效。TM1637 模組使用 I2C 二線式串列介面，一腳為串列時脈腳 CLK、另一腳為串列資料腳 DIO。

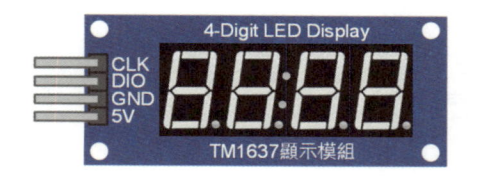

（a）外觀　　　　　　　　　　　　（b）接腳

圖 3-67　TM1637 串列四位七段顯示模組

在使用 TM1637 顯示模組前，須先下載 **TM1637.h** 函式庫，下載網址 https://github.com/avishorp/TM1637。下載完成後，在 Arduino IDE 中點選「草稿碼→匯入程式庫→加入.ZIP 程式庫」加入 Arduino IDE 程式庫中。

如表 3-15 所示 TM1637 函式庫的常用方法說明，由 mortenfyhn 開發設計，使用指令格式為**物件.方法**。TM1637 函式庫使用 I2C 二線傳輸協定，**SCL（CLK）及 SDA（DIO）可使用任意的數位腳**，驅動四位七段共陽顯示模組。

表 3-15　TM1637 函式庫常用方法說明

方法	功能	參數說明
TM1637Display display(CLK, DIO)	建立物件	CLK：I2C 介面 SCL 腳。 DIO：I2C 介面 SDA 接腳。
clear()	清除螢幕	無。
setBrightness(uint8_t brightness, bool on)	亮度調整	brightness：0 (最暗) ~ 7 (最亮)。 on：0 關閉，1 開啟。
setSegments(const uint8_t segments[], uint8_t length, uint8_t pos)	顯示段資料	segments[]：段資料陣列。 length：資料長度。 pos：開始位置，由左而右依序 0~3。
encodeDigit(uint8_t digit)	數值轉段資料	digit：數值。
showNumberDec(int num, bool leading_zero = false, uint8_t length = 4, uint8_t pos = 0)	顯示數字	num：數字範圍 -999~9999 leading_zero：true 顯示前導零，false 不顯示前導零。 length：長度，預設為 4。 pos：開始位置 0~3。
showNumberDecEx(int num, uint8_t dots = 0, bool leading_zero = false, uint8_t length = 4, uint8_t pos = 0)	顯示十進位數（含點控制）	num：十進位數。 dots： (1) 小數點版： 　0b10000000：顯示格式 0.000。 　0b01000000：顯示格式 00.00。 　0b00100000：顯示格式 000.0。 　0b11100000：顯示格式 0.0.0.0。 (2) 冒號版： 　0b01000000：顯示格式 00:00。 leading_zero：1 顯示前導零，0 不顯示。 length：數值長度，預設為 4。 pos：開始位置，由左而右依序 0~3。

方法	功能	參數說明
showNumberHexEx(uint16_t num, uint8_t dots = 0, bool leading_zero = false, uint8_t length = 4, uint8_t pos = 0)	顯示十進位數（含點控制）	num：十六進位數。 dots：同上說明 leading_zero：同上說明 length：數值長度，預設為 4。 pos：開始位置，由左而右依序 0~3。

showNumberDec(num, leading_zero = false, length = 4, pos = 0)方法可以用來顯示十進位數字。參數 num 為十進位數字，範圍-999~9999。參數 leading_zero 設定是否顯示前導零，true 顯示、false 則不顯示。參數 length 設定顯示數字位數，預設值為 4 位。參數 pos 設定開始顯示的位置，由左而右依序為 0~3。以顯示十進位數字 1234 為例，指令格式及範例如下：

格式 `display.showNumberDec(int num)`

範例

`#include <TM1637Display.h>`	//載入 TM1637Display 函式庫。
`TM1637Display display(6,7);`	//建立物件 display，D6=CLK，D7=DIO。
`display.showNumberDec(1234);`	//顯示十進位數字 1234。

setSegments(segments[], length, pos)方法可以用來指定在位置 pos 寫入陣列 segments[]中的段資料。參數 pos 設定開始顯示的位置，由左而右依序為 0~3，參數 length 設定顯示位數。如表 3-16 所示 TM1637 顯示模組的段資料對映，**當段資料為邏輯 1 則該段點亮，當段資料為邏輯 0 則該段不亮**。如表 3-16 所示，在 TM1637 函式庫中已定義各段資料。以顯示字母 H、E、L、P 為例，指令格式及範例如下：

表 3-16　TM1637 顯示模組的段資料對映

定義	顯示	2 進位	定義	顯示	2 進位
SEG_A		0b00000001	SEG_E		0b00010000

定義	顯示	2進位	定義	顯示	2進位
SEG_B		0b00000010	SEG_F		0b00100000
SEG_C		0b00000100	SEG_G		0b01000000
SEG_D		0b00001000	SEG-DP		0b10000000

格式 `display.setSegmentsf(const uint8_t segments[])`

範例

```
#include <TM1637Display.h>                          //載入TM1637Display函式庫。
TM1637Display display(6,7);                         //建立物件，D6=CLK，D7=DIO。
const uint8_t SEG_HELP[] =
{
    SEG_B | SEG_C | SEG_E | SEG_F | SEG_G,          //H 段資料。
    SEG_A | SEG_D | SEG_E | SEG_F | SEG_G,          //E 段資料。
    SEG_D | SEG_E | SEG_F,                          //L 段資料。
    SEG_A | SEG_B | SEG_E | SEG_F | SEG_G           //P 段資料。
}
display.setSegments(SEG_HELP);                      //顯示H、E、L、P。
```

▶動手做：停車場車位計數電路

一 功能說明

如圖 3-68 所示停車場車位計數電路接線圖。使用 Arduino Uno 開發板配合 IR0、IR1 兩個反射型紅外線模組，計數停車場剩餘車位。當車輛進入停車場時，計數值減 1，最小值為 0。當車輛離開停車場時，計數值加 1，最大值為 100。車位顯示 P000~P100。

二 電路接線圖

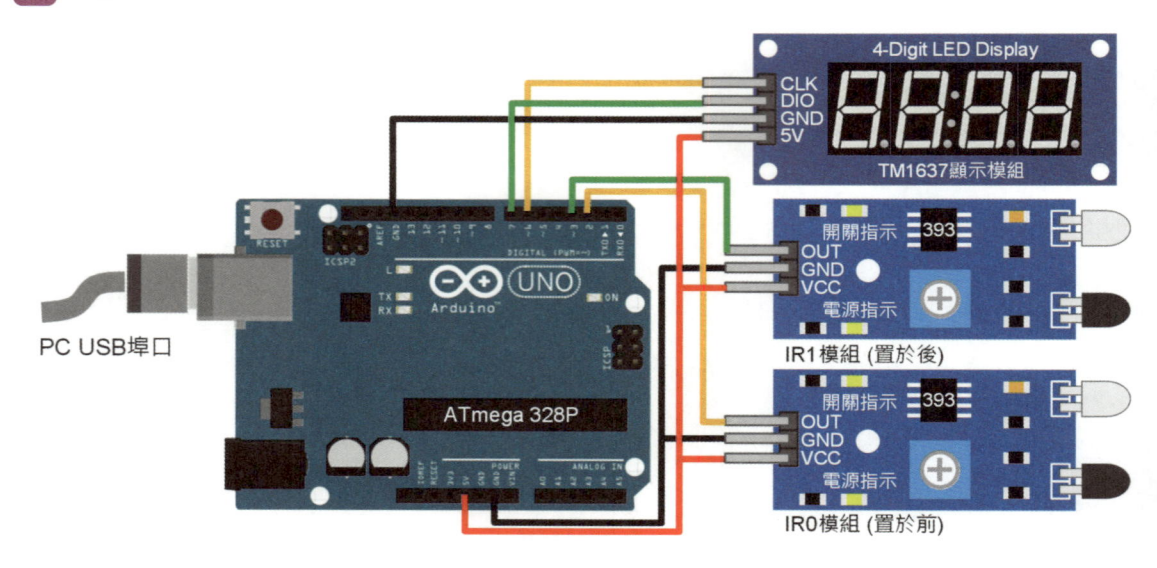

圖 3-68　停車場車位計數電路接線圖

三 程式：ch3-15.ino

```cpp
#include <TM1637Display.h>                    //載入TM1637函式庫。
unsigned int count=100;                       //總車位數。
unsigned long temp0,temp1;                    //目前系統時間。
unsigned long buf[2]={1,1};                   //紅外線光感測模組狀態。
#define CLK 6                                 //D6連接紅外線光感模組CLK接腳。
#define DIO 7                                 //D7連接紅外線光感模組DIO接腳。
const uint8_t SEG_P[]={SEG_A | SEG_B | SEG_E | SEG_F | SEG_G }; //字型P。
TM1637Display display(6, 7);                  //建立TM1637物件。
//初值設定
void setup()
{
    attachInterrupt(0,Ir0Check,FALLING);      //設定INT0的ISR及負緣觸發。
    attachInterrupt(1,Ir1Check,FALLING);      //設定INT1的ISR及負緣觸發。
    display.setBrightness(0x0f);              //設定最大亮度並開啟顯示器。
    display.clear();                          //清除螢幕。
    display.setSegments(SEG_P,1,0);           //顯示字型P。
    display.showNumberDec(count,true,3,1);    //顯示車位初值。
}
```

```cpp
//主迴圈
void loop(){
}
//INT0 的中斷服務程式 ISR
void Ir0Check(){
    if(millis()-temp0>=200)                              //延遲200ms，消除彈跳。
    {
        temp0=millis();                                  //記錄目前系統時間。
        buf[0]=0;                                        //設定IR0=0(已觸發)。
        if(buf[1]==0)                                    //IR1觸發動作?
        {
            if(count<100)                                //車位數<100?
                count++;                                 //車輛離開停車場，車位數加1。
            buf[0]=1;                                    //設定IR0=1(未動作狀態)。
            buf[1]=1;                                    //設定IR1=1(未動作狀態)。
            display.showNumberDec(count,true,3,1);       //顯示車位數。
        }
    }
}
//INT1 的中斷服務程式 ISR
void Ir1Check(){
    if(millis()-temp1>=200)                              //延遲200ms，消除彈跳現象。
    {
        temp1=millis();                                  //記錄系統時間。
        buf[1]=0;                                        //設定IR1=0(已觸發)。
        if(buf[0]==0)                                    //IR0已觸發動作?
        {
            if(count>0)                                  //車位數>0?
                count--;                                 //車輛進入停車場，車位數減1。
            buf[0]=1;                                    //設定IR0=1(未動作狀態)。
            buf[1]=1;                                    //設定IR1=1(未動作狀態)。
            display.showNumberDec(count,true,3,1);       //顯示車位數。
        }
    }
}
```

> **練習**
>
> 1. 接續範例，當車位數為 0 時，顯示 FULL。
> 2. 接續範例，當車位數為 0 時，閃爍顯示 FULL。

3-5-6 紫外線感測模組

如圖 3-69 所示紫外線感測模組，使用深圳市誠立信公司所生產的 UVM30A 晶片，可檢測**波長 200~370nm 的紫外光線**，工作電壓範圍 3~5V，輸出電壓 0~1V。

(a) 外觀　　　　　　　　　　(b) 接腳

圖 3-69　紫外線感測模組

如圖 3-70 所示 UVM30A 響應曲線，測量精確度 ±1UV 指數，響應時間小於 0.5 秒。對照世界衛生組織紫外線指數（ultraviolet light index，簡稱 UV index）分級標準 1~11+（以上），可分為五大級，分別是微量級（Low）以綠色標示、一般級（Moderate）以黃色標示、高量級（High）以橙色標示、過量級（Very High）以紅色標示、危險級（Extreme）以紫色標示。

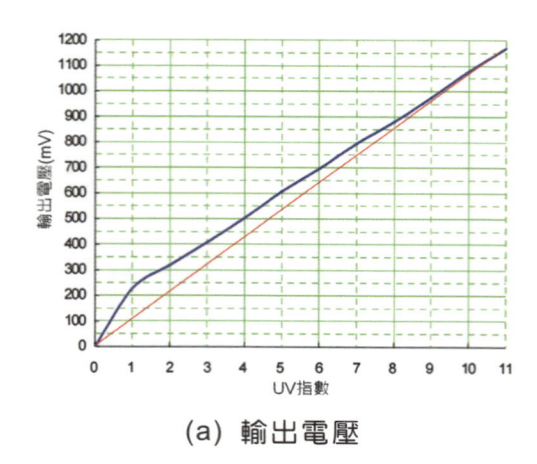

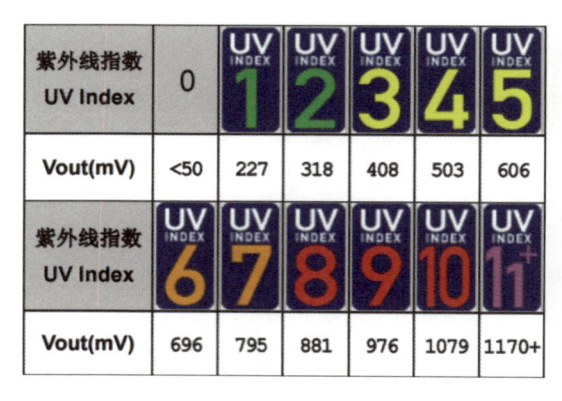

(a) 輸出電壓　　　　　　　　　(b) UV 指數表

圖 3-70　UVM30A 響應曲線　（圖片來源：深圳市誠立信公司）

▶ 動手做：紫外線指數測量電路

一 功能說明

如圖 3-71 所示紫外線指數測量電路接線圖。使用 Arduino Uno 開發板配合 UVM30A 紫外線感測模組，測量紫外線指數。並且將紫外線指數顯示於「序列埠監控視窗」中。

我們可以開啟手機相機的手電筒來模擬紫外線，將光源靠近或離開 UVM30A 紫外線感測器，就可產生不同的電壓變化。

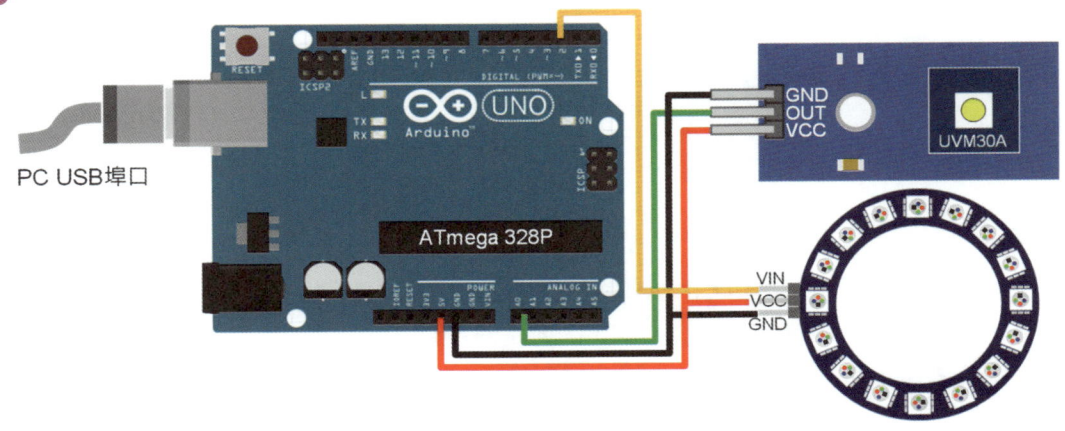

二 電路接線圖

圖 3-71 紫外線指數測量電路接線圖

三 程式：ch3-16.ino

```
unsigned long val,volts;            //數位值，輸出電壓。
int i,index;                        //紫外線指數。
int UV[11]={50,227,318,408,503,606,696,795,881,976,1079};//UV 指數表。
//初值設定
void setup(){
    Serial.begin(9600);             //設定序列埠速率9600bps。
}
//主迴圈
void loop()
{
    val=0;
```

3-67

```
        for(i=0;i<1024;i++)              //取樣 1024 次以保持顯示數值的穩定性。
            val+=analogRead(0);          //將每次取樣的數位值加總。
        val>>=10;                        //取樣平均值。
        volts=val*5000/1024;             //將紫外線數位值轉成毫伏電壓。
        index=0;                         //清除 UV 指數為零。
        for(i=1;i<11;i++)                //將毫伏電壓轉成 UV 指數。
            if(volts>UV[i])              //目前紫外線指數超過 UV 指數表數值 UV[i]?
                index++;                 //UV 指數加級。
        Serial.print("volts=");
        Serial.print(volts);             //顯示 UV 指數相對的毫伏電壓。
        Serial.print("mV");              //顯示訊息：電壓單位 mV。
        Serial.print("  ,UV index=");    //顯示訊息。
        Serial.println(index);           //顯示 UV 指數。
}
```

練習

1. 接續範例，使用全彩 LED 模組顯示 UV 指數。UV0 不顯示，UV1~2 微量級顯示綠色，UV3~5 一般級顯示黃色，UV6~7 高量級顯示橙色，UV8~10 過量級顯示紅色、UV11+ 危險級顯示紫色。

2. 接續範例，使用 TM1637 模組顯示 UV 指數。例如 UV5 則示 0005。

3-6 水感測器

水感測器是**將水位、土壤溼度或雨量等轉換為電氣信號的感測器**，由金屬感應板、電晶體偏壓電路及比較器三個部分組成。工作原理是利用水的導電性來改變金屬板上印刷電路板（printed circuit board，簡稱 PCB）等效電阻，進而改變輸出電壓。

3-6-1 土壤溼度感測模組

如圖 3-72 所示土壤溼度感測模組，利用兩個表面鍍鎳處理的加寬金屬板，來感測土壤中的溼度。當土壤中的溼度減少時，輸出電壓減少，當土壤中的溼度增加時，輸出電壓增加。

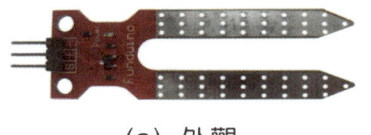

(a) 外觀 　　　　　　　　　　　(b) 接腳

圖 3-72　土壤溼度感測模組

▶動手做：土壤溼度檢測電路

一　功能說明

如圖 3-73 所示土壤溼度檢測電路接線圖。使用 Arduino Uno 開發板配合土壤溼度感測模組，檢測土壤溼度數位值，並且顯示於「序列埠監控視窗」中。

二　電路接線圖

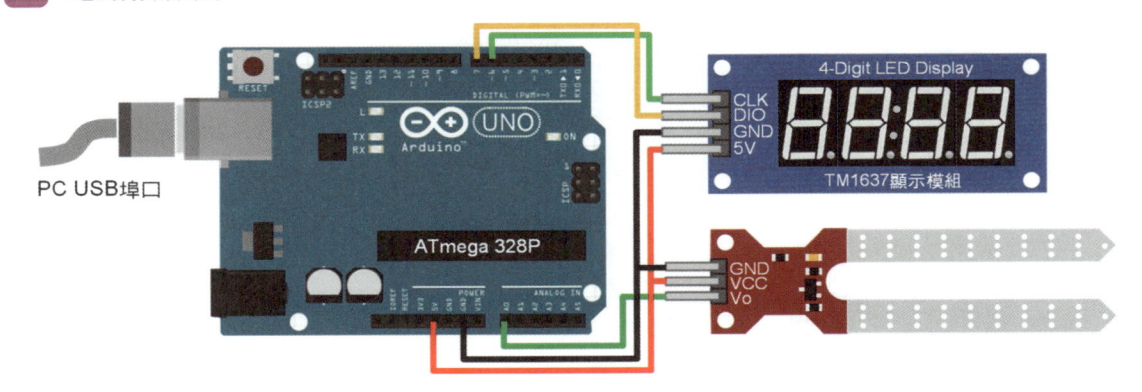

圖 3-73　土壤溼度檢測電路接線圖

三　程式：ch3-17.ino

```
//初值設定
void setup(){
    Serial.begin(9600);           //設定序列埠傳輸速率9600bps。
}
//主迴圈
void loop(){
    Serial.print("Digital Value=");       //顯示訊息。
    Serial.println(analogRead(A0));       //讀取並顯示土壤溼度數位值。
    delay(500);                           //延遲0.5秒。
}
```

3-69

> **練習**
>
> 1. 接續範例，D12 連接紅色 LED 燈、D13 連接綠色 LED 燈。當數位值小於 300（土壤乾燥）或大於 600（水份過多）時，顯示紅燈。當數位值在 300~600 之間，表示土壤溼度適中，則顯示綠燈。
> 2. 接續範例，連接 TM1637 顯示模組，顯示四位數土壤溼度數位值。

3-6-2　雨滴感測模組

如圖 3-74 所示雨滴感測模組，有數位輸出 DO 及類比輸出 AO 兩種。當感應板上沒有雨滴時，DO 輸出高電位，開關指示燈熄滅。當感應板上有雨滴時，DO 輸出低電位，開關指示燈亮。AO 輸出電壓與雨量大小成反比，可以檢測出雨量的大小。

(a) 外觀 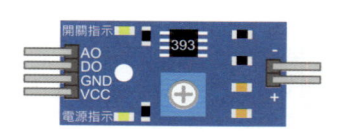　　　　　　(b) 接腳 　　　　　　(c) 感測板

圖 3-74　雨滴感測模組

▶ 動手做：雨量檢測電路

一　功能說明

如圖 3-75 所示雨量檢測電路接線圖。使用 Arduino Uno 開發板配合雨滴感測模組來檢測雨量，並且將雨量的數位值顯示於「序列埠監控視窗」中。

二　電路接線圖

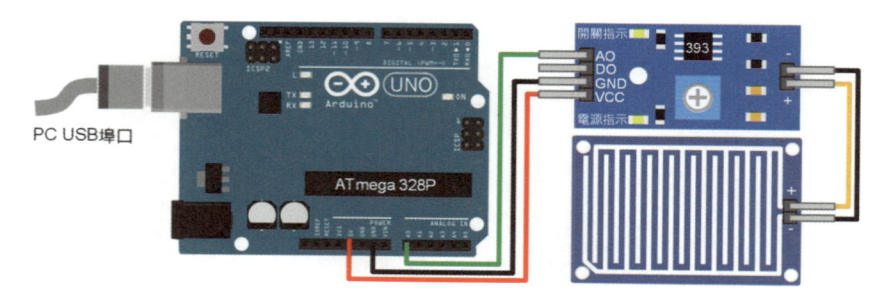

圖 3-75　雨量檢測電路接線圖

程式：ch3-18.ino

```
//初值設定
void setup(){
    Serial.begin(9600);                //設定序列埠傳輸速率9600bps。
}
//主迴圈
void loop(){
    Serial.print("Digital Value=");    //顯示訊息。
    Serial.println(analogRead(A0));    //讀取並顯示土壤溼度數位值。
    delay(500);                        //每0.5秒取樣一次。
}
```

練習

1. 接續範例，D12連接紅色LED燈，晴天時LED熄滅；下雨LED點亮。
2. 接續範例，連接全彩串列LED模組，晴天時LED全暗，LED亮燈數與雨量成正比。

3-7 霍爾感測器

如圖 3-76(a) 所示 SS49E 霍爾感測器，是一種將**磁場變化轉換為電氣信號**的感測器。霍爾（Edwin Hall）於 1879 年發現，將流過電流的導體或半導體放置在磁場內，在其內部的電荷載子會受到勞倫茲（Lorentz）力而偏向一邊，進而產生電壓，這種現象稱為霍爾效應（Hall effect）。如圖 3-76(b) 所示霍爾感測器的特性曲線，在磁場強度為 0 時，輸出電壓為 2.5V，輸出電壓在 0.8V~4.2V 之間成線性正比例變化。

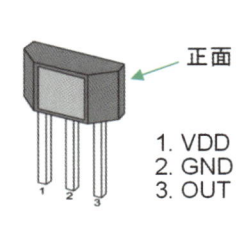

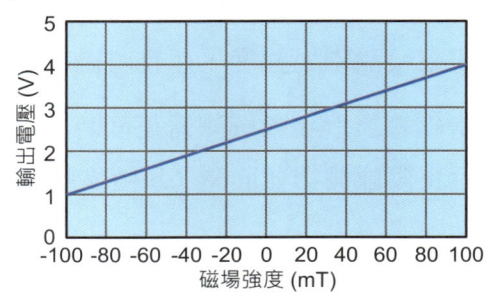

(a) 外觀　　　　　　　　　　(b) 特性曲線

圖 3-76　SS49E 霍爾感測器

由圖 3-76 所示特性曲線可知，SS49E 可以測量的磁場強度範圍在 ±100mT（±1000G）之間。**當 N 極靠近霍爾感測器正面時，輸出電壓大於 2.5V，磁場強度為正值。當 S 極靠近霍爾感測器正面時，輸出電壓小於 2.5V，磁場強度為負值**。輸出電壓與磁場強度成線性正比，任取兩點可知磁場強度對輸出電壓的變化量如下式：

磁場強度 / 輸出電壓 = (100-0) / (4-2.5) = 100 / 1.5【mT/V】

3-7-1 霍爾感測模組

如圖 3-77 所示霍爾感測模組，內部使用 SS49E 霍爾元件，具有小型化、多用途、低雜訊及線性輸出等特性。霍爾感測模組有數位輸出 DO 及類比輸出 AO 兩種，VR1 電位器用來調整使**數位輸出 DO 轉態的磁場強度設定值**。當磁場強度超過設定值，則開關指示燈點亮。

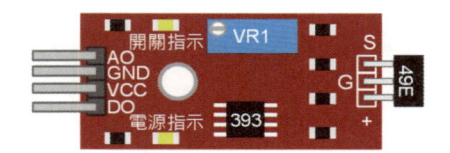

(a) 外觀　　　　　　　　　　　(b) 接腳

圖 3-77　霍爾感測模組

▶ 動手做：磁場強度檢測電路

━ 功能說明

如圖 3-78 所示磁場強度檢測電路接線圖。使用 Arduino Uno 開發板配合霍爾感測模組來檢測磁場強度，並且將磁場強度顯示於「序列埠監控視窗」中。

當磁鐵靠近霍爾感測器正面時（N 極靠近正面），磁場強度增加且為正值。當磁鐵靠近霍爾感測器背面時（S 極靠近正面），磁場強度減少且為負值。

二 電路接線圖

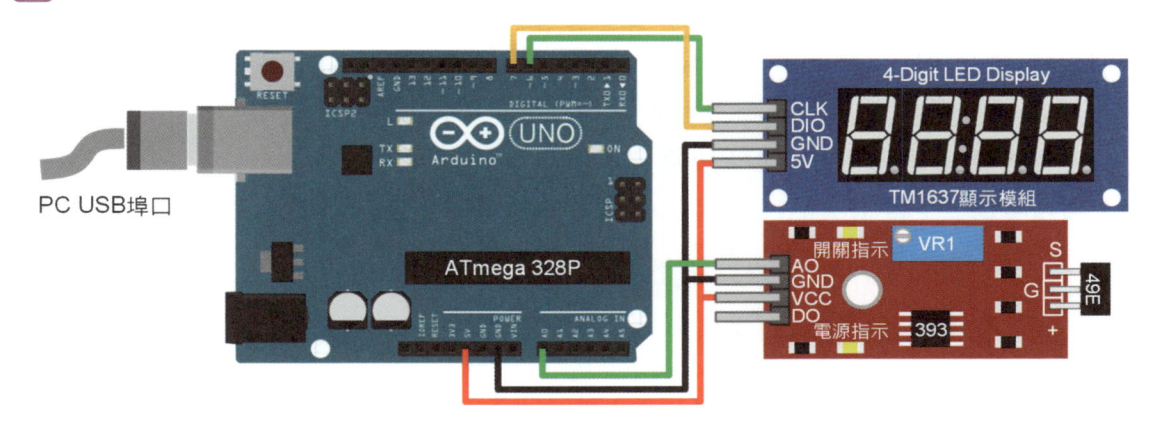

圖 3-78　磁場強度檢測電路接線圖

三 程式：ch3-19.ino

```
int val;                                  //磁場強度數位值。
float volts;                              //磁場強度電壓值。
float mag;                                //磁場強度(單位：mT)。
//初值設定
void setup()
{
    Serial.begin(9600);                   //設定序列埠傳輸速率9600bps。
}
//主迴圈
void loop()
{
    val=analogRead(A0);                   //讀取磁場強度數位值。
    volts=(float)val*5/1024;              //將數位值轉成電壓值。
    mag=(volts-2.5)*100/1.5;              //將電壓值轉成磁場強度(mT)。
    Serial.print("Field Intensity(mT)="); //顯示訊息。
    Serial.println(mag);                  //顯示磁場強度。
    delay(500);                           //每0.5秒檢測一次。
}
```

> **練習**
>
> 1. 接續範例，D12 連接紅色 LED、D13 連接綠色 LED。當沒有磁極靠近霍爾感測器時，紅色 LED 及綠色 LED 皆不亮。當 N 極靠近霍爾感測器時，綠色 LED 亮。當 S 極靠近霍爾感測器時，紅色 LED 亮。
> 2. 接續範例，連接 TM1637 顯示模組，顯示四位數磁場強度，單位 mT。

3-7-2　128×64 OLED 模組

如圖 3-79 所示 128×64 OLED 模組，內部使用晶門科技（SOLOMON SYSTECH）生產製造的 SSD1306 晶片，常用規格 0.96 吋及 1.3 吋。SSD1306 晶片有 I2C 及 SPI 兩種串列介面，**SPI 介面速度較快，但 I2C 介面使用腳位較少。**

(a) I2C 介面 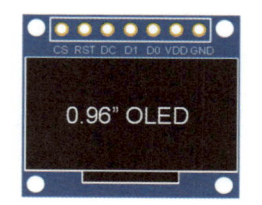　　　　　　　　(b) SPI 介面

圖 3-79　OLED 模組

本章使用 0.96 吋 I2C 介面 OLED 模組，屬單色 PMOLED，最大解析度 128 節（Segment，簡稱 SEG）×64 行（Common，簡稱 COM）。SSD1306 晶片內含 128×64 位元 SRAM 記憶體，用來儲存顯示內容。SSD1306 晶片的工作電壓 V_{DD} 為 1.65V~3.3V，OLED 面板電源 V_{CC} 為 7V~15V，內部電路會將 V_{DD} 升壓至 7.5V 供給面板所需電源。

如圖 3-80 所示 SSD1306 圖形顯示資料記憶體（Graphic Display Data RAM，簡稱 GDDRAM），使用位元對映（bitmap），最大驅動 128 節（SEG）×64 行（COM）的 OLED 面板。**SSD1306 使用共陰驅動方式，COM 為低電位驅動，當 SEG 為高電位時，對應的點亮，當 SEG 為低電位時，對應的點不亮。**SEG 最大輸出電流 100μA，COM 最大輸入電流 15mA，足夠驅動 128 SEG 所須的輸出電流。利用轉向設定函式可以改變座標（0,0）的位置在左上角（**黑色字體**）或是右下角（**綠色字體**）。

Page 0 (COM00 ~ COM07)	Page 0	列 re-mapping Page 7 (COM63 ~ COM56)
Page 1 (COM08 ~ COM15)	Page 1	Page 6 (COM55 ~ COM48)
Page 2 (COM16 ~ COM23)	Page 2	Page 5 (COM47 ~ COM40)
Page 3 (COM24 ~ COM31)	Page 3	Page 4 (COM39 ~ COM32)
Page 4 (COM32 ~ COM39)	Page 4	Page 3 (COM31 ~ COM24)
Page 5 (COM40 ~ COM47)	Page 5	Page 2 (COM23 ~ COM16)
Page 6 (COM48 ~ COM55)	Page 6	Page 1 (COM15 ~ COM08)
Page 7 (COM56 ~ COM63)	Page 7	Page 0 (COM07 ~ COM00)

行 re-mapping　SEG 0 ------------------------- SEG 127
　　　　　　　　SEG 127 ----------------------- SEG 0

圖 3-80　SSD1306 圖形顯示資料記憶體 GDDRAM

如圖 3-81 所示 SSD1306 GDDRAM 的頁對映方式，是將 64 行（COM0~COM63）分成 8 頁（Page 0~Page 7），每頁由 8 行組成。以 Page 2 為例，是由行 COM16~COM23 組成。因為每個字元的大小為 8×8 位元，所以每頁最多可以顯示 16 個字元，8 頁最多可以顯示 128 個字元。

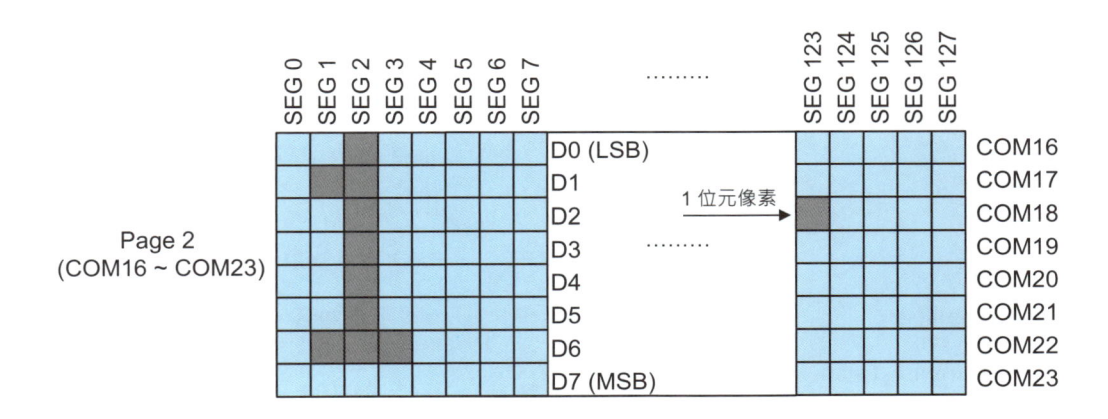

圖 3-81　SSD1306 GDDRAM 的頁對映方式

在使用 Arduino Uno 開發板控制 OLED 模組前，必須先安裝 **Adafruit_SSD1306**、**Adafruit-GFX-Library** 兩個函式庫。Adafruit_SSD1306 函式庫的下載網址 https://github.com/adafruit/Adafruit_SSD1306。Adafruit_GFX-Library 函式庫的下載網址 https://github.com/adafruit/Adafruit-GFX-Library。

下載完成後，開啟 Arduino IDE，點選「草稿碼→匯入程式庫→加入.ZIP 程式庫」，將 Adafruit_SSD1306 及 Adafruit-GFX-Library 兩個函式庫加入。

一、Adafruit_SSD1306 函式庫常用函式說明

如表 3-17 所示 Adafruit_SSD1306 函式庫常用函式說明，begin 函式是用來**設定 I2C 位址、SPI 接腳及設定 OLED 面板所使用的電壓來源**。其他函式是用來控制 SSD1306 顯示緩衝區的內容。包含更新顯示內容（display）、清除顯示內器（clearDisplay）、畫面捲動（scroll）及畫點（drawPixel）等功能。

表 3-17 Adafruit_SSD1306 函式庫常用函式說明

函式	功能	參數說明
begin(uint8_t vccs, uint8_t addr)	初始化	vccs：設定面板電壓來源，預設內部產生。 addr：I2C 位址。
display(void)	更新顯示	無。
clearDisplay(void)	清除顯示	無。
invertDisplay(bool i)	反白顯示	i=0：正常顯示，i=1：反白顯示。
drawPixel(int16_t x, int16_t y, uint16_t color)	畫點	x：x 座標 0~127。 y：y 座標 0~63。 color：黑(BLACK)、白(WHITE)、反相(INVERSE)
write(uint8_t c)	顯示字元	c：字元 ASCII 碼。
print(str) / println(str)	顯示字串	str：字串內容。
startscrollright(uint8_t start, uint8_t stop)	水平向右捲動	start：開始頁，stop：結束頁。
startscrollleft(uint8_t start, uint8_t stop)	水平向左捲動	start：開始頁，stop：結束頁。
startscrolldiagright(uint8_t start, uint8_t stop)	對角向右捲動	start：開始頁，stop：結束頁。
startscrolldiagleft(uint8_t start, uint8_t stop)	對角向左捲動	start：開始頁，stop：結束頁。
Stopscroll(void)	停止捲動	無。

二、Adafruit_GFX 函式庫常用函式說明

如表 3-18 所示 Adafruit_GFX 函式庫常用函式說明，**主要是用來畫圖**，而且必須使用 Adafruit_SSD1306 函式庫中的 drawPixel 函式來完成。Adafruit_GFX 函式庫的函式種類繁多，常用函式如顯示 bmp 圖、畫圓、畫矩形、畫圓角矩形、畫三角形等。

表 3-18　Adafruit_GFX 函式庫常用函式說明

函式	功能	參數說明
setCursor(int16_t x, int16_t y)	設定座標	x：x 座標 0~127。y：y 座標 0~63。
setTextColor(uint16_t color)	設定文字顏色	color：黑(BLACK)、白(WHITE)、反相(INVERSE)
setTextSize(uint8_t s)	設定文字大小	s：文字大小 1~7，預設 s=1。 s=1 文字大小 6×8，s=2 文字大小 12×16 s=3 文字大小 18×24，餘依此類推。
drawBitmap(int16_t x, int16_t y, const uint8_t bitmap[],int16_t w, int16_t h, uint16_t color)	顯示 bmp 圖形	x、y：開始座標。 bitmap：bmp 圖形緩衝區。 w：bmp 圖形寬度。 h：bmp 圖形高度。 color：bmp 圖形顏色。
drawLine(int16_t x0, int16_t y0, int16_t x1, int16_t y1, uint16_t color)	畫線	x0、y0：開始座標。 x1、y1：結束座標。 color：顏色。
drawRect(int16_t x, int16_t y, int16_t w, int16_t h, uint16_t color)	畫空心矩形	x、y：開始座標。 w、h：矩形的寬度及高度。 color：顏色。
drawCircle(int16_t x0, int16_t y0, int16_t r, uint16_t color)	畫空心圓	x0、y0：圓心座標。 r：圓半徑。 color：顏色。
drawTriangle(int16_t x0, int16_t y0, int16_t x1, int16_t y1, int16_t x2, int16_t y2, uint16_t color)	畫三角形	x0、y0：第一角座標。 x1、y1：第二角座標。 x2、y2：第三角座標。color：顏色。

▶ 動手做：使用 OLED 模組顯示 ASCII 字元

一 功能說明

如圖 3-82 所示 OLED 模組顯示 ASCII 字元電路接線圖。使用 Arduino Uno 板配合 I2C 介面 OLED 顯示模組，顯示 ASCII 碼 0~127 的內容。OLED 模組解析度為 128×64，顯示文字大小為 6×8。每行最多可顯示 21 個 ASCII 字元，最多可顯示 8 行。

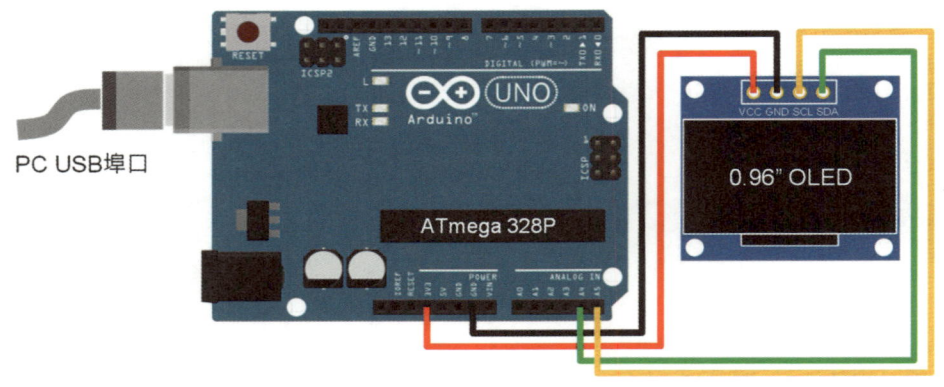

二 電路接線圖

圖 3-82　OLED 模組顯示 ASCII 字元電路接線圖

三 程式：ch3-20.ino

程式	說明
`#include <Adafruit_SSD1306.h>`	//載入 OLED 函式庫。
`Adafruit_SSD1306 oled(128,64);`	//建立 OLED 物件，解析度 128×64。
`int i;`	//迴圈變數。
`//初值設定`	
`void setup()`	
`{`	
`    oled.begin(SSD1306_SWITCHCAPVCC,0x3C);`	//初始化 SSD1306，位址 0x3C。
`    oled.clearDisplay();`	//清除顯示器內容。
`    oled.setCursor(0,0);`	//設定座標在(0,0)位置。
`    oled.setTextColor(WHITE);`	//設定文字顏色為白色。
`    drawAsciiChar();`	//顯示 ASCII 字元。
`    oled.display();`	//更新 OLED 顯示內容。
`}`	
`//主迴圈`	
`void loop(){`	

```
}
//ASCII 顯示函式
void drawAsciiChar(void)
{
    for (i=0;i<128;i++)                    //顯示 ASCII=0~127 的字元。
    {
        if(i=='\n') continue;              //「換行」字元不顯示。
        oled.write(i);                     //顯示 ASCII 字元。
        if (i%21==0)                       //每行顯示 21 個 ASCII 字元。
        oled.println();                    //換行。
    }
}
```

練習

1. 使用 Arduino 開發板配合 OLED 模組在顯示器中間位置顯示「Hello,OLED」。
2. 使用 Arduino 開發板配合 OLED 模組顯示如圖 3-83 所示圖形。

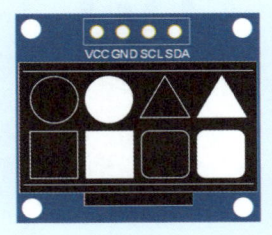

圖 3-83　OLED 顯示圖形

3-7-3　使用 OLED 顯示 BMP 圖形

　　OLED 模組最大可以顯示解析度 128×64 的 BMP 圖形。其他如 JPG、PNG 等圖檔格式，必須先使用「Windows 小畫家」或其他圖形轉檔程式，轉成適當大小的 BMP 檔，再使用「LCD Assistant」程式將 BMP 檔轉成 Byte 陣列檔。最後將 Byte 陣列檔加入 Arduino 草稿碼中，才能使用 OLED 模組顯示 BMP 圖形，步驟如下：

▶ 動手做：將 PNG 圖形轉成 Byte 陣列

STEP 1

1. 開啟「Windows 小畫家」。
2. 點選【檔案】【開啟舊檔 O】選擇 mickey1.png 圖檔。
3. 按「開啟(O)」載入圖檔。

STEP 2

1. 點選「調整大小」，調整圖片的大小。
2. 將 mickey1 圖片調整為「64×64 像素」的圖形。
3. 按 確定 鈕結束設定。

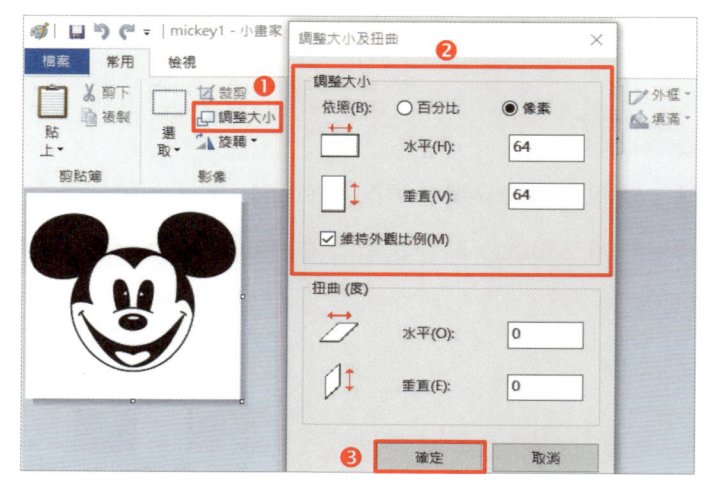

STEP 3

1. 點選【檔案】【內容】，開啟「影像內容」視窗。
2. 因為是使用單色 OLED 顯示器，所以必須將影像內容的色彩改為「黑白(B)」。
3. 按 確定 鈕結束設定。

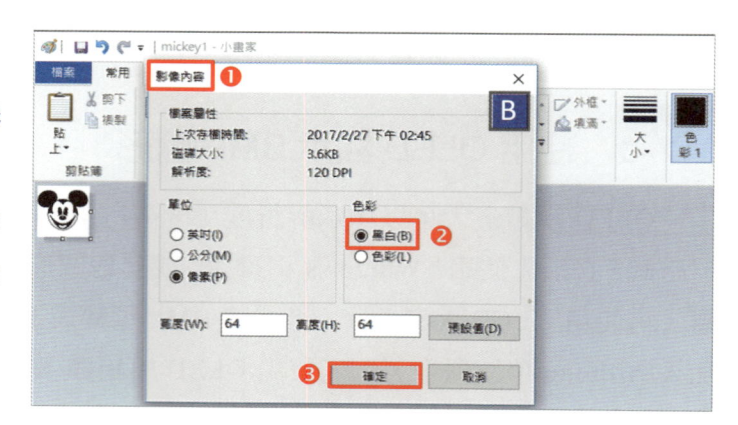

3-80

STEP 4

1. 點選【檔案】【另存新檔】開啟「另存新檔」視窗。
2. 「檔案名稱(N)」輸入 log1,「存檔類型(T)」選擇單色點陣圖。
3. 按 存檔(S) ，儲存檔案。

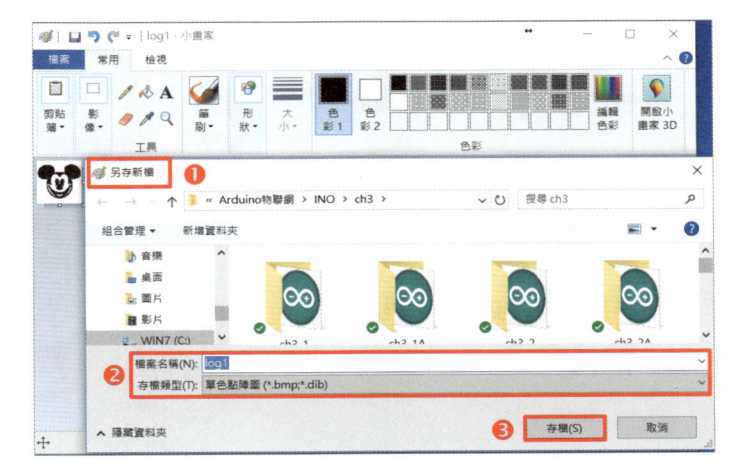

STEP 5

1. 下載並開啟「LCD Assistant」轉檔程式。
2. 點選【File】【Load image】
3. 點選「log1.bmp」圖檔。
4. 按 開啟(O) 鈕,開啟 log1.bmp 圖檔。

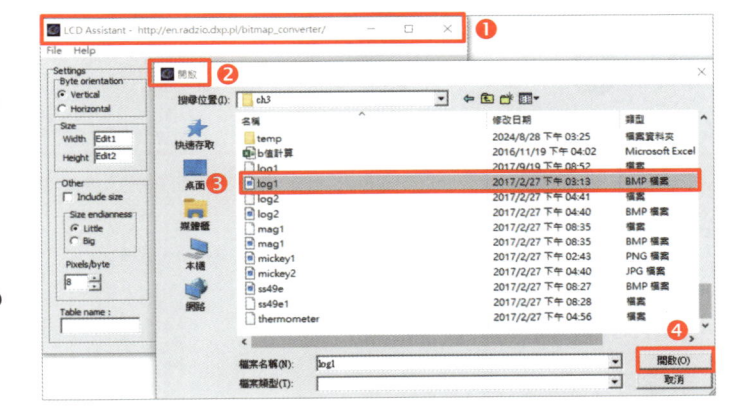

STEP 6

1. 因為 Adafruit_GFX 函式庫中 drawBitmap() 函式的顯示方式是先由左而右,再由上而下。所以選擇「Horizotal」。
2. 其餘設定不變。

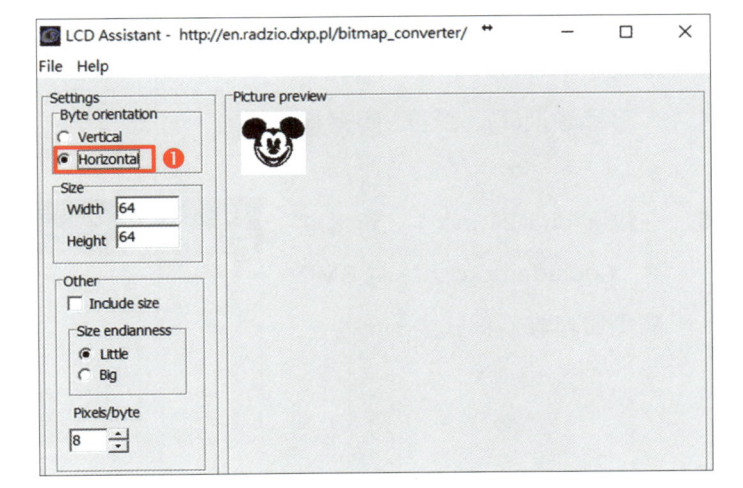

STEP 7

1. 點選【File】【Save output】，開啟「另存新檔」視窗。
2. 在「檔案名稱(N):」欄位中輸入檔案名稱「log1」。
3. 點選「存檔(S)」將，將 bmp 圖檔轉存成 Byte 陣列檔。

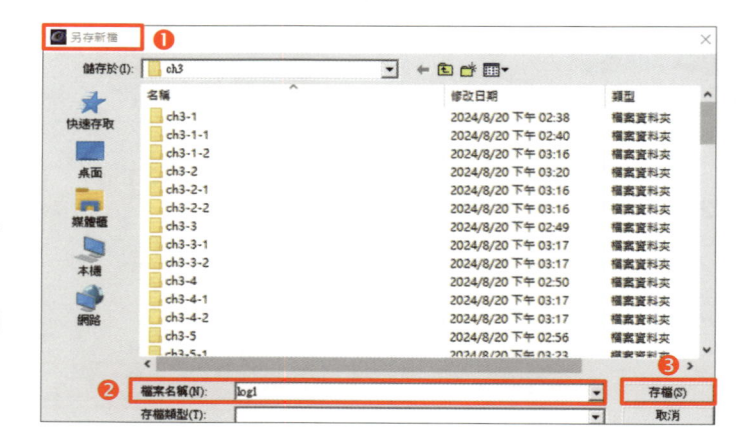

STEP 8

1. 以「Windows 記事本」開啟 log1 陣列檔。
2. 將 const unsigned char log1[] 改為 const unsigned char PROGMEM log1[]。將 BMP 圖檔存在 Flash ROM 中。
3. 點選【檔案】【另存新檔】，在「檔案名稱(N):」欄位中輸入檔案名稱「log1.h」。
4. 「存檔類型(T):」選擇「所有檔案」。
5. 在檔案 ch3-21.ino 中，新增指令 #include "log1.h"，將 BMP 圖檔資料載入程式中。

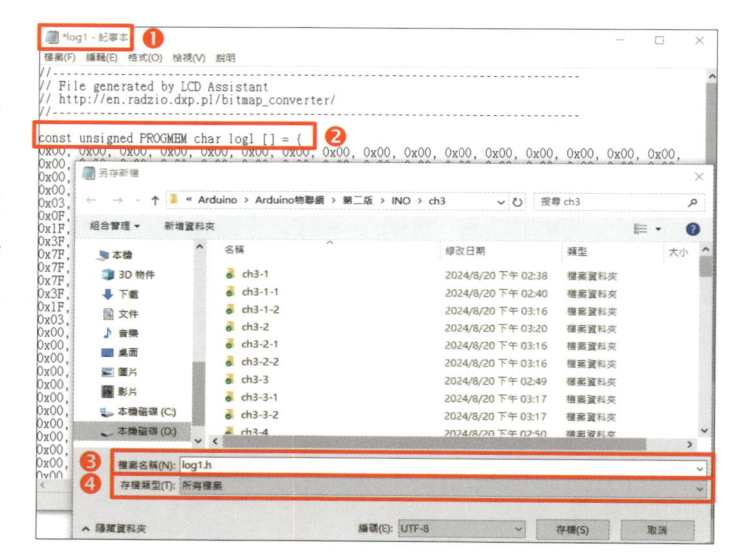

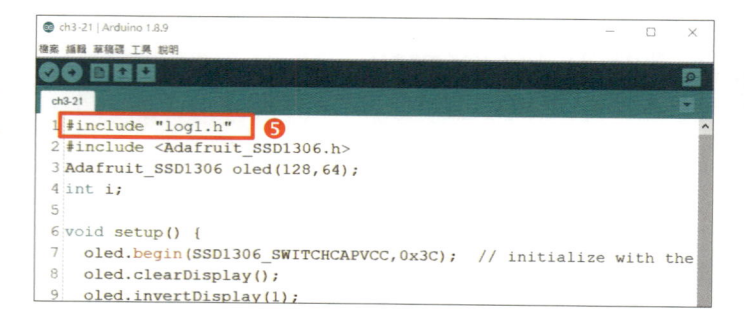

▶ 動手做：使用 OLED 模組顯示 BMP 圖形

一　功能說明

如圖 3-82 所示 OLED 模組顯示電路接線圖，使用 Arduino Uno 開發板控制 I2C 介面 OLED 顯示模組，顯示如圖 3-84 所示米老鼠 BMP 圖形。

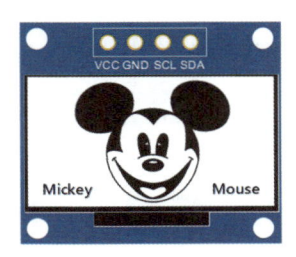

圖 3-84　米老鼠 BMP 圖形 (圖片來源：迪士尼公司)

二　電路接線圖

如圖 3-82 所示電路接線圖。

三　程式：ch3-21.ino

```
#include "log1.h"                              //載入 BMP 圖檔資料。
#include <Adafruit_SSD1306.h>                  //載入 OLED 函式庫。
Adafruit_SSD1306 oled(128,64);                 //初始化 SSD1306。
int i;                                         //定義變數 i。
//初值設定
void setup()
{
    oled.begin(SSD1306_SWITCHCAPVCC,0x3C);     //設定面板電壓來源及 I2C 位址。
    oled.clearDisplay();                       //清除 OLED 顯示內容。
    oled.invertDisplay(1);                     //設定反白顯示。
    oled.drawBitmap(32,0,log1,64,64,WHITE);    //座標(32,0)顯示 64×64 圖。
    oled.setTextColor(WHITE);                  //設定文字顏色
    oled.setCursor(9,50);                      //設定座標(x,y)=(9,50)。
    oled.print("Mickey");                      //顯示文字 Mickey。
    oled.setCursor(90,50);                     //設定座標(x,y)=(90,50)。
    oled.print("Mouse");                       //顯示文字 Mouse。
    oled.display();                            //更新顯示。
}
```

```
//主迴圈
void loop(){
}
```

練習

1. 接續範例,顯示如圖 3-85 所示米老鼠 BMP 圖形。

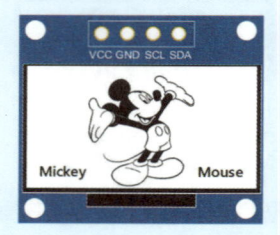

圖 3-85　米老鼠 BMP 圖形

2. 如圖 3-86 所示磁場強度檢測電路接線圖,使用 Arduino Uno 開發板配合霍爾感測模組,檢測磁場強度,並將磁場強度顯示於 OLED 顯示器。

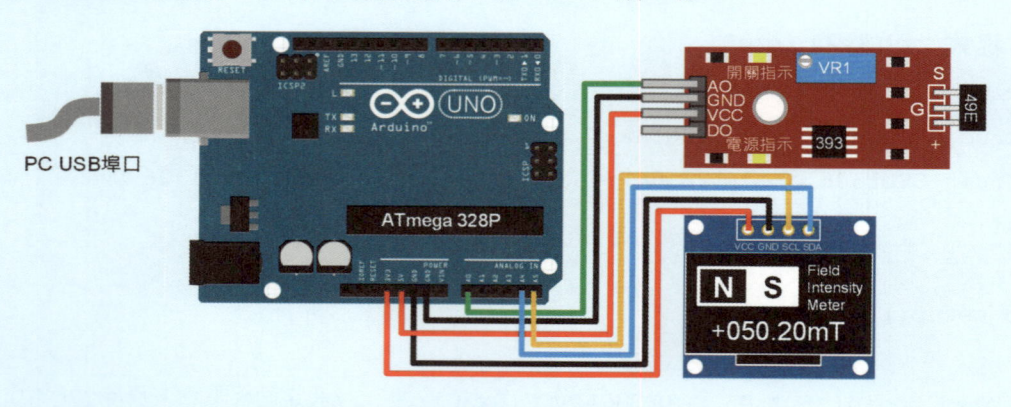

圖 3-86　磁場強度檢測電路接線圖

3-8 壓力感測器

　　如圖 3-87 所示 FSR402 壓力感測器(Force Sensing Resistor,簡稱 FSR),由 Interlink Electronics 公司所生產製造,具有重量輕、體積小、超薄型及感測精度高等特性。FSR402 是一種**將壓力(force)轉換為電阻的感測器**。在還未對 FSR402 施加壓力時的電阻值大於 10MΩ,施加壓力後的電阻值會隨著壓力增加而減少。FSR402 長度 63mm、圓直徑 18.22mm,在圓直徑 12.7mm 感測區域內,可以感應 **20g～10Kg**

3-84

的壓力，常應用於電子設備、汽車電子、工業機器人等相關壓力感測。施加於 FSR402 的壓力與其電阻值呈**非線性變化**，因此無法準確測量壓力值。

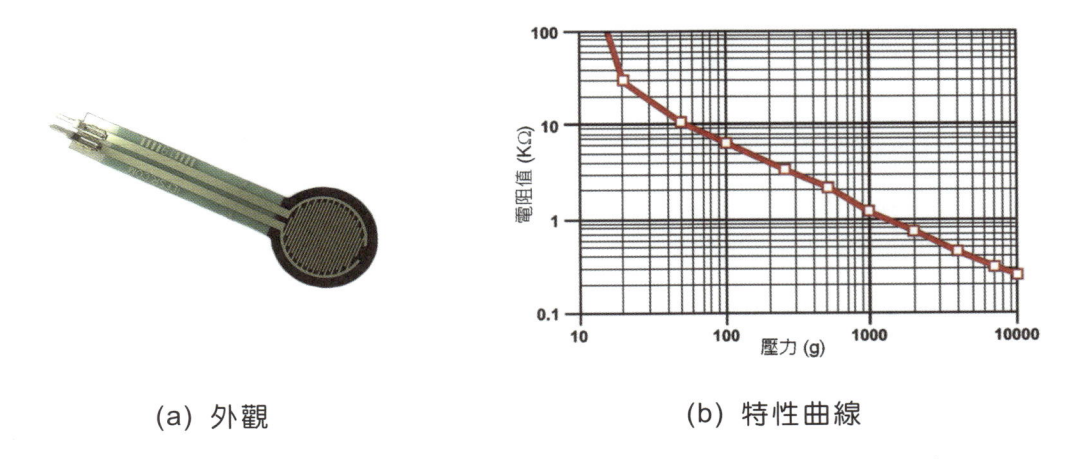

(a) 外觀　　　　　　　　　　　　(b) 特性曲線

圖 3-87　FSR402 壓力感測器（圖片來源：www.interlinkelectronics.com）

為了方便連線，我們使用如圖 3-88(a) 所示 FSR402 壓力感測模組。模組內部電路如圖 3-88(b) 所示，外接 5V 直流電源至 10kΩ 電阻，與 FSR402 壓力感測器串聯，自 FSR402 輸出類比電壓 AO，經由 LM393 比較器輸出至 DO。當 FSR402 承受壓力增加時，FSR402 電阻值減少，使輸出電壓 V_{OUT} 減少，輸出電壓 V_{OUT} 等式如下。

$$V_{OUT} = 5 \times \frac{R_{FSR}}{R_{FSR}+R_1}$$

(a) 外觀　　　　　　　　　　　　(b) 內部電路

圖 3-88　FSR402 壓力感測模組

SVR1/10kΩ 電位器是用來設定壓力臨限值。當 FSR402 承受壓力未達所設定的壓力值時，比較器輸出高電位，LED 熄滅。當 FSR402 承受壓力超過所設定的壓力值時，比較器輸出低電位，LED 點亮。

3-85

▶ 動手做：壓力檢測電路

一　功能說明

如圖 3-89 所示壓力檢測電路接線圖。使用 Arduino Uno 開發板配合 FSR402 壓力感測器來檢測外部壓力，並且將檢測的電壓值顯示於「序列埠監控視窗」。觀察圖 3-88(b) 所示特性曲線，當 FSR402 承受的壓力為 50g 時，FSR402 電阻值為 10kΩ，經由分壓電路輸出電壓 V_{OUT}=2.5V。將 50g 標準砝碼放置於 FSR402 上，並調整 SVR10kΩ 電位器使 LM393 第 6 腳電壓為 2.5V。移除 50g 標準砝碼，以手指施壓 FSR402，當壓力超過 50g 時，使 LED 點亮。不同壓力檢測，須重新計算並調整電位器。

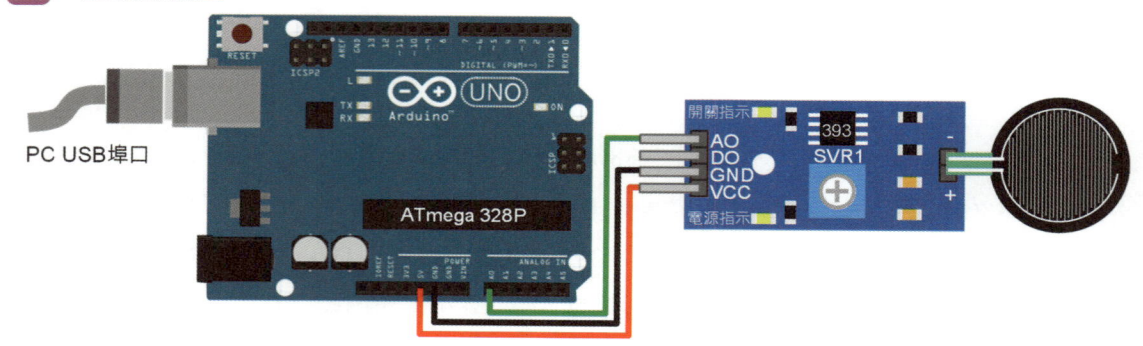

二　電路接線圖

圖 3-89　壓力檢測電路接線圖

三　程式：ch3-22.ino

```
float volts;              //FSR402 輸出電壓 V_OUT。
int value;                //輸出電壓 V_OUT 轉換數位值。
//初值設定
void setup(){
    Serial.begin(9600);   //設定傳輸速率為 9600bps。
}
//主迴圈
void loop()
{
    value=analogRead(A0);           //讀取 FSR402 輸出數位值。
    volts=(float)value*5/1024;      //數位值轉成電壓值。
    Serial.print("Force=");         //顯示訊息。
```

```
    Serial.println(value);          //顯示FSR402承受壓力的數位值。
    Serial.print("Voltage=");       //顯示訊息。
    Serial.println(volts);          //顯示FSR402承受壓力的電壓值。
    delay(500);                     //每0.5秒檢測一次。
}
```

練習

1. 接續範例，D13 連接 LED 燈，當物體重量未超過 100g 時，LED 不亮；當物體重量超過 100g（100g 時 R_{FSR}=6kΩ）時，LED 點亮。

2. 接續範例，D12 連接紅色 LED 燈、D13 連接綠色 LED 燈。當物體重量未超過 50g 時，綠色 LED 點亮，當物體重量超過 100g 時，紅色 LED 點亮。當物體重量介於 50g～100g 之間，所有 LED 熄滅。

3-9 重量感測器

如圖 3-90 所示 HX711 重量感測模組，包含 HX711 晶片及荷重元（Load Cell）。HX711 晶片由海芯科技（Avia Semiconductor）生產製造，是一款專為稱重而設計的**精密 24 位元 ADC 轉換器**。

如圖 3-90(c) 所示荷重元，是用來感測物體重量，額定值有 1Kg、5Kg、10Kg、20Kg 等多種規格，安裝時要注意方向。

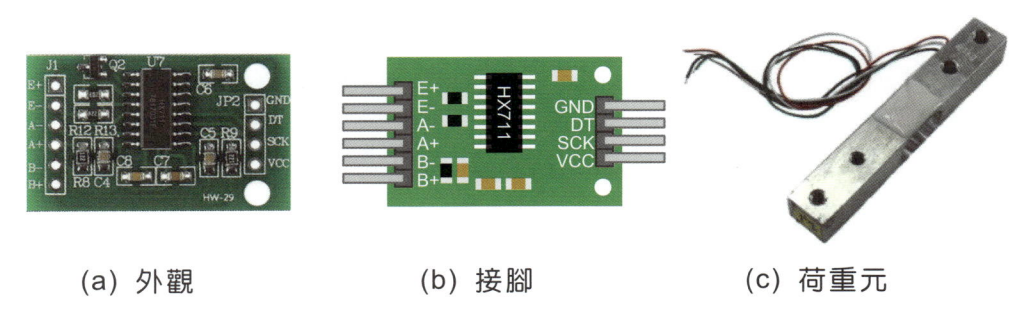

(a) 外觀　　　　(b) 接腳　　　　(c) 荷重元

圖 3-90　HX711 重量感測模組

HX711 晶片的工作電壓 VCC=2.6~5.5V，工作電流小於 1.5mA，內含一組低雜訊可程式增益放大器（programmable gain amplifier，簡稱 PGA）及兩組差動放大輸入通道 A 及通道 B。通道 A 有 64 及 128 兩種增益可以選擇，通道 B 固定增益為 32。

如圖 3-91 所示 HX711 壓力感測模組的接線方式，由 HX711 模組提供 E+、E-電源給荷重元。當荷重元受到外力時會產生形變，內部電阻值跟隨改變，經由荷重元內部惠斯登（Wheatstone）電阻電橋取出差動電壓變化量，再送至 HX711 差動輸入端 A+、A-放大、轉換為數位值。數位值再透過串列介面輸出至 Arduino Uno 開發板，轉換並顯示物體重量。

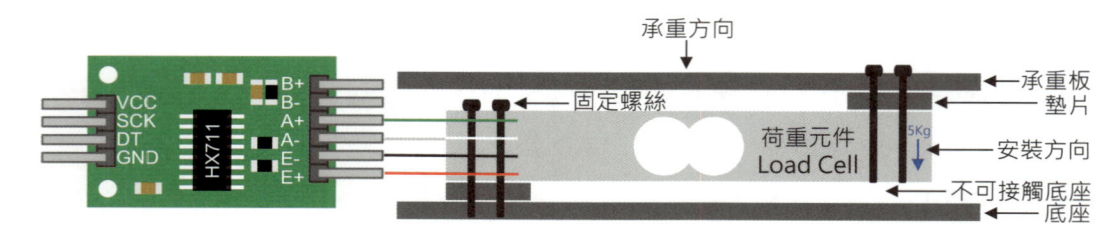

圖 3-91　HX711 壓力感測模組的接線方式

在使用 Arduino Uno 開發板板控制 HX711 壓力感測模組前，必須先安裝 **HX711 函式庫**，下載網址 https://github.com/bogde/HX711。下載完成後，開啟 Arduino IDE，點選「草稿碼→匯入程式庫→加入.ZIP 程式庫」，將 HX711 函式庫加入 Arduino 函式庫中。

如表 3-19 所示 HX711 函式庫常用方法，由 Weihongguan 等人開發設計。set_scale 函式用來設定比例參數（scale），**主要是用來校正樣本重量（sample_weight）與目前重量（current_weight）之間的差異**。不同重量單位，如克（g）、仟克（Kg）、盎司（oz）等的比例參數不同。比例參數等式如下：

比例參數 scale =　目前重量（current_weight）／樣本重量（sample_weight）

表 3-19　HX711 函式庫的常用方法說明

方法	功能	參數說明	傳回值
begin(byte dout, byte pd_sck, byte gain)	初始化 HX711	dout： 連接模組 DT 的數位腳。 pd_sck： 連接模組 SCK 的數位腳。 gain：設定 PGA 增益，預設值 128。	無。

方法	功能	參數說明	傳回值
set_scale(float scale)	設定比例參數	scale：預設值 1。	無。
get_scale()	取得比例參數	無。	目前比例參數。
read_average(byte times)	讀取物體重量	times：讀取次數。	含皮重的重量。
get_value(byte times)	讀取物體重量	times：讀取次數。	不含皮重且未校正的重量。
get_units(byte times)	讀取物體重量	times：讀取次數。	不含皮重且已校正的重量。
tare(byte times)	讀取設定皮重	times：讀取次數。	無。
power_down()	進入睡眠模式	無。	無。
power_up()	結束睡眠模式	無。	無。

　　read_average() 函式是用來讀取含皮重（tare）的重量平均值，參數 times 用來設定讀取的次數，所謂**皮重是指空載時的重量**。get_value 函式是用來讀取不含皮重且未校正的重量平均值，等於 read_average 函式的傳回值扣除皮重。get_units 函式**可以讀取物體的真正重量**，即不含皮重且已校正的重量平均值，等於 get_value 傳回值**除以**比例參數。電子秤的校正與測量方法說明如下：

　　首先是使用 set_scale() 函式先預設比例參數 scale=1，第二步是將空容器放在秤盤上，再呼叫 tare() 函式讀取並設定皮重 offset。第三步是將標準砝碼或已知重量的樣本放在秤盤上，利用 get_units() 函式讀取目前重量。第四步是計算比例參數 scale。第五步是使用 set_scale() 函式設定新的比例參數。第六步是使用 tare() 函式重設皮重。最後再使用 get_units() 函式讀取物體的真正重量。

▶ 動手做：電子秤校正電路

一 功能說明

　　如圖 3-93 所示電子秤校正電路接線圖。使用 Arduino Uno 開發板配合 HX711 重量感測模組來校正電子秤，並且將校正用的**比例參數 scale** 顯示於「序列埠監控視窗」。先上傳程式碼至 Arduino Uno 開發板，再開啟如圖 3-92 所示「序列埠監控視窗」，並且設定相同的傳輸速率。校正步驟說明如下：

❶先不放任何砝碼(空載)到承重板上,讓系統先讀取並設定皮重。❷等待出現「please put sample object on it...」訊息,再將 100g 砝碼「樣本重量」放到承重板上。❸等待系統穩定後,記錄穩定後的比例參數為 384。

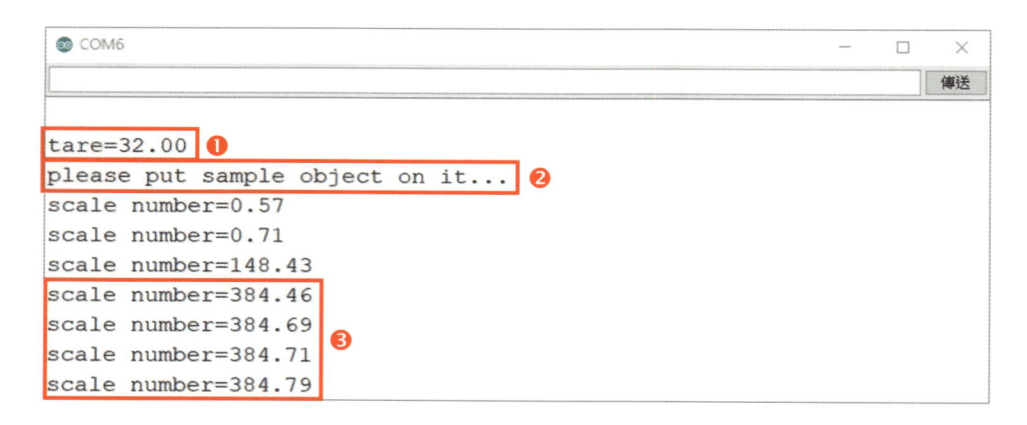

```
tare=32.00                          ❶
please put sample object on it...   ❷
scale number=0.57
scale number=0.71
scale number=148.43
scale number=384.46
scale number=384.69                 ❸
scale number=384.71
scale number=384.79
```

圖 3-92　讀取電子秤校正比例參數

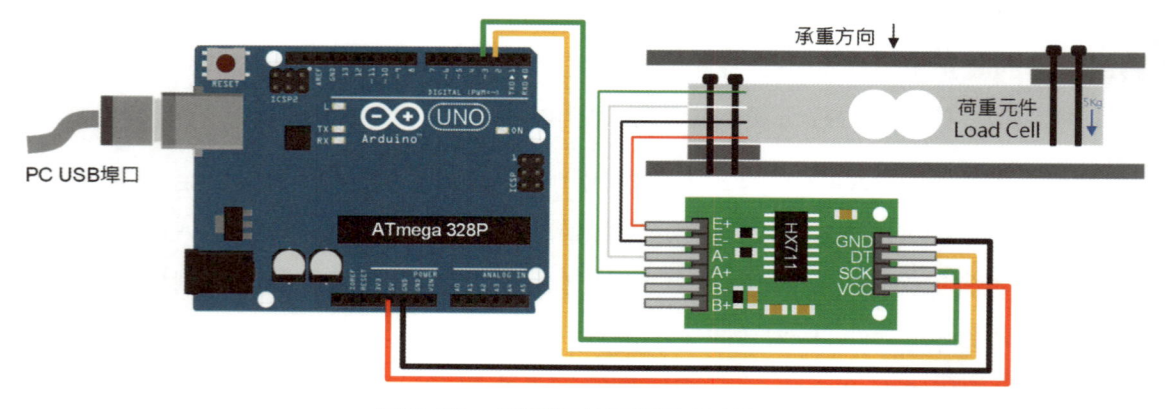

■二　電路接線圖

圖 3-93　電子秤校正電路接線圖

■三　程式:ch3-23A.ino

`#include "HX711.h"`	//載入 HX711 函式庫。
`const int DT_PIN = 2;`	//D2 連接 HX711 模組的 DT 接腳。
`const int SCK_PIN = 3;`	//D3 連接 HX711 模組的 SCK 接腳。
`const int sample_weight=100;`	//校正用的已知重量 100g 砝碼。
`HX711 scale;`	//建立 HX711 物件。
`//初值設定`	

3-90

```
void setup()
{
    Serial.begin(9600);                              //設定傳輸速率為9600bps。
    scale.begin(DT_PIN,SCK_PIN);                     //初始化HX711模組。
    scale.set_scale();                               //設定比例常數scale=1。
    scale.tare();                                    //讀取並設定皮重(空載的重量)。
    Serial.print("tare=");                           //顯示訊息。
    Serial.println(scale.get_units(10));             //顯示皮重。
    Serial.println("please put sample object on it...");   //放置100g砝碼。
}
//主迴圈
void loop()
{
    float current_weight=scale.get_units(10);        //讀取目前重量。
    float scale_factor=(current_weight/sample_weight); //計算比例參數。
    Serial.print("scale number=");                   //顯示訊息。
    Serial.println(scale_factor);                    //顯示比例參數。
    delay(1000);                                     //每秒讀取一次。
}
```

練習

1. 比例參數主要功用為何？
2. 比例參數會因測量的單位不同而改變嗎？

▶ 動手做：電子秤

一 功能說明

如圖 3-94 所示電子秤電路接線圖，使用 Arduino Uno 開發板配合 HX711 重量感測模組來測量物體的重量，並且使用 TM1637 模組顯示物體重量。本例所使用的荷重元最大可秤重量為 5Kg。

二 電路接線圖

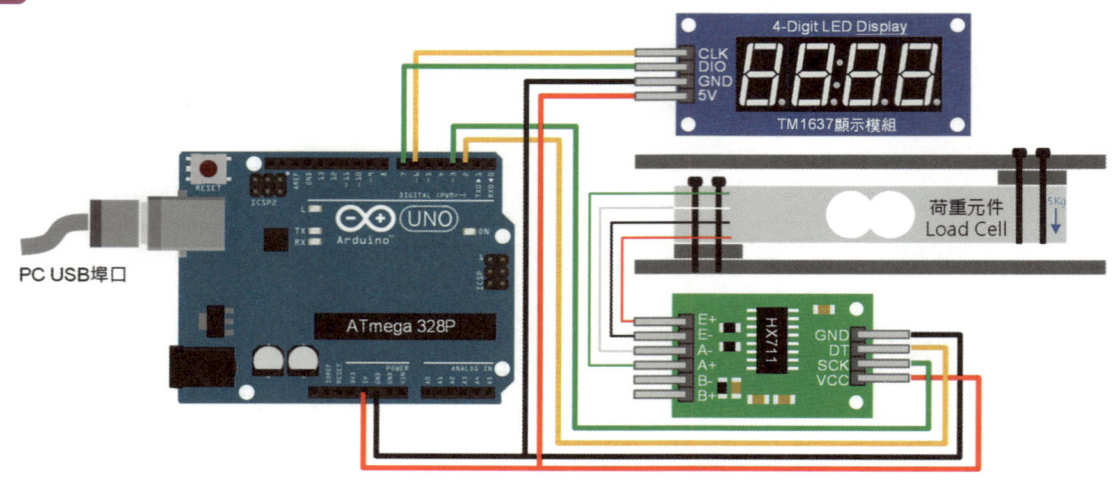

圖 3-94 電子秤電路接線圖

三 程式：ch3-23B.ino

```
#include <TM1637Display.h>              //載入TM1637Display函式庫。
#include "HX711.h"                      //載入HX711函式庫。
const int DT_PIN=2;                     //D2連接HX711模組DT接腳。
const int SCK_PIN=3;                    //D3連接HX711模組SCK接腳。
const int CLK=6;                        //D6連接TM1637模組CLK接腳。
const int DIO=7;                        //D7連接TM1637模組DIO接腳。
const int scale_factor=384;             //比例參數，由ch3-23A電子秤校正程式取得。
float current_weight;                   //物體重量。
TM1637Display display(6,7);             //建立TM1637物件。
HX711 scale;                            //建立HX711物件。
//初值設定
void setup()
{
    scale.begin(DT_PIN,SCK_PIN);        //初始化TM1637模組。
    scale.set_scale(scale_factor);      //設定HX711比例參數。
    scale.tare();                       //讀取並設定皮重(空載的重量)。
    display.setBrightness(7,true);      //設定TM1637顯示亮度。
    display.clear();                    //清除TM1637顯示內容。
}
```

```
//主迴圈
void loop()
{
    current_weight=scale.get_units(10);                    //讀取物體重量。
    display.showNumberDec(current_weight,false,4,0);  //顯示物體重量。
}
```

練習

1. 接續範例，使用 LCD 如圖 3-95 所示 LCD 模組，顯示物體重量。

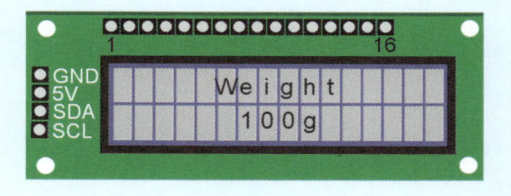

圖 3-95　LCD 顯示物體重量

2. 接續範例，使用如圖 3-96 所示 OLED 模組，顯示物體重量。

圖 3-96　OLED 顯示物體重量

CHAPTER

04

藍牙無線通訊技術

4-1　藍牙技術

4-2　藍牙傳輸

4-3　認識 ESP32 開發板

4-4　ESP32 藍牙傳輸

4-5　ESP32 BLE 傳輸

在物聯網中的網路層如同人體的**神經系統**，負責將神經末梢所感應的資訊傳送到大腦進行分析、判斷。在感知層與網路層之間的無線通訊，主要是使用藍牙（Bluetooth）、ZigBee 及 Wi-Fi 三種無線通訊技術。如表 4-1 所示 Bluetooth、ZigBee 及 Wi-Fi 的特性比較，Bluetooth 與 ZigBee 都能滿足**低成本**、**低功耗**、**快速連結**及**安全性高**等需求，常應用於無線個人區域網路（Wireless Personal Area Network，簡稱 WPAN）。相較於 ZigBee，Bluetooth 成本較低，常應用於物聯網設備中。Wi-Fi 通訊距離長，而且可以連上網際網路，常應用於無線區域網路（Wireless Local Area Network，簡稱 WLAN）。**WPAN 主要特點是低功耗，可使用電池供電。**

表 4-1　Bluetooth、ZigBee 及 Wi-Fi 的特性比較

特性	Bluetooth	ZigBee	Wi-Fi
協會 logo			
傳輸標準	IEEE 802.15.1	IEEE 802.15.4	IEEE 802.11
使用頻率	2.4GHz	868MHz、915MHz、4GHz	2.4GHz、5GHz
傳輸速度	1~3Mbps、24Mbps（HS 註1）	10~250Kbps	11~54Mbps
傳輸距離	10 公尺（BLE 註2）~300 公尺	10~100 公尺	50~100 公尺
消耗功率	4mA（BLE）、15~200mA	5mA	50mA
節點數目	8（BT）、32,000（BLE）	≤ 65,000	≤ 32
設備成本	中	低	高
安全性	高	中	低
網路拓撲	點對點、網狀（BLE）	星狀（star）、網狀	網狀（mesh）

註 1：HS 是高速藍牙（Bluetooth High Speed）的縮寫。

註 2：BLE 是低功耗藍牙（Bluetooth Low Energy）的縮寫。

4-1　藍牙技術

如圖 4-1 所示藍牙符號，藍牙技術是由 Ericsson、IBM、Intel、NOKIA、Toshiba 五家公司協議，使用 IEEE 802.15.1 傳輸標準，為一**低成本**、**低功率**、**涵蓋範圍小**的射頻（Radio frequency，簡稱 RF）系統。藍牙適用於連結電腦與電腦、電腦與周邊，以及電腦與其他行動數據裝置如手機、遊戲機、平板電腦、藍牙耳機、藍牙喇叭等。

圖 4-1　藍牙符號

　　藍牙所使用的載波頻帶不需要申請使用執照，大家都可以任意使用，所以可能造成通訊設備間的干擾問題。因此，藍牙使用跳頻展頻（Frequency Hopping Spread Spectrum，簡稱 FHSS）技術，來減少通訊設備間及電磁波的干擾。另外，使用加密技術來提高資料的保密性。所謂 **FHSS 技術是指載波在極短的時間內快速不停地切換頻率**。依 FHSS 技術規範，至少必須使用 75 個以上的頻率範圍，而且兩個不同頻寬之間跳頻的最大間隔時間為 0.04 秒（每秒至少跳頻 25 次以上）。**藍牙技術的傳輸規範使用 79 個頻率範圍，每秒跳頻 1600 次**。

　　每個藍牙連接裝置都是依據 IEEE 802 標準所制定的 48 位元位址，可以一對一或一對多連接。藍牙 2.0 傳輸率 1Mbps，藍牙 2.0+EDR（Enhanced Data Rate）傳輸率 3Mbps，藍牙 3.0+HS（High Speed）傳輸率 24Mbps。一般藍牙傳輸距離約 10 公尺，藍牙 4.0 提高傳輸距離至 60 公尺，並且提升了電源效率及網路節點數目。

　　自藍牙 4.0 開始，藍牙技術聯盟（Special Interest Group，簡稱 SIG）提出傳統藍牙（Bluetooth，簡稱 BT）、高速藍牙（Bluetooth High Speed，簡稱 Bluetooth HS）、低功耗藍牙（Bluetooth Low Energy，簡稱 BLE）三種模式。為了與低功耗藍牙區別，藍牙又稱為經典（classic）藍牙，可分傳統藍牙及高速藍牙兩種。

　　如表 4-2 所示經典藍牙與低功耗藍牙的特性比較，經典藍牙持續保持連接，進行大量數據通訊，消耗功率較大。**低功耗藍牙以短脈衝形式，進行少量數據通訊**，以降低功率消耗，但傳輸距離較短，低功耗藍牙並不相容於經典藍牙。SIG 聯盟於 2016 年推出藍牙 5.0 版本，與藍牙 4.0 相較，藍牙 5.0 具有更低的功耗、更快的傳輸速率、更高的安全性、更遠的傳輸距離，並且支援物聯網設備。

表 4-2　經典藍牙與低功耗藍牙的特性比較

基本特性	經典藍牙 BT	低功耗藍牙 BLE
使用頻率	2.4GHz	2.4GHz
頻道使用	跳頻展頻（FHSS）	跳頻展頻（FHSS）
傳輸速率	1~3Mbps、24Mbps（HS）	1Mbps

4-3

基本特性	經典藍牙 BT	低功耗藍牙 BLE
傳輸距離	10~100 公尺	10~30 公尺
安全性	64/128 位元，可自訂	128 位元 AES [註1]，可自訂
語音功能	有	無
聲音串流	有	無
免手持語音	有	無
消耗電流及功率	15~200mA / 1W	4~6mA / 0.01W~0.5W
網路拓撲	點對點	點對點、廣播、網狀網路

註 1：AES 是進階加密標準（Advanced Encryption Standard）的縮寫。

4-1-1 藍牙模組

如圖 4-2 所示廣州匯承信息科技所生產製造的 HC 系列藍牙模組，符合藍牙 V2.0+EDR 規格，並且支援 SPP（Serial Port Profile），係指使用者透過藍牙連線時可將其視為**序列埠裝置**。藍牙模組出廠預設參數為自動連線**從端（Slave）**角色（role），鮑率 9600bps、8 個資料位元、無同位元及 1 個停止位元的 8N1 格式，PIN 碼 1234。藍牙模組周邊如郵票的齒孔為其接腳，需自行焊接於萬孔板或專用底板上。

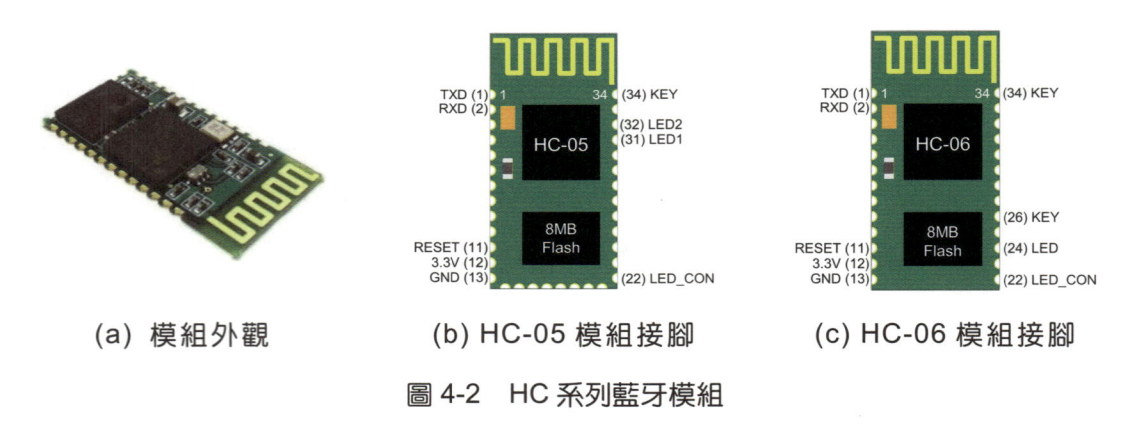

(a) 模組外觀　　(b) HC-05 模組接腳　　(c) HC-06 模組接腳

圖 4-2　HC 系列藍牙模組

如圖 4-2(b) 所示 HC-05 模組，同時具有**主控端（Master）**及**從端（Slave）**兩種工作模式，出廠前已經預設為從端模式，可使用 AT 命令更改工作模式。如圖 4-2(c) 所示 HC-06 模組只具有**主控端或從端**其中一種工作模式，出廠前已經設定為**從端**模式，無法再使用 AT 命令更改。

藍牙無線通訊技術

藍牙模組是一種能**將原有的全雙工串列埠 UART-TTL 介面轉換成無線傳輸**的裝置。藍牙模組不限作業系統、不需安裝驅動程式，就可以直接與各種微控制器連接，使用起來相當容易。HC-06 是較早期的版本，不能更改工作模式，AT 命令也相對較少，建議購買 HC-05 藍牙模組。如表 4-3 所示 HC-05 藍牙模組的主要接腳功能說明，只要注意電源規格及串列埠 RXD、TXD 的接腳，就能正確配對連線。

表 4-3　HC-05 藍牙模組的主要接腳功能說明

模組接腳	功能說明
1	TXD：藍牙串列埠傳送腳，連接至微控制器的 RXD 腳。
2	RXD：藍牙串列埠接收腳，連接至微控制器的 TXD 腳。
11	RESET：模組重置腳，低電位動作，不用時可以空接。
12	3.3V：電源接腳，電壓範圍 3.0V~4.2V，典型值為 3.3V，工作電流小於 50mA。
13	GND：模組接地腳。
31	LED1：工作狀態指示燈，有三種狀態說明如下： 1. 配對完成時，此腳輸出 2Hz 方波，也就是每秒快閃二下。 2. 模組通電同時令 KEY 腳為高電位，此腳輸出 1Hz 方波（慢閃），表示進入【AT 命令回應】模式，使用 38400 bps 的傳輸速率。 3. 模組通電同時令 KEY 腳為低電位或空接，此腳輸出 2Hz 方波（快閃），表示進入【自動連線】模式。
32	LED2：配對指示燈。配對連線成功後，輸出高電位且 LED2 恆亮。
34	KEY：模式選擇腳，有兩種模式。 1. 當 KEY 為低電位或空接時，模組通電後進入【自動連線】模式。 2. 當 KEY 為高電位時，模組通電後進入【AT 命令回應】模式。

4-1-2　含底板 HC-05 藍牙模組

為了減少使用者焊接的麻煩，元件製造商會將藍牙模組的 KEY、VCC、GND、TXD、RXD、RESET、LED1、LED2 等主要接腳，焊接組裝成如圖 4-3 所示含底板 HC-05 藍牙模組。不同製造廠商會有不同的引出接腳名稱，但接腳大同小異。

多數微控制器的工作電壓為 5V，而**藍牙模組的工作電壓為 3.3V**。因此，底板上內置 3.3V 直流電壓調整 IC（LD33V），可將輸入電壓 5V 穩壓輸出 3.3V，再供電給藍牙模組使用。

(a) 模組外觀 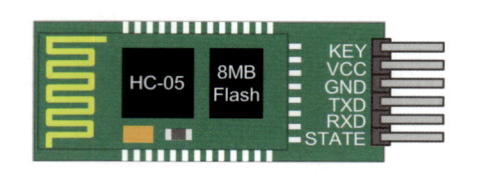　　　　　　　　　　　　(b) 接腳圖

圖 4-3　含底板 HC-05 藍牙模組

4-1-3　藍牙工作模式

藍牙模組有**自動連線**及 **AT 命令回應**兩種工作模式，當藍牙模組的 KEY 腳為低電位或空接時，藍牙模組工作在自動連線模式。在自動連線模式下又可分成「主端（Master）」、「從端（Slave）」及「回應測試（Slave-Loop）」三種工作角色。Master 角色為主動連接，Slave 角色為被動連接，而 Slave-Loop 角色為被動連接並接收遠端藍牙設備數據，並且將數據原樣傳回。

使用藍牙模組前必須**先進行配對**，配對完成再進行連線，連線成功後才能開始傳輸資料。藍牙模組連線前的電流約為 30mA，連線後不論通訊與否的電流約為 8mA，沒有休眠模式。當 KEY 腳為高電位時，工作在 **AT 命令回應**模式時，能執行所有 AT 命令對藍牙模組進行設定。

4-1-4　藍牙參數設定

多數的藍牙模組都能讓使用者自行調整參數，在出廠時預設為**自動連線**模式，模組使用設定好的參數來傳送或接收資料，但不會解讀資料內容。如果要設定藍牙模組的參數，KEY 腳必須為高電位，才能進入 **AT 命令回應**模式執行 AT 命令。**AT 命令不能透過藍牙無線傳輸來設定**，必須使用如圖 4-4 所示 USB 對 TTL 轉換器，將藍牙模組連接至電腦，再以序列埠監控軟體（如 AccessPort 通訊軟體）來設定。

(a) 連接線外觀 　　　　　　　　　　　　(b) 接腳

圖 4-4　USB 對 TTL 轉換器

AT 命令**沒有大、小寫**之分，只要輸入 AT 命令後再按 Enter ⏎ 鍵，即可自動產生結束字符。不同廠商的 AT 命令可能會有些不同，在購買藍牙模組時必須先取得廠商的 AT 命令規格書。如表 4-4 所示 HC-05 藍牙模組常用 AT 命令說明，可以實際測試比較容易了解功能。藍牙模組出廠時所使用的模組名稱相同，在使用藍牙模組前必須先更改藍牙名稱，才不會造成傳輸干擾。

表 4-4　HC-05 藍牙模組常用 AT 命令說明

功能	AT 命令	回應	參數說明
模組測試	AT	OK	無
模組重置	AT+RESET	OK	無
查詢軟體版本	AT+VERSION?	+VERSION：參數 OK	軟體版本及製造日期
恢復出廠設定狀態	AT+ORGL	OK	無
取得模組位址	AT+ADDR?	+ADDR：參數	模組位址
查詢模組名稱	AT+NAME?	+NAME：參數 OK	模組名稱
設定模組名稱	AT+NAME=參數	OK	模組名稱
查詢模組工作角色	AT+ROLE?	+ROLE：參數 OK	0：從端（Slave） 1：主端（Master） 2：回應（Slave-Loop）
設定模組工作角色	AT+ROLE=參數	OK	同上
查詢模組配對碼	AT+PSWD?	+PSWD：參數 OK	配對碼（預設值 1234）
設定模組配對碼	AT+PSWD=參數	OK	配對碼
查詢連接模式	AT+CMODE?	+CMODE:參數 OK	0：指定藍牙位址（預設值） 1：任意藍牙位址 2：回應角色
設定連接模式	AT+CMODE=參數	OK	連接模式
查詢綁定藍牙位址	AT+BIND?	+BIND:參數 OK	綁定藍牙位址（預設值） 00:00:00:00:00:00
設定綁定藍牙位址	AT+BIND=參數	OK	綁定藍牙位址只在指定藍牙位址時才有效。

功能	AT 命令	回應	參數說明
查詢串列埠參數	AT+UART	+UART=參數 1,2,3 OK	參數 1：傳輸速率 參數 2：停止位元 參數 3：同位位元 預設值 9600，0，0
設定串列埠參數	AT+UART= 參數 1,參數 2,參數 3	OK	參數 1：（傳輸速率） 4800，9600，19200，38400 57600，115200，230400 460800，921600，1382400 參數 2：（停止位元） 0：1 位，1：2 位 參數 3：（同位位元） 0：None，1：Odd，2：Even

4-1-5 SoftwareSerial 函式庫

Arduino 硬體內建支援串列通訊的硬體串列埠口，D0 當做接收端（receiver，簡稱 RX），D1 當做傳送端（transmitter，簡稱 TX）。當有多個設備需要同時使用串列埠口時，可能互相干擾而造成系統當機。SoftwareSerial 函式庫使用軟體來複製多個軟體串列埠口，允許使用 Arduino 板上的任意數位腳來進行串列通訊，最大傳輸率 115200 bps。雖然可以同時設定多個軟體串列埠，但是**每次只能使用一個軟體串列埠傳輸資料**。SoftwareSerial(RX,TX) 函式中有 RX 及 TX 兩個參數，第一個參數 RX 用來設定接收端使用的數位腳，第二個參數 TX 用來設定傳送端使用的數位腳。

格式 SoftwareSerial(RX,TX)

範例
```
#include <SoftwareSerial.h>            //載入 SoftwareSerial 函式庫。
SoftwareSerial mySerial(3,4);          //設定 D3 為 RX，D4 為 TX。
```

4-1-6 使用 Arduino IDE 設定藍牙參數

在 Arduino Uno 開發板上有一個 USB 晶片 ATmega16u2，負責將 USB 信號轉換成 TTL 信號，可用來取代圖 4-4 所示 USB 對 TTL 轉換器。再將 Arduino IDE「序列埠監控視窗」的**鮑率設定為 38400bps**，並且使用結束字符 "\r\n" 作結尾，就可以直接輸入 AT 命令來設定藍牙參數。

藍牙無線通訊技術 4

▶ 動手做：藍牙參數設定電路

一 功能說明

如圖 4-5 所示藍牙參數設定電路接線圖。將 **KEY 腳連接至高電位**，通電後就會進入藍牙 **AT 命令回應**模式，此時 LED1 指示燈由快閃變成慢閃狀態。將 ch4-1.ino 草稿碼上傳至 Arduino Uno 開發板後，再打開「序列埠監控視窗」，就可以在監控視窗的輸入欄位中輸入 AT 命令來設定藍牙參數。

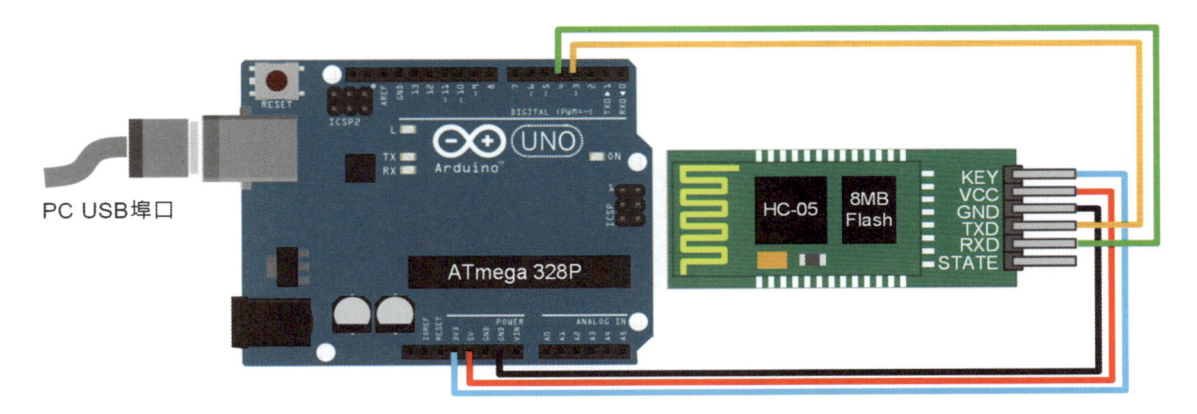

二 電路接線圖

圖 4-5 藍牙參數設定電路接線圖

三 程式：ch4-1.ino

```
#include <SoftwareSerial.h>            //載入 SoftwareSerial 函式庫。
SoftwareSerial BTSerial(3,4);          //設定 D3 為 RXD 腳 ,D4 為 TXD 腳。
//初值設定
void setup()
{
    Serial.begin(38400);               //設定序列埠傳輸速率為 38400bps。
    BTSerial.begin(38400);             //設定藍牙傳輸速率為 38400bps。
}
//主迴圈
void loop()
{
    if(BTSerial.available())           //已接收到藍牙模組傳送的資料？
```

4-9

```
            Serial.write(BTSerial.read());    //讀取藍牙傳送的資料。
    else if(Serial.available())               //序列埠已接收到 AT 命令？
            BTSerial.write(Serial.read());    //將 AT 命令傳給藍牙模組。
}
```

一、測試藍牙模組

STEP 1

1. 開啟 CH4-1.ino 草稿碼，並且上傳至 Arduino Uno 板中。
2. 開啟「序列埠監控視窗」。

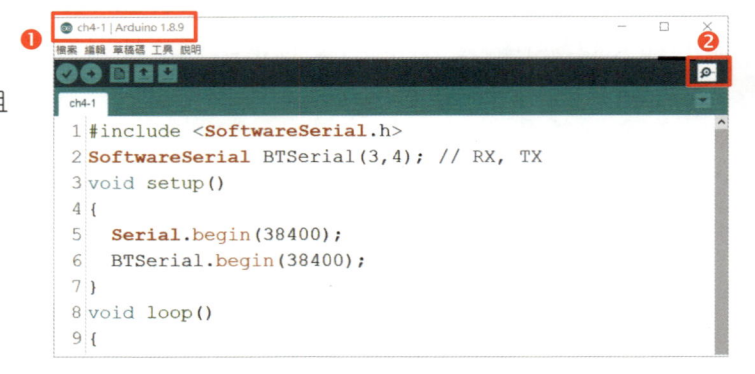

STEP 2

1. 選擇【NL&CR】，才能執行 AT 命令。
2. 設定傳輸速率為 38400bps。
3. 在傳送欄位中輸入「AT」命令，按下鍵盤 Enter ↵ 鍵，或按 傳送 鈕。
4. 如果連線正常，藍牙回應「OK」。

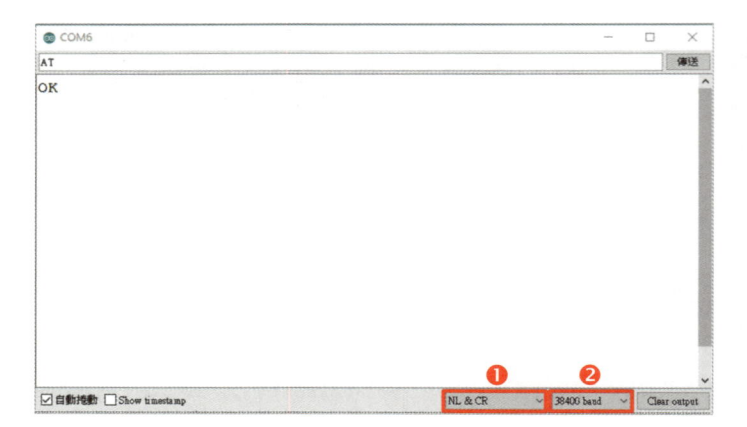

4-10

二、查詢藍牙模組名稱

STEP 1

1. 在傳送欄位中輸入「AT+NAME」命令。按下鍵盤 Enter ↵ 或 傳送 鈕。
2. 藍牙回傳模組名稱「+NAME:HC-05」及「OK」訊息，HC-05 為出廠預設名稱 (視廠商不同而異)。

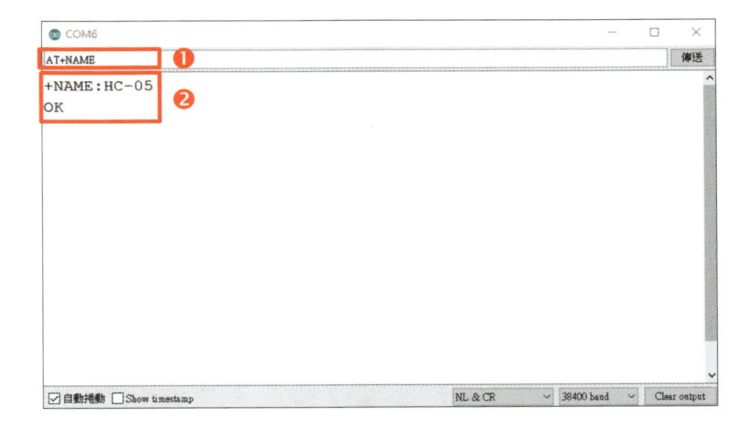

三、更改藍牙名稱

STEP 1

1. 在傳送欄位中輸入「AT+NAME=BT01」命令，按鍵盤 Enter ↵ 鍵或 傳送 鈕。
2. 藍牙回傳「OK」訊息。
3. 多人同時使用藍牙模組時，藍牙名稱需重新命名，避免干擾。

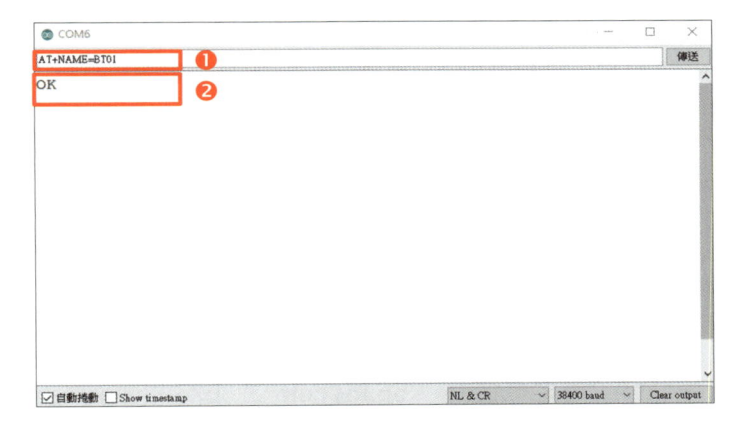

4-2 藍牙傳輸

藍牙是一種低功耗、短距離的無線通訊技術，普遍被應用在各種電腦周邊產品、行動裝置及穿戴裝置上，是實現物聯網應用的關鍵技術之一。藍牙 4.0 節省近九成的電力功耗，藍牙 5.0 有效提升傳輸距離達 300 公尺。本節應用 Android 手機，透過藍牙連線來控制 Arduino 開發板所連接的周邊模組。

Android 的中文名稱「**安卓**」，是由 Google 特別為行動裝置所設計，以 **Linux 語言為基礎的開放原始碼作業系統**，主要應用在智慧型手機和平板電腦等行動裝置。Android 一字原意是「**機器人**」，使用如圖 4-6 所示 Android 綠色機器人符號，代表一個輕薄短小、功能強大的作業系統。Android 作業系統完全免費，任何廠商都可以不用經過 Google 授權即可使用，但必須尊重智慧財產權。

圖 4-6　Android 綠色機器人符號

　　Android 作業系統支援鍵盤、滑鼠、相機、觸控螢幕、多媒體、繪圖、動畫、無線裝置、藍牙裝置及 GPS、加速度計、陀螺儀、氣壓計、溫度計等多種感測器。使用 Android 原生程式碼來開發手機應用程式是最能直接控制到這些裝置，但是繁雜的程式碼對於一個初學者來說往往是最困難的。

　　Google 實驗室發展出 Android 手機應用程式的開發平台 App Inventor，捨棄複雜的程式碼，改用**視覺導向程式拼塊**堆疊完成 Android 應用程式。Google 於 2012 年 1 月 1 日，已將 App Inventor 開發平台移交給麻省理工學院（Massachusetts Institute of Technology，簡稱 MIT）行動學習中心繼續維護開發，並於同年 3 月 4 日以 MIT App Inventor 名稱公佈使用。目前 MIT 行動學習中心已發表最新版本 MIT App Inventor 2。本章使用 App Inventor 2 來完成手機藍牙控制程式，使用方法請參考相關書籍說明。

4-2-1　手機與 HC-05 藍牙模組連線

　　藍牙模組已經是智慧型行動裝置的基本配備，它可以讓您與他人分享檔案，也可以與其他具有藍牙功能的耳機、喇叭等裝置進行無線通訊。無論您想利用藍牙來做什麼工作，第一步都是先將您的手機與藍牙裝置進行配對。所謂配對是指**設定藍牙裝置而使其可以連線到手機的程序**。以 Android SAMSUNG A52 手機來說明配對的程序，其他手機的配對程序大同小異。

藍牙無線通訊技術 **4**

STEP 1

1. 開啟 Android 手機，點選【設定】【連接】。
2. 開啟「藍牙」裝置，開始進行配對程序。

STEP 2

1. 按下「搜尋」開始搜尋周邊可用的藍牙裝置。
2. 在【可用的裝置】欄位中，會列出已搜尋到的可用藍牙裝置。點選「BT01」與藍牙模組進行配對。

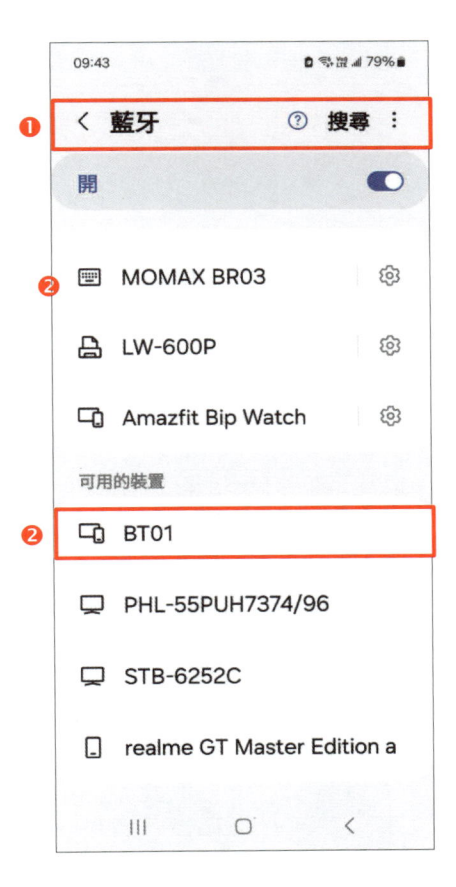

4-13

STEP 3

1. 輸入數字密碼，通常是 1234。
2. 按下「配對」鈕進行配對。
3. 配對成功後，可以在「配對裝置」中看到藍牙裝置名稱「BT01」。

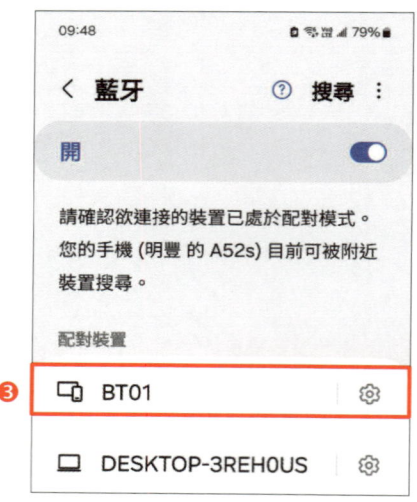

4 藍牙無線通訊技術

▶ 動手做：藍牙調光燈電路

一 功能說明

如圖 4-7 所示藍牙調光燈電路接線圖，使用手機與 HC-05 藍牙模組連線，藍牙名稱 BT01。連線成功後，利用手機 App 程式 BToneLED 控制連接於 Arduino Uno 開發板 D11 的 LED 燈開關及亮度。

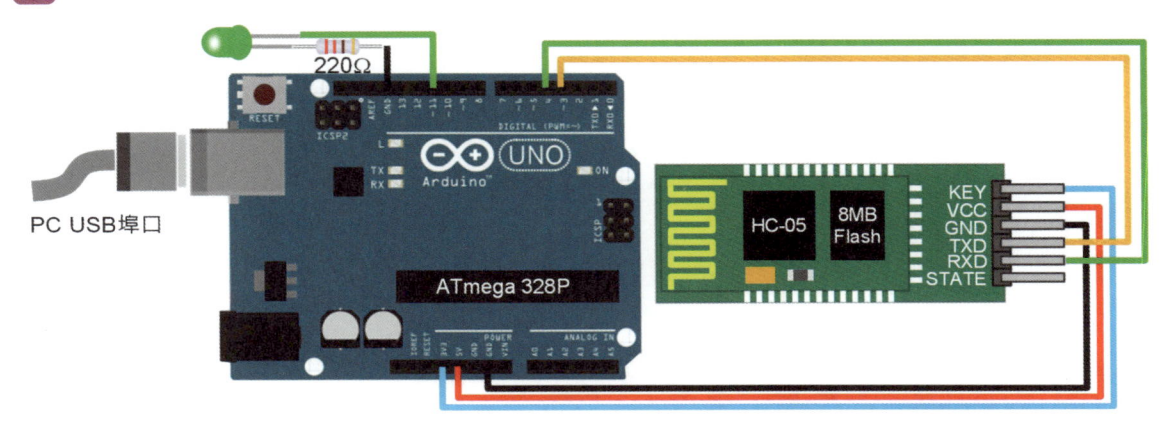

二 電路接線圖

圖 4-7　藍牙調光燈電路接線圖

三 程式：ch4-2.ino

```cpp
#include <SoftwareSerial.h>            //載入 SoftwareSerial 函式庫。
SoftwareSerial BTSerial(3,4);          //設定 D3 為 RXD 腳，D4 為 TXD 腳。
const int led=11;                      //D11 連接 LED 燈(PWM 輸出)。
char code;                             //字元變數。
byte value;                            //8 位元資料變數。
//初值設定
void setup(){
    BTSerial.begin(9600);              //設定藍牙模組傳輸速率為 9600bps。
    pinMode(led,OUTPUT);               //設定 D11 為輸出埠。
    digitalWrite(led,LOW);             //關閉 LED 燈。
}
//主迴圈
void loop(){
```

4-15

```
    if(BTSerial.available())              //已接收到手機藍牙傳送的資料?
    {
        delay(50);                        //延遲50ms,等待信號穩定。
        code=BTSerial.read();             //讀取手機藍牙傳送的字元?
        if(code=='0')                     //字元為'0'?
            digitalWrite(led,LOW);        //關閉LED燈。
        else if(code=='1')                //字元為'1'?
            digitalWrite(led,HIGH);       //開啟LED燈。
        else if(code=='s')                //字元為's'?
        {
            value=BTSerial.read();        //讀取藍牙傳送的第2個資料。
            if(value<20)                  //資料數值小於20?
                analogWrite(led,0);       //關閉LED燈。
            else                          //資料數值value大於等於20。
                analogWrite(led,value);   //依value值設定LED燈的亮度。
        }
    }
}
```

四 App 介面配置及說明：APP/ch4/BToneLED.aia

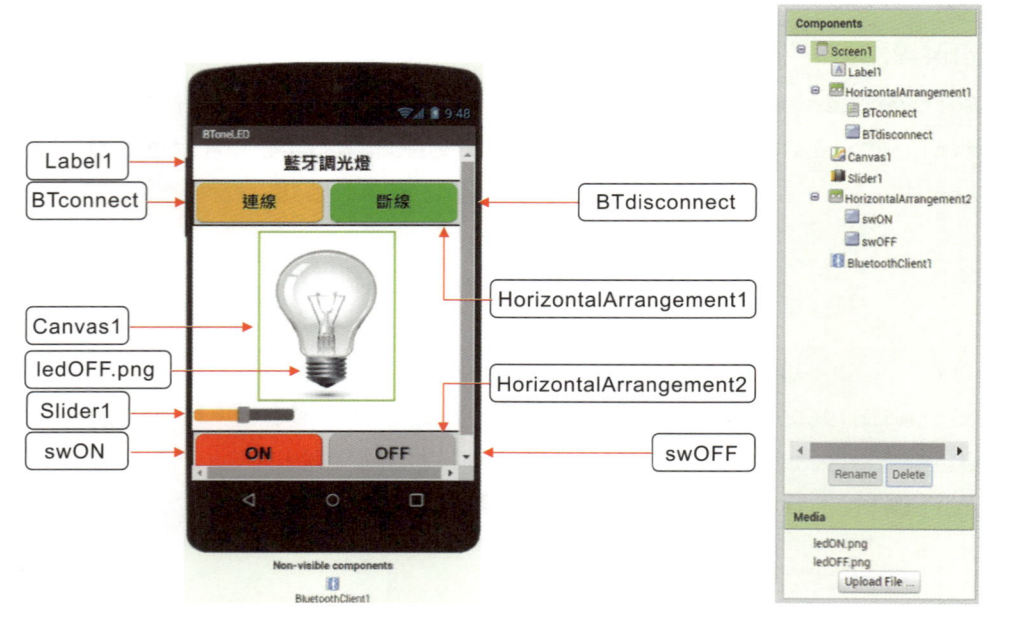

圖 4-8　App 程式 BToneLED 介面配置

表 4-5　App 程式 BToneLED 元件屬性說明

名稱	元件	主要屬性說明
Label1	Label	FontSize=24
BTconnect	ListPicker	Height=50pixels，Width=Fill parent
BTdisconnect	Button	Height=50pixels，Width=Fill parent
Canvas1	Canvas	Backgroundimage=ledOFF.png
Slider1	Slider	MinValue=0，MaxValue=255
swON，swOFF	Button	Height=50pixels，Width=Fill parent

五　App 方塊功能說明：APP/ch4/BToneLED.aia

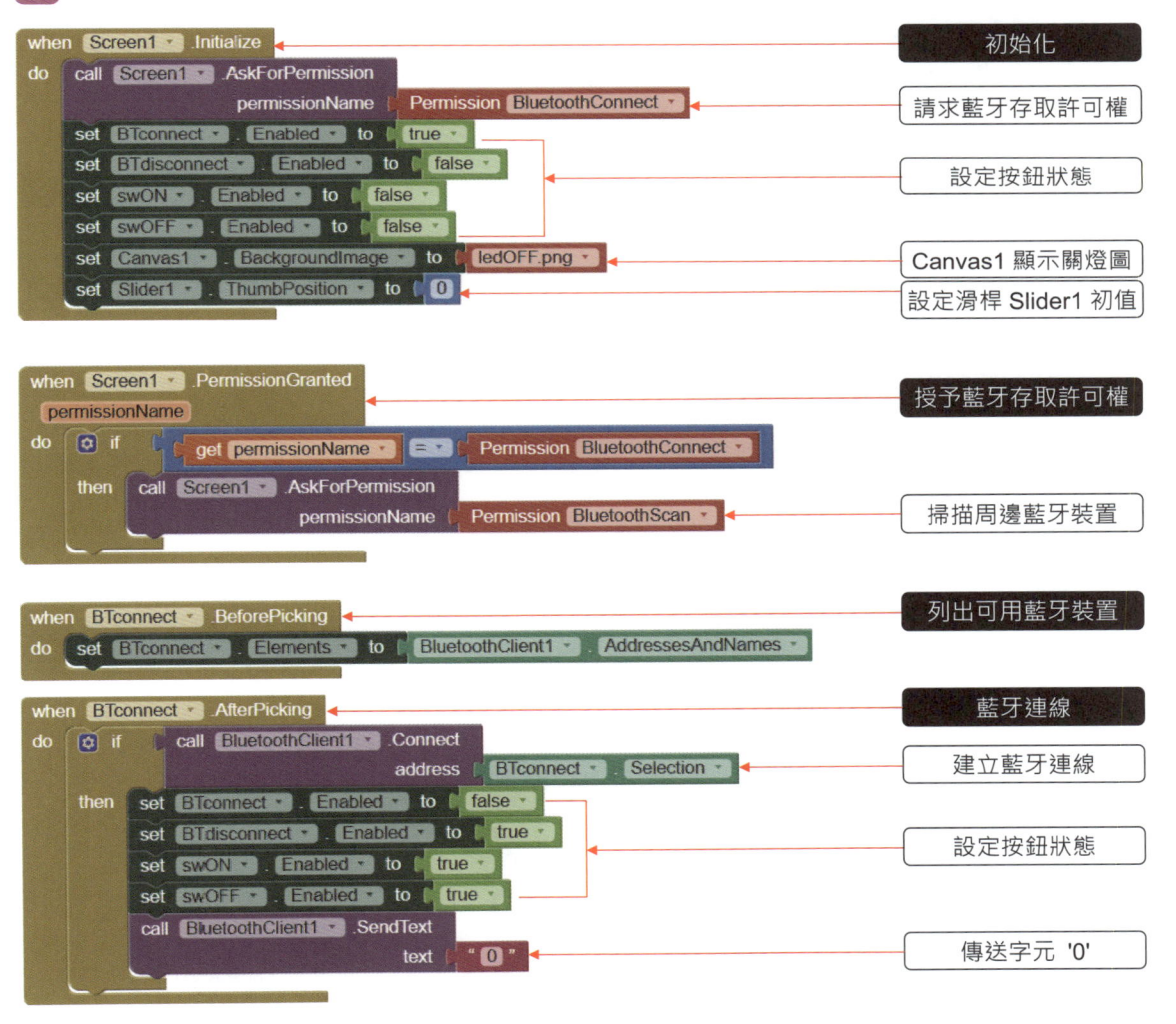

when BTdisconnect.Click	藍牙離線
do call BluetoothClient1.Disconnect	斷開藍牙連線
set BTconnect.Enabled to true	
set BTdisconnect.Enabled to false	設定按鈕狀態
set swON.Enabled to false	
set swOFF.Enabled to false	

when swON.Click	開啟 LED 燈
do call BluetoothClient1.SendText text "1"	傳送字元 '1'
set Canvas1.BackgroundImage to ledON.png	Canvas1 顯示開燈圖
set Slider1.ThumbPosition to 255	滑桿移至最右方

when swOFF.Click	關閉 LED 燈
do call BluetoothClient1.SendText text "0"	傳送字元 '0'
set Canvas1.BackgroundImage to ledOFF.png	熄燈圖形
set Slider1.ThumbPosition to 0	滑桿移至最左方

when Slider1.PositionChanged thumbPosition	移動滑桿 Slider1
do call BluetoothClient1.SendText text "s"	傳送字元 's'
call BluetoothClient1.Send1ByteNumber number floor get thumbPosition	設定滑桿位置
if get thumbPosition < 20	
then set Canvas1.BackgroundImage to ledOFF.png	滑桿位置<20，熄燈
else set Canvas1.BackgroundImage to ledON.png	滑桿位置≥20，亮燈

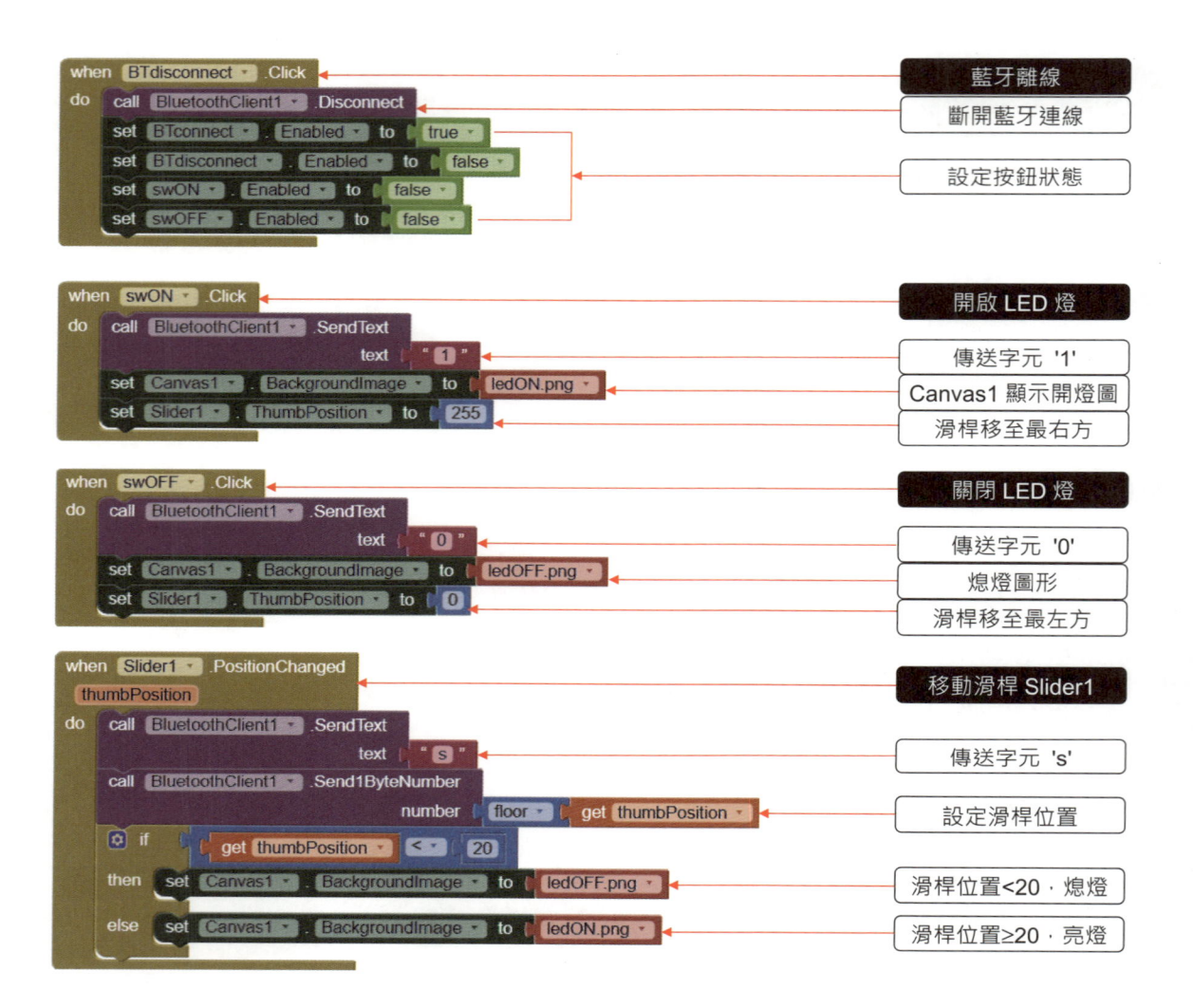

練習

1. 如圖 4-9 所示藍牙全彩調光燈電路接線圖（ch4-2-1.ino）及 APP 面板配置說明（APP/ch4/BTrgbLED.aia），使用手機控制全彩 LED 模組的顏色及亮度。

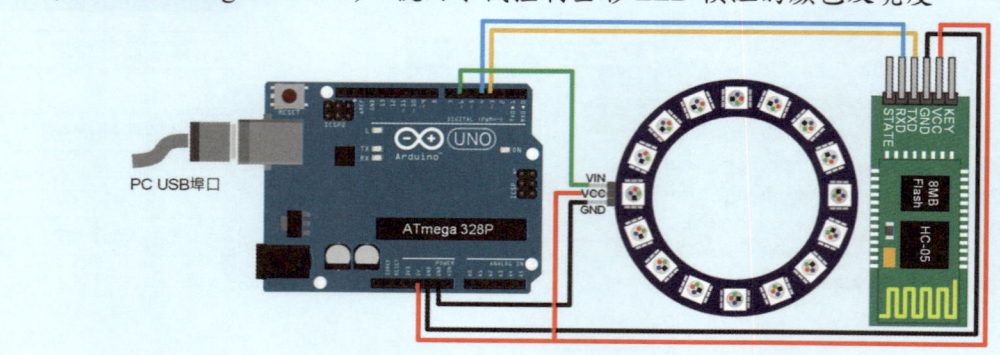

4 藍牙無線通訊技術

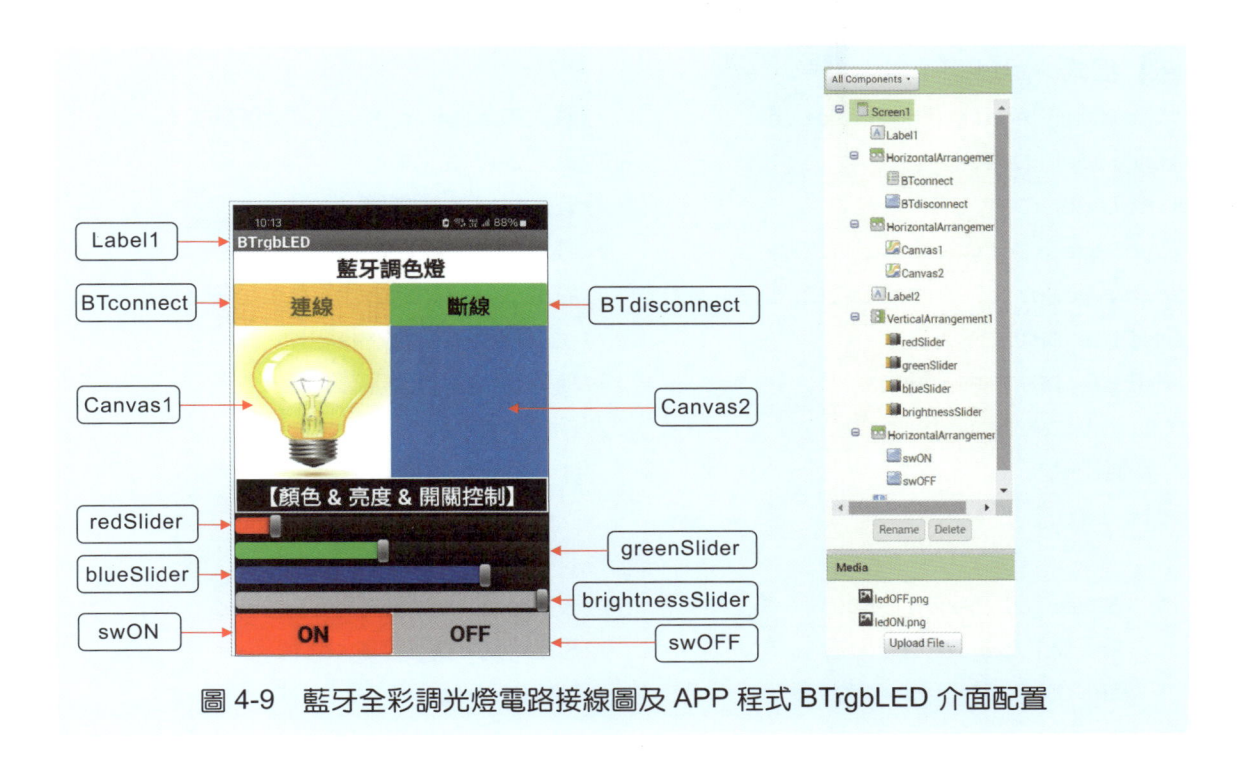

圖 4-9　藍牙全彩調光燈電路接線圖及 APP 程式 BTrgbLED 介面配置

▶ 動手做：藍牙溫溼度監控電路

一 功能說明

如圖 4-10 所示藍牙溫溼度監控電路接線圖。利用 Arduino Uno 板配合 DHT11 溫溼度模組，監控環境溫度及溼度，並將數據傳給手機顯示溫度及溼度。

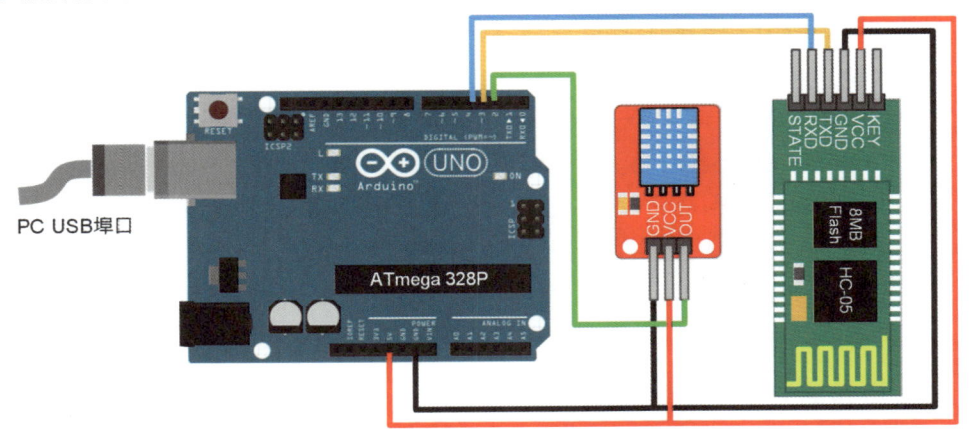

二 電路接線圖

圖 4-10　藍牙溫溼度監控電路接線圖

4-19

程式：ch4-3.ino

```cpp
#include <Adafruit_Sensor.h>              //載入Adafruit_Sensor函式庫。
#include <DHT.h>                          //載入DHT函式庫。
#include <DHT_U.h>                        //載入DHT_U函式庫。
#include <SoftwareSerial.h>               //載入SoftwareSerial函式庫。
SoftwareSerial BTSerial(3,4);             //設定D3為RXD腳，D4為TXD腳。
#define DHTPIN 2                          //D2連接DHT11模組輸出。
#define DHTTYPE DHT11                     //使用DHT11溫溼度感測器。
DHT dht(DHTPIN, DHTTYPE);                 //初始化DHT11。
//初值設定
void setup()
{
    BTSerial.begin(9600);                 //設定藍牙模組傳輸速率9600bps。
    Serial.begin(9600);                   //設定序列埠傳輸速率9600bps。
    dht.begin();                          //初始化DHT11。
}
//主迴圈
void loop() {
    float h = dht.readHumidity();         //讀取溼度值。
    float t = dht.readTemperature();      //讀取溫度值。
    if (isnan(t) || isnan(h))             //所讀取的溫、溼度資料不是數值?
        Serial.println("Failed to read from DHT");//顯示訊息。
    else                                  //讀取到正確溫、溼度值。
    {
        Serial.print("Temp=");            //顯示訊息：溫度。
        Serial.print(t);                  //顯示溫度值。
        Serial.print(" *C");              //顯示訊息：溫度單位C。
        BTSerial.write("t");              //藍牙模組傳送字元"t"給手機。
        BTSerial.write(t);                //藍牙模組傳送溫度值給手機。
        Serial.print(" ");                //空格。
        Serial.print("Humidity=");        //顯示訊息：溼度。
        Serial.print(h);                  //顯示溼度值。
        Serial.println("% ");             //顯示訊息：相對溼度單位%。
        BTSerial.write("h");              //藍牙模組傳送字元"h"給手機
        BTSerial.write(h);                //藍牙模組傳送溼度值給手機。
```

```
    }
    delay(1000);                          //每秒更新顯示。
}
```

四 App 介面配置及說明：APP/ch4/BTdht11.aia

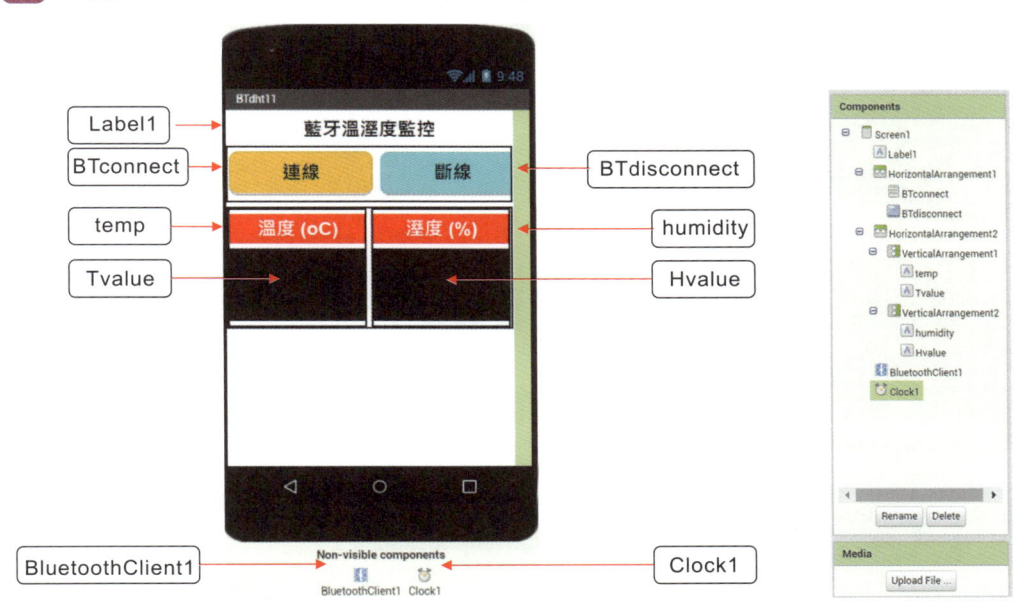

圖 4-11　App 程式 BTdht11 介面配置

表 4-6　App 程式 BTdht11 元件屬性說明

名稱	元件	主要屬性說明
Label1	Label	FontSize=24
BTconnect	ListPicker	Height=50pixels，Width=Fill parent
BTdisconnect	Button	Height=50pixels，Width=Fill parent
temp	Label	Height=30pixels，Width=49 percent
Tvalue	Label	Height=80pixels，Width=49 percent
humidity	Label	Height=30pixels，Width=49 percent
Hvalue	Label	Height=80pixels，Width=49 percent
Clock1	Clock	TimerInterval=1000

五 App 方塊功能說明：APP/ch4/BTdht11.aia

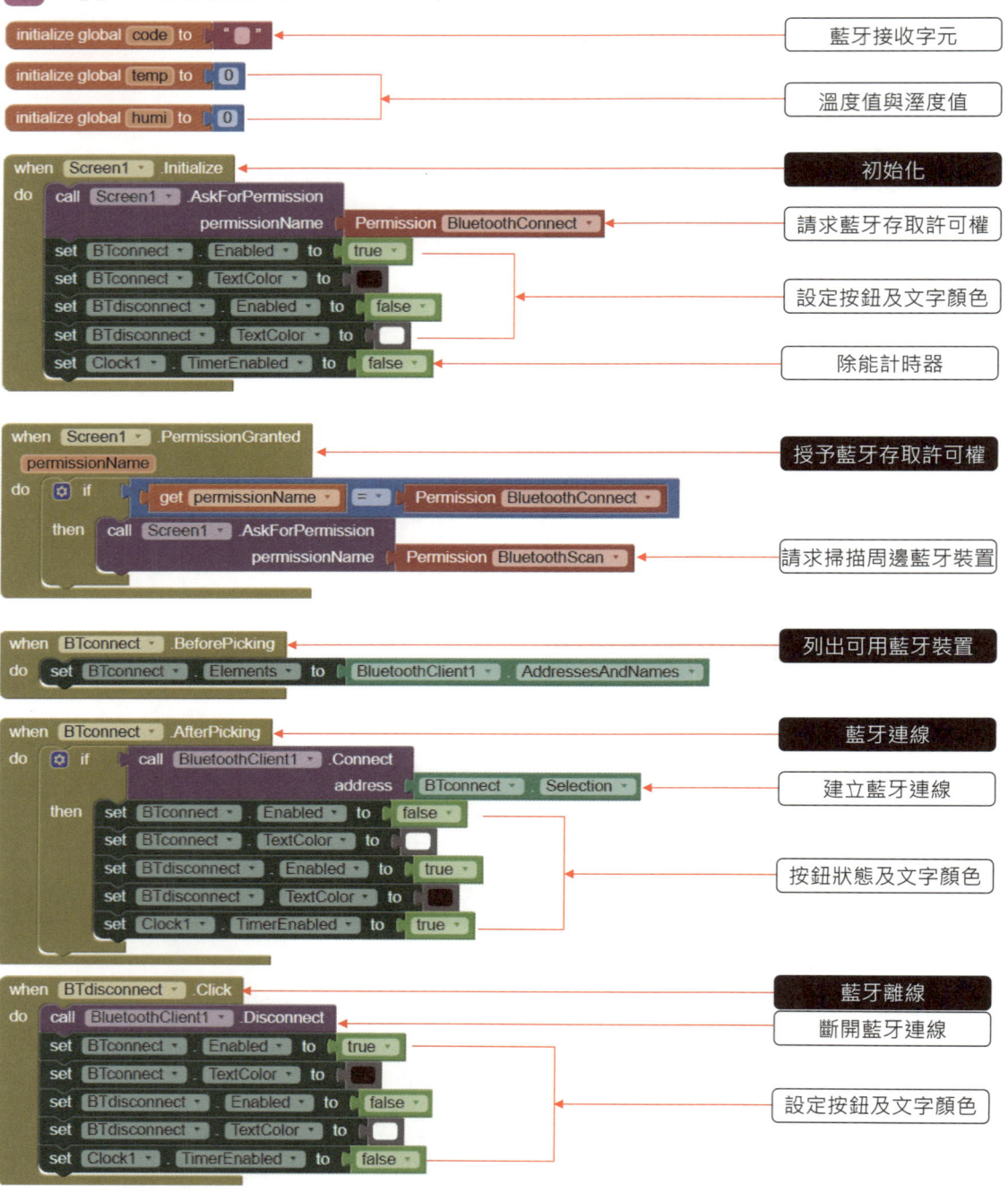

- `initialize global code to " "` — 藍牙接收字元
- `initialize global temp to 0`
- `initialize global humi to 0` — 溫度值與溼度值

when Screen1.Initialize — 初始化
- `call Screen1.AskForPermission permissionName: Permission BluetoothConnect` — 請求藍牙存取許可權
- `set BTconnect.Enabled to true`
- `set BTconnect.TextColor to ■`
- `set BTdisconnect.Enabled to false`
- `set BTdisconnect.TextColor to ■` — 設定按鈕及文字顏色
- `set Clock1.TimerEnabled to false` — 除能計時器

when Screen1.PermissionGranted permissionName — 授予藍牙存取許可權
- `if get permissionName = Permission BluetoothConnect`
- `then call Screen1.AskForPermission permissionName: Permission BluetoothScan` — 請求掃描周邊藍牙裝置

when BTconnect.BeforePicking — 列出可用藍牙裝置
- `set BTconnect.Elements to BluetoothClient1.AddressesAndNames`

when BTconnect.AfterPicking — 藍牙連線
- `if call BluetoothClient1.Connect address: BTconnect.Selection` — 建立藍牙連線
- `then set BTconnect.Enabled to false`
- `set BTconnect.TextColor to ■`
- `set BTdisconnect.Enabled to true`
- `set BTdisconnect.TextColor to ■` — 按鈕狀態及文字顏色
- `set Clock1.TimerEnabled to true`

when BTdisconnect.Click — 藍牙離線
- `call BluetoothClient1.Disconnect` — 斷開藍牙連線
- `set BTconnect.Enabled to true`
- `set BTconnect.TextColor to ■`
- `set BTdisconnect.Enabled to false`
- `set BTdisconnect.TextColor to ■` — 設定按鈕及文字顏色
- `set Clock1.TimerEnabled to false`

4-22

藍牙無線通訊技術 4

when Clock1.Timer	計時器
while test call BluetoothClient1.BytesAvailableToReceive > 0	手機藍牙接收到數據？
do set global code to call BluetoothClient1.ReceiveText numberOfBytes 1	每次接收一個字元
if get global code = "t"	接收到字元"t"？
then set global temp to call BluetoothClient1.ReceiveSigned1ByteNumber set Tvalue.Text to get global temp	接收並顯示溫度值
else if get global code = "h"	接收到字元"h"？
then set global humi to call BluetoothClient1.ReceiveSigned1ByteNumber set Hvalue.Text to get global humi	接收並顯示溼度值

練習

1. 如圖 4-12 所示藍牙溫溼度監控 App 介面配置。使用手機與 HC-05 藍牙模組連線，利用 Arduino Uno 開發板配合 DHT11 模組，監控環境溫度及溼度，再將數據傳送給手機（ch4-3.ino）。App 介面配置除了顯示溫度及溼度值之外，同時顯示溫度變化曲線（APP/ch4/BTdht11Curve.aia）。

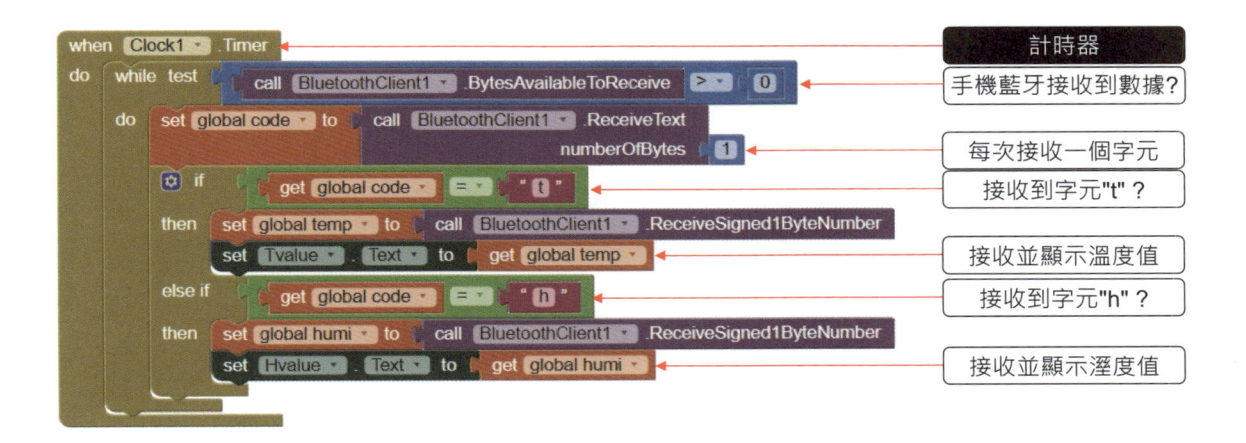

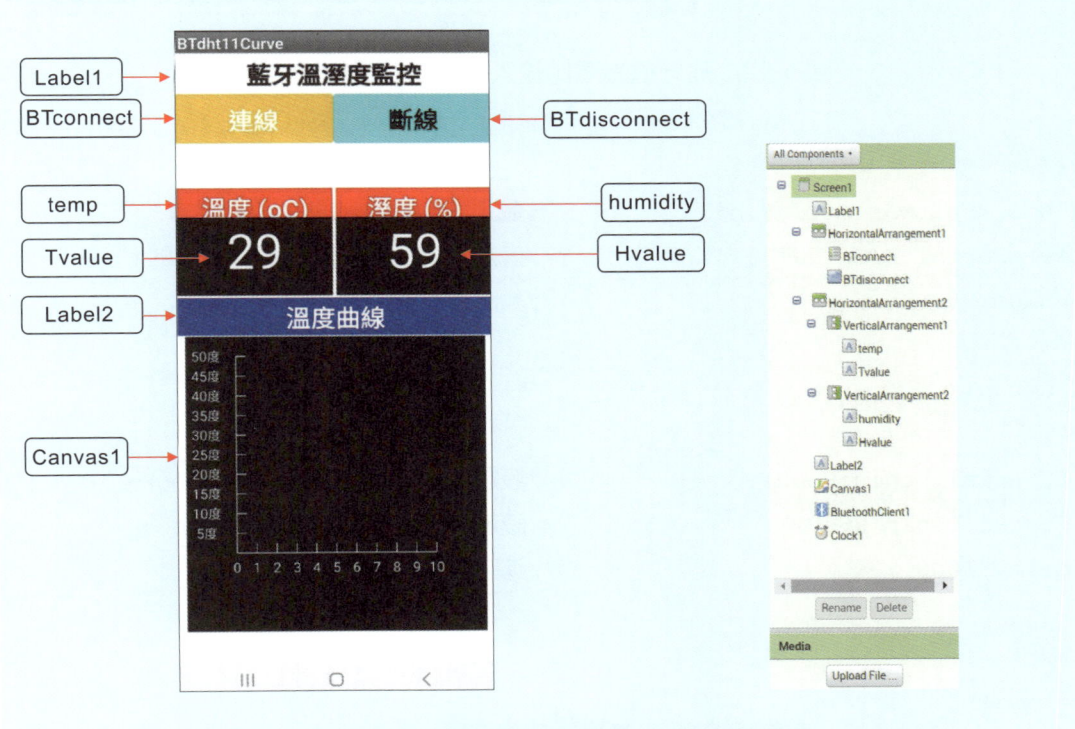

圖 4-12　藍牙溫溼度監控 App 介面配置

4-23

▶ 動手做：藍牙遠端類比輸入監控電路

一 功能說明

如圖 4-13 所示藍牙遠端類比輸入監控電路接線圖。使用手機與 HC-05 藍牙模組連線，並且利用 Arduino Uno 板監控 A0 類比輸入電壓值，再將數據傳送給手機。

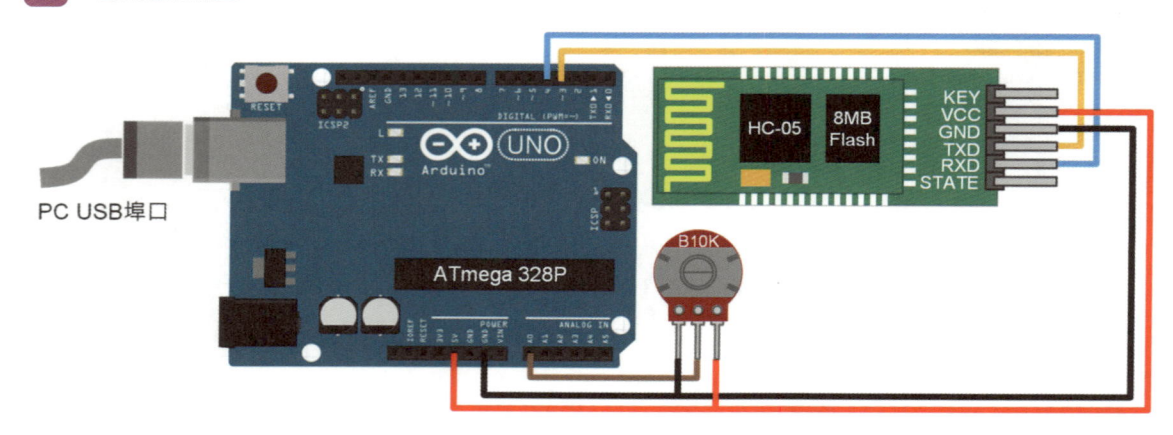

二 電路接線圖

圖 4-13　藍牙遠端類比輸入監控電路接線圖

三 程式：ch4-4.ino

```
#include <SoftwareSerial.h>            //載入 SoftwareSerial 函式庫。
SoftwareSerial BTSerial(3,4);          //設定 D3 為 RXD 腳，D4 為 TXD 腳。
int value;                             //類比輸入 A0 的數位值。
//初值設定
void setup()
{
    BTSerial.begin(9600);              //設定藍牙模組的傳輸速率為 9600bps。
    Serial.begin(9600);                //設定序列埠的傳輸速率為 9600bps。
    delay(1000);                       //延遲 1 秒。
}
//主迴圈
void loop(){
    value=analogRead(A0);              //讀取類比輸入 A0 的數位值。
    Serial.print("A0=");               //顯示訊息：類比輸入 A0。
```

4-24

4 藍牙無線通訊技術

```
    Serial.println(value);              //顯示類比輸入的數位值。
    BTSerial.write("A");                //藍牙模組傳送代碼"A"。
    BTSerial.write(value/256);          //藍牙模組傳送數位值的高位元組。
    BTSerial.write(value%256);          //藍牙模組傳送數位值的低位元組。
    delay(1000);                        //每秒更新顯示。
}
```

四 App 介面配置及說明：APP/ch4/BTanalog.aia

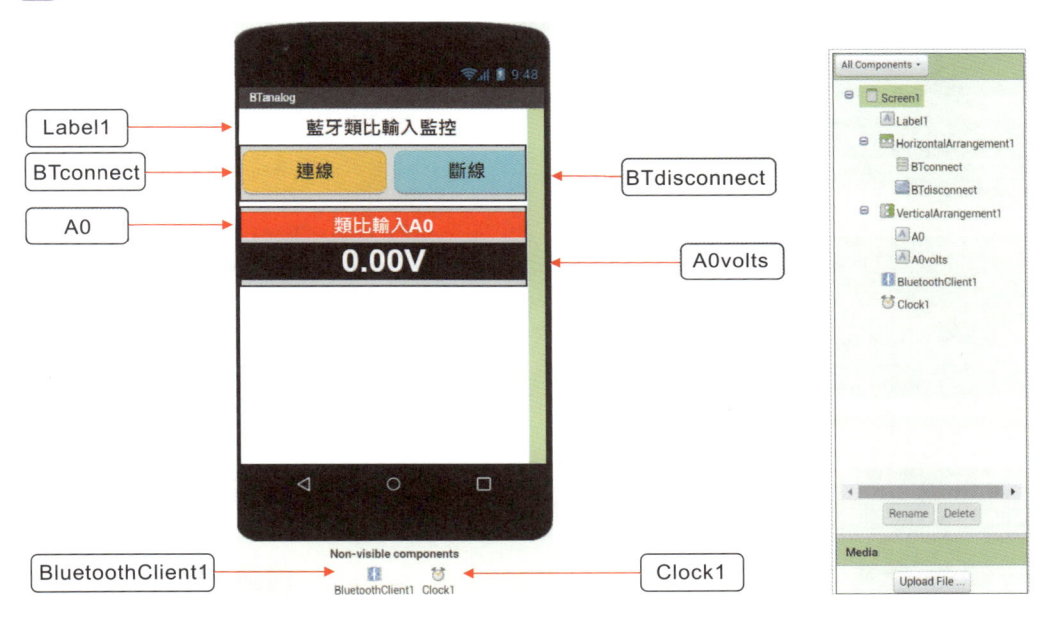

圖 4-14　App 程式 BTanalog 介面配置

表 4-7　App 程式 BTanalog 元件屬性說明

名稱	元件	主要屬性說明
Label1	Label	FontSize=24
BTconnect	ListPicker	Height=50pixels,Width=Fill parent
BTdisconnect	Button	Height=50pixels,Width=Fill parent
A0	Label	Height=Automatic,Width=Fill parent
A0volts	Label	Height=Automatic,Width=Fill parent
Clock1	Clock	TimerInterval=1000

4-25

五　App 方塊功能說明：APP/ch4/BTanalog.aia

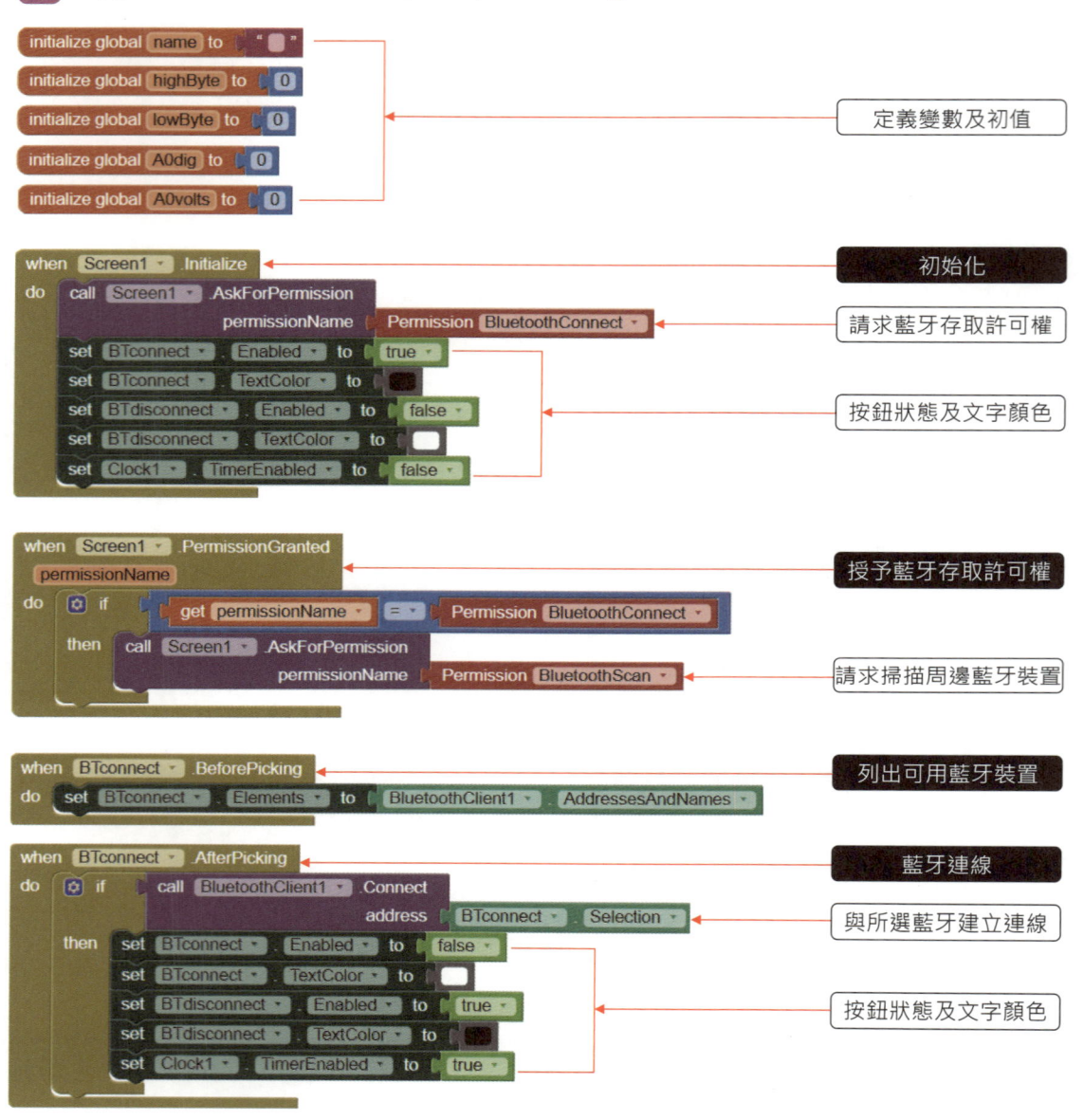

```
initialize global name to " "
initialize global highByte to 0
initialize global lowByte to 0
initialize global A0dig to 0
initialize global A0volts to 0
```
← 定義變數及初值

```
when Screen1.Initialize
do  call Screen1.AskForPermission
        permissionName  Permission BluetoothConnect
    set BTconnect.Enabled to true
    set BTconnect.TextColor to ▢
    set BTdisconnect.Enabled to false
    set BTdisconnect.TextColor to ▢
    set Clock1.TimerEnabled to false
```
← 初始化
← 請求藍牙存取許可權
← 按鈕狀態及文字顏色

```
when Screen1.PermissionGranted
    permissionName
do  if  get permissionName = Permission BluetoothConnect
    then call Screen1.AskForPermission
              permissionName  Permission BluetoothScan
```
← 授予藍牙存取許可權
← 請求掃描周邊藍牙裝置

```
when BTconnect.BeforePicking
do  set BTconnect.Elements to BluetoothClient1.AddressesAndNames
```
← 列出可用藍牙裝置

```
when BTconnect.AfterPicking
do  if  call BluetoothClient1.Connect
             address  BTconnect.Selection
    then set BTconnect.Enabled to false
         set BTconnect.TextColor to ▢
         set BTdisconnect.Enabled to true
         set BTdisconnect.TextColor to ▢
         set Clock1.TimerEnabled to true
```
← 藍牙連線
← 與所選藍牙建立連線
← 按鈕狀態及文字顏色

藍牙無線通訊技術

計時器設定
接收藍牙傳送字元
字元是"A"？
接收 16 位元數位值
電壓值

🌱 練習

1. 如圖 4-15 所示藍牙類比輸入監控電路接線圖及 App 介面配置說明。建立手機與藍牙模組 HC-05 連線，並利用 Arduino 板監控六個類比輸入 A0~A5 電壓值（ch4-4-1.ino）（APP/ch4/BTanalog6.aia）。

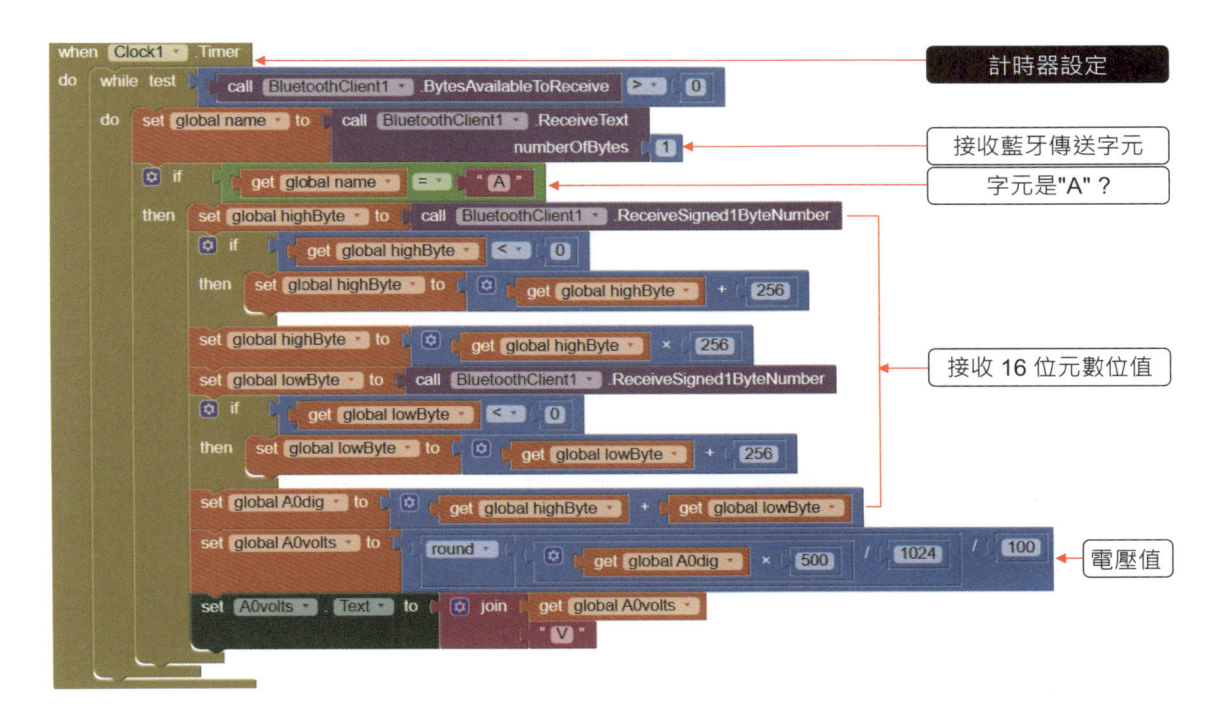

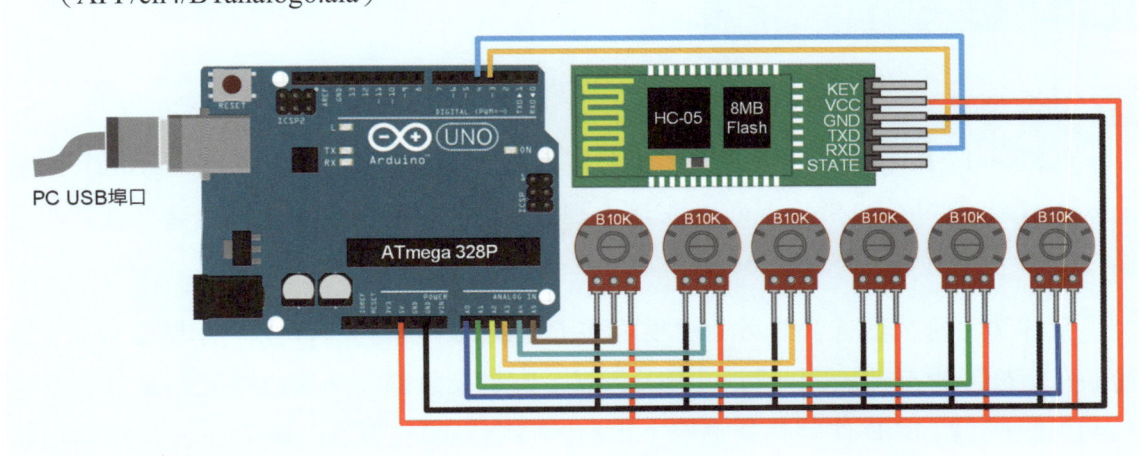

4-27

圖 4-15　藍牙類比輸入監控電路接線圖及 App 介面配置

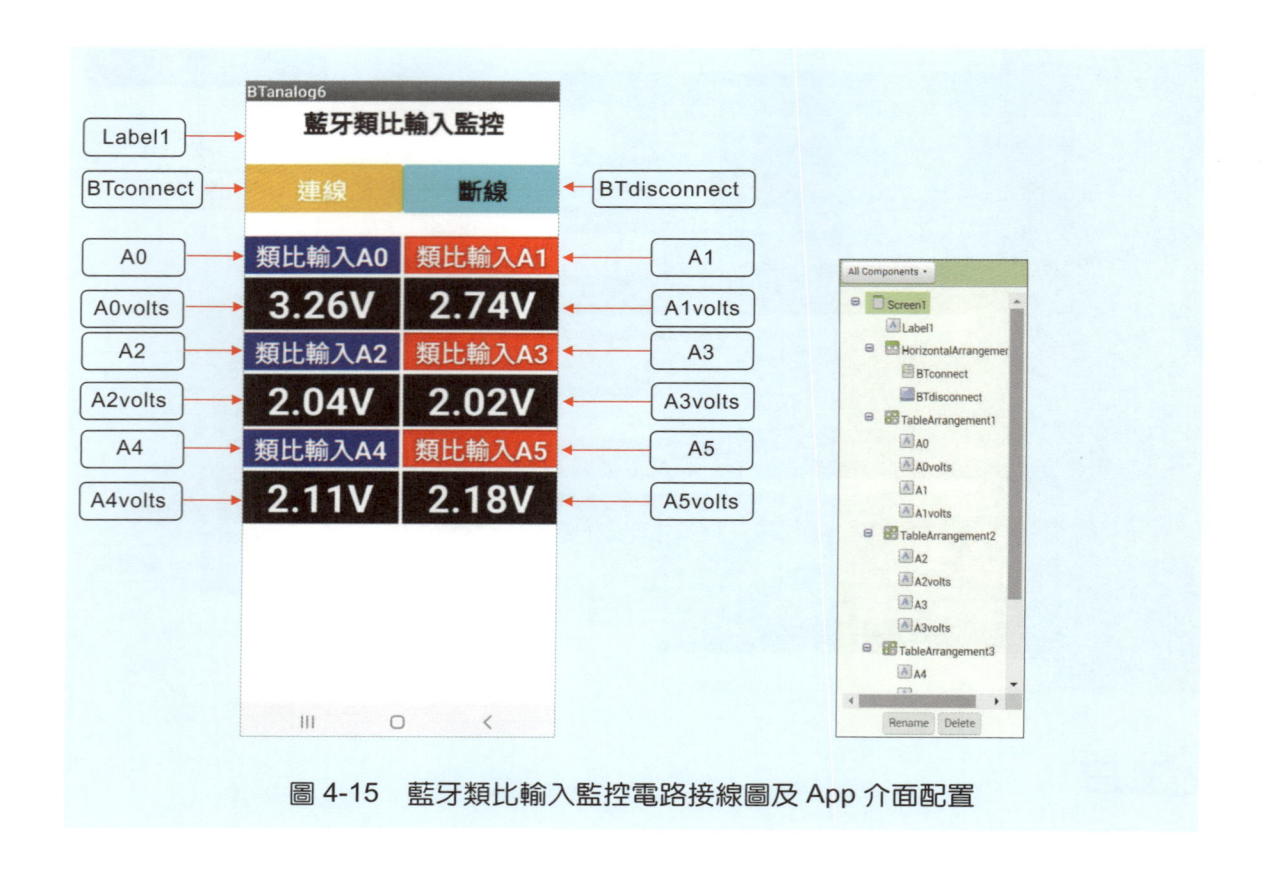

▶ 動手做：藍牙防丟尋物器

一　功能說明

　　如圖 4-17 所示藍牙防丟尋物器電路接線圖。手機安裝並開啟如圖 4-16(a) 所示 App 程式/APP/ch4/BTSearch.aia，按下 連線 與藍牙模組建立連線，建立藍牙連線後，LED 恆亮並且顯示 Online 圖示。

　　藍牙防丟尋物器包含**防丟**及**尋物**兩種工作模式。如圖 4-16(b) 所示**防丟**模式，當物品在藍牙連線有效範圍內時，LED 恆亮。當物品離開藍牙連線有效範圍外且逾時 3 秒以上，電路 LED 快閃且蜂鳴器、手機同時發出嗶聲警示。按下 尋物 鈕顯示如圖 4-16(c) 所示**尋物**模式，開始尋找物品，LED 快閃且蜂鳴器、手機同時發出嗶聲警示以辨別方位。 尋物 鈕可以切換尋物及防丟兩種工作模式。

4-28

(a) 藍牙斷線　　　　(b) 防丟模式　　　　(c) 尋物模式

圖 4-16　藍牙防丟尋物器手機畫面

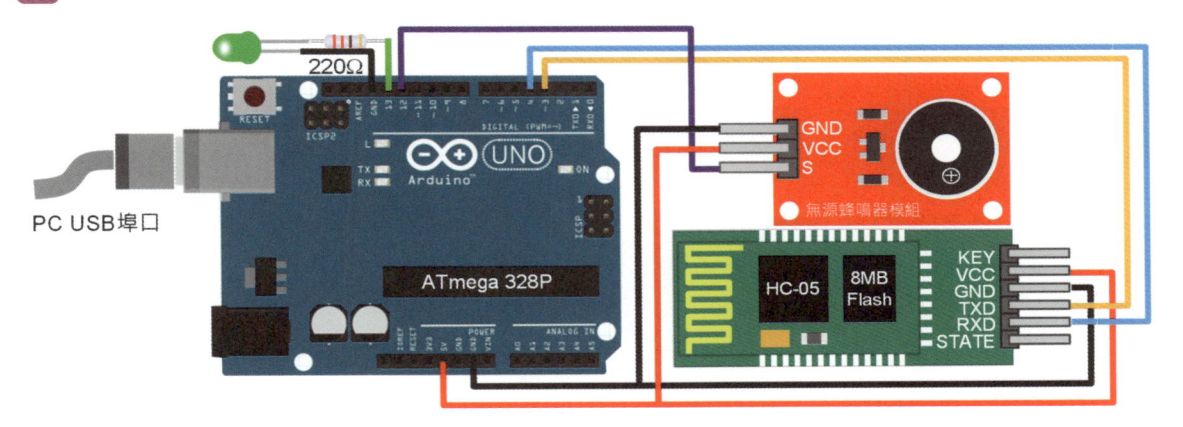

二 電路接線圖

圖 4-17　藍牙防丟尋物器電路接線圖

三 程式：ch4-5.ino

```
#include <SoftwareSerial.h>            //載入SoftwareSerial 函式庫。
SoftwareSerial BTSerial(3,4);          //設定D3 為RXD 腳，D4 為TXD 腳。
const int bz=12;                       //D12 連接蜂鳴器輸入S。
const int led=13;                      //D13 連接至LED 燈。
char code;                             //藍牙模組接收的字元碼。
unsigned long timeout;                 //逾時計時器。
//初值設定
void setup()
{
```

```
    BTSerial.begin(9600);              //設定藍牙傳輸速率為9600bps。
    pinMode(bz,OUTPUT);                //設定D12為輸出埠。
    pinMode(led,OUTPUT);               //設定D13為輸出埠。
    digitalWrite(bz,LOW);              //蜂鳴器靜音。
    digitalWrite(led,LOW);             //LED熄滅。
    delay(1000);                       //延遲1秒。
    timeout=millis();                  //讀取現在系統時間。
}
//主迴圈
void loop()
{
    if(BTSerial.available())           //藍牙模組接收到字元碼?
    {
        delay(50);                     //延遲50毫秒。
        code=BTSerial.read();          //讀取接收到的字元碼。
        if(code=='A')                  //手機傳送字元碼A?
        {
            BTSerial.write("B");       //藍牙模組傳送字元碼B給手機(交握)。
            delay(50);                 //延遲50ms。
            timeout=millis();          //重設逾時計時器。
            digitalWrite(led,HIGH);    //藍牙連線,點亮LED。
            noTone(bz);                //蜂鳴器靜音。
        }
    }
    if((millis()-timeout)>3000||code=='S')//逾時3秒以上或接收到尋物字元碼S?
    {
        digitalWrite(led,HIGH);        //點亮LED。
        tone(bz,1000);                 //蜂鳴器發出嗶聲警示。
        delay(100);                    //延遲100ms。
        digitalWrite(led,LOW);         //關閉LED。
        noTone(bz);                    //關閉蜂鳴器。
        delay(100);                    //延遲100ms。
    }
}
```

四 App 介面配置及說明：APP/ch4/BTsearch.aia

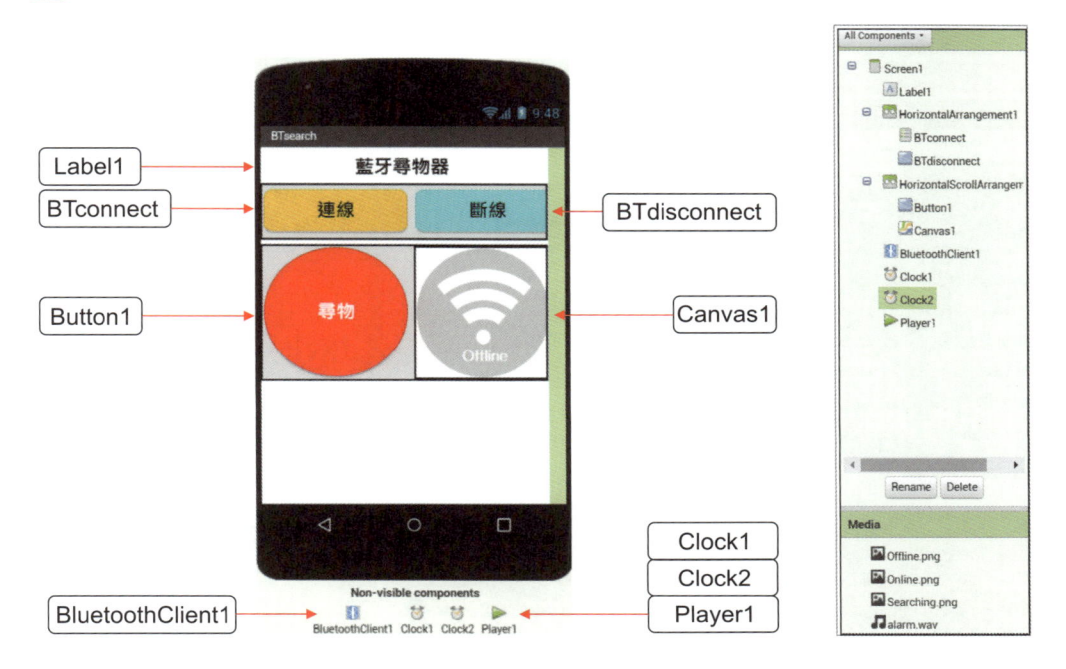

圖 4-18　App 程式 BTsearch 介面配置

表 4-8　App 程式 BTsearch 元件屬性說明

名稱	元件	主要屬性說明
Label1	Label	FontSize=24
BTconnect	ListPicker	Height=50pixels,Width=Fill parent
BTdisconnect	Button	Height=50pixels,Width=Fill parent
Button1	Button	Height=50pixels,Width=50percent
Canvas1	Canvas	Height=50pixels,Width=50pixels
BluetoothClient1	BluetoothClient1	CharacterEncoding=UTF-8
Clock1	Clock1	TimerInterval=1000
Clock2	Clock2	TimerInterval=500
Player1	Player	Volume=75

4-31

五　App 方塊功能說明：APP/ch4/BTsearch.aia

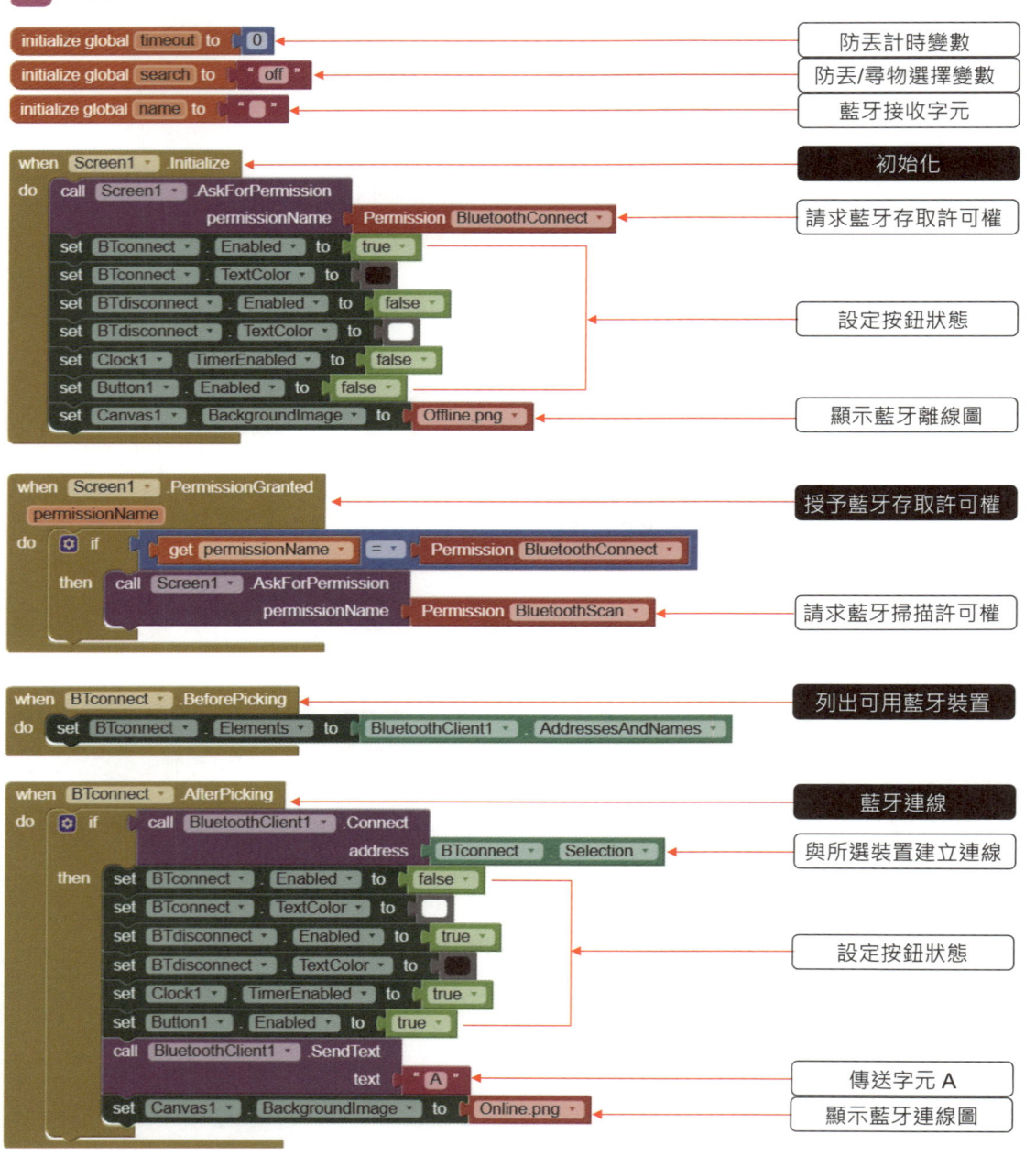

```
initialize global timeout to 0
```
防丟計時變數

```
initialize global search to "off"
```
防丟/尋物選擇變數

```
initialize global name to " "
```
藍牙接收字元

```
when Screen1.Initialize
do  call Screen1.AskForPermission
         permissionName  Permission BluetoothConnect
    set BTconnect.Enabled to true
    set BTconnect.TextColor to ■
    set BTdisconnect.Enabled to false
    set BTdisconnect.TextColor to ■
    set Clock1.TimerEnabled to false
    set Button1.Enabled to false
    set Canvas1.BackgroundImage to "Offline.png"
```
初始化
請求藍牙存取許可權
設定按鈕狀態
顯示藍牙離線圖

```
when Screen1.PermissionGranted
     permissionName
do  if get permissionName = Permission BluetoothConnect
    then call Screen1.AskForPermission
              permissionName  Permission BluetoothScan
```
授予藍牙存取許可權
請求藍牙掃描許可權

```
when BTconnect.BeforePicking
do  set BTconnect.Elements to BluetoothClient1.AddressesAndNames
```
列出可用藍牙裝置

```
when BTconnect.AfterPicking
do  if call BluetoothClient1.Connect
              address  BTconnect.Selection
    then set BTconnect.Enabled to false
         set BTconnect.TextColor to ■
         set BTdisconnect.Enabled to true
         set BTdisconnect.TextColor to ■
         set Clock1.TimerEnabled to true
         set Button1.Enabled to true
         call BluetoothClient1.SendText
              text  "A"
         set Canvas1.BackgroundImage to "Online.png"
```
藍牙連線
與所選裝置建立連線
設定按鈕狀態
傳送字元 A
顯示藍牙連線圖

4-32

藍牙無線通訊技術

計時器 1 (交握控制)
接收一個字元
如果收到 B，則回傳 A
清除逾時計時器及音效

計時器 2 (逾時計時)
斷線 3 秒以上？
手機發出警報聲

防丟 / 尋物模式切換
顯示尋物圖形
尋物模式(傳送字元 S)
顯示連線圖形
防丟模式(傳送字元 A)

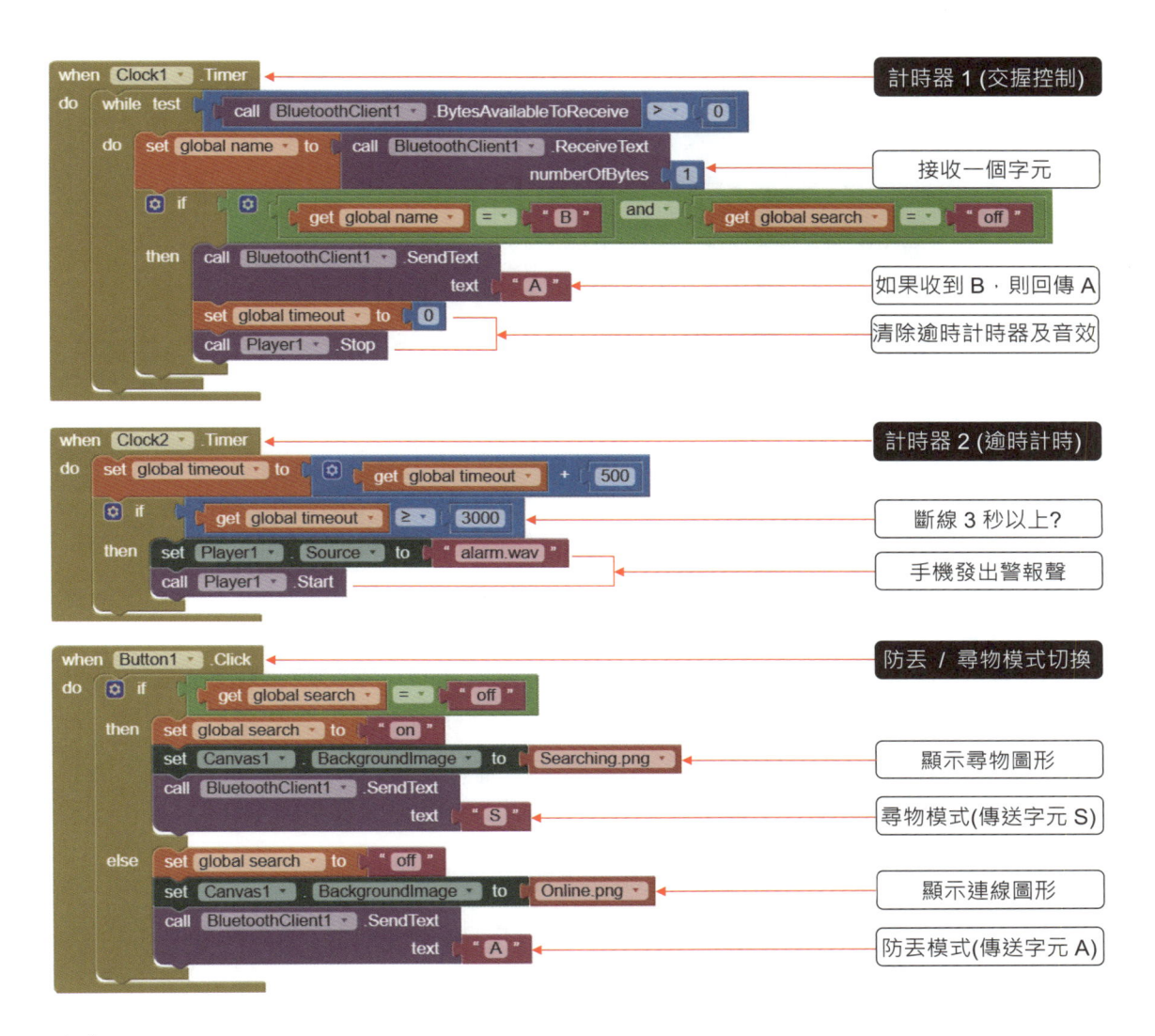

練習

1. 如圖 4-19 所示藍牙防丟雙向尋物器電路接線圖，除了防丟、尋物兩種模式，新增尋手機模式（ch4-5-1.ino）。尋手機模式使用按鍵 TACK 開關控制，按下 TACK 開關，LED 閃爍開始尋找手機，手機會發出聲音警示手機所在位置，再按一下 TACK 開關結束尋找手機模式。

圖 4-19　藍牙防丟雙向尋物器電路接線圖

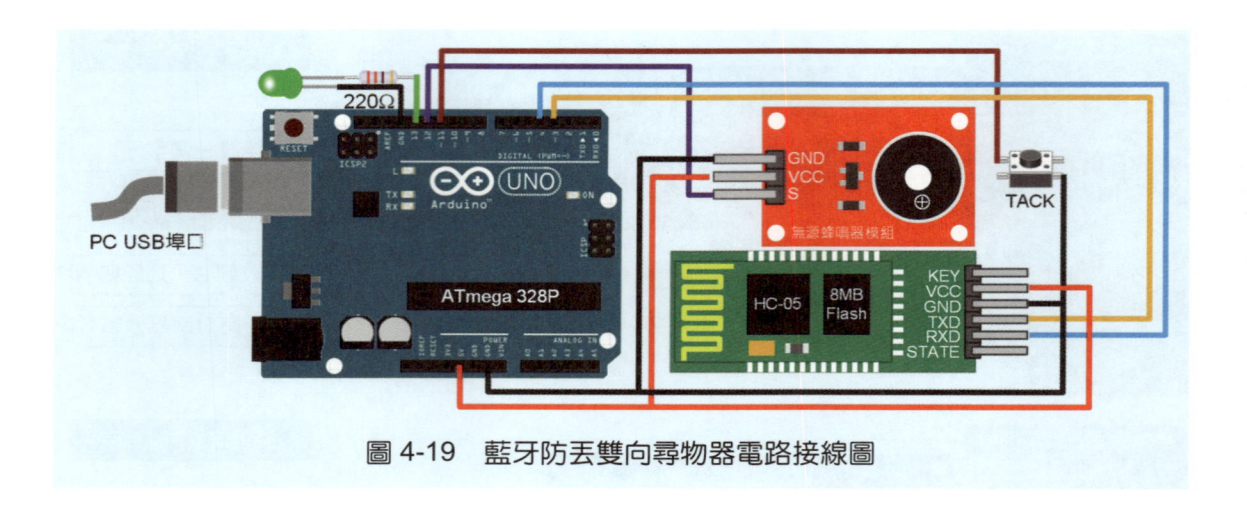

4-2-2　兩個 HC-05 藍牙模組連線

　　藍牙模組可以分**主端**及**從端**兩種角色，HC-05 藍牙模組可以設定為主端或從端角色，出廠預設為從端角色，而 HC-06 藍牙模組只能當從端角色。在進行配對時，主端可以主動連接其他的藍牙裝置，而從端只能被動的等待主端藍牙裝置連接。如果要讓兩個藍牙模組進行連線，至少要有一個是 HC-05 藍牙模組而且使用「**AT+ROLE**」命令將其設定為主端角色。

　　如表 4-9 所示兩個 HC-05 藍牙模組連線設定方式，兩個藍牙進行連線通訊前，必須使用「**AT+CMODE**」命令將主端及從端兩個藍牙模組設定為連接指定藍牙位址。再使用「**AT+UART**」命令設定相同的傳輸速率，預設為 9600bps。每一個藍牙模組都有唯一的藍牙位址，可以先使用「**AT+ADDR**」命令取得從端的藍牙位址，主端再以「**AT+BIND**」命令來連結（bind）從端藍牙模組。設定完成後，在每次重啟電源，Arduino 不需再寫入任何程式碼，兩個藍牙模組就可以自動建立連線。

表 4-9　兩個 HC-05 藍牙連線設定方式

參數	主端藍牙模組	從端藍牙模組	說明
藍牙名稱	AT+NAME=BT1	AT+NAME=BT2	設定藍牙名稱
藍牙角色	AT+ROLE=1（主端）	AT+ROLE=0（從端）	設定藍牙角色
連接模式	AT+CMODE=0	AT+CMODE=0	綁定連結
連接綁定	AT+BIND=從端位址	AT+ADDR，傳回從端位址	主端綁定從端位址

4 藍牙無線通訊技術

一、從端藍牙模組設定步驟

如圖 4-5 所示藍牙參數設定電路接線圖，將 HC-05 藍牙模組與 Arduino Uno 開發板正確連接，並且依下列步驟完成設定。

STEP 1

1. 開啟 ch4-1.ino 草稿碼，並且上傳至 Arduino Uno 開發板。

```
#include <SoftwareSerial.h>
SoftwareSerial BluetoothSerial(3,4); // RX, TX
void setup()
{
  Serial.begin(38400);
  BluetoothSerial.begin(38400);
}
void loop()
{
  if(BluetoothSerial.available())
    Serial.write(BluetoothSerial.read());
}
```

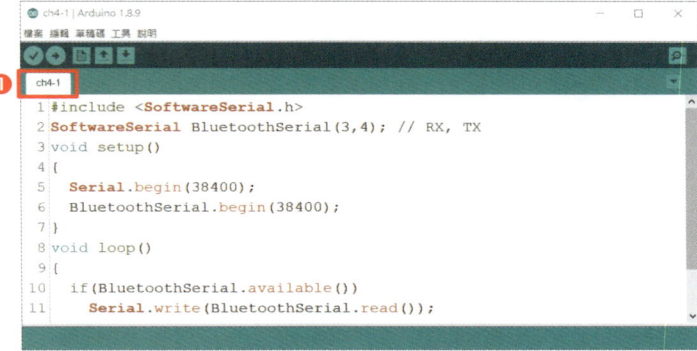

STEP 2

1. 開啟序列埠監控視窗，設定序列埠傳輸速率為 38400bps。
2. 選擇 NL&CR，才能正常執行 AT 命令。
3. 在傳送欄位中輸入 AT 命令後，按 傳送 鈕或按 Enter ↵ 。
4. 如果連線正常，藍牙模組會回應 OK 訊息。

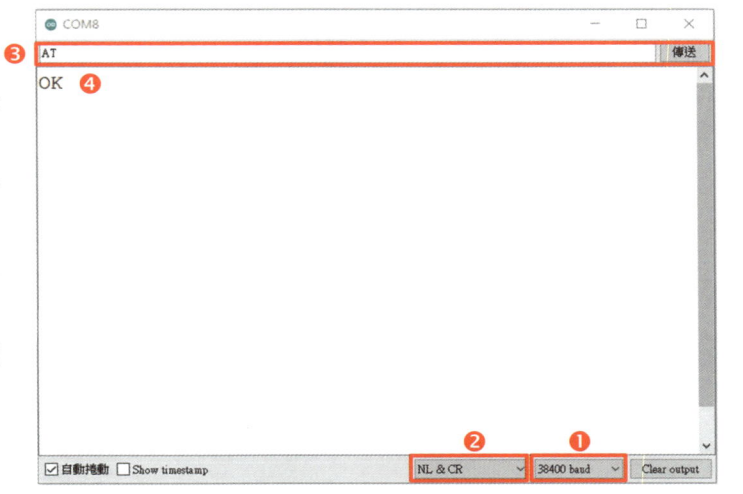

STEP 3

1. 輸入 AT+NAME=BT02 設定從端藍牙模組名稱為 BT02。
2. 設定成功會回應 OK 訊息。

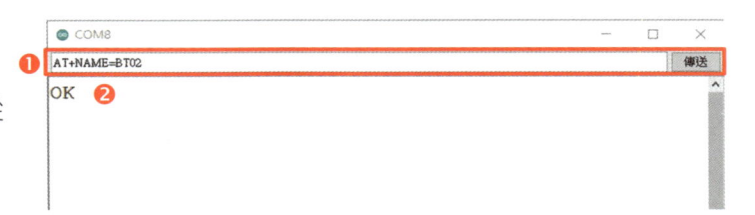

4-35

STEP 4

1. 輸入「AT+ROLE=0」設定藍牙模組為從端角色。
2. 設定成功會回應「OK」訊息。

STEP 5

1. 輸入「AT+CMODE=0」設定連接指定的藍牙位址。
2. 設定成功會回應「OK」訊息。

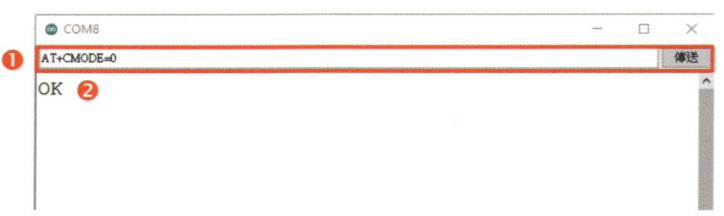

STEP 6

1. 輸入「AT+ADDR」，取得藍牙位址「98d3:31:708917」。
2. 設定成功會回應「OK」訊息。

二、主端藍牙模組設定步驟

STEP 1

1. 開啟 ch4-1.ino 草稿碼並且上傳至 Arduino Uno 開發板。

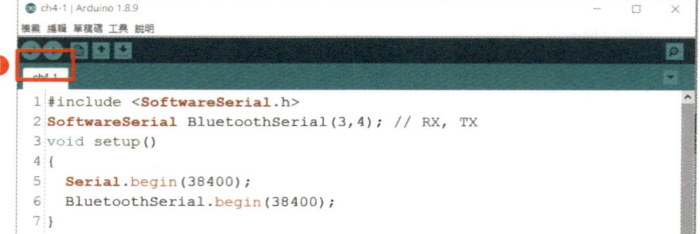

```
#include <SoftwareSerial.h>
SoftwareSerial BluetoothSerial(3,4); // RX, TX
void setup()
{
  Serial.begin(38400);
  BluetoothSerial.begin(38400);
}
```

STEP 2

1. 輸入「AT+NAME=BT01」設定主端藍牙模組名稱「BT01」。
2. 設定成功會回應「OK」訊息。

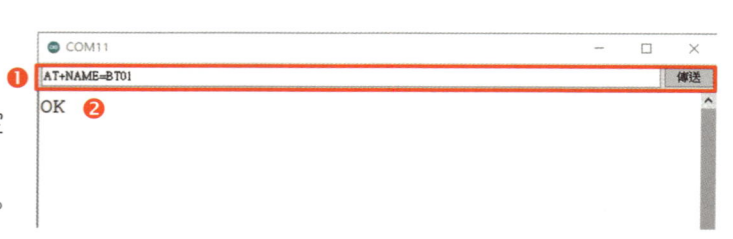

藍牙無線通訊技術 4

STEP 3

1. 輸入「AT+ROLE=1」設定藍牙模組為主端角色。
2. 設定成功會回應「OK」訊息。

STEP 4

1. 輸入「AT+CMODE=0」設定連接指定的藍牙位址。
2. 設定成功會回應「OK」訊息。

STEP 5

1. 在傳輸欄位中輸入 AT+BIND=98d3,31,708917，綁定指定的從端藍牙位址。
2. 設定成功會回應「OK」訊息。

▶ 動手做：藍牙遠端雙向控制 LED 亮滅電路

一、功能說明

如圖 4-20 所示藍牙遠端雙向控制 LED 亮滅電路接線圖。依序完成兩個相同的電路，主端電路的藍牙模組設定為「主端」角色，從端電路的藍牙模組設定為「從端」角色。「主端」及「從端」電路皆上傳相同程式碼 ch4-6.ino，電源重啟後，兩個藍牙模組自動建立連線。

主端 TACK 按鍵可以同步控制主端（本地，local）及從端（遠端，remote）LED 的亮或滅，同理，從端 TACK 按鍵也可以同步控制主端及從端 LED 的亮或滅。每按一次 TACK 按鍵，LED 的狀態會改變。

二 電路接線圖

(a) 主端電路

(b) 從端電路

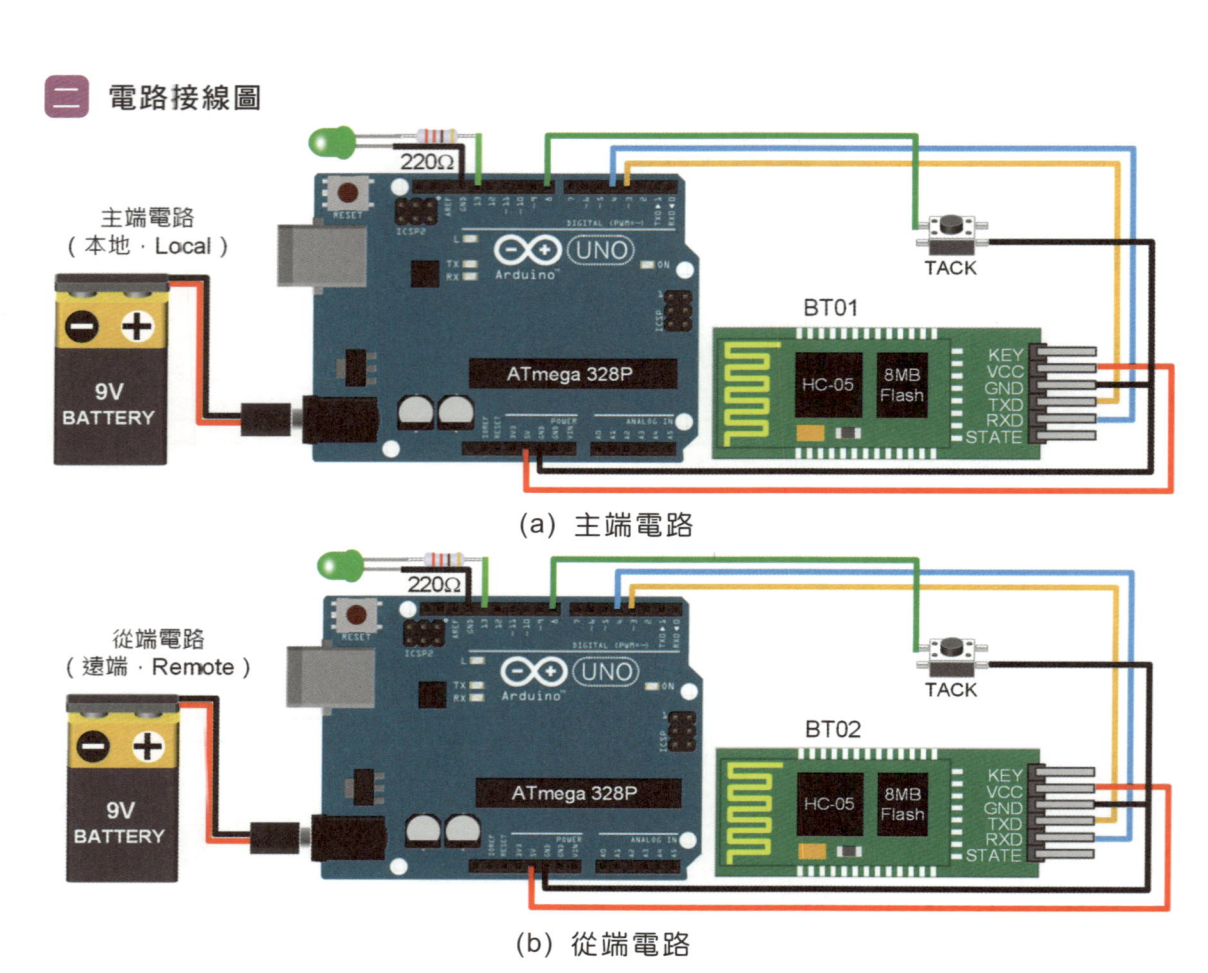

圖 4-20 藍牙遠端雙向控制 LED 亮滅電路接線圖

三 程式：ch4-6.ino

```
#include <SoftwareSerial.h>              //載入 SoftwareSerial 函式庫。
SoftwareSerial BTSerial(3,4);            //設定 D3 為 RXD 腳，D4 為 TXD 腳。
const int sw=8;                          //D8 連接按鍵開關。
const int led=13;                        //D13 連接 LED 燈。
char code;                               //藍牙接收字元。
bool ledStatus=LOW;                      //LED 狀態。
//初值設定
void setup(){
    pinMode(sw,INPUT_PULLUP);            //設定 D8 為輸入埠、內含提升電阻。
    pinMode(led,OUTPUT);                 //設定 D13 為輸出埠。
    digitalWrite(led,LOW);               //關閉 LED。
```

4-38

```
    delay(1000);                       //延遲1秒。
    BTSerial.begin(9600);              //設定藍牙序列埠傳輸速率為9600bps。
}
//主迴圈
void loop(){
    if(BTSerial.available())           //藍牙模組接收到資料?
    {
        delay(50);                     //延遲50毫秒。
        code=BTSerial.read();          //讀取藍牙模組所接收到的字元。
        if(code=='H')                  //字元碼是H?
            ledStatus=HIGH;            //設定LED狀態為HIGH。
        else if(code=='L')             //字元碼是L。
            ledStatus=LOW;             //設定LED狀態為LOW。
        digitalWrite(led,ledStatus);   //遠端按鍵被按下，更新本地LED狀態。
    }
    if(digitalRead(sw)==LOW)           //本地按鍵被按下?
    {
        delay(20);                     //消除開關機械彈跳。
        while(digitalRead(sw)==LOW)    //按鍵未放開?
            ;                          //等待放開按鍵。
        ledStatus=!ledStatus;          //按鍵已放開，改變LED狀態。
        digitalWrite(led,ledStatus);   //改變本地LED狀態。
        if(ledStatus==HIGH)            //LED為點亮燈狀態(HIGH)?
            BTSerial.write('H');       //藍牙模組傳送字元H。
        else                           //LED為熄滅狀態(LOW)。
            BTSerial.write('L');       //藍牙模組傳送字元L。
    }
}
```

練習

1. 接續範例，D10、D11、D12及D13連接四個LED燈，完成藍牙遠端腳踏車燈雙向控制電路。使用TACK按鍵來控制LED車燈狀態，LED車燈狀態改變依序為：四燈全暗→單燈右移→單燈左移→四燈閃爍→單燈左右移→四燈全暗。(ch4-6-1.ino)

▸ 動手做：藍牙遠端溫溼度監控電路

一 功能說明

如圖 4-21 所示藍牙遠端溫溼度監控電路接線圖，「主端」及「從端」電路皆上傳相同程式碼 ch4-7.ino。「從端」電路利用 DHT11 溫溼度感測模組，感測環境溫度及溼度值，並將數據經由 BT02 藍牙模組傳給「主端」電路，「主端」電路再將溫度及溼度值顯示於 OLED 顯示器。「主端」及「從端」電路皆可利用 TACK 按鍵開關同步控制「主端」及「從端」LED 照明燈的亮及滅。

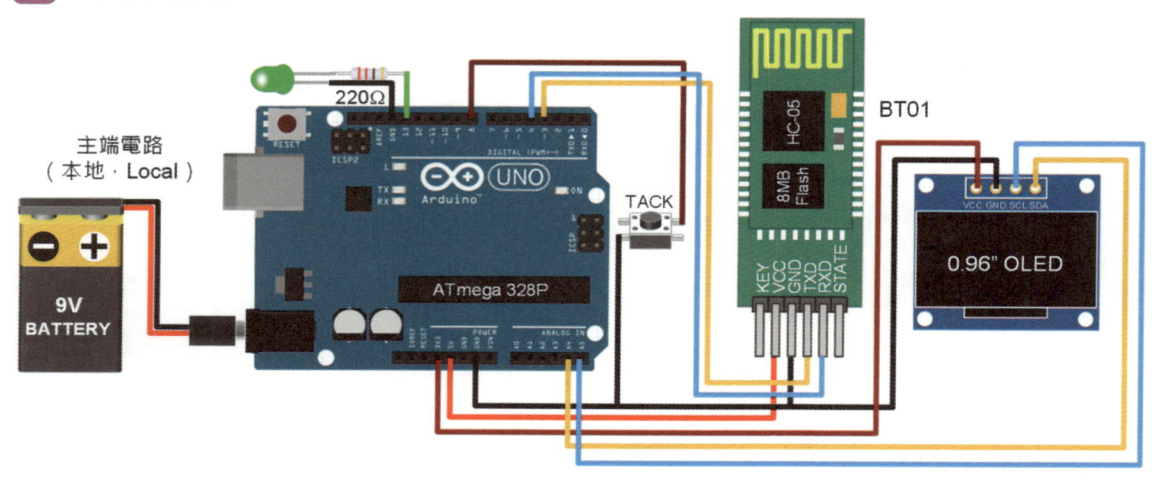

二 電路接線圖

(a) 主端電路

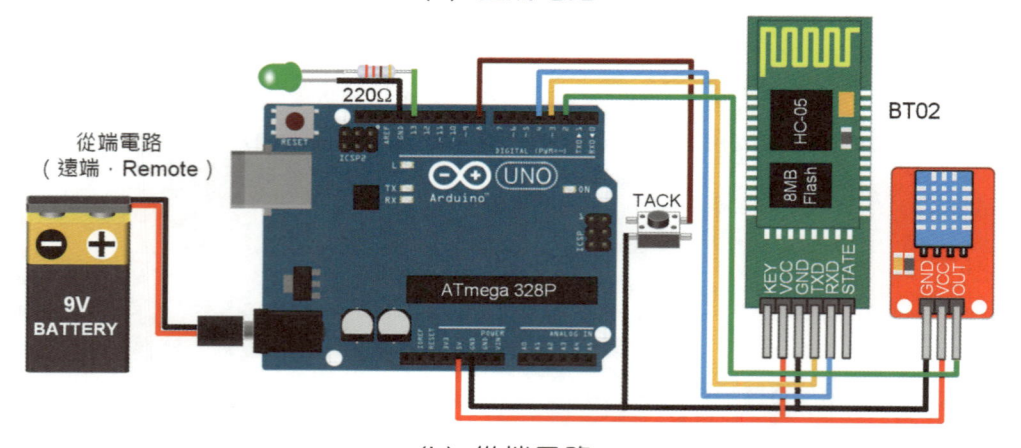

(b) 從端電路

圖 4-21　藍牙遠端溫溼度監控電路接線圖

三 程式：ch4-7.ino

```cpp
#include <SoftwareSerial.h>                    //載入 SoftwareSerial 函式庫。
SoftwareSerial BTSerial(3,4);                  //設定 D3 為 RXD 腳，D4 為 TXD 腳。
#include <Adafruit_Sensor.h>                   //載入 Adafruit_Sensor 函式庫。
#include <DHT.h>                               //載入 DHT11 函式庫。
#include <DHT_U.h>                             //載入 DHT_U 函式庫。
#define dhtPin 2                               //D2 連接 DHT11 輸出 OUT。
#define dhtType DHT11                          //使用 DHT11 感測器。
DHT dht(dhtPin,dhtType);                       //建立 DHT 物件。
#include <Adafruit_SSD1306.h>                  //載入 Adafruit_SSD1306 函式庫。
Adafruit_SSD1306 oled(128,64);                 //初始化 OLED。
const int sw=8;                                //D8 連接按鍵開關。
const int led=13;                              //D13 連接 LED 燈。
char code;                                     //藍牙模組接收字元。
byte temp,humi;                                //溫度及溼度值。
bool ledStatus=LOW;                            //LED 初始狀態。
unsigned long timeout;                         //逾時變數。
//初值設定
void setup()
{
    pinMode(sw,INPUT_PULLUP);                  //設定 D8 為輸入埠、內含提升電阻。
    pinMode(led,OUTPUT);                       //設定 D13 為輸出埠。
    digitalWrite(led,LOW);                     //關閉 LED 燈。
    BTSerial.begin(9600);                      //設定藍牙模組傳輸速率為 9600bps。
    dht.begin();                               //初始化 DHT11。
    oled.begin(SSD1306_SWITCHCAPVCC,0x3C);     //初始化 OLED，I2C 位址 0x3C。
    oled.setTextSize(2);                       //設定 OLED 字型大小 12×16。
    oled.setTextColor(WHITE);                  //設定 OLED 文字顏色為白色。
    oled.clearDisplay();                       //清除 OLED 顯示內容。
    oled.setCursor(0,32);                      //設定 OLED 座標 X=0，Y=32。
    oled.print("Waiting...");                  //顯示訊息："Waiting..."。
    oled.display();                            //更新 OLED 顯示器。
    delay(1000);                               //延遲 1 秒。
    oled.clearDisplay();                       //清除 OLED 顯示內容。
    timeout=millis();                          //讀取系統時間。
```

```
}
//主迴圈
void loop(){
    float h = dht.readHumidity();              //讀取相對溼度值。
    float t = dht.readTemperature();           //讀取攝氏溫度值。
    if((millis()-timeout)>=1000)               //每秒傳送一次溫度及溼度值。
    {
        timeout=millis();                      //讀取系統時間。
        if (!isnan(h)&&!isnan(t))              //讀取到正確的溼度及溫度值?
        {
            BTSerial.print('H');               //傳送相對溼度值的字元碼H。
            delay(50);                         //延遲50ms。
            BTSerial.write(h);                 //從端藍牙模組傳送相對溼度值給主端。
            delay(50);                         //延遲50ms。
            BTSerial.write('T');               //傳送攝氏溫度值的字元碼T。
            delay(50);                         //延遲50ms。
            BTSerial.write(t);                 //藍從端牙模組傳送攝氏溫度值給主端。
            delay(50);                         //延遲50ms。
        }
    }
    if(BTSerial.available())                   //藍牙模組已接收到數據資料?
    {
        delay(50);                             //延遲50毫秒,穩定接收資料。
        oled.print("Temp:");                   //顯示"Temp:"字串。
        code=BTSerial.read();                  //讀取藍牙模組所接收到的數據資料。
        if(code=='H')                          //接收到的資料為字元H?
        {
            delay(50);                         //延遲50毫秒,等待資料穩定。
            humi=BTSerial.read();              //讀取藍牙模組接收到的相對溼度值。
        }
        else if(code=='T')                     //接收到的資料為字元T?
        {
            delay(50);                         //延遲50毫秒,等待資料穩定。
            temp=BTSerial.read();              //讀取藍牙模組接收到的攝氏溫度值。
        }
```

```cpp
        else if(code=='Y')                    //接收到的資料為字元 Y？
        {
            ledStatus=HIGH;                   //設定 LED 狀態為 HIGH。
            digitalWrite(led,HIGH);           //開啟(ON)LED。
        }
        else if(code=='N')                    //接收到的資料為字元 N？
        {
            ledStatus=LOW;                    //設定 LED 狀態為 LOW。
            digitalWrite(led,LOW);            //關閉(OFF)LED。
        }
        oled.clearDisplay();                  //清除 OLED 顯示內容。
        oled.setCursor(0,20);                 //設定 OLED 座標 X=0，Y=20。
        oled.print("Humi:");                  //顯示訊息："Humi:"。
        oled.print(humi);                     //顯示相對溼度值。
        oled.print(' ');                      //空格。
        oled.println('%');                    //顯示訊息：相對溼度單位%。
        oled.setCursor(0,40);                 //設定 OLED 座標 X=0，Y=40。
        oled.print("Temp:");                  //顯示訊息："Temp:"。
        oled.print(temp);                     //顯示攝氏溫度值。
        oled.print(' ');                      //空格。
        oled.println('C');                    //顯示訊息：攝氏溫度單位 C。
        oled.display();                       //更新 OLED 顯示內容。
    }
    if(digitalRead(sw)==LOW)                  //按下 TACK 按鍵？
    {
        delay(20);                            //消除機械彈跳。
        while(digitalRead(sw)==LOW);          //已放開按鍵？
        ledStatus=!ledStatus;                 //改變 LED 狀態。
        digitalWrite(led,ledStatus);          //更新 LED 顯示狀態。
        if(ledStatus==HIGH)                   //LED 為點亮狀態(HIGH)？
            BTSerial.write('Y');              //傳送字元 Y 給從端，同步開啟從端 LED。
        else                                  //LED 為熄滅狀態(LOW)。
            BTSerial.write('N');              //傳送字元 N 給從端，同步關閉從端 LED。
    }
}
```

練習

1. 接續範例,將圖 4-21(a)所示主控端電路中的 OLED 顯示器改成如圖 4-22 所示 TM1637 四位數七段顯示器,前兩位顯示溼度值,後兩位顯示溫度值。(ch4-7-1.ino)

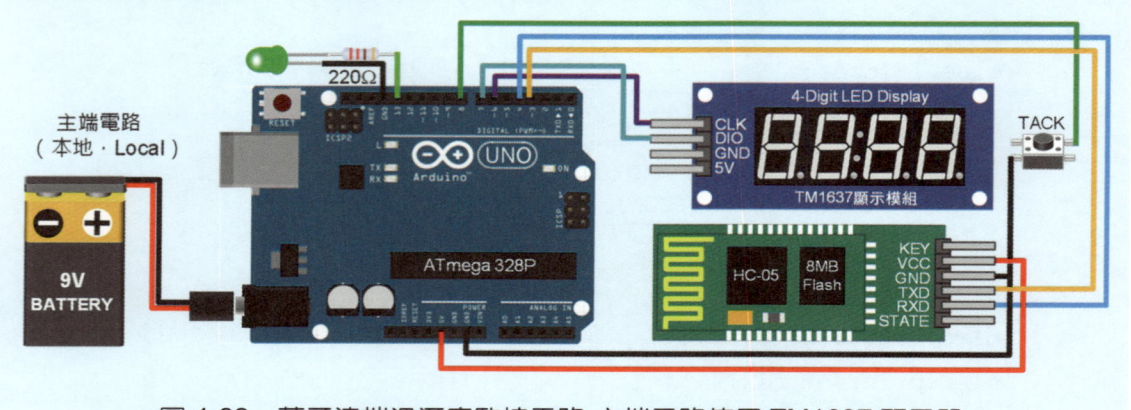

圖 4-22　藍牙遠端溫溼度監控電路-主端電路使用 TM1637 顯示器

4-3　認識 ESP32 開發板

　　ESP32 開發板使用雙核心處理器 ESP32 晶片,工作頻率 160MHz~240MHz。ESP32 晶片整合**經典藍牙**、**低功耗藍牙**及 **Wi-Fi** 功能,是專為行動裝置、穿戴式電子產品和物聯網應用而設計。ESP32 開發板種類繁多,常見產品有樂鑫(Espressif)官方原廠生產的 ESP32-DevKit / ESP32-WROOM-32 開發板、安信可(Ai-Thinker)官方原廠生產的 NodeMCU ESP32-S 開發板,以及副廠相容產品。**本書使用 NodeMCU ESP32-S 開發板**。

4-3-1　NodeMCU ESP32-S 開發板

　　如圖 4-23 所示 NodeMCU ESP32-S 開發板,有 20 支可用的通用輸入 / 輸出接腳(General-Purpose Input / Output 簡稱 GPIO),編號依序為 0、2、4、5、12~19、21~23、25~27、32、33,每支 GPIO 接腳**最大輸出電流 40mA**。GPIO34、35、36 及 39 只能當輸入腳,且沒有內建提升電阻。ESP32-S 開發板提供 UART、I2C、SPI 等串列介面,20 組 PWM,10 組內建的電容觸控(touch)感測器 TOUCH0~TOUCH9(GPIO4、0、2、15、13、12、14、27、33、32)及 16 組 12 位元 ADC 轉換器。

4-44

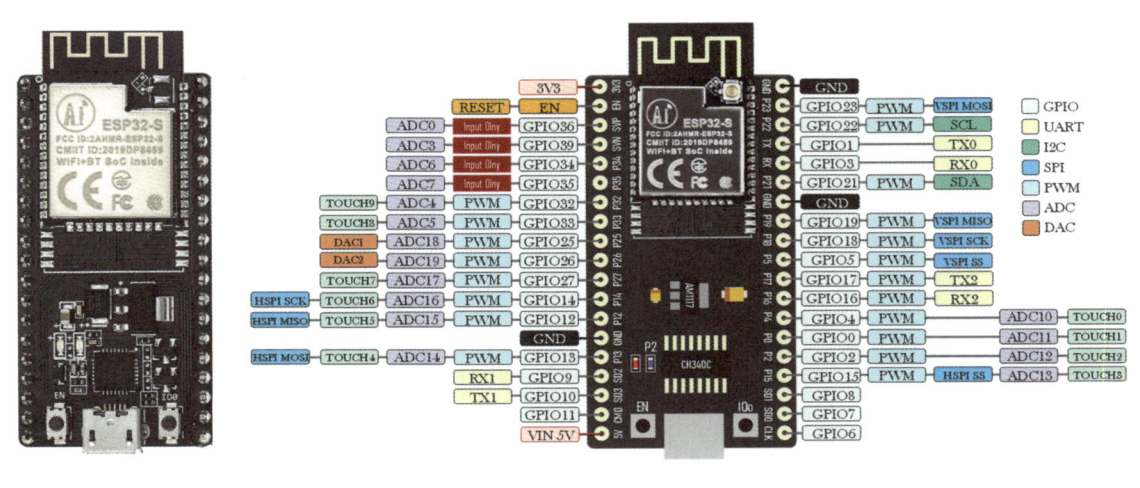

藍牙無線通訊技術

(a) 外觀　　　　　　　　　(b) 接腳圖

圖 4-23　NodeMCU ESP32-S 開發板

　　NodeMCU ESP32-S 開發板內建兩個 LED，一個連接在底板上的 GPIO2，作為測試之用，另一個為電源指示燈。另內建兩個按鍵，EN 按鍵為重置（reset）鍵，**IO0 按鍵連接 GPIO0 接腳**，ESP32-S 開發板內建一顆 USB 晶片，用來負責 USB 與 UART 之間的信號轉換，並且使用 GPIO1、GPIO3 當做 UART 介面。依 ESP32 開發板的版本不同，有 CH340C 及 CP2102 兩種 USB 晶片，第一次使用 ESP32 開發板，須先安裝 USB 晶片驅動程式。

4-3-2　Arduino Uno 與 ESP32 特性比較

　　如表 4-10 所示 Arduino Uno 與 ESP32 特性比較，ESP32 開發板內建藍牙及 Wi-Fi 模組，可以直接用來開發物聯網產品。Arduino Uno 開發板必須再外接藍牙模組（如 HC-05 模組）或 Wi-Fi 模組（如 ESP-01 模組），才能開發物聯網產品。相較於 Arduino Uno 板，**ESP32 板具有容量大、速度快、體積小、開發成本低等優點。**

表 4-10　Arduino Uno 與 ESP32 特性比較

特性	Arduino Uno	ESP32
工作電壓	5V	3.3V
MCU	AVR ATmega328P	Tensilica Xtensa LX6
核心	單核 20MHz	雙核 160 / 240MHz

4-45

特性	Arduino Uno	ESP32
資料寬度	8 位元	32 位元
Flash ROM	32KB	4~32MB
SRAM	16KB	520KB
GPIO	14 支	20 支
UART	1 組	1 組
I2C	1 組	2 組
SPI	1 組	2 組
PWM	6 支	20 支
ADC	6 組（10 位元）	16 組（12 位元）
DAC	無	2 組
Wi-Fi	無	802.11b/g/n
藍牙	無	BLE 4.2
內建電容觸摸感測器	無	10 組
內建溫度感測器	無	1 組
內建霍爾感測器	無	1 組

4-3-3 安裝 CH340 晶片驅動程式

ESP32-WROOM-32 V2 及 NodeMCU ESP32 V3 開發板，**內建 CH340C 晶片**負責 USB 與 UART 之間的信號轉換。第一次將 ESP32 開發板連接到電腦的 USB 埠口時，需要安裝 CH340 晶片驅動程式，安裝步驟如下所述。

STEP 1

1. 在 Google 搜尋欄位中輸入「CH340 driver」。
2. 點選「CH340 driver」進入 Wemos 官網下載首頁。

STEP 2

1. 本書使用 Windows 10 作業系統，點選「Windows V3.5」開始下載 CH340 晶片驅動程式「CH341SER_WIN_3.5」。

STEP 3

1. 「CH341SER_WIN_3.5」解壓縮到自訂資料夾中，並執行 SETUP.EXE。
2. 彈出 DriverSetup(X64) 視窗後，按下 INSTALL 開始安裝 CH340 驅動程式。

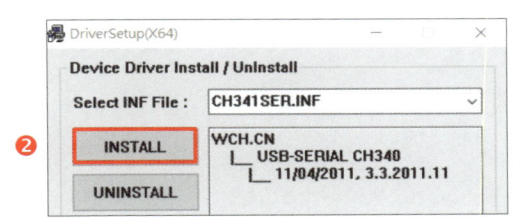

STEP 4

1. CH340 驅動程式安裝完成後，將 ESP32 開發板連接電腦。
2. 在裝置管理員中會出現「USB-SERIAL CH340(COM8)」。
3. 串列連接埠位址 COMnn，由電腦自動配置。

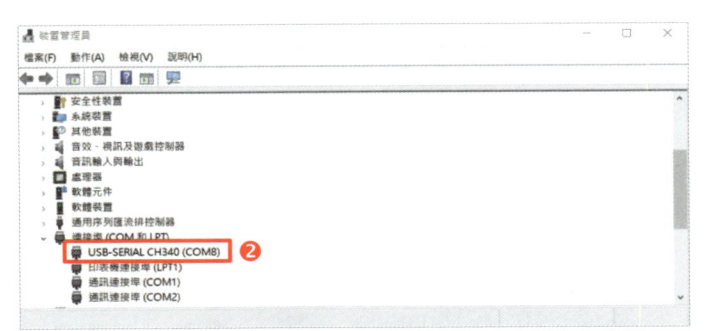

4-47

4-3-4 安裝 CP2102 晶片驅動程式

ESP32-WROOM-32 V3 及 NodeMCU ESP32 V2 開發板，**內建 CP2102 晶片**負責 USB 與 UART 之間的信號轉換。第一次將開發板連接到電腦的 USB 埠口時，需要安裝 CP2102 晶片驅動程式，安裝步驟如下所述。

STEP 1

1. 在 Google 搜尋欄位中輸入「CP2102 driver nodemcu」。
2. 點選「CP210x USB to UART」進入官網頁面。

STEP 2

1. 點選「DOWNLOADS」切換到「軟體下載」頁面。

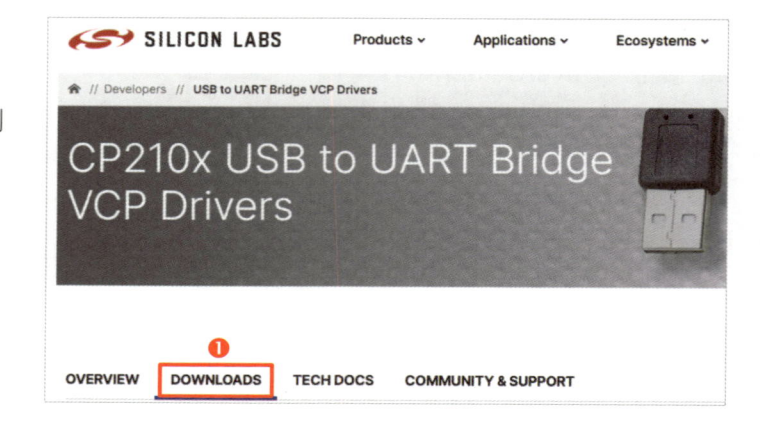

STEP 3

1. 點選 CP210x Windows Drivers，下載驅動程式壓縮檔 CP210x_Windows_Drivers。

STEP 4

1. 將 CP210x_Windows_Drivers 解壓縮到自訂資料夾，執行檔案 CP210xVCPInstaller_x64。
2. 依提示完成安裝。

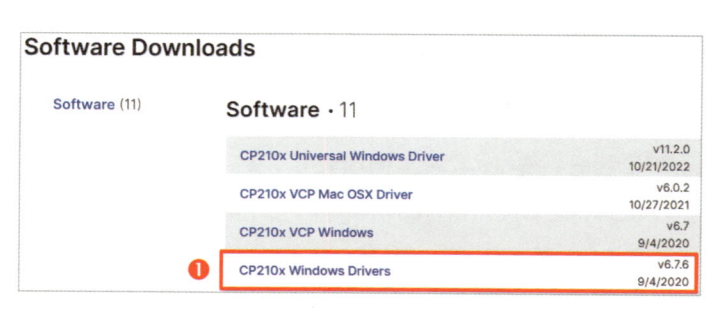

4-48

藍牙無線通訊技術 **4**

STEP 5

1. CP2102 驅動程式安裝完成後，將 ESP32 開發板連接至電腦 USB 埠口。
2. 裝置管理員中出現「Silicon Labs CP210x USB to UART Bridge (COM10)」。
3. 串列埠口位址 COMnn，由電腦自動配置。

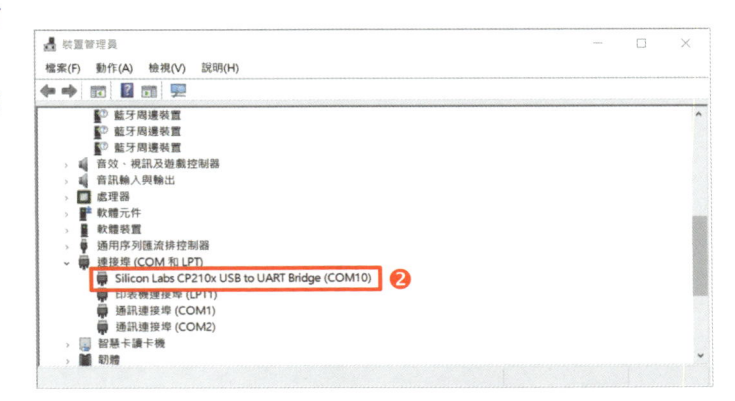

4-3-5 安裝 ESP32 開發板環境

要在 Arduino IDE 環境上傳程式碼到 ESP32 開發板，必須先安裝 ESP32 開發板環境，安裝步驟說明如下：

STEP 1

1. 開啟 Arduino IDE 程式。
2. 選擇功能表的【檔案/偏好設定】，開啟偏好設定視窗。

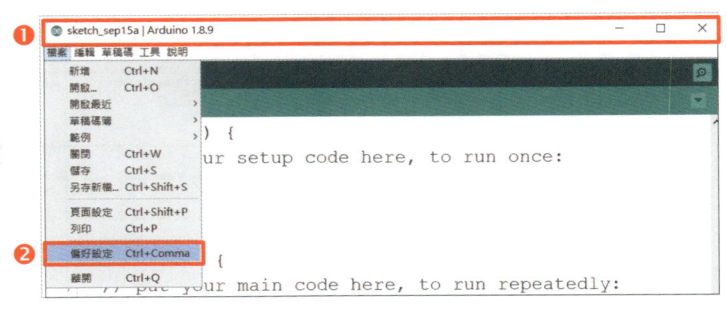

4-49

STEP 2

1. 在偏好設定視窗下方的額外開發板管理員網址，輸入網址 https://dl.espressif.com/dl/package_esp32_index.json。
2. 按下 確定 鈕。

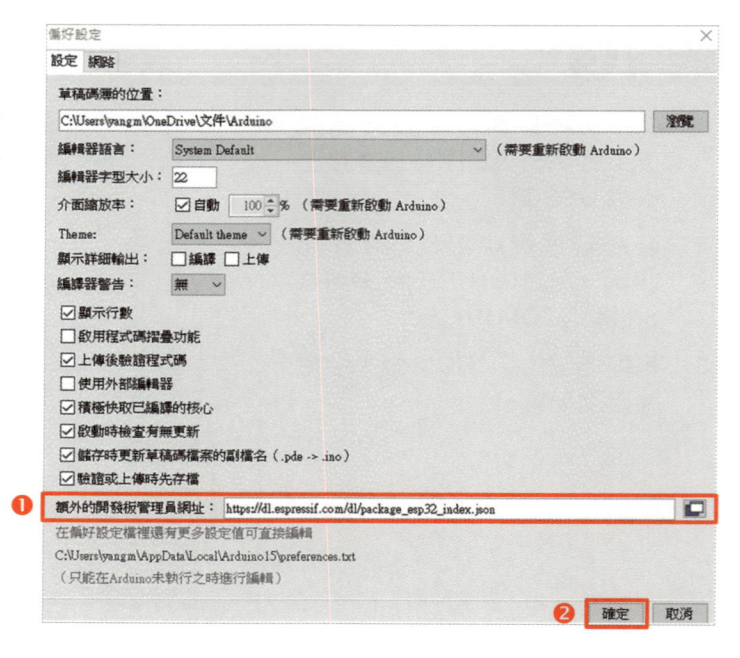

STEP 3

1. 點選功能表的【工具/開發板/開發板管理員】，開啟「開發板管理員」視窗。
2. 在「開發板管理員」視窗中，輸入關鍵字 ESP32 篩選出 ESP32 套件。
3. 點選套件 esp32 by Espressif Systems，按下 安裝 鈕，開始安裝 ESP32 套件。

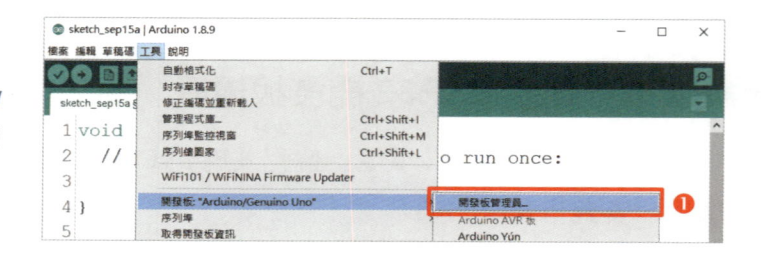

4-3-6　執行第一個 ESP32 應用程式

安裝完成 ESP32 開發板環境後，即可開始編寫程式。以 NodeMCU ESP32-S 開發板為例，內建一個連接到 GPIO2 的 LED。我們以驅動此 LED 持續閃爍（亮 1 秒、暗 1 秒）為例，操作步驟如下所述。

藍牙無線通訊技術 4

STEP 1

1. 選擇功能表【工具/開發板】中的 NodeMCU-32S，或是選擇 Node32s 也可以。

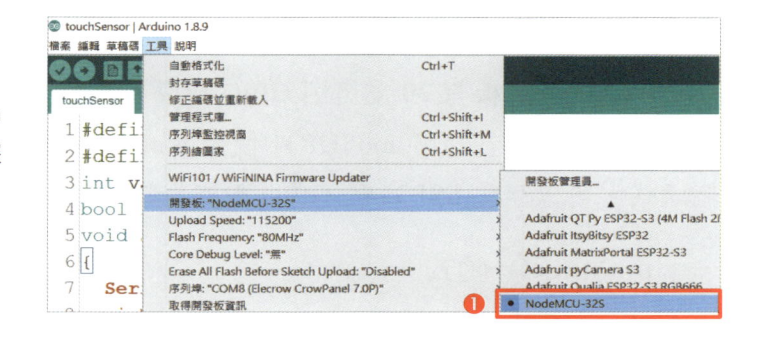

STEP 2

1. 選擇【範例/01.Basic/Blink】，開啟內建範例檔 Blink.ino。

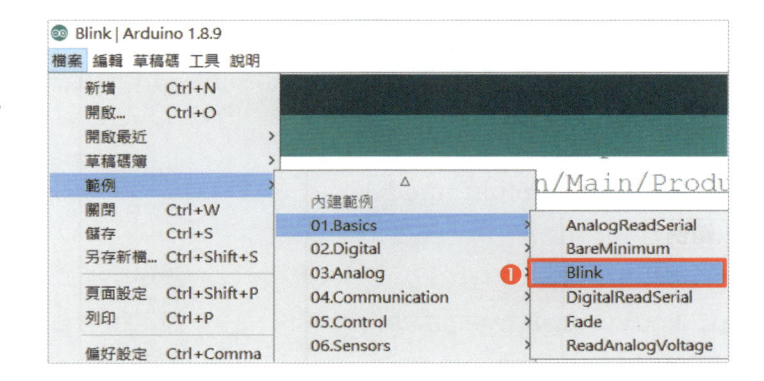

STEP 3

1. Blink 程式碼定義 LED_BUILTIN 為接腳 13，將其改成 2，使用 ESP32 開發板的 GPIO2。

2. 按下 ⇨ 鈕，將程式碼上傳到 ESP32 開發板中。

3. 如果上傳成功，ESP32 開發板上內建的 LED 會持續閃爍，亮 1 秒、暗 1 秒。

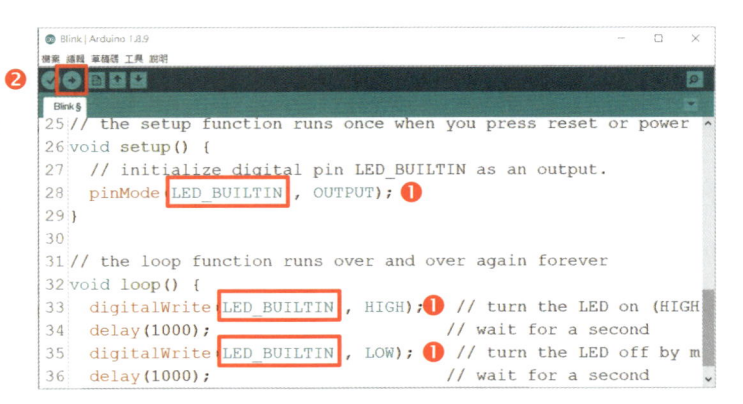

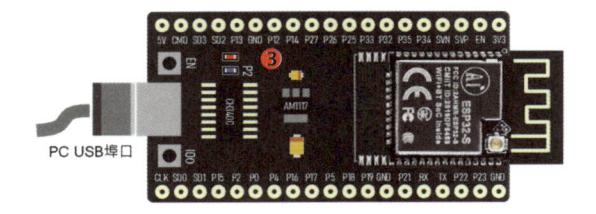

4-51

4-3-7 認識 ESP32 GPIO

ESP32 開發板有 20 支可用 GPIO 接腳，編號依序為 0、2、4、5、12~19、21~23、25~27、32、33。在 Arduino IDE 中使用 pinMode()、digitalWrite() 及 digitalRead() 三個函式，可以存取 ESP32 的 GPIO 數據資料。

一、pinMode() 函式

pinMode(pin, mode) 函式功用是**設定 GPIO 的接腳模式**。pin 參數用來設定 GPIO 接腳編號。mode 參數用來設定接腳模式，有 **INPUT**、**INPUT_PULLUP** 及 **OUTPUT** 三種模式。INPUT 設定接腳為高阻抗（High-impedance）輸入模式，INPUT_PULLUP 設定接腳為內建提升電阻（Internal pull-up resistors）輸入模式，OUTPUT 設定接腳為輸出模式。

格式 pinMode(pin, mode)

範例
```
pinMode(2,INPUT);              //設定GPIO2為高阻抗輸入模式。
pinMode(5,INPUT_PULLUP);       //設定GPIO5為內建提升電阻輸入模式。
pinMode(12,OUTPUT);            //設定GPIO12為輸出模式。
```

二、digitalWrite() 函式

digitalWrite(pin, value) 函式功用是**設定 GPIO 的接腳狀態**。pin 參數用來設定 GPIO 接腳編號。value 參數用來設定 GPIO 接腳狀態，有 **HIGH** 及 **LOW** 兩種狀態，HIGH 輸出電位 5V，LOW 輸出電位 0V。在使用 digitalWrite() 函式前，必須先使用 pinMode() 函式將接腳設定為**輸出模式**。

格式 digitalWrite(pin, value)

範例
```
pinMode(2,OUTPUT);             //設定GPIO2為輸出模式。
digitalWrite(2,HIGH);          //設定GPIO2輸出高電位。
```

三、digitalRead() 函式

digitalRead(pin) 函式的功用是**讀取指定 GPIO 的接腳狀態**。pin 參數用來設定所使用 GPIO 的接腳編號。digitalRead() 函式所讀取的值，有 **HIGH** 及 **LOW** 兩種狀態。在使用 digitalRead() 函式前，必須先使用 pinMode() 函式將接腳設定為**輸入模式**。

格式 digitalRead(pin)

範例

```
pinMode(2,INPUT);                //設定GPIO2為輸入模式。
int val=digitalRead(2);          //讀取GPIO2的輸入狀態並存入整數變數val中。
```

▶ 動手做：ESP32 按鍵控制 LED 亮滅電路

一 功能說明

如圖 4-24 所示 ESP32 按鍵控制 LED 亮滅電路接線圖。ESP32 開發板內建 TACK 按鍵連接於 GPIO0（IO0），內建 LED 連接於 GPIO2（P2）。每按一下按鍵，LED 依序變化：亮→滅→亮。

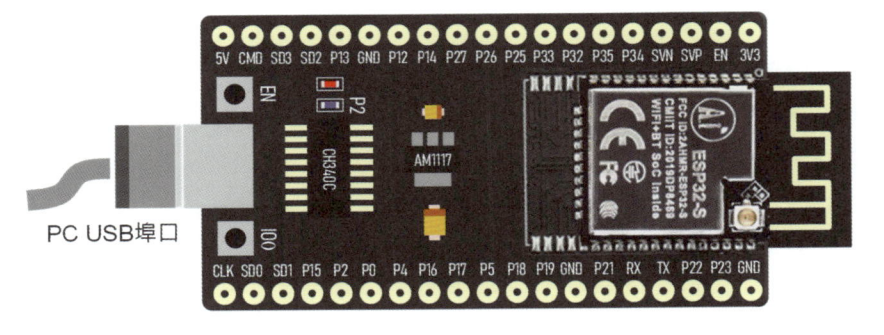

二 電路接線圖

圖 4-24　ESP32 按鍵控制 LED 亮滅電路接線圖

三 程式：ch4-8.ino

```
const int sw=0;                  //GPIO0連接內建TACK按鍵。
const int led=2;                 //GPIO2連接內建LED燈。
bool state=LOW;                  //LED狀態。
//初值設定
void setup()
{
    pinMode(sw,INPUT_PULLUP);    //設定GPIO0為內建提升電阻輸入模式。
    pinMode(led,OUTPUT);         //設定GPIO2為輸出模式。
    digitalWrite(led,LOW);       //熄滅LED燈。
```

4-53

```
}
//主迴圈
void loop()
{
    if(digitalRead(sw)==LOW)                //按下按鍵?
    {
        delay(20);                          //消除機械彈跳。
        while(digitalRead(sw)==LOW)         //放開按鍵?
            ;                               //等待放開按鍵。
        state=!state;                       //LED 狀態改變。
        digitalWrite(led,state);            //更新 LED 狀態。
    }
}
```

練習

1. 接續範例，每按一下 TACK 按鍵，LED 依序變化：滅→閃爍→滅。
2. 接續範例，新增四個 LED 燈分別連接於 GPIO2、4、16、17。每按一下 TACK 按鍵，LED 依序變化：四燈全滅→單燈右移→單燈左移→四燈全滅。

4-3-8 認識 ESP32 PWM

ESP32 開發板的 20 支可用 GPIO 接腳，都可以輸出**脈寬調變訊號**（Pulse Width Modulation，簡稱 PWM）。有兩種方法可以產生 PWM 訊號，第一種方法使用 analogWrite() 函式，第二種方法使用 LEDC 相關函式：ledcAttach() 及 ledcWrite() 函式。

一、analogWrite() 函式

analogWrite(pin, value) 函式的功用是**輸出 PWM 訊號到指定的 GPIO 接腳**。pin 參數用來設定 GPIO 接腳，value 參數用來設定工作週期（duty cycle）範圍 0~255。analogWrite() 函式已自動設定 PWM 接腳為輸出模式，不需再使用 pinMode() 函式設定接腳模式。

如圖 4-25 所示 PWM 訊號，可以用來控制 LED 的亮度或是直流馬達的轉速。如圖 4-25(a) 所示 PWM 波形，輸出直流電壓 V_{dc} 與 PWM 工作週期成正比，等式如下。當設定 value=128 時，可以得到如圖 4-25(b) 所示 50%工作週期的 PWM 訊號。

$$V_{dc} = \frac{t_H}{T} V_m = \frac{value}{1024} V_m$$

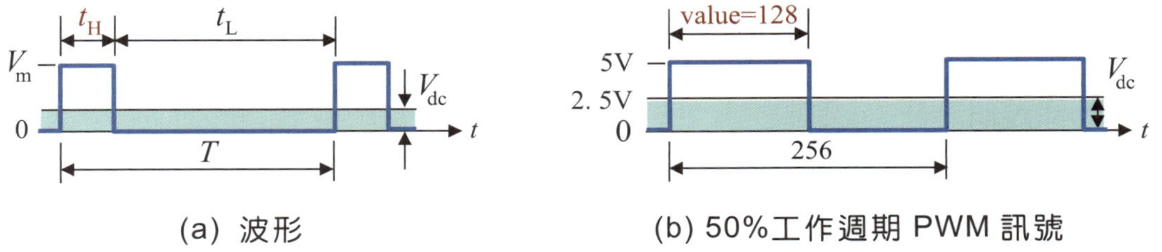

(a) 波形　　　　　　　(b) 50%工作週期 PWM 訊號

圖 4-25　PWM 訊號

格式　analogWrite(pin, value)

範例
`analogWrite(2,128);`　　　　　//輸出工作週期 50%的 PWM 訊號至 GPIO2。

二、ledcAttach() 函式

ledcAttach(pin, freq, resolution) 函式的功能是**設定 PWM 訊號的頻率及解析度**。Pin 參數用來設定輸出 PWM 訊號的 GPIO 接腳。freq 參數用來設定 PWM 訊號的頻率，範圍 1~40MHz。resolution 參數用來設定 PWM 訊號的解析度，範圍 1~20 位元。

格式　ledcAttach(pin, freq, resolution)

範例
`ledcAttach(2,5000,8);`　　　　//PWM 接腳 GPIO2、頻率 5000Hz、解析度 8 位元。

三、ledcWrite() 函式

ledcWrite(pin, duty) 函式的功能是**設定輸出 GPIO 接腳及 PWM 訊號的工作週期**。pin 參數用來設定輸出 PWM 訊號的 GPIO 接腳。duty 參數用來設定工作週期，與 ledcAttach() 函式的 resolution 設定值有關。如設定 resolution=8，則 duty 範圍為 0~255，如設定 resolution=10，則 duty 範圍為 0~1023。

格式 ledcWrite(pin, duty)

範例
```
ledcAttach(2,5000,8);          //PWM 訊號的頻率 5000Hz、解析度 8 位元。
ledcWrite(2,128);              //輸出工作週期 50%的 PWM 訊號至 GPIO2。
```

▶ 動手做：ESP32 LED 呼吸燈

一 功能說明

如圖 4-26 所示 ESP32 LED 呼吸燈電路接線圖。使用 GPIO2 輸出 PWM 訊號，控制內建 LED 產生呼吸燈變化：漸亮→漸暗→漸亮。

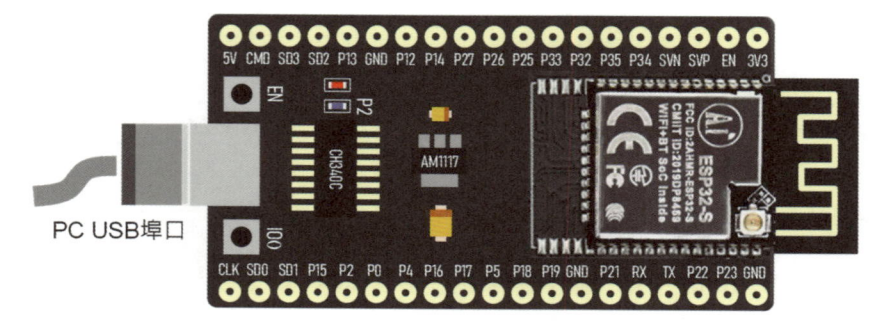

二 電路接線圖

圖 4-26　ESP32 LED 呼吸燈電路接線圖

三 程式：ch4-9.ino

```
const int led=2;                //GPIO2 連接內建 LED。
int i;                          //迴圈變數。
//初值設定
void setup(){
}
//主迴圈
void loop(){
    for(i=0;i<255;i++){         //LED 漸亮。
        analogWrite(led,i);     //設定 LED 亮度。
        delay(10);              //延遲 10ms。
    }
```

```
        for(i=255;i>-1;i--){              //LED 漸暗。
            analogWrite(led,i);           //設定 LED 亮度。
            delay(10);                    //延遲 10ms。
        }
}
```

練習

1. 接續範例，使用 ledcAttach() 及 ledcWrite() 兩個函式完成 LED 呼吸燈。
2. 接續範例，使用內建 TACK 按鍵，控制 PWM 訊號，每按一下 TACK 鍵，PWM 訊號變化依序：熄滅→呼吸燈→熄滅。

4-3-9 認識 ESP32 ADC

ESP32 內建兩個 12 位元 ADC 模組 ADC1 及 ADC2，支援 18 個測量通道（channel，簡稱 CH）。如表 4-11 所示 ESP32 開發板 ADC 模組測量通道。ADC1 模組共有 8 個通道，使用 GPIO32~GPIO39，ADC1_CH1（GPIO37）及 ADC1_CH2（GPIO38）並未引出接腳，無法使用。ADC2 模組共有 10 個通道，使用 GPIO0、GPIO2、GPIO4、GPIO12~GPIO15、GOIO25~GPIO27。**使用 Wi-Fi 功能時，ADC2 模組無法使用**。

表 4-11　ESP32 開發板 ADC 模組測量通道

ADC1 模組	GPIO 接腳	ADC2 模組	GPIO 接腳
ADC1_CH0	GPIO36	ADC2_CH10	GPIO4
ADC1_CH1	GPIO37（未引出）	ADC2_CH11	GPIO0
ADC1_CH2	GPIO38（未引出）	ADC2_CH12	GPIO2
ADC1_CH3	GPIO39	ADC2_CH13	GPIO15
ADC1_CH4	GPIO32	ADC2_CH14	GPIO13
ADC1_CH5	GPIO33	ADC2_CH15	GPIO12
ADC1_CH6	GPIO34	ADC2_CH16	GPIO14
ADC1_CH7	GPIO35	ADC2_CH17	GPIO27
		ADC2_CH18	GPIO25
		ADC2_CH19	GPIO26

ESP32 使用 analogRead() 函式讀取輸入電壓並轉換成數位值，**預設最大輸入電壓 3.3V，轉換數位值 0~4095**。另外，analogSetAttenuation() 函式可以重設最大輸入電壓，有 1V、1.34V、2V 及 3.6V 四種選擇。analogReadResolution() 函式可以重設通道解析度，有 9、10、11、12 位元四種選擇。

一、analogRead() 函式

analogRead(pin) 函式的功用是**設定所使用的 ADC 通道**。pin 參數用來設定 ADC 通道的對應 GPIO 接腳。

格式 analogRead(pin)

範例
```
analogRead(33);                    //使用ADC1_CH5。
```

二、analogSetAttenuation() 函式

analogSetAttenuation(atten) 函式的功用是**設定 ADC 通道的最大輸入電壓**。如表 4-12 所示衰減值與最大輸入電壓對應，atten 參數用來設定衰減值。ESP32 晶片內部 ADC 最大輸入電壓為 1V，利用內部衰減器即可提高輸入電壓最大值。以衰減值-6dB 為例，轉換成衰減值大小 A=0.5（$-6=20\log_{10}A$），理論最大輸入電壓等於 1/0.5=2V。

表 4-12　ESP32 開發板衰減值與最大輸入電壓對應

atten 參數	衰減值	理論最大輸入電壓	實際輸入電壓範圍
ADC_0db	0dB	1V	100～950mV
ADC_2_5db	-2.5dB	1.34V	100～1250mV
ADC_6db	-6dB	2V	150～1750mV
ADC_11db	-11dB	3.6V	150～3100mV

格式 analogSetAttenuation(atten)

範例
```
analogSetAttenuation(ADC_0db);        //設定ADC通道最大輸入電壓1V。
```

三、analogReadResolution() 函式

analogReadResolution(bits) 函式的功用是**設定 ADC 通道的解析度**。bits 參數用來設定通道解析度範圍 9~12 位，例如設定 bits=10 的 ADC 數位值範圍為 0~1023。

格式　analogReadResolution(bits)

範例
```
analogReadResolution(10);              //設定ADC解析度10位元,範圍0~1023。
```

▶ 動手做：ESP32 光度計

一　功能說明

如圖 4-27 所示 ESP32 光度計電路接線圖。光敏電阻模組 AO 類比輸出連接 GPIO33（ADC1_CH5）。當光度愈強則 AO 輸出電壓愈小，反之當光度愈弱則 AO 輸出電壓愈大。

ADC1_CH5 檢測光敏電阻模組 AO 輸出電壓變化量，並且將所讀取的類比電壓轉成數位值，再轉成光度百分比。當光度最暗則光度百分比為 0，當光度最亮則光度百分比為 100%。

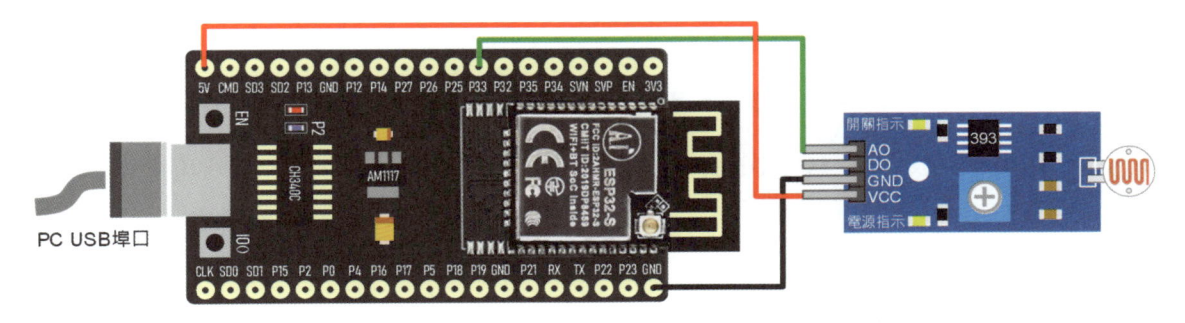

二　電路接線圖

圖 4-27　ESP32 光度計電路接線圖

三　程式：ch4-10.ino

```
#define ADC 33                          //使用ADC1_CH5。
//初值設定
void setup(){
```

```
    Serial.begin(115200);                    //設定序列埠傳輸率為115200bps。
    analogSetAttenuation(ADC_11db);          //最大輸入電壓3.1V。
    analogReadResolution(10);                //解析度10位元(範圍0~1023)。
}
//主迴圈
void loop()
{
    int c = analogRead(ADC);                 //讀取光敏電阻A0類比輸出。
    c=(int)((float)c/1024*100);              //轉換光度百分比0~100%(反比例)。
    c=100-c;                                 //轉換光度百分比0~100%(正比例)。
    Serial.print("Brightness:");             //顯示訊息:光度。
    Serial.print(c);                         //顯示光度百分比。
    Serial.println('%');                     //顯示訊息:百分比單位%。
}
```

練習

1. 接續範例,GPIO2連接一個LED燈,當光度在50%以下時,點亮LED燈。
2. 接續範例,新增四個LED燈L1~L4,分別連接於GPIO2、4、16、17。當光度在0~25%時點亮L1~L4;當光度在25~50%時點亮L1~L3;當光度在50~75%時點亮L1~L2;當光度在75~100%時點亮L1。

4-3-10 認識 ESP32 觸摸感測器

　　ESP32 開發板內建 10 組電容觸摸感測器 TOUCH0~TOUCH9（GPIO4、0、2、15、13、12、14、27、33、32）。當手指觸摸時,觸摸感測器的電容量會產生變化並且輸出相對應的數值,用來檢測是否被觸摸。觸摸數值會因周圍環境及接線情況而有所不同,經實測**未觸摸的數值為 61,觸摸後的數值會降低**。touchRead() 函式可以用來讀取觸摸數值。

一、touchRead() 函式

　　touchRead(pin) 函式的功用是**讀取觸摸感測器的數值**。pin 參數用來設定觸摸感測器的 GPIO 接腳。

格式 touchRead (pin)

範例
```
int val=touchRead(4);           //讀取TOUCH0輸入狀態。
```

▶ 動手做：觸控 LED 燈

一 功能說明

　　如圖 4-28 所示觸控 LED 燈電路接線圖。使用 TOUCH0（GPIO4）觸摸感測器控制內建 LED 燈（GPIO2），每觸摸一下，LED 燈依序變化：點亮→熄滅→點亮。

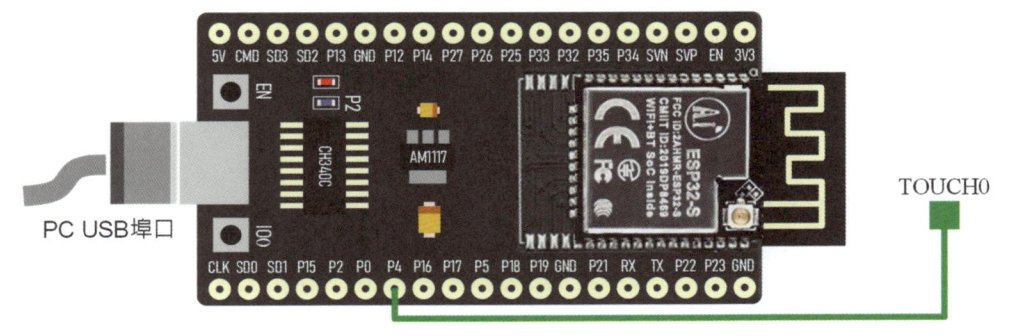

二 電路接線圖

圖 4-28　觸控 LED 燈電路接線圖

三 程式：ch4-11.ino

```
const int led=2;                //GPIO2 連接內建LED。
const int pin=4;                //使用觸摸感測器TOUCH0(GPIO4)。
bool state=LOW;                 //LED狀態。
//初值設定
void setup()
{
    pinMode(led,OUTPUT);        //設定GPIO2為輸出模式。
    digitalWrite(led,LOW);      //關閉LED燈。
}
//主迴圈
void loop()
{
    if (touchRead(pin)<40)      //手指觸摸觸控板？
```

4-61

```
        {
            delay(20);                    //消除彈跳。
            while(touchRead(pin)<40)      //手指未離開觸控板?
                ;                         //等待手指離開觸控板。
            state=!state;                 //改變 LED 狀態。
            digitalWrite(led,state);      //更新 LED 狀態。
        }
}
```

練習

1. 接續範例，手指每觸摸一下觸控板，LED 狀態依序變化為：熄滅→閃爍→熄滅。
3. 接續範例，GPIO2 連接 16 位全彩 LED 模組，手指每觸摸一下觸控板，LED 模組依序變化：全暗→全亮（白光）→全暗。

4-3-11　認識 ESP32 溫度感測器

ESP32 開發板內建溫度感測器，具有**感測環境溫度**的能力。透過 temperatureRead() 函式可以讀取溫度數據。新版 ESP32 開發板可能已經移除溫度感測器，必須外接 DHT11 溫度感測器。

4-3-12　認識 ESP32 霍爾感測器

ESP32 開發板內建霍爾感測器，具有**感測磁場**的能力。透過 hallRead() 函式可以讀取。由於 Arduino IDE 的 ESP32 核心進行更新，不再支援 hallRead() 函式。

4-4　ESP32 藍牙傳輸

ESP32 內建藍牙 4.2 模組，使用 BluetoothSerial 函式庫簡化藍牙序列介面的使用，讓我們可以快速建立與手機的藍牙通訊，進行雙向數據傳輸。

如表 4-13 所示 BluetoothSerial 函式庫，已透過 ESP32 開發板管理員（Boards Manager）安裝在 Arduino IDE 中。BluetoothSerial 函式庫的使用方法與 Arduino 的 Serial 函式庫大致相同。

4 藍牙無線通訊技術

表 4-13　BluetoothSerial 函式庫常用函式說明

函式	功能	參數說明
begin(String localName)	設定藍牙名稱。	localName：ESP32 藍牙名稱。
available(void)	檢查序列埠有無可讀取的資料。	void：無。
read(void)	讀取資料。	void：無。
write(uint8_t c)	傳送資料給遠端藍牙裝置。	c：字元資料。

▶ 動手做：ESP32 藍牙雙向通訊電路

一　功能說明

如圖 4-29 所示 ESP32 藍牙雙向通訊電路接線圖，下載手機 App 程式 Serial Bluetooth Terminal。建立 Terminal 與 ESP32 的藍牙序列通訊，進行雙向數據傳輸。

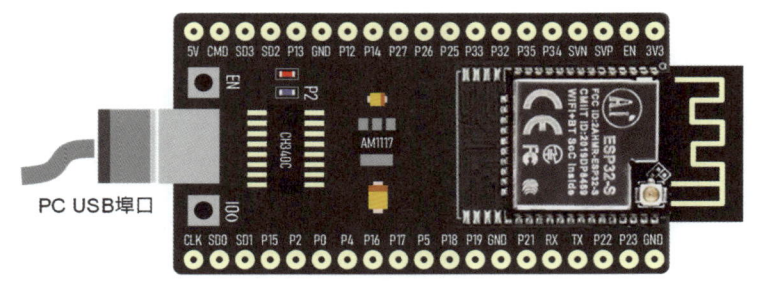

二　電路接線圖

圖 4-29　ESP32 藍牙雙向通訊電路接線圖

三　程式：ch4-12.ino

```
#include <BluetocthSerial.h>            //載入 BluetoothSerial 函式庫。
BluetoothSerial BTSerial;               //建立 ESP32 藍牙物件 BTSerial。
//初值設定
void setup() {
    Serial.begin(115200);               //設定 Arduino 序列埠傳輸率為 115200bps。
    BTSerial.begin("ESP32_BT");         //設定 ESP32 藍牙名稱 ESP32_BT。
}
//主迴圈
```

4-63

```
void loop() {
    if (Serial.available())                    //Arduino 序列埠有接收到資料?
        BTSerial.write(Serial.read());         //將資料透過 ESP32 藍牙傳送出去。
    if (BTSerial.available())                  //ESP32 藍牙模組有接收到資料?
        Serial.write(BTSerial.read());         //將資料顯示在 Arduino 序列視窗。
    delay(50);                                 //延遲 50ms，等待穩定。
}
```

四 App 介面程式說明： Serial Bluetooth Terminal

STEP 1

1. 開啟 Terminal，點選 ≡ 。
2. 點選 Devices 列出周邊可用的藍牙裝置。

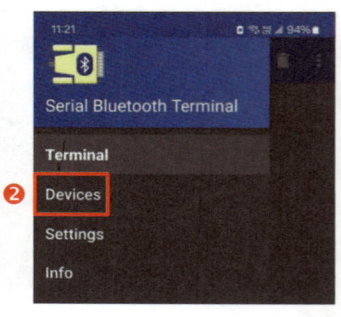

STEP 2

1. 選擇藍牙裝置 ESP32_BT。
2. 開始連結，建立藍牙連線後會顯示 Connected。

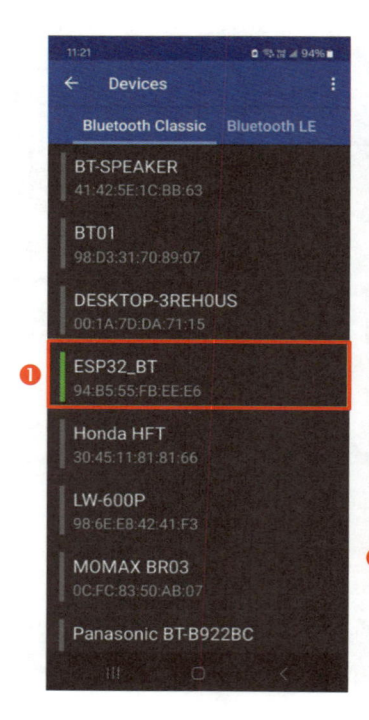

4-64

STEP 3

1. 輸入「hello,esp32」。
2. 按傳送鈕 ▶，將數據傳送給 ESP32 開發板。
3. 開啟 Arduino IDE 序列埠視窗，設定傳輸率為 115200bps。
4. 檢視 ESP32 是否成功接收到數據。

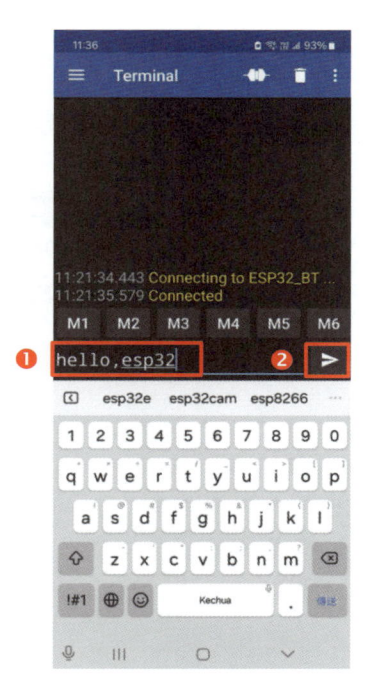

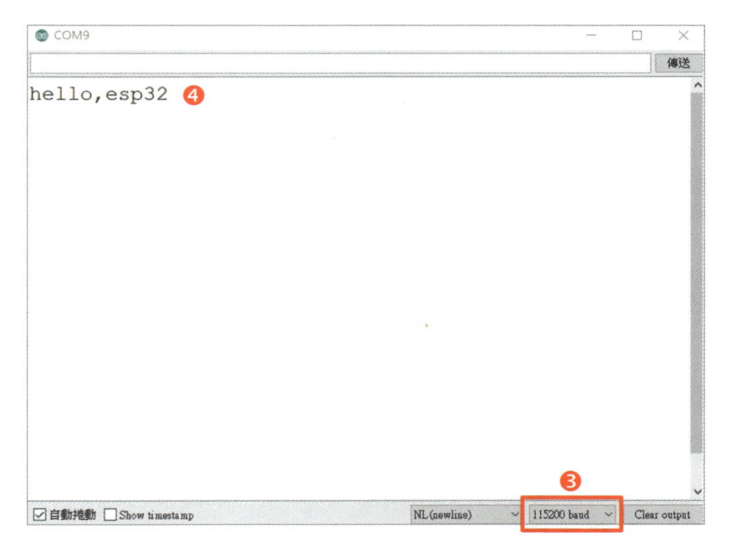

STEP 4

1. 在 Arduino 序列埠視窗輸入「hello,terminal」。
2. 按傳送 傳送 或 Enter ↵ ，將數據傳送給 Terminal。
3. 檢視 Terminal 是否成功接收到數據。

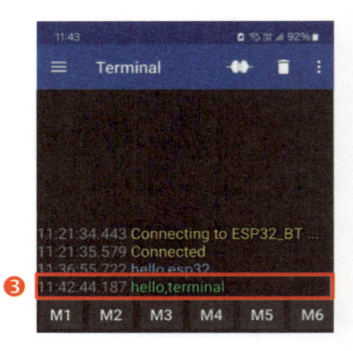

▶ 動手做：ESP32 藍牙調光燈

一 功能說明

如圖 4-30 所示 ESP32 藍牙調光燈電路接線圖，使用手機與 ESP32 藍牙模組連線，藍牙名稱 ESP32_BT。連線成功後，利用手機 App 程式 BToneLED，控制 ESP32 開發板內建 LED（GPIO2）的開、關及亮度調整。

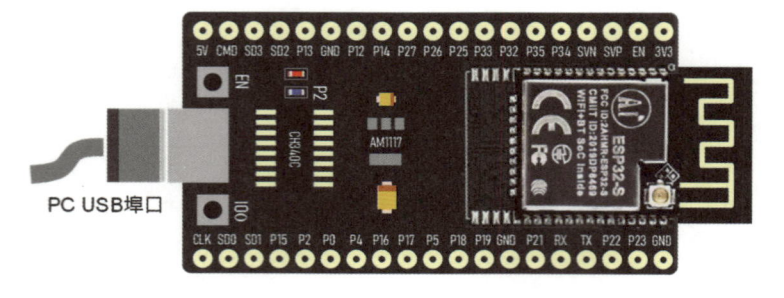

二 電路接線圖

圖 4-30　ESP32 藍牙調光燈電路接線圖

三 程式：ch4-13.ino

```cpp
#include <BluetoothSerial.h>            //載入 BluetoothSerial 函式庫。
BluetoothSerial BTSerial;               //建立 ESP32 藍牙物件 BTSerial。
char code;                              //接收字元。
byte value;                             //接收位元組資料。
const int led=2;                        //使用內建 LED(GPIO2)。
//初值設定
void setup(){
    Serial.begin(115200);               //設定序列埠傳輸率為 115200bps。
    BTSerial.begin("ESP32_BT");         //設定 ESP32 藍牙名稱 ESP32_BT。
    pinMode(led,OUTPUT);                //設定 GPIO2 為輸出模式。
}
//主迴圈
void loop(){
    if (BTSerial.available()) {         //ESP32 接收到可用的數據資料?
        code=BTSerial.read();           //讀取數據資料。
        Serial.println(code);           //顯示數據資料。
        if(code=='0') {                 //數據資料為字元 0?
            digitalWrite(led,LOW);      //熄滅 LED。
        }
        else if(code=='1') {            //資料為字元 1?
            digitalWrite(led,HIGH);     //點亮 LED。
        }
        else if(code=='s') {            //資料為字元 s?
            value=BTSerial.read();      //讀取滑桿調光值。
            Serial.print("value=");     //顯示訊息。
            Serial.println(value);      //顯示調光值。
            if(value<20)                //調光值小於 20?
                analogWrite(led,0);     //熄滅 LED。
            else                        //調光值大於等於 20。
                analogWrite(led,value); //依調光值設定 LED 亮度。
        }
    }
    delay(50);                          //延遲 50ms 再繼續執行。
}
```

練習

1. 如圖 4-31 所示 ESP32 藍牙全彩調光燈電路接線圖，使用手機如圖 4-9 所示 App 程式 BTrgbLED.aia，控制 16 位全彩 LED 模組的顏色及亮度。

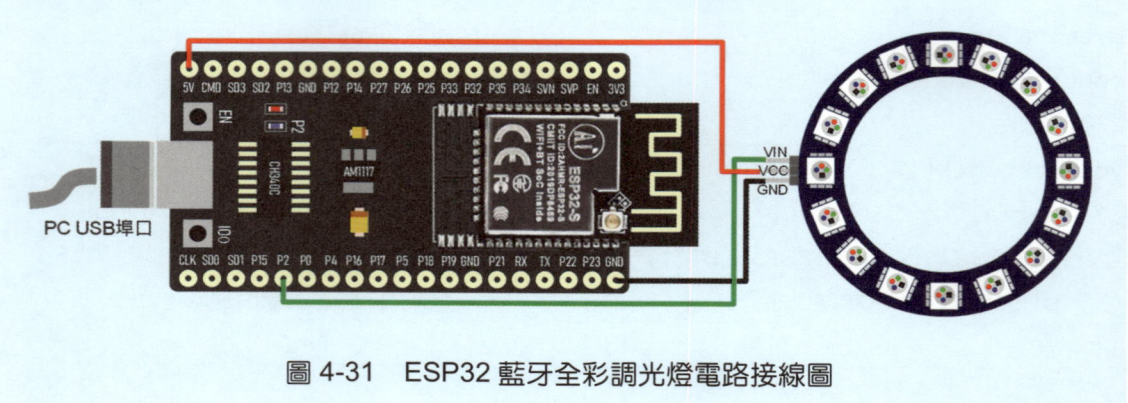

圖 4-31　ESP32 藍牙全彩調光燈電路接線圖

▶ 動手做：ESP32 藍牙溫溼度監控電路

一　功能說明

如圖 4-32 所示 ESP32 藍牙溫溼度監控電路接線圖，使用手機與 ESP32 藍牙模組連線，藍牙名稱 ESP32_BT。連線成功後，ESP32 利用 DHT11 溫溼度模組監控環境溫度及溼度，並將數據資料傳送給如圖 4-11 所示手機 App 程式 BTdht11.aia，顯示溫度及溼度。

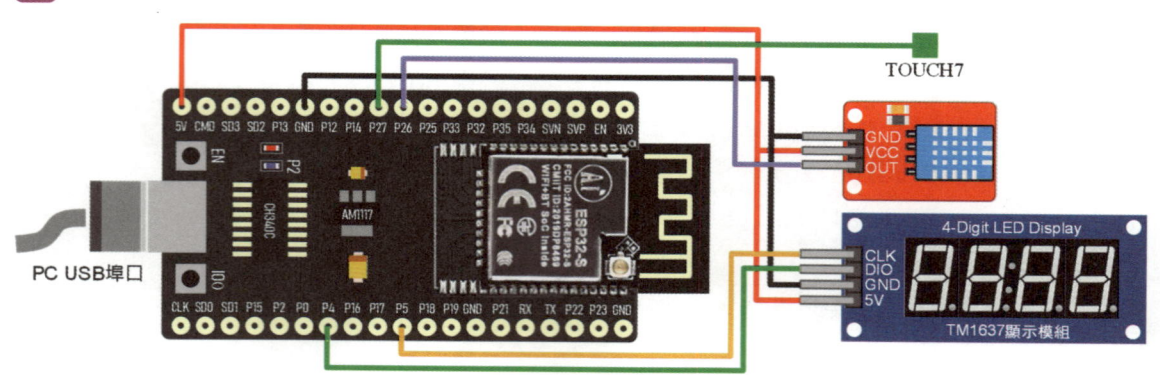

二　電路接線圖

圖 4-32　ESP32 藍牙溫溼度監控電路接線圖

4-68

程式：ch4-14.ino

```cpp
#include <BluetoothSerial.h>              //載入BluetoothSerial函式庫。
BluetoothSerial BTSerial;                 //建立ESP32藍牙物件BTSerial。
#include <TM1637Display.h>                //載入TM1637Display函式庫。
#include <Adafruit_Sensor.h>              //載入Adafruit_Sensor函式庫。
#include <DHT.h>                          //載入DHT函式庫。
#include <DHT_U.h>                        //載入DHT_U函式庫。
#define dhtPin 26                         //GPIO26連接DHT11模組OUT腳。
#define dhtType DHT11                     //使用DHT11模組。
DHT dht(dhtPin,dhtType);                  //建立DHT11物件。
const int CLK=5;                          //GPIO5連接TM1637模組CLK腳。
const int DIO=4;                          //GPIO4連接TM1637模組DIO腳。
TM1637Display display(5,4);               //建立TM1637物件。
//初值設定
void setup()
{
    BTSerial.begin("ESP32_BT");           //設定ESP32藍牙名稱。
    dht.begin();                          //初始化DHT11。
    display.setBrightness(0x0f);          //設定TM1637顯示器亮度。
    display.clear();                      //清除TM1637顯示器內容。
    Serial.begin(9600);                   //設定Arduino序列埠傳輸率為9600bps。
}
//主迴圈
void loop()
{
    float h = dht.readHumidity();         //讀取相對溼度數據。
    float t = dht.readTemperature();      //讀取環境溫度數據。
    if (isnan(t) || isnan(h))             //所讀取的溫度或溼度資料錯誤？
    {
        Serial.println("Failed to read from DHT");//顯示訊息。
    }
    else                                  //資料正確。
    {
        Serial.print("Temp=");            //顯示訊息：溫度。
        Serial.print(t);                  //顯示溫度值。
```

4-69

`    Serial.print(" *C");`	//顯示訊息：攝氏溫度單位C。
`    BTSerial.write('t');`	//ESP32 藍牙模組傳送環境溫度代碼。
`    BTSerial.write(t);`	//ESP32 藍牙模組傳送環境溫度資料。
`    Serial.print(" ");`	//空格。
`    Serial.print("Humidity=");`	//顯示訊息：相對溼度。
`    Serial.print(h);`	//顯相對溼度值。
`    Serial.println("% ");`	//相對溼度單位%。
`    BTSerial.write('h');`	//ESP32 藍牙模組傳送相對溼度代碼。
`    BTSerial.write(h);`	//ESP32 藍牙模組傳送相對溼度資料。
`  }`	
`  display.showNumberDec(t,true,2,0);`	//顯示環境溫度值。
`  display.showNumberDec(h,true,2,2);`	//顯示相對溼度值。
`  delay(1000);`	//每1秒更新一次。
`}`	

練習

1. 接續範例，使用 ESP32 開發板的觸摸感測器 TOUCH7（GPIO27），控制內建 LED 燈（GPIO2）。手指每次觸摸一下 TOUCH7 觸控板，LED 狀態改變依序為：滅→亮→滅。

4-5　ESP32 BLE 傳輸

　　2019 年 11 月 30 日，樂鑫的旗艦晶片 ESP32 通過藍牙技術聯盟 Bluetooth LE 5.0 的認證。ESP32 支援的協定版本從 Bluetooth LE 4.2 升級到 Bluetooth LE 5.0，具有更高的穩定性和相容性。低功耗藍牙經常處於睡眠模式，啟動連線後以**短脈衝形式，進行少量數據**通訊，以降低功耗。低功耗藍牙主要是針對穿戴式裝置或工業自動化之低功耗、小數據物聯網應用需求設計，傳輸速度 1Mbps，傳輸距離 10~30 米。

4-5-1　BLE 伺服器及用戶端

　　BLE 有兩種類型的設備：伺服器（Server）及用戶端（Client），ESP32 可以充當 Server 設備，也可以充當 Client 設備。**在物聯網應用中，通常將 ESP32 開發板充當 Server 設備，手機等行動裝置充當 Client 設備**。

如圖 4-33 所示 BLE Client 與 BLE Server 建立連線的方式。在還沒有配對前，BLE Server 每隔一段時間，就會重新廣播自己的裝置名稱，一旦建立連線後，就會停止廣播。BLE Client 掃描確認周邊 BLE Server 設備後，開始進行配對連線。BLE Server 設備只能與一個 BLE Client 設備建立連線，而 BLE Client 設備可以與多個 BLE Server 設備同時建立連線。

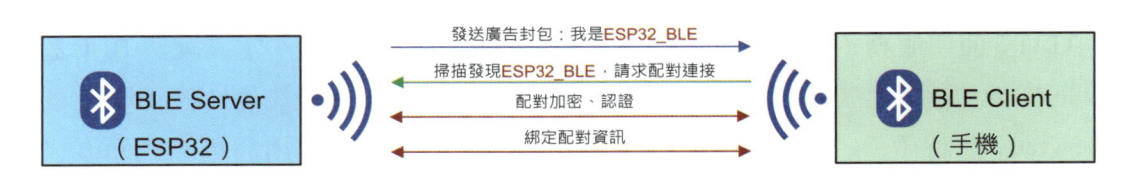

圖 4-33　BLE Client 與 BLE Server 建立連線的方式

4-5-2　BLE 協定

如圖 4-34 所示 BLE 協定（protocol）架構，由主機（Host）與控制器（Controller）組成。任何配置文件（Profiles）和應用程序（Applications）都位於通用存取配置文件層（Generic Access Profile，簡稱 GAP）及通用屬性配置文件層（Generic Attribute Profile，簡稱 GATT）之上。

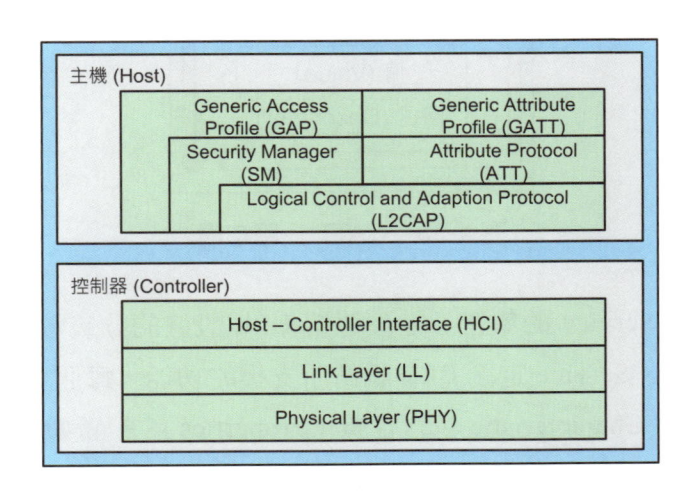

圖 4-34　BLE 協定架構

一、GAP

GAP 是用來控制藍牙的連接（connection）、廣播（advertising）、設備對外界的可見性，以及確定兩個設備如何互相溝通。GAP 定義了各種設備的角色，包含廣播員（Broadcaster）、觀察者（Observer）、外圍設備（Peripheral）及中央設備（Central）四個角色。最常使用的角色是中央設備及外圍設備。**外圍設備即是 BLE Server**，是指小型、低功耗、資源有限的設備，如 ESP32 開發板。**中央設備即是 BLE Client**，是指連接外圍設備的智慧型手機或平板電腦。

二、GATT

GATT 使用服務（Service）及特徵（Characteristic）的概念，定義兩個 BLE 設備之間的數據傳輸。如圖 4-35 所示 GATT 三層結構，是由配置文件（Profile）、服務（Service）及特徵（Characteristic）三層結構組成。GATT 定義用戶端（Client）及伺服器（Server）兩種角色，通常用戶端是指手機，而伺服器是指 ESP32 開發板。

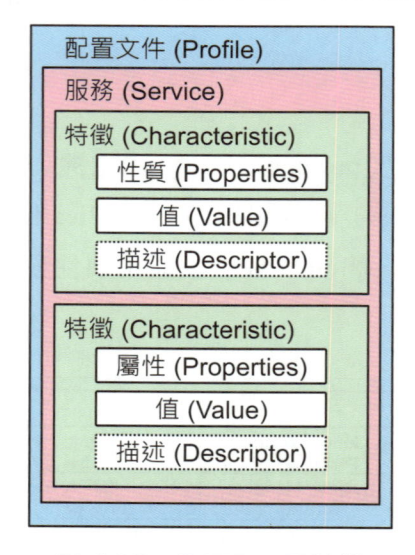

圖 4-35　GATT 三層結構

Profile 是一群 Service 的集合，定義連結 BLE 設備的分層數據結構，並未實際存在於 BLE 設備中。Service 定義 BLE 設備所支援的功能，每個 Service 都有一個或多個 Characteristic。Characteristic 包含性質（Properties）、配置數值（Value）及描述（Descriptor）。例如，使用外圍設備來測量環境溫度，我們定義一個溫度 Profile 包含一個溫度 Service。溫度 Service 有一個 Characteristic，其屬性是溫度，數值是所測得的溫度，例如 25。描述可有可無，主要用來說明，例如說明溫度所使用的單位是攝氏。

每個 Service 及 Characteristic 都包含一個通用唯一識別碼（Universally Unique IDentifier，簡稱 UUID）。UUID 有 **16 位元短碼** 及 **128 位元長碼** 兩種，短碼是由藍牙技術聯盟定義，長碼是由程式開發者定義。例如智慧型手機與 ESP32 開發板建立 BLE 連線通訊，使用 UART 進行數據傳輸。預設 Nordic UART 服務（Nordic UART Service，簡稱 NUS）的 UUID 如下所示。

```
服務 UUID："6E400001-B5A3-F393-E0A9-E50E24DCCA9E"
```

NUS UART 服務包含兩個 Characteristic：RX Characteristic 及 TX Characteristic，兩者的 UUID 如下所示。RX Characteristic 是外圍設備（ESP32 開發板）用來接收中央設備（手機）所傳送的數據，而 TX Characteristic 是外圍設備（ESP32 開發板）用來傳送數據給中央設備（手機）。

```
RX 特徵 UUID："6E400002-B5A3-F393-E0A9-E50E24DCCA9E"
TX 特徵 UUID："6E400003-B5A3-F393-E0A9-E50E24DCCA9E"
```

▶ 動手做：ESP32 BLE 雙向通訊電路

■ 功能說明

如圖 4-36 所示 ESP32 BLE 雙向通訊電路接線圖，使用手機 App 程式 nRF Connect，建立與 ESP32 BLE 通訊，進行雙向數據傳輸。

■ 電路接線圖

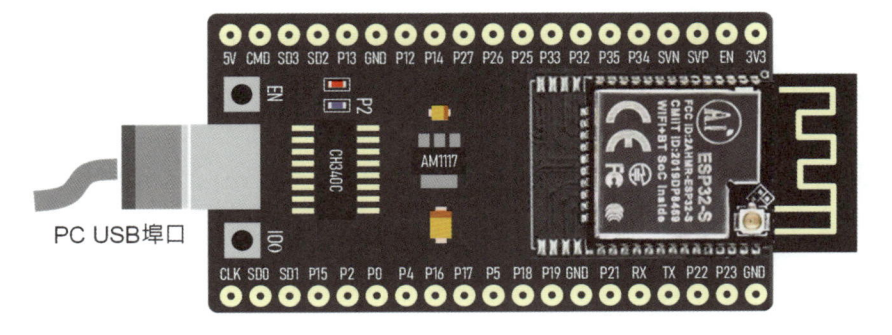

圖 4-36　ESP32 BLE 雙向通訊電路接線圖

程式：ch4-15.ino

```cpp
#include <BLEDevice.h>                           //載入BLEDevice函式庫。
#include <BLEServer.h>                           //載入BLEServer函式庫。
#include <BLEUtils.h>                            //載入BLEUtils函式庫。
#include <BLE2902.h>                             //載入BLE2902函式庫。
#include <String.h>                              //載入String函式庫。
BLECharacteristic *pTxCharacteristic;            //建立TX Characteristic物件。
bool deviceConnected = false;                    //BLE裝置連接狀態。
String rxMsg = "";                               //ESP32接收訊息。
//BLE供應商定義指定的UUID編號
#define SERVICE_UUID           "6E400001-B5A3-F393-E0A9-E50E24DCCA9E"
#define CHARACTERISTIC_UUID_RX "6E400002-B5A3-F393-E0A9-E50E24DCCA9E"
#define CHARACTERISTIC_UUID_TX "6E400003-B5A3-F393-E0A9-E50E24DCCA9E"
//BLE伺服器的Callback函式：BLE連結管理的處理程序
class MyServerCallbacks: public BLEServerCallbacks
{
    void onConnect(BLEServer* pServer)
    {
        deviceConnected = true;                  //BLE裝置已連結。
    };
    void onDisconnect(BLEServer* pServer)
    {
        deviceConnected = false;                 //BLE裝置未連結。
    }
};
//RxCharacteristic的Callback函式：接收手機訊息的處理程序
class MyCallbacks: public BLECharacteristicCallbacks
{
    void onWrite(BLECharacteristic *pCharacteristic)   //手機寫入訊息。
    {
        String rxValue = pCharacteristic->getValue();  //取得手機訊息。
        if (rxValue.length() > 0)                      //訊息長度大於0。
        {
            rxMsg="";
            for (int i=0; i<rxValue.length(); i++)     //儲存手機訊息。
```

```cpp
                {
                    rxMsg +=(char)rxValue[i];              //儲存手機訊息。
                }
            }
        }
};
//初始化BLE
void setupBLE(String BLEName)
{
    const char *ble_name=BLEName.c_str();
    BLEDevice::init(ble_name);                             //設定BLE裝置名稱。
    BLEServer *pServer = BLEDevice::createServer();        //建立BLE裝置服務器。
    pServer->setCallbacks(new MyServerCallbacks());        //設定Callbacks函式
    BLEService *pService = pServer->createService(SERVICE_UUID);
    pTxCharacteristic= pService->
        createCharacteristic(CHARACTERISTIC_UUID_TX,
        BLECharacteristic::PROPERTY_NOTIFY);               //建立TX特徵。
    pTxCharacteristic->addDescriptor(new BLE2902());
    BLECharacteristic *pRxCharacteristic =
        pService->createCharacteristic(CHARACTERISTIC_UUID_RX,
        BLECharacteristic::PROPERTY_WRITE);                //建立RX特徵。
    pRxCharacteristic->setCallbacks(new MyCallbacks());//Callbacks函式。
    pService->start();                                     //開啟GATT服務。
    pServer->getAdvertising()->start();                    //發送廣告通知周邊存在
    Serial.println("Waiting a client connection to notify...");
}
//初值設定
void setup()
{
    Serial.begin(115200);                                  //設定序列埠傳輸率。
    setupBLE("ESP32_BLE");                                 //初始化BLE並命名
}
//主迴圈
void loop()
{
```

```
    if (deviceConnected&&rxMsg.length()>0)       //ESP32 已接收到手機訊息?
    {
        Serial.println(rxMsg);                   //顯示手機傳送的訊息。
        rxMsg="";                                //清除訊息。
    }
    if(Serial.available()>0)                     //ESP32 要傳送訊息給手機?
    {
        String str=Serial.readString();          //讀取 ESP32 訊息。
        const char *newValue=str.c_str();        //將訊息轉成常數字串。
        pTxCharacteristic->setValue(newValue);   //設定 TX 傳送訊息。
        pTxCharacteristic->notify();             //ESP32 將訊息廣播給手機
    }
}
```

四 App 程式操作說明： nRC Connect

STEP 1

1. 以 Android 手機為例，進入 App 商店，安裝 nRC Connect。
2. 執行程式 ch4-15.ino，ESP32 BLE 開始廣播。
3. 開啟 nRC Connect 應用程式，點選 SCANNER，開始掃描外圍設備。
4. 點選 ESP32_BLE 外圍設備右方 CONNECT 鈕，進行配對連接。

藍牙無線通訊技術　4

STEP 2

1. BLE 連線成功後，點選 Nordic UART Service 開啟 TX、RX Characteristic。

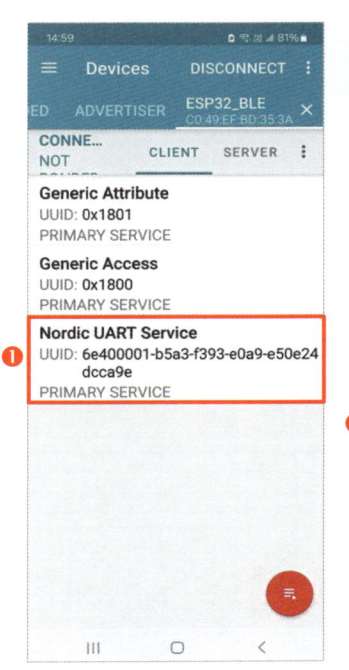

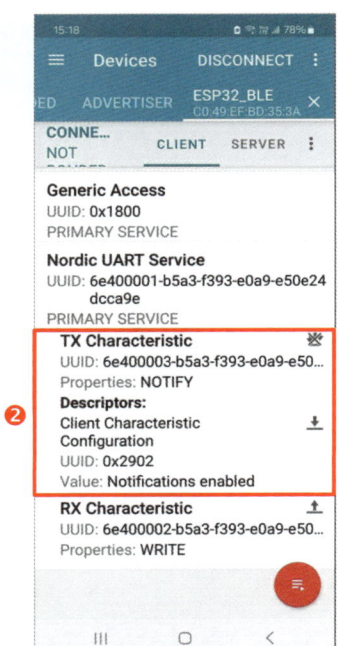

2. 按下 TX Characteristic 右上角的 ![] 鈕變成 ![]。下方出現 Notifications enabled，表示已致能手機可以接收 ESP32 BLE 廣播訊息。

STEP 3

1. 開啟 Arduino IDE 序列埠監控視窗，設定序列埠傳輸速率為 115200bps。

2. 輸入「Hello,Phone」，按下 [傳送] 或 [Enter ⏎]，透過 BLE 將訊息傳給手機。

3. 手機端 TX Characteristic 出現 Value: Hello,Phone，表示已接收到 ESP32 廣播訊息。

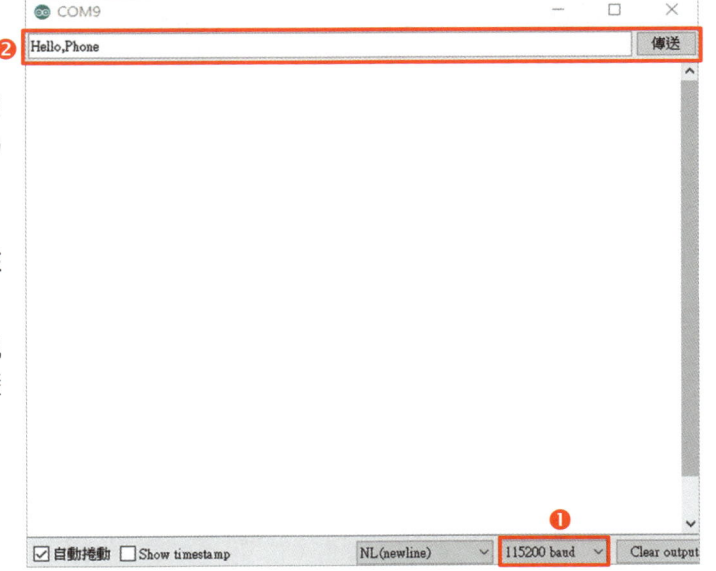

4-77

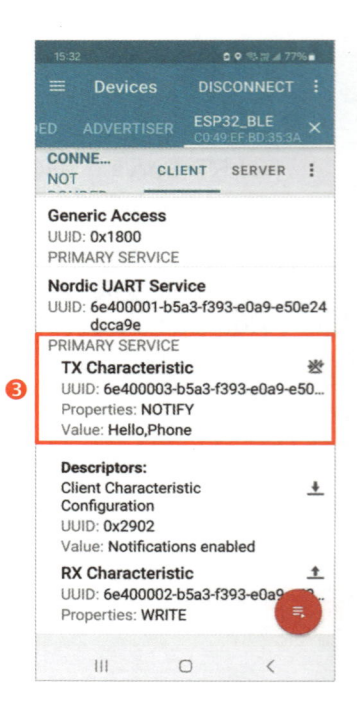

STEP 4

1. 按下 RX Characteristic 右上角的 ⬆ 鈕，開啟 Write value 視窗。
2. 輸入「Hello,ESP32」。
3. 按下 SEND 鈕，將訊息傳送給 ESP32。
4. 在 Arduino IDE 序列埠視窗中，會出現接收到訊息「Hello,ESP32」。

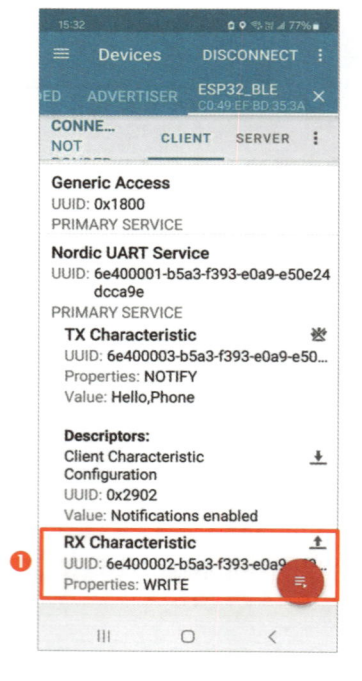

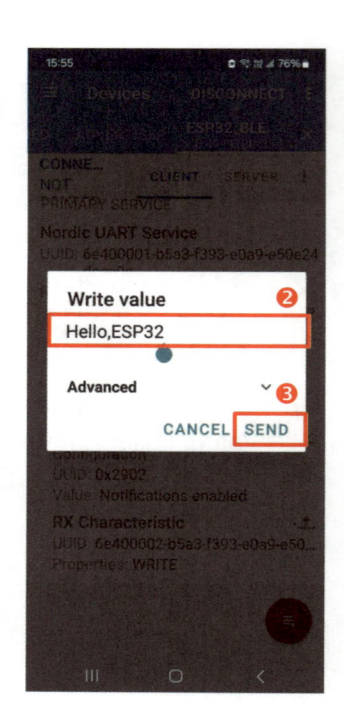

4-78

4 藍牙無線通訊技術

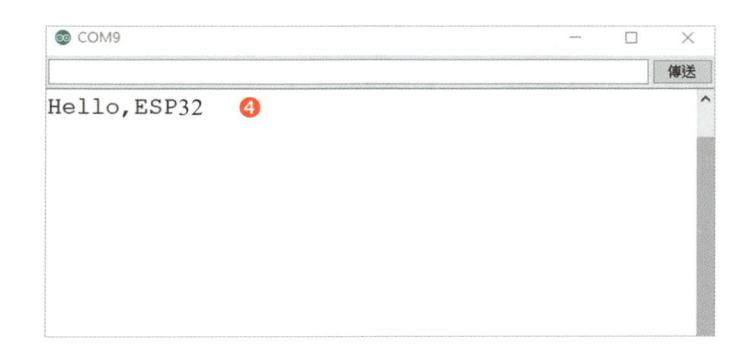

```
COM9
Hello,ESP32  ❹
```

▶ 動手做：ESP32 BLE 燈光控制電路

一 功能說明

如圖 4-37 所示 ESP32 BLE 燈光控制電路接線圖，使用手機 App 程式 nRF Connect，控制 ESP32 內建 LED（GPIO2）燈。手機端 RX Characteristic 輸入字串"on"，點亮 LED 燈。手機端 RX Characteristic 輸入字串"off"，熄滅 LED 燈。每觸摸一下 ESP32 開發板上的觸控板 TOUCH0（GPIO4），LED 狀態改變依序為：點亮→熄滅→點亮，LED 狀態同時顯示在 TX Characteristic 上。當 LED 點亮則顯示 Value：on，當 LED 熄滅則顯示 Value：off。

二 電路接線圖

圖 4-37　ESP32 BLE 雙向通訊電路接線圖

三 程式：ch4-16.ino

`#include <BLEDevice.h>`	//載入 BLEDevice 函式庫。
`#include <BLEServer.h>`	//載入 BLEServer 函式庫。
`#include <BLEUtils.h>`	//載入 BLEUtils 函式庫。
`#include <BLE2902.h>`	//載入 BLE2902 函式庫。

4-79

```cpp
#include <String.h>                              //載入String函式庫。
BLECharacteristic *pTxCharacteristic;            //建立TX Characteristic物件。
bool deviceConnected = false;                    //BLE裝置連接狀態。
String rxMsg = "";                               //ESP32接收訊息。
const int led=2;                                 //GPIO2連接內建LED。
const int pin=4;                                 //使用觸摸感測器TOUCH0(GPIO4)。
bool state=LOW;                                  //LED狀態。
bool flag=LOW;                                   //LED狀態改變旗標。
//BLE供應商定義指定的UUID編號
#define SERVICE_UUID           "6E400001-B5A3-F393-E0A9-E50E24DCCA9E"
#define CHARACTERISTIC_UUID_RX "6E400002-B5A3-F393-E0A9-E50E24DCCA9E"
#define CHARACTERISTIC_UUID_TX "6E400003-B5A3-F393-E0A9-E50E24DCCA9E"
//BLE服務器的Callback函式:BLE連結管理的處理程序
class MyServerCallbacks: public BLEServerCallbacks
{
    void onConnect(BLEServer* pServer) {
        deviceConnected = true;                  //BLE裝置已連結。
    };
    void onDisconnect(BLEServer* pServer) {
        deviceConnected = false;                 //BLE裝置未連結。
    }
};
//RxCharacteristic的Callback函式:接收手機訊息的處理程序
class MyCallbacks: public BLECharacteristicCallbacks
{
    void onWrite(BLECharacteristic *pCharacteristic)   //手機寫入訊息。
    {
        String rxValue = pCharacteristic->getValue();  //取得手機訊息。
        if (rxValue.length() > 0)                      //訊息長度大於0。
        {
            rxMsg="";
            for (int i=0; i<rxValue.length(); i++)     //儲存手機訊息。
            {
                rxMsg +=(char)rxValue[i];              //儲存手機訊息。
            }
```

```cpp
            }
        }
};
//初始化 BLE
void setupBLE(String BLEName)
{
    const char *ble_name=BLEName.c_str();
    BLEDevice::init(ble_name);                              //設定 BLE 裝置名稱。
    BLEServer *pServer = BLEDevice::createServer();         //建立 BLE 裝置服務器。
    pServer->setCallbacks(new MyServerCallbacks());         //設定 Callbacks 函式
    BLEService *pService = pServer->createService(SERVICE_UUID);
    pTxCharacteristic= pService->
        createCharacteristic(CHARACTERISTIC_UUID_TX,
        BLECharacteristic::PROPERTY_NOTIFY);                //建立 TX 特徵。
    pTxCharacteristic->addDescriptor(new BLE2902());
    BLECharacteristic *pRxCharacteristic =
        pService->createCharacteristic(CHARACTERISTIC_UUID_RX,
        BLECharacteristic::PROPERTY_WRITE);                 //建立 RX 特徵。
    pRxCharacteristic->setCallbacks(new MyCallbacks());//Callbacks 函式。
    pService->start();                                      //開啟 GATT 服務。
    pServer->getAdvertising()->start();    //發送廣告通知 ESP32_BLE 裝置存在。
    Serial.println("Waiting a client connection to notify...");
}
//初值設定
void setup(){
    pinMode(led,OUTPUT);                                    //設定 GPIO2 為輸出模式。
    digitalWrite(led,LOW);                                  //熄滅 LED。
    Serial.begin(115200);                                   //設定序列埠傳輸率為 115200bps。
    setupBLE("ESP32_BLE");                                  //初始化 BLE 並命名。
}
//主迴圈
void loop(){
    if (deviceConnected&&rxMsg.length()>0)                  //ESP32 已連線且接收到手機訊息?
    {
        Serial.println(rxMsg);                              //顯示手機傳送的訊息。
```

```
        if(rxMsg=="on")                        //手機傳送訊息為"on"?
            state=HIGH;                        //設定LED狀態為HIGH。
        else if(rxMsg=="off")                  //手機傳送訊息為"off"?
            state=LOW;                         //設定LED狀態為LOW。
        digitalWrite(led,state);               //改變ESP32內建LED狀態。
        rxMsg="";                              //清除訊息。
        flag=HIGH;                             //LED狀態已改變。
    }
    if (touchRead(pin)<40)                     //手指觸摸TOUCH0觸控板?
    {
        delay(20);                             //消除彈跳。
        while(touchRead(pin)<40)               //手指未放開?
            ;                                  //等待手指放開觸摸板。
        state=!state;                          //改變LED狀態。
        digitalWrite(led,state);               //設定LED狀態。
        flag=HIGH;                             //LED狀態已改變。
    }
    if(flag==HIGH)                             //LED狀態改變?
    {
        flag=LOW;                              //清除flag。
        if(state==HIGH)                        //LED狀態為HIGH?
        {
            const char *newValue="on";         //傳送訊息"on"。
            pTxCharacteristic->setValue(newValue);  //設定傳送訊息。
            pTxCharacteristic->notify();       //ESP32廣播傳給手機。
        }
        else                                   //LED狀態為LOW。
        {
            const char *newValue="off";        //傳送訊息"off"。
            pTxCharacteristic->setValue(newValue);  //設定傳送訊息。
            pTxCharacteristic->notify();       //ESP32廣播傳給手機。
        }
    }
}
```

練習

1. 接續範例，將 LED 燈改成 16 位串列全彩 LED 燈。

▶ 動手做：ESP32 BLE 溫溼度監控電路

■ 一 功能說明

如圖 4-39 所示 ESP32 BLE 溫溼度監控電路接線圖，DHT11 溫溼度感測器將所感測的環境溫度及相對溼度顯示在 TM1637 顯示器上。同時，經由 BLE 每秒傳送一次溫度值及溼度值給手機，並且顯示在如圖 4-38 所示 TX Characteristic 的 Value 上。

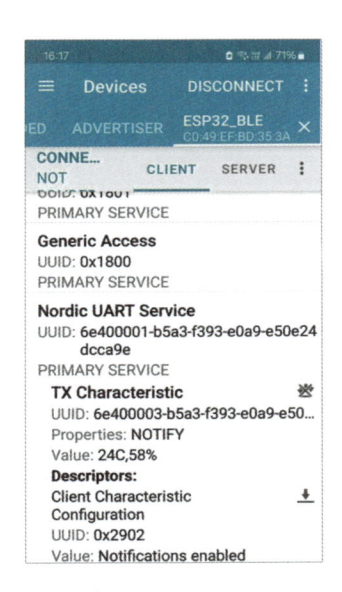

圖 4-38　手機顯示 ESP32 每秒傳送的環境溫度及相對溼度

手機 App 程式 nRF Connect 及 ESP32 皆可控制 ESP32 內建 LED（GPIO2）燈。手機端 RX Characteristic 輸入字串"on"，點亮 ESP32 開發板內建 LED 燈。手機端 RX Characteristic 輸入字串"off"，熄滅 ESP32 開發板內建 LED 燈。每觸摸一下 ESP32 開發板上的觸控板 TOUCH7（GPIO27），LED 狀態改變依序為：點亮→熄滅→點亮，同時將 LED 狀態經 BLE 傳送並顯示在 TX Characteristic 上。

4-83

二 電路接線圖

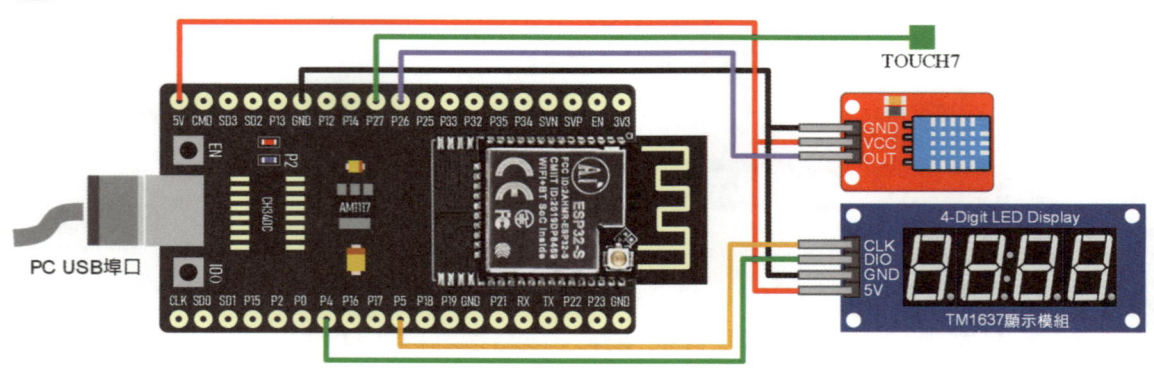

圖 4-39　ESP32 BLE 溫溼度電路接線圖

三 程式：ch4-17.ino

```
#include <BLEDevice.h>                        //載入 BLEDevice 函式庫。
#include <BLEServer.h>                        //載入 BLEServer 函式庫。
#include <BLEUtils.h>                         //載入 BLEUtils 函式庫。
#include <BLE2902.h>                          //載入 BLE2902 函式庫。
#include <String.h>                           //載入 String 函式庫。
#include <TM1637Display.h>                    //載入 TM1637Display 函式庫。
#include <Adafruit_Sensor.h>                  //載入 Adafruit_Sensor 函式庫。
#include <DHT.h>                              //載入 DHT 函式庫。
#include <DHT_U.h>                            //載入 DHT_U 函式庫。
#define dhtPin 26                             //GPIO26 連接 DHT11 輸出。
#define dhtType DHT11                         //使用 DHT11。
DHT dht(dhtPin,dhtType);                      //建立 DHT11 物件。
const int CLK=5;                              //GPIO5 連接 TM1637 顯示器 CLK 接腳。
const int DIO=4;                              //GPIO4 連接 TM1637 顯示器 DIO 接腳。
TM1637Display display(5,4);                   //建立 TM1637 物件。
BLECharacteristic *pTxCharacteristic;         //建立 TX Characteristic 物件。
bool deviceConnected = false;                 //BLE 裝置連接狀態。
String rxMsg = "";                            //ESP32 接收訊息。
const int led=2;                              //GPIO2 連接內建 LED。
const int pin=27;                             //使用觸摸感測器 TOUCH7(GPIO27)。
bool state=LOW;                               //LED 狀態。
bool flag=LOW;                                //LED 狀態改變旗標。
```

4-84

```cpp
unsigned long timeout;                                      //計時器。
//BLE 供應商定義指定的 UUID 編號
#define SERVICE_UUID        "6E400001-B5A3-F393-E0A9-E50E24DCCA9E"
#define CHARACTERISTIC_UUID_RX "6E400002-B5A3-F393-E0A9-E50E24DCCA9E"
#define CHARACTERISTIC_UUID_TX "6E400003-B5A3-F393-E0A9-E50E24DCCA9E"
//BLE 服務器的 Callback 函式：BLE 連結管理的處理程序
class MyServerCallbacks: public BLEServerCallbacks
{
    void onConnect(BLEServer* pServer) {
        deviceConnected = true;                             //BLE 裝置已連結。
    };
    void onDisconnect(BLEServer* pServer) {
        deviceConnected = false;                            //BLE 裝置未連結。
    }
};
//RxCharacteristic 的 Callback 函式：接收手機訊息的處理程序
class MyCallbacks: public BLECharacteristicCallbacks
{
    void onWrite(BLECharacteristic *pCharacteristic)        //手機寫入訊息。
    {
        String rxValue = pCharacteristic->getValue();       //取得手機訊息。
        if (rxValue.length() > 0)                           //訊息長度大於 0。
        {
            rxMsg="";
            for (int i=0; i<rxValue.length(); i++)          //儲存手機訊息。
            {
                rxMsg +=(char)rxValue[i];                   //儲存手機訊息。
            }
        }
    }
};
//初始化 BLE
void setupBLE(String BLEName)
{
    const char *ble_name=BLEName.c_str();
```

```cpp
    BLEDevice::init(ble_name);                              //設定 BLE 裝置名稱。
    BLEServer *pServer = BLEDevice::createServer();         //建立 BLE 裝置服務器。
    pServer->setCallbacks(new MyServerCallbacks());         //設定 Callbacks 函式
    BLEService *pService = pServer->createService(SERVICE_UUID);
    pTxCharacteristic= pService->
        createCharacteristic(CHARACTERISTIC_UUID_TX,
        BLECharacteristic::PROPERTY_NOTIFY);                //建立 TX 特徵。
    pTxCharacteristic->addDescriptor(new BLE2902());
    BLECharacteristic *pRxCharacteristic =
        pService->createCharacteristic(CHARACTERISTIC_UUID_RX,
        BLECharacteristic::PROPERTY_WRITE);                 //建立 RX 特徵。
     pRxCharacteristic->setCallbacks(new MyCallbacks());//Callbacks 函式。
    pService->start();                                      //開啟 GATT 服務。
    pServer->getAdvertising()->start();                     //發送廣告通知周邊存在
    Serial.println("Waiting a client connection to notify...");
}
//初值設定
void setup() {
    pinMode(led,OUTPUT);                                    //設定 GPIO2 為輸出模式。
    digitalWrite(led,LOW);                                  //熄滅 LED 燈。
    dht.begin();                                            //初始化 DHT11。
    display.setBrightness(0x0f);                            //設定 TM1637 顯示器亮度。
    display.clear();                                        //清除 TM1637 顯示器。
    Serial.begin(115200);                                   //設定序列埠傳輸率為 115200bps。
    setupBLE("ESP32_BLE");                                  //初始化 BLE 並命名
}
//主迴圈
void loop() {
    if (deviceConnected&&rxMsg.length()>0)                  //ESP32 已連線且接收到手機訊息?
    {
        Serial.println(rxMsg);                              //顯示手機傳送的訊息。
        if(rxMsg=="on")                                     //手機傳送訊息為"on"?
            state=HIGH;                                     //設定 LED 狀態為 HIGH。
        else if(rxMsg=="off")                               //手機傳送訊息為"off"?
            state=LOW;                                      //設定 LED 狀態為 LOW。
```

```
        digitalWrite(led,state);                          //更新內建LED狀態。
        rxMsg="";                                         //清除訊息。
        flag=HIGH;                                        //LED狀態已改變。
    }
    if (touchRead(pin)<40)                                //觸摸TOUCH0觸控板?
    {
        delay(20);                                        //消除彈跳。
        while(touchRead(pin)<40)                          //手指未放開?
            ;                                             //等待手指放開觸摸板。
         state=!state;                                    //改變LED狀態。
        digitalWrite(led,state);                          //設定LED狀態。
        flag=HIGH;                                        //LED狀態已改變。
    }
    if(flag==HIGH)                                        //LED狀態改變?
    {
        flag=LOW;                                         //清除flag。
        if(state==HIGH)                                   //LED狀態為HIGH?
        {
            const char *newValue="on";                    //傳送訊息"on"。
            pTxCharacteristic->setValue(newValue);        //設定傳送訊息。
            pTxCharacteristic->notify();                  //ESP32廣播傳給手機。
        }
        else                                              //LED狀態為LOW。
        {
            const char *newValue="off";                   //傳送訊息"off"。
            pTxCharacteristic->setValue(newValue);        //設定傳送訊息。
            pTxCharacteristic->notify();                  //ESP32廣播傳給手機。
        }
    }
    if((millis()-timeout)>1000)                           //經過1秒?
    {
        timeout=millis();                                 //儲存系統時間。
        float h = dht.readHumidity();                     //讀取環境溫度。
        float t = dht.readTemperature();                  //讀取相對溼度。
        if (isnan(t) || isnan(h)) {                       //溫度或溼度資料錯誤?
```

```cpp
            Serial.println("Failed to read from DHT");//顯示訊息。
        }
        else                                            //讀取資料正確。
        {
            Serial.print("Temp=");                      //顯示訊息：溫度。
            Serial.print(t);                            //顯示環境溫度。
            Serial.print(" *C");                        //顯示訊息：溫度單位C
            Serial.print(" ");                          //空格。
            Serial.print("Humidity=");                  //顯示訊息：溼度。
            Serial.print(h);                            //顯示相對溼度。
            Serial.println("%");                        //顯示訊息：溼度單位%。
        }
        display.showNumberDec(t,true,2,0);              //TM1637顯示環境溫度。
        display.showNumberDec(h,true,2,2);              //TM1637顯示相對溼度。
        String temp="";                                 //建立字串物件temp。
        temp+=String(t,0);                              //加入溫度數據。
        temp+="C,";                                     //加入溫度單位C。
        temp+=String(h,0);                              //加入溼度數據。
        temp+="%";                                      //加入溼度單位。
        const char *newValue=temp.c_str();              //轉換字串物件為常數字串。
        pTxCharacteristic->setValue(newValue);          //設定廣播數據。
        pTxCharacteristic->notify();                    //將數據廣播給手機。
    }
}
```

練習

1. 接續範例，將LED燈改成16位串列全彩LED燈。

CHAPTER 05

Wi-Fi 無線通訊技術

5-1　認識電腦網路

5-2　認識 TCP/IP 四層模型

5-3　認識網頁

5-4　認識 ESP8266 模組

5-5　認識 ESP32 Wi-Fi

5-1 認識電腦網路

所謂電腦網路（computer network）是指電腦與電腦之間利用纜線連結，以達到資料傳輸及資源共享的目的。依網路連結的方式，可以分為有線電腦網路及無線電腦網路。有線電腦網路使用雙絞線、同軸線或光纖等媒介連結，無線電腦網路使用無線電波、紅外線、雷射或衛星等媒介連結。依網路連結的規模大小可以分為**區域網路**（Local Area Network，簡稱 LAN）及**廣域網路**（Wide Area Network，簡稱 WAN），現今所使用的網際網路（Internet）即是 WAN 的一種應用。

短距離無線通訊常使用藍牙、ZigBee 及 Wi-Fi 三種無線通訊技術，將幾十公尺範圍內的通訊裝置，透過無線傳輸的方式建立連線，互相傳遞訊息。藍牙及 ZigBee 所使用的規範標準不是使用傳輸控制（Transmission Control Protocol，簡稱 TCP）/ 網際網路（Internet Protocol，簡稱 IP）協定，無法直接連上網際網路。

Wi-Fi 使用 IEEE 802.11 規範的無線區域網路（WLAN）標準及 TCP/IP 協定。在區域網路中的設備或裝置，都可以透過 Wi-Fi 連上網際網路。

5-1-1 區域網路

如圖 5-1 所示區域網路，使用寬頻分享器或交換器（Switch）將家庭或公司的內部裝置連接起來，再由寬頻分享器或交換器自動為網內的每部電腦分配一個私用（private）IP 位址。**私用 IP 又稱為本地 IP，只能在區域網路內互連，無法直接連接外部網際網路。**

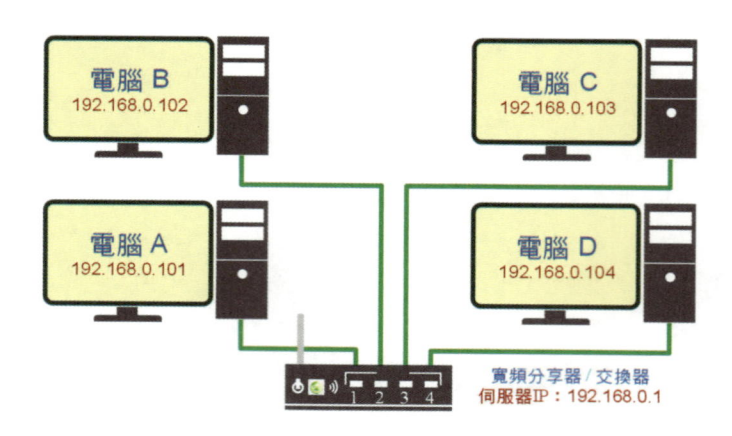

圖 5-1　區域網路

5-1-2 IP 位址

IP 位址可以分成私用（private）IP 位址及公用（public）IP 位址。**公用 IP 位址又稱為全球 IP 位址，是網際網路用來識別主機或網路裝置的識別碼**。公用 IP 位址是由網際網路名稱和編號分配公司（The Internet Corporation for Assigned Names and Numbers，簡稱 ICANN）所負責管理，每一個公用 IP 位址都是獨一無二的，而且不能自行設定。**公用 IP 位址如同家用電話號碼**，需要向電信公司申請，每個電話號碼都是唯一不可重複。**私用 IP 位址如同電話分機**，是由寬頻分享器分配，不需申請而且隨時可以更改。

5-1-3 IPv4 位址及 IPv6 位址

如圖 5-2 所示本機私用 IP 位址，可以使用 Windows 命令提示字元輸入「ipconfig」命令，就可以看到本機的私用 IP 位址。常見的 IP 位址可以分為 IPv4 及 IPv6 兩大類。IPv4 位址使用**四個位元組（32 位元）來表示，彼此之間再以點符號 "." 做為區隔**。在 IP 位址中每個位元組的數字範圍在 0 到 255 之間，例如 192.168.0.139。這種 IP 位址表示方法稱為網路通訊協定第 4 版（Internet Protocol version 4，簡稱 IPv4）。

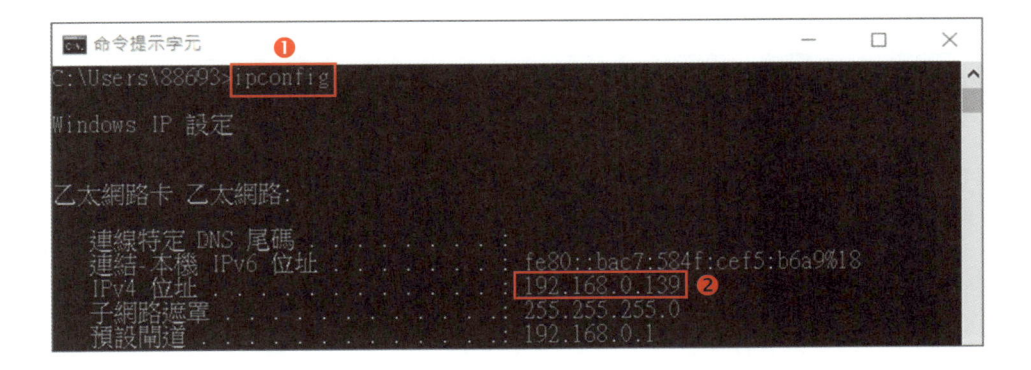

圖 5-2　本機私用 IP 位址

如表 5-1 所示 IPv4 位址的分類及範圍，不同機構對於 IP 位址的需求量不同，可以分為 A、B、C、D、E 五種等級（Class）。其中 Class A 是政府機關、研究機構及大型企業使用。Class B 是中型企業、電信業者及學術單位使用。**Class C 是網際網路服務商（Internet Service Provider，簡稱 ISP）及小型企業使用**。Class D 是多點廣播（multicast）用途，Class E 保留作為研究用途。

表 5-1　IPv4 位址的分類及範圍

網路等級	第一位數	第二位數	第三位數	第四位數	位址範圍
A	0xxxxxxx	xxxxxxxx	xxxxxxxx	xxxxxxxx	0.0.0.0 ~ 127.255.255.255
B	10xxxxxx	xxxxxxxx	xxxxxxxx	xxxxxxxx	128.0.0.0 ~ 191.255.255.255
C	110xxxxx	xxxxxxxx	xxxxxxxx	xxxxxxxx	192.0.0.0 ~ 223.255.255.255
D	1110xxxx	xxxxxxxx	xxxxxxxx	xxxxxxxx	224.0.0.0 ~ 239.255.255.255
E	1111xxxx	xxxxxxxx	xxxxxxxx	xxxxxxxx	240.0.0.0 ~ 255.255.255.255

IPv4 位址包含網路名稱（Net ID）及主機名稱（Host ID），網路名稱用來識別所屬網路，主機名稱用來識別該網路中的設備。 如圖 5-3 所示 Class A、B、C 比較，Class A 的網路數量有 2^7=128 個，主機數量有 $2^{24} - 2 = 16,777,214$ 個。Class B 的網路數量有 2^{14}=16,384 個，主機數量有 $2^{16} - 2 = 65,534$ 個。Class C 的網路數量有 $2^{21} = 2,097,152$ 個，主機數量有 $2^8 - 2 = 254$。主機名稱的全部位元皆為 0 時，是指網路本身位址（network IP）。主機名稱的全部位元皆為 1 時，為該網路的廣播位址（broadcast IP）。上述兩個特殊位址無法使用，因此主機數量會減 2。

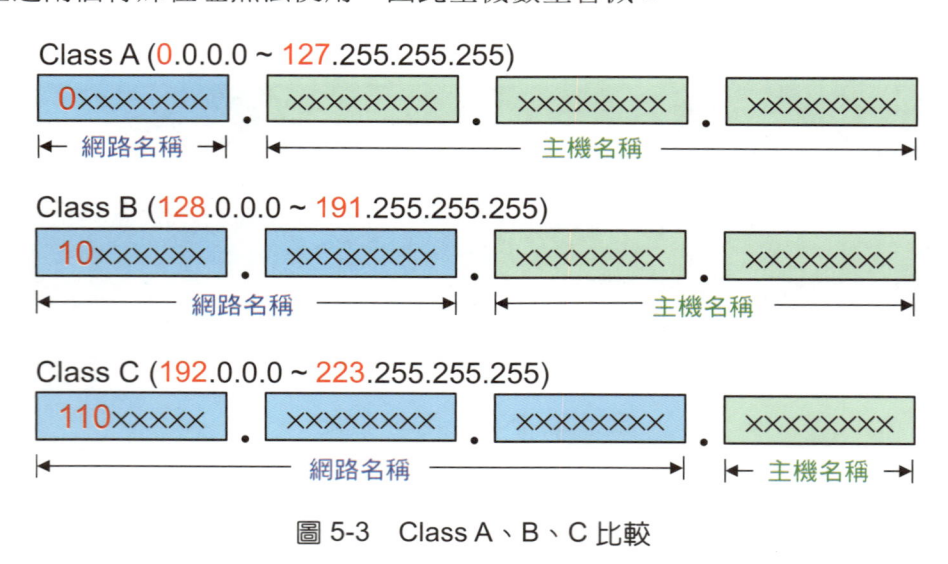

Class A (0.0.0.0 ~ 127.255.255.255)

| 0xxxxxxx | xxxxxxxx | xxxxxxxx | xxxxxxxx |

|← 網路名稱 →|←————— 主機名稱 —————→|

Class B (128.0.0.0 ~ 191.255.255.255)

| 10xxxxxx | xxxxxxxx | xxxxxxxx | xxxxxxxx |

|←——— 網路名稱 ———→|←——— 主機名稱 ———→|

Class C (192.0.0.0 ~ 223.255.255.255)

| 110xxxxx | xxxxxxxx | xxxxxxxx | xxxxxxxx |

|←————— 網路名稱 —————→|← 主機名稱 →|

圖 5-3　Class A、B、C 比較

IPv4 可以使用的 IP 位址理論上約有 42 億（2^{32}）個，實際上很多區域的編碼是被空出保留或不能使用的。隨著網際網路的普及，已經使用了大量的 IPv4 位址資源。最新版本的 IPv6 技術，可以克服 IPv4 位址被用盡的問題。

IPv6 使用**八個 16 位元（128 位元）來表示，彼此之間再以冒號 ":"做為區隔**，以十六進位表示成 hhhh:hhhh:hhhh:hhhh:hhhh:hhhh:hhhh:hhhh 形式，其中 hhhh 代表介於 0000～FFFF 之間的十六進位數值。IPv6 可以使用的 IP 位址，理論上有 $2^{128} \cong 3.4 \times 10^{38}$ 個，遠大於 IPv4 可以使用的數量。雖然 IPv4 與 IPv6 只是版本上的差異，但實際上是完全不同的協定，**兩者不能互通**。

寬頻分享器預設使用 Class C 的私用 IP 位址 192.168.x.x，其中 **192.168.0.1 或 192.168.1.1 是最常使用的伺服器私用 IP 位址**。IP 位址的四組數字中，保留最後一個數字為 0 給該網路主機（host），最後一個數字為 255 則用來作為廣播（broadcast），以發出訊息給網路上的所有電腦。以 192.168.0.x 的網路為例，其中 192.168.0.0 代表網路本身，192.168.0.255 代表網路上的所有電腦。這兩個位址無法指定給網路設備使用，所以實際上可以使用的網路主機數量只有 254 個。我們可以在 Microsoft Edge、Google Chrome 等網頁瀏覽器中，輸入伺服器 IP 位址，來開啟網路的設定頁面。設定完成後，區域網路內的電腦就可以互相傳送資料，達到資源共享的目的。

5-1-4 子網路遮罩

網際網路是由大小規模不同的子網路（Subnetwork）組成，透過四位元組 IP 位址來確認傳輸目的地。不同等級的子網路，網路名稱數量也不同，必須使用子網路遮罩（mask）來管理及解析 IP 位址。如表 5-2 所示 Class A、B、C 的子網路遮罩，Class A 網路名稱使用 1 個位元組，子網路遮罩第 1 個位元組為 255，其餘為 0。Class B 網路名稱使用 2 個位元組，子網路遮罩第 1~2 個位元組為 255，其餘為 0。Class C 網路名稱使用 3 個位元組，子網路遮罩第 1~3 個位元組為 255，其餘為 0。

表 5-2　Class A、B、C 的子網路遮罩

網路等級	IP 位址結構	子網路遮罩
Class A	0xxxxxxx.xxxxxxxx.xxxxxxxx.xxxxxxxx（網路名稱﹒主機名稱）	255. 0. 0. 0
Class B	10xxxxxx.xxxxxxxx.xxxxxxxx.xxxxxxxx（網路名稱﹒主機名稱）	255.255. 0. 0
Class C	110xxxxx.xxxxxxxx.xxxxxxxx.xxxxxxxx（網路名稱﹒主機名稱）	255.255.255. 0

子網路遮罩可以用來判斷多個電腦是否在同一個子網路，使用及（AND）邏輯來運算。當 IP 位址的位元值與子網路遮罩相對位元值皆為 1 時的 AND 運算結果為 1，否則為 0。如圖 5-4 所示子網路遮罩經過 AND 運算，第一台電腦的 IP 位址為 192.168.0.10，第二台電腦的 IP 位址為 192.168.1.10，運算結果不同，並非屬於同一個子網路。同理，192.168.0.10 及 192.168.0.12，經過 AND 運算結果皆為 192.168.0.0，屬於同一個子網路。

	192.168. 0. 10	11000000.10101000.00000000.00001010（IP位址）
AND	255.255.255. 0	AND 11111111.11111111.11111111.00000000（子網路遮罩）
	192.168. 0. 0	11000000.10101000.00000000.00000000（結果）
	192.168. 1. 10	11000000.10101000.00000001.00001010（IP位址）
AND	255.255.255. 0	AND 11111111.11111111.11111111.00000000（子網路遮罩）
	192.168. 1. 0	11000000.10101000.00000001.00000000（結果）
	192.168. 0. 12	11000000.10101000.00000000.00001100（IP位址）
AND	255.255.255. 0	AND 11111111.11111111.11111111.00000000（子網路遮罩）
	192.168. 0. 0	11000000.10101000.00000000.00000000（結果）

圖 5-4　子網路遮罩 AND 運算

5-1-5　預設閘道

預設閘道（Gateway）是指網路連線時，封包透過路由器（Router）傳送的預設目的地。當 IP 位址與子網路遮罩經過 AND 運算結果是**網路主機**，則電腦會在本機子網路上傳送封包（packet）。如果 AND 運算的結果是**遠端主機**，則電腦會將該封包傳送給 TCP/IP 中定義的預設閘道。

5-1-6　廣域網路

如圖 5-5 所示廣域網路（Wide Area Network，簡稱 WAN），是由全世界各地的區域網路（Local Area Network，簡稱 LAN）互相連接而成。WAN 網路必須向 ISP 服務商租用長距離纜線，再由 ISP 服務商配置一個固定 IP 位址或浮動 IP 位址給用戶端，使用者才能連上網際網路。**固定 IP 位址或浮動 IP 位址又稱為公用 IP**。

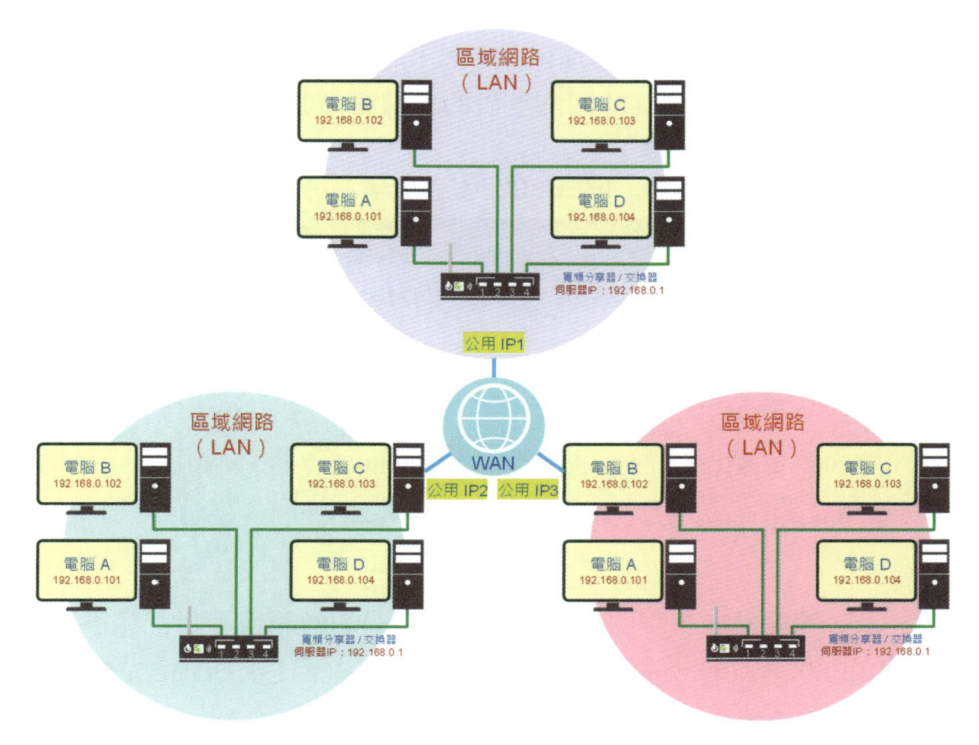

圖 5-5　廣域網路

5-1-7　無線區域網路

　　所謂無線區域網路（WLAN）是指由無線基地台（Access Point，簡稱 AP），連結電信服務商的數據機（Modem）發射無線電波信號，再由使用者電腦所裝設的無線網卡來接收信號。因應無線區域網路的需求，美國電子電機工程師協會（Institute of Electrical and Electronics Engineers，簡稱 IEEE）制定**無線區域網路 Wi-Fi 的通訊標準 IEEE802.11**，使用如圖 5-6 所示 Wi-Fi 的標誌及符號。Wi-Fi 只是聯盟製造商的品牌認證商標，不是任何英文字的縮寫。現今 Wi-Fi 已普遍應用於個人電腦、筆記型電腦、智慧型手機、遊戲機及印表機等周邊裝置。

(a) Wi-Fi 標誌　　　　　　　(b) Wi-Fi 符號

圖 5-6　Wi-Fi 的標誌及符號

如表 5-3 所示 IEEE802.11 通訊標準分類，第一代 IEEE802.11b 標準使用 2.4GHz 頻段，與無線電話、藍牙等不需使用許可證的無線設備共享相同頻段。

表 5-3　IEEE802.11 通訊標準分類

協定	發行年份	頻段	最大速率	最大頻寬	室內/外範圍
802.11b	1999(第一代)	2.4GHz	11Mbps	20MHz	30m / 100m
802.11a	1999(第二代)	5GHz	54Mbps	20MHz	30m / 45m
802.11g	2003(第三代)	2.4GHz	54Mbps	20MHz	30m / 100m
802.11n	2009(第四代)	2.4 / 5GHz	600Mbps	40MHz	70m / 250m
802.11ac	2011(第五代)	5GHz	867Mbps	160MHz	35m / 120m

因為 2.4GHz 頻段已經被到處使用，周邊設備間的通訊很容易互相干擾，因此才會有第二代 IEEE802.11a 標準的出現。IEEE802.11a 標準使用 5GHz 頻段，最大速率提升到 54Mbps，但是傳輸距離遠不及第一代 802.11b 標準。第三代 IEEE802.11g 標準是第一代 IEEE802.11b 標準的改良版，使用相同的 2.4GHz 頻段，但傳輸速率提升到 54Mbps。**多數 Wi-Fi 印表機皆支援 IEEE802.11b/g/n**。

IEEE 802.11b/a/g 標準只支援單一收發（Single-input Single-output，SISO）模式，因此只須使用單一天線。第四代 802.11n 標準可以同時支援四組收發模式，使用四支天線，理論上最大傳輸速率可以提升四倍，大大增加資料的傳輸量。第五代 802.11ac 標準採用更高的 5GHz 頻段，同時支援八組收發模式，理論上最大傳輸速率可以提升八倍，因此提供更快的傳輸速率和更穩定的信號品質。

5-1-8　建立可以連上網際網路的私用 IP 位址

如果要讓網際網路上任何人都可以連上區域網路的物聯網設備，就必須在寬頻分享器中安排一個通訊埠（Port）。通訊埠轉遞由網際網路傳來的訊息，再連線送到物聯網設備上的 Ethernet 模組或 Wi-Fi 模組。

以筆者所使用的寬頻分享器 D-Link DIR-853 為例，第一步是在 Microsoft Edge 或 Google Chrome 瀏覽器中輸入網址 192.168.0.1，進入如圖 5-7 所示 D-Link DIR-853 網路管理頁面，並且在該頁面中找到**虛擬伺服器 / 編輯規則**頁面。設定應用名稱為

HTTP、電腦名稱為開發板所使用的私用 IP 位址 192.168.0.173（依實際配置的 IP 位址設定），並指定外部（公用）連接埠為 80 及內部（私用）連接埠為 80。

圖 5-7　D-Link DIR-853 網路管理頁面

設定完成後，在瀏覽器的網址列中輸入如下所示連線網址，只要是由 Internet 連接到寬頻分享器的公用 IP 位址，就會被轉遞到 Ethernet 模組或 Wi-Fi 模組的私用 IP 位址。

```
http://公用 IP 位址：公用連接埠
```

5-1-9　取得公用 IP 位址

多數家庭的寬頻分享器都是使用浮動 IP，我們要如何得知目前所使用的公用 IP 位址呢？只要在瀏覽器中輸入**關鍵字 whatismyip**，並且點選「我的 IP 位址查詢」，即可得知目前所使用的公用 IP 位址。

5-2　認識 TCP/IP 四層模型

國際標準組織（International Organization for Standardization，簡稱 ISO）制定如圖 5-8 所示開放式系統互連通訊標準 OSI（Open System Interconnection）七層模型及 TCP/IP 四層模型。透過觀念的描述，協調各種網路功能發展時的標準制定。

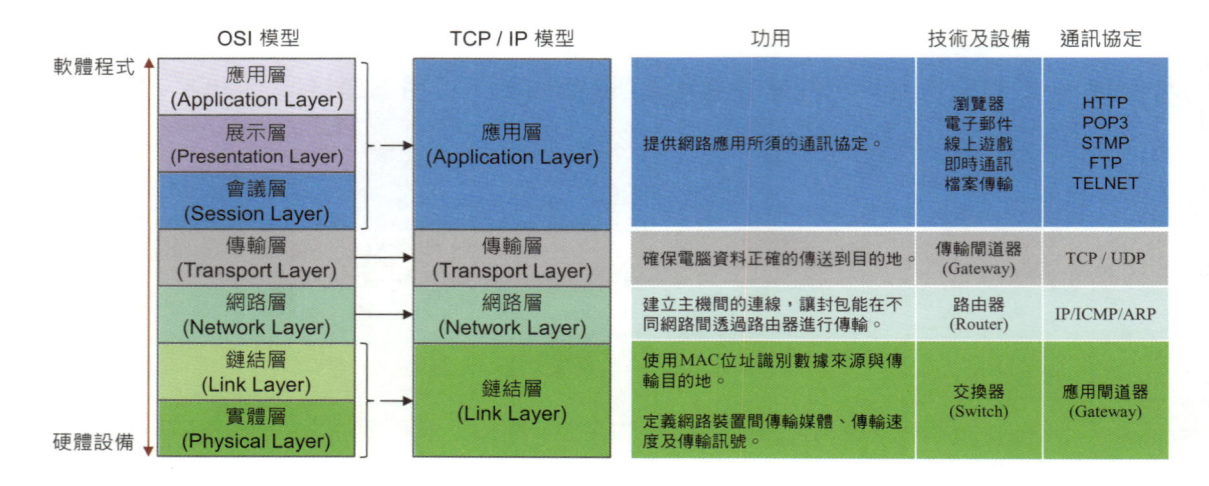

圖 5-8　OSI 七層模型及 TCP / IP 四層模型

　　如圖 5-8 所示 TCP / IP 四層模型，是 OSI 七層模型的簡化，分別為**鏈結層**（Link layer）、**網路層**（Network Layer）、**傳輸層**（Transport Layer）和**應用層**（Application Layer）。鏈結層的功用是定義網路裝置間的傳輸媒體（如銅線、紅外線、光纖等）、傳輸速度及傳輸訊號等，並且使用裝置的實體 MAC 位址來指定專屬的通訊對象。網路層的功用是建立主機間的連線路徑，讓封包能在不同網路間透過路由器來進行傳輸。傳輸層的功用是確保資料能正確的傳送到目的地。應用層的功用是提供網路應用所須的通訊協定。

　　應用層接收到使用者的請求(request)資訊時，加上一些資料後再往下給傳輸層，傳輸層加上一些資料後再往下給網路層，網路層加上 IP 位址等資料後再往下給鏈結層，鏈結層加上媒體存取控制位址（Media Access Control address，簡稱 MAC）等資料後，透過實體傳送到接收方。接收方再由鏈結層開始一層一層往上解析到應用層，並且回應使用者的請求。

5-2-1　MAC 位址

　　如圖 5-9 所示 MAC 位址格式，每一個網路介面卡都有獨一無二的 MAC 位址，由六個位元組的 16 進位數字組成。MAC 位址分成兩個部分，前三組數字是廠商識別碼 ID，後三組數字是網路卡號。**MAC 位址是實體位址**不可以更改，而 **IP 位址是邏輯位址**可以更改，兩者沒有直接的關係。

```
┌────┬────┬────┐┌────┬────┬────┐
│ A8 │ 63 │ 7D ││ 2E │ A0 │ E4 │
└────┴────┴────┘└────┴────┴────┘
   廠商識別碼      網路卡號
```

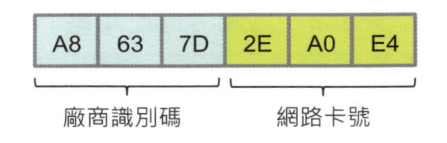

圖 5-9　MAC 位址格式

5-3　認識網頁

我們經常使用 Microsoft Edge 或 Google Chrome 瀏覽器來瀏覽網頁，網頁是由 **HTML、CSS 及 JavaScript** 三大元素所架構而成。HTML 負責建構並呈現網頁的內容、CSS 負責管理網頁的外觀樣式、而 JavaScript 負責管理使用者的操作行為，讓使用者與網站互動。

5-3-1　認識 HTML

HTML 是超文字標記語言（HyperText Markup Language）的縮寫，不同於一般程式設計語言，HTML 是用來告訴瀏覽器如何**呈現網頁**的標記式語言。HTML 是由一群元素（element）所組成，元素包含**標籤（tag）**及**內容（content）**。如圖 5-10 所示 HTML 元素，元素名稱是段落（paragraph，簡稱 p），由開始標籤 <p> 及結束標籤 </p>，將內容 "Hello, Arduino" 包圍起來。結束標籤必須在元素名稱前面再多加一條斜線（forward slash）。

```
                    開始標籤          結束標籤
                      ↓                ↓
HTML元素 → | <p> Hello, Arduino </p> |
                    └──────┬──────┘
                          內容
```

圖 5-10　HTML 元素

如表 5-4 所示基本 HTML 標籤，開始標籤（opening tag）由一對角括號 "< >" 包圍起來，結束標籤（closing tag）由一對角括號加上斜線"< / >" 包圍起來。標籤文字沒有大、小寫之分，**慣例是全部使用小寫字母**。

表 5-4　基本 HTML 標籤

開始標籤	結束標籤	說明
<html>	</html>	定義一個 HTML 文件。
<head>	</head>	說明關於該網頁的元資訊（metadata）。
<title>	</title>	網頁標題。
<body>	</body>	文件的正文內容。
<h1> ~ <h6>	</h1> ~ </h6>	正文標題的字體大小，h1 最大，h6 最小。
<p>	</p>	段落。

5-3-2　HTML 文件的架構

如下所示 HTML 文件的架構範例 ch5-1.html，執行結果如圖 5-11 所示。主要是由**<html>**、**<head>**及**<body>**三個部分所組成。<html>標籤包含所有顯示在這個頁面的內容。<head>標籤包含關於網頁的元資訊（metadata），例如網頁標題、編碼方式等，元資訊不會顯示在網頁上。<body>標籤用來呈現網頁的內容，包含文件的標題、段落、圖像、超連結、表格及列表等。

範例 ch5-1.html

```
<!DOCTYPE html>                          <!-- HTML 類型文件-->
<html>                                   <!--定義一個 HTML 文件-->
    <head>                               <!--說明網頁的元資訊-->
        <title>Web page</title>          <!--網頁標題-->
    </head>
    <body>
        <p>This is a paragraph.</p>      <!--網頁內容-->
    </body>
</html>
```

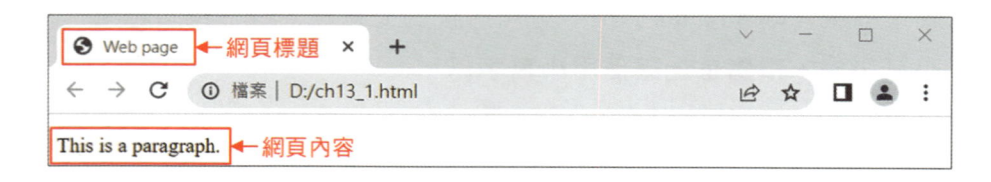

圖 5-11　範例 ch5-1.html 的執行結果

5-3-3 認識 CSS

CSS 是階層樣式表（Cascading StyleSheets）的縮寫，用來將 HTML 文件中的元素套用不同的頁面樣式，以美化網頁的外觀。如下所示 CSS 範例 ch12-2.html，使用 HTML 的<style>標籤來套用 CSS 樣式效果，將段落文字改為紅色。結果如圖 5-12 所示。

範例 ch5-2.html

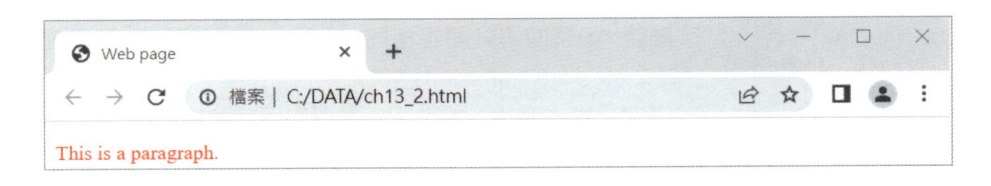

```
<!DOCTYPE html>                            <!-- HTML 類型文件-->
<html>                                     <!--定義一個HTML 文件-->
  <head>
    <title>Web page</title>                <!--定義網頁元資訊-->
    <style>
      p{color:red}                         <!--套用CSS 樣式-->
    </style>
  </head>
  <body>
    <p>This is a paragraph.</p>            <!--網頁內容-->
  </body>
</html>
```

圖 5-12 範例 ch5-2.html 的執行結果

如圖 5-13 所示 CSS 屬性設定，由選擇器（selector）及宣告（declaration）組成。選擇器就是要改變外觀屬性的 HTML 標籤，多個 HTML 標籤套用相同屬性時，標籤之間以逗號 "," 隔開。宣告必須寫在一對大括號 "{ }" 內，包含屬性及屬性的值，中間以冒號 ":" 隔開，結尾輸入分號 ";"，以區別不同的屬性。

```
                       屬性:值
                         ↓
CSS屬性設定 →  p { color : red; }
               ↑          ‾‾‾‾‾‾‾‾‾
             HTML標籤        宣告
```

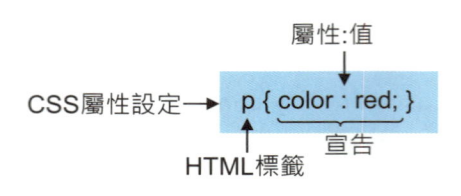

圖 5-13　CSS 屬性設定

　　如表 5-5 所示常用 CSS 屬性，包含文字顏色、文字大小、背景顏色、元素內外間距，以及元素邊框的寬度、樣式及顏色等。

表 5-5　常用 CSS 屬性

屬性	值	說明
display	block	區塊元素。元素在同行內呈現，圖片或文字均不換行。
display	inline	行內元素。元素寬度最大，佔滿整行。
color	#RRGGBB	設定文字顏色。#RRGGBB，RR（紅）、GG（綠）、BB（藍）以 16 進制整數 00（最小）~FF（最大）指定顏色分量。
background-color	#RRGGBB	設定背景顏色。方法同上說明。設定黑色背景的範例如下： background-color :#000000;　或 background-color :black;
font-size	length	設定文字大小。length 為像素（pixel）值，單位 px。
margin	up right down left	設定元素間上（up）、右（right）、下（down）、左（left）外間距。如果四邊外間距相同，輸入一個數值即可。設定範例如下： margin :10px 20px 30px 40px;
padding	up right down left	設定元素本身上、右、下、左內間距，如果四邊內間距相同，輸入一個數值即可。設定範例如下： padding :10px 20px 10px 20px;
border	size style color	設定邊框寬度（size）、樣式（style）及顏色（color）。size 為寬度，單位像素（pixel，簡稱 px）。style 為邊框樣式，包含實線（solid）及點線（dotted）。color 為邊框顏色。
border-radius	r1 r2 r3 r4	設定元素四邊圓弧半徑，左上 r1、右上 r2、右下 r3、左下 r4。如果四邊圓弧半徑相同，只須輸入一個數值。
width	size	設定元素的寬度，size 單位為 px。
height	size	設定元素的高度，size 單位為 px。
cursor	mouse	設定鼠標形狀，常用鼠標形狀為 pointer 👆。

Wi-Fi 無線通訊技術

如圖 5-14 所示 CSS 的 padding、border、margin 屬性說明，▢ 為元素本身，寬度及高度由 width 及 height 屬性設定，內間距由 padding 屬性設定，背景由 background-color 屬性設定。▢ 為邊框，由 border 屬性設定。▢ 為元素與元素之間的間距，由 margin 屬性設定。

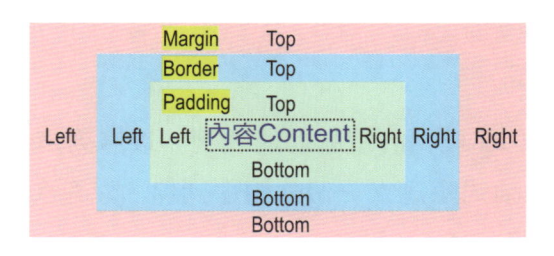

圖 5-14　CSS 的 padding、border、margin 屬性說明

5-4　認識 ESP8266 模組

如圖 5-15 所示 ESP-01S 模組，由深圳安信可（Ai-Thinker）科技所生產製造，核心晶片 ESP8266 由深圳樂鑫（Espressif）科技開發設計，石英振盪器的頻率範圍在 26MHz~52MHz 之間。ESP-01S 模組內建低功率 32bit 微控制器，**具備 UART、I2C、PWM、GPIO 及 ADC 等功能**。ESP-01S 模組常應用於家庭自動化、遠端監控、穿戴裝置、安全 ID 標籤及物聯網等。ESP8266 晶片沒有內建記憶體空間，所以 ESP-01S 模組內建 8Mbits 串列式快閃（Flash）記憶體 25Q80，用來儲存韌體。ESP-01S 模組**體積小、功能強、價格**不到百元。

(a)　模組外觀　　　　　　　　　　(b)　接腳圖

圖 5-15　ESP-01S 模組

ESP8266 晶片的**工作電壓為 3.3V，且內部沒有穩壓 IC，因此不可以直接連上 5V**，以免燒毀 ESP8266 晶片。在睡眠模式下的消耗電流小於 12μA，在工作模式下正

5-15

常操作消耗電流 80mA，最大消耗電流 360mA。ESP8266 使用 2.4GHz 工作頻段，內建 TCP/IP 協定套件（protocol stack），空曠地方傳輸距離可達 400 公尺。ESP8266 支援 802.11b/g/n 無線網路協定及 WPA/WPA2 加密模式，可以直接連線到無線網路（Wi-Fi Direct，簡稱 P2P），或是設定成為無線網路基地台（Access Point，簡稱 AP）。在 P2P 模式下，可以設定為伺服器（Server）等候用戶端（Client）連線，或是設定為用戶端連線到其他的伺服器。

如表 5-6 所示 ESP-01S 模組的接腳功能說明，**以序列埠介面與 Arduino 建立通訊**，使用 SoftwareSerial 函式庫建立一個軟體序列埠，以避免與硬體序列埠衝突。將 ESP-01S 模組的 VCC 腳及 CH_PD 腳連接 Arduino 板的 3.3V 電源，模組序列埠 UTXD 腳連接 Arduino 板的 RXD 腳、URXD 腳連接 Arduino 板的 TXD 腳，才能連線上網。

表 5-6　ESP-01S 模組的接腳功能說明

模組接腳	功能說明
1	GND：電源接地。
2	UTXD：ESP8266 序列埠傳送腳。
3	GPIO2：一般 I/O 埠，內含提升電阻。
4	CH_PD：晶片致能腳（chip power-down），高電位動作。
5	(1) 模組 GPIO0 內含提升電阻，GPIO0 低電位時，模組工作在「韌體更新」模式。 (2) 當 GPIO0 高電位或空接時，模組工作在「一般通訊」模式。
6	RST：重置接腳，低電位動作。
7	URXD：ESP8266 序列埠接收腳，內含提升電阻。
8	VCC：電源接腳，電壓範圍 1.7V~3.6V，典型值為 3.3V。

5-4-1　ESP8266 常用 AT 指令

ESP-01S 模組出廠前已將韌體預先寫入外部 Flash 記憶體，傳輸率為 115200bps，可以使用 AT 指令來重設 ESP8266 的參數。所使用的 **AT 命令沒有區分大、小寫，而且都以 "\r\n" 結束字符作結尾**。輸入 AT 命令後須按下 Enter ⏎ 產生結束字元。

ESP8266 的 AT 指令集主要分為基礎 AT 指令、Wi-Fi 功能 AT 指令及 TCP/IP 功能 AT 指令。

一、基礎 AT 指令

如表 5-7 所示 ESP8266 基礎 AT 指令說明，包含測試、重置、版本查詢及 UART 參數設定等。因為韌體版本不同而會有不同的傳輸速率，使用 AT 指令時若出現亂碼或沒有回應，可能是傳輸速率設定不同所致，必須使用 **AT+UART** 指令重設 ESP8266 的傳輸速率。

表 5-7　ESP8266 基礎 AT 指令說明

AT 指令	回應	參數	功能說明
AT	OK	無	模組測試
AT+RST	OK	無	模組重置
AT+GMR	\<number\> OK	\<number\> AT、SDK 版本訊息	查詢版本訊息
AT+UART_DEF = \<baudrate\>,\<databits\>, \<stopbits\>,\<parity\>, \<flow control\>	OK	\<baudrate\>:UART 傳輸率 \<databits\>:數據位元 5~8：5~8 位元 \<stopbits\>:停止位元 1：1 位元 2：1.5 位元 3：2 位元 \<flow control\>:流量控制 0：除能、1：致能 RTS 2：致能 CTS 3：致能 RTS 及 CTS	設定 UART 參數，並存入 Flash 記憶體

二、Wi-Fi 功能 AT 指令

如表 5-8 所示 ESP8266 Wi-Fi 功能 AT 指令說明，ESP8266 具有 AP（Access Point，基地台）、STA（Station，工作站）、及 AP+STA 三種 Wi-Fi 工作模式，可以使用 **AT+CWMODE** 指令設定。設定為 STA 模式時，ESP8266 在未與 AP 建立連線前的 IP 預設值為 0.0.0.0，建立連線後，寬頻分享器會分配一個私用 IP 位址給 ESP8266。使用 **AT+CIFSR** 指令可以取得所分配的私用 IP 位址。

表 5-8　ESP8266 Wi-Fi 功能 AT 指令說明

AT 指令	回應	參數	功能說明
AT+CWMODE=<mode>	OK	<mode> 1：STA 模式 2：AP 模式 3：AP+STA 模式	設定 Wi-Fi 應用模式
AT+CWMODE?	+CWMODE:<mode> OK	同上	查詢 Wi-Fi 應用模式
AT+CWJAP= <ssid>,<password>	OK	<ssid> AP 名稱 <password>AP 密碼 最長 64 位元	連接 AP
AT+CWJAP?	+CWJAP:<ssid> OK	同上	查詢當前的 AP 選擇
AT+CWQAP	OK	無	斷開與 AP 的連接

三、TCP/IP 功能 AT 指令

如表 5-9 所示 ESP8266 TCP/IP 功能 AT 指令說明，ESP8266 可以使用傳輸控制協定（Transmission Control Protocol，簡稱 TCP）或是資料封包協定（User Datagram Protocol，簡稱 UDP）與遠端 IP 建立連線。**TCP 是雙向傳輸**，經由確認機制保證資料的正確性，但傳輸速度較慢。**UDP 是單向傳輸**，傳輸速度較快，但可靠性低。

表 5-9　ESP8266 TCP/IP 功能 AT 指令說明

AT 指令	回應	參數	功能說明
AT+CIPSTART= <type>,<addr>,<port>	OK：連線成功 ERROR：連線失敗 ALREADY CONNECT：已連線	<id>：通道號碼 0~4 <type>：連線類型 <addr>：IP 位址 <port>：埠號	建立 TCP 單路連線
AT+CIPSTART=<id>, <type>,<addr>,<port>	同上	同上	建立 TCP 多路連線
AT+CIPMUX=<mode>	OK	<mode>： 0：單路連線 1：多路連線	設定連線模式

AT 指令	回應	參數	功能說明
AT+CIPMUX?	+CIPMUX:<mode> OK	同上	查詢連線模式
AT+CIFSR	+CIFSR:<IP 位址> +CIFSR:<IP 位址> OK	第一行：AP/IP 位址 第二行：STA/IP 位址	取得本地 IP 位址
AT+CIPSERVER= <mode>,[<port>]	OK	<mode>： 0:關閉 Server 模式 1:開啟 Server 模式 <port>：預設埠號 333	配置為 Server
AT+CIPCLOSE	OK:關閉 Link is not:沒有連線	無	關閉 TCP 單路連線
AT+CIPCLOSE=<id>	OK:關閉 ERROR:沒有連線	<id>：需關閉的連線	關閉 TCP 多路連線
AT+CIPSEND= <length>	SEND OK： 發送數據成功 ERROR： 發送數據失敗	<length>數據長度， 最大長度 2048bytes	單路連線發送數據
AT+CIPSEND= <id>,<length>	同上	<id>：通道號碼 0~4 <length>：數據長度	多路連線發送數據
+IPD,<len>:<data>	模組接收到網路數據資料時，會向串口發出+IPD 及數據	<len>：數據長度 <data>：收到的數據	單路連線接收的數據
+IPD,<id>,<len>:<data>	模組接收到網路的數據資料時，會向串口發出+IPD 及數據	<id>連線的 id 號碼 <len>數據長度 <data>收到的數據	多路連線接收的數據

5-4-2 ESP8266 建立 Wi-Fi 連線

　　如圖 5-16 所示 ESP8266 建立 Wi-Fi 連線流程圖，首先使用 AT+RST 指令重置 ESP8266，重置成功後再設定 ESP8266 為 STA 模式。接著連接到指定的 AP。連線成功後，透過路由器的動態主機設定協定（Dynamic Host Configuration Protocol，簡稱 DHCP）功能自動取得一組隨機的私用 IP 位址。

ESP8266 取得私用 IP 位址後，開啟 Server 模式並且指定通道埠號為 80，等待手機用戶端連線，即可利用 Wi-Fi 進行遠端控制。

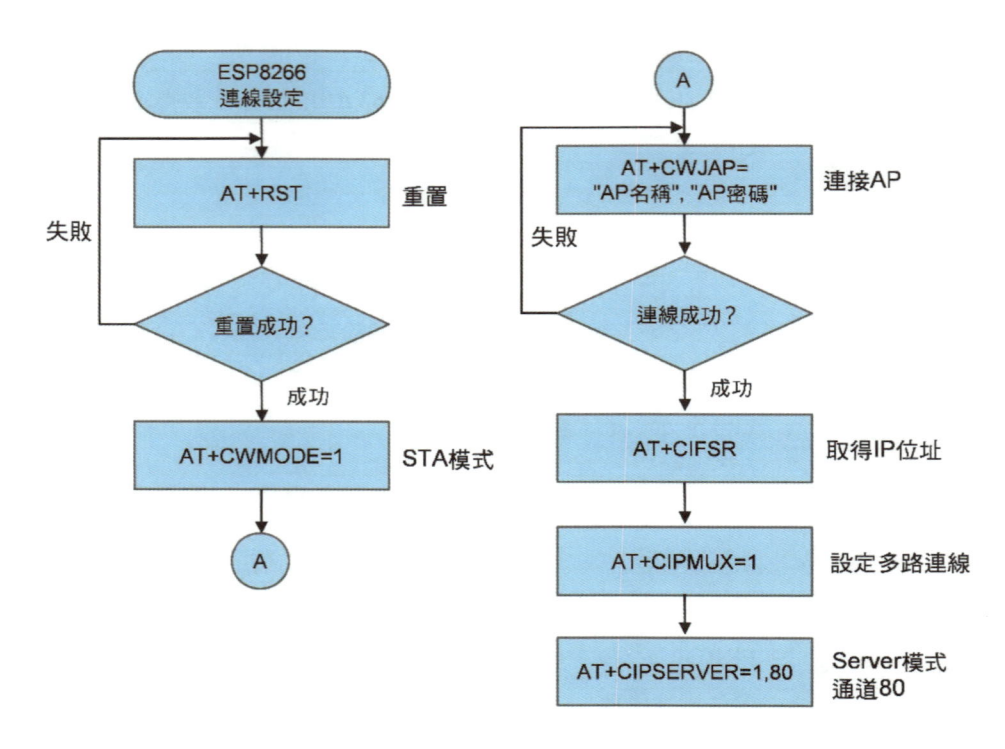

圖 5-16　ESP8266 建立 Wi-Fi 連線流程圖

▶ 動手做：ESP8266 參數設定電路

一　功能說明

如圖 5-17 所示 ESP8266 參數設定電路接線圖，將 ESP-01S 模組的 **CH_PD 腳連接至 3.3V**，致能內建 ESP8266 晶片工作。上傳 ch5-1.ino 檔案至 Arduino Uno 開發板，再打開「序列埠監控視窗」，執行 AT 指令來設定 ESP8266 參數。ESP-01S 模組在一般工作模式時，GPIO0 腳必須接至高電位或空接，使用 Arduino Uno 開發板上的 3.3V 電源，即可提供足夠電流。如果是要進行韌體更新時，GPIO0 腳必須接地才能進入韌體更新模式，最大工作電流可達 200~300mA，且須使用獨立 3.3V 電源，才能確保模組的工作正常。

Wi-Fi 無線通訊技術

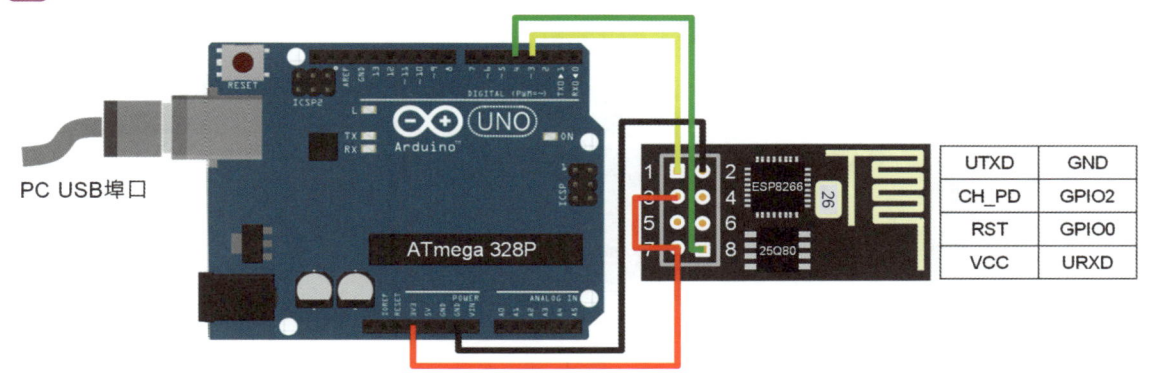

二 電路接線圖

UTXD	GND
CH_PD	GPIO2
RST	GPIO0
VCC	URXD

圖 5-17　ESP8266 參數設定電路接線圖

三 程式：ch5-1.ino

```cpp
#include <SoftwareSerial.h>              //載入 SoftwareSerial 函式庫。
SoftwareSerial ESP8266(3,4);             //設定 D3 為接收 RX，D4 為 TX。
//初值設定
void setup()
{
    Serial.begin(9600);                  //設定序列埠傳輸率 9600bps。
    ESP8266.begin(9600);                 //ESP8266 模組傳輸率 9600bps。
}
//主迴圈
void loop()
{
    if(ESP8266.available())              //ESP8266 模組已接收到資料？
        Serial.write(ESP8266.read());    //讀取並顯示於序列埠監控視窗中。
    else if(Serial.available())          //Arduino 接收到資料？
        ESP8266.write(Serial.read());    //將資料寫入 ESP8266 模組中。
}
```

一、ESP8266 模組測試

STEP 1

1. 開啟 ch5-1.ino。
2. 模組出廠預設 UART 鮑率為 9600bps 或是 115200bps，如果 9600bps 沒有反應，則改為 115200bps。
3. 開啟序列埠監控視窗。

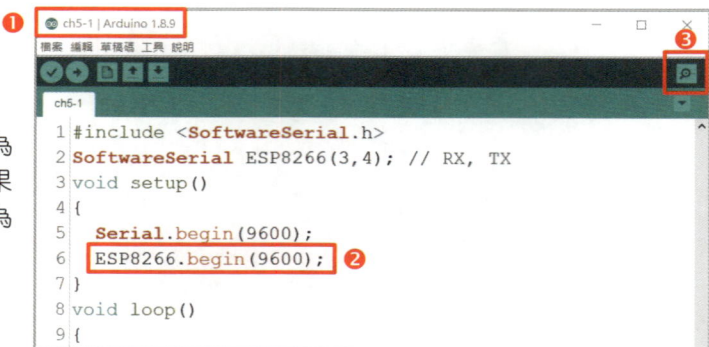

```
#include <SoftwareSerial.h>
SoftwareSerial ESP8266(3,4); // RX, TX
void setup()
{
  Serial.begin(9600);
  ESP8266.begin(9600);
}
void loop()
{
```

STEP 2

1. 設定 Arduino 開發板序列埠傳輸率為 9600bps。
2. 結尾符號必須設定【NL&CR】，才能執行 AT 指令。
3. 在傳送欄位中輸入 AT 指令測試 ESP8266 模組，如果連線正確，模組回應 OK。如沒回應，表示模組傳輸率設定不正確。
4. 在傳送欄位中輸入 AT+GMR 指令，查詢韌體版本及序號。

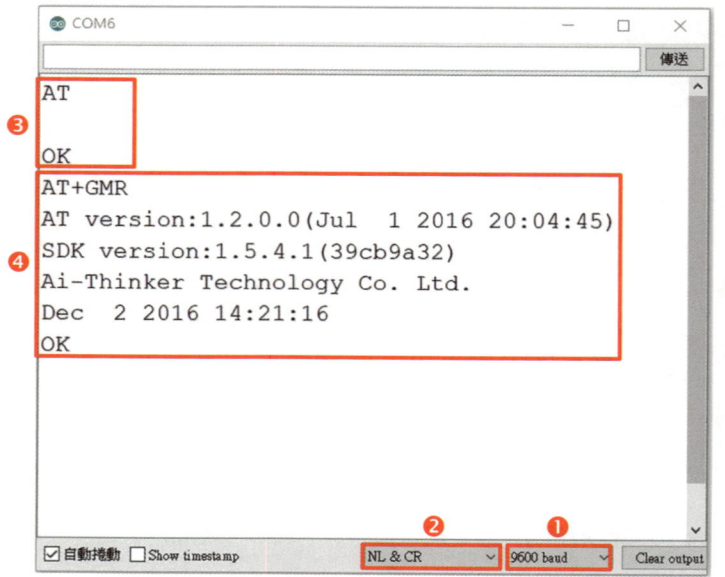

```
AT

OK
AT+GMR
AT version:1.2.0.0(Jul  1 2016 20:04:45)
SDK version:1.5.4.1(39cb9a32)
Ai-Thinker Technology Co. Ltd.
Dec  2 2016 14:21:16
OK
```

二、設定 UART 參數

STEP 1

1. 在傳送輸入欄位中輸入 T+UART_DEF=9600,8,1,0,0 指令，將模組鮑率改為 9600bps，8 個資料位元，1 個停止位元，無同位元。
2. 設定成功，模組回應 OK。

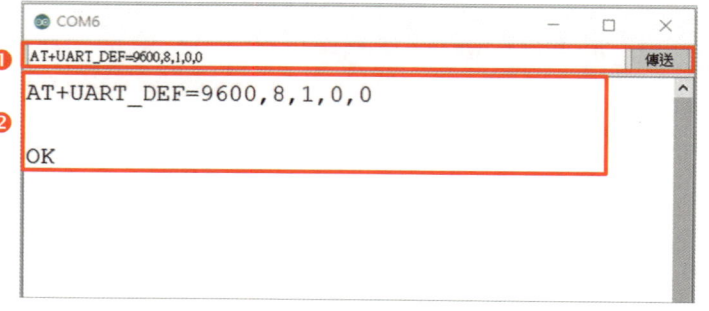

```
AT+UART_DEF=9600,8,1,0,0

OK
```

5-22

Wi-Fi 無線通訊技術

三、列出目前無線存取熱點 AP

STEP 1

1. 輸入 AT+CWMODE 指令，將模組設定為 STA 模式。❶
2. 輸入 AT+CWLAP 指令，列出目前可用的 AP。❷
3. 檢視是否有準備連線的無線存取熱點（Access Point，AP）。本例使用的 AP 名稱為 yangmf。

```
AT+CWMODE=1
OK
AT+CWLAP
+CWLAP:(3,"yangmf",-43,"74:90:bc:8e:20:cc",1,3,0)
+CWLAP:(3,"19-7F",-78,"fc:12:63:9f:3b:6f",1,13,0)
+CWLAP:(4,"Ken-home",-70,"fc:34:97:32:6b:08",1,15,0)
+CWLAP:(4,"32N5F-2.4G",-81,"b4:f2:67:1f:6d:36",1,13,0)
+CWLAP:(3,"P880",-85,"ec:43:f6:e9:60:98",1,23,0)
+CWLAP:(3,"MPDS office_2.4g",-85,"04:d4:c4:63:ae:d0",1,0,0)
+CWLAP:(3,"MonikaChen",-86,"98:25:4a:8c:6e:ae",1,-2,0)
+CWLAP:(4,"H660WM-C",-73,"30:4f:75:0c:b8:f0",1,35,0)
+CWLAP:(4,"32N3F-2.4G",-84,"68:02:b8:5e:8a:01",1,23,0)
+CWLAP:(4,"LTE-WiFi_5492",-67,"74:f8:db:63:54:92",2,3,0)
```

▶ 動手做：Wi-Fi 燈光控制電路

一、功能說明

如圖 5-19 所示 Wi-Fi 燈光控制電路接線圖，利用 ESP8266 模組加入 AP，並且設定為**伺服器**角色。上傳程式碼到 ESP8266 模組後，開啟如圖 5-18(a) 所示 Arduino IDE「序列埠監控視窗」，監控 ESP8266 模組連線狀態。如果無法順利取得私用 IP 位址，按下 Arduino Uno 開發板的重置鍵重啟連線。

```
AT+RST         ❶ESP8266 初始化
ESP8266 reset...OK
AT+CWMODE=1    ❷STA 模式
set mode:STA
join AP...NG
join AP...NG
join AP...OK   ❸加入 AP 成功
get IP
AT+CIFSR

AT+CIFSR
+CIFSR:STAIP,"192.168.1.102"  ❹取得本地 IP 位址
+CIFSR:STAMAC,"a0:20
AT+CIPMUX=1    ❺多路連線模式
AT+CIPSERVER=1,80  ❻配置並開啟 server 模式，埠號 80
```

(a) ESP8266 模組連線程序　　　　(b) 手機 App 程式

圖 5-18　ESP8266 Wi-Fi 模組的連線狀態

5-23

系統重置時，Wi-Fi 連線指示燈 L5 快閃三下，成功與 Wi-Fi 建立連線後，DHCP 伺服器會配置一個私用 IP 位址給 ESP8266 模組，同時 L5 保持恆亮。

　　連線成功後，開啟如圖 5-18(b) 所示手機 App 程式 APP/ch5/WiFiled.aia，輸入**私用 IP 位址（本例為 192.168.1.102）建立連線**。開關 1~4 分別控制 L1~L4 電燈的 ON/OFF，總開關同時控制四燈全開或全關。如果輸入公用 IP 位址，必須同時輸入埠號，才能進行遠端電燈控制。

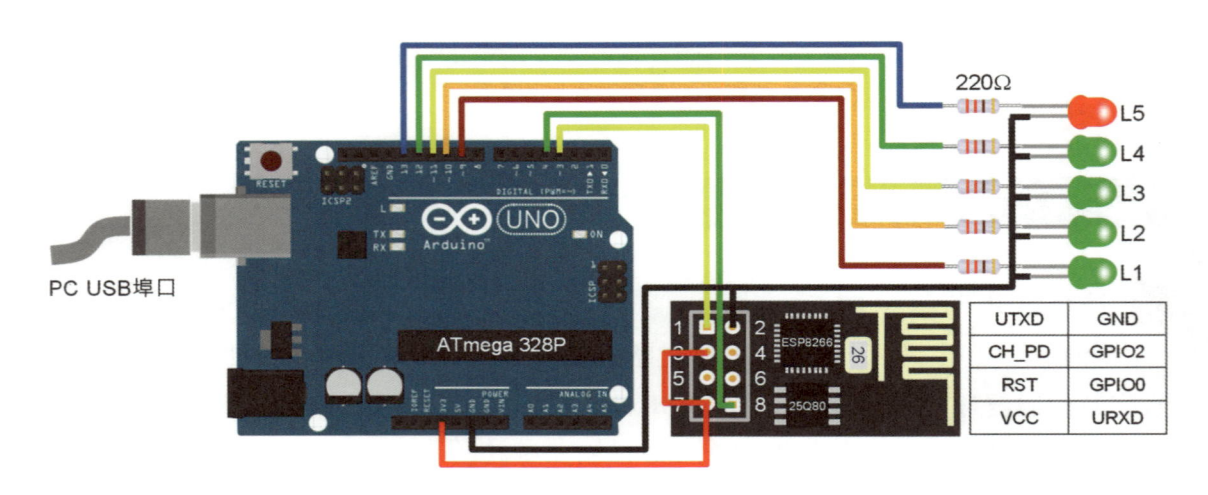

二　電路接線圖

圖 5-19　Wi-Fi 燈光控制電路接線圖

三　程式：ch5-2.ino

`#include <SoftwareSerial.h>`	//載入 SoftwareSerial 函式庫。
`SoftwareSerial ESP8266(3,4);`	//設定 D3 為 RX 腳，D4 為 TX 腳。
`#define SSID "輸入您的AP名稱"`	//AP 名稱。
`#define PASSWD "輸入您的AP密碼"`	//AP 密碼。
`const int led[4]={9,10,11,12};`	//D9~D12 連接 LED1~LED4 電燈。
`boolean ledStatus[4]={0,0,0,0};`	//L1~L4 電燈開關狀態。
`boolean all=0;`	//電燈總開關，all=0 全關，all=1 全開。
`const int WIFIled=13;`	//D13 連接 Wi-Fi 連線狀態指示燈 L5。
`bool FAIL_8266 = false;`	//false:連線成功，true:連線失敗。
`int connectionId;`	//連線的 id 號碼。
`char c;`	//ESP8266 接收字元。

Wi-Fi 無線通訊技術

```
String cmd,action;                              //ESP8266 傳送的命令及字串。
//初值設定
void setup()
{
    for(int i=0;i<4;i++)                        //關閉所有 LED 燈。
    {
        pinMode(led[i],OUTPUT);                 //設定 D9~D12 為輸出模式。
        digitalWrite(led[i],LOW);               //關閉所有 LED 燈。
    }
    pinMode(WIFIled,OUTPUT);                    //設定 D13 為輸出模式。
    digitalWrite(WIFIled,LOW);                  //關閉 Wi-Fi 狀態指示燈。
    Serial.begin(9600);                         //設定序列埠傳輸率為 9600bps。
    ESP8266.begin(9600);                        //設定 ESP8266 傳輸率為 9600bps。
    for(int i=0;i<3;i++)                        //Wi-Fi 狀態指示燈快閃三下。
    {
        digitalWrite(WIFIled,HIGH);
        delay(200);
        digitalWrite(WIFIled,LOW);
        delay(200);
    }
    do                                          //ESP8266 連線設定。
    {
        sendESP8266cmd("AT+RST",2000);          //重置 ESP8266。
        Serial.print("ESP8266 reset...");       //顯示訊息：重置中。
        if(ESP8266.find("OK"))                  //ESP8266 重置成功？
        {
            Serial.println("OK");               //顯示訊息：OK。
            if(connectWiFi(10))                 //連線成功？
            {
                Serial.println("connect WiFi success");  //顯示訊息：連線成功。
                FAIL_8266=false;                //設定旗標，連線成功。
            }
            else                                //連線失敗。
            {
                Serial.println("connect WiFi fail");     //顯示訊息：連線失敗。
```

5-25

```
            FAIL_8266=true;                        //設定旗標,連線失敗。
          }
        }
      else                                         //重置ESP8266失敗。
      {
        Serial.println("ESP8266 have no response.");
        delay(500);                                //延遲0.5秒。
        FAIL_8266=true;                            //設定旗標,連線失敗。
      }
    } while(FAIL_8266);                            //連線失敗,繼續連線。
    digitalWrite(WIFIled,HIGH);                    //連線成功,WiFi指示燈恆亮。
}
//主迴圈
void loop()
{
    if(ESP8266.available())                        //ESP8266接收到資料?
    {
        if(ESP8266.find("+IPD,"))                  //ESP8266接收到字串"+IPD,"?
        {
            Serial.print("+IPD:");                 //顯示訊息。
            while((c=ESP8266.read())<'0' || c>='9')  //忽略空白字元。
                ;
            connectionId = c-'0';                  //儲存連線id。
            Serial.println("connectionId="+String(connectionId));//顯示id。
            ESP8266.find("X=");                    //ESP8266接收到字串"X="?
            while((c=ESP8266.read())<'0' || c>'9')//忽略非數字字元。
                ;
            if(c=='1')                             //資料為"X=1"?
            {
                ledStatus[0]=!ledStatus[0];        //改變L1狀態。
                if(ledStatus[0]==0)                //L1關(OFF)?
                    action="X1=off";               //回傳資料給用戶端。
                else                               //L1開(ON)。
                    action="X1=on";                //回傳資料給用戶端。
                digitalWrite(led[0],ledStatus[0]);//更新L1狀態。
```

```
        }
        else if(c=='2')                          //資料為"X=2"?
        {
            ledStatus[1]=!ledStatus[1];          //改變 L2 狀態。
            if(ledStatus[1]==0)                  //L2 關(OFF)?
                action="X2=off";                 //回傳資料給用戶端。
            else                                 //L2 開(ON)。
                action="X2=on";                  //回傳資料給用戶端。
            digitalWrite(led[1],ledStatus[1]);   //更新 L2 狀態。
        }
        else if(c=='3')                          //資料為"X=3"?
        {
            ledStatus[2]=!ledStatus[2];          //改變 L3 狀態。
            if(ledStatus[2]==0)                  //L3 關(OFF)?
                action="X3=off";                 //回傳資料給用戶端。
            else                                 //L3 開(ON)。
                action="X3=on";                  //回傳資料給用戶端。
            digitalWrite(led[2],ledStatus[2]);   //更新 L3 狀態。
        }
        else if(c=='4')                          //資料為"X=4"?
        {
            ledStatus[3]=!ledStatus[3];          //改變 L4 狀態。
            if(ledStatus[3]==0)                  //L4 關(OFF)?
                action="X4=off";                 //回傳資料給用戶端。
            else                                 //L4 開(ON)。
                action="X4=on";                  //回傳資料給用戶端。
            digitalWrite(led[3],ledStatus[3]);   //更新 L4 狀態。
        }
        else if(c=='0')                          //資料為"X=0"?
        {
            all=!all;                            //同時改變 L1~L4 狀態。
            if(all==0)                           //L1~L4 全關(OFF)?
            {
                action="Xall=off";               //回傳資料給用戶端。
                for(int i=0;i<4;i++)             //關閉(OFF)L1~L4 電燈。
```

```
                {
                    ledStatus[i]=0;                       //設定燈光狀態為OFF。
                    digitalWrite(led[i],LOW);             //關燈。
                }
            }
            else                                          //L1~L4 全開(ON)。
            {
                action="Xall=on";
                for(int i=0;i<4;i++)                      //開啟(ON)L1~L4 電燈。
                {
                    ledStatus[i]=1;                       //設定燈光狀態為ON。
                    digitalWrite(led[i],HIGH);            //開燈。
                }
            }
        }
        else                                              //接收的資料錯誤。
            action="X=?";                                 //回傳資料"X=?"。
        Serial.println(action);                           //顯示訊息：回傳資料。
        httpResponse(connectionId,action);                //回傳資料給用戶端。
    }
  }
}
//建立 ESP8266 與 AP 的連線
bool connectWiFi(int timeout)
{
    sendESP8266cmd("AT+CWMODE=1",2000);                   //設定 ESP8266 為 STA 模式。
    Serial.println("set mode:STA");                       //顯示訊息：設定為 STA 模式。
    delay(1000);                                          //等待設定完成。
    do
    {
        String cmd="AT+CWJAP=\"";                         //加入 AP。
        cmd+=SSID;                                        //AP 名稱。
        cmd+="\",\"";
        cmd+=PASSWD;                                      //AP 密碼。
        cmd+="\"";
```

```
    ESP8266.println(cmd);                              //傳送指令給 ESP8266。
    delay(1000);                                       //等待傳送成功。
    Serial.print("join AP...");                        //顯示字串。
    if(ESP8266.find("OK"))                             //加入 AP 成功?
    {
        Serial.println("OK");                          //加入 AP 成功,顯示訊息:OK。
        Serial.println("get IP");                      //顯示訊息:取得 IP。
        sendESP8266cmd("AT+CIFSR",1000);               //取得私用 IP 位址。
        while(ESP8266.available())                     //接收到私用 IP 位址?
        {
            c=ESP8266.read();                          //讀取私用 IP 位址。
            Serial.write(c);                           //顯示私用 IP 位址。
        }
        Serial.println();                              //換行。
        sendESP8266cmd("AT+CIPMUX=1",1000);            //設定為多路連線模式。
        sendESP8266cmd("AT+CIPSERVER=1,80",1000);      //設為伺服器。
        Serial.println("turn ON Server");              //顯示訊息:開啟伺服器。
        return true;                                   //連線成功,回傳旗標 true。
    }
    else                                               //加入 AP 失敗。
        Serial.println("NG");                          //顯示訊息:NG。
  } while((timeout--)>0);                              //連線逾時?
  return false;                                        //連線失敗,回傳旗標 false。
}
//用戶端數據回傳函式
void httpResponse(int id, String content)
{
    String response;                                   //建立字串物件 response。
    response = "HTTP/1.1 200 OK\r\n";                  //HTTP 標頭。
    response += "Content-Type: text/html\r\n";         //HTML 文件。
    response += "Connection: close\r\n";               //設定連接模式。
    response += "Refresh: 8\r\n";                      //設定跳轉時間。
    response += "\r\n";                                //換行。
    response += content;                               //數據資料。
    String cmd = "AT+CIPSEND=";                        //ESP8266 傳送數據資料。
```

```cpp
    cmd += id;                              //連線 id。
    cmd += ",";
    cmd += response.length();               //數據資料長度。
    sendESP8266cmd(cmd,200);                //傳送指令給 ESP8266。
    ESP8266.print(response);                //傳送數據資料。
    delay(200);                             //延遲 0.2 秒。
    cmd = "AT+CIPCLOSE=";                   //關閉目前的 id 通道。
    cmd += connectionId;                    //連線 id。
    sendESP8266cmd(cmd,200);                //ESP8266 傳送 AT 指令。
}
// ESP8266 AT 指令傳送函式
void sendESP8266cmd(String cmd, int waitTime)
{
    ESP8266.println(cmd);                   //傳送 AT 指令。
    delay(waitTime);                        //等待傳送。
    Serial.println(cmd);                    //顯示所傳送的 AT 指令。
}
```

四 App 介面配置及說明：APP/ch5/WiFiled.aia

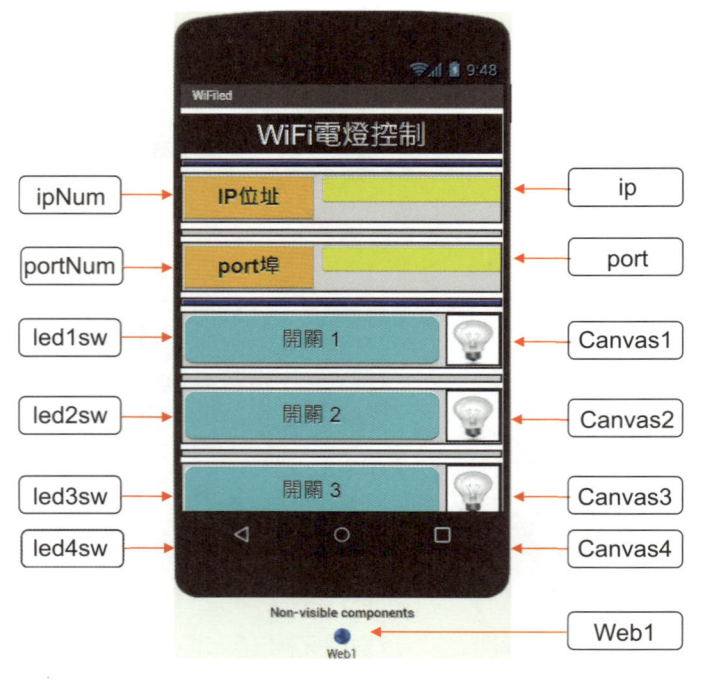

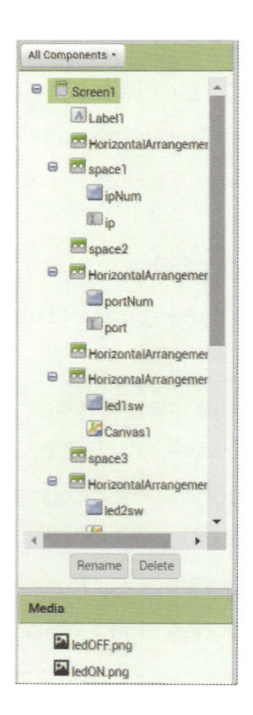

圖 5-20　App 程式 WiFiled 介面配置

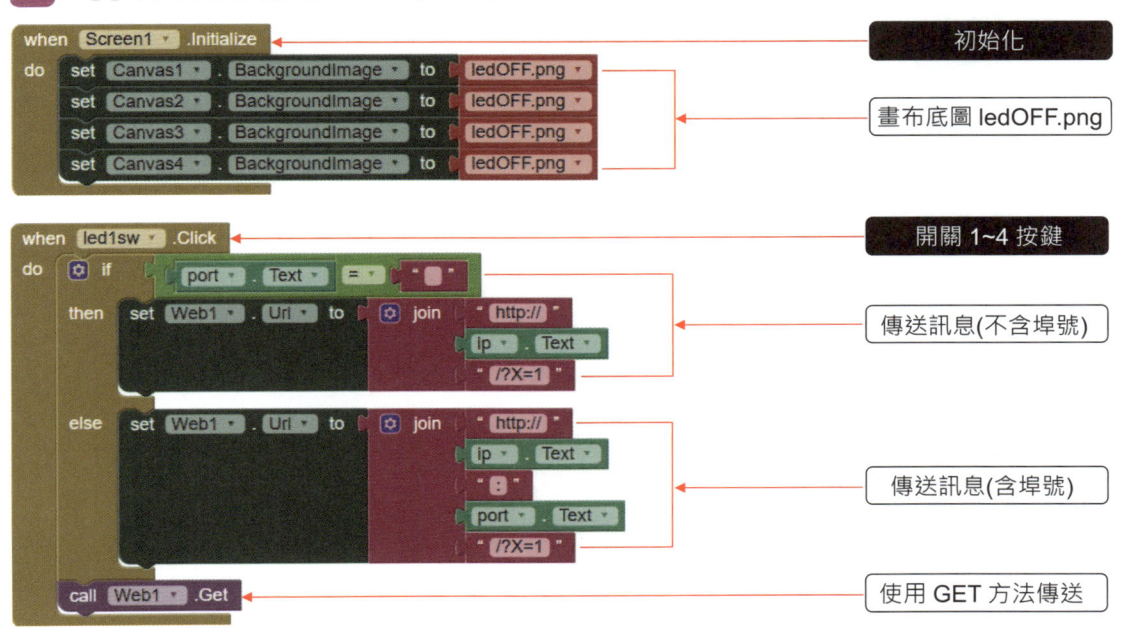

表 5-10　App 程式 WiFiled 元件屬性說明

名稱	元件	主要屬性說明
ipNum	Label	Height=50 pixels,Width=Fill parent
portNum	Label	Height=50 pixels,Width=Fill parent
led1sw	Button	Height=50 pixels,Width=Fill parent,FontSize=24
led2sw	Button	Height=50 pixels,Width=Fill parent,FontSize=24
led3sw	Button	Height=50 pixels,Width=Fill parent,FontSize=24
led4sw	Button	Height=50 pixels,Width=Fill parent,FontSize=24
off	Button	Height=50 pixels,Width=Fill parent,FontSize=24
ip	TextBox	Height=50 pixels,Width=Fill parent
port	TextBox	Height=50 pixels,Width=Fill parent
Canvas1	Canvas	Backgroundimage=ledOFF.png
Canvas2	Canvas	Backgroundimage=ledOFF.png
Canvas3	Canvas	Backgroundimage=ledOFF.png
Canvas4	Canvas	Backgroundimage=ledOFF.png

五　App 方塊功能說明：APP/ch5/WiFiled.aia

```
when Web1.GotText
  url  responseCode  responseType  responseContent         ← 伺服器回應數據
do  if  get responseCode = 200                              ← GET 請求成功？
    then
        if  get responseContent = "Xall=on"                 ← 燈全開？
        then
            set Canvas1.BackgroundImage to "ledON.png"
            set Canvas2.BackgroundImage to "ledON.png"
            set Canvas3.BackgroundImage to "ledON.png"
            set Canvas4.BackgroundImage to "ledON.png"
        else if  get responseContent = "Xall=off"           ← 燈全關？
        then
            set Canvas1.BackgroundImage to "ledOFF.png"
            set Canvas2.BackgroundImage to "ledOFF.png"
            set Canvas3.BackgroundImage to "ledOFF.png"
            set Canvas4.BackgroundImage to "ledOFF.png"
        else if  get responseContent = "X1=on"              ← 開啟 L1 燈？
        then
            set Canvas1.BackgroundImage to "ledON.png"
        else if  get responseContent = "X1=off"             ← 關閉 L1 燈？
        then
            set Canvas1.BackgroundImage to "ledOFF.png"
        else if  get responseContent = "X2=on"              ← 開啟 L2 燈？
        then
            set Canvas2.BackgroundImage to "ledON.png"
        else if  get responseContent = "X2=off"             ← 關閉 L2 燈？
        then
            set Canvas2.BackgroundImage to "ledOFF.png"
        else if  get responseContent = "X3=on"              ← 開啟 L3 燈？
        then
            set Canvas3.BackgroundImage to "ledON.png"
        else if  get responseContent = "X3=off"             ← 關閉 L3 燈？
        then
            set Canvas3.BackgroundImage to "ledOFF.png"
        else if  get responseContent = "X4=on"              ← 開啟 L4 燈？
        then
            set Canvas4.BackgroundImage to "ledON.png"
        else if  get responseContent = "X4=off"             ← 關閉 L4 燈？
        then
            set Canvas4.BackgroundImage to "ledOFF.png"
```

練習

1. 接續範例，新增 I2C 串列 LCD 模組，顯示連線成功的私用 IP 位址。

Wi-Fi 無線通訊技術 5

▶ 動手做：Wi-Fi 溫溼度監控電路

一 功能說明

　　如圖 5-22 所示 Wi-Fi 溫溼度監控電路接線圖，利用 ESP8266 模組加入家用 AP，並且設定為**伺服器**角色，所取得的私用 IP 位址會顯示於 LCD 中。開啟如圖 5-21(a) 所示 Wi-Fi 溫溼度手機監控 App 程式 APP/ch5/WiFiDHT11.aia，於 IP 位址欄位中輸入伺服器的私用 IP 位址。按下　啟動　鍵，開啟如圖 5-21(b) 所示遠端溫度及溼度監控畫面。為了節省電力，用戶端每 10 秒請求伺服器更新一次溫度及溼度值。

　　按下　開關　鍵，控制遠端照明燈 L1 的開(ON)或關(OFF)，同時燈泡圖形會改變為熄燈（ledOFF.png）或點燈（ledON.png）。

　　(a) 開機畫面　　　　　　　　　(b) 監控畫面

圖 5-21　Wi-Fi 溫溼度手機監控 App 程式 WiFiDHT11.aia

二 電路接線圖

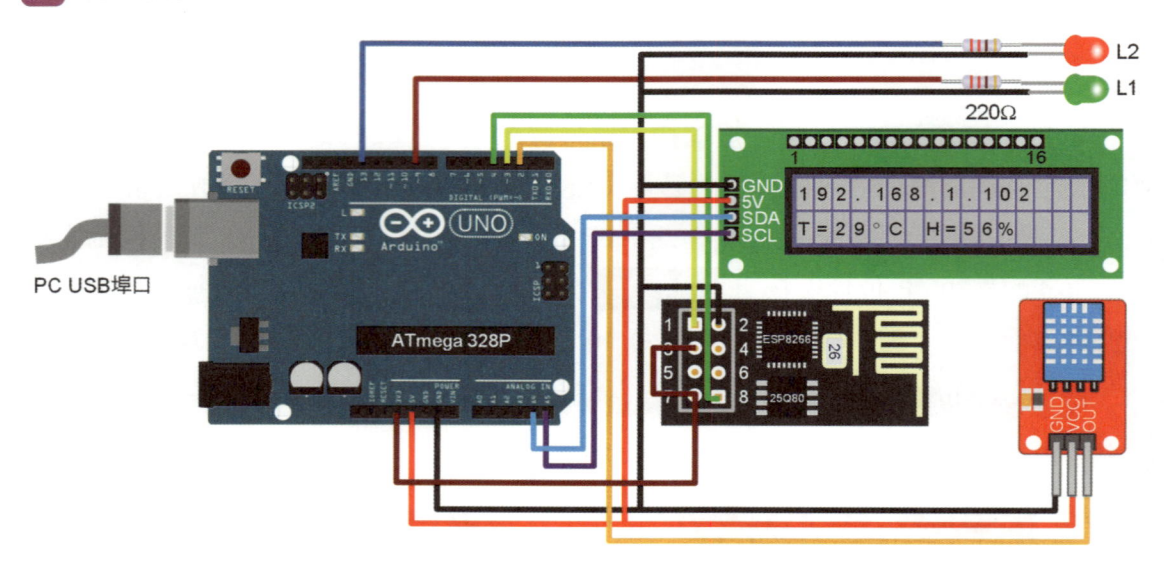

圖 5-22　Wi-Fi 溫溼度監控電路接線圖

三 程式：ch5-3.ino

```
#include <Adafruit_Sensor.h>              //載入 Adafruit_Sensor 函式庫。
#include <DHT.h>                          //載入 DHT 函式庫。
#include <DHT_U.h>                        //載入 DHT_U 函式庫。
#include <LiquidCrystal_I2C.h>            //載入 LiquidCrystal_I2C 函式庫。
LiquidCrystal_I2C lcd(0x27,16,2);         //建立 I2C 16×2LCD 物件。
#include <SoftwareSerial.h>               //載入 SoftwareSerial 函式庫。
SoftwareSerial ESP8266(3,4);              //設定 D3 為 RXD，D4 為 TXD。
#define DHTPIN 2                          //D2 連接 DHT11 輸出腳。
#define DHTTYPE DHT11                     //使用 DHT11 溫溼度感測器。
DHT dht(DHTPIN, DHTTYPE);                 //建立 DHT11 物件 dht。
#define SSID "輸入您的 AP 名稱"             //AP 名稱。
#define PASSWD "輸入您的 AP 密碼"           //AP 密碼。
const int led=9;                          //D9 連接照明燈 L1。
boolean ledStatus=0;                      //照明燈 L1 的開關狀態。
const int WIFIled=13;                     //D13 連接 Wi-Fi 狀態指示燈 L2。
boolean FAIL_8266 = false;                //ESP8266 連線狀態，預設為連線成功。
int connectionId;                         //多路連接通道 id。
char c;                                   //接收字元。
```

```cpp
String cmd;                                    //AT 命令。
String action;                                 //回傳給用戶端的數據。
int ipcount=0;                                 //私用 IP 位址的長度。
int plus=0;                                    //CIFSR 指令的回應數據起始碼'+'數量。
unsigned long timeout=0;                       //系統時間。
String temp,humi;                              //環境溫度及溼度字串物件。
char buf[3];                                   //溫度或溼度數據傳送緩衝區。
//初值設定
void setup()
{
    dht.begin();                               //DHT11 初始化
    lcd.init();                                //LCD 初始化。
    lcd.backlight();                           //開啟 LCD 背光。
    lcd.setCursor(0,0);                        //設定顯示座標位置在第 0 行第 0 列。
    pinMode(led,OUTPUT);                       //設定 D9 為輸出模式。
    digitalWrite(led,LOW);                     //關閉照明燈 L1。
    pinMode(WIFIled,OUTPUT);                   //設定 D13 為輸出模式。
    digitalWrite(WIFIled,LOW);                 //關閉 Wi-Fi 指示燈 L2。
    ESP8266.begin(9600);                       //設定 ESP8266 傳輸速率為 9600bps。
    for(int i=0;i<3;i++)                       //Wi-Fi 指示燈 L2 閃爍三次。
    {
        digitalWrite(WIFIled,HIGH);            //點亮 Wi-Fi 指示燈。
        delay(200);                            //延遲 0.2 秒。
        digitalWrite(WIFIled,LOW);             //關閉 Wi-Fi 指示燈。
        delay(200);                            //延遲 0.2 秒。
    }
    do{
        sendESP8266cmd("AT+RST",2000);         //重置 ESP8266。
        lcd.clear();                           //清除 LCD 顯示內容。
        lcdprintStr("reset 8266...");          //顯示訊息。
        if(ESP8266.find("OK"))                 //ESP8266 重置成功?
        {
            lcdprintStr("OK");                 //ESP8266 重置成功則顯示"OK"。
            if(connectWiFi(10))                //ESP8266 與 WiFi 連線成功?
            {
```

```
            FAIL_8266=false;                    //設定旗標,連線成功。
            lcd.setCursor(0,1);                 //設定LCD座標位置在第0行第1列。
            lcdprintStr("connect success");     //顯示訊息:連線成功。
        }
        else                                    //連線不成功。
        {
            FAIL_8266=true;                     //設定旗標,連線失敗。
            lcd.setCursor(0,1);                 //設定LCD座標位置在第0行第1列。
            lcdprintStr("connect fail");        //顯示訊息:連線失敗。
        }
    }
    else                                        //ESP8266重置失敗。
    {
        delay(500);                             //延遲0.5秒。
        FAIL_8266=true;                         //設定旗標,連線失敗。
        lcd.setCursor(0,1);                     //設定LCD座標在第0行第1列。
        lcdprintStr("no response");             //顯示訊息:ESP8266無回應。
    }
 } while(FAIL_8266);                            //連線失敗,重新連線。
 digitalWrite(WIFIled,HIGH);                    //連線成功,WiFi指示燈恆亮。
}
//主迴圈
void loop()
{
   if((millis()-timeout)>=10000)                //每10秒更新溫度及溼度值。
   {
      timeout=millis();                         //儲存目前系統時間。
      lcd.setCursor(0,1);                       //設定LCD座標在第0行第1列。
      for(int i=0;i<16;i++)                     //清除LCD第1列資料。
         lcd.print(' ');                        //填入空白字元。
      if(!FAIL_8266)                            //ESP8266連線成功?
      {
         float h = dht.readHumidity();          //DHT11讀取溫度值。
         float t = dht.readTemperature();       //DHT11讀取溼度值。
         if (isnan(t) || isnan(h))              //溫度或溼度的資料不正確?
```

```cpp
            {
                lcd.setCursor(0,1);                    //設定LCD座標在第0行第1列。
                lcdprintStr("DHT11 error");            //顯示訊息：DHT11無回應。
            }
            else                                       //溫度及溼度的資料正確。
            {
                lcd.setCursor(0,1);                    //設定LCD座標第0行第1列。
                lcdprintStr("T=");                     //顯示訊息：溫度。
                lcd.print((int)t/10);                  //顯示十位數溫度值。
                lcd.print((int)t%10);                  //顯示個位數溫度值。
                lcd.write(0xdf);                       //顯示溫度單位"°"。
                lcd.print("C");                        //顯示溫度單位"C"
                buf[0]=0x30+(int)t/10;                 //轉換並儲存十位數溫度值。
                buf[1]=0x30+(int)t%10;                 //轉換並儲存個位數溫度值。
                temp=(String(buf)).substring(0,2);     //將溫度值轉成字串。
                lcd.setCursor(8,1);                    //設定顯示座標在第8行第1列。
                lcdprintStr("H=");                     //顯示訊息：溼度。
                lcd.print((int)h/10);                  //顯示十位數溼度值。
                lcd.print((int)h%10);                  //顯示個位數溼度值。
                lcd.print("%");                        //顯示相對溼度單位"%"。
                buf[0]=0x30+(int)h/10;                 //轉換並儲存十位數溼度值。
                buf[1]=0x30+(int)h%10;                 //轉換並儲存十位數溼度值。
                humi=(String(buf)).substring(0,2);     //將溼度值轉成字串。
            }
        }
    }
    if(ESP8266.available())                            //ESP8266接收到資料?
    {
        if(ESP8266.find("+IPD,"))                      //接收到資料的前導字串"+IPD,"?
        {
            while((c=ESP8266.read())<'0'||c>='9')
                ;                                      //略過非數字0~9的資料。
            connectionId = c-'0';                      //儲存通道id。
            ESP8266.find("X=");                        //接收到字串"X="?
            while((c=ESP8266.read())<'0'||c>='9')      //非數字0~9?
```

```cpp
            ;                                    //略過非數字 0~9 的資料。
            if(c=='1')                           //接收到用戶端傳送數據"X=1"？
            {
                ledStatus=!ledStatus;            //改變照明燈 L1 的狀態。
                if(ledStatus==0)                 //照明燈 L1 不亮?
                    action="X1=off";             //回傳訊息"X1=off"給用戶端。
                else                             //照明燈 L1 點亮。
                    action="X1=on";              //回傳訊息"X1=on"給用戶端。
                digitalWrite(led,ledStatus);     //設定照明燈 L1 狀態。
            }
            else if(c=='2')                      //接收到用戶端傳送數據"X=2"？
                action=temp + "," + humi;        //回傳溫度及溼度值給用戶端。
            else                                 //所接收的數據不明確。
                action="X=?";                    //回傳"X=?"訊息給用戶端。
            httpResponse(connectionId,action);   //回傳數據給用戶端。
        }
     }
}
//ESP8266 AT 指令傳送函式
void sendESP8266cmd(String cmd, int waitTime)
{
    ESP8266.println(cmd);                        //傳送 AT 指令。
    delay(waitTime);                             //等待傳送完成。
}
//連線函式
boolean connectWiFi(int timeout)
{
    sendESP8266cmd("AT+CWMODE=1",2000);          //設定 ESP8266 為 STA。
    delay(1000);                                 //等待設定完成。
    lcd.setCursor(0,1);                          //設定 LCD 座標在第 0 行第 1 列。
    lcdprintStr("WiFi mode:STA");                //顯示訊息"WiFi mode:STA"。
    do {
        String cmd="AT+CWJAP=\"";                //加入 AP。
        cmd+=SSID;                               //AP 位址。
        cmd+="\",\"";
```

```
        cmd+=PASSWD;                              //AP 密碼。
        cmd+="\"";
        sendESP8266cmd(cmd,1000);                 //寫入 AT 指令。
        lcd.clear();                              //清除 LCD 顯示內容。
        lcdprintStr("join AP...");                //顯示訊息"join AP..."。
        if(ESP8266.find("OK"))                    //加入 AP 成功?
        {
            lcdprintStr("OK");                    //顯示"OK"訊息。
            sendESP8266cmd("AT+CIFSR",1000);      //取得私用 IP 位址。
            lcd.clear();                          //清除 LCD 顯示內容。
            plus=0;                               //清除 plus 內容。
            ipcount=0;                            //清除 ipcount 內容。
            while(ESP8266.available())            //ESP8266 接收到數據?
            {
                c=ESP8266.read();                 //讀取 ESP8266 接收的數據。
                if(c=='+')                        //是 CIFSR 回應數據起始碼'+'?
                    plus++;                       //plus 加 1。
                else if(c>='0' && c<='9' && ipcount<12 && plus<=2)
                {
                    lcd.write(c);                 //顯示 IP 位址數值。
                    ipcount++;                    //下一個 IP 位址的數值。
                }
                else if(c=='.' && ipcount<12 && plus<=2)
                    lcd.write(c);                 //顯示 IP 位址分隔符號'.'
            }
            sendESP8266cmd("AT+CIPMUX=1",1000);   //設定多路連線。
            sendESP8266cmd("AT+CIPSERVER=1,80",1000);//設為伺服器。
            return true;                          //連線成功。
        }
    }while((timeout--)>0);                        //連線失敗則繼續進行連線。
    return false;                                 //10 次連線失敗。
}
//用戶端數據回傳函式
void httpResponse(int id, String content)
{
```

```
    String head,response;                              //回傳給用戶端的標頭及數據。
    head = "HTTP/1.1 200 OK\r\n";
    head += "Content-Type: text/html\r\n";
    head += "Connection: close\r\n";
    head += "Refresh: 8\r\n";
    head += "\r\n";
    response = head + content;                         //回傳給用戶端的標頭及數據。
    String cmd = "AT+CIPSEND=";                        //ESP8266 傳送數據指令。
    cmd += id;                                         //通道id。
    cmd += ",";
    cmd += response.length();                          //數據長度。
    sendESP8266cmd(cmd,200);                           //寫入AT指令。
    ESP8266.print(response);                           //傳送數據。
    delay(200);                                        //延遲0.2秒。
    cmd = "AT+CIPCLOSE=";                              //關閉通道。
    cmd += connectionId;
    sendESP8266cmd(cmd,200);                           //寫入AT指令。
}
//ESP8266 AT指令傳送函式
void sendESP8266cmd(String cmd, int waitTime)
{
    ESP8266.println(cmd);                              //寫入AT指令。
    delay(waitTime);                                   //等待寫入完成。
}
//lcd顯示字串函式
void lcdprintStr(char *str)
{
    int i=0;
    while(str[i]!='\0')
    {                                                  //字串結尾?
        lcd.print(str[i]);                             //顯示一個字元。
        i++;                                           //下一個字元。
    }
}
```

四 App 介面配置及說明：APP/ch5/WiFiDHT11.aia

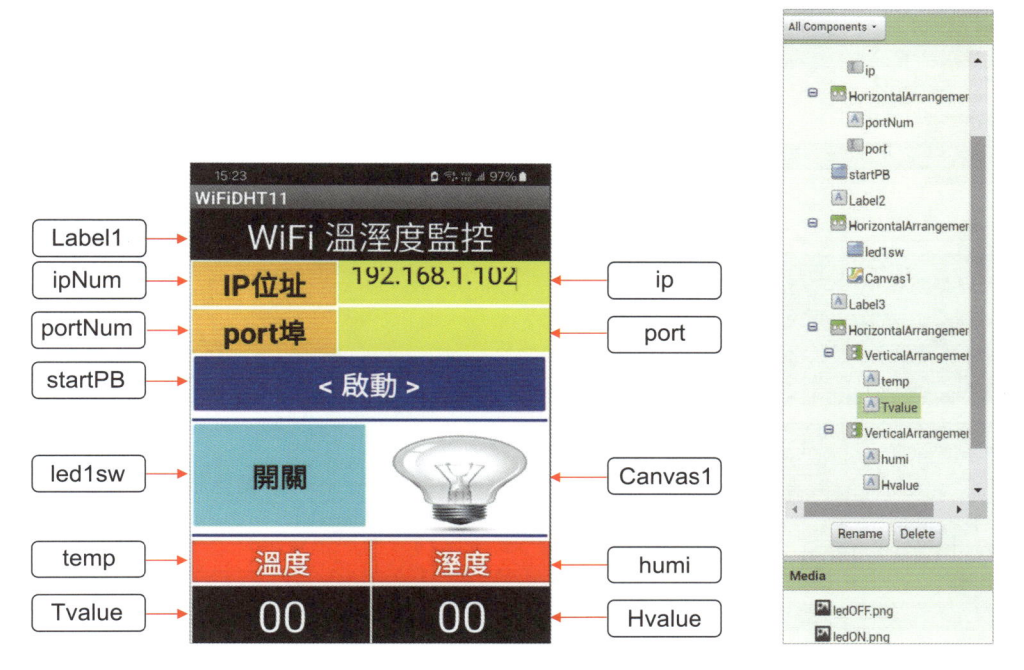

圖 5-23　App 程式 WiFiDHT11 介面配置

表 5-11　App 程式 WiFiDHT11 元件屬性說明

名稱	元件	主要屬性說明
Label1	Label	FontSize=32
ipNum，portNum	Label	Height=50 pixels, Width=40 percent
ip，port	TextBox	Height=50 pixels, Width=Fill parent
startPB	Button	Height=Automatic, Width=Fill parent
led1sw	Button	Height=100 pixels, Width=50 percent
Canvas1	Canvas	BackgroundImage=ledOFF.png
temp	Label	Height=Automatic, Width=50 percent, FontSize=24
Tvalue	Label	Height=Automatic, Width=50 percent, FontSize=40
humi	Label	Height=Automatic, Width=50 percent, FontSize=24
Hvalue	Label	Height=Automatic, Width=50 percent, FontSize=40
Clock1	Clock	TimerInterval=10000

5-41

五　App 方塊功能說明：APP/ch5/WiFiDHT11.aia

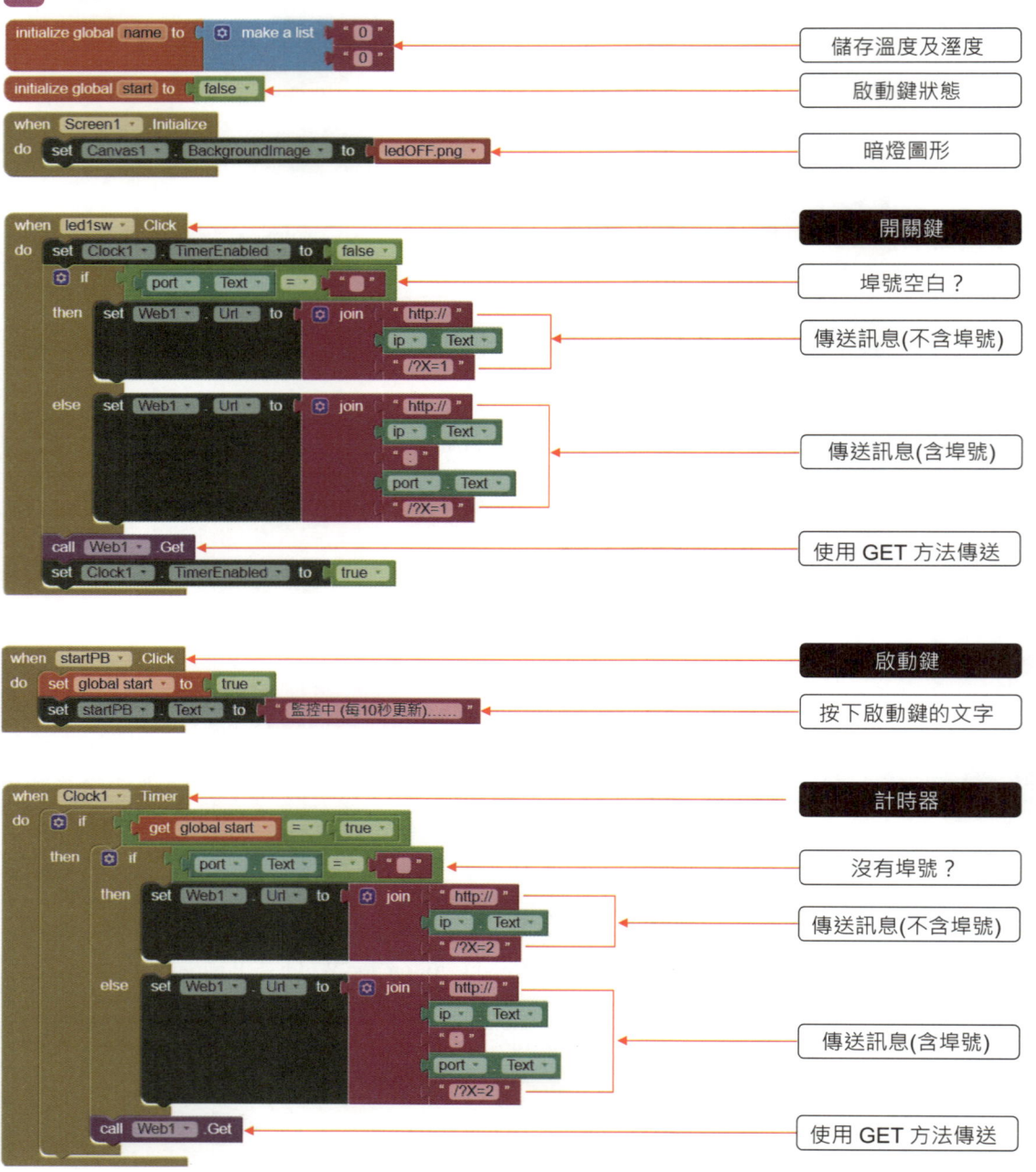

- initialize global `name` to make a list "0" "0" — 儲存溫度及溼度
- initialize global `start` to false — 啟動鍵狀態
- when Screen1.Initialize do set Canvas1.BackgroundImage to "ledOFF.png" — 暗燈圖形

開關鍵
- when led1sw.Click
  - do set Clock1.TimerEnabled to false
  - if port.Text = "" — 埠號空白？
    - then set Web1.Url to join "http://", ip.Text, "/?X=1" — 傳送訊息(不含埠號)
    - else set Web1.Url to join "http://", ip.Text, ":", port.Text, "/?X=1" — 傳送訊息(含埠號)
  - call Web1.Get — 使用 GET 方法傳送
  - set Clock1.TimerEnabled to true

啟動鍵
- when startPB.Click
  - do set global start to true
  - set startPB.Text to "監控中 (每10秒更新)……" — 按下啟動鍵的文字

計時器
- when Clock1.Timer
  - do if get global start = true
    - then if port.Text = "" — 沒有埠號？
      - then set Web1.Url to join "http://", ip.Text, "/?X=2" — 傳送訊息(不含埠號)
      - else set Web1.Url to join "http://", ip.Text, ":", port.Text, "/?X=2" — 傳送訊息(含埠號)
    - call Web1.Get — 使用 GET 方法傳送

Wi-Fi 無線通訊技術　5

```
when Web1 ▾ .GotText
  url  responseCode  responseType  responseContent
do  ⚙ if    get responseCode ▾  = ▾  200              ← GET 請求
    then ⚙ if    get responseContent ▾  = ▾  " X1=on "   ← GET 請求成功？
         then  set Canvas1 ▾ . BackgroundImage ▾  to  ledON.png ▾   ← 數據為 X1=on 則開燈
         else if  get responseContent ▾  = ▾  " X1=off "
         then  set Canvas1 ▾ . BackgroundImage ▾  to  ledOFF.png ▾  ← 數據為 X1=off 則關燈
         else  set global name ▾  to  split ▾ text  get responseContent ▾  ← 分割溫度及溼度值
                                           at  " , "
               set Tvalue ▾ . Text ▾  to  select list item  list  get global name ▾   ← 顯示溫度值
                                                           index  1
               set Hvalue ▾ . Text ▾  to  select list item  list  get global name ▾   ← 顯示溼度值
                                                           index  2
```

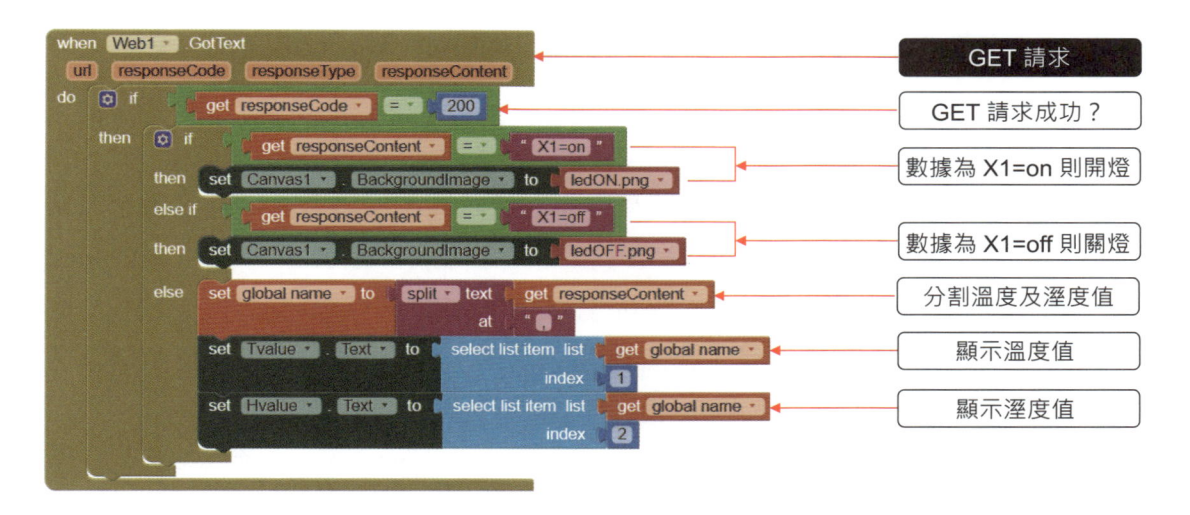

練習

1. 接續範例，新增第二組連接於 D6 的 DHT11 溫溼度感測器。使用如圖 5-24 所示手機 App 程式 WiFiDHT11n2 介面配置，顯示兩組 DHT11 溫溼度感測器的溫度及溼度。

圖 5-24　App 程式 WiFiDHT11n2 介面配置

▶ 動手做：Wi-Fi 遠端類比輸入監控電路

ㄧ 功能說明

　　如圖 5-26 所示 Wi-Fi 遠端類比輸入監控電路接線圖，利用 ESP8266 模組加入家用 AP，並且設定為**伺服器**角色，所取得的私用 IP 位址會顯示於 LCD 中。開啟如圖 5-25(a) 所示 Wi-Fi 遠端類比輸入監控 App 程式 APP/ch5/WiFiAnalog.aia，於 IP 位址欄位中輸入伺服器的私用 IP 位址，按下 **啟動** 鍵，啟動如圖 5-25(b) 所示遠端類比輸入監控畫面。

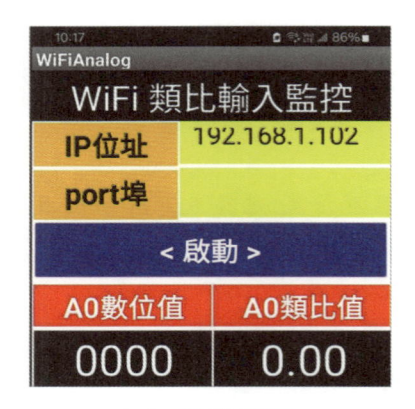

(a) 開機畫面 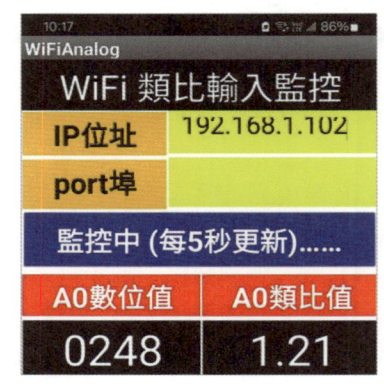　　　　　　　　　　(b) 監控畫面

圖 5-25　Wi-Fi 遠端類比輸入監控 App 程式 WiFiAnalog.aia

二 電路接線圖

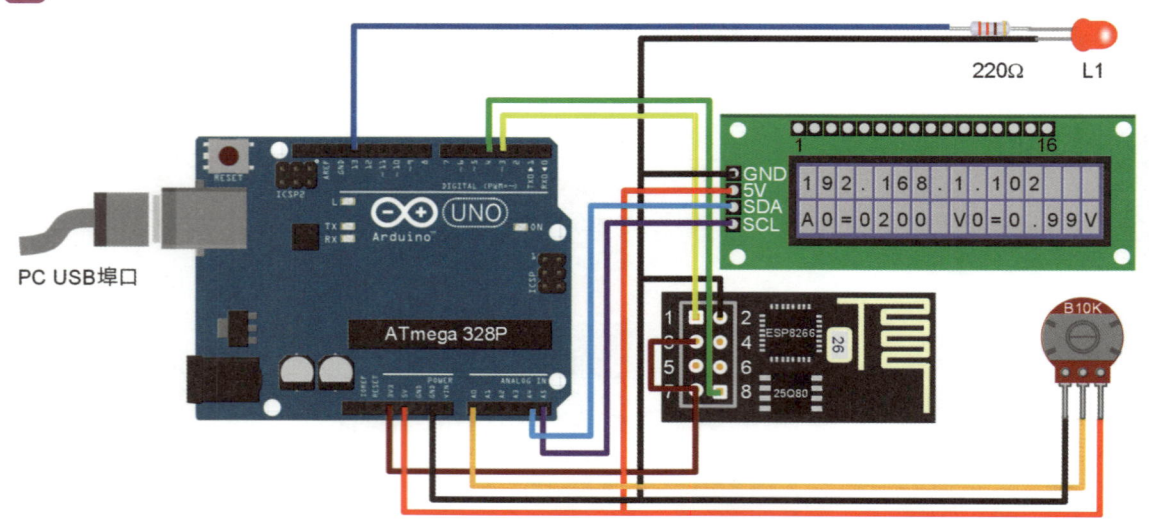

圖 5-26　Wi-Fi 遠端類比輸入監控電路接線圖

三 程式：ch5-4.ino

```cpp
#include <LiquidCrystal_I2C.h>              //載入 LiquidCrystal_I2C 函式庫。
LiquidCrystal_I2C lcd(0x27,16,2);           //建立 LCD 物件。
#include <SoftwareSerial.h>                 //載入 SoftwareSerial 函式庫。
SoftwareSerial ESP8266(3,4);                //設定 D3 為 RXD，D4 為 TXD。
#define SSID "輸入您的AP名稱"                //AP 名稱。
#define PASSWD "輸入您的AP密碼"              //AP 密碼。
const int WIFIled=13;                       //Wi-Fi 指示燈。
bool FAIL_8266 = false;                     //連線狀態預設為成功(false)。
int connectionId;                           //多路連線通道 id。
char c;                                     //接收字元。
String cmd;                                 //AT 指令。
String action;                              //回傳給用戶端的數據。
int ipcount=0;                              //IP 位址長度。
int plus=0;                                 //CIFSR 指令的回應數據起始碼'+'數量。
int val;                                    //A0 輸入的數位值。
long volt;                                  //A0 輸入的類比值。
String digital0,analog0;                    //建立數位值與類比值的字串物件。
char buf[4];                                //數位值與類比值儲存緩衝區。
//初值設定
void setup()
{
    lcd.init();                             //LCD 初始化。
    lcd.backlight();                        //開啟 LCD 背光。
    lcd.setCursor(0,0);                     //設定 LCD 座標在第 0 行第 0 列。
    pinMode(WIFIled,OUTPUT);                //設定 D13 為輸出埠。
    digitalWrite(WIFIled,LOW);              //關閉 Wi-Fi 指示燈。
    ESP8266.begin(9600);                    //ESP8266 初始化，傳輸率為 9600bps。
    for(int i=0;i<3;i++)                    //Wi-Fi 指示燈閃爍三次。
    {
        digitalWrite(WIFIled,HIGH);         //點亮 Wi-Fi 指示燈。
        delay(200);                         //延遲 0.2 秒。
        digitalWrite(WIFIled,LOW);          //關閉 Wi-Fi 指示燈。
        delay(200);                         //延遲 0.2 秒。
    }
```

```
    do{
        sendESP8266cmd("AT+RST",2000);          //ESP8266 重置。
        lcd.clear();                             //清除 LCD 顯示內容。
        lcdprintStr("reset 8266...");            //顯示訊息"reset 8266..."。
        if(ESP8266.find("OK"))                   //ESP8266 重置成功?
        {
            lcdprintStr("OK");                   //顯示訊息：OK。
            if(connectWiFi(10))                  //連線成功?
            {
                FAIL_8266=false;                 //設定旗標，連線成功。
                lcd.setCursor(0,1);              //設定 LCD 座標在第 0 行第 1 列。
                lcdprintStr("connect success");  //顯示訊息：連線成功。
            }
            else                                 //連線失敗。
            {
                FAIL_8266=true;                  //設定旗標，連線失敗。
                lcd.setCursor(0,1);              //設定 LCD 座標在第 0 行第 1 列。
                lcdprintStr("connect fail");     //顯示訊息，連線失敗。
            }
        }
        else                                     //ESP8266 重置失敗。
        {
            delay(500);                          //延遲 0.5 秒。
            FAIL_8266=true;                      //設定旗標，連線失敗。
            lcd.setCursor(0,1);                  //設定 LCD 座標在第 0 行第 1 列。
            lcdprintStr("no response");          //顯示訊息，ESP8266 無回應。
        }
    }while(FAIL_8266);                           //重新進行連線。
    digitalWrite(WIFIled,HIGH);                  //連線成功 WiFi 指示燈 L1 恆亮。
}
//主迴圈
void loop()
{
    val=analogRead(A0);                          //讀取 A0 類比輸入數位值。
    lcd.setCursor(0,1);                          //設定 LCD 座標在第 0 行第 1 列。
```

```
    lcdprintStr("A0=");                            //顯示字串"A0="。
    lcd.print(val/100/10);                         //顯示千位數位值
    lcd.print(val/100%10);                         //顯示百位數位值。
    lcd.print(val%100/10);                         //顯示十位數位值。
    lcd.print(val%100%10);                         //顯示個位數位值。
    lcd.print(' ');                                //空格。
    volt=(long)val*500/1024;                       //將數位值轉成類比電壓值。
    lcd.setCursor(8,1);                            //設定LCD座標在第8行第1列。
    lcdprintStr("V0=");                            //顯示"V0="字串。
    lcd.print(volt/100);                           //顯示百位類比值。
    lcd.print('.');                                //顯示小數點'.'。
    lcd.print(volt%100/10);                        //顯示十位類比值。
    lcd.print(volt%100%10);                        //顯示個位類比值。
    lcd.print('V');                                //顯示電壓單位'V'。
    digital0=val2str(val);                         //將數位值val轉成字串digital0。
    analog0=volt2str(volt);                        //將類比值volt轉成字串analog0。
    if(ESP8266.available())                        //ESP8266接收到數據?
    {
        if(ESP8266.find("+IPD,"))                  //找到數據前導字串+IPD?
        {
            while((c=ESP8266.read())<'0' || c>'9')//忽略非數字字元。
                ;
            connectionId = c-'0';                  //多路連線通道id。
            ESP8266.find("X=");
            while((c=ESP8266.read())<'0'||c>'9')   //忽略非數字字元。
                ;
            if(c=='0')                             //用戶端傳送數據為"X=0"?
                action=digital0 + ',' + analog0;   //傳送數位與類位值給用戶端。
            else                                   //用戶端回應數據不是"X=0"。
                action="X=?";                      //回傳訊息"X=?"。
            httpResponse(connectionId,action);     //傳送數位與類位值給用戶端。
        }
    }
}
//Wi-Fi 連線函式
```

```c
bool connectWiFi(int timeout)
{
    sendESP8266cmd("AT+CWMODE=1",2000);        //選擇WiFi模式為STA。
    delay(1000);                                //延遲1秒,等待設定完成。
    lcd.setCursor(0,1);                         //設定LCD在第0行第1列。
    lcdprintStr("WiFi mode:STA");               //顯示訊息:設定WiFi模式為STA。
    do
    {
        String cmd="AT+CWJAP=\"";               //加入AP。
        cmd+=SSID;                              //AP位址。
        cmd+="\",\"";
        cmd+=PASSWD;                            //AP密碼。
        cmd+="\"";
        sendESP8266cmd(cmd,1000);               //寫入AT指令。
        lcd.clear();                            //清除LCD顯示內容。
        lcdprintStr("join AP...");              //顯示訊息"join AP..."。
        if(ESP8266.find("OK"))                  //加入AP成功?
        {
            lcdprintStr("OK");                  //顯示訊息"OK"。
            sendESP8266cmd("AT+CIFSR",1000);    //取得私用IP位址。
            lcd.clear();                        //清除LCD顯示內容。
            plus=0;                             //清除plus內容。
            ipcount=0;                          //清除ipcount內容。
            while(ESP8266.available())          //ESP8266接收到數據資料?
            {
                c=ESP8266.read();               //讀取ESP8266回應數據。
                if(c=='+')                      //讀取到數據前導字符'+'?
                    plus++;                     //plus加1。
                else if(c>='0' && c<='9' && ipcount<12 && plus<=2)
                {
                    lcd.write(c);               //顯示IP位址的數值。
                    ipcount++;                  //下一個IP位址的數值,最多12個。
                }
                else if(c=='.' && ipcount<12 && plus<=2)
                    lcd.write(c);               //顯示IP位址分隔符號'.'
```

```
            }
            sendESP8266cmd("AT+CIPMUX=1",1000);      //設定多路連線。
            sendESP8266cmd("AT+CIPSERVER=1,80",1000);    //設定 ESP8266 為 STA。
            return true;                              //連線成功。
        }
    }while((timeout--)>0);                            //連線失敗且未逾時,繼續連線。
    return false;                                     //連線 10 次失敗,傳回旗標 false。
}
//用戶端數據回傳函式
void httpResponse(int id, String content)
{
    String head,response;                             //回傳給用戶端的標頭及數據。
    head = "HTTP/1.1 200 OK\r\n";                     //HTTP 請求成功。
    head += "Content-Type: text/html\r\n";            //HTML 文件。
    head += "Connection: close\r\n";                  //連接模式。
    head += "Refresh: 8\r\n";                         //設定跳轉時間。
    head += "\r\n";                                   //換行。
    response = head + content;                        //回傳給用戶端的標頭及數據。
    String cmd = "AT+CIPSEND=";                       //ESP8266 傳送數據指令。
    cmd += id;                                        //通道 id。
    cmd += ",";
    cmd += response.length();                         //數據長度。
    sendESP8266cmd(cmd,200);                          //寫入 AT 指令。
    ESP8266.print(response);                          //傳送數據。
    delay(200);                                       //延遲 0.2 秒,等待傳送。
    cmd = "AT+CIPCLOSE=";                             //關閉通道 id。
    cmd += connectionId;
    sendESP8266cmd(cmd,200);                          //寫入 AT 指令。
}
//ESP8266 AT 指令傳送函式
void sendESP8266cmd(String cmd, int waitTime)
{
    ESP8266.println(cmd);                             //傳送 AT 指令。
    delay(waitTime);                                  //等待傳送完成。
}
```

```
//lcd 顯示字串函式
void lcdprintStr(char *str)
{
    int i=0;
    while(str[i]!='\0')                         //不是字串結尾?
    {
        lcd.print(str[i]);                      //顯示一個字元。
        i++;                                    //指向下一個字元。
    }
}
//整數轉字串函式
String val2str(int val)
{
    String digital;                             //建立字串物件 digital。
    buf[0]=0x30+val/100/10;                     //A0 千位數位值。
    buf[1]=0x30+val/100%10;                     //A0 百位數位值。
    buf[2]=0x30+val%100/10;                     //A0 十位數位值。
    buf[3]=0x30+val%100%10;                     //A0 個位數位值。
    digital=(String(buf)).substring(0,4);       //轉成字串,取四位。
    return digital;                             //回傳結果。
}
//長整數轉字串函式
String volt2str(int volt)
{
    String analog;                              //建立字串物件 analog。
    buf[0]=0x30+volt/100;                       //A0 百位類比值。
    buf[1]='.';                                 //A0 小數點。
    buf[2]=0x30+volt%100/10;                    //A0 十位類比值。
    buf[3]=0x30+volt%100%10;                    //A0 個位類比值。
    analog=(String(buf)).substring(0,4);        //轉成字串,取四位。
    return analog;                              //回傳結果。
}
```

四　App 介面配置及說明：APP/ch5/WiFiAnalog.aia

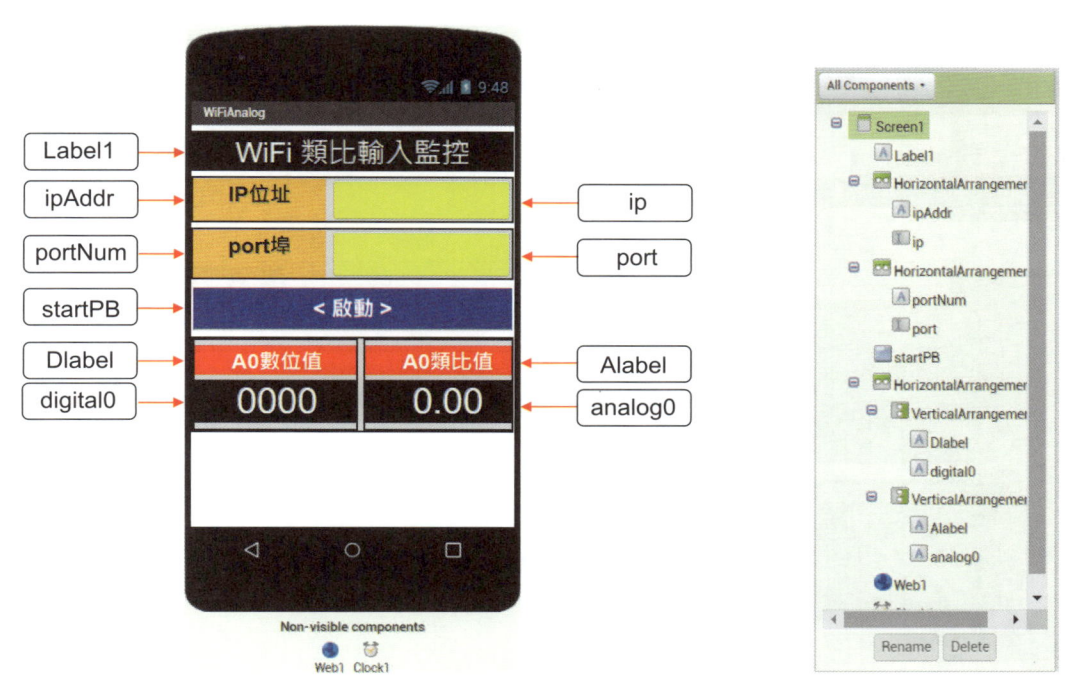

圖 5-27　App 程式 WiFiAnalog 介面配置

表 5-12　App 程式 WiFiAnalog 元件屬性說明

名稱	元件	主要屬性說明
Label1	Label	FontSize=32
ipAddr	Label	Height=50 pixels,Width=40 percent
portNum	Label	Height=50 pixels,Width=40 percent
ip	TextBox	Height=50 pixels,Width=Fill parent
port	TextBox	Height=50 pixels,Width=Fill parent
startPB	Button	Height=Automatic,Width=Fill parent
Dlabel	Label	Height=Automatic,Width=50 percent,Fontsize=24
digital0	Label	Height=Automatic,Width=50 percent,Fontsize=40
Alabel	Label	Height=Automatic,Width=50 percent,Fontsize=24
analog0	Label	Height=Automatic,Width=50 percent,Fontsize=40
Clock1	Clock	TimerInterval=5000

五 App 方塊功能說明：APP/ch5/WiFiAnalog.aia

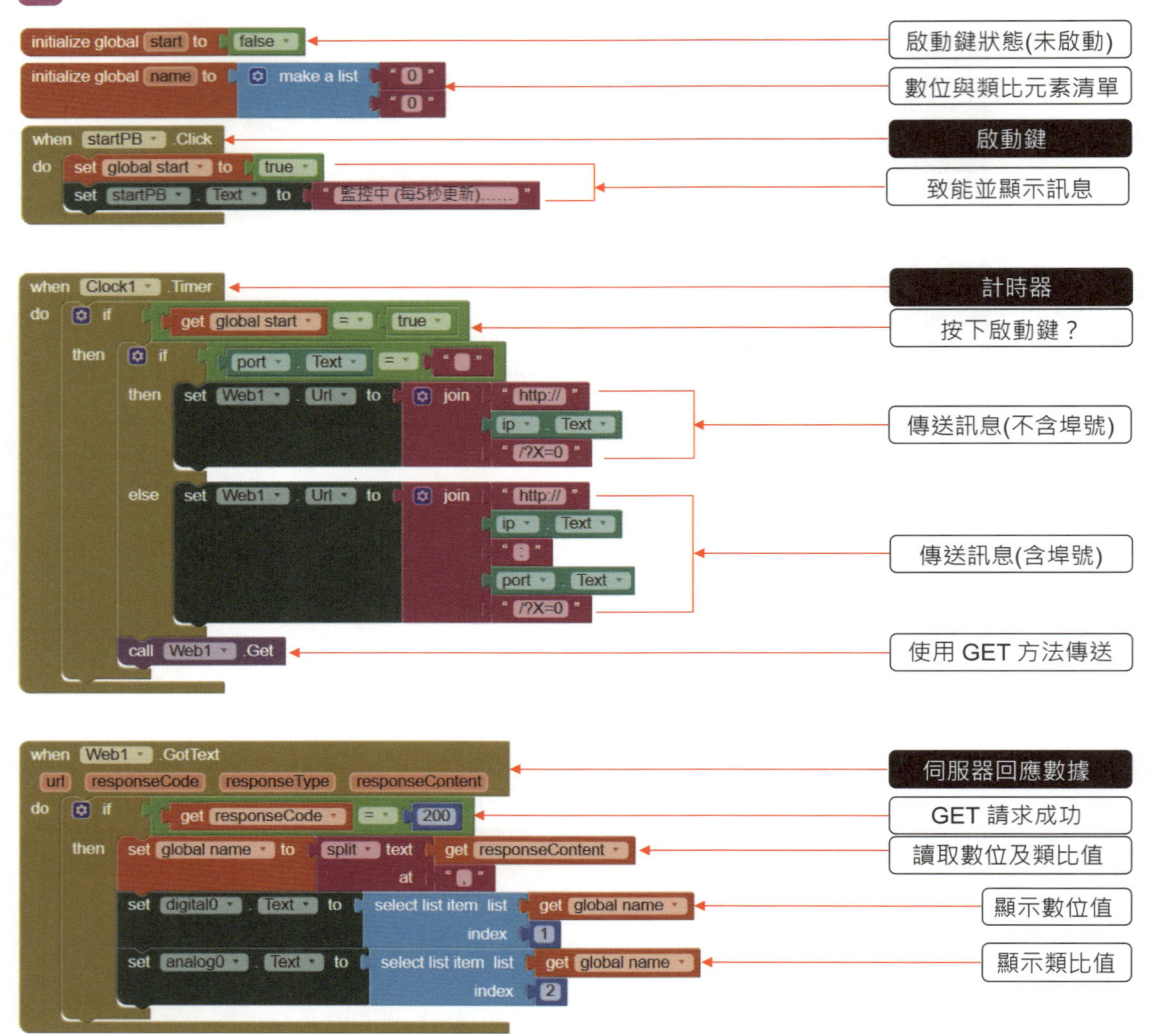

- initialize global `start` to `false` ← 啟動鍵狀態(未啟動)
- initialize global `name` to `make a list "0" "0"` ← 數位與類比元素清單

when `startPB`.Click ← 啟動鍵
do
- set global `start` to `true`
- set `startPB`.`Text` to `"監控中(每5秒更新)......"` ← 致能並顯示訊息

when `Clock1`.Timer ← 計時器
do
- if `get global start` = `true` ← 按下啟動鍵？
  - then if `port`.`Text` = `" "`
    - then set `Web1`.`Url` to join `"http://"` `ip`.`Text` `"/?X=0"` ← 傳送訊息(不含埠號)
    - else set `Web1`.`Url` to join `"http://"` `ip`.`Text` `":"` `port`.`Text` `"/?X=0"` ← 傳送訊息(含埠號)
  - call `Web1`.Get ← 使用 GET 方法傳送

when `Web1`.GotText ← 伺服器回應數據
url responseCode responseType responseContent
do
- if `get responseCode` = `200` ← GET 請求成功
  - then set global `name` to split text `get responseContent` at `" "` ← 讀取數位及類比值
    - set `digital0`.`Text` to select list item list `get global name` index `1` ← 顯示數位值
    - set `analog0`.`Text` to select list item list `get global name` index `2` ← 顯示類比值

練習

1. 接續範例，使用如圖 5-28 所示手機 App 程式 WiFiAnalog2 介面配置，完成 Wi-Fi 多點類比輸入監控電路。第一組電位器連接於 A0，顯示於「A0 數位值」及「A0 類比值」兩個欄位。第二組電位器連接於 A1，顯示於「A1 數位值」及「A1 類比值」兩個欄位。LCD 顯示私用 IP 位址，並且同步顯示 A0 電位器的數位值及類比值。

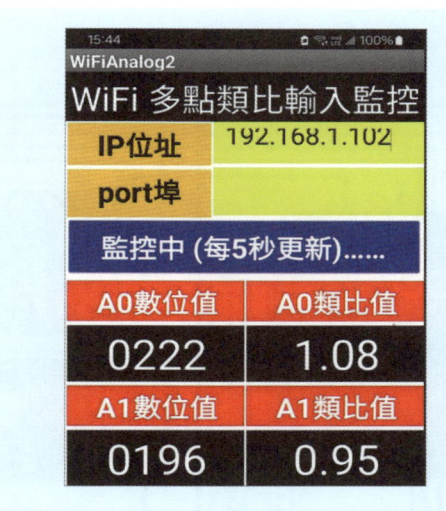

圖 5-28　App 程式 WiFiAnalog2 介面配置

▶ 動手做：Wi-Fi 調色 LED 燈電路

一 功能說明

　　如圖 5-30 所示 Wi-Fi 調色 LED 燈電路接線圖，利用 ESP8266 模組加入家用 AP，並且設為**伺服器**角色，取得私用 IP 位址並顯示於 LCD 中。開啟如圖 5-29 所示 App 程式 APP/ch5/WiFiRGBled.aia。輸入伺服器 IP 位址後，利用紅（R）、綠（G）、藍（B）三色調桿，調整 LED 燈的顏色及彩度。調色完成後，按下 調色 鍵將 R、G、B 數值，透過 Wi-Fi 傳送給 ESP8266，控制遠端全彩 LED 模組的發光顏色。

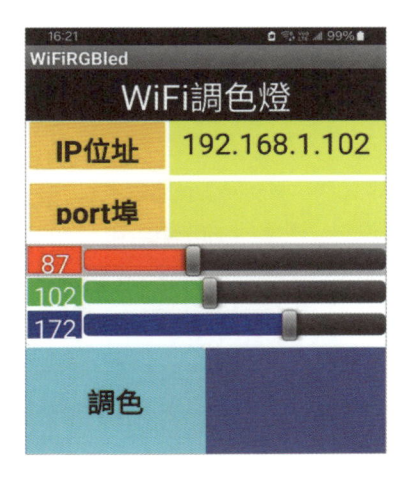

圖 5-29　Wi-Fi 調色 LED 燈 App 程式 WiFiRGBled.aia

二 電路接線圖

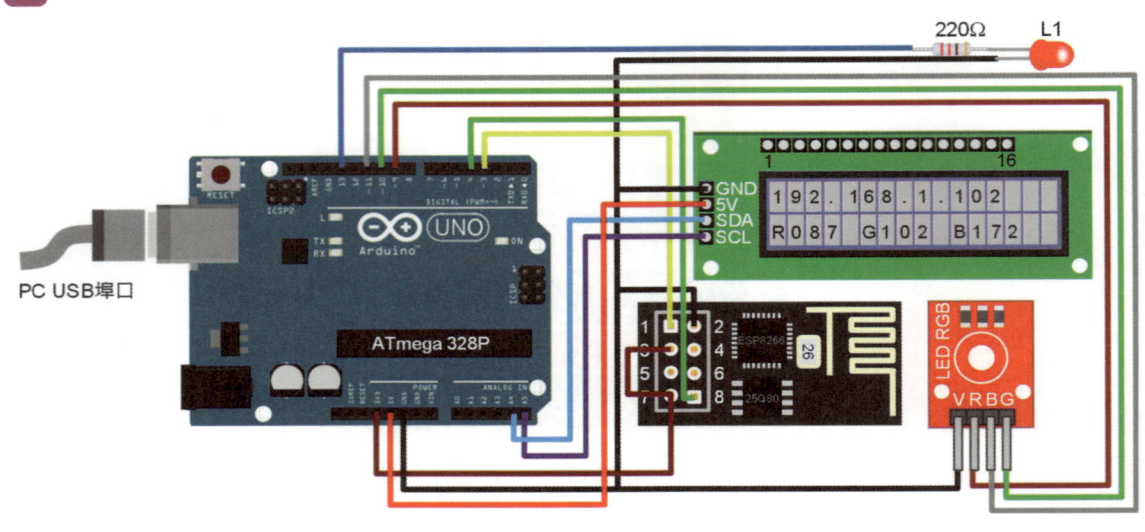

圖 5-30　Wi-Fi 調色 LED 燈電路接線圖

三 程式：ch5-5.ino

```
#include <LiquidCrystal_I2C.h>        //載入 LiquidCrystal_I2C 函式庫。
LiquidCrystal_I2C lcd(0x27,16,2);     //建立 LCD 物件，I2C 位址 0x27。
#include <SoftwareSerial.h>           //載入 SoftwareSerial 函式庫。
SoftwareSerial ESP8266(3,4);          //設定 D3 為 RXD，D4 為 TXD。
#define SSID "輸入您的 AP 名稱"        //AP 名稱。
#define PASSWD "輸入您的 AP 密碼"      //AP 密碼。
const int led[3]={9,10,11};           //R、G、B 控制腳。
const int WIFIled=13;                 //D13 連接 Wi-Fi 指示燈 L1。
boolean FAIL_8266 = false;            //連線狀態旗標。
int connectionId;                     //多路連線通道 id。
char c;                               //接收字元。
String cmd;                           //AT 指令。
String action;                        //回傳給用戶端的資料。
byte red,green,blue;                  //R、G、B 數位值。
int ipcount=0;                        //IP 位址的長度。
int plus=0;                           //CIFSR 指令的回應資料數量。
char buf[3];                          //R、G、B 數位值儲存緩衝區。
int i;                                //迴圈值。
int RGBcount=0;                       //R、G、B 數位值，完整讀取時為 3。
```

5-54

```
//初值設定
void setup()
{
    lcd.init();                              //LCD 初始化。
    lcd.backlight();                         //開啟 LCD 背光。
    lcd.setCursor(0,0);                      //設定 LCD 座標在第 0 行第 0 列。
    for(i=0;i<3;i++)                         //關閉 R、G、B 燈。
        analogWrite(led[i],0);               //關閉 LED。
    pinMode(WIFIled,OUTPUT);                 //設定 D13 為輸出埠,指示連線狀態。
    digitalWrite(WIFIled,LOW);               //關閉 Wi-Fi 指示燈 L1。
    ESP8266.begin(9600);                     //ESP8266 傳輸速率為 9600bps。
    for(i=0;i<3;i++)                         //Wi-Fi 指示燈開機時閃爍三次。
    {
        digitalWrite(WIFIled,HIGH);          //點亮 Wi-Fi 指示燈。
        delay(200);                          //延遲 0.2 秒。
        digitalWrite(WIFIled,LOW);           //關閉 Wi-Fi 指示燈。
        delay(200);                          //延遲 0.2 秒。
    }
    do
    {
        sendESP8266cmd("AT+RST",2000);       //ESP8266 重置。
        lcd.clear();                         //清除 LCD 顯示內容。
        lcdprintStr("reset 8266...");        //顯示訊息"reset 8266..."。
        if(ESP8266.find("OK"))               //ESP8266 重置成功?
        {
            lcdprintStr("OK");               //顯示訊息:重置成功。
            if(connectWiFi(10))              //開始與 AP 連線。
            {
                FAIL_8266=false;             //設定旗標,連線成功。
                lcd.setCursor(0,1);          //設定 LCD 座標在第 0 行第 1 列。
                lcdprintStr("connect success");//顯示訊息:連線成功。
            }
            else                             //ESP8266 連線失敗。
            {
                FAIL_8266=true;              //設定旗標,連線失敗。
```

```
            lcd.setCursor(0,1);              //設定LCD座標在第0行第1列。
            lcdprintStr("connect fail");     //顯示訊息,連線失敗。
        }
    }
    else                                      //ESP8266重置失敗。
    {
        delay(500);                           //延遲0.5秒。
        FAIL_8266=true;                       //設定旗標,重置失敗。
        lcd.setCursor(0,1);                   //設定顯示座標在第0行第1列。
        lcdprintStr("no response");           //顯示訊息:ESP8266無回應。
    }
  }while(FAIL_8266);                          //連線失敗,重新連線。
  digitalWrite(WIFIled,HIGH);                 //連線成功,Wi-Fi指示燈L1恆亮。
}
//主迴圈
void loop()
{
    lcd.setCursor(0,1);                       //設定LCD座標在第0行第1列。
    lcdprintStr("R");                         //顯示字元R。
    lcd.print(red/100);                       //R百位數位值。
    lcd.print(red%100/10);                    //R十位數位值。
    lcd.print(red%100%10);                    //R個位數位值。
    lcd.print(' ');                           //空格。
    lcdprintStr("G");                         //顯示字元G。
    lcd.print(green/100);                     //G百位數位值。
    lcd.print(green%100/10);                  //G十位數位值。
    lcd.print(green%100%10);                  //G個位數位值。
    lcd.print(' ');                           //空格。
    lcdprintStr("B");                         //顯示字元B。
    lcd.print(blue/100);                      //G百位數位值。
    lcd.print(blue%100/10);                   //G十位數位值。
    lcd.print(blue%100%10);                   //G個位數位值。
    lcd.print(' ');                           //空格。
    lcd.print(' ');                           //空格。
    if(ESP8266.available())                   //ESP8266已接收到數據?
```

```cpp
{
    if(ESP8266.find("+IPD,"))                       //接收到數據的前導字串+IPD?
    {
        while((c=ESP8266.read())<'0' || c>'9')
            ;                                        //忽略非數字字元。
        connectionId = c-'0';                        //多路連線的通道id。
        ESP8266.find("X=");                          //數據資料開頭為"X="?
        while((c=ESP8266.read())<'a' || c>='z')      //非a~z 字母?
            ;                                        //非a~z 字母則忽略。
        if(c=='r')                                   //R 的滑桿設定值?
        {
            for(i=0;i<3;i++)                         //讀取R 三位設定值。
            {
                while((c=ESP8266.read())<'0' || c>'9')//0~9 數字?
                    ;                                //非0~9 數字則忽略。
                buf[i]=c-'0';                        //字元轉數值。
            }
            RGBcount++;                              //RGBcount 加1。
            red=buf[0]*100+buf[1]*10+buf[2];         //字元轉數值。
            red=red-100;                             //傳送時+100，接收則-100
        }
        while((c=ESP8266.read())<'a' || c>='z')      //非a~z 字母?
            ;                                        //非a~z 字母則忽略。
        if(c=='g')                                   //G 的滑桿設定值?
        {
            for(i=0;i<3;i++)                         //讀取R 三位設定值。
            {
                while((c=ESP8266.read())<'0' || c>='9')//0~9 數字?
                    ;
                buf[i]=c-'0';                        //字元轉數值。
            }
            RGBcount++;                              //RGBcount 加1。
            green=buf[0]*100+buf[1]*10+buf[2];
            green=green-100;                         //傳送時+100，接收則-100
        }
```

```
            while((c=ESP8266.read())<'a' || c>='z')//非a~z字母?
                ;
            if(c=='b')                              //B的滑桿設定值?
            {
                for(i=0;i<3;i++)                    //讀取B的設定值。
                {
                    while((c=ESP8266.read())<'0' || c>'9')
                        ;                           //忽略非數字字元。
                    buf[i]=c-'0';                   //字元轉數值。
                }
                RGBcount++;                         //RGBcount加1。
                blue=buf[0]*100+buf[1]*10+buf[2];   //數值轉設定值。
                blue=blue-100;                      //傳送時+100，接收則-100。
            }
            analogWrite(led[0],red);                //改變R燈彩度。
            analogWrite(led[1],green);              //改變G燈彩度。
            analogWrite(led[2],blue);               //改變B燈彩度。
            if(RGBcount==3)                         //已接收完R、G、B三色數值?
                action="X=OK";                      //回傳數據"X=OK"給用戶端。
            else                                    //未收到R、G、B三色數值。
                action="X=?";                       //回傳"X=?"數據給用戶端。
            RGBcount=0;                             //清除RGBcount=0。
            httpResponse(connectionId,action);      //回應數據給用戶端(手機)。
        }
    }
}
//連線函式
boolean connectWiFi(int timeout)
{
    sendESP8266cmd("AT+CWMODE=1",2000);             //設定Wi-Fi模式為STA。
    delay(1000);                                    //延遲1秒，等待設定完成。
    lcd.setCursor(0,1);                             //設定LCD座標在第0行第1列。
    lcdprintStr("WiFi mode:STA");                   //顯示訊息:Wi-Fi為STA模式。
    do
    {
```

```cpp
    String cmd="AT+CWJAP=\"";                              //加入AP。
    cmd+=SSID;                                             //AP位址。
    cmd+="\",\"";
    cmd+=PASSWD;                                           //AP密碼。
    cmd+="\"";
    sendESP8266cmd(cmd,1000);                              //寫入AT指令。
    lcd.clear();                                           //清除LCD顯示內容。
    lcdprintStr("join AP...");                             //顯示訊息:連接AP中。
    if(ESP8266.find("OK"))                                 //加入AP成功?
    {
        lcdprintStr("OK");                                 //顯示訊息:加入AP成功。
        sendESP8266cmd("AT+CIFSR",1000);                   //取得私用IP位址。
        lcd.clear();                                       //清除LCD顯示內容。
        plus=0;                                            //清除plus內容。
        ipcount=0;                                         //清除ipcount內容。
        while(ESP8266.available())                         //ESP8266接收到數據資料?
        {
            c=ESP8266.read();                              //讀取數據資料。
            if(c=='+')                                     //讀取到數據前導字符'+'?
                plus++;                                    //plus加1。
            else if(c>='0' && c<='9' && ipcount<12 && plus<=2)
            {
                lcd.write(c);                              //顯示IP位址數字。
                ipcount++;                                 //下一個IP位址數字。
            }
            else if(c=='.' && ipcount<=12 && plus<=2)
                lcd.write(c);                              //顯示IP位址分隔符號'.'
        }
        sendESP8266cmd("AT+CIPMUX=1",1000);                //設定多路連線。
        sendESP8266cmd("AT+CIPSERVER=1,80",1000);          //設定ESP8266為伺服器。
        return true;                                       //連線成功。
    }
}while((timeout--)>0);                                     //連線失敗,繼續連線。
return false;                                              //已連線10次失敗。
}
```

```cpp
//用戶端數據回傳函式
void httpResponse(int id, String content)
{
    String head,response;                          //回傳給用戶端的標頭及數據。
    head = "HTTP/1.1 200 OK\r\n";                  //HTTP 請求成功。
    head += "Content-Type: text/html\r\n";         //HTML 文件。
    head += "Connection: close\r\n";               //連接模式。
    head += "Refresh: 8\r\n";                      //跳轉時間。
    head += "\r\n";                                //換行。
    response = head + content;                     //回傳給用戶端的標頭及數據。
    String cmd = "AT+CIPSEND=";                    //ESP8266 傳送數據 AT 指令
    cmd += id;                                     //通道 id。
    cmd += ",";
    cmd += response.length();                      //數據長度。
    sendESP8266cmd(cmd,200);                       //寫入 AT 指令。
    ESP8266.print(response);                       //傳送數據。
    delay(200);                                    //延遲 0.2 秒。
    cmd = "AT+CIPCLOSE=";                          //關閉通道。
    cmd += connectionId;                           //通道 id。
    sendESP8266cmd(cmd,200);                       //寫入 AT 指令。
}
//ESP8266 AT 指令傳送函式
void sendESP8266cmd(String cmd, int waitTime){
    ESP8266.println(cmd);                          //寫入 AT 指令。
    delay(waitTime);                               //等待寫入完成。
}
//lcd 顯示字串函式
void lcdprintStr(char *str) {
    int i=0;
    while(str[i]!='\0')                            //不是字串結尾?
    {
        lcd.print(str[i]);                         //顯示一個字元。
        i++;                                       //指向下一個字元。
    }
}
```

Wi-Fi 無線通訊技術

四 App 介面配置及說明：APP/ch5/WiFiRGBled.aia

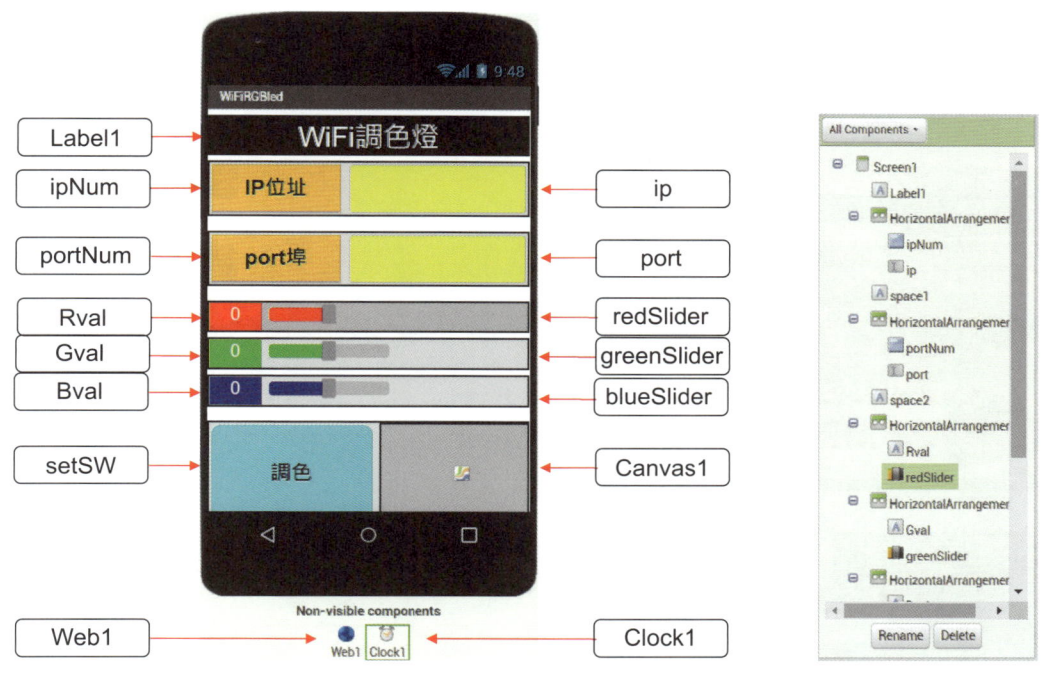

圖 5-31　App 程式 WiFiRGBled 介面配置

表 5-13　App 程式 WiFiRGBled 元件屬性說明

名稱	元件	主要屬性說明
Label1	Label	FontSize=32
ipNum，portNum	Label	Height=50 pixels,Width=40 percent
ip，port	TextBox	Height=50 pixels,Width=Fill parent
Rval，Gval，Bval	Label	Height=25 pixels,Width=15 percent,Fontsize=20
redSlider	Slider	Width=Fill parent,MinValue=0,MaxValue=250
greenSlider	Slider	Width=Fill parent,MinValue=0,MaxValue=250
blueSlider	Slider	Width=Fill parent,MinValue=0,MaxValue=250
setSW	Button	Height=100 pixels,Width=50 percent,Fontsize=24
Canvas1	Canvas	Height=100 pixels,Width=50 percent
Clock1	Clock	TimerInterval=5000

5-61

五　App 方塊功能說明：APP/ch5/WiFiRGBled.aia

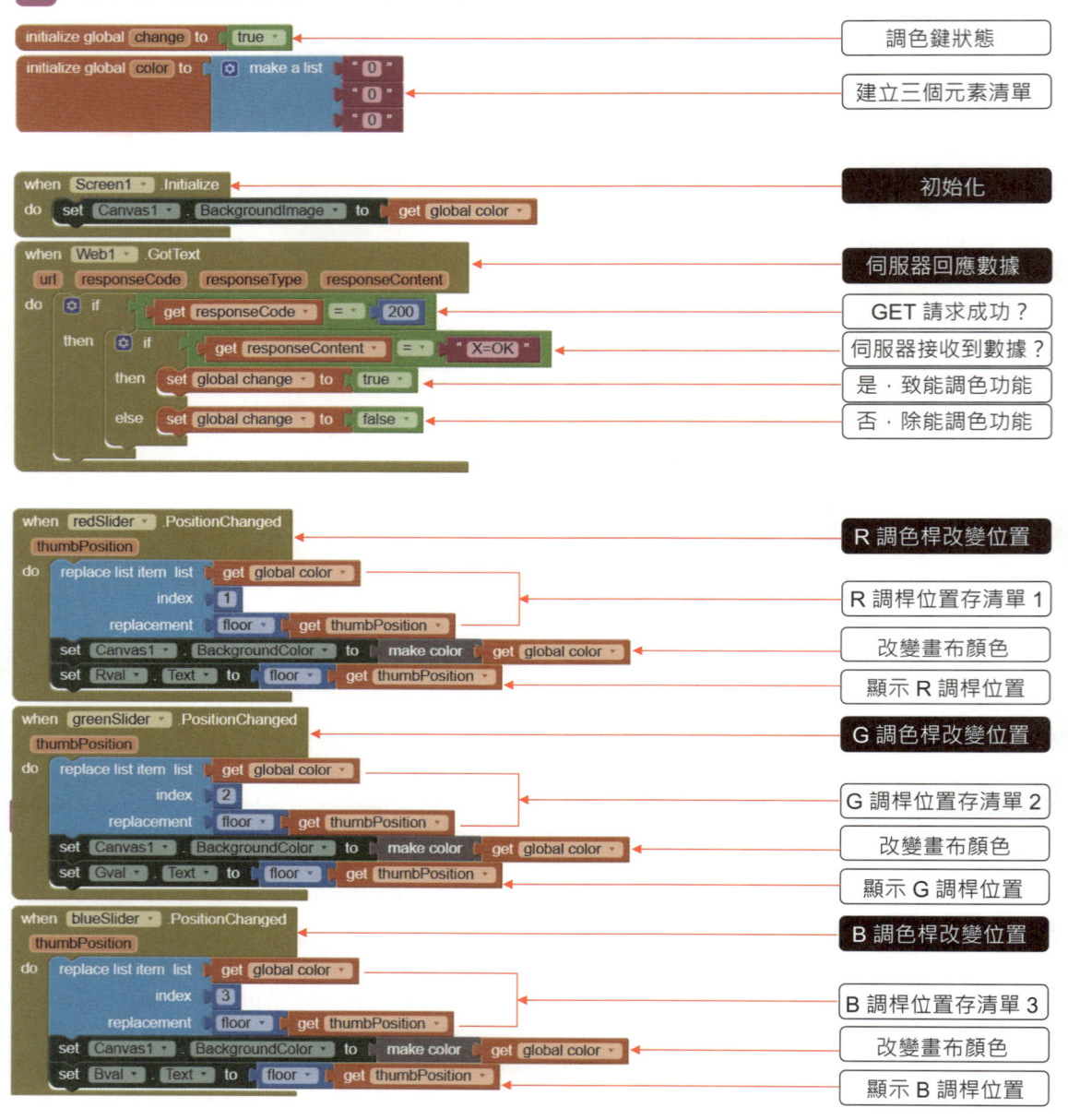

```
initialize global change to true
```
調色鍵狀態

```
initialize global color to make a list "0" "0" "0"
```
建立三個元素清單

```
when Screen1.Initialize
do  set Canvas1.BackgroundImage to get global color
```
初始化

```
when Web1.GotText
    url  responseCode  responseType  responseContent
do  if get responseCode = 200
    then if get responseContent = "X=OK"
         then set global change to true
         else set global change to false
```
伺服器回應數據
GET 請求成功？
伺服器接收到數據？
是，致能調色功能
否，除能調色功能

```
when redSlider.PositionChanged
    thumbPosition
do  replace list item  list  get global color
                      index 1
                      replacement  floor  get thumbPosition
    set Canvas1.BackgroundColor to make color  get global color
    set Rval.Text to floor  get thumbPosition
```
R 調色桿改變位置
R 調桿位置存清單 1
改變畫布顏色
顯示 R 調桿位置

```
when greenSlider.PositionChanged
    thumbPosition
do  replace list item  list  get global color
                      index 2
                      replacement  floor  get thumbPosition
    set Canvas1.BackgroundColor to make color  get global color
    set Gval.Text to floor  get thumbPosition
```
G 調色桿改變位置
G 調桿位置存清單 2
改變畫布顏色
顯示 G 調桿位置

```
when blueSlider.PositionChanged
    thumbPosition
do  replace list item  list  get global color
                      index 3
                      replacement  floor  get thumbPosition
    set Canvas1.BackgroundColor to make color  get global color
    set Bval.Text to floor  get thumbPosition
```
B 調色桿改變位置
B 調桿位置存清單 3
改變畫布顏色
顯示 B 調桿位置

調色鍵

傳 IP 及 R、G、B 滑桿的設定值

練習

1. 接續範例，將全彩 LED 燈改成 16 位串列全彩 LED 模組，D6 連接 LED 模組的輸入腳。並使用相同的 App 程式 WiFiRGBled.aia 控制 LED 模組的顏色及彩度。

5-5 認識 ESP32 Wi-Fi

　　ESP32 支援標準 IEEE802.11b/g/n 協定和完整 TCP/IP 協定。與 ESP8266 相同，ESP32 具有 AP、STA 及 AP+STA 三種 Wi-Fi 工作模式，皆可設定 WPA、WPA2、WPA3 等安全模式。建立 ESP32 Wi-Fi 通道所須的函式庫 **WiFi.h**，在 Arduino IDE 安裝 ESP32 開發板時已內建。

　　如表 5-14 所示 ESP32 Wi-Fi 函式庫常用函式說明，begin() 函式功用是 Wi-Fi 初始化並與指定的 AP 連線。Mode() 函式功用是設定 ESP32 Wi-Fi 的工作模式，WIFI_AP 為 AP 模式，ESP32 當成 Wi-Fi 分享器，讓其他裝置可以連入。WIFI_STA 為 STA 模式，ESP32 連接其他 Wi-Fi 分享器。status() 函式功用是檢查連線狀態，當回傳值為 WL_CONNECTED，代表連線成功。localIP() 函式功用是連線成功時，傳回 Wi-Fi 分享器所配置的私用 IP 位址。

表 5-14　ESP32 的 WiFi 函式庫常用函式

方法	功能	參數或回傳說明
begin(ssid,pwd)	建立 Wi-Fi 連接通道	ssid：連接 Wi-Fi 網路的名稱。 pwd：連接 Wi-Fi 網路的密碼。
mode(mod)	Wi-Fi 連線模式	mod=WIFI_AP：存取點（Access Point）模式。 mod=WIFI_STA：工作站（Station）模式。 mod=WIFI_AP_STA：兩種模式共存。 mod=WIFI_OFF：關閉 Wi-Fi。
status()	傳回 Wi-Fi 連線狀態	WL_CONNECTED：已連線。 WL_CONNECT_FAILED：連線失敗。 WL_DISCONNECTED：已斷線。
localIP()	傳回連線的 IP 位址。	回傳 IP 位址。

5-5-1　ESP32 建立 Wi-Fi 連線

　　如圖 5-32 所示 ESP32 建立 Wi-Fi 連線流程圖，首先設定 ESP32 為 STA 模式、server 埠號為 80。接著初始化 Wi-Fi，並且開始連線指定的 AP 名稱。連線成功後，等待外部裝置（如手機）連接。如果有外部裝置連接，即可進行雙向資料傳輸，ESP32 可將資料傳送給外部裝置，或是接收外部裝置所傳送的資料。

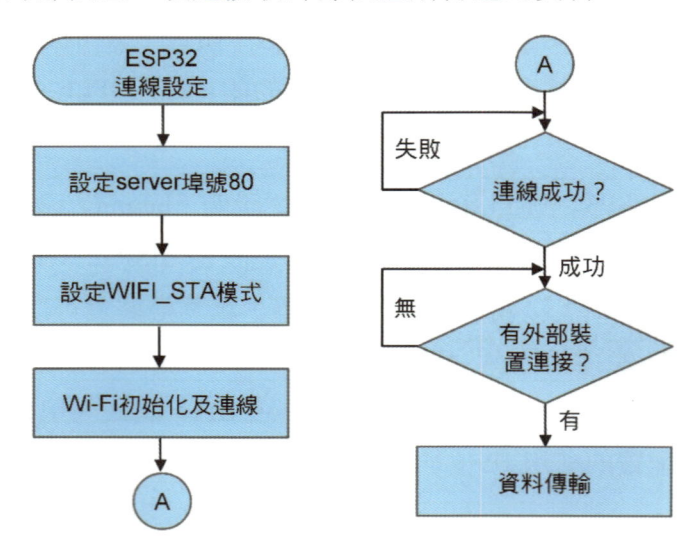

圖 5-32　ESP32 建立 Wi-Fi 連線流程圖

▶ 動手做：ESP32 Wi-Fi 連線設定電路

一 功能說明

如圖 5-34 所示 ESP32 Wi-Fi 連線設定電路接線圖。上傳 ch5-6.ino 檔案至 ESP32 開發板。開啟「序列埠監控視窗」，設定序列埠傳輸率 115200bps。按下 ESP32 開發板重置鍵（EN 鍵），如圖 5-33 所示 ESP32 Wi-Fi 連線成功後，分享器會配置一個私用 IP 位址給 ESP32，本例為 192.168.1.110。

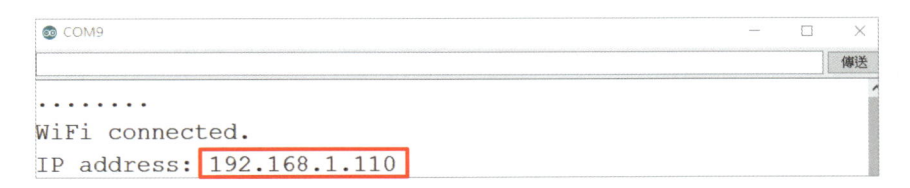

圖 5-33　ESP32 Wi-Fi 連線成功

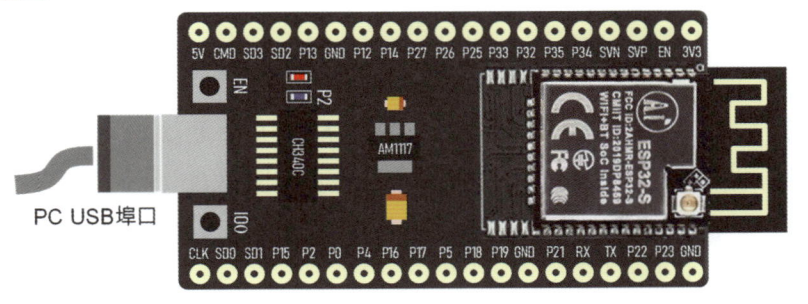

二 電路接線圖

圖 5-34　ESP32 Wi-Fi 連線設定電路接線圖

三 程式：ch5-6.ino

```
#include<WiFi.h>                              //載入 WiFi 函式庫。
const char ssid[]="輸入您的AP名稱";            //AP 名稱。
const char pwd[]="輸入您的AP密碼";             //AP 密碼。
//初值設定
void setup(){
    Serial.begin(115200);                     //設定序列埠傳輸率為 115200bps。
    WiFi.mode(WIFI_STA);                      //設定 ESP32 為 STA 模式。
    WiFi.begin(ssid,pwd);                     //ESP32 WiFi 初始化並建立連線。
    Serial.print("WiFi connecting");          //顯示訊息：WiFi 連線中。
```

5-65

```
    while(WiFi.status()!=WL_CONNECTED){    //WiFi 尚未連線?
        Serial.print(".");                 //等待WiFi 連線。
        delay(500);                        //延遲0.5 秒。
    }
    Serial.println("");                    //換行。
    Serial.print("IP address:");           //顯示訊息:IP 位址。
    Serial.println(WiFi.localIP());        //讀取並顯IP 位址。
}
//主迴圈
void loop(){
}
```

▶ 動手做：ESP32 Wi-Fi 燈光控制電路（網頁控制）

一 功能說明

如圖 5-36 所示 ESP32 Wi-Fi 燈光控制電路接線圖，上傳程式碼 **ch5-7.ino** 及 **index_html.h** 到 ESP32 模組，開啟並設定 Arduino IDE「序列埠監控視窗」傳輸率為 115200bps。按下 ESP32 開發板重置鍵（EN 鍵），Wi-Fi 連線成功會配置一個私用 IP 位址給 ESP32。在瀏覽器網址列輸入私用 IP 位址，開啟如圖 5-35 所示 ESP32 Wi-Fi 燈光控制頁面，按鍵 ON/OFF 控制 ESP32 內建 LED 燈（GPIO2）開/關，同時在控制頁面下方會顯示 LED 燈的目前狀態。

(a) 關閉（OFF）LED 燈 　　　　　　(b) 開啟（ON）LED 燈

圖 5-35　ESP32 Wi-Fi 燈光控制頁面

二 電路接線圖

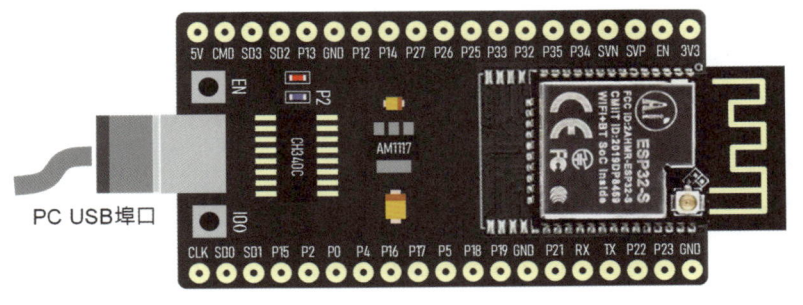

圖 5-36　ESP32 Wi-Fi 燈光控制電路接線圖

三 程式：ch5-7.ino

```
#include <WiFi.h>                                //載入 WiFi 函式庫。
#include "index_html.h"                          //載入網頁。
const char* ssid = "輸入您的AP名稱";              //AP 名稱。
const char* pwd = "輸入您的AP密碼";               //AP 密碼。
WiFiServer server(80);                           //設定 server 埠通道為 80。
String header;                                   //保存用戶端的數據資料。
String ledState = "OFF";                         //LED 狀態，初始值為 OFF。
const int led = 2;                               //使用 ESP32 內建 LED 燈(GPIO2)。
unsigned long currentTime=0;                     //目前系統時間。
unsigned long previousTime=0;                    //先前系統時間。
const long timeoutTime=2000;                     //連線逾時設定 2 秒。
//初值設定
void setup()
{
    Serial.begin(115200);                        //設定序列埠傳輸率為 115200bps。
    pinMode(led, OUTPUT);                        //設定 GPIO2 為輸出模式。
    digitalWrite(led, LOW);                      //關閉 LED 燈。
    Serial.print("Connecting to ");              //顯示訊息：連線。
    Serial.println(ssid);                        //顯示 AP 名稱。
    WiFi.begin(ssid, pwd);                       //建立 Wi-Fi 連線。
    while (WiFi.status() != WL_CONNECTED)        //Wi-Fi 尚未連線？
    {
        delay(500);                              //等待建立 Wi-Fi 連線。
        Serial.print(".");
```

```
    }
    Serial.println("");                               //換行。
    Serial.println("WiFi connected.");                //顯示訊息:Wi-Fi 已連線。
    Serial.println("IP address: ");                   //顯示連線私用 IP 位址。
    Serial.println(WiFi.localIP());
    server.begin();                                   //初始化伺服器。
}
//主迴圈
void loop()
{
    WiFiClient client=server.available();             //建立用戶端連線通道。
    if(client)                                        //有用戶端連線?
    {
        currentTime=millis();                         //儲存系統時間。
        previousTime=currentTime;                     //儲存時間。
        Serial.println("New Client.");                //顯示訊息:新用戶端。
        //用戶端已連線且未逾時
        while (client.connected()&&currentTime-previousTime<=timeoutTime)
        {
            currentTime=millis();                     //儲存系統時間。
            if (client.available())                   //用戶端請求?
            {
                char c = client.read();               //讀取用戶端傳送的資料。
                Serial.write(c);                      //顯示用戶端傳送的資料。
                header += c;                          //保存用戶端傳送的資料。
                if (c == '\n')
                {
                    client.println("HTTP/1.1 200 OK");        //HTTP 標頭。
                    client.println("Content-type:text/html"); //HTML 文字。
                    client.println("Connection:close");       //重建連線。
                    client.println();                         //換行。
                    if(header.indexOf("GET /led=on")>=0)      //資料是 led=on?
                    {
                        Serial.println("led on");             //顯示訊息。
                        ledState = "ON";                      //設定 LED 狀態為 ON
```

```
                digitalWrite(led,HIGH);              //開啟 LED 燈。
            }
            else if(header.indexOf("GET /led=off")>=0)//是 led=off?
            {
                Serial.println("led off");           //顯示訊息。
                ledState = "OFF";                    //設定 LED 狀態為 OFF
                digitalWrite(led,LOW);               //關閉 LED 燈。
            }
            client.println(index_html);              //開啟網頁。
            client.println("<p>LED is:");            //顯示訊息。
            client.println(ledState);                //顯示 LED 狀態。
            client.println("</p>");                  //段落結束。
            client.println();                        //換行。
            break;                                   //結束 while 迴圈。
        }
      }
    }
    header = "";                                     //清空用戶端資料。
    client.stop();                                   //斷開連接。
    Serial.println("Client disconnected.");          //顯示訊息:已離線。
    Serial.println("");                              //換行。
  }
}
```

四 程式：index_html.h

```
const char index_html[] PROGMEM = R"rawliteral(
<!DOCTYPE html>                          <!--HTML 文件-->
<html>
  <head>
    <title>ESP32 Web Server</title>      <!--標題-->
    <meta name="viewport" content="width=device-width, initial-scale=1">
      <style>
          html {
              display:inline-block;      <!--行內區塊-->
```

```
            font-family: Helvetica;              <!--字體-->
            margin: 0px auto;                    <!--邊界-->
            text-align: center;}                 <!--文字置中-->
        .button {                                <!--ON 按鈕的樣式-->
            display:inline-block;                <!--行內區塊-->
            background-color: #4CAF50;           <!--背景顏色-->
            border: none;                        <!--無邊框-->
            border-radius:4px;                   <!--圓角邊框-->
            color: white;                        <!--文字顏色-->
            padding: 16px 60px;                  <!--元素內間距-->
            font-size:30px;                      <!--文字大小-->
            margin:2px;                          <!--邊界-->
            cursor: pointer;                     <!--設定游標為箭頭形狀-->
            width:200px;                         <!--按鈕寬度-->
            height:80px;}                        <!--按鈕高度-->
        .button2 {                               <!--OFF 按鈕的樣式-->
            display:inline-block;                <!--行內區塊-->
            background-color: #555555;}          <!--按鈕顏色-->
    </style>
</head>
<body>                                           <!--網頁主體-->
    <h1>ESP32 Web Server</h1>                    <!--網頁標題-->
    <p><a href="/led=on"><button class="button">ON</button></a></p>
    <p><a href="/led=off"><button class="button button2">
        OFF</button></a></p>
</body>
</html>
)rawliteral";
```

5-70

Wi-Fi 無線通訊技術　5

練習

1. 接續範例，開啟如圖 5-37(a) 所示網頁控制頁面，新增兩組 ON/OFF 按鍵，控制連接於 GPIO26 及 GPIO27 兩個 LED 的 ON/OFF，同時顯示 LED 目前的狀態。

(a) 練習 1 控制頁面　　　　　(b) 練習 2 控制頁面

圖 5-37　ESP32 Wi-Fi 燈光網頁控制頁面

2. 接續範例，開啟如圖 5-37(b) 所示控制頁面，新增兩個按鍵 SW1、SW2，控制 ESP32 連接於 GPIO26 及 GPIO27 兩個 LED 的 ON/OFF，同時顯示 LED 目前的狀態。

▶ 動手做：ESP32 Wi-Fi 燈光控制電路（手機 App 控制）

■ 功能說明

如圖 5-36 所示 ESP32 Wi-Fi 燈光控制電路接線圖，上傳程式碼 **ch5-8.ino** 到 ESP32 模組，開啟並設定 Arduino IDE「序列埠監控視窗」傳輸率為 115200bps。

按下 ESP32 開發板重置鍵（EN 鍵），Wi-Fi 連線成功會配置一個私用 IP 位址給 ESP32。開啟如圖 5-38 所示手機控制 App 程式 **ESP32_WiFiled.aia**，控制 ESP32 內建 LED 燈（GPIO2）。

5-71

(a) 按 OFF 鍵關閉 LED 燈　　　　　　(b) 按 ON 鍵開啟 LED 燈

圖 5-38　ESP32 Wi-Fi 燈光控制 App 程式 ESP32_WiFiled.aia

二　電路接線圖

如圖 5-36 所示電路。

三　程式：ch5-8.ino

```cpp
#include <WiFi.h>                                  //載入 Wi-Fi 函式庫。
const char* ssid = "輸入您的AP名稱";                //AP 名稱。
const char* pwd = "輸入您的AP密碼";                 //AP 密碼。
WiFiServer server(80);                             //設定 server 埠通道為 80。
String header;                                     //保存用戶端的數據資料。
String ledState = "OFF";                           //LED 狀態，初始值為 OFF。
const int led = 2;                                 //使用 ESP32 內建 LED 燈(GPIO2)。
unsigned long currentTime=0;                       //目前系統時間。
unsigned long previousTime=0;                      //之前系統時間。
const long timeoutTime=2000;                       //連線逾時設定 2 秒。
//初值設定
void setup()
{
    Serial.begin(115200);                          //設定序列埠傳輸率為 115200bps。
    pinMode(led, OUTPUT);                          //設定 GPIO2 為輸出模式。
    digitalWrite(led, LOW);                        //關閉 LED 燈。
    Serial.print("Connecting to ");                //顯示訊息：連接。
    Serial.println(ssid);                          //顯示連接 Wi-Fi 的 AP 名稱。
```

```cpp
    WiFi.begin(ssid, pwd);                          //Wi-Fi 初始化及連接。
    while (WiFi.status() != WL_CONNECTED)           //未連線?
    {
        delay(500);                                 //等待建立 Wi-Fi 連線。
        Serial.print(".");
    }
    Serial.println("");                             //換行。
    Serial.println("WiFi connected.");              //顯示訊息:Wi-Fi 已連線。
    Serial.println("IP address: ");                 //顯示訊息:私用 IP 位址。
    Serial.println(WiFi.localIP());                 //顯示私用 IP 位址。
    server.begin();                                 //初始化伺服器。
}
//主迴圈
void loop()
{
    WiFiClient client=server.available();           //建立用戶端連線通道。
    if(client)                                      //用戶端連線?
    {
        currentTime=millis();                       //儲存系統時間。
        previousTime=currentTime;                   //儲存時間。
        Serial.println("New Client.");              //顯示訊息:新用戶端。
        //用戶端已連線且未逾時
        while (client.connected()&&currentTime-previousTime<=timeoutTime)
        {
            currentTime=millis();                   //儲存系統時間。
            if (client.available())                 //用戶端請求?
            {
                char c = client.read();             //讀取用戶端傳送的資料。
                Serial.write(c);                    //顯示用戶端傳送的資料。
                header += c;                        //保存用戶端傳送的資料。
                if (c == '\n')                      //換列?
                {
                    if(header.indexOf("GET /led=on")>=0)  //資料是 led=on?
                    {
                        Serial.println("led on");   //顯示訊息:led on。
```

```
                ledState = "ON";                          //設定 LED 狀態為 ON
                digitalWrite(led,HIGH);                   //開啟 LED 燈。
            }
            else if(header.indexOf("GET /led=off")>=0)//是 led=off?
            {
                Serial.println("led off");                //顯示訊息。
                ledState = "OFF";                         //設定 LED 狀態為 OFF
                digitalWrite(led,LOW);                    //關閉 LED 燈。
            }
            String response;                              //建立字串物件。
            response = "HTTP/1.1 200 OK\r\n";             //HTTP 標頭。
            response += "Content-Type: text/html\r\n";
            response += "Connection: close\r\n";          //重建新連接。
            response += "Refresh: 8\r\n";                 //重新整理標頭。
            response += "\r\n";
            response += ledState;                         //LED 目前狀態。
            client.print(response);                       //傳送訊息給用戶端。
            break;                                        //結束 while 迴圈。
            }
        }
    }
    header = "";                                          //清空用戶端資料。
    client.stop();                                        //斷開連接。
    Serial.println("Client disconnected.");               //顯示訊息。
    Serial.println("");                                   //換行。
    }
}
```

四 App 介面配置及說明：APP/ch5/ESP32_WiFiRGBled.aia

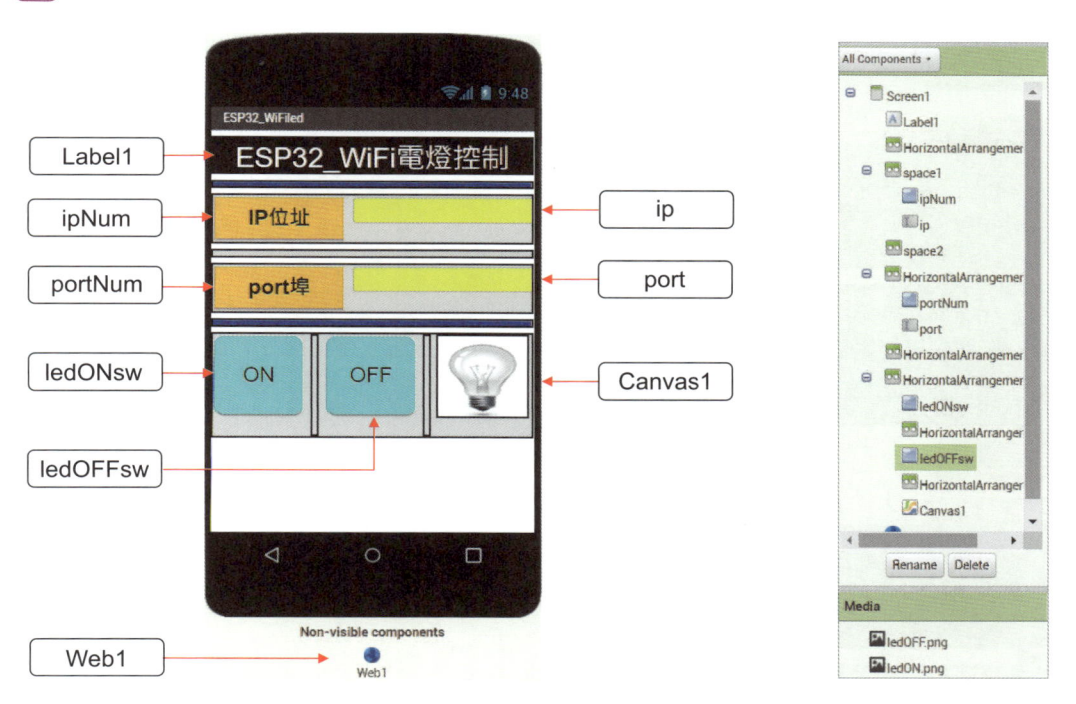

圖 5-39　App 程式 ESP32_WiFiRGBled 介面配置

表 5-15　App 程式 ESP32_WiFiRGBled 元件屬性說明

名稱	元件	主要屬性說明
Label1	Label	FontSize=32
ipNum	Label	Height=Automatic,Width=40 percent
portNum	Label	Height=Automatic,Width=40 percent
ip	TextBox	Height=Automatic,Width=Fill parent
port	TextBox	Height=Automatic,Width=Fill parent
ledONsw	Button	Height=20 percent,Width=Fill percent, FontSize=24
ledOFFsw	Button	Height=20 percent,Width=Fill percent, FontSize=24
Canvas1	Canvas	Height=20 percent,Width=Fill percent

五 App 方塊功能說明：APP/ch5/ESP32_WiFiled.aia

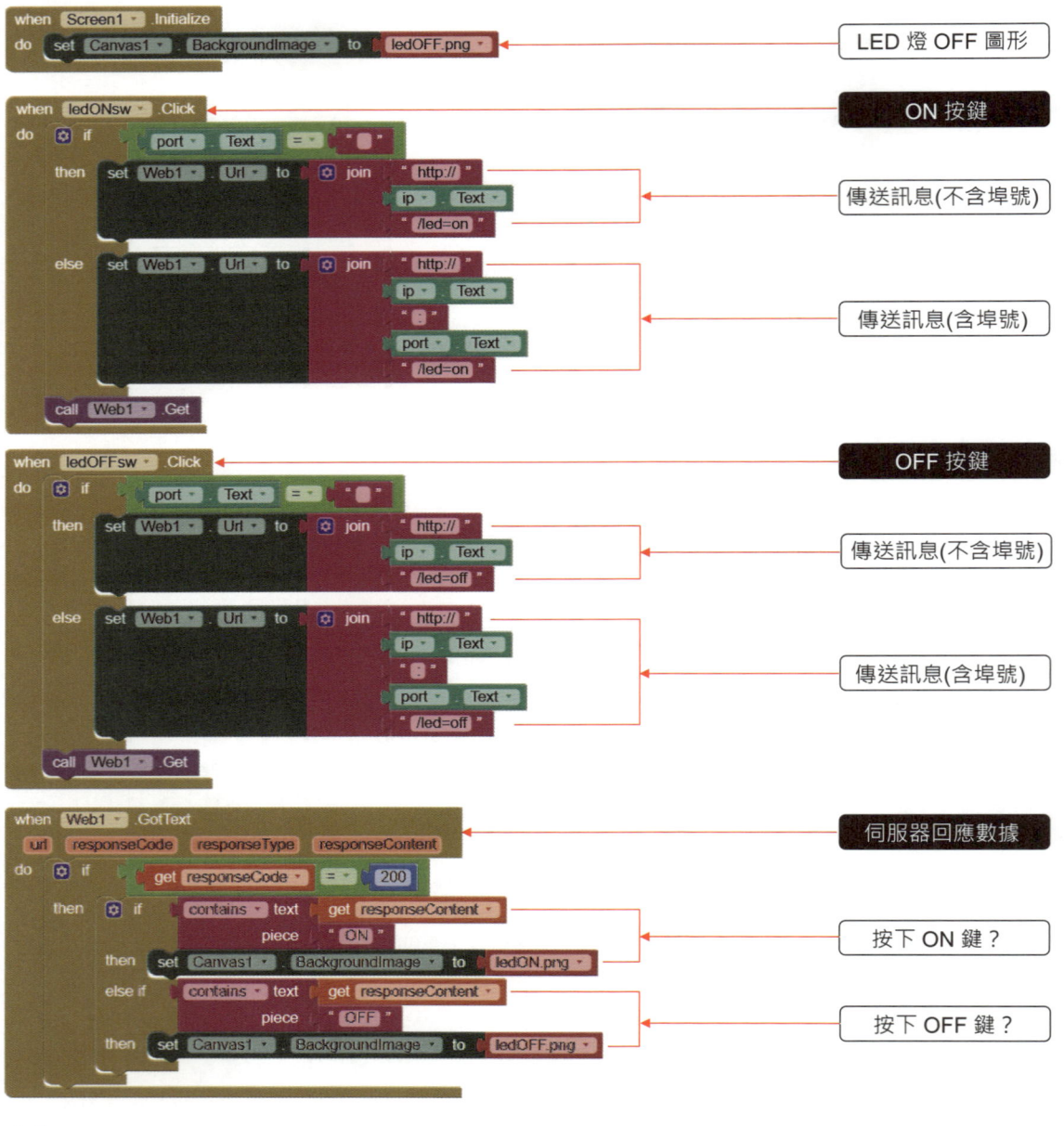

(方塊程式圖示)

- LED 燈 OFF 圖形
- ON 按鍵
- 傳送訊息(不含埠號)
- 傳送訊息(含埠號)
- OFF 按鍵
- 傳送訊息(不含埠號)
- 傳送訊息(含埠號)
- 伺服器回應數據
- 按下 ON 鍵？
- 按下 OFF 鍵？

練習

1. 接續範例，使用如圖 5-40(a) 所示 ESP32 Wi-Fi 多燈控制手機 App 程式 ESP32_WiFiled2 介面配置。第一組按鍵 ON 及 OFF 控制 LED1 燈（GPIO26），第二組按鍵 ON 及 OFF 控制 LED2 燈（GPIO27）。LED 燈目前 ON/OFF 狀態使用燈泡圖形顯示。

Wi-Fi 無線通訊技術

(a) 練習 1 手機 App 程式　　　(b) 練習 2 手機 App 程式

圖 5-40　ESP32 Wi-Fi 多燈控制手機 App 程式介面配置

2. 接續範例，使用如圖 5-40(b) 所示 ESP32 Wi-Fi 多燈控制手機 App 程式 ESP32_WiFiled2PB 介面配置。按鍵 SW1 控制 LED1 燈（GPIO26），每按一下 SW1，LED1 的 ON/OFF 狀態改變，同時改變燈號圖形。按鍵 SW2 控制 LED2 燈（GPIO27），每按一下 SW2，LED2 的 ON/OFF 狀態改變，同時改變燈號圖形。

▶動手做：ESP32 Wi-Fi 溫溼度監控電路（網頁控制）

一　功能說明

　　本例使用非同步網頁伺服器 **ESPAsyncWebServer** 建立用戶端與服務器的連線。如果使用 ESP32 須再安裝 **AsyncTCP** 函式庫，ESPAsyncWebServer 函式庫才能正常運作。使用 ESP8266 則須安裝 ESPAsyncTCP 函式庫。ESPAsyncWebServer 的基本操作包含載入函式庫、設定服務器通訊埠、使用 begin() 方法監聽服務及使用 on() 方法讀取數值。之後用戶端再透過瀏覽器向伺服器（ESP32）發出路徑請求，伺服器收到用戶端的路徑請求後，將請求路徑所對應到的資料回應給用戶端。on() 方法的格式及範例說明如下。

格式　server.on("請求路徑", 請求方法, [](AsyncWebServerRequest *request){
　　request->send(HTTP 狀態碼, "資料類型", 資料內容); });

範例

```
#include "ESPAsyncWebServer.h"                //載入 ESPAsyncWebServer 函式庫。
#include <AsyncTCP.h>                         //載入 AsyncTCP 函式庫。
AsyncWebServer server(80);                    //設定服務通訊埠。
//初值設定
void setup(){
    server.begin();                           //開始監聽服務。
    server.on("/temperature",HTTP_GET,[](AsyncWebServerRequest *request){
        String t=readTemperature();           //讀取感測溫度值。
        request->send(200, "text/plain", t);  //ESP32 傳送溫度資料給用戶端。
    });
}
//主迴圈
void loop(){
}
```

如圖 5-42 所示 ESP32 Wi-Fi 燈光控制電路接線圖。上傳程式碼 **ch5-9.ino** 及 **index_html.h** 到 ESP32 模組，開啟並設定 Arduino IDE「序列埠監控視窗」傳輸率為 115200bps。按下 ESP32 開發板重置鍵，Wi-Fi 連線成功會配置一個私用 IP 位址給 ESP32。在瀏覽器網址列輸入 IP 位址開啟圖 5-41 所示 ESP32 Wi-Fi 溫溼度監控頁面。

圖 5-41　ESP32 Wi-Fi 溫溼度監控頁面

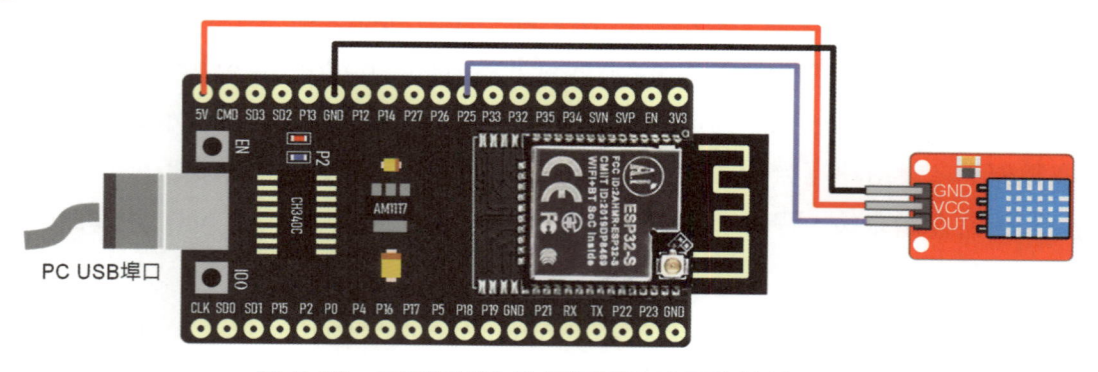

二　電路接線圖

圖 5-42　ESP32 Wi-Fi 溫溼度監控電路接線圖

三 程式：ch5-9.ino

```cpp
#include <WiFi.h>                              //載入WiFi函式庫。
#include "index_html.h"                        //載入網頁。
#include "ESPAsyncWebServer.h"                 //載入ESPAsyncWebServer函式庫。
#include <AsyncTCP.h>                          //載入AsyncTCP函式庫。
#include <Adafruit_Sensor.h>                   //載入Adafruit_Sensor函式庫。
#include <DHT.h>                               //載入DHT函式庫。
#include <DHT_U.h>                             //載入DHT_U函式庫。
const char* ssid = "輸入您的AP名稱";             //AP名稱。
const char* pwd = "輸入您的AP密碼";              //AP密碼。
#define DHTPIN 25                              //GPIO25連接DHT11輸出腳。
#define DHTTYPE DHT11                          //使用DHT11。
DHT dht(DHTPIN, DHTTYPE);                      //建立DHT11物件。
AsyncWebServer server(80);                     //設定服務器通訊埠0x80。
//初值設定
void setup()
{
    Serial.begin(115200);                      //設定序列埠傳輸率為115200bps。
    dht.begin();                               //DHT11初始化。
    Serial.print("Connecting to ");            //顯示訊息。
    Serial.println(ssid);                      //顯示AP名稱。
    WiFi.begin(ssid, pwd);                     //建立連線。
    while (WiFi.status() != WL_CONNECTED)      //連線失敗?
    {
        delay(500);                            //延遲0.5秒。
        Serial.print(".");                     //等待連線中。
    }
    Serial.println("");                        //空行。
    Serial.println("WiFi connected.");         //顯示訊息：連線成功。
    Serial.println("IP address: ");            //顯示訊息：IP位址。
    Serial.println(WiFi.localIP());            //顯示連線IP位址。
    server.begin();                            //開始監聽服務。
                                               //服務器傳送網頁資料。
    server.on("/", HTTP_GET,[](AsyncWebServerRequest *request){
    request->send_P(200, "text/html", index_html, processor);
    });
                                               //服務器傳送溫度資料。
```

```cpp
    server.on("/temperature", HTTP_GET,[](AsyncWebServerRequest *request){
    request->send(200, "text/plain", readDHTTemperature().c_str());
    });
                                                    //服務器傳送溼度資料。
    server.on("/humidity", HTTP_GET,[](AsyncWebServerRequest *request){
    request->send(200, "text/plain", readDHTHumidity().c_str());
    });
}

//主迴圈
void loop(){
}
//路徑"/"處理函式
String processor(const String& var)
{
    if(var == "TEMPERATURE"){           //網頁字串為TEMPERATURE?
        return readDHTTemperature();    //傳回溫度資料。
    }
    else if(var == "HUMIDITY"){         //網頁字串為HUMIDITY?
        return readDHTHumidity();       //傳回溼度資料。
    }
    else
        return String();                //不是上述兩種字串,傳回空字串。
}
//路徑"/temperature"處理函式
String readDHTTemperature()
{
    float t = dht.readTemperature();    //DHT11讀取溫度資料。
    if (isnan(t))                       //溫度資料錯誤?
    {
        Serial.println("Failed to read from DHT sensor!");
        return "--";                    //傳回"--"。
    }
    else                                //溫度資料正確。
    {
        Serial.println(t);              //顯示溫度資料。
        return String(t);               //傳回溫度資料。
```

```
        }
}
//路徑"/humidity"處理函式
String readDHTHumidity()
{
    float h = dht.readHumidity();              //DHT11 讀取溼度資料。
    if (isnan(h)) {                            //溼度資料錯誤?
        Serial.println("Failed to read from DHT sensor!");
        return "--";                           //傳回"--"。
    }
    else                                       //溼度資料正確。
    {
        Serial.println(h);                     //顯示溼度資料。
        return String(h);                      //傳回溼度資料。
    }
}
```

四 程式：index_html.h

```
const char index_html[] PROGMEM = R"rawliteral(
<!DOCTYPE html>                                <!--HTML 文件-->
<html>
    <head>
        <title>ESP32 Web Server</title>
        <meta name="viewport" content="width=device-width,
        initial-scale=1">
        <style>                                <!--CSS 樣式表-->
            html {                             <!--html 網頁樣式-->
                font-family: Arial;            <!--字型-->
                font-size: 10px;               <!--字體大小10px-->
                display: inline-block;         <!--行內區塊-->
                margin: 0px auto;              <!--區塊邊界-->
                text-align: center;            <!--內文置中-->
            }
            p {                                <!--p 段落樣式-->
                font-size:3.0rem;              <!--三倍字體大小-->
                color:#4CAF50;                 <!--內文顏色-->
            }
```

```html
            .dht {                                       <!--dht 溫溼度樣式-->
                font-size:1.5rem;
                vertical-align:middle;                   <!--內文垂直置中-->
                padding-bottom:15px;                     <!--元素內邊界-->
                color:black;                             <!--內文顏色-->
            }
            .units { font-size:1.5rem; }                 <!--1.5 倍字體大小-->
        </style>
    </head>
    <body>
        <p>
            <span class="dht">Temperature</span>          <!--顯示字串-->
            <span id="temperature">%TEMPERATURE%</span>   <!--顯示溫度值-->
            <sup class="units">&deg;C</sup>               <!--顯示溫度單位-->
        </p>
        <p>
            <span class="dht">Humidity</span>             <!--顯示字串-->
            <span id="humidity">%HUMIDITY%</span>         <!--顯示溼度值-->
            <sup class="units">%</sup>                    <!--顯示溼度單位-->
        </p>
    </body>
</html>
<script>
setInterval(function( )                                   //每 10 秒請求讀取一次溫度值
{
    var xhttp = new XMLHttpRequest();                     //建立物件。
    xhttp.onreadystatechange = function()                 //回調函式。
    {
    if (this.readyState == 4 && this.status == 200){      //請求成功?
        document.getElementById("temperature").innerHTML=this.responseText;
    }
};
xhttp.open("GET", "/temperature", true);                  //GET 方法請求讀取溫度值。
xhttp.send();                                             //傳送請求訊息給 ESP32。
}, 10000 );
setInterval(function( )                                   //每 10 秒請求讀取一次溫度值
{
```

```
    var xhttp = new XMLHttpRequest();           //建立物件。
    xhttp.onreadystatechange = function()       //回調函式。
    {
    if (this.readyState == 4 && this.status == 200){  //請求成功?
        document.getElementById("humidity").innerHTML = this.responseText;
    }
};
xhttp.open("GET", "/humidity", true);           //GET 方法請求讀取溼度值。
xhttp.send();                                    //傳送請求訊息給 ESP32。
}, 10000 ) ;
</script>
)rawliteral";
```

練習

1. 接續範例，開啟如圖 5-43(a) 所示網頁控制頁面，新增一個按鍵 SW 控制連接於 GPIO26 LED 燈的 ON/OFF，同時顯示 LED 燈的目前狀態。

(a) 練習 1 控制頁面　　　　(b) 練習 2 控制頁面

圖 5-43　ESP32 Wi-Fi 溫溼度網頁監控頁面

2. 接續範例，開啟如圖 5-43(b) 所示控制頁面，新增兩個按鍵 SW1、SW2 分別控制連接於 GPIO26 及 GPIO27 兩個 LED 燈的 ON/OFF，同時顯示 LED 燈目前狀態。

▶ **動手做：ESP32 Wi-Fi 溫溼度監控電路（手機 App 控制）**

一 功能說明

　　如圖 5-42 所示 ESP32 Wi-Fi 溫溼度監控電路接線圖，上傳程式碼 **ch5-10.ino** 到 ESP32 模組，開啟並設定 Arduino IDE「序列埠監控視窗」傳輸率為 115200bps。按下 ESP32 開發板重置鍵（EN 鍵），Wi-Fi 連線成功會配置一個私用 IP 位址給 ESP32。

　　開啟如圖 5-44 所示手機控制 App 程式 **ESP32_WiFiDHT11.aia**，手機（用戶端）每 10 秒請求 ESP32（服務器）傳送 DHT11 所感測的溫度值及溼度值。

圖 5-44　ESP32 Wi-Fi 溫溼度監控 App 程式 ESP32_WiFiDHT11.aia

二 電路接線圖

　　如圖 5-42 所示電路。

三 程式：ch5-10.ino

```
#include <WiFi.h>                          //載入 WiFi 函式庫。
#include "ESPAsyncWebServer.h"             //載入 ESPAsyncWebServer 函式庫。
#include <AsyncTCP.h>                      //載入 AsyncTCP 函式庫。
#include <Adafruit_Sensor.h>               //載入 Adafruit_Sensor 函式庫。
#include <DHT.h>                           //載入 DHT 函式庫。
#include <DHT_U.h>                         //載入 DHT_U 函式庫。
const char* ssid = "輸入您的AP名稱";        //AP 名稱。
const char* pwd = "輸入您的AP密碼";         //AP 密碼。
#define DHTPIN 25                          //GPIO25 連接 DHT11 輸出。
#define DHTTYPE DHT11                      //使用 DHT11 感測器。
DHT dht(DHTPIN, DHTTYPE);                  //建立 DHT11 物件。
AsyncWebServer server(80);                 //設定服務器通訊埠為 0x80。
```

```cpp
//初值設定
void setup()
{
    Serial.begin(115200);                          //設定序列埠傳輸率為115200bps。
    dht.begin();                                    //DHT11 初始化。
    Serial.print("Connecting to ");                //顯示訊息：連接到。
    Serial.println(ssid);                           //顯示連接的AP名稱。
    WiFi.begin(ssid, pwd);                          //建立Wi-Fi連線。
    while (WiFi.status()!= WL_CONNECTED)            //連線失敗？
    {
        delay(500);                                 //延遲0.5秒。
        Serial.print(".");                          //等待連線中。
    }
    Serial.println("");                             //空行。
    Serial.println("WiFi connected.");              //顯示訊息：連線成功。
    Serial.println("IP address: ");                 //顯示訊息：IP位址。
    Serial.println(WiFi.localIP());                 //顯示連線私用IP位址。
    server.begin();                                 //開始監聽服務。
    //用戶端GET請求，服務器回傳資料。
    server.on("/dht", HTTP_GET, [](AsyncWebServerRequest *request){
    request->send(200, "text/plain", readDHT().c_str());
    });
}
//主迴圈
void loop(){
}
//溫溼度讀取回調函式
String readDHT()
{
    float t = dht.readTemperature();
    float h = dht.readHumidity();
    if (isnan(t)||isnan(h))                         //讀取的溫度或溼度資料錯誤？
    {
        Serial.println("Failed to read from DHT sensor!");
        return "--";
    }
    else                                            //讀取的溫度及溼度資料正確。
```

```
    {
        Serial.print(t);                        //顯示溫度。
        Serial.print(',');                      //間隔。
        Serial.println(h);                      //顯示溼度。
        return String(t)+','+String(h);         //回傳溫度及溼度字串資料。
    }
}
```

四 App 介面配置及說明：APP/ch5/WiFiRGBled.aia

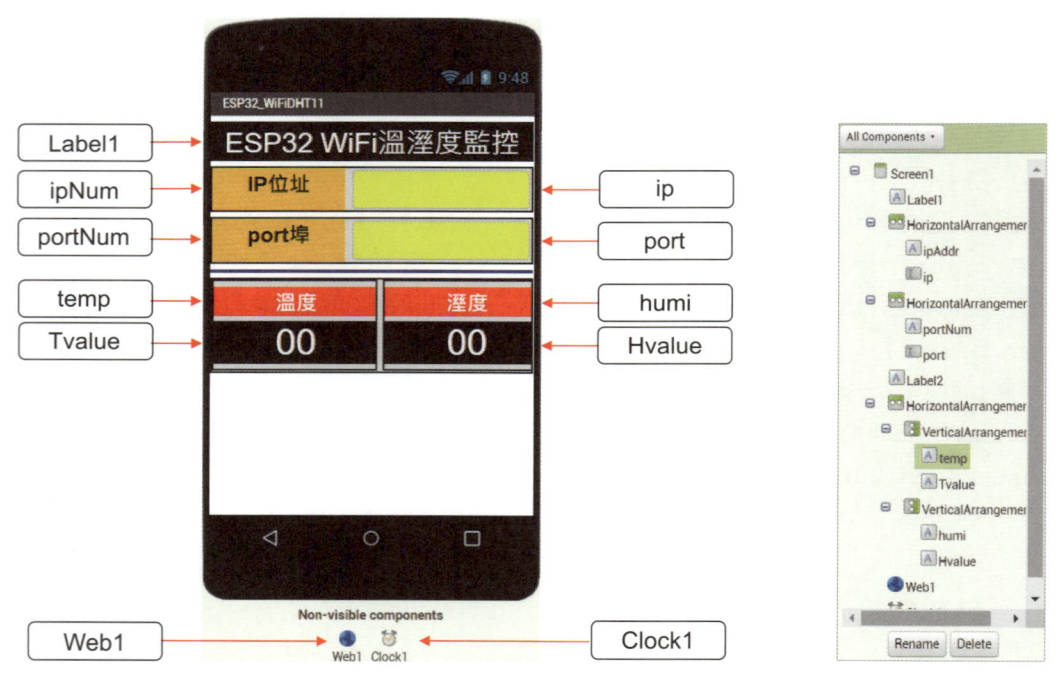

圖 5-45　App 程式 ESP32_WiFiDHT11 介面配置

表 5-16　App 程式 ESP32_WiFiDHT11 元件屬性說明

名稱	元件	主要屬性說明
Label1	Label	FontSize=32
ipNum，	Label	Height=Automatic,Width=40 percent
portNum	Label	Height=Automatic,Width=40 percent
ip	TextBox	Height=Automatic,Width=Fill parent
port	TextBox	Height=Automatic,Width=Fill parent

5-86

名稱	元件	主要屬性說明
temp	Label	Height=Automatic,Width=50 percent,FontSize=24
Tvalue	Label	Height=Automatic,Width=50 percent,FontSize=40
humi	Label	Height=Automatic,Width=50 percent,FontSize=24
Hvalue	Label	Height=Automatic,Width=50 percent,FontSize=40
Clock1	Clock	TimerInterval=10000

五 App 方塊功能說明：APP/ch5/ESP32_WiFiDHT11.aia

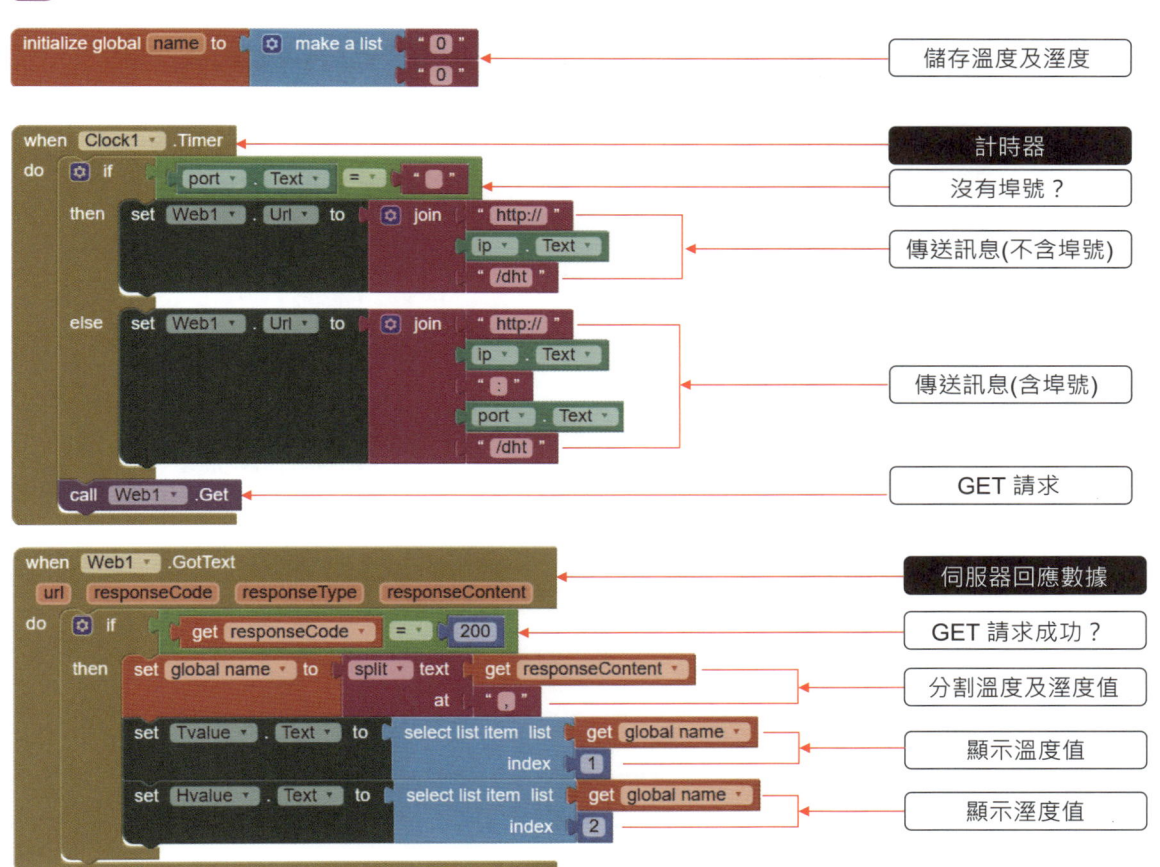

- initialize global name to make a list "0" "0" — 儲存溫度及溼度
- when Clock1.Timer — 計時器
  - if port.Text = "" — 沒有埠號？
    - then set Web1.Url to join "http://" ip.Text "/dht" — 傳送訊息(不含埠號)
    - else set Web1.Url to join "http://" ip.Text ":" port.Text "/dht" — 傳送訊息(含埠號)
  - call Web1.Get — GET 請求
- when Web1.GotText (url, responseCode, responseType, responseContent) — 伺服器回應數據
  - if get responseCode = 200 — GET 請求成功？
    - then set global name to split text (get responseContent) at "," — 分割溫度及溼度值
    - set Tvalue.Text to select list item list (get global name) index 1 — 顯示溫度值
    - set Hvalue.Text to select list item list (get global name) index 2 — 顯示溼度值

練習

1. 接續範例，接續範例，開啟如圖 5-46(a) 所示網頁控制頁面，新增一個按鍵 SW 控制連接 GPIO26 LED 燈的 ON/OFF，同時顯示 LED 燈狀態。（ch5-10-1.ino）（ESP32_WiFiDHT11led.aia）
2. 接續範例，開啟如圖 5-46(b) 所示控制頁面，新增兩個按鍵 SW1、SW2 分別控制連接於 GPIO26 及 GPIO27 兩個 LED 燈的 ON/OFF，同時顯示 LED 燈狀態。（ch5-10-2.ino）（ESP32_WiFiDHT11led2.aia）

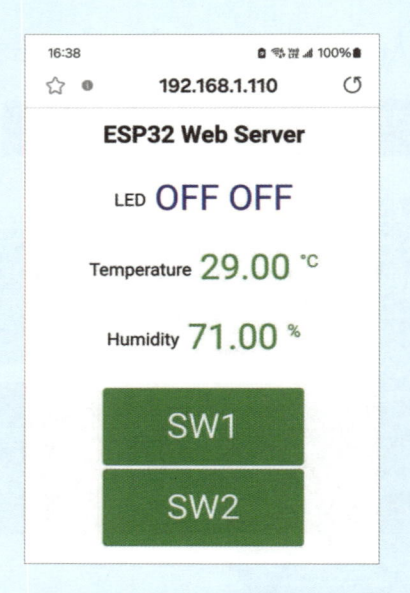

(a) 練習 1 控制頁面　　　　(b) 練習 2 控制頁面

圖 5-46　ESP32 Wi-Fi 溫溼度網頁監控頁面

CHAPTER

06

雲端運算

6-1　認識雲端運算

6-2　雲端運算平台

6-1 認識雲端運算

在物聯網中需要更快的處理器與更多的儲存容量，來處理大量感知元件所產生的大量數據資料。這些數據資料必須經由雲端（cloud）伺服器來進行分析、運算及管理，才能成為有用的共享資訊。什麼是雲端呢？在資訊技術中的**「雲」泛指網路，「端」泛指任何可以連上網路的通訊設備，例如物品、手機、平板、筆電及電腦等**。在「端」的使用者（Client）只要知道如何透過網際網路來得到相應的服務，不需要了解位於「雲」上的基礎設施細節及相關專業知識。如同家中的電信網路，當我們需要用電時，只要將設備的電源插頭插進插座，插座即成為電信網路的「端」設備。

雲端運算（Cloud Computing）一詞是近年來相當熱門的科技新知識，它不是一種全新的資訊技術，而是一種概念。美國國家標準與技術研究院（National Institute of Standards and Technology，簡稱 NIST）定義雲端運算的運作模式，是透過**連上網際網路，以隨處、隨時、隨選所需的方式來存取共享運算資源**（如網路、伺服器、儲存、應用程式及服務等）。只需要最少的管理作業與供應商涉入，就能快速配置與發布運算資源。

6-1-1 雲端運算服務模式

如圖 6-1 所示雲端運算服務模式的基礎架構，NIST 定義雲端運算服務模式有**軟體即服務**（Software as a Service，簡稱 SaaS）、**平台即服務**（Platform as a Service，簡稱 PaaS）及**架構即服務**（Infrastructure as a Service，簡稱 IaaS）三種。

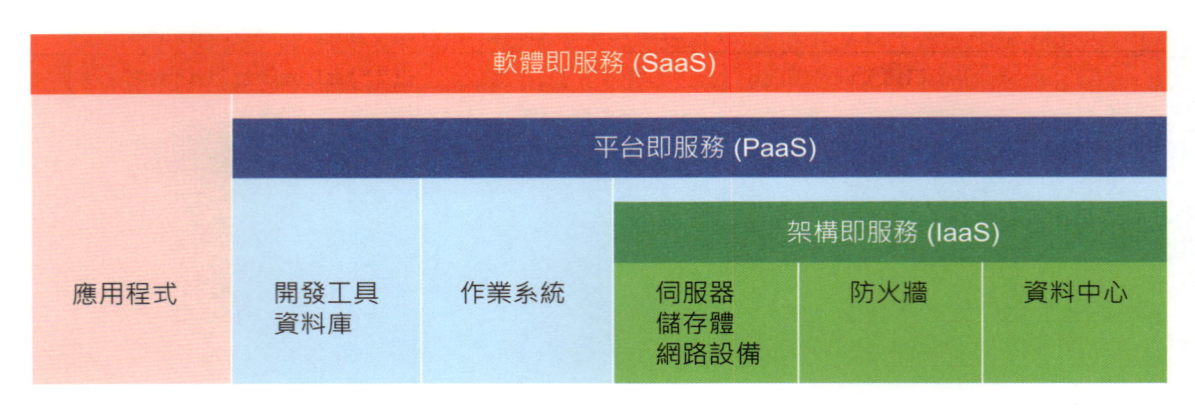

軟體即服務 (SaaS)					
應用程式	平台即服務 (PaaS)				
^	開發工具 資料庫	作業系統	架構即服務 (IaaS)		
^	^	^	伺服器 儲存體 網路設備	防火牆	資料中心

圖 6-1　雲端運算服務模式的基礎架構

一、軟體即服務 SaaS

軟體即服務提供**軟體解決方案**，將應用程式安裝在雲端上，使用者再透過網頁瀏覽器連線到雲端執行應用程式，節省軟體下載、安裝與更新的時間與費用。常見的 SaaS 有 iCloud、Google Apps、Google Map、Microsoft Office 365 與網路信箱等，主要對象為**終端使用者**。

二、平台即服務 PaaS

平台即服務提供**雲端運算解決方案**，使用者可以利用這個服務所提供的虛擬開發環境、相關開發工具與應用程式介面（Application Programming Interface，簡稱 API）來開發應用程式。常見的 PaaS 有 Microsoft Azure、Google App Engine、Amazon EC2、Yahoo Application、ThingSpeak 等，主要對象為**軟體開發人員**。

三、架構即服務 IaaS

架構即服務提供**硬體（基礎建設）解決方案**，使用者可以利用 IaaS 所提供的作業系統、資料庫與應用系統開發等平台，開發應用程式並且對外提供服務，主要對象為**資訊技術（InformationTechnology，簡稱 IT）管理人員**。

6-1-2 雲端運算部署模式

NIST 定義雲端運算部署模式有私用雲（Private Cloud）、社群雲（Community Cloud）、公用雲（Public Cloud）與混合雲（Hybrid Cloud）等四種。

一、私用雲

私用雲是由單一組織或企業建構，放在私有環境中，由組織自己管理或是由第三方供應商管理。私用雲可以自行建立防火牆機制以提高安全性，但相對的維護成本較高。

二、社群雲

社群雲是由多個組織共同建構，以服務擁有共同需求的群體，可以由組織自己管理或是由第三方供應商管理。

三、公用雲

　　公用雲是由雲端服務商建構，放在 Internet 上提供給一般消費者或是大型企業用戶的雲端運算服務。只要是註冊會員就可以使用公用雲，付費會員可以有更大的數據傳輸量及使用期限。**公用雲的缺點是安全性低**，一旦被駭客入侵，個人或企業用戶的資料可能受到波及，而且還要承擔服務中斷的風險。常見的公有雲供應商，如 Google、Amazon、Dropbox、Microsoft、Facebook 等。

四、混合雲

　　私用雲雖然安全性高，但是運算資源與儲存空間不如公用雲，混合雲結合私用雲與公用雲的雲端架構，**兼具有私用雲的安全性與公用雲的可攜性、低成本、豐富資源與儲存空間大等優點**。如圖 6-2 所示混合雲，利用開放標準或跨雲技術等橋接（Bridge）鏈結私用雲與公用雲，使其數據能夠互通，但仍保有私用雲的私密性，是目前**企業最常使用的雲端運算**。

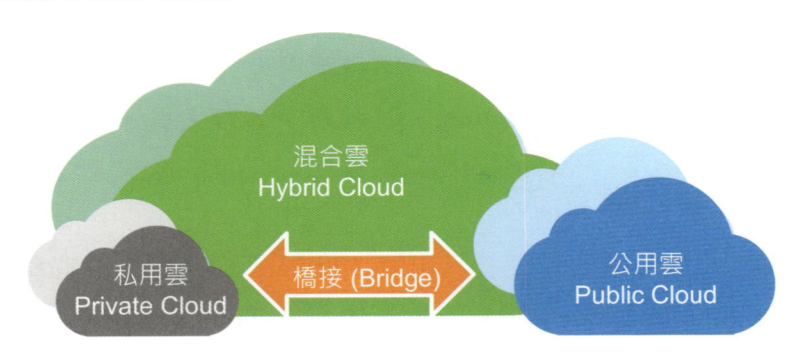

圖 6-2　混合雲

6-2 雲端運算平台

　　ThingSpeak 雲端運算平台，可以讓我們利用網際網路來將感知元件的資料上傳到雲端，以達資源共享的目的。我們需要先申請 ThingSpeak 使用者**帳號（Account）**，申請成功就可在該帳號上建立**通道（Channel）**，透過通道將數據上傳 ThingSpeak 雲端運算平台。ThingSpeak 的免費帳號每年最多可以傳送 3 百萬筆訊息，每日約 8,200 則訊息，限制使用 4 個 Channel。如果上傳數據的需求量很大，可以轉成付費會員。為了保持 ThingSpeak 雲端運算平台能夠正常工作，每筆數據傳送**至少間隔 15 秒**以上。實際應用時，至少每 10 分鐘以上才發送一次數據，以避免浪費太多資源。

6-2-1　申請一個 ThingSpeak 帳號

STEP 1

1. 輸入 ThingSpeak 官方網址 thingspeak.mathworks.com。
2. 點選 免費開始使用 。
3. 輸入您的 Email 位、區域名（Location）、使用者名字等基本資料後，按下 Continue 。
4. 到註冊的 Email 信箱讀取 ThingSpeak 驗證信件並回傳。
5. 回傳驗證信件後，會自動跳轉到密碼設定頁。輸入自訂密碼，並勾選同意線上服務協定 Online Services Agreement。
6. 按下 Continue 完成註冊。

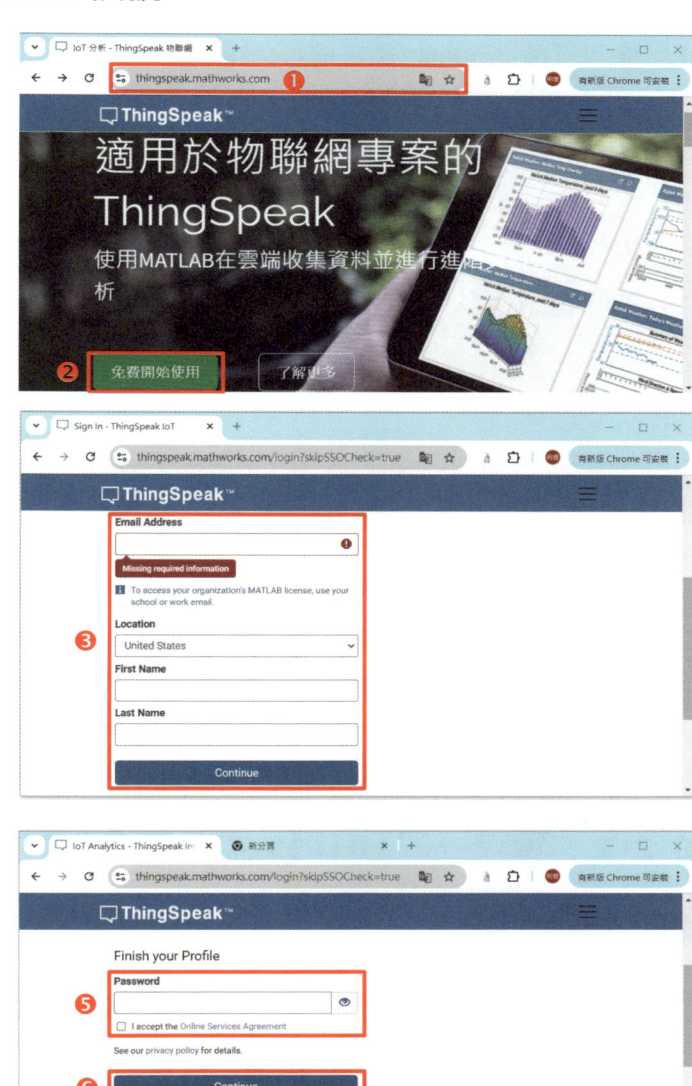

6-5

STEP 2

1. 輸入 ThingSpeak 官方網址 thingspeak.mathworks.com/login。
2. 點選 Next 進入下一頁。
3. 輸入密碼。
4. 點選 Sign in 登入。

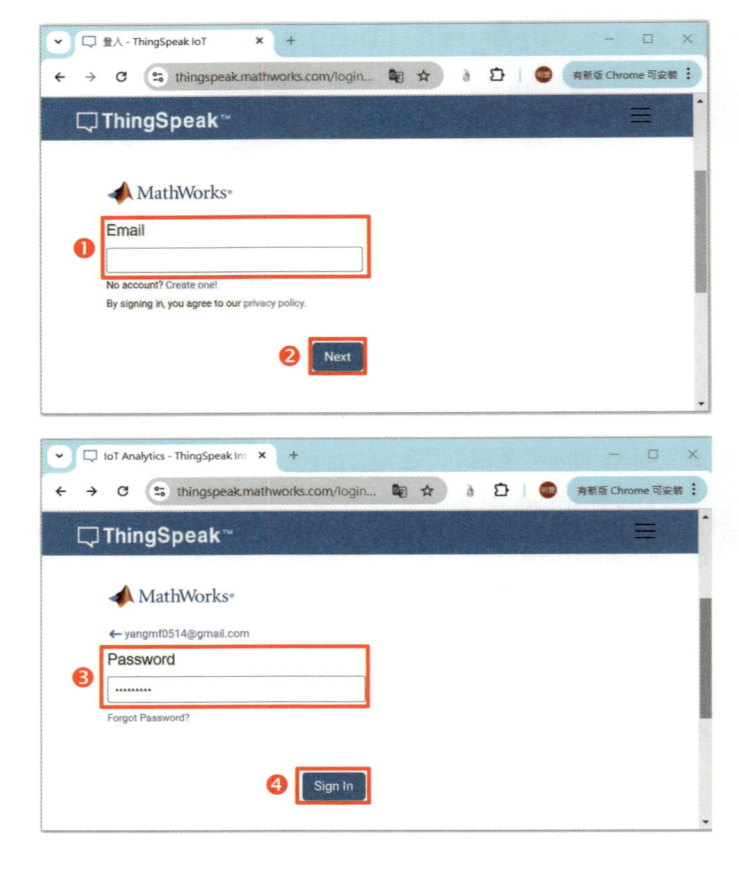

6-2-2 建立一個 DHT11 溫溼度感測器通道

STEP 1

1. 按下 New Channel ，建立一個新的通道（Channel）。

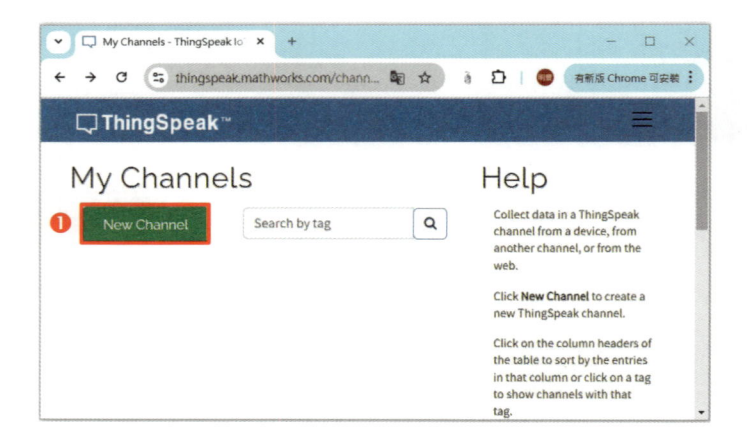

雲端運算

STEP 2

1. 名稱（Name）：輸入自訂通道名稱 dht11。
2. 描述（Description）：描述通道的內容，可省略。
3. 欄位（Field）：每個通道最多有 8 個資料欄位。Field1 欄位輸入 temperature(C)，Field2 欄位輸入 humidity(%)，並勾選右方核取方塊。
4. 按頁面底端的 Save Channel 儲存通道資料。

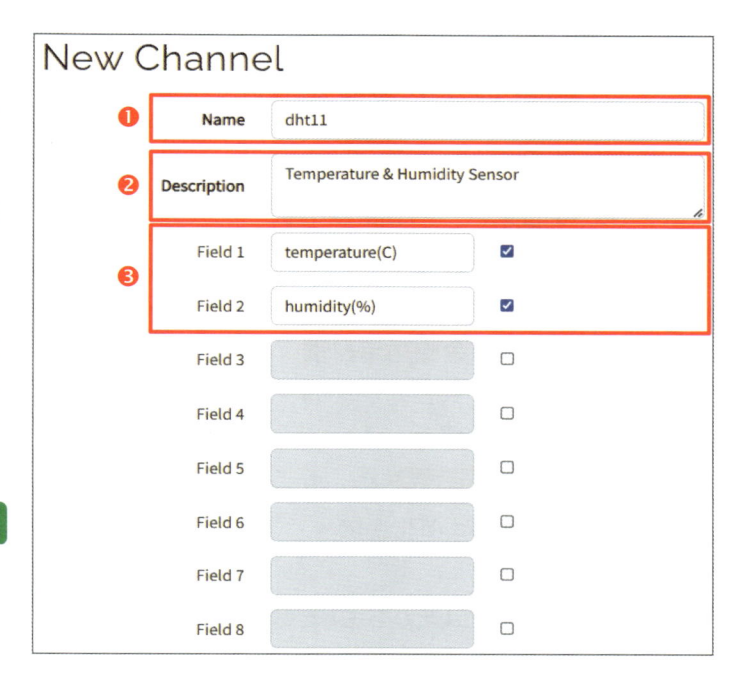

STEP 3

1. 通道儲存完畢後，會自動跳轉到 Private View 頁面，同時看到 Field1 及 Field2 兩個欄位的圖表（Chart）。
2. 按下 API Keys 取得 API 金鑰。

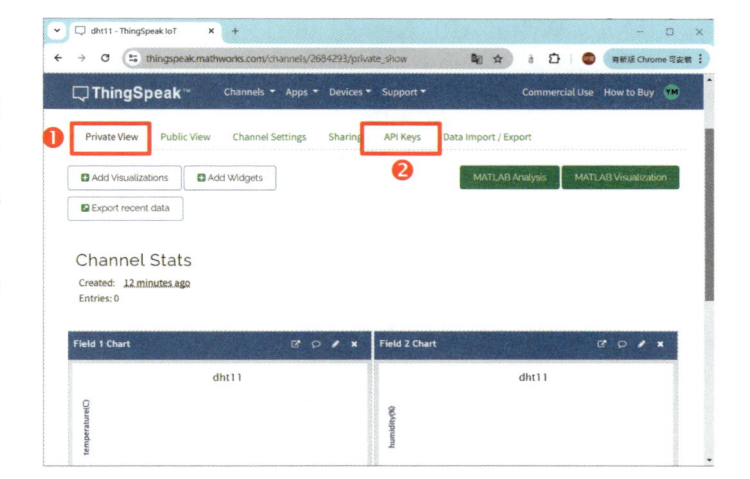

STEP 4

1. Write API Key 金鑰功用是將資料寫入 ThingSpeak 平台 dht11 通道上。
2. 按 `Generate New Write API Key` 鈕，可以產生新的 Write API 金鑰。
3. Read API Keys 金鑰功用是讀取 ThingSpeak 平台 dht11 通道資料的 API 金鑰。
4. 按 `Add New Read API Key` 鈕，可以新增一組 Read API 金鑰。

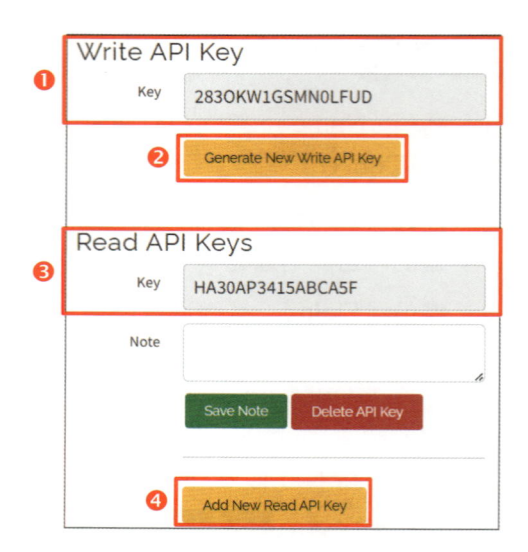

❶ Write API Key
  Key: 283OKW1GSMN0LFUD
❷ Generate New Write API Key
❸ Read API Keys
  Key: HA30AP3415ABCA5F
  Note
  Save Note   Delete API Key
❹ Add New Read API Key

6-2-3 新增溫度及溼度數據資料至 ThingSpeak 平台

當我們在 ThingSpeak 平台申請一個免費帳號，並且成功建立一個 dht11 通道後，就可以開始新增溫度及溼度數據資料到 ThingSpeak 平台上。在瀏覽器中以下列標準格式輸入，Write_API_Key 是 dht11 通道的 Write API 金鑰，溫度及溼度以數值取代。

https://thingspeak.mathworks.com/update?key=Write_API_Key&field1=溫度&field2=溼度

STEP 1

假設我們要將第 1 筆溫度 30°C 及溼度 50% 的數據，新增到 ThingSpeak 平台的 dht11 通道，瀏覽器輸入格式如下。如果在瀏覽器視窗收到回傳值 1，代表成功新增第 1 筆數據。

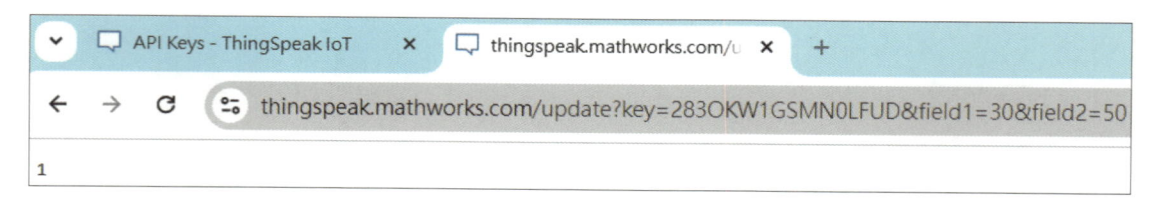

thingspeak.mathworks.com/update?key=283OKW1GSMN0LFUD&field1=30&field2=50

1

STEP 2

新增第 2 筆溫度 29°C 及溼度 55% 的數據到 ThingSpeak 平台的 dht11 通道，在瀏覽器中輸入格式如下。如果在瀏覽器視窗收到回傳值 2，代表成功新增第 2 筆數據。

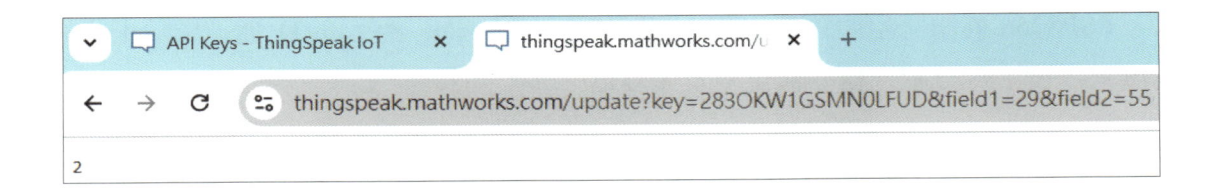

雲端運算 **6**

```
thingspeak.mathworks.com/update?key=283OKW1GSMN0LFUD&field1=29&field2=55
```
2

STEP 3

新增第 3 筆溫度 31°C 及溼度 45% 的數據到 ThingSpeak 平台的 dht11 通道，在瀏覽器中輸入格式如下。如果在瀏覽器視窗收到回傳值 3，代表成功新增第 3 筆數據。

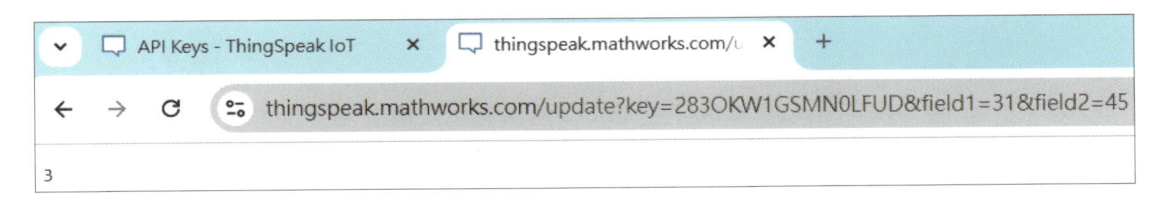

```
thingspeak.mathworks.com/update?key=283OKW1GSMN0LFUD&field1=31&field2=45
```
3

STEP 4

1. 切換到通道頁面 `Private View`。
2. 欄位 Field1 Chart 變化圖表有三筆新增的溫度數據。
3. 欄位 Field2 Chart 變化圖表有三筆新增的溼度數據。

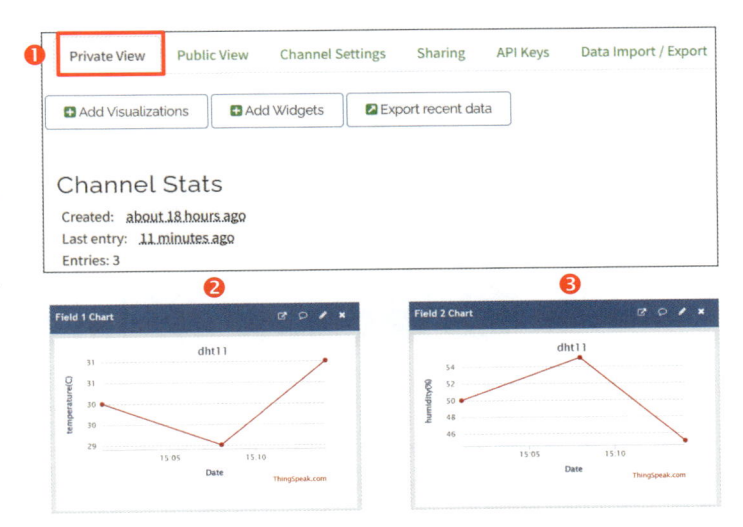

▶ 動手做：Wi-Fi 雲端氣象站

一、功能說明

如圖 6-4 所示 Wi-Fi 雲端氣象站電路接線圖，Arduino Uno 開發板利用 ESP8266 模組建立 Wi-Fi 連線，設定為 STA 模式。連線成功後，Wi-Fi 指示燈 L1 恆亮，LCD 會顯示網路連線狀態、目前環境溫度及相對溼度。

6-9

ESP8266 模組開始連線至如圖 6-3 所示 ThingSpeak 平台 dht11 通道顯示上傳的溫度及溼度，每分鐘上傳一次溫度及溼度值。

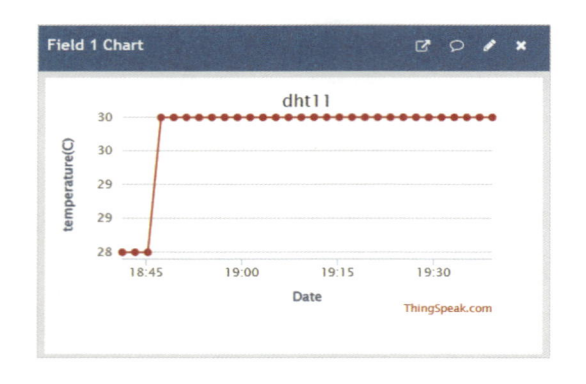

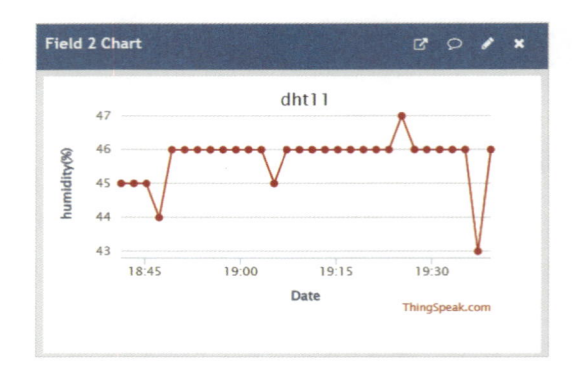

圖 6-3　ThingSpeak 平台 dht11 通道顯示上傳的溫度及溼度

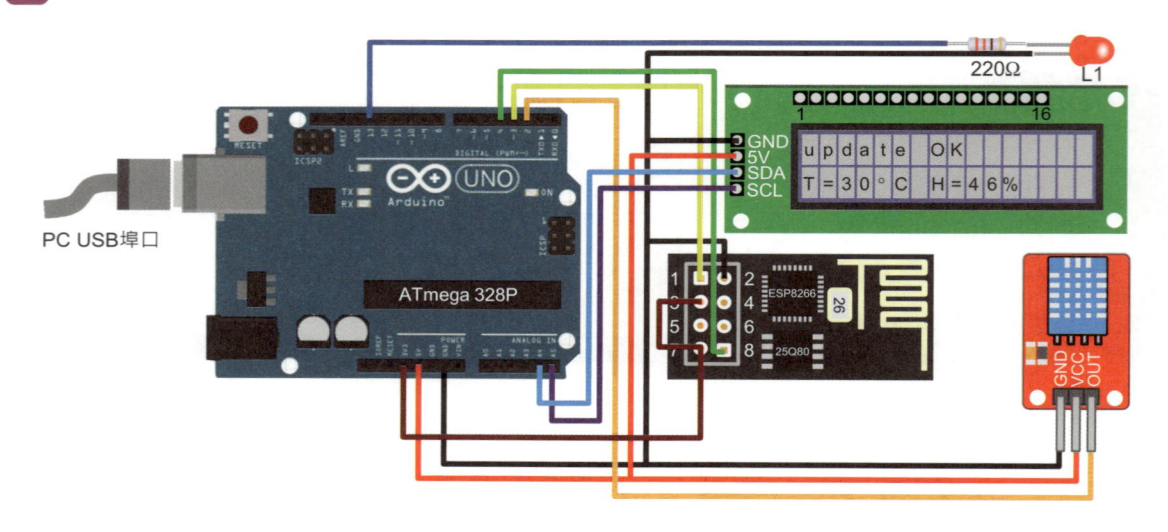

二　電路接線圖

圖 6-4　Wi-Fi 雲端氣象站電路接線圖

三　程式：ch6-1.ino

```
#include <LiquidCrystal_I2C.h>          //載入 LiquidCrystal_I2C 函式庫。
#include <SoftwareSerial.h>             //載入 SoftwareSerial 函式庫。
#include <Adafruit_Sensor.h>            //載入 Adafruit_Sensor 函式庫。
#include <DHT.h>                        //載入 DHT 函式庫。
#include <DHT_U.h>                      //載入 DHT_U 函式庫。
#define DHTPIN 2                        //D2 連接 DHT11 輸出 OUT。
```

```cpp
#define DHTTYPE DHT11                           //使用 DHT11 感測器。
#define SSID "輸入您的 AP 名稱"                  //AP 名稱。
#define PASSWD "輸入您的 AP 密碼"                //AP 密碼。
#define IP "184.106.153.149"                    //ThingSpeak.com 網站的 IP 位址。
LiquidCrystal_I2C lcd(0x27,16,2);               //建立串列式 LCD 物件,I2C 位址 0x27。
SoftwareSerial ESP8266(3,4);                    //設定 D3 為 RXD,D4 為 TXD。
DHT dht(DHTPIN, DHTTYPE);                       //初始化 DHT11。
const int WIFIled=13;                           //D13 為 WiFi 指示燈。
boolean FAIL_8266 = false;                      //連線狀態。
String cmd;                                     //AT 指令。
int i;                                          //迴圈次數。
unsigned long realtime=0;                       //計時用。
String temp,humi;                               //溫度及溼度資料。
char buf[3];                                    //緩衝區。
//初值設定
void setup()
{
    dht.begin();                                //初始化 DHT11。
    lcd.init();                                 //初始化 LCD。
    lcd.backlight();                            //開啟 LCD 背光。
    lcd.setCursor(0,0);                         //設定 LCD 顯示座標在第 0 行第 0 列。
    pinMode(WIFIled,OUTPUT);                    //設定 D13 為輸出埠。
    digitalWrite(WIFIled,LOW);                  //關閉 Wi-Fi 指示燈。
    ESP8266.begin(9600);                        //設定序列埠傳輸率為 9600bps。
    for(i=0;i<3;i++)                            //Wi-Fi 指示燈閃爍三次。
    {
        digitalWrite(WIFIled,HIGH);             //點亮 Wi-Fi 指示燈。
        delay(200);                             //延遲 0.2 秒。
        digitalWrite(WIFIled,LOW);              //關閉 Wi-Fi 指示燈。
        delay(200);                             //延遲 0.2 秒。
    }
    do
    {
        sendESP8266cmd("AT+RST",2000);          //重置 ESP8266 模組。
        lcd.clear();                            //清除 LCD 顯示內容。
        lcdprintStr("reset 8266...");           //顯示訊息。
        if(ESP8266.find("OK"))                  //重置 ESP8266 成功?
```

```cpp
            {
                 lcdprintStr("OK");                          //顯示訊息：OK。
                 if(connectWiFi(10))                         //Wi-Fi 連線成功？
                 {
                     FAIL_8266=false;                        //設定旗標，連線成功。
                     lcd.setCursor(0,1);                     //設定顯示座標在第 0 行第 1 列。
                     lcdprintStr("connect success");//顯示訊息：連線成功。
                 }
                 else                                        //連線失敗。
                 {
                     FAIL_8266=true;                         //設定旗標，連線失敗。
                     lcd.setCursor(0,1);                     //設定 LCD 座標在第 0 行第 1 列。
                     lcdprintStr("connect fail");  //顯示訊息：連線失敗。
                 }
            }
            else                                             //ESP8266 重置失敗。
            {
                 delay(500);                                 //延遲 0.5 秒。
                 FAIL_8266=true;                             //設定旗標，連線失敗。
                 lcd.setCursor(0,1);                         //設定顯示座標在第 0 行第 1 列。
                 lcdprintStr("no response");                 //顯示訊息，重置失敗。
            }
      }while(FAIL_8266);                                     //連線失敗，繼續連線。
      digitalWrite(WIFIled,HIGH);                            //連線成功，點亮 Wi-Fi 指示燈。
}
//主迴圈
void loop()
{
     if((millis()-realtime)>=60000)                          //已經過 1 分鐘？
     {
         realtime=millis();                                  //儲存系統時間。
         lcdclearROW(1);                                     //清除顯示器第 1 列內容。
         if(!FAIL_8266)                                      //ESP8266 連線成功？
         {
             float h = dht.readHumidity();                   //讀取溼度資料。
             float t = dht.readTemperature();  //讀取溫度資料。
             if (isnan(t) || isnan(h))                       //溫度或溼度資料不正確？
```

```
                    {
                           lcdprintStr("DHT11 error");           //顯示訊息:DHT11 錯誤。
                    }
                    else                                         //溫度及溼度資料正確。
                    {
                           lcd.setCursor(0,1);                   //設定顯示座標在第0行第1列。
                           buf[0]=0x30+(int)t/10;                //儲存十位數溫度值。
                           buf[1]=0x30+(int)t%10;                //儲存個位數溫度值。
                           temp=(String(buf)).substring(0,2);    //轉換溫度值為字串。
                           char degree=0xdf;                     //溫度單位:度ASCII字元。
                           cmd="T=" + temp + degree + "C";
                           lcdprintStr(cmd);                     //顯示溫度。
                           lcd.setCursor(8,1);                   //設定顯示座標在第8行第1列。
                           buf[0]=0x30+(int)h/10;                //儲存溼度十位數值。
                           buf[1]=0x30+(int)h%10;                //儲存溼度個位數值。
                           humi=(String(buf)).substring(0,2);    //轉換溼度值為字串。
                           cmd="H=" + humi + "%";
                           lcdprintStr(cmd);                     //顯示溼度。
                           updateDHT(temp,humi);                 //上傳數據至ThingSpeak。
                    }
              }
       }
}
//溫溼度上傳ThingSpeak平台函式
void updateDHT(String T,String H)
{
       String cmd="AT+CIPSTART=\"TCP\",\"";                      //建立TCP連線。
       cmd += IP;                                                //連線IP位址。
       cmd += "\",80";                                           //通道埠號80。
       sendESP8266cmd(cmd,2000);                                 //寫入AT命令。
       lcdclearROW(0);                                           //清除LCD第0列內容。
       if(ESP8266.find("OK"))                                    //建立TCP連線成功?
       {
              lcdprintStr("TCP OK");                             //顯示訊息:TCP OK。
              cmd="GET /update?key=283OKW1GSMN0LFUD";            //API寫入金鑰。
              cmd+="&field1=" + T + "&field2=" + H + "\r\n";     //溫度及溼度資料。
              ESP8266.print("AT+CIPSEND=");                      //ESP8266發送數據。
```

```
            ESP8266.println(cmd.length());              //數據長度。
            if(ESP8266.find(">"))                       //ESP8266 可以開始發送數據?
            {
                ESP8266.print(cmd);                     //ESP8266 發送數據。
                if(ESP8266.find("OK"))                  //發送數據成功?
                {
                    lcdclearROW(0);                     //清除顯示器第 0 列內容。
                    lcdprintStr("update OK");           //顯示更新成功訊息。
                }
                else                                    //發送數據失敗。
                {
                    lcdclearROW(0);                     //清除 LCD 第 0 列內容。
                    lcdprintStr("update error");        //顯示失敗訊息。
                }
            }
        }
        else                                            //建立 TCP 連線失敗。
        {
            lcdprintStr("TCP error");                   //顯示訊息: TCP 連線失敗。
            sendESP8266cmd("AT+CIPCLOSE",1000);         //關閉 TCP。
        }
}
//ESP8266 連線函式
boolean connectWiFi(int timeout)
{
    sendESP8266cmd("AT+CWMODE=1",2000);                 //設定模式: STA client。
    lcd.setCursor(0,1);                                 //設定 LCD 座標第 0 行第 1 列。
    lcdprintStr("WiFi mode:STA");                       //顯示訊息: STA 模式。
    do
    {
        String cmd="AT+CWJAP=\"";                       //加入 AP。
        cmd+=SSID;                                      //AP 帳號。
        cmd+="\",\"";
        cmd+=PASSWD;                                    //AP 密碼。
        cmd+="\"";
        sendESP8266cmd(cmd,1000);                       //寫入 AT 指令。
        lcd.clear();                                    //清除顯示器內容。
```

```
        lcdprintStr("join AP...");                    //顯示訊息。
        if(ESP8266.find("OK"))                        //加入 AP 成功?
        {
            lcdprintStr("OK");                        //顯示訊息"OK"。
            sendESP8266cmd("AT+CIPMUX=0",1000);       //單路連線。
            return true;                              //連線成功。
        }
    }while((timeout--)>0);                            //連線失敗且未逾時,繼續連線。
    return false;                                     //連線失敗。
}
//AT 指令寫入函式
void sendESP8266cmd(String cmd, int waitTime)
{
    ESP8266.println(cmd);                             //將 AT 指令寫入 ESP8266。
    delay(waitTime);                                  //等待寫入完成。
}
//LCD 字串顯示函式
void lcdprintStr(String str)
{
    int i=0;                                          //字串中的字元指標。
    while(str[i]!='\0')                               //已到字串尾端?
    {
        lcd.print(str[i]);                            //顯示字元。
        i++;                                          //下一個字元。
    }
}
//清除顯示器內容函式
void lcdclearROW(int row)
{
    lcd.setCursor(0,row);                             //設定座標在第 0 行第 row 列。
    for(int i=0;i<16;i++)                             //清除第 row 列顯示內容。
        lcd.print(' ');
    lcd.setCursor(0,row);                             //設定座標在第 0 行第 row 列。
}
```

練習

1. 接續範例，新增光敏電阻模組測量光線亮度，光敏電阻模組的輸出 AO 連接於 Arduino 開發板的類比輸入 A0。如圖 6-5 所示 ThingSpeak 平台 dht11 通道，新增 Field 3 Chart 顯示光敏電阻模組感測的光度值。

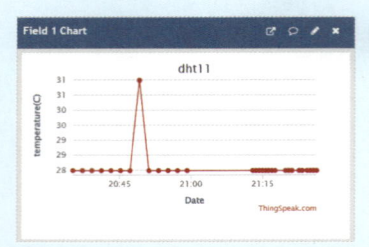

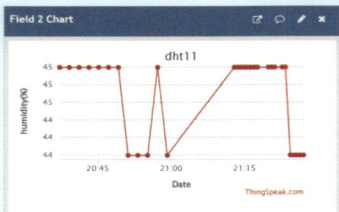

圖 6-5　ThingSpeak 平台 dht11 通道顯示上傳的溫度、溼度及光度

2. 接續範例，在 ThingSpeak 平台上建立第二個通道 weather，同樣新增溫度（Field1）、溼度（Field2）及光度（Field3）三個欄位。

6-2-4　查詢 ThingSpeak 平台上的氣象資訊

ThingSpeak 平台支援 JavaScript 物件表示法（JavaScript Object Notation，簡稱 **JSON**）、可延伸標記語言（Extensible Markup Language，簡稱 **XML**）及逗號分隔值（Comma-Separated Values，簡稱 **CSV**）等三種**開放資料交換格式**的回傳。當我們要在 ThingSpeak 平台 dht11 通道上查詢（query）單一筆資料時，可在瀏覽器中輸入下列標準格式：

```
https:// thingspeak.mathworks.com/channels/Channel_ID/feeds/last.json?key=Read_API_Key
```

Channel_ID 是 dht11 通道的 Channel ID，可以在如圖 6-6(a) 所示 ThingSpeak 平台的 Channel Settings 頁面中找到。**Read_API_Key** 是 dht11 的 Read API 金鑰，可以在如圖 6-6(b) 所示 ThingSpeak 平台的 API Keys 頁面中找到。

上一節我們新增加三筆數據，以回傳 JSON 格式為例，依照資料建立的時間順序，feeds/1.json 查詢第 1 筆數據，feeds/2.json 查詢第 2 筆數據，feeds/last.json 查詢最後建立的數據，feeds.json 則是查詢全部數據。如果查詢數據要以 XML 資料格式回傳，改成 feeds/1.xml、feeds/2.xml、feeds/last.xml 或 feeds.xml 即可。

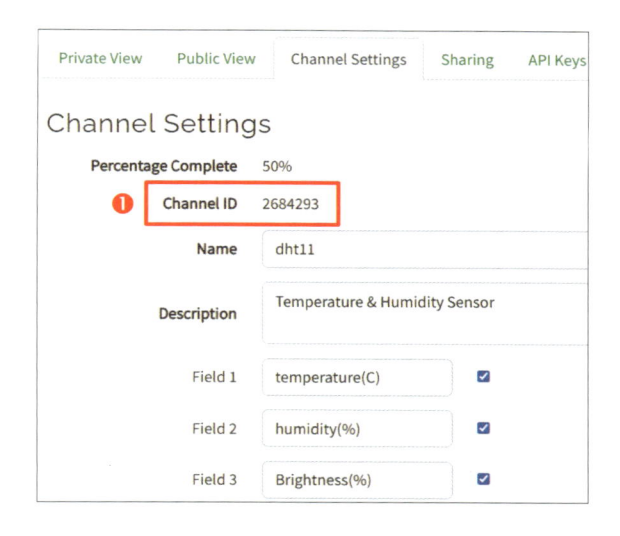

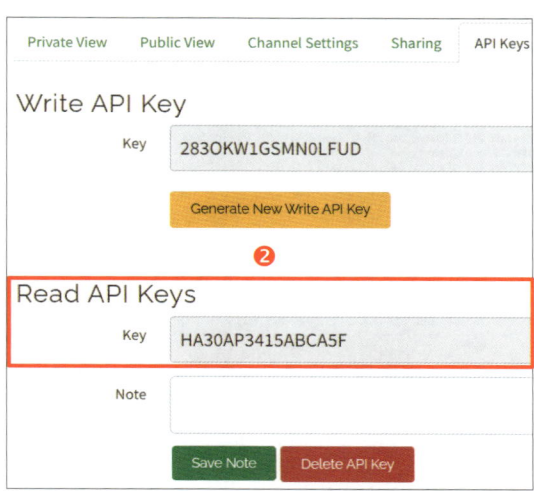

雲端運算

(a) Channel Settings 頁面

(b) API Keys 頁面

圖 6-6　通道 dht11

一、查詢單筆資料

STEP 1

如果我們要查詢最後建立的數據，並且以 JSON 格式回傳。在瀏覽器中輸入如下所示 URL 網址，讀取資料包含建立日期、建立順序、溫度、溼度及光度等資料。

thingspeak.mathworks.com/channels/2684293/feeds/last.json?key=HA30AP3415ABCA5F

{"created_at":"2024-10-08T05:23:45Z", "entry_id":392, "field1":"28", "field2":"41", "field3":"46"}

❶建立日期　❷最後一筆　❸溫度　❹溼度　❺光度

二、查詢全部資料

STEP 1

如果我們要查詢全部數據，並且以 JSON 格式回傳。在瀏覽器中輸入如下所示 URL 網址 thingspeak.mathworks.com/channels/2684293/feeds.json?key=HA30AP3415ABCA5F。

6-17

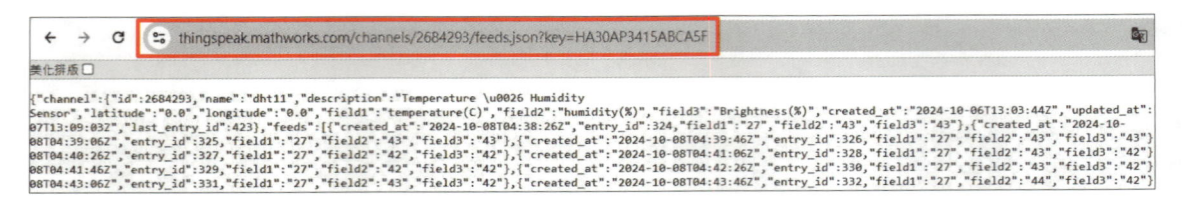

```
thingspeak.mathworks.com/channels/2684293/feeds.json?key=HA30AP3415ABCA5F
```

```
{"channel":{"id":2684293,"name":"dht11","description":"Temperature \u0026 Humidity 
Sensor","latitude":"0.0","longitude":"0.0","field1":"temperature(C)","field2":"humidity(%)","field3":"Brightness(%)","created_at":"2024-10-06T13:03:44Z","updated_at":"2024-10-07T13:09:03Z","last_entry_id":423},"feeds":[{"created_at":"2024-10-08T04:38:26Z","entry_id":324,"field1":"27","field2":"43","field3":"43"},{"created_at":"2024-10-08T04:39:06Z","entry_id":325,"field1":"27","field2":"43","field3":"43"},{"created_at":"2024-10-08T04:39:46Z","entry_id":326,"field1":"27","field2":"43","field3":"43"},{"created_at":"2024-10-08T04:40:26Z","entry_id":327,"field1":"27","field2":"42","field3":"42"},{"created_at":"2024-10-08T04:41:06Z","entry_id":328,"field1":"27","field2":"43","field3":"42"},{"created_at":"2024-10-08T04:41:46Z","entry_id":329,"field1":"27","field2":"42","field3":"42"},{"created_at":"2024-10-08T04:42:26Z","entry_id":330,"field1":"27","field2":"43","field3":"42"},{"created_at":"2024-10-08T04:43:06Z","entry_id":331,"field1":"27","field2":"43","field3":"42"},{"created_at":"2024-10-08T04:43:46Z","entry_id":332,"field1":"27","field2":"44","field3":"42"}
```

STEP 2

1. 除了直接在瀏覽器輸入 URL 之外，也可在 Private View 頁面，按下 Export recent data 鈕。

2. dht11 通道包含溫度（temperature）、溼度（humidity）及光度（Brightness）三種資料。

3. 上述三種資料都可以選擇回傳的資料格式，包含 JSON、XML、CSV 三種。

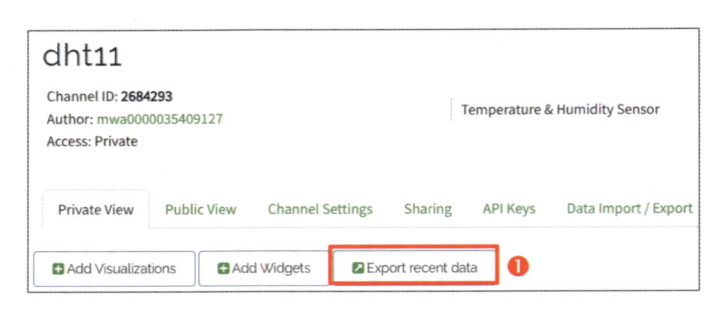

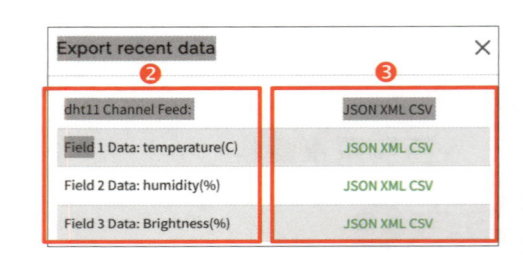

▶ 動手做：利用網頁查詢雲端氣象資訊

一、功能說明

如圖 6-7 所示在 ThingSpeak 平台上建立 weather 通道，包含的溫度（Field1）、溼度（Field2）及光度（Field3）三個欄位。

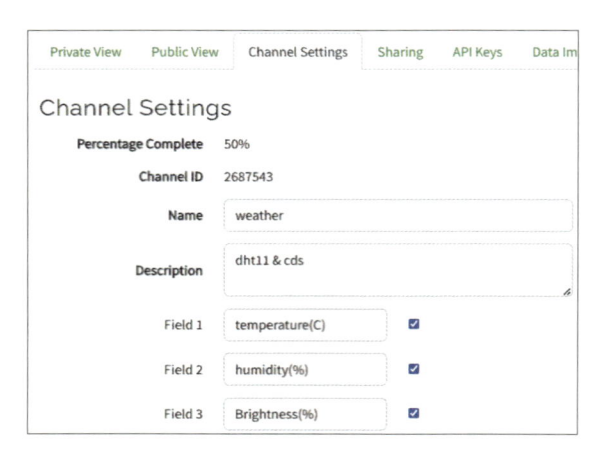

圖 6-7　ThingSpeak 平台 Weather 通道

6-18

利用 JavaScript 程式庫 jquery 的 getJSON()方法，取得在 ThingSpeak 平台通道 weather 的資料，並以 JSON 資料格式回傳給 HTML 網頁來處理。ThingSpeak 平台回傳的 JSON 資料包含**建立日期**（created_at）、**建立順序**（entry_id）、**溫度值**（Field1）、**溼度值**（Field2）及**光度值**（Field3）等。

在 **queryWeather.html 網頁程式**中，我們使用兩個 getJSON()方法分別取得 dht11 及 weather 兩個通道中最後建立（last.json）也是最新的氣象數據。每個通道都有自己的 **Channel ID 及 Read API Key**，必須依實際的 Channel ID 及 Read API Key 輸入。在瀏覽器中執行 queryWeather.html 可以得到如圖 6-8 所示網頁查詢雲端氣象站資料頁面，按下 查詢 鈕後，就可以查詢所有氣象站的最新數據資料。

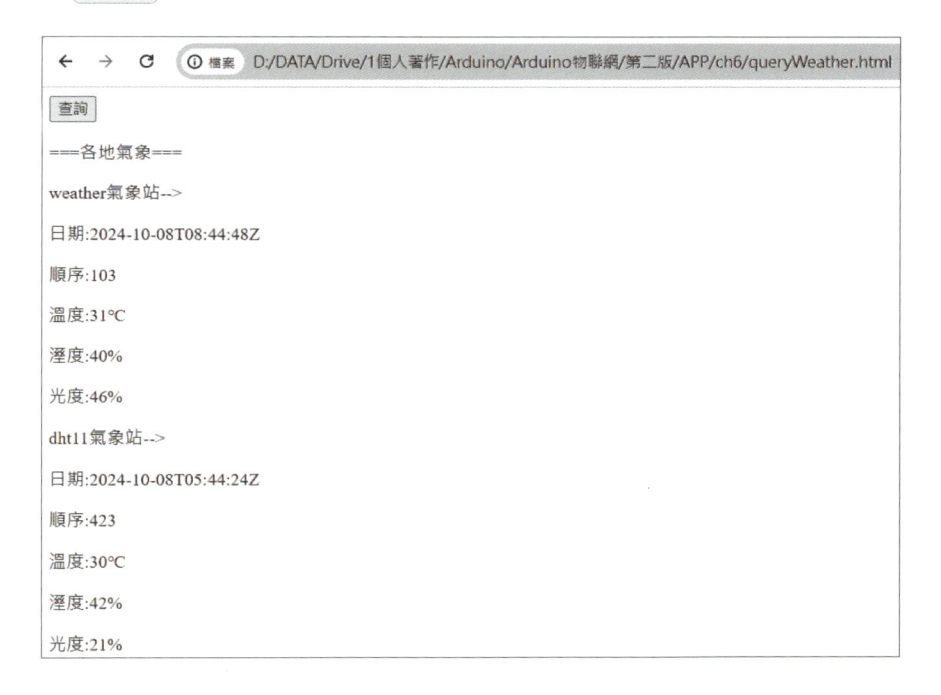

圖 6-8　網頁查詢雲端氣象站資料頁面

二　程式：APP/ch6/queryWeather.html

```
<html>
<head><title>ESP8266 WiFi氣象中心</title></head>
<body>
<script type="text/javascript"
src="https://ajax.googleapis.com/ajax/libs/jquery/1.4.4/jquery.min.js"
charset="utf-8"></script>
```

```html
<script>
$(function(){
  $("#query").click(function(){
//dht11
    $.getJSON("https://api.thingspeak.com/channels/
    2684293/feeds/last.json?key=HA30AP3415ABCA5F", function(data)
    {
      $("div").append( "<p>" + "dht11氣象站-->" + "</p>");
      $("div").append( "<p>" + "日期:" + data.created_at + "</p>");
      $("div").append( "<p>" + "順序:" + data.entry_id + "</p>");
      $("div").append( "<p>" + "溫度:" + data.field1 + "°C" + "</p>");
      $("div").append( "<p>" + "溼度:" + data.field2 + "%" + "</p>");
      $("div").append( "<p>" + "光度:" + data.field3 + "%" + "</p>");
    });
//weather
    $.getJSON("https://api.thingspeak.com/channels/
    2687543/feeds/last.json?key=D4NWQJCQM9ASFOUU", function(data)
    {
      $("div").append( "<p>" + "weather氣象站-->" + "</p>");
      $("div").append( "<p>" + "日期:" + data.created_at + "</p>");
      $("div").append( "<p>" + "順序:" + data.entry_id + "</p>");
      $("div").append( "<p>" + "溫度:" + data.field1 + "°C" + "</p>");
      $("div").append( "<p>" + "溼度:" + data.field2 + "%" + "</p>");
      $("div").append( "<p>" + "光度:" + data.field3 + "%" + "</p>");
    });
  });
});
</script>
<p><input type="button" value="查詢" name="query" id="query"></p>
<div>===各地氣象===</div>
</body>
</html>
```

雲端運算 6

▶ 動手做：利用手機 App 查詢雲端氣象資訊

一 功能說明

下載並安裝 App 程式 APP/ch6/WiFiWeather.aia，開啟如圖 6-9 所示 App 程式查詢雲端氣象站資料頁面。頁面顯示 ThingSpeak 平台上已建立的 dht11 及 weather 兩個通道。按下 查詢 鈕將 ThingSpeak 平台上 dht11 及 weather 兩個通道的最新（最後新增）氣象資料顯示在手機畫面。

圖 6-9　查詢雲端氣象站資訊 App 程式 WiFiWeather.aia

用戶端使用 App 來查詢 ThingSpeak 平台上的通道資料，必須要有通道的 Channel ID 及 Read API 金鑰，再使用 GET 方法來取得通道上的 JSON 資料。一個 JSON 資料 **{"created_at":"2024-10-08T08:44:48Z","entry_id":3,"field1":"31","field2":"45"}**，會被 App 程式解碼（created_at 2024-10-08T08:44:48Z）、（entry_id 3）、（field1 31）及（field2 45）等四個元素的清單。第 1 個元素為建立日期、第 2 個元素為建立順序、第 3 個元素為溫度值、第 4 個元素為溼度值。如果 App 程式再進一步解碼（field1 31）會產生 field1 及 31 兩個元素，31 即為溫度。解碼（field2 45）會產生 field2 及 45 兩個元素，45 即為相對溼度。

二 電路接線圖

無。

三 程式

無。

四 App 介面配置及說明：APP/ch6/WiFiWeather.aia

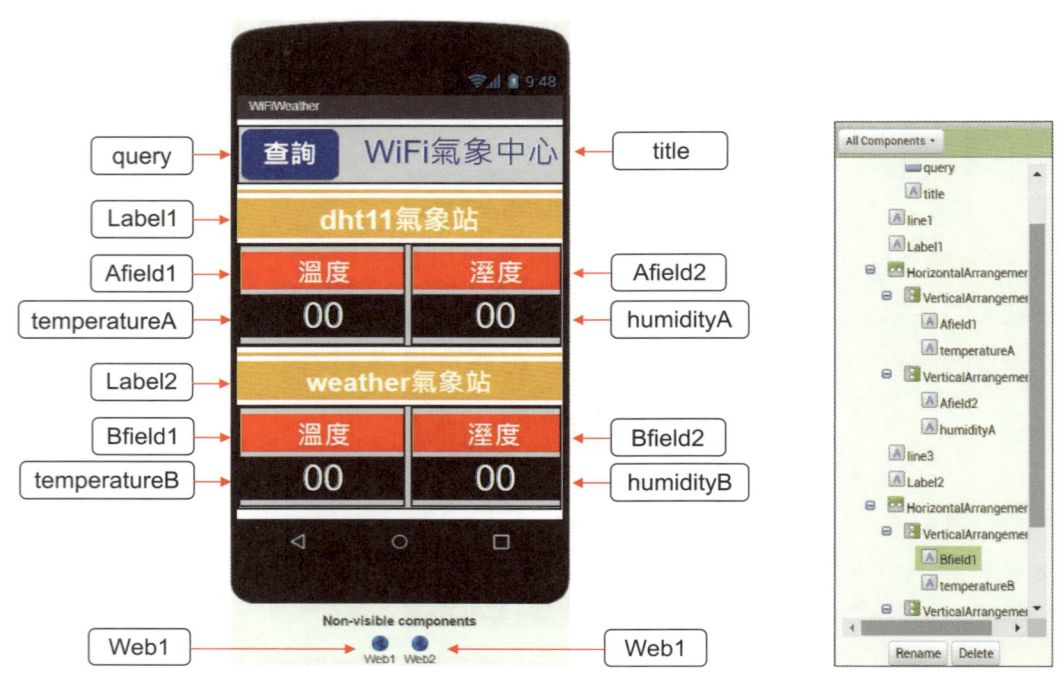

圖 6-10　App 程式 WiFiweather 介面配置

表 6-1　App 程式 WiFiweather 元件屬性說明

名稱	元件	主要屬性說明
query	Button	Height=Automatic,Width=30 percent,FontSize=30
Title	Label	Height=Automatic,Width=70 percent,FontSize=36
Label1	Label	Height=Automatic,Width=Fill parent,FontSize=32
Afield1、Bfield2	Label	Height=Automatic,Width=50 percent,FontSize=30
Afield2、Bfield2	Label	Height=Automatic,Width=50 percent,FontSize=30
temperatureA、B	Label	Height=Automatic,Width=50 percent,FontSize=40
HumidityA、B	Label	Height=Automatic,Width=50 percent,FontSize=40
Label2	Label	Height=Automatic,Width=Fill parent,FontSize=32

雲端運算　6

五　App 方塊功能說明：APP/ch6/WiFiWeather.aia

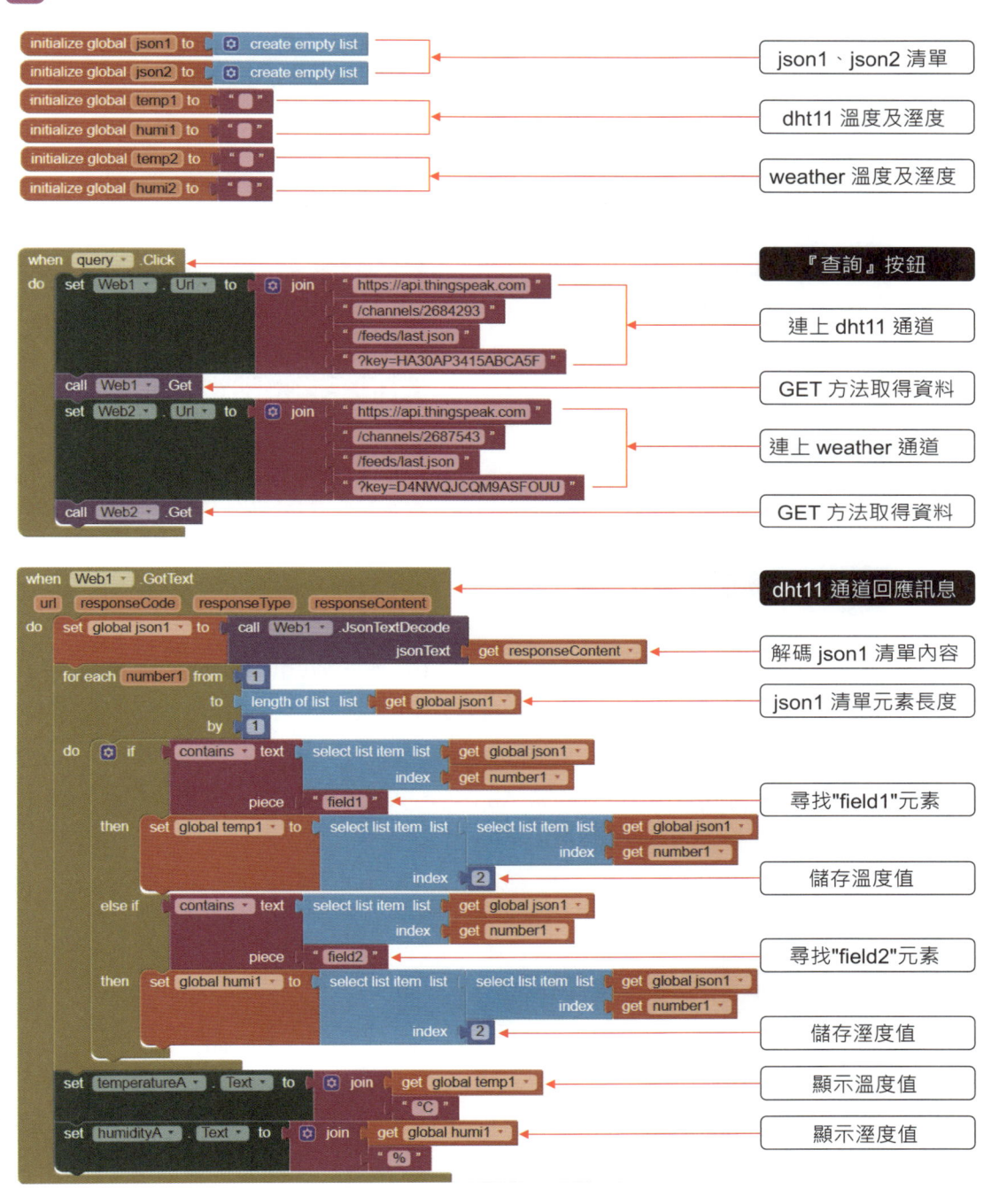

- initialize global `json1` to ☼ create empty list
- initialize global `json2` to ☼ create empty list　→ json1、json2 清單
- initialize global `temp1` to " "
- initialize global `humi1` to " "　→ dht11 溫度及溼度
- initialize global `temp2` to " "
- initialize global `humi2` to " "　→ weather 溫度及溼度

when `query`.Click ← 『查詢』按鈕

do
- set `Web1`.Url to ☼ join
  - "https://api.thingspeak.com"
  - "/channels/2684293"
  - "/feeds/last.json"
  - "?key=HA30AP3415ABCA5F"　→ 連上 dht11 通道
- call `Web1`.Get　→ GET 方法取得資料
- set `Web2`.Url to ☼ join
  - "https://api.thingspeak.com"
  - "/channels/2687543"
  - "/feeds/last.json"
  - "?key=D4NWQJCQM9ASFOUU"　→ 連上 weather 通道
- call `Web2`.Get　→ GET 方法取得資料

when `Web1`.GotText (url, responseCode, responseType, responseContent)　→ dht11 通道回應訊息

do
- set global `json1` to call `Web1`.JsonTextDecode jsonText: get `responseContent`　→ 解碼 json1 清單內容
- for each `number1` from 1 to length of list `list`: get global `json1` by 1　→ json1 清單元素長度
  - do if `contains` text: select list item list get global `json1` index get `number1`, piece "field1"　→ 尋找 "field1" 元素
    - then set global `temp1` to select list item list (select list item list get global `json1` index get `number1`) index 2　→ 儲存溫度值
    - else if `contains` text: select list item list get global `json1` index get `number1`, piece "field2"　→ 尋找 "field2" 元素
    - then set global `humi1` to select list item list (select list item list get global `json1` index get `number1`) index 2　→ 儲存溼度值
- set `temperatureA`.Text to ☼ join get global `temp1` "°C"　→ 顯示溫度值
- set `humidityA`.Text to ☼ join get global `humi1` "%"　→ 顯示溼度值

6-23

練習

1. 接續範例，使用如圖 6-11(a) 所示手機 App 程式 WiFiWeather_time 介面配置，新增顯示「現在時間」。

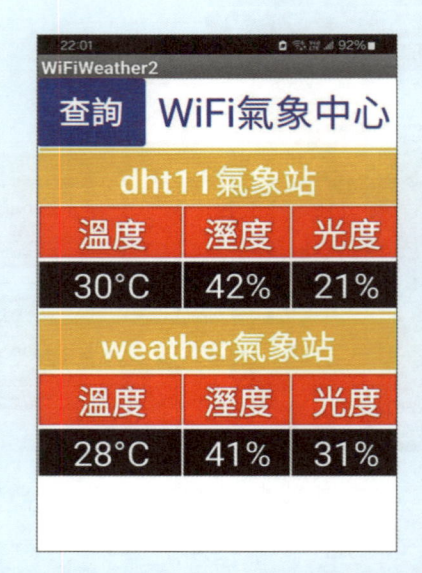

(a) WiFiWeather_time 介面配置　　　(b) WiFiWeather2 介面配置

圖 6-11　App 程式介面配置

2. 接續範例，使用如圖 6-11(b) 所示手機 App 程式 WiFiWeather2 介面配置，新增顯示「光度」數據。

▶ 動手做：利用 Arduino 查詢雲端氣象資訊

一 功能說明

如圖 6-12 所示 ThingSpeak 平台使用 JSON 格式傳回的氣象資訊。JSON 是以階層方式來表示資料內容，使用「**索引鍵-值**」組來儲存資訊，每個「索引鍵-值」組再以逗號分隔，並且以大括號"{ }"將所有「索引鍵-值」組括起來。

雲端運算

本例要顯示溫度及溼度，可先搜尋第一個字元 f 所在位置（position，簡稱 pos），相對位置 pos+9、pos+10 為溫度值，相對位置 pos+23、pos+24 為溼度值，相對位置 pos+37、pos+38 為光度值。

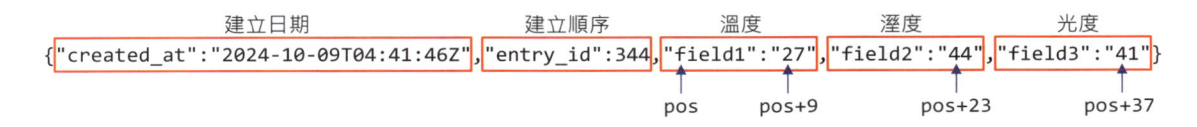

```
                   建立日期                    建立順序          溫度         溼度         光度
{"created_at":"2024-10-09T04:41:46Z","entry_id":344,"field1":"27","field2":"44","field3":"41"}
                                                   pos    pos+9      pos+23      pos+37
```

圖 6-12　ThingSpeak 平台使用 JSON 格式傳回的氣象資訊

如圖 6-14 所示 Arduino 查詢雲端氣象資訊電路接線圖，當電源重置時，Wi-Fi 指示燈 L1 閃爍三次。ESP8266 模組初始化並且設定為 STA 模式，開始進行如圖 6-13 所示使用 Arduino 查詢雲端氣象資訊的 Wi-Fi 連線動作。連線成功加入 AP 後，Wi-Fi 指示燈 L1 恆亮。按下圖 6-14 所示 SW1 鍵，建立與 ThingSpeak 平台連線，查詢雲端氣象資訊並顯示在「序列埠監控視窗」中。

```
COM6
reset 8266...  ❶重置
AT+RST
set WiFi mode:STA  ❷STA 模式
AT+CWMODE=1
join AP...
AT+CWJAP="yangmf","A120613344"  ❸加入 AP
join AP...
AT+CWJAP="yangmf","A120613344"
set Single link...  ❹單路連線模式
AT+CIPMUX=0
connect WiFi success.
Press the switch query.  ❺按下 SW1 鍵
AT+CIPSTART="TCP","184.106.153.149",80  ❻連線 ThingSpeak 平台
TCP OK
AT+CIPSEND=60
>GET /channels/2684293/feeds/last.json?key=HA30AP3415ABCA5F

query...OK  ❼取得指定通道氣象資訊
temperature=30C
humidity=42%
```

圖 6-13　使用 Arduino 查詢雲端氣象資訊的 Wi-Fi 連線動作

6-25

二 電路接線圖

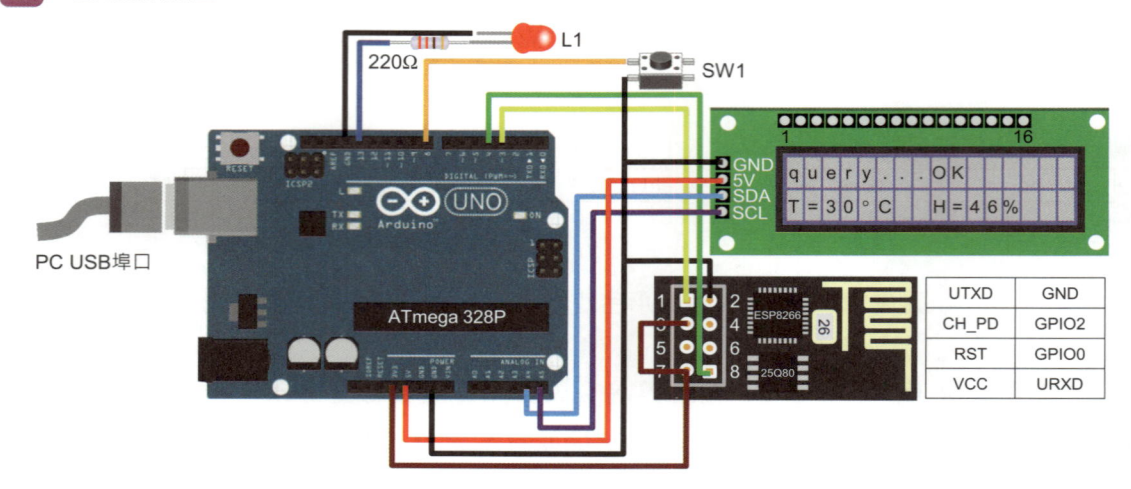

圖 6-14　Arduino 查詢雲端氣象數據電路接線圖

三 程式：ch6-2.ino

```
#include <SoftwareSerial.h>              //載入 SoftwareSerial 函式庫。
#define SSID "輸入您的AP帳號"              //AP 帳號。
#define PASSWD "輸入您的AP密碼"            //AP 密碼。
#define IP "184.106.153.149"              //thingspeak.com 的 IP 位址。
SoftwareSerial ESP8266(3,4);              //設定 D3 為 RXD，D4 為 TXD。
const int sw=8;                           //D8 連接按鍵開關 SW1。
const int WiFiled=13;                     //D13 連接 Wi-Fi 指示燈 L1。
boolean FAIL_8266 = false;                //true:連線失敗，false:連線成功。
int i;                                    //迴圈次數。
char c;                                   //ESP8266 的接收字元。
unsigned long timeout;                    //逾時計時器。
String cmd;                               //AT 指令。
String message;                           //ESP8266 的接收數據。
String temp,humi;                         //溫度值及溼度值。
char buf[3];                              //緩衝區。
//初值設定
void setup()
{
    pinMode(WiFiled,OUTPUT);              //設定 D13 為輸出埠。
    digitalWrite(WiFiled,LOW);            //關閉 Wi-Fi 指示燈 L1。
    ESP8266.begin(9600);                  //設定 ESP8266 傳輸率為 9600bps。
```

```
    Serial.begin(9600);                          //設定序列埠傳輸速率為9600bps。
    pinMode(sw,INPUT_PULLUP);                    //設定D8為輸入埠,使用內建提升電阻。
    for(i=0;i<3;i++)                             //Wi-Fi指示燈閃爍三次。
    {
        digitalWrite(WiFiled,HIGH);              //Wi-Fi指示燈亮。
        delay(200);                              //延遲0.2秒。
        digitalWrite(WiFiled,LOW);               //Wi-Fi指示燈滅。
        delay(200);                              //延遲0.2秒。
    }
    do                                           //開始進行連線。
    {
        Serial.println("reset 8266...");
        sendESP8266cmd("AT+RST",2000);           //ESP8266初始化。
        if(ESP8266.find("OK"))                   //ESP8266初始化成功?
        {
            if(connectWiFi(10))                  //WiFi連線成功?
            {
                FAIL_8266=false;                 //連線成功設定為false。
                Serial.println("connect WiFi success.");
            }
            else                                 //WiFi連線失敗。
            {
                FAIL_8266=true;                  //連線失敗設定為true。
                Serial.println("connect WiFi fail.");
            }
        }
        else                                     //ESP8266初始化失敗。
        {
            delay(500);                          //延遲0.5秒後再初始化8266。
            FAIL_8266=true;                      //初始化失敗設定為true。
            Serial.println("8266 no response");
        }
    }while(FAIL_8266);                           //連線失敗,重新連線。
    digitalWrite(WiFiled,HIGH);                  //連線成功,WiFi指示燈恆亮。
    Serial.println("Press the switch query.");
}
//主迴圈
```

```
void loop()
{
    int val=digitalRead(sw);                    //讀取SW1按鍵目前狀態。
    if(!FAIL_8266)                              //WiFi連線成功?
    {                                           //連線成功才會測按鍵開關狀態。
        if(val==LOW)                            //按下SW1鍵?
        {
            delay(20);                          //消除機械彈跳。
            while(digitalRead(sw)==LOW)         //按鍵未放開?
                ;                               //等待放開按鍵。
            queryDHT();                         //查詢ThingSpeak平台通道氣象資訊。
        }
    }
}
//WiFi連線函式
boolean connectWiFi(int number)
{
    Serial.println("set WiFi mode:STA");        //顯示Wi-Fi模式。
    sendESP8266cmd("AT+CWMODE=1",2000);         //設定Wi-Fi為STA模式。
    do
    {
        Serial.println("join AP...");
        String cmd="AT+CWJAP=\"";               //加入AP。
        cmd+=SSID;                              //AP帳號。
        cmd+="\",\"";
        cmd+=PASSWD;                            //AP密碼。
        cmd+="\"";
        sendESP8266cmd(cmd,2000);               //傳送指令:加入AP。
        if(ESP8266.find("OK"))                  //加入AP成功?
        {
            Serial.println("set Single link...");
            sendESP8266cmd("AT+CIPMUX=0",1000); //設定為單路連接模式。
            return true;                        //加入AP成功。
        }
    }while((number--)>0);                       //未達重新連線次數?
    return false;                               //已達重新連線次數,連線失敗。
}
```

```cpp
//AT 指令寫入函式
void sendESP8266cmd(String cmd, int waitTime)
{
    ESP8266.println(cmd);                        //將 AT 命令寫入 ESP8266。
    Serial.println(cmd);                         //序列埠顯示寫入的 AT 命令。
    delay(waitTime);                             //等待寫入 AT 命令。
}
//查詢 ThingSpeak 平台通道的氣象資訊
void queryDHT()
{
    String cmd="AT+CIPSTART=\"TCP\",\"";         //建立 TCP 連線。
    cmd += IP;                                   //thingspeak.com 的 IP 位址。
    cmd += "\",80";                              //通訊埠為 80。
    sendESP8266cmd(cmd,2000);                    //建立 TCP 連線。
    if(ESP8266.find("OK"))                       //TCP 連線成功?
    {
        Serial.println("TCP OK");                //使用 GET 方法查詢數據。
        cmd="GET /channels/"+String(2684293)+
        "/feeds/last.json?key=HA30AP3415ABCA5F"+"\r\n";
        Serial.print("AT+CIPSEND=");
        Serial.println(cmd.length());
        ESP8266.print("AT+CIPSEND=");            //傳送指定長度的數據。
        ESP8266.println(cmd.length());           //數據資料的長度。
        if(ESP8266.find(">"))                    //收到 ESP8266 返回符號">"?
        {
            Serial.print(">");
            ESP8266.println(cmd);                //開始傳送數據。
            Serial.println(cmd);                 //顯示指令。
            message=" ";                         //清除 message 內容。
            Serial.print("query...");            //顯示訊息:查詢中。
            timeout=millis();                    //讀取並儲存系統時間。
            while(millis()-timeout<=2000)        //已逾時 2 秒?
            {
                if(ESP8266.available())          //8266 模組接收到數據?
                {
                    c=ESP8266.read();            //讀取並儲存接收到的數據。
                    message += c;                //將接收的數據串接至 message。
```

```
                }
            }
            Serial.println("OK");                        //顯示訊息:OK。
            decodeJSON(message);                         //解碼所接收到的數據。
            Serial.print("temperature=");                //顯示訊息:溫度。
            Serial.print(temp);                          //顯示雲端通道的溫度值。
            Serial.println("C");                         //顯示攝氏溫度單位:C。
            Serial.print("humidity=");                   //顯示訊息:溼度。
            Serial.print(humi);                          //顯示雲端通道的溼度值。
            Serial.println('%');                         //顯示相對溼度單位:百分比。
        }
    }
    else                                                 //TCP 連線失敗。
    {
        Serial.println("TCP error");
        sendESP8266cmd("AT+CIPCLOSE",2000);              //關閉 TCP 連線。
    }
}
// JSON 數據解碼函式
void decodeJSON(String msg)
{
    int position=msg.indexOf('f');                       //搜尋 msg 數據中的 f 所在位置。
    buf[0]=msg[position+9];                              //儲存十位數的溫度值。
    buf[1]=msg[position+10];                             //儲存個位數的溫度值。
    temp=String(buf).substring(0,2);                     //將溫度值轉成溫度字串。
    buf[0]=msg[position+23];                             //儲存十位數的溼度值。
    buf[1]=msg[position+24];                             //儲存個位數的溼度值。
    humi=String(buf).substring(0,2);                     //將溼度值轉成溼度字串。
}
```

練習

1. 接續範例,建立與 ThingSpeak 平台連線,查詢雲端氣象站的溫度、溼度及光度,並且顯示在「序列埠監控視窗」中。
2. 接續範例,如圖 6-14 所示連接 I2C 序列式 LCD,顯示雲端氣象站的溫度及溼度。

6-2-5 認識 ESP32 I2C

積體匯流排電路（Inter-Interated Circuit，簡稱 I^{2}C），唸法是 I 平方 C（I squared C）。I^{2}C 由飛利浦公司在 1980 年代所開發，是一種短距離、快速二線同步傳輸協定，包含串列時脈腳（Serial Clock，簡稱 SCL）及串列資料腳（Serial Data，簡稱 SDA）二線。I^{2}C 主要用於主機板、嵌入式系統等主控端與低速周邊設備之間的通信。**ESP32 的 I^{2}C 介面使用 GPIO21 為 SDA 接腳，GPIO22 為 SCL 接腳。**

I^{2}C 主從結構是由一個主控設備（如 ESP32）及多個從端設備組成，所有 I^{2}C 設備的時脈腳 SCL 及資料腳 SDA，必須分別連接在一起。I^{2}C 主控設備發出一個 **7 位元長度的位址**，產生 128（=2^7）個不同的位址編號，用來識別每一個具有唯一位址編號的從端設備。除了部分位址編號保留給特殊用途使用之外，剩餘 112 個位址編號皆可以使用。本例所使用的 I^{2}C 串列 LCD 顯示器位址編號為 0x27。

▶ 動手做：ESP32 控制 I2C 串列 LCD 顯示字元

一 功能說明

如圖 6-15 所示 ESP32 控制 I2C 串列 LCD 顯示字元電路接線圖。GPIO21 連接 LCD 的 SDA 接腳，GPIO22 連接 LCD 的 SCL 接腳，並且使用 ESP32 的 5V 電源供電給 LCD 模組。電源重啟後，在 LCD 第 0 列顯示「Hello, world!」。

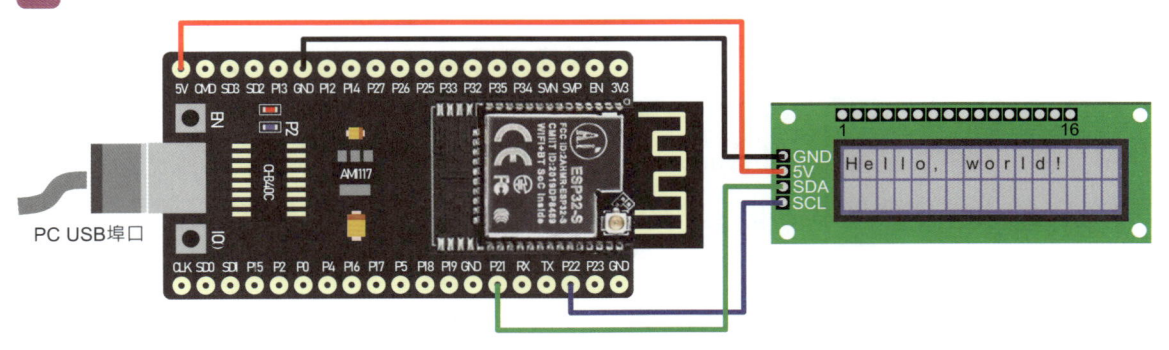

二 電路接線圖

圖 6-15　ESP32 控制 I2C 串列 LCD 顯示字元電路接線圖

三 程式：ch6-3.ino

```
#include <LiquidCrystal_I2C.h>              //載入 LiquidCrystal_I2C 函式庫。
LiquidCrystal_I2C lcd(0x27,16,2);           //建立 LCD 物件，使用 1602 串列 LCD。
//初值設定
void setup()
{
    lcd.init();                             //初始化 LCD。
    lcd.backlight();                        //開啟 LCD 背光。
    lcd.setCursor(0,0);                     //設定 LCD 座標在第 0 行、第 0 列。
    lcd.print("Hello, world!");             //顯示訊息：Hello,world!。
}
//主迴圈
void loop(){
}
```

練習

1. 接續範例，在第 0 列中間顯示「1234567890」，第 1 列中間顯示「Hello, world!」。
2. 接續範例，在第 0 列中間顯示「1234567890」，第 1 列顯示「Hello, world!」且每 200 毫秒由右向左移動一個字元。

6-2-6　URI 與 URL

統一資源識別器（Uniform Resource Identifier，簡稱 URI）是用來識別如 HTML 檔案、程式碼、影片、圖片等資源，是一種**通用概念**。而統一資源定位器（Uniform Resource Locator，簡稱 URL）指定資源所在位址，是 URI 的**具體實現方式**。URL 又稱為網址，主要是由**協定**（protocol）、**網域**（domain）及**文件路徑**三個部分組成。常用協定如超文字傳輸協定（Hypertext Transfer Protocol，簡稱 HTTP）、超文字傳輸安全協定（Hypertext Transfer Protocol Secure，簡稱 HTTPS）、檔案傳輸協定（File Transfer Protocol，簡稱 FTP）及簡單郵件傳輸協定（Simple Mail Transfer Protocol，簡稱 SMTP）等。

如圖 6-16 所示 URL 網址，協定是 https://、網域是 thingspeak.mathworks.com、而文件路徑是/channels/2684293/api_keys。

```
https://thingspeak.mathworks.com/channels/2684293/api_keys
```
協定　　　　　網域　　　　　　　文件路徑

圖 6-16　URL 網址

6-2-7　HTTPClient 類別

HTTPClient 類別讓 ESP32 可以使用 HTTP 協定存取外網伺服器，將 URI 所識別的資源**傳送 HTTP 請求**和**接收 HTTP 回應**。如表 6-2 所示 HTTPClient 類別的常用方法，首先使用 HTTPClient 建立物件，再使用 begin()方法啟用連接。接著使用 GET()方法發起 GET 請求，再接收伺服器所傳回的狀態碼，確認是否請求成功。如果請求成功，再使用 getString()方法讀取伺服器所傳回的數據。

表 6-2　HTTPClient 類別的常用方法說明

方法	功能	參數說明
begin(String URL)	啟用連接。	URL：網址。
GET()	發起 GET 請求。	無。
getString()	讀取伺服器的回應數據。	無。
getSize()	伺服器的回應數據長度。	無。
end()	結束目前的連接。	無。

▶ 動手做：ESP32 Wi-Fi 雲端氣象站

■ 功能說明

如圖 6-17 所示 ESP32 Wi-Fi 雲端氣象站電路接線圖，ESP32 開發板建立 Wi-Fi 連線，並且設定為 STA 模式。開始進行 Wi-Fi 連線時，指示燈 L1 閃爍三次，同時 LCD 顯示連線狀態。Wi-F 連線成功後，指示燈 L1 恆亮，同時 LCD 顯示 AP 所配置的私用 IP 位址。

Wi-Fi 連線成功後，再利用 HTTPClinet 函式庫連線 ThingSpeak 雲端運算平台 dht11 通道，每分鐘上傳一次 DHT11 感測器所感測到最新的溫度及溼度值。成功上傳 ThingSpeak 雲端運算平台後，LCD 顯示建立順序、溫度及溼度等數據資料。

二 電路接線圖

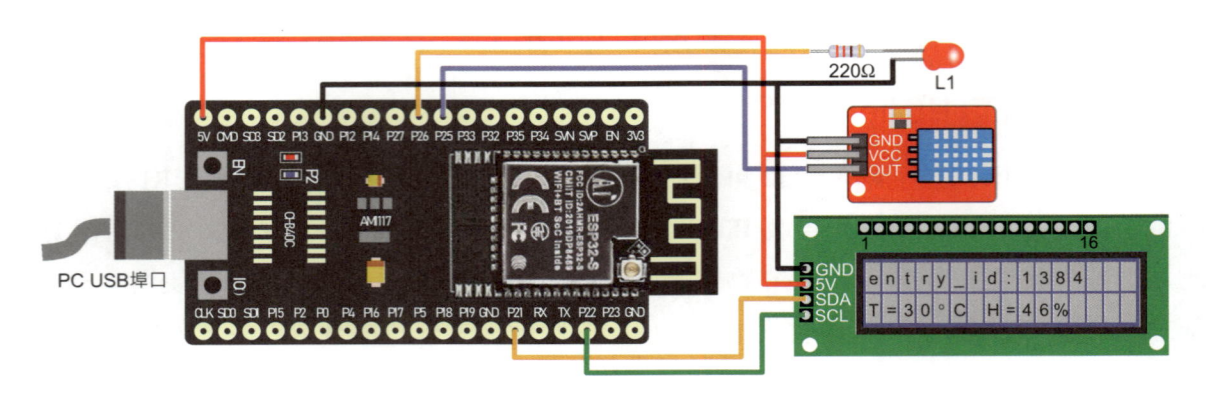

圖 6-17　ESP32 Wi-Fi 雲端氣象站電路接線圖

三 程式：ch6-4.ino

```
#include<WiFi.h>                              //載入Wi-Fi函式庫。
#include <HTTPClient.h>                       //載入HTTPClient函式庫。
#include <LiquidCrystal_I2C.h>                //載入LiquidCrystal_I2C函式庫。
#include <Adafruit_Sensor.h>                  //載入Adafruit_Sensor函式庫。
#include <DHT.h>                              //載入DHT函式庫。
#include <DHT_U.h>                            //載入DHT_U函式庫。
#define DHTPIN 25                             //GPIO25連接DHT11輸出。
#define WIFIled 26                            //GPIO26連接WiFi指示燈。
#define DHTTYPE DHT11                         //使用DHT11。
DHT dht(DHTPIN, DHTTYPE);                     //建立DHT11物件。
LiquidCrystal_I2C lcd(0x27,16,2);             //建立LCD物件。
const char ssid[]="輸入您的AP名稱";             //AP名稱
const char pwd[]="輸入您的AP密碼";              //AP密碼
unsigned long timeout=0;                      //逾時計時器。
String url="https://thingspeak.mathworks.com/ //URL網址。
           update?key=283OKW1GSMN0LFUD";      //寫入API金鑰。
//初值設定
void setup()
{
    dht.begin();                              //初始化DHT11。
    lcd.init();                               //初始化LCD。
    lcd.backlight();                          //開啟LCD背光。
```

```cpp
    lcd.clear();                              //清除 LCD 顯示內容。
    pinMode(WIFIled,OUTPUT);                  //設定 GPIO26 為輸出埠。
    digitalWrite(WIFIled,LOW);                //關閉 Wi-Fi 指示燈。
    for(int i=0;i<3;i++)                      //Wi-Fi 指示燈閃爍三次。
    {
        digitalWrite(WIFIled,HIGH);           //Wi-Fi 指示燈亮。
        delay(200);                           //延遲 0.2 秒。
        digitalWrite(WIFIled,LOW);            //Wi-Fi 指示燈暗。
        delay(200);                           //延遲 0.2 秒。
    }
    WiFi.mode(WIFI_STA);                      //設定為 STA 模式
    WiFi.begin(ssid,pwd);                     //建立與 AP 的 Wi-Fi 連線。
    clearROW(0);                              //清除 LCD 第 0 列內容。
    lcd.print("WiFi connecting.");            //LCD 顯示訊息：連線中。
    clearROW(1);                              //清除 LCD 第 1 列內容。
    while(WiFi.status()!=WL_CONNECTED)        //尚未連線?
    {
        lcd.print(".");                       //等待連線。
        delay(500);                           //延遲 0.5 秒。
    }
    clearROW(0);                              //清除 LCD 第 0 列內容。
    lcd.print("WiFi connected. ");            //顯示訊息：已連線。
    clearROW(1);                              //清除 LCD 第 1 列內容。
    lcd.print(WiFi.localIP());                //顯示配置的私用 IP 位址
    digitalWrite(WIFIled,HIGH);               //Wi-Fi 指示燈恆亮。
}
//主迴圈
void loop()
{
    if((millis()-timeout)>=60000)             //已超過 1 分鐘?
    {
        timeout=millis();                     //儲存系統時間。
        float h = dht.readHumidity();         //讀取環境溫度。
        float t = dht.readTemperature();      //讀取相對溼度。
        if (isnan(t) || isnan(h))             //溫度或溼度數據不正確?
        {
            clearROW(1);                      //清除 LCD 第 1 列內容。
```

```
            lcd.print("DHT11 error!");        //顯示訊息：DHT11 讀取失敗。
        }
        else                                  //讀取溫度及溼度數據正確。
        {
            clearROW(0);                      //清除 LCD 第 0 列內容。
            lcd.print("ThingSpeak....");      //顯示訊息：連線 ThingSpeak 平台。
            String url1=url+"&field1="+(int)t+"&field2="+(int)h;
            HTTPClient http;                  //建立 HTTP 物件。
            http.begin(url1);                 //開始進行 HTTP 連接。
            int httpCode = http.GET();        //GET 請求。
            if (httpCode == HTTP_CODE_OK)     //請求成功，伺服器回應代碼 200。
            {
                clearROW(0);                          //清除 LCD 第 0 列內容。
                String payload = http.getString();    //讀取伺服器回應訊息。
                lcd.print("entry_id:");
                lcd.print(payload);                   //顯示伺服器回應訊息。
            }
            else                              //GET 請求失敗。
            {
                clearROW(0);                  //清除 LCD 第 0 列內容。
                lcd.print("GET failed.");     //顯示訊息：GET 請求失敗。
            }
            http.end();                       //結束 HTTP 連接。
            clearROW(1);                      //清除 LCD 第 1 列內容。
            lcd.print("T=");                  //顯示訊息：T=。
            lcd.print((int)t);                //顯示溫度值。
            char degree=0xdf;                 //溫度單位符。
            lcd.print(degree);                //顯示溫度單位。
            lcd.print("C");                   //溫度單位符。
            lcd.setCursor(8,1);               //設定 LCD 座在第 8 行、第 1 列。
            lcd.print("H=");                  //顯示訊息：H=。
            lcd.print((int)h);                //顯示溼度值。
            lcd.print('%');                   //顯示溼度單位。
        }
    }
}
```

```
//LCD 顯示內容清除函式
void clearROW(int row)
{
    lcd.setCursor(0,row);                //設定 LCD 座標在第 0 行、第 row 列。
    for(int i=0;i<16;i++)                //清除第 row 列內容。
        lcd.print(' ');                  //清除一個字元。
    lcd.setCursor(0,row);                //設定 LCD 座標在第 0 行、第 row 列。
}
```

練習

1. 接續範例，新增光敏電阻模組測量光線亮度，光敏電阻模組的輸出 AO 連接於 ESP32 開發板的類比輸入 ADC1_CH5（GPIO33）。
2. 接續範例，在 ThingSpeak 平台上建立第二個通道 weather，同樣新增溫度（Field1）、溼度（Field2）及光度（Field3）三個欄位。

▶ 動手做：利用 ESP32 查詢雲端氣象資訊

一　功能說明

如圖 6-12 所示 ThingSpeak 平台使用 JSON 格式傳回的氣象資訊，JSON 是以階層方式來表示資料內容，使用「**索引鍵-值**」組來儲存資訊。每個「索引鍵-值」組再以逗號分隔，並且以大括號"{}"將所有「索引鍵-值」組括起來。本例要顯示溫度及溼度，可先搜尋第一個 f 所在位置 pos，相對位置 pos+9、pos+10 為溫度值，相對位置 pos+23、pos+24 為溼度值，相對位置 pos+37、pos+38 為光度值。

如圖 6-18 所示 ESP32 查詢雲端氣象資訊電路接線圖，當電源重置時，Wi-Fi 指示燈 L1 閃爍三次。ESP32 模組初始化，設定為 STA 模式，連線成功加入 AP 後，Wi-Fi 指示燈 L1 恆亮。

手指觸摸如圖 6-18 所示 TOUCH7（GPIO27）觸控板一下，ESP32 開始建立與 ThingSpeak 平台連線，查詢雲端氣象平台 dht11 通道最新（最後一筆）上傳的氣象資訊，並且顯示在 LCD 顯示器中。

二 電路接線圖

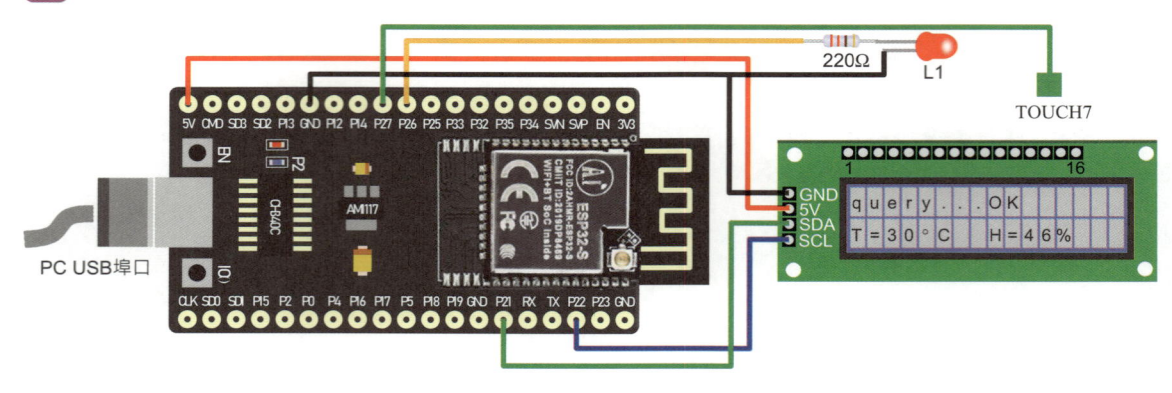

圖 6-18　ESP32 查詢雲端氣象數據電路接線圖

三 程式：ch6-5.ino

```
#include<WiFi.h>                                //載入 Wi-Fi 函式庫。
#include <HTTPClient.h>                         //載入 HTTPClient 函式庫。
#include <LiquidCrystal_I2C.h>                  //載入 LiquidCrystal_I2C 函式庫。
#define WIFIled 26                              //GPIO26 連接 Wi-Fi 指示燈。
#define pin 27                                  //GPIO27，touch7 觸摸開關。
#define ADC 33                                  //ADC1_CH5。
#define DHTTYPE DHT11                           //使用 DHT11。
DHT dht(DHTPIN, DHTTYPE);                       //建立 DHT11 物件。
LiquidCrystal_I2C lcd(0x27,16,2);               //使用 16 行×2 列串列 LCD。
const char ssid[]="輸入您的 AP 名稱";              //AP 名稱
const char pwd[]="輸入您的 AP 密碼";               //AP 密碼
String url="https://thingspeak.mathworks.com/channels/2684293";//雲端平台。
String temp,humi;                               //溫度及溼度值。
char buf[3];                                    //緩衝區。
boolean ESP32_OK = false;                       //ESP32 Wi-Fi 連線狀態。
//初值設定
void setup()
{
    ESP32_OK = false;                           //ESP32 尚未連線。
    lcd.init();                                 //初始化 LCD。
    lcd.backlight();                            //開啟 LCD 背光。
    lcd.clear();                                //清除 LCD 顯示內容。
    pinMode(WIFIled,OUTPUT);                    //設定 GPIO26 為輸出埠。
```

```cpp
        digitalWrite(WIFIled,LOW);              //關閉WiFi指示燈。
        for(int i=0;i<3;i++)                    //Wi-Fi指示燈閃爍三次。
        {
            digitalWrite(WIFIled,HIGH);         //Wi-Fi指示燈亮。
            delay(200);
            digitalWrite(WIFIled,LOW);          //Wi-Fi指示燈暗。
            delay(200);
        }
        WiFi.mode(WIFI_STA);                    //設定為STA模式
        WiFi.begin(ssid,pwd);                   //連線AP。
        clearROW(0);                            //清除LCD第0列內容。
        lcd.print("WiFi connecting.");          //顯示訊息:WiFi連線中。
        clearROW(1);                            //清除LCD第1列內容。
        while(WiFi.status()!=WL_CONNECTED)      //尚未連線?
        {
            lcd.print(".");                     //等待連線。
            delay(500);
        }
        clearROW(0);                            //清除LCD第0列內容。
        lcd.print("WiFi connected. ");          //顯示訊息:Wi-Fi連線成功。
        clearROW(1);                            //清除LCD第1列內容。
        lcd.print(WiFi.localIP());              //顯示AP配置的私用IP位址。
        digitalWrite(WIFIled,HIGH);             //點亮Wi-Fi指示燈。
        ESP32_OK=true;                          //設定Wi-Fi連線成功旗標。
}
//主迴圈
void loop()
{
    if(ESP32_OK)                                //Wi-Fi已連線?
    {
        if(touchRead(pin)<40)                   //手指觸摸touch7觸控板?
        {
            delay(20);                          //消除彈跳。
            while(touchRead(pin)<40)            //手指已離開touch7觸控板?
                ;                               //等待手指離開touch7觸控板。
            queryDHT();                         //請求讀取ThingSpeak氣象資訊。
        }
```

```cpp
        }
}
//LCD 清除函式
void clearROW(int row)
{
    lcd.setCursor(0,row);                            //設定 LCD 座標在第 0 行、第 row 列。
    for(int i=0;i<16;i++)                            //清除第 row 列內容。
        lcd.print(' ');                              //填入空白內容。
    lcd.setCursor(0,row);                            //設定 LCD 座標在第 0 行、第 row 列。
}
//氣象資訊請求函式
void queryDHT()
{
    clearROW(0);                                     //清除 LCD 第 0 列顯示內容。
    lcd.print("ThingSpeak....");                     //顯示訊息：連線 ThingSpeak。
    String url1=url + "/feeds/last.json?key=HA30AP3415ABCA5F";//讀取最後一筆。
    HTTPClient http;                                 //建立 HTTP 物件。
    http.begin(url1);                                //開啟 HTTP 連接。
    int httpCode = http.GET();                       //使用 GET 方法取得氣象平台資訊。
    if (httpCode == HTTP_CODE_OK)                    //GET 請求成功?
    {
        clearROW(0);                                 //清除 LCD 第 0 列內容。
        String payload = http.getString();           //讀取氣象平台回應內容。
        lcd.print("query...OK");                     //顯示訊息：請求成功。
        decodeJSON(payload);                         //解碼 JSON 格式的氣象資訊。
        clearROW(1);                                 //清除 LCD 第 1 列內容。
        lcd.print("T=");                             //顯示訊息：T=。
        lcd.print(temp);                             //顯示溫度值。
        char degree=0xdf;                            //溫度單位。
        lcd.print(degree);                           //顯示溫度單位。
        lcd.print("C");                              //顯示溫度單位。
        lcd.setCursor(8,1);                          //設定 LCD 座標為第 8 行、第 1 列。
        lcd.print("H=");                             //顯示訊息：H=。
        lcd.print(humi);                             //顯示溼度。
        lcd.print('%');                              //顯示溼度單位。
    }
    else                                             //GET 請求失敗。
```

```
    {
        clearROW(0);                              //清除LCD第0列內容。
        lcd.print("GET failed.");                 //顯示訊息：GET請求失敗。
    }
    http.end();                                   //關閉HTTP連接。
}
//JSON解碼函式
void decodeJSON(String msg){
    int position = msg.indexOf('f');              //搜尋第一個字母f的位置。
    buf[0]=msg[position+9];                       //十位溫度值。
    buf[1]=msg[position+10];                      //個位溫度值。
    temp=String(buf).substring(0,2);              //儲存溫度值。
    buf[0]=msg[position+23];                      //十位溼度值。
    buf[1]=msg[position+24];                      //個位溼度值。
    humi=String(buf).substring(0,2);              //儲存溼度值。
}
```

練習

1. 接續範例，建立與 ThingSpeak 平台連線，查詢雲端氣象站 dht11 通道最後一筆上傳的溫度、溼度及光度資訊。查詢結果顯示在如圖 6-19 所示 LCD 顯示畫面，LCD 第 1 列由左而右依序為溫度、溼度及光度。

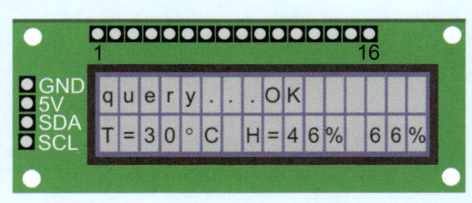

圖 6-19　LCD 顯示溫度、溼度及光度畫面

2. 接續範例，建立與 ThingSpeak 平台連線，查詢雲端氣象站 weather 通道最後一筆上傳的溫度、溼度及光度資訊。

CHAPTER 07

家庭智慧應用

7-1　智慧插座

7-2　智慧照明

物聯網是近年相當熱門的產業,多數大型廠商相繼投入創新研發智慧家庭的生活應用,例如智慧家電、智慧插座、智慧照明、智慧窗簾、智慧溫控、安防監控、健康照護等。透過條碼、RFID、藍牙、紅外線、ZigBee、Wi-Fi 或定時排程等方式,就能隨心所欲、隨時改變。

7-1 智慧插座

雖然智慧家電已經發展一段時間,但是要讓所有家電都能支援智慧動作仍然有困難,利用智慧插座可以讓大部分的現有家電,馬上升級為智慧家電。所謂智慧插座是指透過藍牙或 Wi-Fi 的連接,再利用**手機 App 遠端控制**或**定時排程**插座電源的開關,以達到「智慧」控制的目的。如果將智慧插座連上雲端服務,還可以監控家電的用電度數、用電時間及電流量等。

7-1-1 認識繼電器模組

如圖 7-1 所示一路繼電器模組,輸入含電源 VCC(DC+)、接地 GND(DC-)及控制輸入 IN,工作電壓 5V、觸發電流 5mA。模組內含一個指示燈 L1,可用來指示繼電器的導通狀態,利用短路夾可以設定 IN 為高電位或低電位觸發。

繼電器模組的輸出端含常開(Normal Open,簡稱 NO)、常閉(Normal Close,簡稱 NC)及公用(Common,簡稱 COM)三支接腳。NO、NC 接腳最大交流負載 250V/10A。所謂「**常開**」是指觸發前 NO 與 COM 兩腳不導通,觸發後 NO 與 COM 兩腳導通。所謂「**常閉**」是指觸發前 NC 與 COM 兩腳導通,觸發後 NC 與 COM 兩腳不導通。

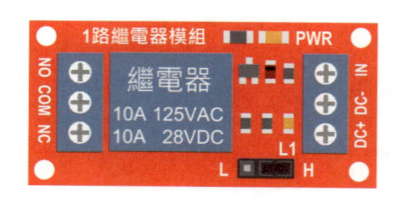

(a) 外觀　　　　　　　　　　　　(b) 接腳

圖 7-1　一路繼電器模組

家庭智慧應用　7

▶ 動手做：按鍵控制插座開關電路

一　功能說明

如圖 7-2 所示按鍵控制插座開關電路接線圖，利用一個 TACK 按鍵 SW1 控制電源插座的通電與斷電。當系統重置時電源插座為斷電狀態，每按一次 SW1 按鍵，D7 腳輸出準位改變，同時傳送控制信號給繼電器模組 IN 腳，觸發繼電器轉態。L1 指示燈指示目前繼電器狀態，當繼電器通電則 L1 點亮，當繼電器斷電則 L1 不亮。

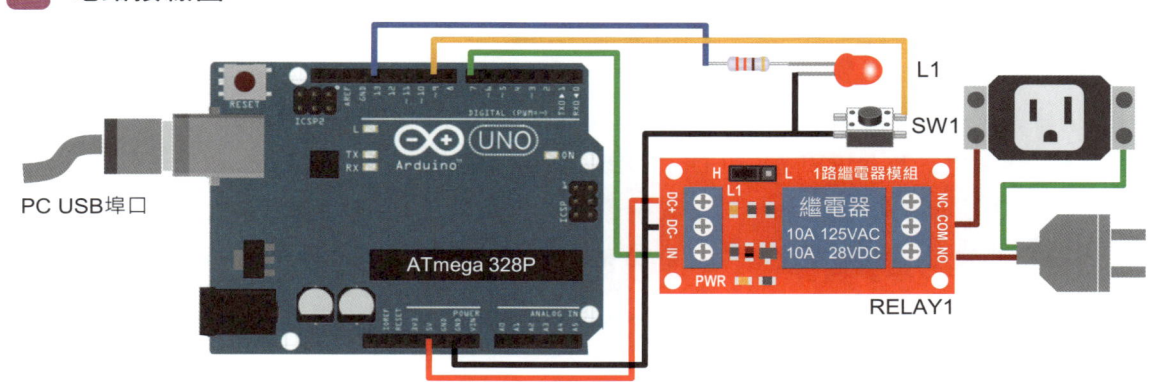

二　電路接線圖

圖 7-2　按鍵控制插座開關電路接線圖

三　程式：ch7-1.ino

```
const int relay=7;              //D7 連接至繼電器模組 IN 腳。
const int sw=9;                 //D9 連接按鍵開關。
const int led=13;               //D13 連接至 L1 燈。
bool state=LOW;                 //電源插座預設為斷開狀態。
//初值設定
void setup(){
    pinMode(relay,OUTPUT);      //設定 D7 為輸出埠。
    pinMode(sw,INPUT_PULLUP);   //設定 D9 為輸入埠，並且使用內建提升電阻。
    pinMode(led,OUTPUT);        //設定 D13 為輸出埠。
}
//主迴圈
void loop(){
    if(digitalRead(sw)==LOW)    //按下按鍵?
```

7-3

```
    {
        delay(20);                    //消除機械彈跳。
        while(digitalRead(sw)==LOW)   //按鍵尚未放開?
            ;                         //等待放開按鍵。
        state=!state;                 //改變狀態。
        digitalWrite(in,state);       //切換電源插座的開關狀態。
        digitalWrite(led,state);      //切換LED指示燈的狀態。
    }
}
```

練習

1. 接續範例，使用兩個按鍵 SW1（D8）、SW2（D9）、兩個 LED 燈 L1（D12）、L2（D13）及二路繼電器模組 RELAY1（D6）、RELAY2（D7）。SW1 控制 RELAY1 及 L1，SW2 控制 RELAY2 及 L2。每按一下按鍵，繼電器開關及 LED 燈依序變化：繼電器斷電（LED 熄滅）→繼電器通電（LED 點亮）→繼電器斷電（LED 熄滅）。

2. 接續範例，將 L1 由熄滅→點亮→熄滅，改成熄滅→閃爍→熄滅。

7-1-2 霍爾元件

1879 年霍爾（Edwin Hall）發現，如圖 7-3 所示**霍爾效應**（Hall effect），將流過電流的導體（霍爾元件）放置於磁場內，內部電荷載子受到勞倫茲（Lorentz）力會偏向一邊，進而產生霍爾電壓。依據佛來明左手定則可知，當磁場方向改變，輸出電壓極性也會改變。霍爾元件是將**磁場變化轉換為電氣訊號**的感測器。

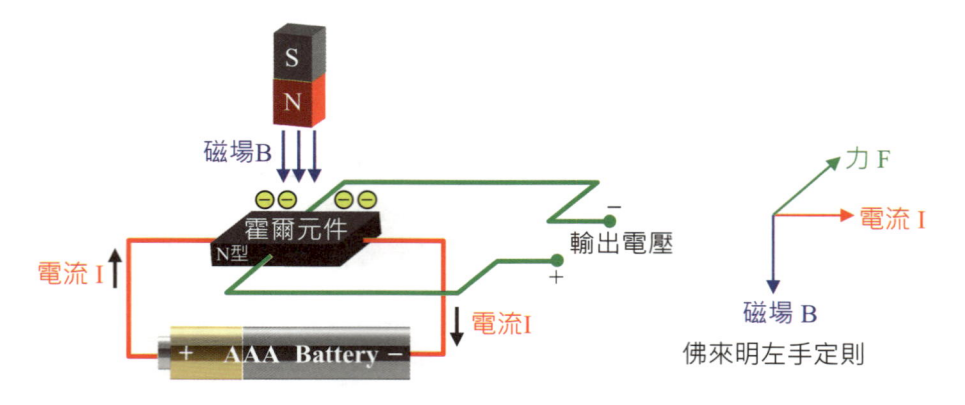

圖 7-3　霍爾效應

7-1-3　WCS1800 霍爾電流感測模組

如圖 7-4 所示 WCS1800 霍爾電流感測模組，使用育陞（Winson）半導體公司所生產的 WCS1800 霍爾電流感測元件。WCS1800 由 9.0mm 直徑的 C 型環電流轉換器及線性霍爾 IC 組成，內含溫度補償設計。**當電流通過 C 型環時，電流轉換器會將電流正比例轉換成磁場，而霍爾 IC 再將此磁場正比例轉換成輸出電壓。**

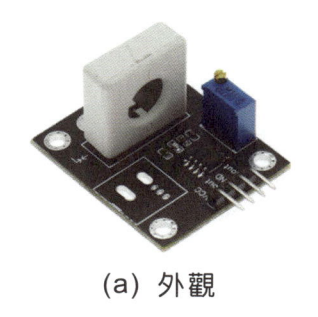

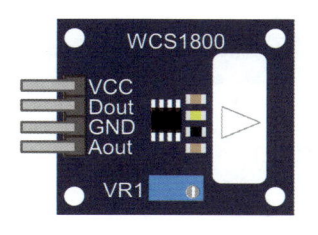

(a) 外觀　　　　　　　　　　　　(b) 接腳

圖 7-4　WCS1800 霍爾電流感測模組

C 型環與霍爾 IC 間的絕緣耐壓高達 4000V，不需再使用光耦合元件隔離。在 C 型環上有一個箭頭用來指示電流方向。對直流而言，**順著箭頭方向通過 C 型環的電流為正值、逆著箭頭方向通過 C 型環的電流為負值**，對交流而言則無正、負之分。WCS1800 模組內置一個單電源 CMOS 運算放大器（Operational Amplifier，簡稱 OPA）MCP602，包含兩個 OPA，一個控制類比輸出 Aout，一個控制數位輸出 Dout。VR1 用來調整過電流保護值，並且以指示燈指示。如圖 7-5 所示 WCS1800 輸出電壓 Vout 與通過電流（primary current，簡稱 IP）的特性曲線。

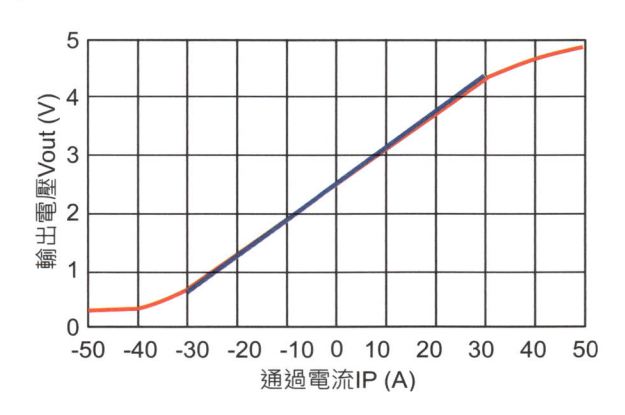

圖 7-5　WCS1800 輸出電壓 Vout 與通過電流 IP 的特性曲線

WCS1800 模組工作電壓範圍 3~12V，工作電流範圍 3.5mA~6mA。在電源電壓

5V 條件下，可檢測的直流電流（DCA）範圍 ±35A，交流有效值電流（ACA）範圍 25A，轉換靈敏度 63mV/A。理論上，**C 型環通過電流 IP=0A 時的輸出電壓為電源電壓一半，即 Vout=2.5V**，實際範圍在 2.35V~2.65V 之間。通過電流 IP 與輸出電壓 Vout 的關係式如下所示。

Vout = 0.0631 IP + 2.5197

▶動手做：電流檢測電路

一 功能說明

如圖 7-6 所示電流檢測電路接線圖，使用 WCS1800 霍爾電流感測模組，檢測通過 C 型環的電流。理論上，通過 C 型環電流 IP=0A 時的輸出電壓為電源電壓一半，即 2.5V。因為電源穩定度、轉換靈敏度及環境溫度等因素影響，實際測量值在 2.48V~2.52V 之間，必須進行軟體校正。

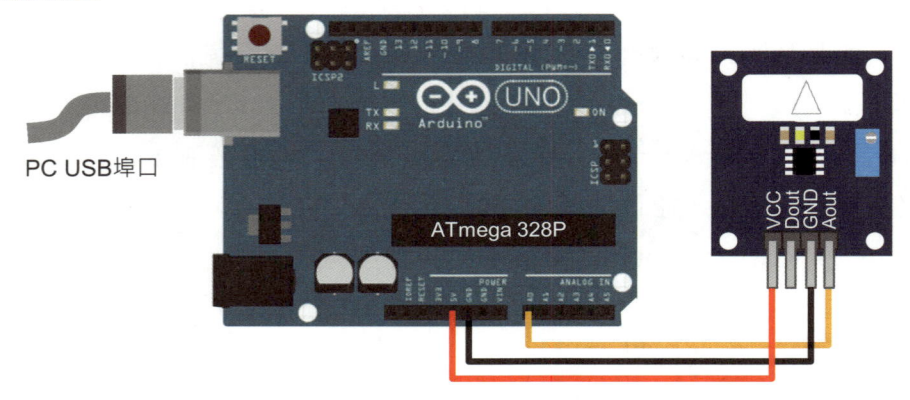

二 電路接線圖

圖 7-6　電流檢測電路接線圖

三 程式：ch7-2.ino

int value;	//WCS1800 輸出電壓的轉換數位值。
float Vout;	//WCS1800 輸出電壓。
float IP=0;	//WCS1800 通過電流。
float Vcc=4.875;	//Arduino 開發板實測電源電壓 VCC。
//初值設定	

```
void setup()
{
    Serial.begin(115200);                        //設定序列埠傳輸率為115200bps。
}
void loop()
{
    value=analogRead(A0);                        //讀取WCS1800輸出電壓並轉成數位值。
    Vout=(float)value*Vcc/1024;                  //計算WCS1800輸出電壓。
    if(Vout>=2.48 && Vout<=2.52)                 //IP=0的Vout範圍。
        IP=0;                                    //在Vout=2.48V~2.52V時的IP=0。
    else
        IP=1000*(Vout-2.5197)/0.0631;            //計算WCS1800的通過電流(mA)。
    delay(1000);                                 //每秒檢測一次。
    Serial.print("Vout=");                       //顯示訊息。
    Serial.print(Vout,4);                        //顯示輸出電壓Vout。
    Serial.print('V');                           //顯示電壓單位:V。
    Serial.print(",IP=");                        //顯示訊息。
    Serial.print(IP);                            //顯示通過電流IP。
    Serial.println("mA");                        //顯示電流單位:mA。
}
```

練習

1. 接續範例，新增I2C串列LCD，顯示如圖7-7(a)所示輸出電壓Vout及通過電流IP。

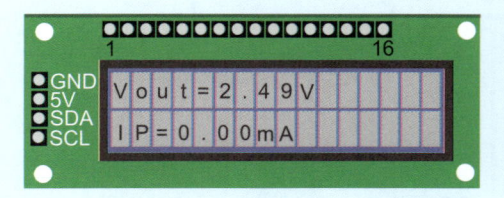

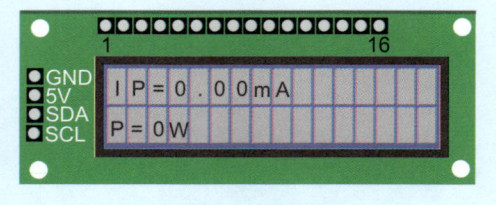

(a) 輸出電壓Vout及通過電流IP　　(b) 通過電流IP及消耗功率P

圖7-7　LCD顯示WCS1800輸出電壓及通過電流

2. 接續範例，新增I2C串列LCD，顯示如圖7-7(b)所示通過電流IP及消耗功率P。

▶ 動手做：藍牙插座

一 功能說明

如圖 7-9 所示藍牙插座電路接線圖，開啟手機 App 程式 APP/ch7/BTremoteAC.aia，進行遠端電源關關控制。

手機藍牙與藍牙模組連線後，手機端會顯示如圖 7-8 所示電源插座開關。若插座原為關閉（OFF），按下插座開關會切換為開啟（ON），同時遠端控制電源開關通電且點亮 L1 指示燈。若插座原為開啟（ON），按下插座開關會切換為關閉（OFF），同時遠端控制電源開關斷電且關閉 L1 指示燈。

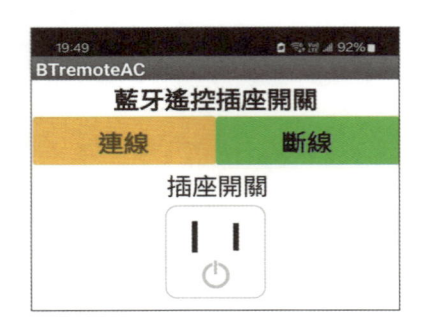

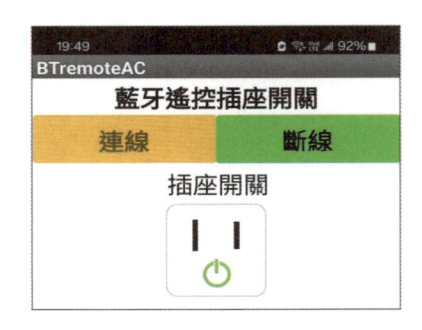

(a) 關閉（OFF）狀態　　　　(b) 開啟（ON）狀態

圖 7-8　電源插座開關

二 電路接線圖

圖 7-9　藍牙插座電路接線圖

程式：ch7-3.ino

```cpp
#include <SoftwareSerial.h>              //載入SoftwareSerial函式庫。
SoftwareSerial BTserial(3,4);            //設定D3為RX腳，D4為TX腳。
const int in=6;                          //D6連接繼電器模組控制輸入IN。
const int led=10;                        //D10連接LED指示燈。
bool state=LOW;                          //電源插座開關的狀態。
char code;                               //手機藍牙傳送的數據代碼。
//初值設定
void setup()
{
    BTserial.begin(9600);                //藍牙傳輸速率為9600bps。
    pinMode(in,OUTPUT);                  //設定D6為輸出埠。
    pinMode(led,OUTPUT);                 //設定D10為輸出埠。
}
//主程式
void loop(){
    if (BTserial.available())            //藍牙接收到數據代碼?
    {
        delay(50);                       //等待接收完成。
        code=BTserial.read();            //讀取藍牙所接收的數據代碼。
        if(code=='0')                    //數據代碼為0(讀取插座狀態)?
        {
            if(state==LOW)               //插座目前的狀態為OFF?
                BTserial.write('L');     //回傳'L'給手機，設定OFF插座圖示。
            else                         //插座目前的狀態為ON。
                BTserial.write('H');     //回送'H'給手機設定ON插座圖示。
        }
        else if(code=='1')               //數據代碼為1(改變插座狀態)?
        {
            state=!state;                //切換電源開關的狀態。
            digitalWrite(in,state);      //切換繼電器開關。
            digitalWrite(led,state);     //切換LED指示燈。
        }
    }
}
```

四、App 介面配置及說明：APP/ch7/BTremoteAC.aia

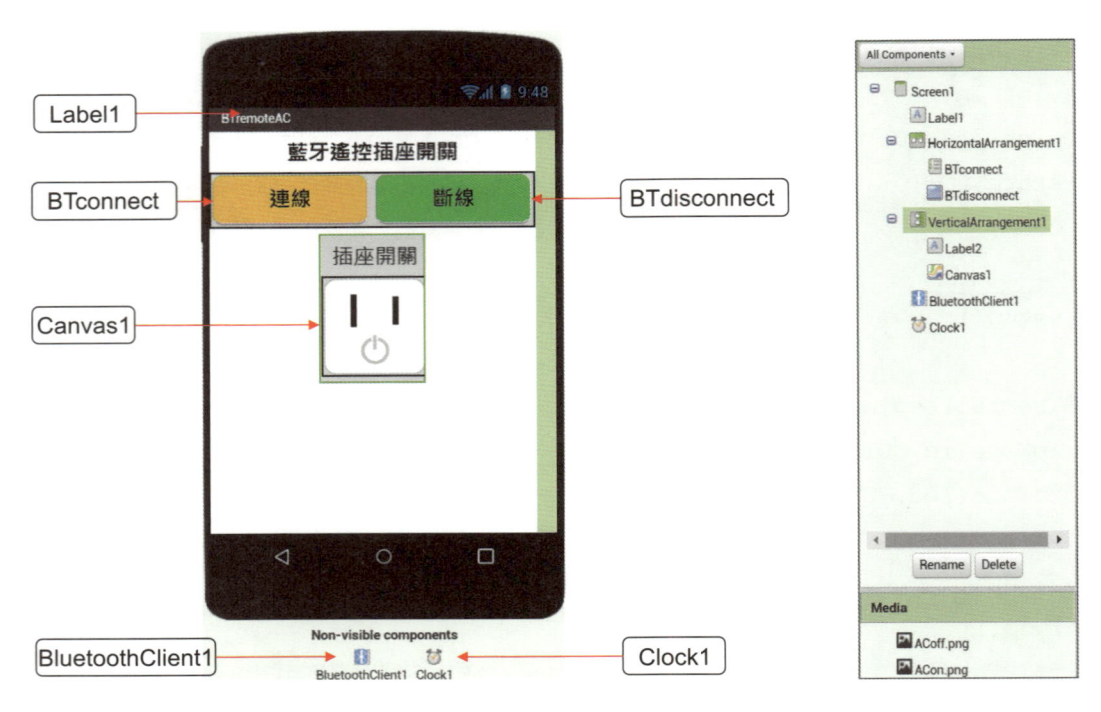

圖 7-10　App 程式 BTremoteAC 介面配置

表 7-1　App 程式 BTremoteAC 元件屬性說明

名稱	元件	主要屬性說明
Label1	Label	FontSize=24
BTconnect	ListPicker	Height=50pixels,Width=Fill parent
BTdisconnect	Button	Height=50pixels,Width=Fill parent
Canvas1	Canvas	Backgroundimage=ACoff.png
BluetoothClient1	BluetoothClient	CharacterEncoding=UTF-8
Clock1	Clock	TimerInterval=1000

五、App 方塊功能說明：APP/ch7/BTremoteAC.aia

- initialize global `enable` to `false` ── 藍牙連線旗標
- initialize global `switch` to `"off"` ── 插座開關：OFF 狀態
- initialize global `code` to `" "` ── 手機藍牙接收數據

7-10

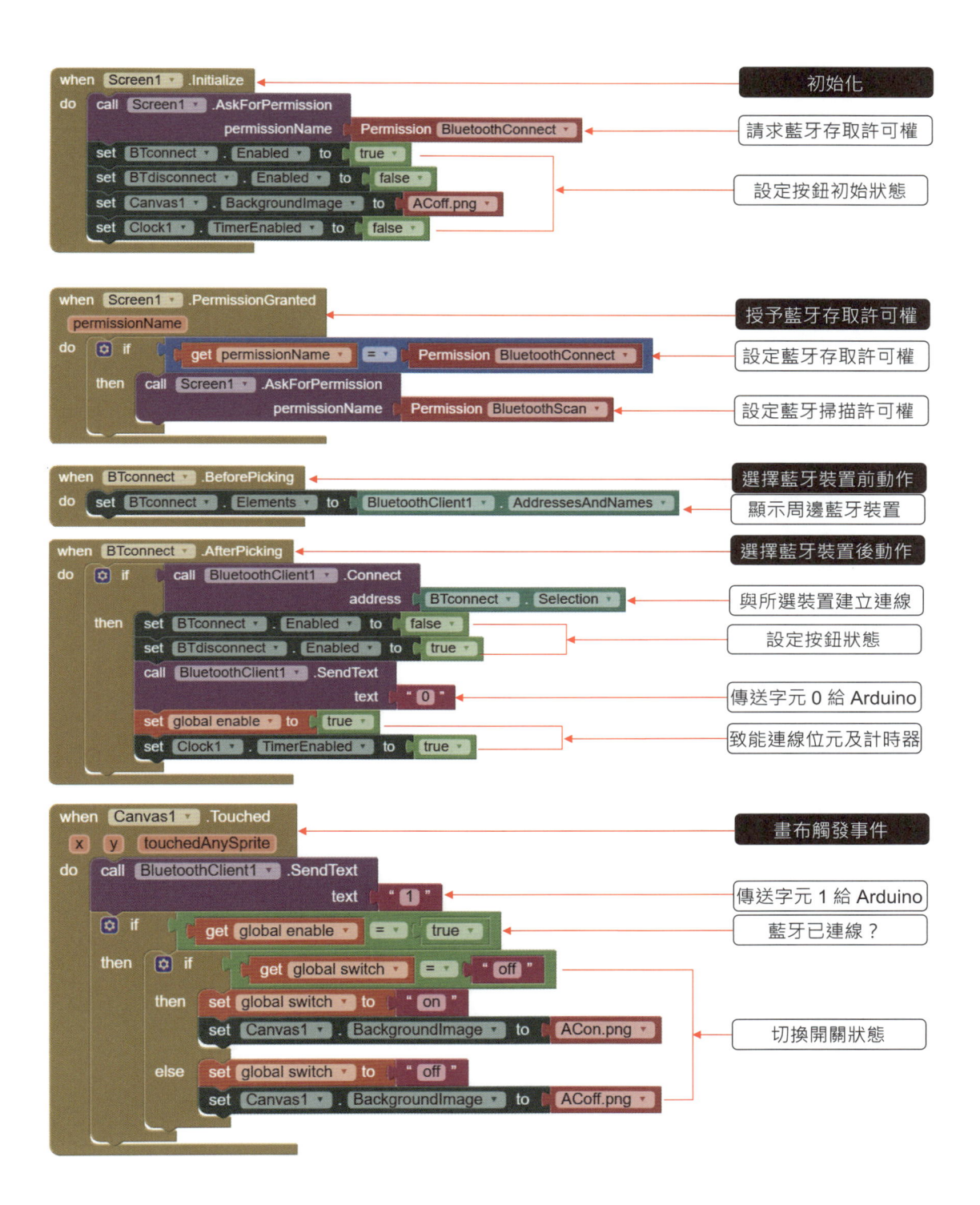

家庭智慧應用

初始化
- when Screen1.Initialize
- do call Screen1.AskForPermission permissionName Permission BluetoothConnect　← 請求藍牙存取許可權
- set BTconnect.Enabled to true
- set BTdisconnect.Enabled to false　← 設定按鈕初始狀態
- set Canvas1.BackgroundImage to "ACoff.png"
- set Clock1.TimerEnabled to false

授予藍牙存取許可權
- when Screen1.PermissionGranted permissionName
- do if get permissionName = Permission BluetoothConnect　← 設定藍牙存取許可權
- then call Screen1.AskForPermission permissionName Permission BluetoothScan　← 設定藍牙掃描許可權

選擇藍牙裝置前動作
- when BTconnect.BeforePicking
- do set BTconnect.Elements to BluetoothClient1.AddressesAndNames　← 顯示周邊藍牙裝置

選擇藍牙裝置後動作
- when BTconnect.AfterPicking
- do if call BluetoothClient1.Connect address BTconnect.Selection　← 與所選裝置建立連線
- then set BTconnect.Enabled to false
- set BTdisconnect.Enabled to true　← 設定按鈕狀態
- call BluetoothClient1.SendText text "0"　← 傳送字元 0 給 Arduino
- set global enable to true
- set Clock1.TimerEnabled to true　← 致能連線位元及計時器

畫布觸發事件
- when Canvas1.Touched x y touchedAnySprite
- do call BluetoothClient1.SendText text "1"　← 傳送字元 1 給 Arduino
- if get global enable = true　← 藍牙已連線？
- then if get global switch = "off"
- then set global switch to "on"
- set Canvas1.BackgroundImage to "ACon.png"　← 切換開關狀態
- else set global switch to "off"
- set Canvas1.BackgroundImage to "ACoff.png"

7-11

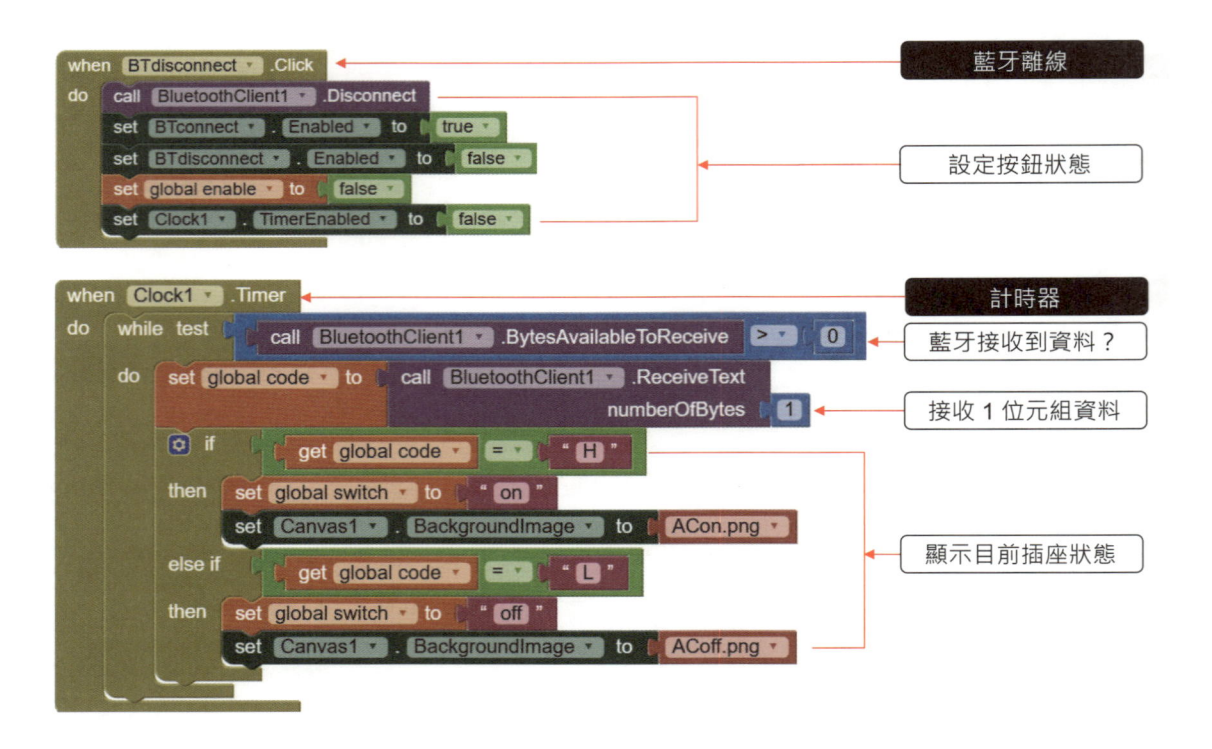

```
when BTdisconnect .Click                          ← 藍牙離線
do  call BluetoothClient1 .Disconnect
    set BTconnect . Enabled to true
    set BTdisconnect . Enabled to false          ← 設定按鈕狀態
    set global enable to false
    set Clock1 . TimerEnabled to false

when Clock1 .Timer                                ← 計時器
do  while test  call BluetoothClient1 .BytesAvailableToReceive > 0   ← 藍牙接收到資料？
    do  set global code to  call BluetoothClient1 .ReceiveText
                                    numberOfBytes 1                   ← 接收 1 位元組資料
        if  get global code = " H "
        then set global switch to " on "
             set Canvas1 . BackgroundImage to ACon.png                ← 顯示目前插座狀態
        else if  get global code = " L "
        then set global switch to " off "
             set Canvas1 . BackgroundImage to ACoff.png
```

練習

1. 接續範例，使用如圖 7-11 所示手機 App 程式 APP/ch7/BTremoteAC4 介面配置，遠端控制四組電源插座開關 RELAY1~RELAY4（D6~D9）及四個 LED 指示燈 L1~L4（D10~D13）。（ch7-3-1.ino）。

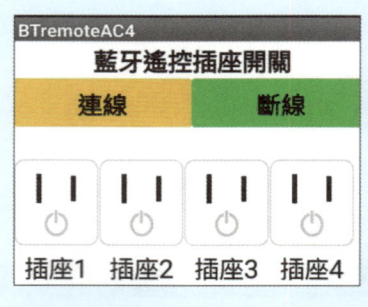

圖 7-11　App 程式 BTremoteAC4 介面配置

7 家庭智慧應用

▶ 動手做：藍牙電力監控插座

一 功能說明

如圖 7-12 所示藍牙電力監控插座電路接線圖，使用 Arduino Uno 開發板配合 WCS1800 霍爾電流感測模組，監控插座上負載的總電力消耗功率。開啟手機 App 程式 APP/ch7/BTpowerAC.aia，遠端控制電源插座開關，同時監控插座上負載的總電力消耗功率。

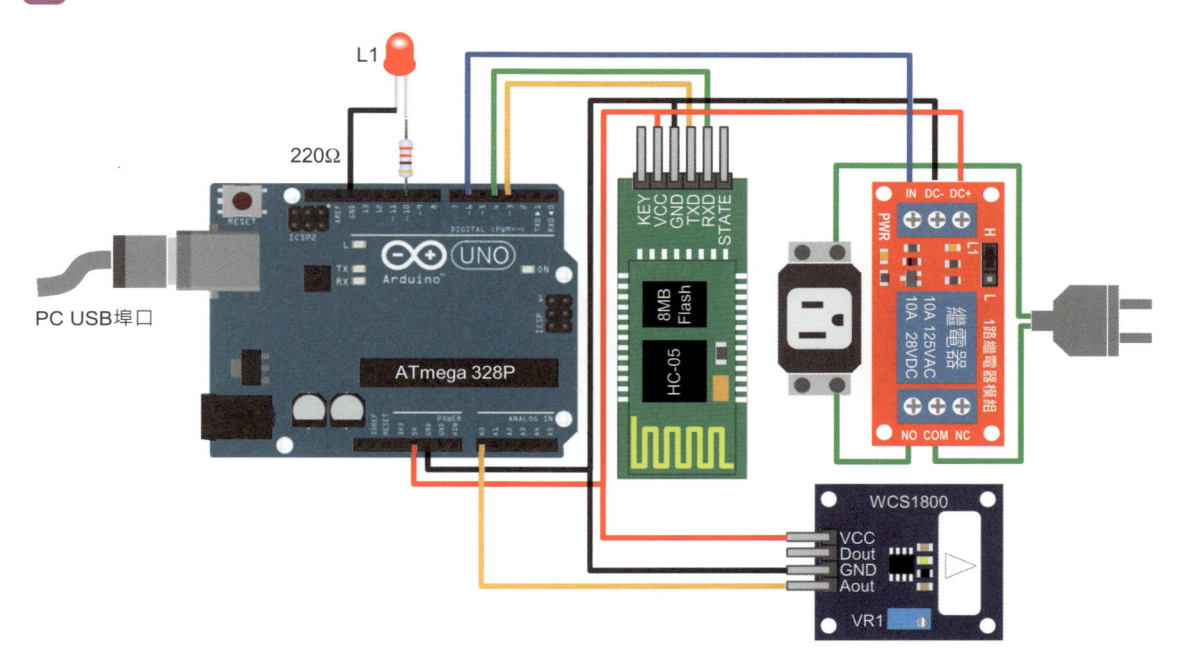

二 電路接線圖

圖 7-12　藍牙電力監控插座電路接線圖

三 程式：ch7-4.ino

`#include <SoftwareSerial.h>`	//載入 SoftwareSerial 函式庫。
`SoftwareSerial BTserial(3,4);`	//設定 D3 為 RX 腳，D4 為 TX 腳。
`const int relay=6;`	//D6 連接繼電器模組 IN 腳。
`const int led=10;`	//D10 連接電源關關 LED 指示燈。
`bool state=LOW;`	//LED 指示燈及繼電器開關狀態。
`char code;`	//手機藍牙傳送的字元。

7-13

```
int value;                                  //WCS1800 模組輸出電壓的數位值。
float Vout;                                 //WCS1800 模組的輸出電壓。
float IP;                                   //WCS1800 模組的通過電流。
float Vcc=4.875;                            //Arduino 實測的電源電壓 VCC。
//初值設定
void setup(){
    BTserial.begin(9600);                   //設定藍牙模組傳輸率為 9600bps。
    pinMode(relay,OUTPUT);                  //設定 D6 為輸出埠。
    pinMode(led,OUTPUT);                    //設定 D10 為輸出埠。
}
//主迴圈
void loop(){
    if (BTserial.available())               //已接收到手機藍牙傳送的字元?
    {
        delay(50);                          //延遲 50ms。
        code=BTserial.read();               //讀取字元。
        if(code=='0')                       //字元為 0?
        {
            if(state==LOW)                  //指示燈及繼電器目前狀態為 OFF?
                BTserial.write('L');        //回傳字元 L 給手機。
            else                            //指示燈及繼電器目前狀態為 ON。
                BTserial.write('H');        //回傳字元 H 給手機。
        }
        else if(code=='1')                  //字元為 1?(手機端按下開關)
        {
            state=!state;                   //改變指示燈及繼電器的狀態。
            digitalWrite(relay,state);      //改變繼電器的 ON/OFF 狀態。
            digitalWrite(led,state);        //改變 LED 指示燈的 ON/OFF 狀態。
        }
    }
    value=analogRead(A0);                   //讀取 WCS1800 模組輸出電壓的數位值。
    Vout=(float)value*Vcc/1024;             //將數位值轉成電壓值 Vout。
    if(Vout>=2.48 && Vout<=2.52)            //Vout 在 2.48V~2.52V 時的 IP=0。
        IP=0;                               //設定通過電流 IP=0。
    else                                    //有電流通過?
```

7-14

家庭智慧應用

`    IP=1000*(Vout-2.5197)/0.0631;`	//計算通過電流(mA)。
`  if(IP<0)`	//電流為負值?
`    IP=-IP;`	//取絕對值。
`BTserial.write('I');`	//傳送字元 I 給手機。
`BTserial.write((int)IP/256);`	//傳送 IP 的高位元組資料給手機。
`BTserial.write((int)IP%256);`	//傳送 IP 的低位元組資料給手機。
`delay(100);`	//延遲 100ms。
`}`	

四 App 介面配置及說明：APP/ch7/BTpowerAC.aia

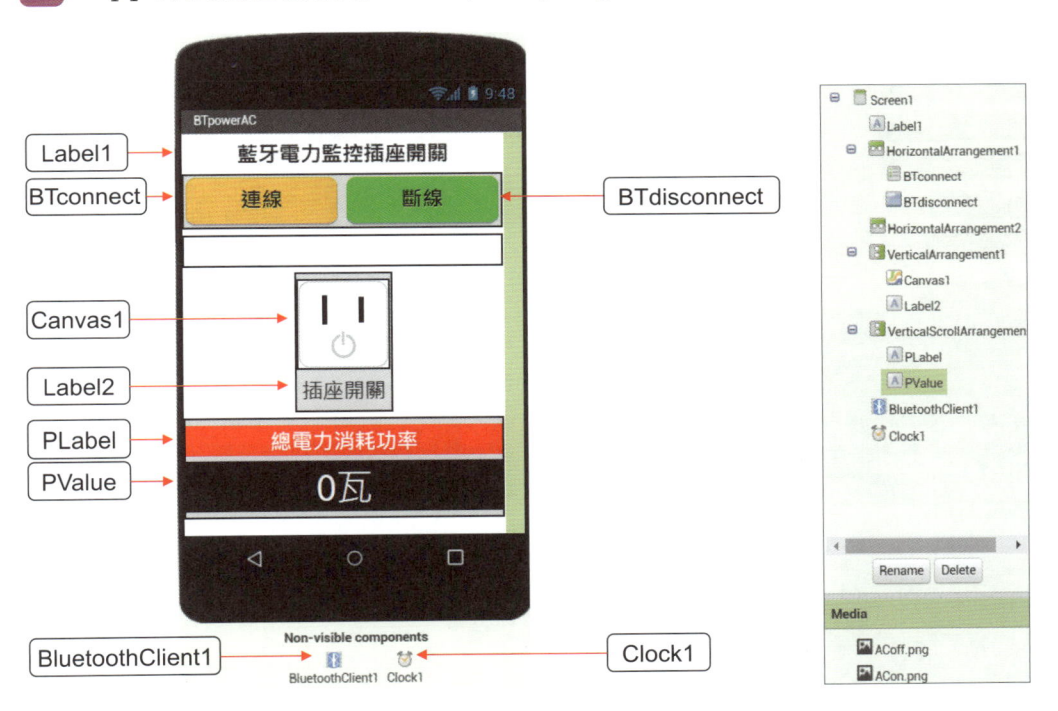

圖 7-13　App 程式 BTpowerAC 介面配置

表 7-2　App 程式 BTpowerAC 元件屬性說明

名稱	元件	主要屬性說明
Label1	Label	FontSize=24
BTconnect	ListPicker	Height=50pixels,Width=Fill parent
BTdisconnect	Button	Height=50pixels,Width=Fill parent

7-15

名稱	元件	主要屬性說明
Canvas1	Canvas	Backgroundimage=ACoff.png
PLabel	Label	FontSize=24
PValue	Label	FontSize=40
BluetoothClient1	BluetoothClient	CharacterEncoding=UTF-8
Clock1	Clock	TimerInterval=1000

五 App 方塊功能說明：APP/ch7/BTpowerAC.aia

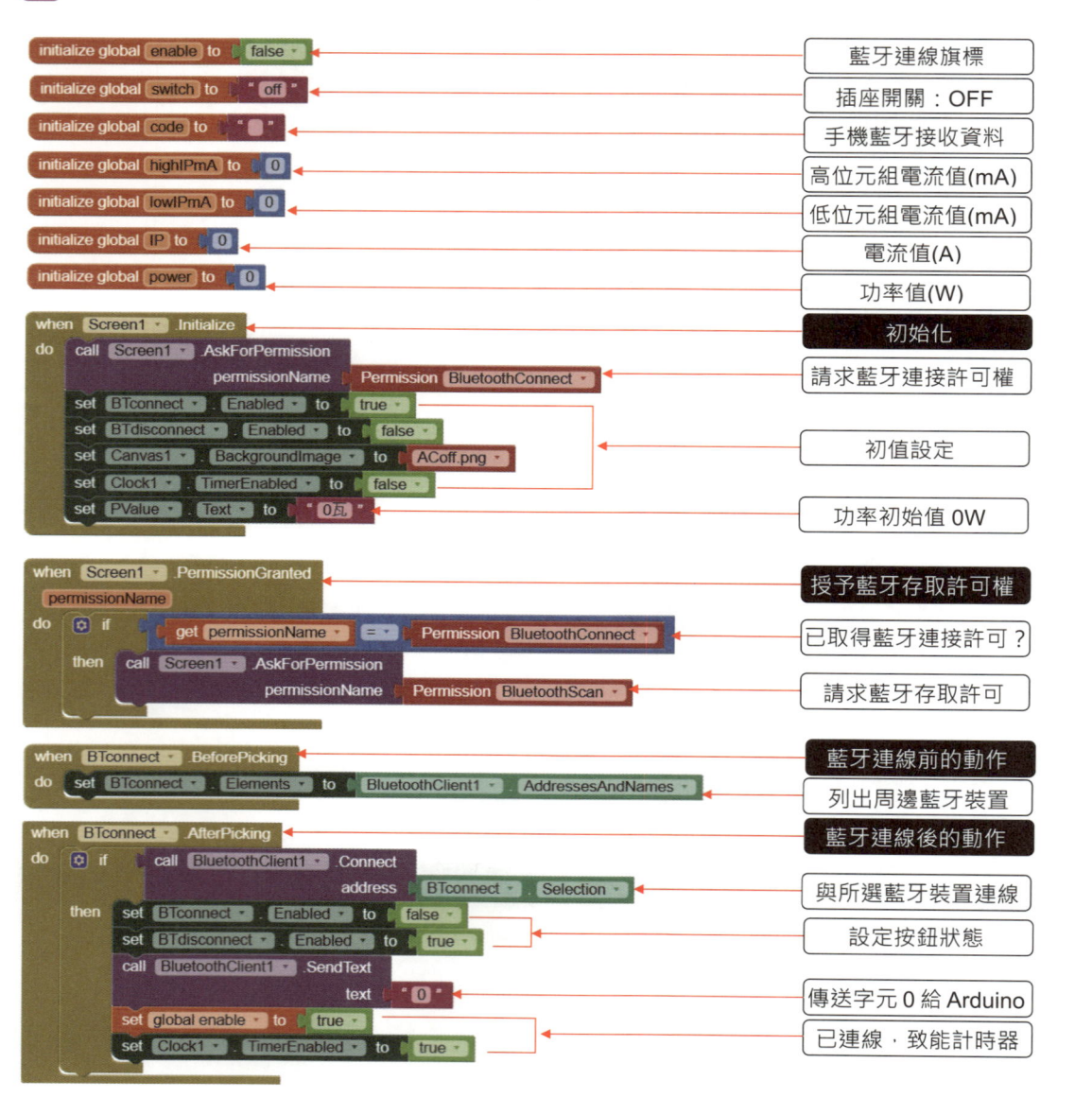

- initialize global `enable` to `false` → 藍牙連線旗標
- initialize global `switch` to `" off "` → 插座開關：OFF
- initialize global `code` to `" "` → 手機藍牙接收資料
- initialize global `highIPmA` to `0` → 高位元組電流值(mA)
- initialize global `lowIPmA` to `0` → 低位元組電流值(mA)
- initialize global `IP` to `0` → 電流值(A)
- initialize global `power` to `0` → 功率值(W)

when Screen1.Initialize → 初始化
do call Screen1.AskForPermission
    permissionName Permission BluetoothConnect → 請求藍牙連接許可權
  set BTconnect.Enabled to true
  set BTdisconnect.Enabled to false
  set Canvas1.BackgroundImage to ACoff.png → 初值設定
  set Clock1.TimerEnabled to false
  set PValue.Text to "0瓦" → 功率初始值 0W

when Screen1.PermissionGranted permissionName → 授予藍牙存取許可權
do if get permissionName = Permission BluetoothConnect → 已取得藍牙連接許可？
  then call Screen1.AskForPermission
    permissionName Permission BluetoothScan → 請求藍牙存取許可

when BTconnect.BeforePicking → 藍牙連線前的動作
do set BTconnect.Elements to BluetoothClient1.AddressesAndNames → 列出周邊藍牙裝置

when BTconnect.AfterPicking → 藍牙連線後的動作
do if call BluetoothClient1.Connect
    address BTconnect.Selection → 與所選藍牙裝置連線
  then set BTconnect.Enabled to false
    set BTdisconnect.Enabled to true → 設定按鈕狀態
    call BluetoothClient1.SendText
      text "0" → 傳送字元 0 給 Arduino
    set global enable to true
    set Clock1.TimerEnabled to true → 已連線，致能計時器

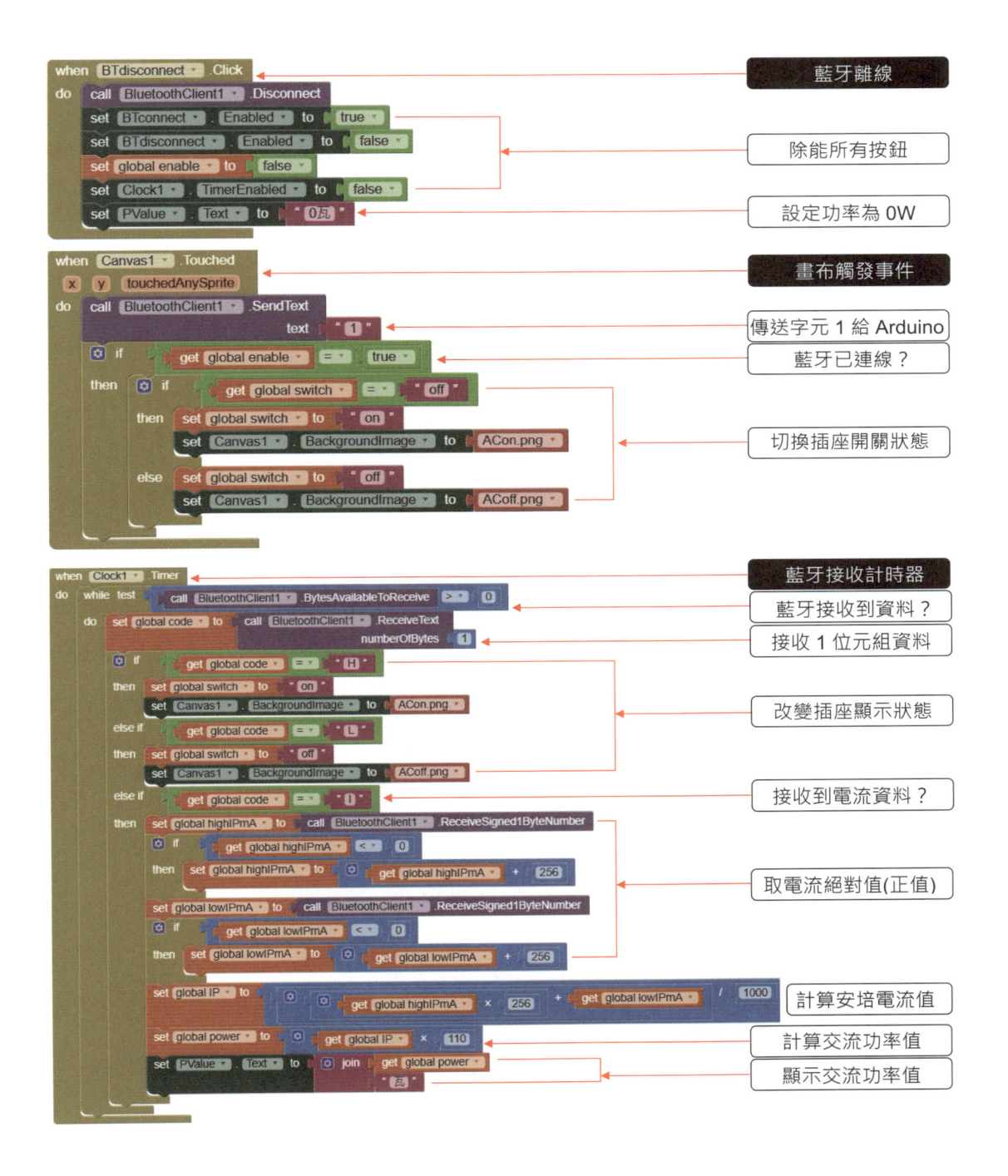

家庭智慧應用

藍牙離線

除能所有按鈕

設定功率為 0W

畫布觸發事件

傳送字元 1 給 Arduino

藍牙已連線？

切換插座開關狀態

藍牙接收計時器

藍牙接收到資料？

接收 1 位元組資料

改變插座顯示狀態

接收到電流資料？

取電流絕對值(正值)

計算安培電流值

計算交流功率值

顯示交流功率值

7-17

練習

1. 接續範例，使用如圖 7-14 所示手機 App 程式 APP/ch7/BTpowerAC4 介面配置，遠端監制四組插座開關 RELAY1~RELAY4（D6~D9）及四個 LED 指示燈 L1~L4（D10~D13）。同時使用 WCS1800 霍爾電流感測模組，監控插座上所有負載的總電力消耗功率。（ch7-4-1.ino）

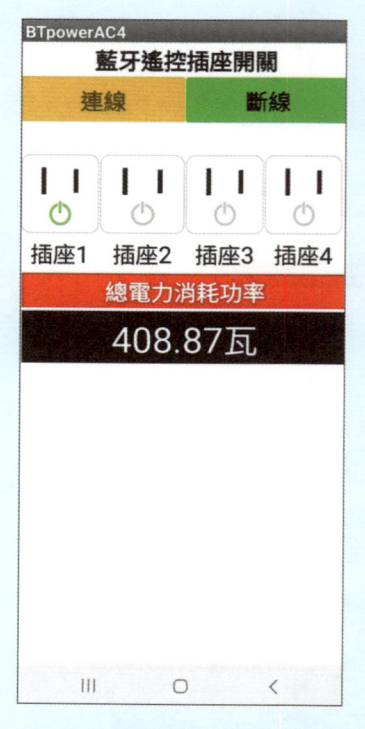

圖 7-14　App 程式 BTpowerAC4 介面配置

▶ 動手做：Wi-Fi 插座

一　功能說明

如圖 7-15 所示 Wi-Fi 插座電路接線圖，使用 ESP8266 模組與無線 AP 建立連線，開啟手機 App 程式 APP/ch7/WiFiremoteAC.aia，利用手機控制插座開關的 ON/OFF 狀態。若插座原為關閉（OFF），按下插座後會切換為開啟（ON）。若插座原為開啟（ON），按下插座後會切換為關閉（OFF）。

二 電路接線圖

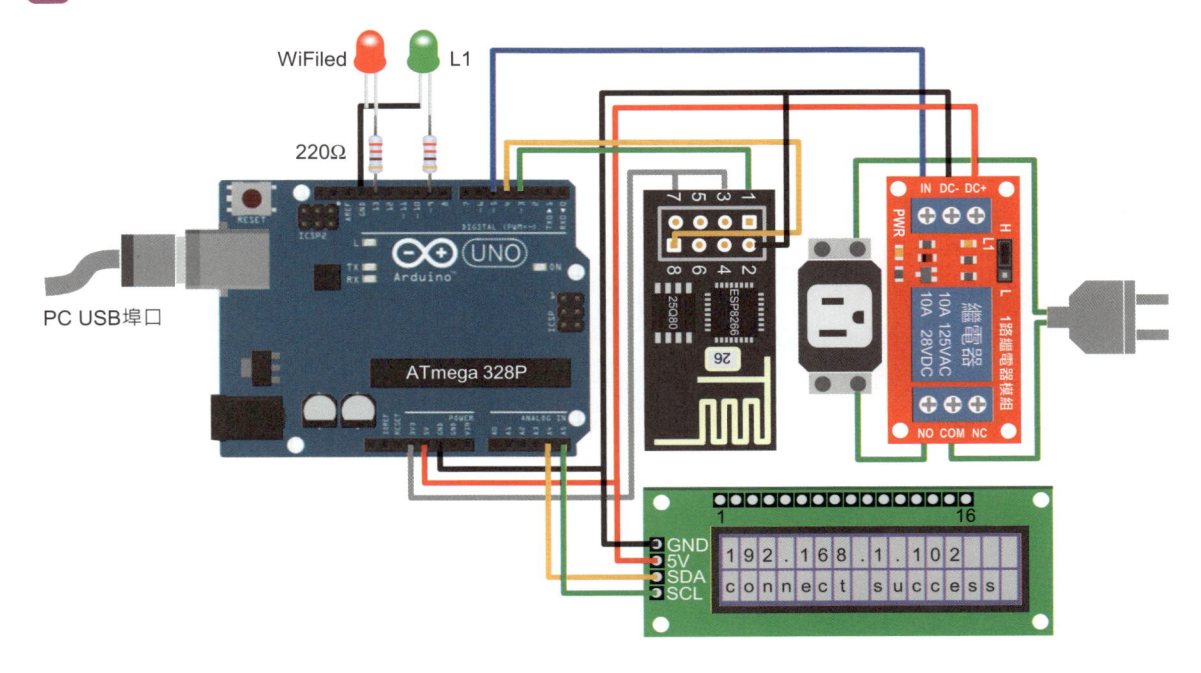

圖 7-15　Wi-Fi 插座電路接線圖

三 程式：ch7-5.ino

```
#include <LiquidCrystal_I2C.h>           //載入 LiquidCrystal_I2C 函式庫。
LiquidCrystal_I2C lcd(0x27,16,2);        //使用 16 行x2 列 I2C 串列 LCD。
#include <SoftwareSerial.h>              //載入 SoftwareSerial 函式庫。
SoftwareSerial ESP8266(3,4);             //設定 D3 為 RX 腳，D4 為 TX 腳。
#define SSID "輸入您的 AP 名稱"            //AP 名稱。
#define PASSWD "輸入您的 AP 密碼"          //AP 密碼。
const int in=5;                          //D5 連接繼電器 IN 腳。
const int led=9;                         //D9 接 LED 指示燈。
bool state=LOW;                          //插座開關狀態初始為關(OFF)。
const int WIFIled=13;                    //D13 連接 Wi-Fi 指示燈。
boolean FAIL_8266 = false;               //Wi-Fi 連線狀態。
int connectionId;                        //連線 id。
char c;                                  //接收手機的傳送字元。
String cmd,action;                       //AT 命令及回應。
int ipcount=0;                           //IP 位址由 12 個數字組成。
int plus=0;                              //回傳 IP 位址的起始碼符號'+'數量。
```

```
int i;                                      //迴圈次數。
//初值設定
void setup(){
    lcd.init();                             //初始化LCD。
    lcd.backlight();                        //開啟LCD背光。
    lcd.setCursor(0,0);                     //設定LCD座標在第0行,第0列。
    pinMode(in,OUTPUT);                     //設定D5為輸出埠。
    pinMode(led,OUTPUT);                    //設定D9為輸出埠。
    pinMode(WIFIled,OUTPUT);                //設定D13為輸出埠。
    digitalWrite(WIFIled,LOW);              //關閉Wi-Fi指示燈。
    ESP8266.begin(9600);                    //設定ESP8266傳輸速率為9600bps。
    for(i=0;i<3;i++)                        //Wi-Fi指示燈閃爍三次。
    {
        digitalWrite(WIFIled,HIGH);         //Wi-Fi指示燈點亮。
        delay(200);                         //延遲0.2秒。
        digitalWrite(WIFIled,LOW);          //Wi-Fi指示燈不亮。
        delay(200);                         //延遲0.2秒。
    }
    do
    {
        sendESP8266cmd("AT+RST",2000);      //初始化ESP8266。
        lcd.clear();                        //清除LCD顯示內容。
        lcdprintStr("reset 8266...");       //LCD顯示訊息:重置8266。
        if(ESP8266.find("OK"))              //初始化成功?
        {
            lcdprintStr("OK");              //LCD顯示訊息:OK。
            if(connectWiFi(10))             //建立與Wi-Fi的連線成功?
            {
                FAIL_8266=false;            //連線成功。
                lcd.setCursor(0,1);         //設定LCD座標在第0行,第1列。
                lcdprintStr("connect success");//LCD顯示訊息:連線成功。
            }
            else                            //與Wi-Fi連線失敗。
            {
                FAIL_8266=true;             //設定旗標,連線失敗。
```

```cpp
                lcd.setCursor(0,1);              //設定座LCD標在第0行,第1列。
                lcdprintStr("connect fail");     //LCD顯示訊息:連線失敗。
            }
        }
        else                                     //初始化ESP8266失敗。
        {
            delay(500);                          //延遲0.5秒後再進行連線。
            FAIL_8266=true;                      //設定旗標,連線失敗。
            lcd.setCursor(0,1);                  //設定LCD座標在第0行,第1行。
            lcdprintStr("no response");          //LCD顯示訊息:ESP8266無回應。
        }
    }while(FAIL_8266);                           //連線失敗,再次連線。
    digitalWrite(WIFIled,HIGH);                  //連線成功。Wi-Fi指示燈恆亮。
}
//主迴圈
void loop(){
    if(ESP8266.available())                      //ESP8266接收到資料?
    {
        if(ESP8266.find("+IPD,"))                //接收到正確資料識別碼?
        {
            while((c=ESP8266.read())<'0' || c>'9')//刪除多餘空白字元。
                ;                                //非數字0~9。
            connectionId = c-'0';                //儲存連線id。
            ESP8266.find("X=");                  //接收到正確控制碼?
            while((c=ESP8266.read())<'0' || c>'9')//刪除多餘空白字元。
                ;                                //非數字0~9。
            if(c=='1')                           //控制碼為'1'?(按下開關)
            {
                state=!state;                    //切換開關狀態。
                if(state==LOW)                   //狀態為OFF?
                    action="X1=off";             //回傳字串:"X1=off"。
                else                             //狀態為ON。
                    action="X1=on";              //回傳字串:"X1=on"。
                digitalWrite(in,state);          //切換插座開關ON/OFF。
                digitalWrite(led,state);         //切換插座開關指示燈亮/滅。
```

```
            }
        else                                        //不是正確的控制碼。
            action="X=?";                           //回傳字串："X1=?"。
        httpResponse(connectionId,action);          //回傳訊息。
    }
  }
}
//建立 Wi-Fi 連線函式
boolean connectWiFi(int timeout)
{
    sendESP8266cmd("AT+CWMODE=1",2000);             //設定為 STA 模式。
    delay(1000);                                    //延遲 1 秒。
    lcd.setCursor(0,1);                             //設定 LCD 座標在第 0 行第 1 列。
    lcdprintStr("WiFi mode:STA");                   //LCD 顯示訊息。
    do
    {
        String cmd="AT+CWJAP=\"";                   //加入 AP。
        cmd+=SSID;                                  //AP 名稱。
        cmd+="\",\"";
        cmd+=PASSWD;                                //AP 密碼。
        cmd+="\"";
        sendESP8266cmd(cmd,1000);
        lcd.clear();                                //清除 LCD 顯示內容。
        lcdprintStr("join AP...");
        if(ESP8266.find("OK"))                      //加入 AP 成功?
        {
            lcdprintStr("OK");                      //LCD 顯示訊息:OK。
            sendESP8266cmd("AT+CIFSR",1000);        //取得 IP 位址。
            lcd.clear();                            //清除 LCD 螢幕。
            plus=0;                                 //清除 plus。
            ipcount=0;                              //清除 ipcount。
            while(ESP8266.available())              //ESP8266 已接收到資料?
            {
                c=ESP8266.read();                   //讀取資料。
                if(c=='+')                          //資料為符號'+'?
```

```
                    plus++;                              //plus 加 1。
          else if(c>='0' && c<='9' && ipcount<=12 && plus<=2)
            {
            lcd.write(c);                                //將 IP 位址顯示在 LCD 上。
            ipcount++;                                   //IP 位址數字數量加 1。
            }
          else if(c=='.' && ipcount<=12 && plus<=2)
            lcd.write(c);                                //LCD 顯示 IP 位址間隔'.'。
          }
        sendESP8266cmd("AT+CIPMUX=1",1000);    //設定多路連接。
        sendESP8266cmd("AT+CIPSERVER=1,80",1000);//Server 模式。
        return true;                                    //連線成功。
      }
  }while((timeout--)>0);                               //未連線且未逾時,繼續連線。
  return false;                                         //未連線且已逾時,連線失敗。
}
//伺服器訊息回應函式
void httpResponse(int id, String content){
  String response;                                      //回應訊息。
  response = "HTTP/1.1 200 OK\r\n";                     //請求成功回應訊息。
  response += "Content-Type: text/html\r\n";            //網頁格式 text/html
  response += "Connection: close\r\n";                  //關閉網頁。
  response += "Refresh: 8\r\n";                         //自動更新網頁。
  response += "\r\n";
  response += content;                                  //附加回應訊息。
  String cmd = "AT+CIPSEND=";                           //傳送回應訊息。
  cmd += id;                                            //通道 id。
  cmd += ",";
  cmd += response.length();                             //資料長度。
  sendESP8266cmd(cmd,200);                              //傳送 AT 命令給 ESP8266。
  ESP8266.print(response);                              //顯示。
  delay(200);                                           //延遲 0.2 秒。
  cmd = "AT+CIPCLOSE=";                                 //關閉 TCP/IP 連線。
  cmd += connectionId;
  sendESP8266cmd(cmd,200);                              //傳送 AT 命令給 ESP8266。
```

```
}
//ESP8266 AT 命令寫入函式
void sendESP8266cmd(String cmd, int waitTime){
    ESP8266.println(cmd);                          //AT 命令寫入 ESP8266。
    delay(waitTime);                               //延遲，確保寫入成功。
}
//LCD 字串顯示函式
void lcdprintStr(char *str){
    int i=0;
    while(str[i]!='\0')                            //字串結尾?
    {
        lcd.print(str[i]);                         //顯示一個字元。
        i++;                                       //下一個字元。
    }
}
```

四 App 介面配置及說明：APP/ch7/WiFiremoteAC.aia

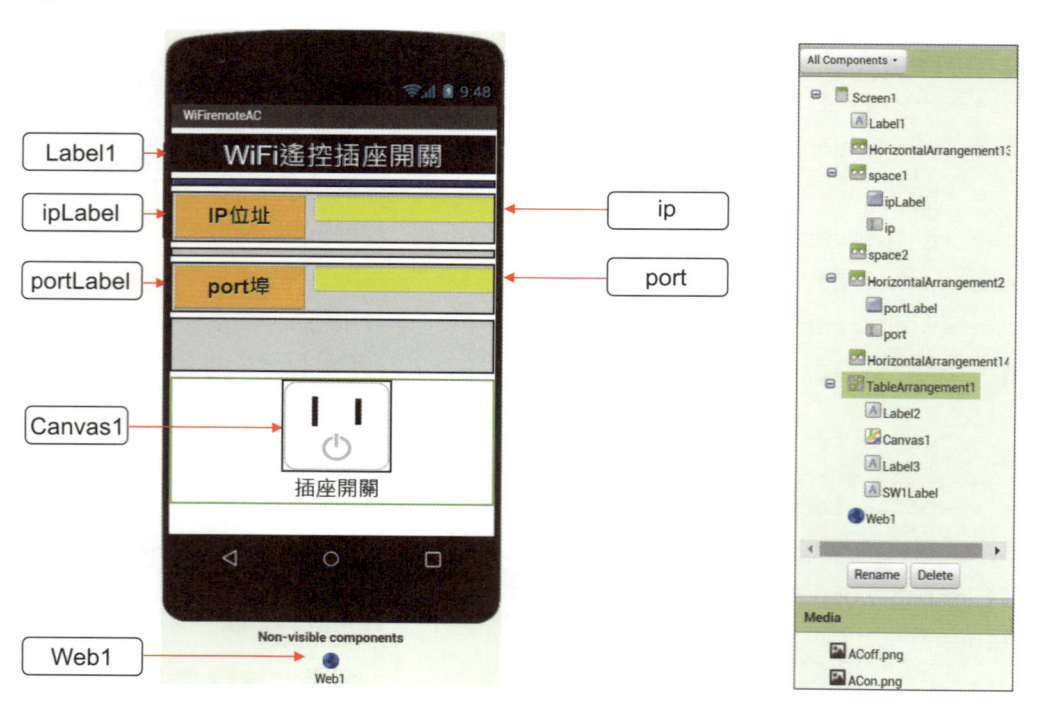

圖 7-16　App 程式 WiFiremoteAC 介面配置

家庭智慧應用

表 7-3 App 程式 WiFiremoteAC 元件屬性說明

名稱	元件	主要屬性說明
Label1	Label	FontSize=30
ipLabel	Label	Height=Automatic,Width=40 percent
portLabel	Label	Height=Automatic,Width=40 percent
ip	TextBox	Height=Automatic,Width=60 percent
port	TextBox	Height=Automatic,Width=60 percent
Canvas1	Canvas	Height=90 pixels,Width=33 percent

五、App 方塊功能說明：APP/ch7/WiFiremoteAC.aia

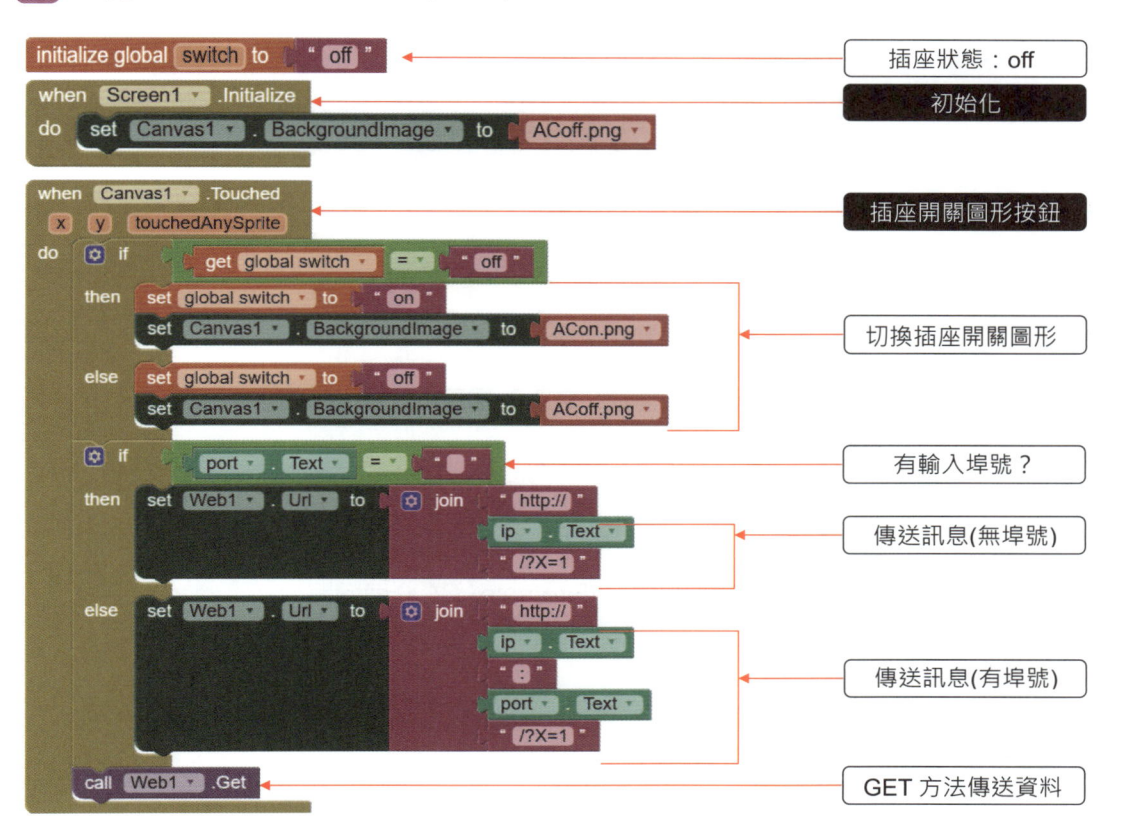

方塊	說明
initialize global switch to " off "	插座狀態：off
when Screen1.Initialize do set Canvas1.BackgroundImage to ACoff.png	初始化
when Canvas1.Touched (x, y, touchedAnySprite)	插座開關圖形按鈕
if get global switch = " off " then set global switch to " on " / set Canvas1.BackgroundImage to ACon.png else set global switch to " off " / set Canvas1.BackgroundImage to ACoff.png	切換插座開關圖形
if port.Text = " "	有輸入埠號？
then set Web1.Url to join " http:// " ip.Text " /?X=1 "	傳送訊息(無埠號)
else set Web1.Url to join " http:// " ip.Text " : " port.Text " /?X=1 "	傳送訊息(有埠號)
call Web1.Get	GET 方法傳送資料

7-25

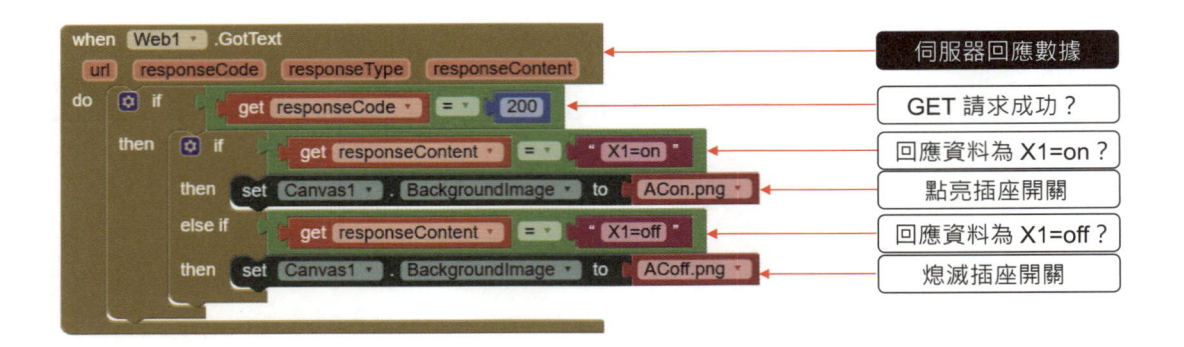

```
when Web1 .GotText
 url   responseCode   responseType   responseContent
do  if       get responseCode  =  200                    ← 伺服器回應數據
    then  if   get responseContent  =  " X1=on "          ← GET 請求成功？
          then  set Canvas1 . BackgroundImage  to  ACon.png   ← 回應資料為 X1=on？
          else if  get responseContent  =  " X1=off "          ← 點亮插座開關
          then  set Canvas1 . BackgroundImage  to  ACoff.png  ← 回應資料為 X1=off？
                                                              ← 熄滅插座開關
```

練習

1. 接續範例，使用如圖 7-17 所示手機 App 程式/ino/ch7/WiFiremoteAC4 介面配置，建立 Wi-Fi 連線。利用手機 App 程式遠端控制四組插座開關 RELAY1~RELAY4（D5~D8）及四個指示同步開關的 LED 指示燈 L1~L4（D9~D12）。總開關可以同時開啟或關閉所有插座開關。（ch7-5-1.ino）

圖 7-17　App 程式 WiFiremoteAC4 介面配置

▶ 動手做：Wi-Fi 電力監控插座

一 功能說明

如圖 7-18 所示 Wi-Fi 電力監控插座電路接線圖，使用 Arduino Uno 開發板配合 WCS1800 霍爾電流感測模組，監控負載電力功耗。手機 App 程式 APP/ch7/ESP32_WiFipowerAC.aia 上的按鈕，可以遠端控制插座開關 ON/OFF。

7-26

7 家庭智慧應用

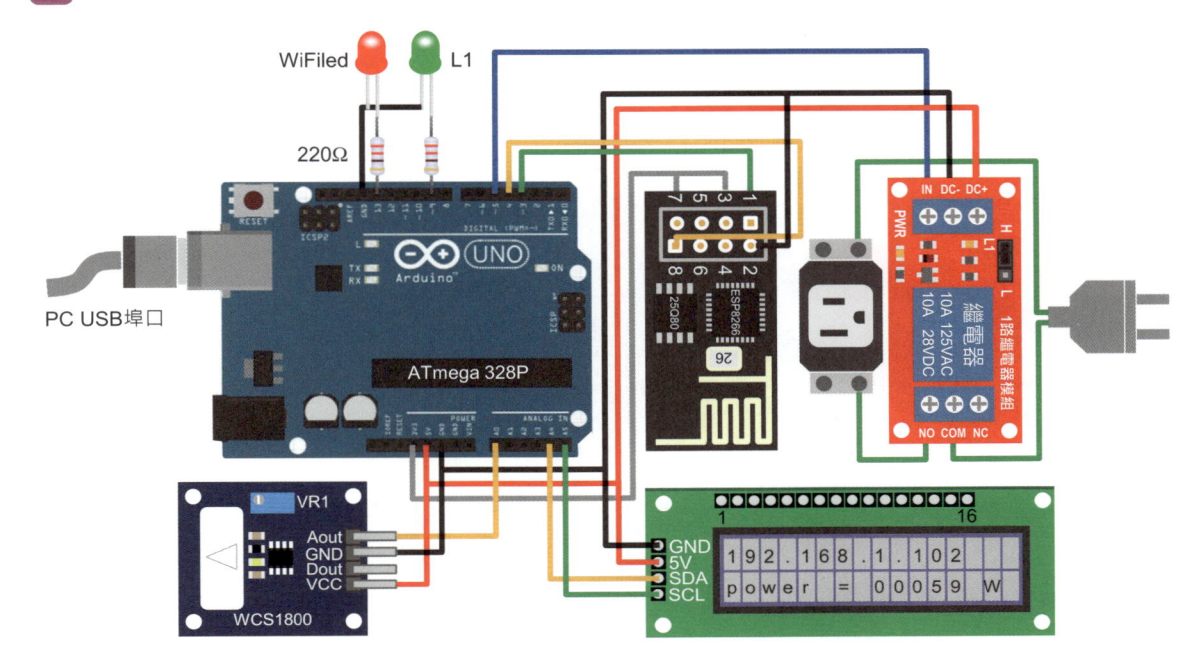

二 電路接線圖

圖 7-18　Wi-Fi 電力監控插座電路接線圖

三 程式：ch7-6.ino

```
#include <LiquidCrystal_I2C.h>           //載入 LiquidCrystal_I2C 函式庫。
LiquidCrystal_I2C lcd(0x27,16,2);        //使用 16 行x2 列 I2C 串列 LCD。
#include <SoftwareSerial.h>              //載入 SoftwareSerial 函式庫。
SoftwareSerial ESP8266(3,4);             //設定 D3 為 RX 腳，D4 為 TX 腳。
#define SSID "輸入您的 AP 帳號"           //AP 帳號。
#define PASSWD "輸入您的 AP 密碼"         //AP 密碼。
const int in=5;                          //D5 連接繼電器模組 IN 腳。
const int led=9;                         //D9 連接至插座開關 L1 指示燈。
boolean state=LOW;                       //插座開關 LED 指示燈狀態。
const int WIFIled=13;                    //D13 連接至 Wi-Fi 指示燈。
bool FAIL_8266 = false;                  //Wi-Fi 連線狀態。
int connectionId;                        //多路連接的 id。
char c;                                  //ESP8266 讀取的數據碼。
String cmd,action;                       //cmd 為 AT 指令，action 為回應訊息。
int ipcount=0;                           //組成 IP 位址的數字總數。
int plus=0;                              //回應前置碼'+'的總數。
```

7-27

```cpp
int i;                                  //迴圈次數。
int value;                              //WCS1800 模組輸出電壓的數位值。
float Vout;                             //WCS1800 模組的輸出電壓值。
float IP;                               //WCS1800 模組的通過電流值。
String IP0;                             //字串型態的通過電流值。
String power;                           //功率值。
char buf[6];                            //暫存區。
unsigned long realtime;                 //現在時間。
//初值設定
void setup()
{
    lcd.init();                         //初始化LCD。
    lcd.backlight();                    //開啟LCD 背光。
    lcd.setCursor(0,0);                 //設定LCD 座標在第0 行,第0 列。
    pinMode(in,OUTPUT);                 //設定D5 為輸出埠。
    pinMode(led,OUTPUT);                //設定D9 為輸出埠。
    pinMode(WIFIled,OUTPUT);            //設定D13 為輸出埠。
    digitalWrite(WIFIled,LOW);          //關閉Wi-Fi 指示燈。
    ESP8266.begin(9600);                //設定ESP8266 模組傳輸率為9600bps。
    for(i=0;i<3;i++)                    //Wi-Fi 指示燈閃爍三次。
    {
        digitalWrite(WIFIled,HIGH);     //Wi-Fi 指示燈點亮。
        delay(200);                     //延遲0.2 秒。
        digitalWrite(WIFIled,LOW);      //Wi-Fi 指示燈不亮。
        delay(200);                     //延遲0.2 秒。
    }
    do
    {
        sendESP8266cmd("AT+RST",2000);  //初始化ESP8266 模組。
        lcd.clear();                    //清除LCD 顯示內容。
        lcdprintStr("reset 8266...");   //LCD 顯示訊息。
        if(ESP8266.find("OK"))          //ESP8266 模組初始化成功?
        {
            lcdprintStr("OK");          //LCD 顯示訊息。
            if(connectWiFi(10))         //與Wi-Fi 連線成功?
```

```cpp
        {
            FAIL_8266=false;                        //連線成功。
            lcd.setCursor(0,1);                     //設定 LCD 座標在第 0 行,第 1 列。
            lcdprintStr("connect success");         //LCD 顯示訊息。
            delay(2000);                            //延遲 2 秒。
        }
        else                                        //連線失敗。
        {
            FAIL_8266=true;                         //設定旗標,連線失敗。
            lcd.setCursor(0,1);                     //設定 LCD 座標在第 0 行,第 1 列。
            lcdprintStr("connect fail");            //LCD 顯示訊息:連線失敗。
        }
    }
    else                                            //ESP8266 模組初始化失敗。
    {
        delay(500);                                 //延遲 0.5 秒。
        FAIL_8266=true;                             //設定旗標,連線失敗。
        lcd.setCursor(0,1);                         //設定 LCD 座標在第 0 行,第 1 列。
        lcdprintStr("no response");                 //LCD 顯示訊息:ESP8266 無回應。
    }
    }while(FAIL_8266);                              //連線失敗,繼續連線。
    digitalWrite(WIFIled,HIGH);                     //連線成功,點亮 Wi-Fi 指示燈。
}
//主迴圈
void loop()
{
    value=analogRead(A0);                           //讀取霍爾模組輸出電壓的數位值。
    if(Vout>=2.48 && Vout<=2.52)                    //在誤差範圍內?
        IP=0;                                       //設定 IP=0。
    else                                            //C 型環有通過電流。
        IP=1000*(Vout-2.5197)/0.0631;               //計算 IP 通過電流(mA)。
    if(IP<0)                                        //IP 為負值。
        IP=-IP;                                     //取電流絕對值。
    Vout=(float)value*5/1024;                       //將電流數位值轉成電壓值。
    IP0=float2str(IP);                              //將電流值轉成字串型態。
```

```cpp
    power=float2str(IP*110/1000);                    //計算消耗功率(W)。
    if(FAIL_8266==false && (millis()-realtime)>=5000)//已連線且超過5秒?
        realtime=millis();                           //儲存現在時間。
        lcd.setCursor(0,1);                          //設定LCD座標在第0行,第1列。
        lcdprintStr("power = ");                     //LCD顯示訊息:消耗功率。
        for(i=0;i<power.length();i++)                //消耗功率數值長度。
            lcd.print(power[i]);                     //LCD顯示消耗功率值。
        lcd.print(' ');                              //空格。
        lcd.print('W');                              //LCD顯示訊息:消耗功率單位W。
    }
    if(ESP8266.available())                          //ESP8266已接收到數據資料?
    {
        if(ESP8266.find("+IPD,"))                    //接收到正確的數據資料?
        {
            while((c=ESP8266.read())<'0' || c>'9')   //刪除空白字元。
                ;
            connectionId = c-'0';                    //儲存多路連線的id。
            ESP8266.find();                          //字串含"X="?
            while((c=ESP8266.read())<'0' || c>'9')   //刪除空白字元。
                ;                                    //非數字0~9?
            if(c=='0')                               //讀取的數據碼為'0'?
                action=IP0;                          //回傳通過電流IP值給手機。
            else if(c=='1')                          //讀取的數據碼為'1'?
            {
                state=!state;                        //改變插座開關狀態。
                if(state==LOW)                       //插座開關為關閉(OFF)狀態?
                    action="X1=off";                 //回傳"X1=off"給手機。
                else                                 //插座開關為開啟(ON)狀態。
                    action="X1=on";                  //回傳"X1=on"給手機。
                digitalWrite(in,state);              //改變插座開關狀態。
                digitalWrite(led,state);             //改變插座開關指示燈狀態。
            }
            else                                     //接收到數據資料不是'0'或'1'。
                action="X=?";                        //回傳"X=?"給手機。
            httpResponse(connectionId,action);       //使用http回傳訊息。
```

```cpp
        }
    }
}
//Wi-Fi 連線函式
bool connectWiFi(int timeout)
{
    sendESP8266cmd("AT+CWMODE=1",2000);        //設定 ESP8266 為 STA 模式。
    delay(1000);                                //等待設定完成。
    lcd.setCursor(0,1);                         //設定 LCD 座標在第 0 行,第 1 列。
    lcdprintStr("WiFi mode:STA");               //LCD 顯示訊息:STA 模式。
    do{
        String cmd="AT+CWJAP=\"";               //ESP8266 模組加入 AP。
        cmd+=SSID;                              //AP 名稱。
        cmd+="\",\"";
        cmd+=PASSWD;                            //AP 密碼。
        cmd+="\"";
        sendESP8266cmd(cmd,1000);               //傳送 AT 命令給 ESP8266。
        lcd.clear();                            //清除 LCD 顯示內容。
        lcdprintStr("join AP...");              //LCD 顯示訊息:加入 AP。
        if(ESP8266.find("OK"))                  //加入 AP 成功?
        {
            lcdprintStr("OK");                  //LCD 顯示訊息:OK。
            sendESP8266cmd("AT+CIFSR",1000);    //取得私用 IP 位址。
            lcd.clear();                        //清除 LCD 顯示內容。
            plus=0;                             //清除 plus=0。
            ipcount=0;                          //清除 ipcount=0。
            while(ESP8266.available())          //ESP8266 模組接收到數據資料?
            {
                c=ESP8266.read();               //讀取數據資料。
                if(c=='+')                      //數據資料為'+'號?
                    plus++;                     //加 1。
                else if(c>='0' && c<='9' && ipcount<=12 && plus<=2)
                {
                    lcd.write(c);               //LCD 顯示 IP 位址。
                    ipcount++;                  //IP 位址的數字加 1。
```

```cpp
                    }
                    else if(c=='.' && ipcount<=12 && plus<=2)
                        lcd.write(c);                          //LCD 顯示 IP 位址的間隔符號'.'。
                }
                sendESP8266cmd("AT+CIPMUX=1",1000);//設定為多路連接模式。
                sendESP8266cmd("AT+CIPSERVER=1,80",1000);//Web 模式。
                return true;                          //連線成功。
            }
    }while((timeout--)>0);                            //未連線且未逾時，繼續連線。
    return false;                                     //設定旗標，連線失敗。
}
//用戶端數據回傳函式
void httpResponse(int id, String content)
{
    String response;
    response = "HTTP/1.1 200 OK\r\n";                 //HTTP 請求成功的回應訊息。
    response += "Content-Type:text/html\r\n";         //網頁格式。
    response += "Connection: close\r\n";              //關閉網頁。
    response += "Refresh: 8\r\n";                     //自動更新網頁。
    response += "\r\n";                               //換行。
    response += content;                              //網頁內容。
    String cmd = "AT+CIPSEND=";                       //ESP8266 傳送數據資料。
    cmd += id;                                        //通道 id。
    cmd += ",";
    cmd += response.length();                         //數據資料長度。
    sendESP8266cmd(cmd,200);                          //傳送 AT 命令。
    ESP8266.print(response);                          //數據資料。
    delay(200);                                       //延遲 0.2 秒。
    cmd = "AT+CIPCLOSE=";                             //關閉 TCP 連線。
    cmd += connectionId;                              //通道 id。
    sendESP8266cmd(cmd,200);                          //將數據資料寫入 ESP8266 中。
}
//ESP8266AT 指令傳送函式
void sendESP8266cmd(String cmd, int waitTime)
{
```

```
    ESP8266.println(cmd);                    //傳送 AT 指令。
    delay(waitTime);                         //等待傳送。
}
//LCD 字串顯示函式
void lcdprintStr(char *str)
{
    int i=0;
    while(str[i]!='\0')                      //字串結尾?
    {
        lcd.print(str[i]);                   //LCD 顯示字串。
        i++;
    }
}
//浮點數轉字串函式
String float2str(long val)
{
    String str;
    for(i=4;i>=0;i--)                        //將 5 位數的浮點數轉成字元陣列。
    {
        buf[i]=0x30+val%10;                  //將最後一位浮點數值轉成字元。
        val=val/10;                          //將浮點數除 10。
    }
    str=(String(buf)).substring(0,5);        //將字元陣列轉成字串。
    return str;                              //回傳消耗功率字串。
}
```

四 App 介面配置及說明：APP/ch7/WiFipowerAC.aia

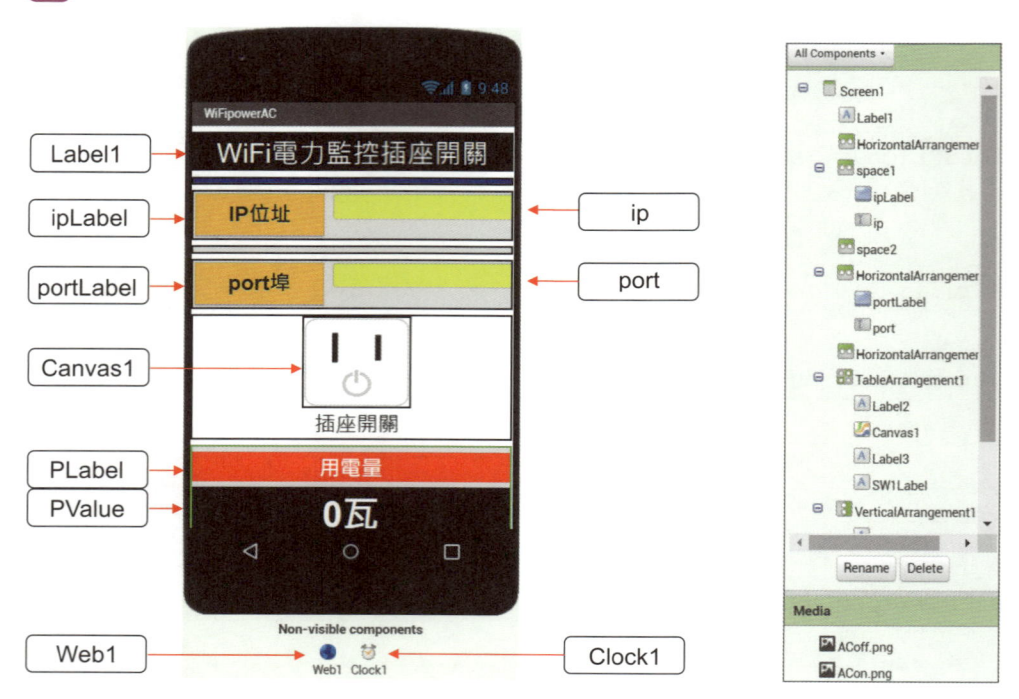

圖 7-19　App 程式 WiFiPowerAC 介面配置

表 7-4　App 程式 WiFiPowerAC 元件屬性說明

名稱	元件	主要屬性說明
Label1	Label	FontSize=24
ipLabel	Label	Height=Automatic,Width=40 percent
portLabel	Label	Height=Automatic,Width=40 percent
ip	TextBox	Height=Automatic,Width=60 percent
port	TextBox	Height=Automatic,Width=60 percent
Canvas1	Canvas	Backgroundimage=ACoff.png
PLabel	Label	FontSize=24
PValue	Label	FontSize=40
Clock1	Clock	TimerInterval=1000

7-34

五 App 方塊功能說明：APP/ch7/WiFipowerAC.aia

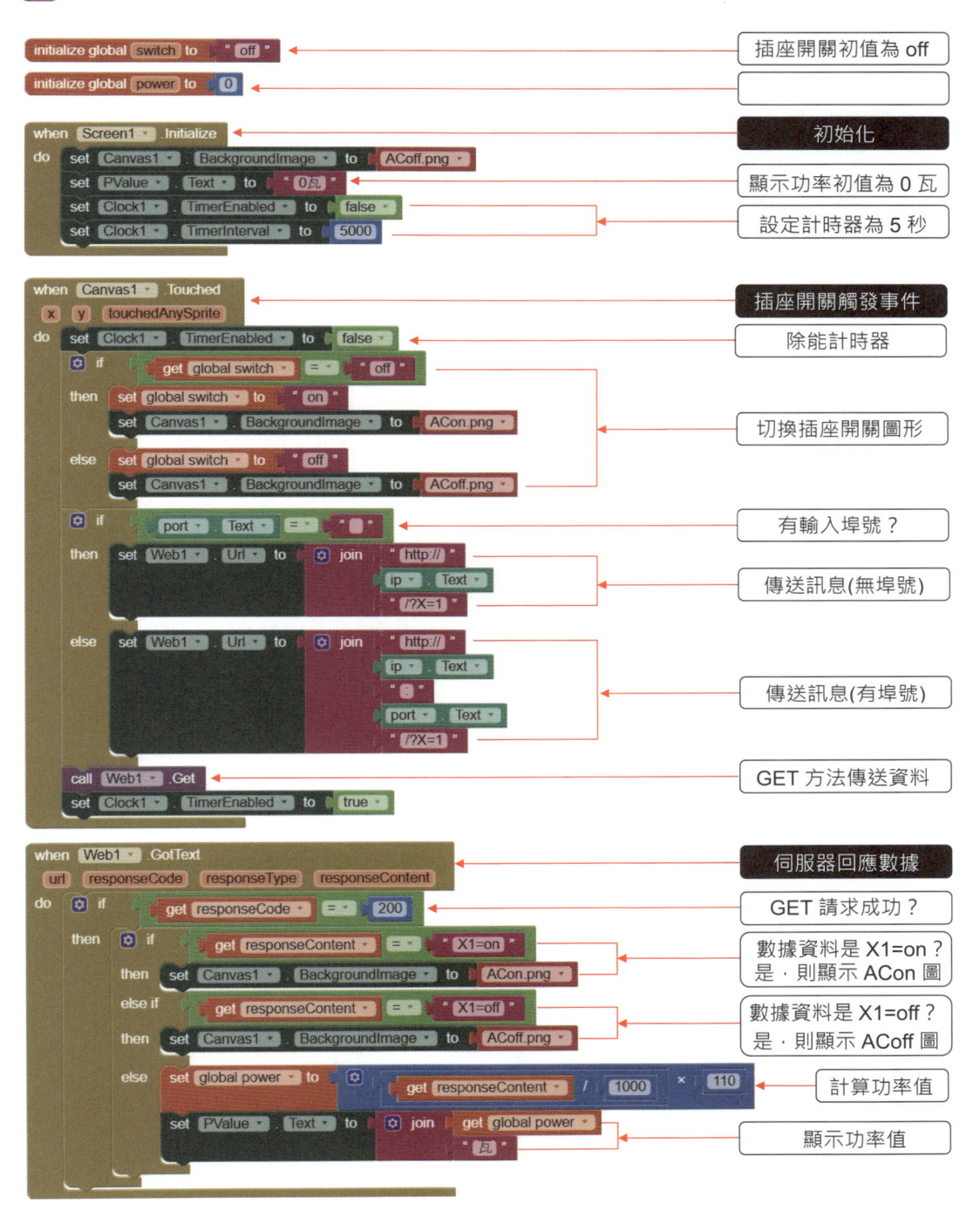

- initialize global switch to " off " ← 插座開關初值為 off
- initialize global power to 0 ←

when Screen1.Initialize ← 初始化
- set Canvas1.BackgroundImage to ACoff.png
- set PValue.Text to " 0瓦 " ← 顯示功率初值為 0 瓦
- set Clock1.TimerEnabled to false
- set Clock1.TimerInterval to 5000 ← 設定計時器為 5 秒

when Canvas1.Touched ← 插座開關觸發事件
x y touchedAnySprite
- set Clock1.TimerEnabled to false ← 除能計時器
- if get global switch = " off "
  - then set global switch to " on "
    - set Canvas1.BackgroundImage to ACon.png ← 切換插座開關圖形
  - else set global switch to " off "
    - set Canvas1.BackgroundImage to ACoff.png
- if port.Text = " " ← 有輸入埠號？
  - then set Web1.Url to join " http:// "
    - ip.Text
    - " /?X=1 " ← 傳送訊息(無埠號)
  - else set Web1.Url to join " http:// "
    - ip.Text
    - " : "
    - port.Text
    - " /?X=1 " ← 傳送訊息(有埠號)
- call Web1.Get ← GET 方法傳送資料
- set Clock1.TimerEnabled to true

when Web1.GotText ← 伺服器回應數據
url responseCode responseType responseContent
- if get responseCode = 200 ← GET 請求成功？
  - then if get responseContent = " X1=on " ← 數據資料是 X1=on？是，則顯示 ACon 圖
    - then set Canvas1.BackgroundImage to ACon.png
    - else if get responseContent = " X1=off " ← 數據資料是 X1=off？是，則顯示 ACoff 圖
      - then set Canvas1.BackgroundImage to ACoff.png
      - else set global power to get responseContent / 1000 × 110 ← 計算功率值
        - set PValue.Text to join get global power " 瓦 " ← 顯示功率值

7-35

```
when Clock1 .Timer                            ← 計時器 (5 秒)
do  if    port ▼ . Text ▼ = " "              ← 有輸入埠號？
    then  set Web1 ▼ . Url ▼ to  join  "http://"
                                              ip ▼ . Text ▼      ← 傳送訊息(無埠號)
                                              "/?X=0"
    else  set Web1 ▼ . Url ▼ to  join  "http://"
                                              ip ▼ . Text ▼
                                              ":"                ← 傳送訊息(有埠號)
                                              port ▼ . Text ▼
                                              "/?X=0"
          call Web1 ▼ .Get                    ← GET 方法傳送資料
```

練習

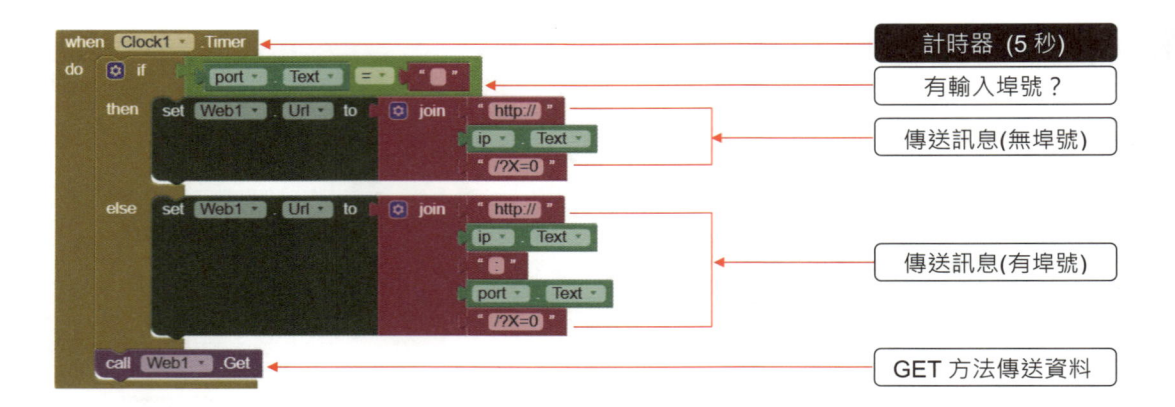

1. 接續範例,使用如圖 7-20 所示手機 App 程式/ino/ch7/WiFipowerAC4 介面配置,建立 Wi-Fi 連線。利用手機遠端控制四組插座開關 RELAY1~RELAY4(D5~D8)及四個指示 LED 指示燈 L1~L4(D9~D12),同時監控插座負載的電力使用情形。總開關可以同時開啟或關閉所有插座開關。(ch7-6-1.ino)

圖 7-20　App 程式 WiFipowerAC4 介面配置

7 家庭智慧應用

▶ 動手做：Wi-Fi 雲端電力監控插座

一 功能說明

如圖 7-18 所示 Wi-Fi 雲端電力監控插座電路接線圖，使用 WCS1800 霍爾電流感測模組，檢測電源插座負載的電力消耗功率。Arduino Uno 開發板將負載消耗功率上傳到 ThingSpeak 雲端運算平台之前，必須先建立一個 **socket 通道**並且在 Field1 欄位中輸入 **power**，取得 **Write API Key** 後再將其寫入 Arduino 草稿碼中。

利用 ESP8266 模組與 Wi-Fi 連線，將 ESP8266 模組設定為 **STA client** 模式並且連線到 ThingSpeak 雲端運算平台。LCD 會顯示網路的連線狀態，同時顯示目前插座上負載的消耗功率。連線成功後，Wi-Fi 指示燈 L1 恆亮，如圖 7-21 所示 Arduino Uno 開發板透過 ESP8266 模組，每分鐘上傳插座負載的消耗功率。

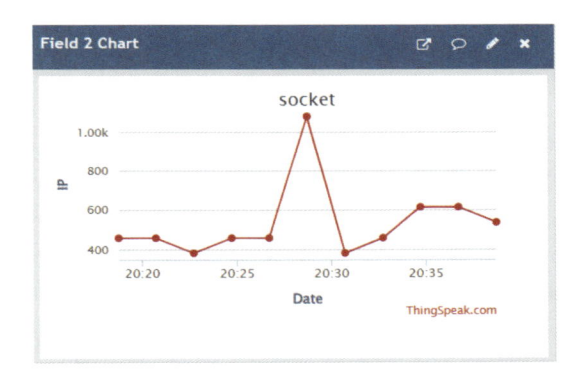

圖 7-21　插座負載的消耗功率

二 電路接線圖

如圖 7-18 所示電路。

三 程式：ch7-7.ino

```
#include <LiquidCrystal_I2C.h>             //載入 LiquidCrystal_I2C 函式庫。
LiquidCrystal_I2C lcd(0x27,16,2);          //使用 16 行x2 列 I2C 串列 LCD。
#include <SoftwareSerial.h>                //載入 SoftwareSerial 函式庫。
SoftwareSerial ESP8266(3,4);               //設定 D3 為 RX 腳，D4 為 TX 腳。
#define SSID "輸入您的 AP 名稱"            //AP 名稱。
#define PASSWD "輸入您的 AP 密碼"          //AP 密碼。
#define IP "184.106.153.149"               //ThingSpeak.com 雲端運算平台。
```

7-37

```cpp
const int in=5;                              //D5 連接至繼電器模組 IN 腳。
const int led=9;                             //D9 連接至插座開關狀態 LED 燈。
const int sensorPin=A0;                      //A0 連接至 WCS1800 感測模組 AO 輸出。
bool state=LOW;                              //插座開關狀態。
const int WIFIled=13;                        //D13 連接至 Wi-Fi 狀態指示 LED 燈。
boolean FAIL_8266 = false;                   //連線狀態。
int connectionId;                            //多路連接 id。
char c;                                      //接收字元。
String cmd;                                  //AT 命令。
String action;                               //使用 GET 方法回傳的訊息。
int ipcount=0;                               //IP 位址的數字計數。
int plus=0;                                  //Wi-Fi 接收訊息開頭符號 '+'。
int i;                                       //迴圈計數。
int value;                                   //WCS1800 輸出電壓的數位值。
float Vout;                                  //WCS1800 輸出電壓。
float IP1;                                   //數值型態負載電流。
String IP0;                                  //字串型態負載電流。
String power;                                //負載消耗功率。
char buf[6];                                 //資料緩衝區。
unsigned long realtime=0;                    //現在時間。
//初值設定
void setup()
{
    lcd.init();                              //LCD 初始化。
    lcd.backlight();                         //開啟 LCD 背光。
    lcd.setCursor(0,0);                      //設定 LCD 座標在第 0 行 0 列。
    pinMode(in,OUTPUT);                      //設定 D5 為輸出埠。
    pinMode(led,OUTPUT);                     //設定 D9 為輸出埠。
    pinMode(WIFIled,OUTPUT);                 //設定 D13 為輸出埠。
    digitalWrite(WIFIled,LOW);               //關閉 Wi-Fi 指示 LED 燈。
    ESP8266.begin(9600);                     //設定 ESP8266 速率為 9600bps。
    for(i=0;i<3;i++)                         //Wi-Fi 指示燈閃爍三次。
    {
        digitalWrite(WIFIled,HIGH);          //Wi-Fi 指示燈點亮。
        delay(200);                          //延遲 0.2 秒。
```

```cpp
        digitalWrite(WIFIled,LOW);              //Wi-Fi 指示燈不亮。
        delay(200);                             //延遲 0.2 秒。
    }
    do
    {
        sendESP8266cmd("AT+RST",2000);          //初始化 ESP8266。
        lcd.clear();                            //清除 LCD 顯示內容。
        lcdprintStr("reset 8266...");           //LCD 顯示訊息：重置 ESP8266。
        if(ESP8266.find("OK"))                  //ESP8266 初始化成功?
        {
            lcdprintStr("OK");                  //LCD 顯示訊息：OK。
            if(connectWiFi(10))                 //進行 Wi-Fi 連線。
            {
                FAIL_8266=false;                //設定旗標，連線成功。
                lcd.setCursor(0,1);             //設定 LCD 座標在第 0 行第 1 列。
                lcdprintStr("connect success"); //顯示訊息：連線成功。
                delay(2000);                    //等待 2 秒。
            }
            else                                //ESP8266 初始化失敗。
            {
                FAIL_8266=true;                 //設定旗標，連線失敗。
                lcd.setCursor(0,1);             //設定 LCD 座標在第 0 行第 1 列。
                lcdprintStr("connect fail");    //LCD 顯示訊息：連線失敗。
            }
        }
        else                                    //ESP8266 初始化失敗。
        {
            delay(500);                         //延遲 0.5s。
            FAIL_8266=true;                     //ESP8266 初始化失敗。
            lcd.setCursor(0,1);                 //設定 LCD 座標在第 0 行第 1 列。
            lcdprintStr("no response");         //LCD 顯示訊息：ESP8266 無回應。
        }
    }while(FAIL_8266);                          //連線失敗，繼續進行連線。
    digitalWrite(WIFIled,HIGH);                 //連線成功，點亮 Wi-Fi 指示燈。
}
```

```
//主迴圈
void loop()
{
    value=analogRead(sensorPin);                        //WCS1800 輸出電壓數位值。
    Vout=(float)value*5/1024;                           //將數位值轉成輸出電壓。
    IP1=1000*(Vout-2.5197)/0.0631;                      //將輸出電壓值轉成電流值。
    if(IP1<0)                                           //取電流絕對值。
        IP1=-IP1;
    IP0=float2str(IP1);                                 //轉成字串型態。
    power=float2str(IP1*110/1000);                      //計算消耗功率。
    if(FAIL_8266==false && (millis()-realtime)>=60000)  //超過 60 秒?
    {                                                   //每分鐘上傳一次數據至雲端。
        realtime=millis();                              //讀取現在時間。
        lcd.setCursor(0,1);                             //設定 LCD 座標第 0 行第 1 列。
        lcdprintStr("power = ");                        //LCD 顯示訊息:消耗功率。
        for(i=0;i<power.length();i++)                   //5 位數功率數值。
            lcd.print(power[i]);                        //LCD 顯示負載消耗功率。
        lcd.print(' ');                                 //空格。
        lcd.print('W');                                 //LCD 顯示訊息:功率單位 W。
        updatePower(power);                             //上傳負載消耗功率到雲端。
    }
}
//負載消耗功率上傳雲端函式
void updatePower(String P)
{
    String cmd="AT+CIPSTART=\"TCP\",\"";                //建立 TCP 連接通道。
    cmd += IP;                                          //IP 位址。
    cmd += "\",80";                                     //服務埠口。
    sendESP8266cmd(cmd,2000);                           //寫入 AT 命令。
    lcdclearROW(0);                                     //清除 LCD 第 0 列顯示內容。
    if(ESP8266.find("OK"))                              //建立 TCP 連線通道成功?
    {
        lcdprintStr("TCP OK");                          //LCD 顯示訊息:TCP OK。
        cmd="GET /update?key=5V9FFN8UDCFGL0UD";         //使用 GET 方法上傳數據。
        cmd+="&field1=" + P + "\r\n";                   //消耗功率數值。
```

```
        ESP8266.print("AT+CIPSEND=");                    //ESP8266 發送數據。
        ESP8266.println(cmd.length());                   //計算數據長度。
        if(ESP8266.find(">"))                            //收到返回符號">"？
        {
            ESP8266.print(cmd);                          //ESP8266 傳送數據。
            if(ESP8266.find("OK"))                       //傳送成功？
            {
                lcdclearROW(0);                          //清除 LCD 第 0 列顯示內容。
                lcdprintStr("update OK");                //LCD 顯示訊息：更新成功。
            }
            else                                         //傳送失敗。
            {
                lcdclearROW(0);                          //清除 LCD 第 0 列顯示內容。
                lcdprintStr("update error");             //LCD 顯示訊息：更新錯誤。
            }
        }
    }
    else                                                 //建立 TCP 連線通道失敗。
    {
        lcdprintStr("TCP error");                        //LCD 顯示訊息：TCP error。
        sendESP8266cmd("AT+CIPCLOSE",1000);              //關閉 TCP 連線通道。
    }
}
//建立 Wi-Fi 連線函式
boolean connectWiFi(int timeout)
{
    sendESP8266cmd("AT+CWMODE=1",2000);                  //設定為 STA 模式。
    delay(1000);                                         //等待 1 秒。
    lcd.setCursor(0,1);                                  //設定 LCD 座標第 0 行第 1 列。
    lcdprintStr("WiFi mode:STA");                        //LCD 顯示訊息：STA 模式。
    do
    {
        String cmd="AT+CWJAP=\"";                        //加入 AP。
        cmd+=SSID;                                       //AP 名稱。
        cmd+="\",\"";
```

```
            cmd+=PASSWD;                                //AP 密碼。
            cmd+="\"";
            sendESP8266cmd(cmd,1000);                   //傳送 AT 命令。
            lcd.clear();                                //清除 LCD 顯示內容。
            lcdprintStr("join AP...");                  //LCD 顯示訊息：加入 AP 中。
            if(ESP8266.find("OK"))                      //加入 AP 成功?
            {
                lcdprintStr("OK");                      //LCD 顯示訊息：OK。
                sendESP8266cmd("AT+CIPMUX=0",1000);     //建立單路連接。
                return true;                            //連線成功。
            }
        }while((timeout--)>0);                          //連線已逾時?
    return false;                                       //設定旗標，連線失敗。
}
//AT 命令傳送函式
void sendESP8266cmd(String cmd, int waitTime)
{
    ESP8266.println(cmd);                               //傳送 AT 命令。
    delay(waitTime);                                    //等待時間。
}
//LCD 字串顯示函式
void lcdprintStr(char *str)
{
    int i=0;                                            //字串指標。
    while(str[i]!='\0')                                 //已至字串結尾。
    {
        lcd.print(str[i]);                              //LCD 顯示一個字元。
        i++;                                            //下一字元。
    }
}
//浮點數轉字串函式
String float2str(long val)
{
    String str;                                         //建立字串物件。
    for(i=4;i>=0;i--)                                   //5 位數浮點數。
```

```
    {
        buf[i]=0x30+val%10;                    //由右而左轉成字元。
        val=val/10;
    }
    str=(String(buf)).substring(0,5);          //將 buf 緩衝區字元轉成字串。
    return str;                                //傳回字串。
}
//LCD 列資料清除函式
void lcdclearROW(int row)
{
    lcd.setCursor(0,row);                      //設定 LCD 座標在第 0 行第 row 列。
    for(int i=0;i<16;i++)                      //清除第 row 列的資料。
        lcd.print(' ');                        //填入空白字元。
    lcd.setCursor(0,row);                      //將游標返回至第 row 列第 0 行。
}
```

練習

1. 接續範例，新增 Field2 欄位 IP，並且上傳負載電流 IP 到 Field2。

▶ 動手做：ESP32 藍牙插座

一　功能說明

　　如圖 7-23 所示 ESP32 藍牙插座電路接線圖，開啟如圖 7-22 手機 App 程式 APP/ch7/ESP32_BTremoteAC.aia，遠端控制電源插座開關。ESP32_BTremoteAC.aia 與 BTremoteAC.aia 內容大致相同，請參考圖 7-10 所示 App 方塊功能說明。

　　手機藍牙與 ESP32 藍牙模組連線後，若插座原為關閉（OFF），按下插座後會切換為開啟（ON），同時遠端控制電源開關通電並點亮指示燈 L1。若插座原為開啟（ON），按下插座後會切換為關閉（OFF），同時遠端控制電源開關斷電並關閉指示燈 L1。

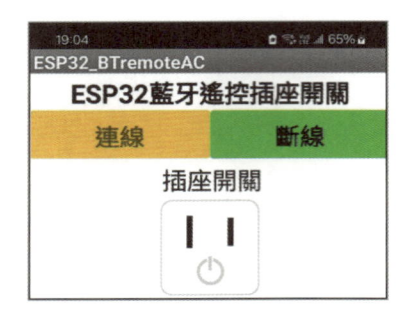

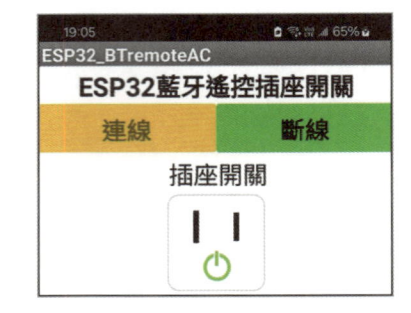

(a) 關閉（off）狀態　　　　　　　　(b) 開啟（on）狀態

圖 7-22　ESP32 藍牙插座 App 程式 ESP32_BTremoteAC.aia

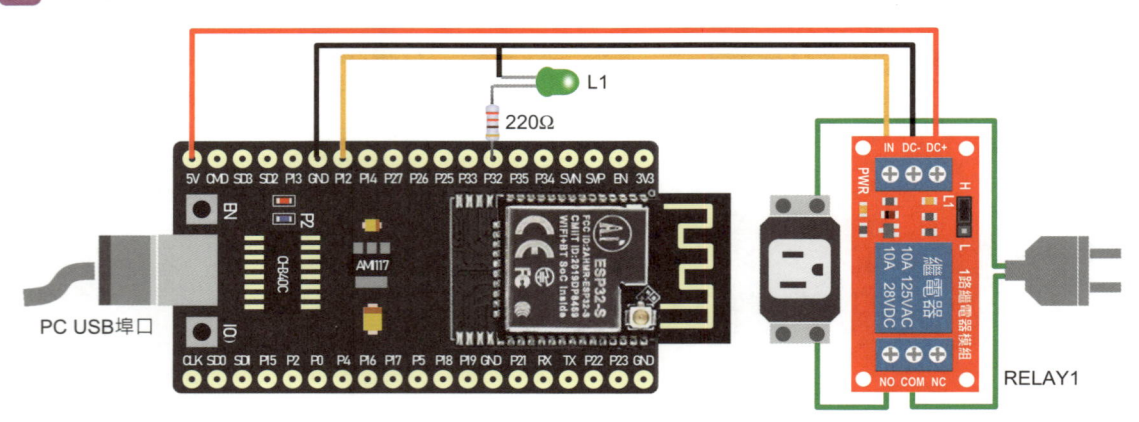

二 電路接線圖

圖 7-23　ESP32 藍牙插座電路接線圖

三 程式：ch7-8.ino

```
#include <BluetoothSerial.h>              //載入 BluetoothSerial 函式庫。
BluetoothSerial BTSerial;                 //建立 ESP32 藍牙物件。
const int in=12;                          //GPIO12 連接 RELAY1 繼電器 IN 腳。
const int led=32;                         //GPIO32 連接 L1 指示燈。
bool state=LOW;                           //繼電器及指示燈的狀態。
char code;                                //藍牙接收字元。
//初值設定
void setup(){
    BTSerial.begin("ESP32_BT");           //設定 ESP32 藍牙名稱為 ESP32_BT。
    pinMode(in,OUTPUT);                   //設定 GPIO12 為輸出埠。
```

```cpp
        pinMode(led,OUTPUT);              //設定GPIO32為輸出埠。
}
//主迴圈
void loop(){
    if (BTSerial.available()){            //藍牙已接收到資料?
        delay(50);                         //延遲50ms。
        code=BTSerial.read();              //讀取接收的字元。
        if(code=='0')                      //接收字元為0?
        {
            if(state==LOW)                 //目前狀態為OFF?
                BTSerial.write('L');       //傳送字元L給手機。
            else                           //目前狀態為ON。
                BTSerial.write('H');       //傳送字元H給手機。
        }
        else if(code=='1'){                //接收字元為1?
            state=!state;                  //改變繼電器及指示燈的狀態
            digitalWrite(in,state);        //切換繼電器狀態。
            digitalWrite(led,state);       //切換指示燈狀態。
        }
    }
}
```

練習

1. 接續範例，使用如圖 7-24 所示手機 App 程式 APP/ch7/ESP32_BTremoteAC4 介面配置，遠端控制四組電源插座開關 RELAY1~RELAY4（GPIO12~GPIO15）及四個 LED 指示燈 L1~L4（GPIO32~GPIO35）。（ch7-8-1.ino）。

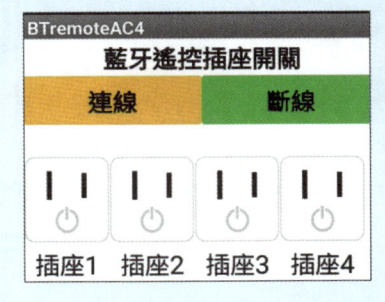

圖 7-24　App 程式 ESP32_BTremoteAC4 介面配置

▶動手做：ESP32 藍牙電力監控插座

一 功能說明

如圖 7-26 所示 ESP32 藍牙電力監控插座電路接線圖，開啟如圖 7-25 所示手機 App 程式 APP/ch7/ESP32_BTpowerAC.aia，遠端控制電源插座開關，同時監控插座上負載的總電力消耗功率。ESP32_BTpowerAC.aia 介面配置與 BTpowerAC.aia 內容大致相同，請參考圖 7-13 所示 App 方塊功能說明。

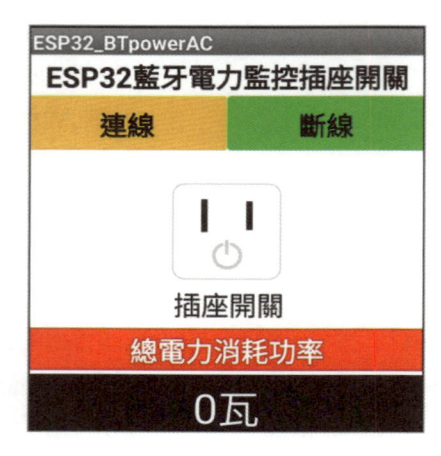

圖 7-25　ESP32 藍牙電力監控插座 App 程式 ESP32_BTpowerAC.aia

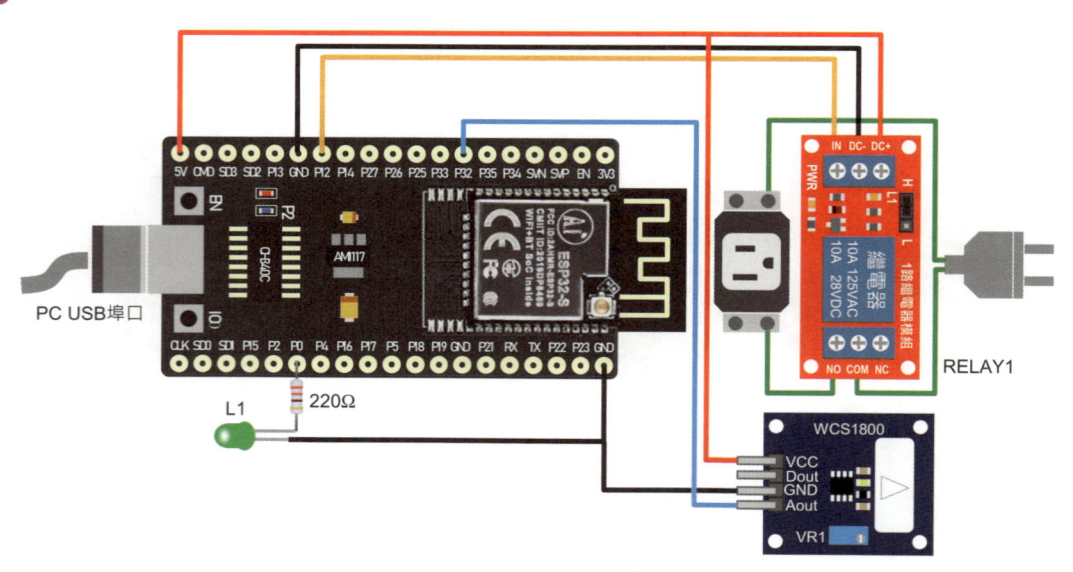

二 電路接線圖

圖 7-26　ESP32 藍牙電力監控插座電路接線圖

三 程式：ch7-9.ino

```cpp
#include <BluetoothSerial.h>              //載入 BluetoothSerial 函式庫。
#define ADC 32                            //使用 ADC1_CH4。
BluetoothSerial BTSerial;                 //建立 ESP32 藍牙物件。
const int in=12;                          //GPIO12 連接繼電器 RELAY1 的 IN 腳。
const int led=0;                          //GPIO0 連接 LED 指示燈 L1。
bool state=LOW;                           //繼電器及指示燈的初始狀態。
char code;                                //ESP32 藍牙接收字元。
int value;                                //WCS1800 輸出電壓的數位值。
float Vout;                               //WCS1800 輸出電壓。
float IP;                                 //WCS1800 通過電流。
float Vcc=4.53;                           //實測 ESP32 電源電壓值。
//初值設定
void setup(){
    BTSerial.begin("ESP32_BT");           //設定 ESP32 藍牙名稱。
    pinMode(in,OUTPUT);                   //設定 GPIO12 為輸出埠。
    pinMode(led,OUTPUT);                  //設定 GPIO0 為輸出埠。
    analogSetAttenuation(ADC_11db);       //設定 ESP32 ADC 最大輸入電壓 3.1V
    analogReadResolution(10);             //設定 ESP32ADC 解析度為 10 位元。
}
//主迴圈
void loop(){
    if (BTSerial.available())             //ESP32 藍牙接收到資料?
    {
        delay(50);                        //延遲 50ms。
        code=BTSerial.read();             //讀取 ESP32 藍牙接收的資料。
        if(code=='0')                     //資料為字元 0?
        {
            if(state==LOW)                //目前狀態為 OFF?
                BTSerial.write('L');      //傳送字元 L 給手機。
            else                          //目前狀態為 ON。
                BTSerial.write('H');      //傳送字元 H 給手機。
        }
        else if(code=='1')                //資料為字元 1?
        {
```

```
            state=!state;                    //切換目前狀態。
            digitalWrite(in,state);          //切換繼電器狀態。
            digitalWrite(led,state);         //切換指示燈狀態。
        }
    }
    value=analogRead(ADC);                   //讀取WCS1800輸出電壓並轉成數位值。
    Vout=(float)value*Vcc/1024;              //計算WCS1800輸出電壓。
    if(Vout>=2.48 && Vout<=2.52)             //輸出電壓在誤差範圍內?
        IP=0;                                //WCS1800的通過電流為0。
    else                                     //WCS1800有通過電流?
        IP=1000*(Vout-2.5197)/0.0631;        //計算通過電流(mA)。
    if(IP<0)                                 //取電流絕對值。
        IP=-IP;
    BTSerial.write('I');                     //傳送字元I給手機。
    BTSerial.write((int)IP/256);             //傳送高位元組的電流值給手機。
    BTSerial.write((int)IP%256);             //傳送低位元組的電流值給手機。
    delay(100);                              //延遲100ms。
}
```

練習

1. 接續範例，使用如圖 7-27 所示手機 App 程式 APP/ch7/ESP32_BTpowerAC4 介面配置，遠端監控四組插座開關 RELAY1~4（GPIO12~15）、四個 LED 指示燈 L1~4（GPIO0、2、4、5）。使用 WCS1800 霍爾電流感測模組，監控插座上所有負載的總電力消耗功率。（ch7-9-1.ino）

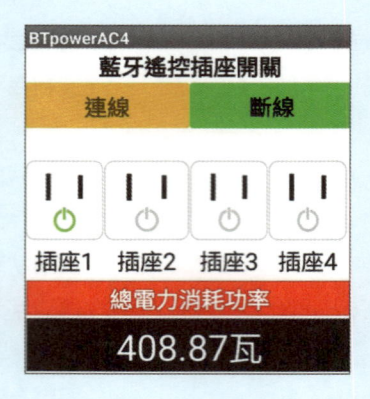

圖 7-27　App 程式 BTpowerAC4 介面配置

家庭智慧應用　7

▶ 動手做：ESP32 Wi-Fi 插座

一　功能說明

如圖 7-29 所示 ESP32 Wi-Fi 插座電路接線圖，開啟如圖 7-28 所示手機 App 程式 APP/ch7/ESP32_WiFiremoteAC.aia，遠端控制電源插座開關。ESP32_WiFiremoteAC.aia 與 WiFiremoteAC.aia 內容大致相同，請參考圖 7-16 所示 App 方塊功能說明。若插座原為關閉（OFF）![]，按下插座後切換為開啟（ON）![]，同時遠端控制電源開關通電並點亮 L1 燈。若插座原為開啟（ON）![]，按下插座切換為關閉（OFF）![]，同時遠端控制電源開關斷電並關閉 L1 燈。

(a) 關閉（OFF）狀態　　　　(b) 開啟（ON）狀態

圖 7-28　ESP32 Wi-Fi 插座 App 程式 ESP32_WiFiremoteAC.aia

二　電路接線圖

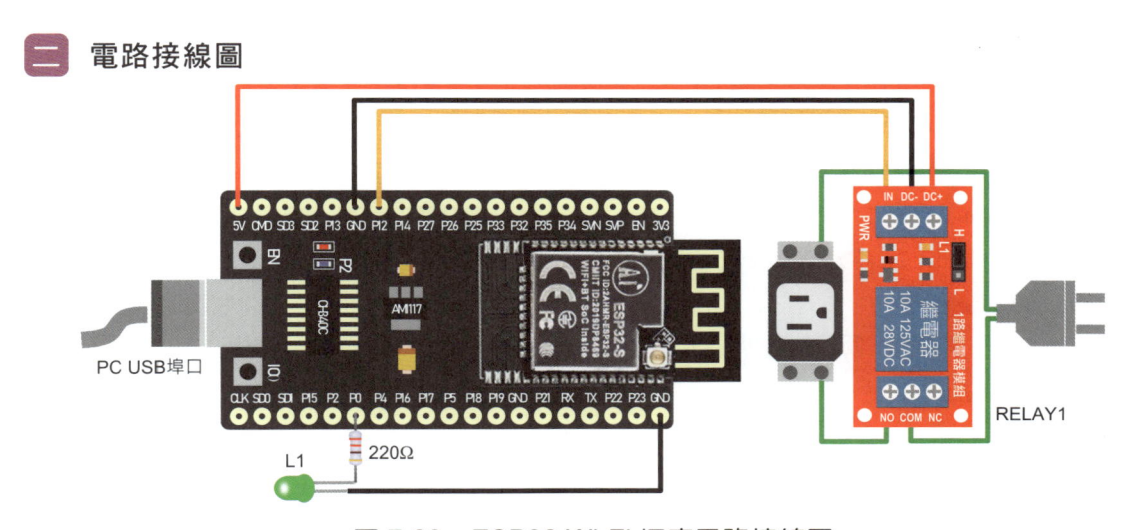

圖 7-29　ESP32 Wi-Fi 插座電路接線圖

7-49

程式：ch7-10.ino

```cpp
#include <WiFi.h>                              //載入 WiFi 函式庫。
#include "ESPAsyncWebServer.h"                 //載入 ESPAsyncWebServer 函式庫。
#include <AsyncTCP.h>                          //載入 AsyncTCP 函式庫。
const char* ssid = "輸入您的AP名稱";            //AP 名稱。
const char* pwd = "輸入您的AP密碼";             //AP 密碼。
const int led = 0;                             //GPIO0 連接 LED 指示燈 L1。
const int in = 12;                             //GPIO12 連接繼電器開關 RELAY1。
String state = "OFF";                          //指示燈與繼電器的初始狀態。
AsyncWebServer server(80);                     //設定伺服器埠號 80。
//初值設定
void setup(){
    Serial.begin(115200);                      //設定序列埠傳輸率為 115200bps。
    pinMode(led,OUTPUT);                       //設定 GPIO0 為輸出埠。
    pinMode(in,OUTPUT);                        //設定 GPIO12 為輸出埠。
    digitalWrite(led,LOW);                     //關閉指示燈 L1。
    digitalWrite(in,LOW);                      //繼電器 RELAY1 斷電。
    Serial.print("Connecting to ");            //LCD 顯示訊息：連接。
    Serial.println(ssid);                      //AP 名稱。
    WiFi.begin(ssid, pwd);                     //建立 Wi-Fi 連線。
    while (WiFi.status()!=WL_CONNECTED){       //尚未連線?
        delay(500);                            //等待連線成功。
        Serial.print(".");
    }
    Serial.println("");                        //空格。
    Serial.println("WiFi connected.");         //LCD 顯示訊息：Wi-Fi 已連線。
    Serial.println("IP address: ");            //LCD 顯示訊息：IP 位址。
    Serial.println(WiFi.localIP());            //LCD 顯示 IP 位址。
    server.begin();                            //開啟監聽服務。
//用戶端 GET 請求服務，伺服器回傳資料
    server.on("/led", HTTP_GET, [](AsyncWebServerRequest *request){
        request->send(200, "text/plain", readLED().c_str());
    });
}
//主迴圈
```

```
void loop(){
}
//指示燈及繼電器狀態回調函式
String readLED(){
    if (state=="OFF")                          //目前狀態為OFF?
    {
        state="ON";                            //切換狀態為ON。
        digitalWrite(led,HIGH);                //開啟指示燈。
        digitalWrite(in,HIGH);                 //繼電器通電。
    }
    else if(state=="ON")                       //目前狀態為ON?
    {
        state="OFF";                           //切換狀態為OFF。
        digitalWrite(led,LOW);                 //關閉指示燈。
        digitalWrite(in,LOW);                  //繼電器斷電。
    }
    return String(state);                      //回傳狀態給手機。
}
```

練習

1. 接續範例，使用如圖 7-30 所示手機 App 程式/ino/ch7/ESP32_WiFiremoteAC4 介面配置，遠端控制四組插座開關 RELAY1~4（GPIO12、13、14、15）及四個 LED 指示指示燈 L1~L4（GPIO0、2、4、5）。總開關同時開啟或關閉所有插座開關。（ch7-10-1.ino）

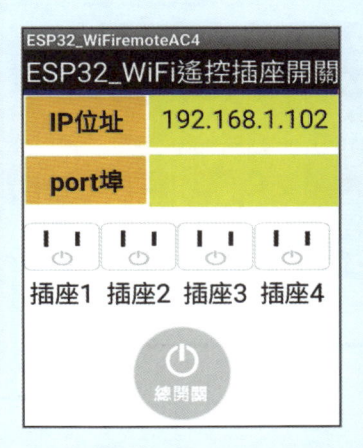

圖 7-30　App 程式 ESP32_WiFiremoteAC4 介面配置

▶ 動手做：ESP32 Wi-Fi 電力監控插座

一 功能說明

如圖 7-32 所示 ESP32 Wi-Fi 電力監控插座電路接線圖，開啟如圖 7-31 所示手機 App 程式 APP/ch7/ESP32_WiFipowerAC.aia，遠端監控電源插座開關及插座負載電力使用情形。ESP32_WiFipowerAC.aia 與 WiFipowerAC.aia 內容大致相同，請參考圖 7-19 所示 App 方塊功能說明。

(a) 關閉（OFF）狀態　　　(b) 開啟（ON）狀態

圖 7-31　ESP32 Wi-Fi 電力監控插座 App 程式 ESP32_WiFipowerAC.aia

二 電路接線圖

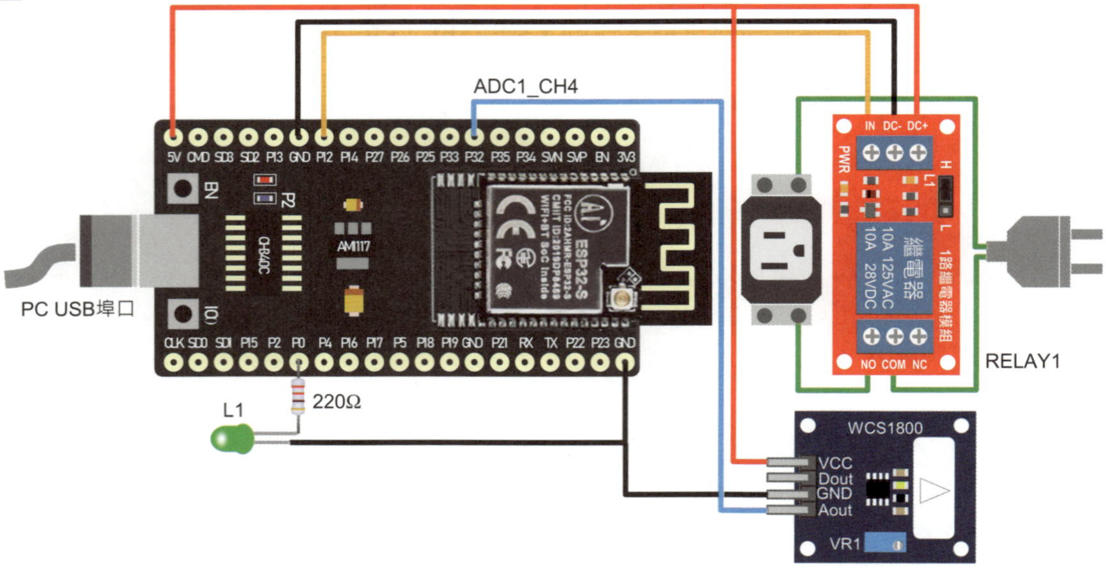

圖 7-32　ESP32 Wi-Fi 電力監控插座電路接線圖

三 程式：ch7-11.ino

```cpp
#include <WiFi.h>                               //載入WiFi函式庫。
#include "ESPAsyncWebServer.h"                  //載入ESPAsyncWebServer函式庫。
#include <AsyncTCP.h>                           //載入AsyncTCP函式庫。
#define ADC 32                                  //ADC1_CH4。
const char* ssid = "輸入您的AP名稱";              //AP名稱。
const char* pwd = "輸入您的AP密碼";               //AP密碼。
const int led = 0;                              //GPIO0連接指示燈L1。
const int in = 12;                              //GPIO12連接繼電器模組RELAY1。
String state = "OFF";                           //指示燈及繼電器模組初值為OFF。
int value;                                      //WCS1800輸出電壓的數位值。
float Vout;                                     //WCS1800輸出電壓。
float IP;                                       //WCS1800通過電流。
float Vcc=4.53;                                 //實測ESP32電源電壓。
AsyncWebServer server(80);                      //建立伺服器物件，通訊埠為80。
//初值設定
void setup()
{
    Serial.begin(115200);                       //設定序列埠傳輸率為115200bps。
    pinMode(led,OUTPUT);                        //設定GPIO0為輸出埠。
    pinMode(in,OUTPUT);                         //設定GPIO12為輸出埠。
    digitalWrite(led,LOW);                      //關閉指示燈。
    digitalWrite(in,LOW);                       //繼電器斷電。
    analogSetAttenuation(ADC_11db);             //設定ADC最大輸入電壓3.1V。
    analogReadResolution(10);                   //設定ADC解析度為10位元。
    Serial.print("Connecting to ");             //顯示訊息：連接。
    Serial.println(ssid);                       //AP名稱。
    WiFi.begin(ssid, pwd);                      //建立Wi-Fi連線。
    while (WiFi.status() != WL_CONNECTED)       //尚未連線？
    {
        delay(500);                             //延遲0.5秒。
        Serial.print(".");                      //等待連線成功。
    }
    Serial.println("");                         //換行。
    Serial.println("WiFi connected.");          //顯示訊息：Wi-Fi已連線。
```

```
        Serial.println("IP address: ");              //顯示訊息：IP 位址。
        Serial.println(WiFi.localIP());              //連線 IP 位址。
        server.begin();                              //開始監聽服務。
//用戶端 GET 請求服務，讀取電流值
        server.on("/wcs", HTTP_GET, [](AsyncWebServerRequest *request){
        request->send(200, "text/plain", readPOWER().c_str());
        });
//用戶端 GET 請求服務，控制 LED 開關
        server.on("/led", HTTP_GET, [](AsyncWebServerRequest *request){
        request->send(200, "text/plain", readLED().c_str());
        });
}
//主迴圈
void loop(){
}
//讀取功耗回調函式
String readPOWER()
{
    value=analogRead(ADC);                           //讀取 WCS1800 輸出電壓的數位值。
    Vout=(float)value*Vcc/1024;                      //數位值轉電壓值。
    if(Vout>=2.48 && Vout<=2.52)                     //Vout 在 2.48V~2.52V 時的 IP=0。
        IP=0;                                        //設定 IP=0。
    else                                             //C 型環有電流通過？
        IP=1000*(Vout-2.5197)/0.0631;                //計算通過電流(mA)。
    if(IP<0)                                         //取電流絕對值。
        IP=-IP;
    Serial.println(IP);                              //顯示通過電流 IP 值。
    return String(IP);                               //回傳 IP 值給用戶端。
}
//讀取 LED 狀態回調函式
String readLED()
{
    if (state=="OFF")                                //目前狀態為 OFF？
    {
        state="ON";                                  //切換狀態為 ON。
```

```
        digitalWrite(led,HIGH);              //點亮 LED 燈。
        digitalWrite(in,HIGH);               //繼電器通電。
    }
    else if(state=="ON")                     //目前狀態為 ON?
    {
        state="OFF";                         //切換狀態為 OFF。
        digitalWrite(led,LOW);               //關閉 LED 燈。
        digitalWrite(in,LOW);                //繼電器斷電。
    }
    Serial.println(state);                   //顯示狀態。
    return String(state);                    //回傳狀態給用戶端。
}
```

練習

1. 接續範例，使用如圖 7-33 所示手機 App 程式/ino/ch7/ESP32_WiFipowerAC4 介面配置，遠端監控四組插座開關 RELAY1~RELAY4（GPIO12、13、14、15）及四個 LED 指示燈 L1~L4（GPIO0、2、4、5）。ESP32 開發板傳送插座負載用電量給手機。總開關可以同時開啟或關閉所有插座開關。（ch7-11-1.ino）

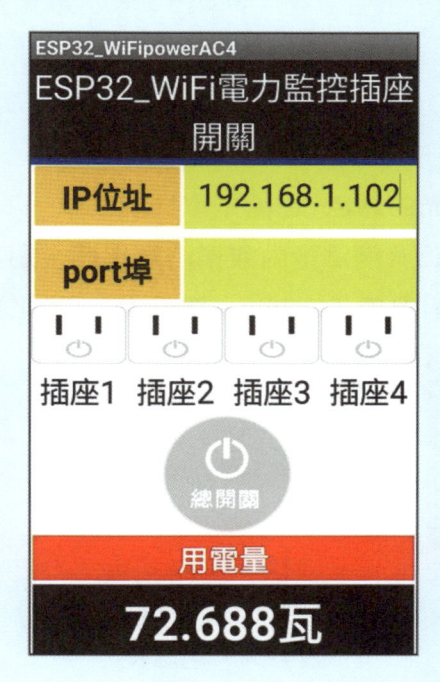

圖 7-33　App 程式 ESP32_WiFipowerAC4 介面配置

7-2 智慧照明

所謂智慧照明是指將**照明設備**、**感測裝置**及**資訊管理平台**，透過網路加以連結成為**燈聯網**。智慧照明藉由感測裝置偵測環境光線明亮度，經由藍牙、Wi-Fi 等方式進行遠端監控，來營造合宜舒適的照明環境。智慧照明也可以提供溫溼度空調、用電量等資訊，以提高能源效率。在所有照明技術中，LED 燈具有壽命長、效率高、無眩光、安全無害、節能省電、光色多樣等優點，已經成為現代照明的主流。市售燈具較常見的技術規格如**燈座種類**、**色溫**、**發光效率**（瓦數，W）、**顯色指數**（Color Rendering Index，簡稱 Ra）、**照明亮度**（流明，lumen）等，分述如下。

7-2-1 燈具種類

一般常用的燈具可以分為燈泡與燈管兩種，燈泡的燈座種類有 E-10、E-12、E-14、E-17、E-27 及 E-40 等多種。一般家庭較常用的燈座種類為 E-14 及 E-27 兩種。E 是指燈頭與燈泡的結合方式為**螺旋式（愛迪生螺紋，Edison）**，後面數字表示燈頭的螺紋內徑。例如 E-27 表示燈頭螺紋內徑為 27mm。燈管種類有 T2、T3.5、T4、T5、T6、T8、T9、T10、T12 等多種，常用的燈管種類有 T5 及 T8 兩種。**T 是指燈具為管狀（Tube）**，後面數字表示燈管直徑。例如 T5 表示燈管直徑為 5/8 英寸，而 T8 表示燈管直徑為 8/8 英寸。

7-2-2 色溫

所謂**色溫是指燈具發光的顏色**，色溫是燈具規格中一項很重要的參數。如圖 7-34 所示色溫表，一開始是凱氏於鋼鐵廠內觀察溶解黑體金屬，加熱過程中所呈現的不同顏色變化，單位**凱氏絕對溫度**（Kelvin，簡稱 K），後來變成燈具的色溫規格表。

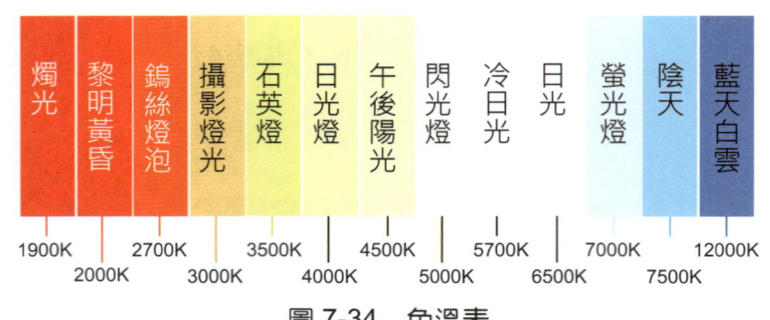

圖 7-34　色溫表

色溫在 3300K 以下為暖色光，光線溫暖，給人舒適的感覺，適用於家庭。色溫在 3300K 到 5300K 之間為白色光，光線柔和，給人愉快的感覺，適用於商店、飯店、餐廳等場所。色溫在 5300K 以上為冷色光，光源接近自然光，給人明亮的感覺，適用於辦公室、會議室、教室等場所。**傳統白熾燈泡色溫大約是 2700K 黃光**，一般螢光燈有黃光和白光兩種，而 LED 燈有 2700K（黃光）、3000K、3500K、4000K、4500K、5000K、5700K 及 6500K（白光）等八種不同顏色的變化。

7-2-3 發光效率

在單位時間內由光源所發出的光能稱為光通量（Luminous flux），單位流明（lumen，簡稱 lm）。發光效率是指**燈具將消耗電能轉換成光的效率**，以光通量及消耗功率的比值來表示，單位為流明/瓦特（lm/W）。發光效率越高，代表燈具越省電。傳統白熾燈的發光效率約 10 lm/W，螢光燈約 50~60 lm/W，LED 燈可達 80 lm/W，新一代的 LED 燈甚至可達 200 lm/W。

如表 7-5 所示傳統白熾燈泡瓦數與 LED 燈泡額定光通量對應表，依據中華民國國家標準（Chinese National Standards，簡稱 CNS）15630「一般照明用安定器內藏式 LED 燈泡（供應電壓大於 50V）性能要求」規範。如果 LED 燈泡的發光效率以 80 lm/W 計算，則選購一顆 10W 的 LED 燈泡可以產生約 800 lm 的光通量，亮度相當於一顆 60W 的白熾燈泡。

表 7-5　傳統白熾燈泡瓦數與 LED 燈泡額定光通量對應表

白熾燈瓦數(W)	LED 燈泡光通量(lm)	白熾燈瓦數(W)	LED 燈泡光通量(lm)
15	136	75	1055
25	249	100	1521
40	470	150	2452
60	806	200	3452

臺灣標準檢驗局（Bureau of Standards，Metrology and Inspection，簡稱 BSMI）參照國際電工委員會（International Electrotechnical Commission，簡稱 IEC）公告的標準，訂定 LED 燈泡安全規範。自民國 103 年 7 月 1 日起，強制規定 LED 燈泡必須通過 BSMI 認證，並且取得如圖 7-35 所示 BSMI 認證標誌，才能於市面上販售。

圖 7-35　臺灣標準檢驗局的 BSMI 認證標誌

7-2-4　顯色性

　　顯色性是指**人工光源還原被照物體原來顏色的能力**，常以顯色指數（Color Rendering Index，簡稱 Ra）來表示光源的顯色性。國際照明委員會（International Commission on Illumination，簡稱 CIE）將日光的 Ra 指數定義為 100，**燈具的 Ra 數值越高，顯色性越好**。Ra 指數 50 以下顯色性較差、50~70 為一般等級、70~80 為良等級、80 以上為優等級。對 LED 燈具而言，Ra 指數越高，相對成本也越高。市售 LED 燈具 Ra 指數都在 80 以上。

7-2-5　LED 電源

　　所謂 LED 電源是指**將供應電源轉換成定電壓或定電流輸出**，以驅動 LED 發光的電壓轉換器。LED 驅動電源包含整流器、MOSFET 開關元件、開關控制器、電感器、濾波器及過載保護電路等。如圖 7-36 所示 LED 電源模組，由深圳瑞普達公司生產製造，可輸入交流電壓範圍 70V~270V，輸出直流電壓有 5V/700mA、5V/1A、5V/2A、12V/0.9A、24V/0.45A、5V/2.4A、12V/1A、24V/0.5A、12V/1.3A、24V/0.65A 多種規格，購買時要特別注意。

圖 7-36　LED 電源模組

　　USB 埠的電源供電為 5V±5%，USB 2.0 埠最大輸出電流 500mA，USB3.0/3.1 最大輸出電流 900mA，而 USB3.2 及 USB-C 支援更高輸出電流，可達 3A 以上。**USB 2.0 輸出電流不足以驅動 24 位環形全彩 LED 燈正常發亮，外接電源供電才能正常工作。**

動手做：藍牙全彩調光燈

一 功能說明

　　如圖 7-38 所示藍牙全彩調光燈電路接線圖，開啟如圖 7-37 所示手機 App 程式 APP/ch7/BTrgbLED2.aia。與藍牙模組建立連線後，手指觸碰球形燈 💡 圖形可以開（ON）/ 關（OFF）環形 LED 燈。手指觸碰色盤 🎨 可以改變 LED 燈的發光顏色。調整 紅色 、 綠色 、 藍色 三色滑桿可以改變色彩飽和度，調整 亮度 滑桿可以改變 LED 燈亮度。按 ON 開啟 LED 燈，按 OFF 關閉 LED 燈。

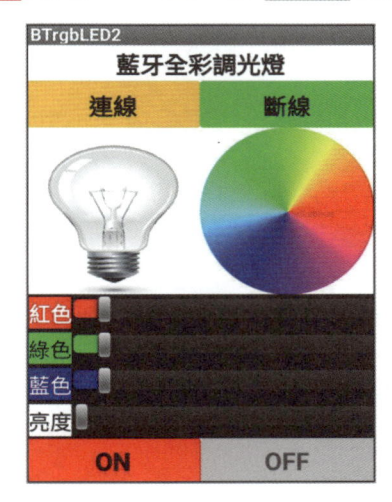

圖 7-37　手機 App 程式 BTrgpLED2.aia

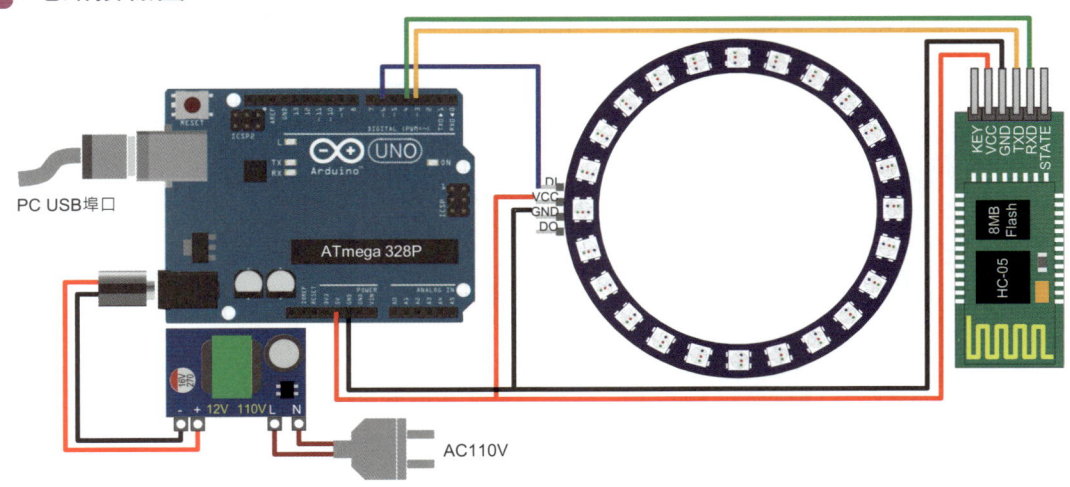

二 電路接線圖

圖 7-38　藍牙全彩調光燈電路接線圖

7-59

三 程式：ch7-12.ino

```cpp
#include <SoftwareSerial.h>                    //載入SoftwareSerial函式庫。
SoftwareSerial BTSerial(3,4);                  //設定D3為RX腳，D4為TX腳。
#include <Adafruit_NeoPixel.h>                 //載入Adafruit_NeoPixel函式庫。
#define PIN 6                                  //D6連接24位環形全彩LED燈DI腳。
#define NUMPIXELS 24                           //24位全彩LED燈。
byte red,green,blue;                           //紅、綠、藍三色的色彩飽和度。
int i;                                         //迴圈變數。
char code;                                     //藍牙的接收字元。
byte value=0;                                  //亮度值。
Adafruit_NeoPixel pixels =                     //建立全彩LED模組物件pixels。
    Adafruit_NeoPixel(NUMPIXELS,PIN,NEO_GRB + NEO_KHZ800);
//初值設定
void setup()
{
    BTSerial.begin(9600);                      //設定藍牙傳輸速率為9600bps。
    pixels.begin();                            //初始化24位全彩LED燈。
    pixels.setBrightness(value);               //設定24位全彩LED燈的亮度。
}
//主迴圈
void loop()
{
    if(BTSerial.available())                   //藍牙模組已接收到數據資料？
    {
        delay(50);                             //延遲50毫秒。
        code=BTSerial.read();                  //讀取接收到的數據資料？
        if(code=='0')                          //數據資料為字元'0'？
        {
            pixels.setBrightness(0);           //全彩LED燈亮度調至最暗。
            display(0,0,0);                    //不顯示。
        }
        else if(code=='1')                     //數據資料為字元'1'？
        {
            pixels.setBrightness(255);         //全彩LED燈亮度調至最亮。
            display(255,255,255);              //白光。
```

7-60

```
        }
        else if(code=='r')                      //控制碼為字元'r'？
            red=BTSerial.read();                //儲存紅光數值。
        else if(code=='g')                      //控制碼為'g'？
            green=BTSerial.read();              //儲存綠光數值。
        else if(code=='b')                      //控制碼為'b'？
            blue=BTSerial.read();               //儲存藍光數值。
        else if(code=='s')                      //控制碼為's'？
        {
            value=BTSerial.read();              //儲存亮度值。
            if(value<=20)                       //亮度值小於等於20？
                pixels.setBrightness(0);        //關閉LED燈。
            else
                pixels.setBrightness(value);    //設定LED燈的亮度。
        }
        display(red,green,blue);                //設定LED燈的飽和度。
    }
}
//全彩LED顏色設定函式
void display(byte R, byte G, byte B)
{
    for(i=0;i<NUMPIXELS;i++)                    //24位元。
    {
        pixels.setPixelColor(i,R,G,B);          //設定第i顆LED顏色。
        pixels.show();                          //顯示第i顆LED顏色。
    }
}
```

四　App 介面配置及說明：APP/ch7/BTrgbLED2.aia

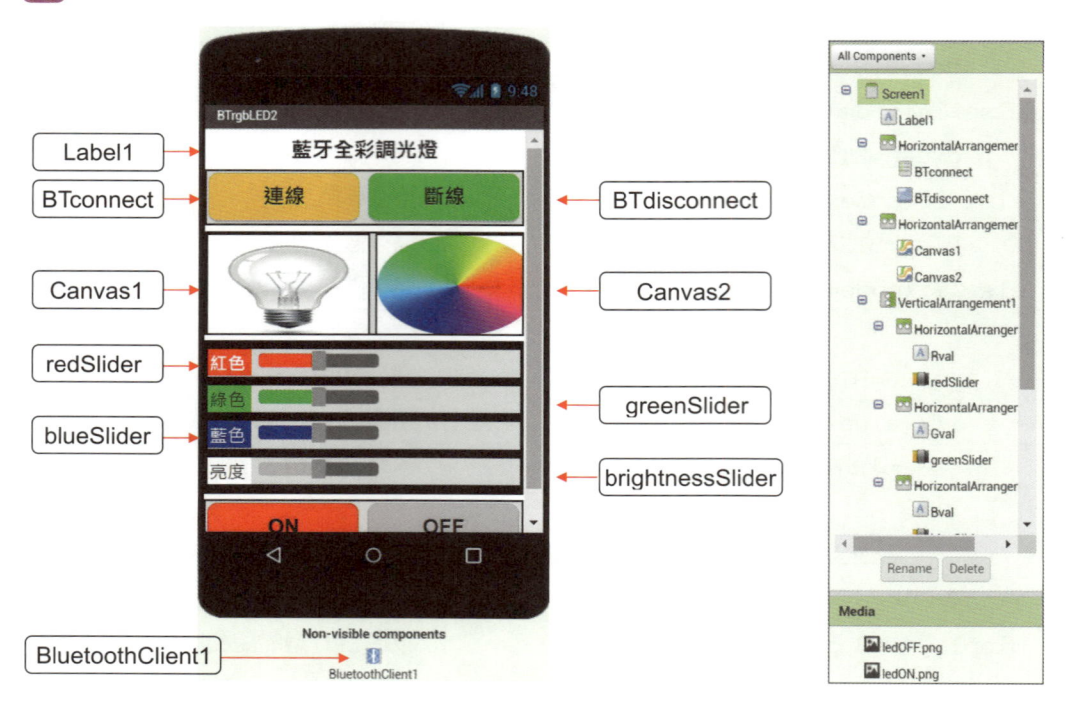

圖 7-39　App 程式 BTrgbLED2 介面配置

表 7-6　App 程式 BTrgbLED2 元件屬性說明

名稱	元件	主要屬性說明
Label1	Label	FontSize=24
BTconnect	ListPicker	Height=50pixels,Width=Fill parent
BTdisconnect	Button	Height=50pixels,Width=Fill parent
Canvas1	Canvas	Backgroundimage=ledOFF.png
Canvas2	Canvas	Backgroundimage=paint.jpg
redSlider	Slider	MinValue=10,MaxValue=255
greenSlider	Slider	MinValue=10,MaxValue=255
blueSlider	Slider	MinValue=10,MaxValue=255
brightnessSlider	Slider	MinValue=10,MaxValue=255

五　App 方塊功能說明：APP/ch7/BTrgbLED2.aia

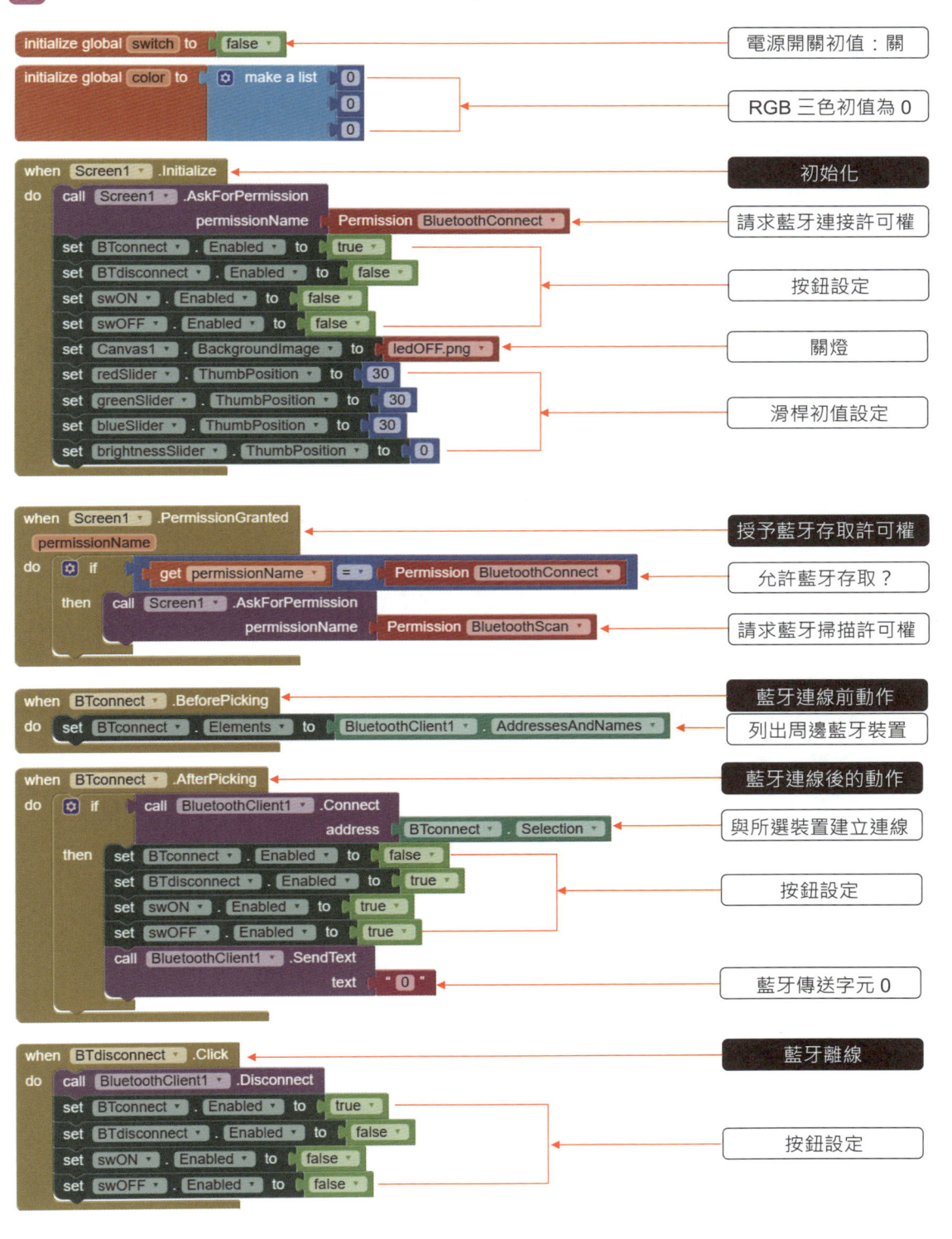

- 電源開關初值：關
- RGB 三色初值為 0
- 初始化
- 請求藍牙連接許可權
- 按鈕設定
- 關燈
- 滑桿初值設定
- 授予藍牙存取許可權
- 允許藍牙存取？
- 請求藍牙掃描許可權
- 藍牙連線前動作
- 列出周邊藍牙裝置
- 藍牙連線後的動作
- 與所選裝置建立連線
- 按鈕設定
- 藍牙傳送字元 0
- 藍牙離線
- 按鈕設定

7-63

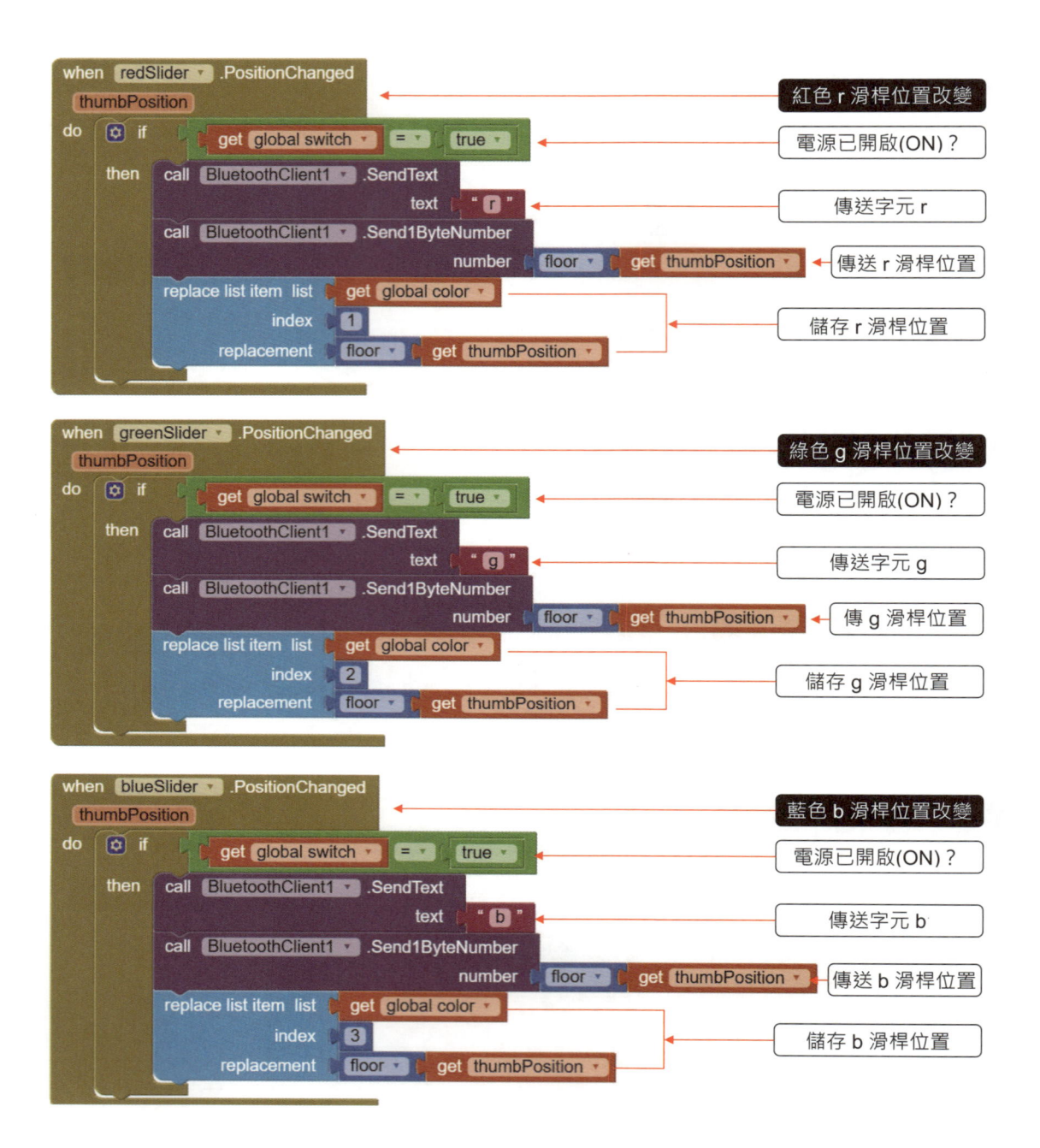

redSlider.PositionChanged

- when **redSlider**.PositionChanged (thumbPosition)
  - do if `get global switch = true` ← 紅色 r 滑桿位置改變 / 電源已開啟(ON)？
    - then call `BluetoothClient1.SendText` text `"r"` ← 傳送字元 r
    - call `BluetoothClient1.Send1ByteNumber` number `floor(get thumbPosition)` ← 傳送 r 滑桿位置
    - replace list item list `get global color` index `1` replacement `floor(get thumbPosition)` ← 儲存 r 滑桿位置

greenSlider.PositionChanged

- when **greenSlider**.PositionChanged (thumbPosition) ← 綠色 g 滑桿位置改變
  - do if `get global switch = true` ← 電源已開啟(ON)？
    - then call `BluetoothClient1.SendText` text `"g"` ← 傳送字元 g
    - call `BluetoothClient1.Send1ByteNumber` number `floor(get thumbPosition)` ← 傳送 g 滑桿位置
    - replace list item list `get global color` index `2` replacement `floor(get thumbPosition)` ← 儲存 g 滑桿位置

blueSlider.PositionChanged

- when **blueSlider**.PositionChanged (thumbPosition) ← 藍色 b 滑桿位置改變
  - do if `get global switch = true` ← 電源已開啟(ON)？
    - then call `BluetoothClient1.SendText` text `"b"` ← 傳送字元 b
    - call `BluetoothClient1.Send1ByteNumber` number `floor(get thumbPosition)` ← 傳送 b 滑桿位置
    - replace list item list `get global color` index `3` replacement `floor(get thumbPosition)` ← 儲存 b 滑桿位置

家庭智慧應用 7

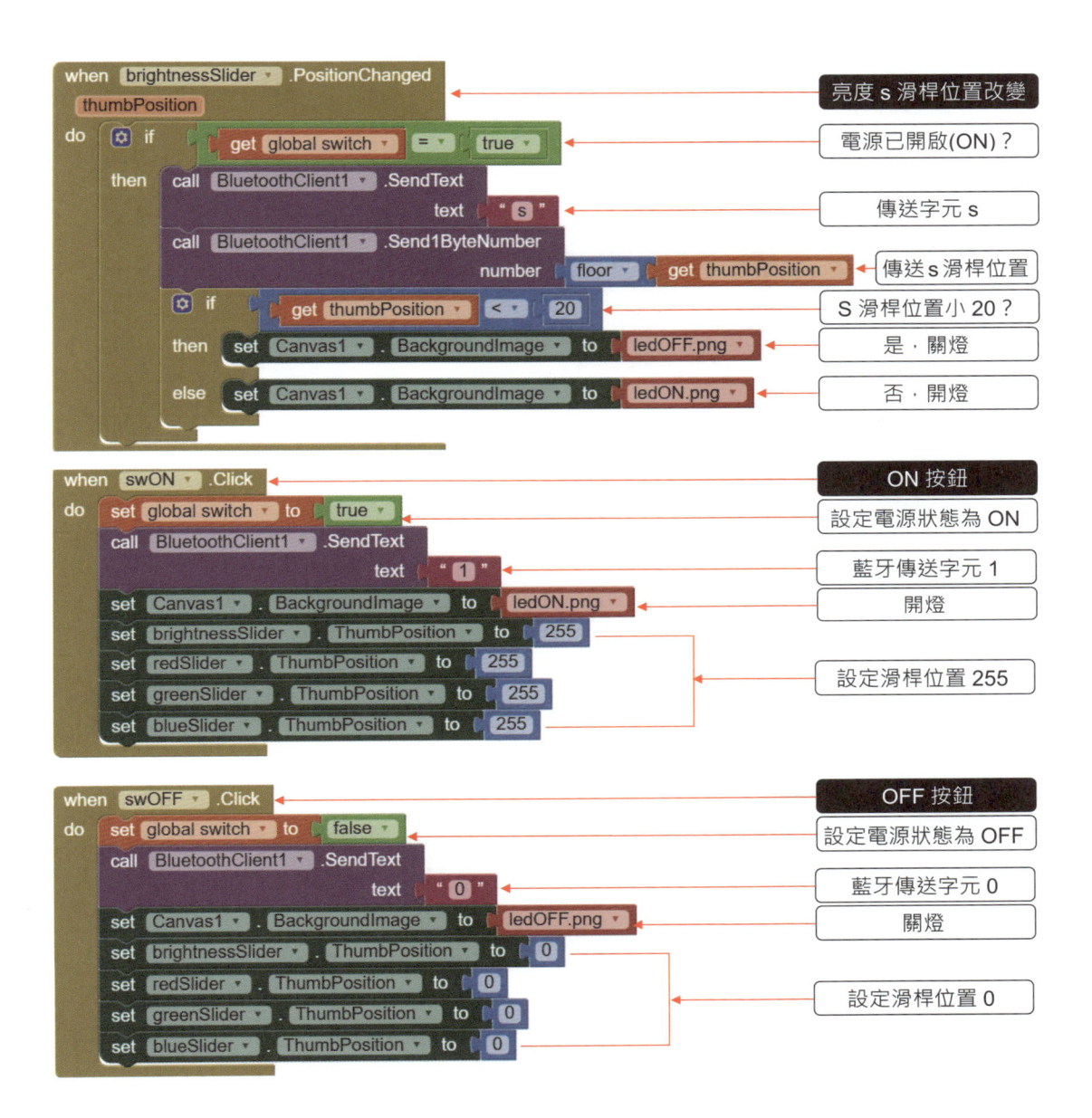

亮度 s 滑桿位置改變

```
when brightnessSlider.PositionChanged
    thumbPosition
do  if   get global switch = true        ← 電源已開啟(ON)？
    then call BluetoothClient1.SendText
              text "s"                   ← 傳送字元 s
         call BluetoothClient1.Send1ByteNumber
              number  floor  get thumbPosition   ← 傳送 s 滑桿位置
         if  get thumbPosition < 20      ← S 滑桿位置小 20？
         then set Canvas1.BackgroundImage to ledOFF.png   ← 是，關燈
         else set Canvas1.BackgroundImage to ledON.png    ← 否，開燈
```

ON 按鈕

```
when swON.Click
do  set global switch to true            ← 設定電源狀態為 ON
    call BluetoothClient1.SendText
         text "1"                        ← 藍牙傳送字元 1
    set Canvas1.BackgroundImage to ledON.png   ← 開燈
    set brightnessSlider.ThumbPosition to 255
    set redSlider.ThumbPosition to 255
    set greenSlider.ThumbPosition to 255   ← 設定滑桿位置 255
    set blueSlider.ThumbPosition to 255
```

OFF 按鈕

```
when swOFF.Click
do  set global switch to false           ← 設定電源狀態為 OFF
    call BluetoothClient1.SendText
         text "0"                        ← 藍牙傳送字元 0
    set Canvas1.BackgroundImage to ledOFF.png   ← 關燈
    set brightnessSlider.ThumbPosition to 0
    set redSlider.ThumbPosition to 0
    set greenSlider.ThumbPosition to 0     ← 設定滑桿位置 0
    set blueSlider.ThumbPosition to 0
```

7-65

燈泡圖觸控事件

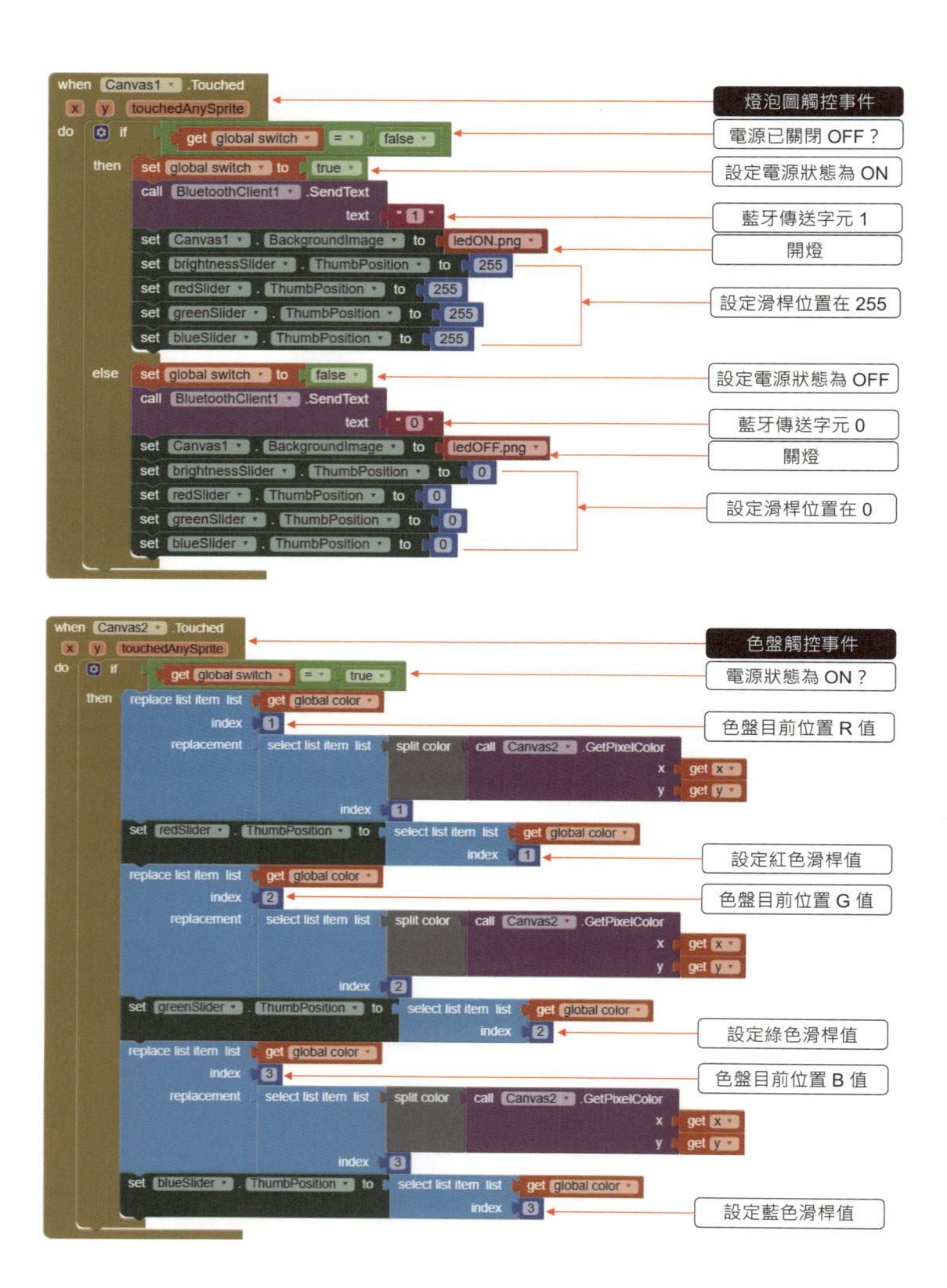

```
when Canvas1.Touched
  x  y  touchedAnySprite
do  if   get global switch = false       ← 電源已關閉 OFF？
    then set global switch to true       ← 設定電源狀態為 ON
         call BluetoothClient1.SendText
              text  " 1 "                ← 藍牙傳送字元 1
         set Canvas1.BackgroundImage to ledON.png   ← 開燈
         set brightnessSlider.ThumbPosition to 255
         set redSlider.ThumbPosition to 255
         set greenSlider.ThumbPosition to 255       ← 設定滑桿位置在 255
         set blueSlider.ThumbPosition to 255
    else set global switch to false      ← 設定電源狀態為 OFF
         call BluetoothClient1.SendText
              text  " 0 "                ← 藍牙傳送字元 0
         set Canvas1.BackgroundImage to ledOFF.png  ← 關燈
         set brightnessSlider.ThumbPosition to 0
         set redSlider.ThumbPosition to 0
         set greenSlider.ThumbPosition to 0         ← 設定滑桿位置在 0
         set blueSlider.ThumbPosition to 0
```

色盤觸控事件

```
when Canvas2.Touched
  x  y  touchedAnySprite
do  if   get global switch = true        ← 電源狀態為 ON？
    then replace list item  list  get global color
                            index 1                 ← 色盤目前位置 R 值
                            replacement  select list item  list  split color  call Canvas2.GetPixelColor
                                                                                x  get x
                                                                                y  get y
                                                     index 1
         set redSlider.ThumbPosition to select list item  list  get global color
                                                          index 1    ← 設定紅色滑桿值
         replace list item  list  get global color
                            index 2                 ← 色盤目前位置 G 值
                            replacement  select list item  list  split color  call Canvas2.GetPixelColor
                                                                                x  get x
                                                                                y  get y
                                                     index 2
         set greenSlider.ThumbPosition to select list item  list  get global color
                                                            index 2  ← 設定綠色滑桿值
         replace list item  list  get global color
                            index 3                 ← 色盤目前位置 B 值
                            replacement  select list item  list  split color  call Canvas2.GetPixelColor
                                                                                x  get x
                                                                                y  get y
                                                     index 3
         set blueSlider.ThumbPosition to select list item  list  get global color
                                                           index 3   ← 設定藍色滑桿值
```

7 家庭智慧應用

練習

1. 接續範例，設計藍牙全彩情境調光燈。使用如圖 7-40(a) 所示 App 程式 BTrgbLED3 介面配置，新增如圖 7-40(b) 所示「抒情（Lyric）」、「動感（Dance）」、「日出橙（Sunrise）」、「海洋藍（Marine）」及「青草綠（Grass）」等五種情境調光。「抒情」情境的燈光為藍、綠、青、紅、紫、黃、白等七種慢速旋律燈光變化，「動感」情境的燈光為藍、綠、青、紅、紫、黃、白等七種快速旋律燈光變化，「日出橙」模擬日出情境燈光，「海洋藍」模擬海洋情境燈光，「青草綠」模擬草原情境燈光（ch7-12-1.ino）。

序	顏色	紅色(r)	綠色(g)	藍色(b)
1	藍色	0	0	255
2	綠色	0	255	0
3	青色	0	255	255
4	紅色	255	0	0
5	紫色	255	0	255
6	黃色	255	255	0
7	白色	255	255	255
8	日出橙	255	97	0
9	海洋藍	25	25	112
10	青草綠	124	252	0

(a) App 程式 BTrgbLED3 介面配置　　(b) 顏色值

圖 7-40　藍牙全彩情境調光燈

▶ 動手做：ESP32 藍牙全彩調光燈

一 功能說明

如圖 7-42 所示 ESP32 藍牙全彩調光燈電路接線圖，開啟如圖 7-41 所示手機 App 程式 APP/ch7/ESP32_BTrgbLED2.aia。與藍牙模組建立連線連線後，使用手指觸碰球形燈 💡 可以開（ON）/關（OFF）LED 燈。觸碰色盤 🎨 可以改變 LED 燈的發光顏色。調整 紅色 、 綠色 、 藍色 三色滑桿可以改變色彩飽和度，調整 亮度 滑桿可改變 LED 燈亮度。按 ON 開啟 LED 燈，按 OFF 關閉 LED 燈。

圖 7-41　ESP32 藍牙全彩調光燈 App 程式 ESP32_BTrgbLED2.aia

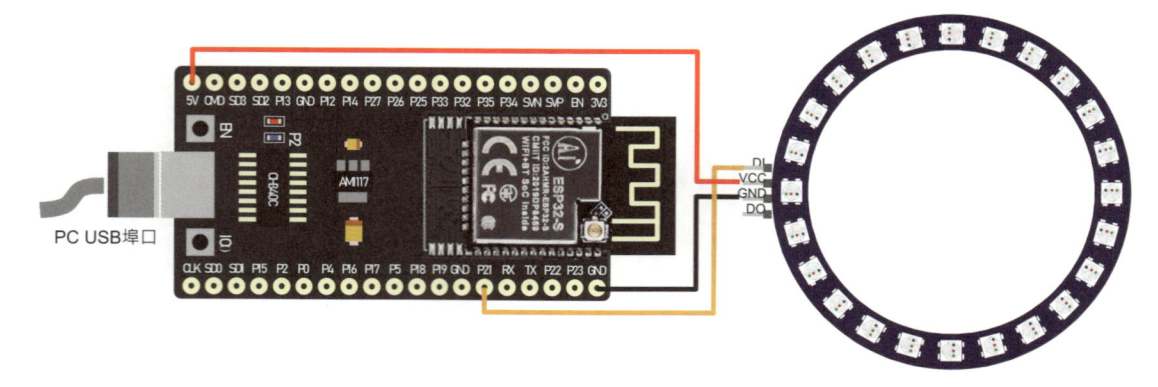

二 電路接線圖

圖 7-42　ESP32 藍牙全彩調光燈電路接線圖

三 程式：ch7-13.ino

```cpp
#include <BluetoothSerial.h>              //載入 BluetoothSerial 函式庫。
BluetoothSerial BTSerial;                 //建立 ESP32 藍牙物件。
#include <Adafruit_NeoPixel.h>            //載入 Adafruit_NeoPixel 函式庫。
#define PIN 21                            //GPIO21 連接全彩 LED 模組 IN 腳。
#define NUMPIXELS 24                      //24 位全彩 LED 模組。
Adafruit_NeoPixel pixels =                //建立全彩 LED 物件。
        Adafruit_NeoPixel(NUMPIXELS, PIN, NEO_GRB + NEO_KHZ800);
byte red,green,blue;                      //紅、綠、藍顏色值。
int i;                                    //迴圈變數。
char code;                                //藍牙接收字元。
byte value=0;                             //亮度。
//初值設定
void setup(){
    BTSerial.begin("ESP32_BT");           //設定 ESP32 藍牙名稱。
    pixels.begin();                       //全彩 LED 模組初始化。
    pixels.setBrightness(value);          //設定全彩 LED 亮度。
}
//主迴圈
void loop(){
    if(BTSerial.available())              //ESP32 藍牙接收到字元?
    {
        delay(50);                        //延遲 50ms。
        code=BTSerial.read();             //讀取接收字元。
        if(code=='0')                     //接收字元為 0?
        {
            pixels.setBrightness(0);      //設定最小亮度。
            display(0,0,0);               //不顯示。
        }
        else if(code=='1')                //接收字元為 1?
        {
            pixels.setBrightness(255);    //設定最大亮度。
            display(255,255,255);         //顯示白光。
        }
        else if(code=='r')                //接收字元為 r?
```

```
            red=BTSerial.read();           //讀取並儲存紅色值。
        else if(code=='g')                 //接收字元為 g？
            green=BTSerial.read();         //讀取並儲存綠色值。
        else if(code=='b')                 //接收字元為 b？
            blue=BTSerial.read();          //讀取並儲存藍色值。
        else if(code=='s')                 //接收字元為 s？
        {
            value=BTSerial.read();         //讀取並儲存亮度值。
            if(value<=20)                  //亮度值小於等於 20？
                pixels.setBrightness(0);   //設定最小亮度。
            else                           //亮度值大於 20？
                pixels.setBrightness(value); //依亮度值設定亮度。
        }
        display(red,green,blue);           //依紅、綠、藍顏色值顯示顏色。
    }
}
//全彩 LED 顯示函式
void display(byte R, byte G, byte B){
    for(i=0;i<NUMPIXELS;i++)               //24 位全彩 LED。
    {
        pixels.setPixelColor(i,R,G,B);     //設定單顆 LED 顏色值。
        pixels.show();                     //顯示所設定的顏色。
    }
}
```

練習

1. 接續範例，設計 ESP32 藍牙全彩情境調光燈。App 介面配置如圖 7-40(a) 所示 (ESP32_BTrgbLED3.aia)，新增「抒情（Lyric）」、「動感（Dance）」、「日出橙 （Sunrise）」、「海洋藍（Marine）」及「青草綠（Grass）」等五種情境調光。其中「抒情」情境的燈光為藍、綠、青、紅、紫、黃、白等七種慢速旋律燈光變化。「動感」情境的燈光為藍、綠、青、紅、紫、黃、白等七種快速旋律燈光變化。「日出橙」模擬日出情境燈光，「海洋藍」模擬海洋情境燈光，「青草綠」模擬草原情境燈光。各種調光情境的顏色值如圖 7-40(b) 所示。(ch7-13-1.ino)

CHAPTER

08

人工智慧應用

8-1　指紋辨識

8-2　手勢辨識

8-3　語音辨識

8-4　影像辨識

人工智慧（Artificial Intelligence，簡稱 AI）又稱為機器智慧，泛指能夠**模仿或複製人類認知、思考與決斷能力的機器或計算機**。進階人工智慧系統具有自我意識，可以理性思考、理性行動，以實現心智能力。

如圖 8-1 所示人工智慧架構，機器學習（Machine Learning，簡稱 ML）是人工智慧的子領域，可對輸入的資料進行特徵採集（神經網路），並且做出判斷。輸入的資料量愈大，獲得的特徵可能性就愈多，判斷結果就愈準確。深度學習（Deep Learning，簡稱 DL）是機器學習的子領域，與機器學習的主要差異是深度學習的特徵採集不需要人為進行，只需將資料輸入，訓練模型就可以自動進行採集，並得到正確的判斷結果。

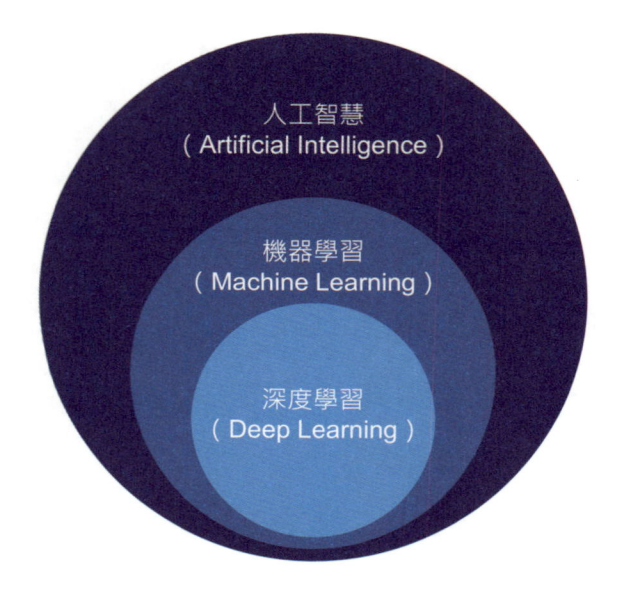

圖 8-1　人工智慧架構

人工智慧的具體應用實例，如健康監測、智慧家庭、智慧交通、工業自動化、智聯網設備、智慧醫療等。在健康監測方面，可實現睡眠監測、心率監測、血壓監測等。在智慧家庭應用方面，可實現自動照明、電力監控、手勢辨識、語音辨識及影像辨識等。在智慧交通方面，可實現車牌辨識、自動駕駛、道路交通流量監控等。在工業自動化方面，可實現物料追蹤、生產流程監控、品管監控等。在智聯網設備方面，可實現環境監測、能源監控、保安監控等。在智慧醫療方面，可實現數位決策管控、簡化行政流程、優化服務流程、提升營運效能等。

人工智慧應用　8

8-1 指紋辨識

指紋（fingerprint）辨識技術是一種生物辨識技術，可視為一種 **AI 觸覺技術**。指紋辨識系統包含指紋圖像取得、指紋特徵提取、指紋匹配比對及人員身分確認等。指紋辨識技術常應用於門禁系統、出勤系統、銀行支付、平板電腦、智慧手機、筆電等。指紋辨識包含**指紋登錄**及**指紋匹配**兩個過程。指紋匹配又可分為 1:1 指紋比對及 1:N 指紋搜索兩種方式，1:1 指紋比對是指輸入個人指紋與已登錄的所有指紋資料中某一**特定**「ID 號碼」指紋圖像比對。1:N 指紋搜索是指輸入個人指紋與已登錄的**所有**指紋資料比對。

8-1-1　AS608 指紋辨識模組

如圖 8-2 所示 AS608 指紋辨識模組，輸入電壓 3.3V，工作電流小於 60mA。AS608 模組指紋登錄時間小於 1 秒，解析度 500dpi，最多可以儲存 300 枚指紋（ID 號碼 0~299）。市售常用 AS608 模組可分為兩種，一種如圖 8-2(b) 所示藍色背光 AS608 模組，另一種如圖 8-2(c) 所示紅色背光 AS608 模組。經實測藍色背光 AS608 模組辨識較穩定。

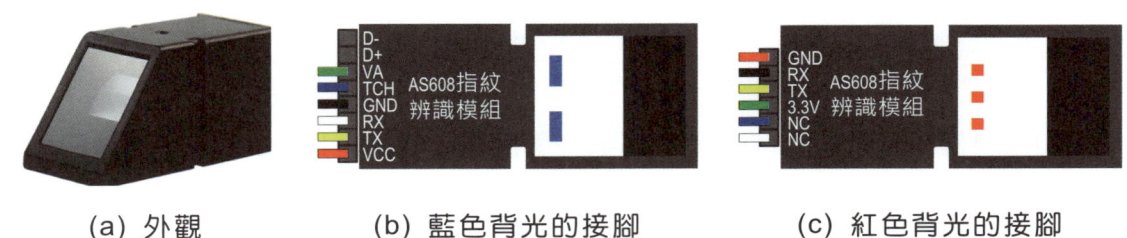

(a) 外觀　　　(b) 藍色背光的接腳　　　(c) 紅色背光的接腳

圖 8-2　AS608 指紋辨識模組

在使用 AS608 指紋辨識模組之前，必須先下載 **Adafruit_Fingerprint** 函式庫，下載方法如下說明。

STEP 1

1. 開啟 Arduino IDE，點選「草稿碼/匯入程式庫/管理程式庫」，開啟程式庫管理員視窗。

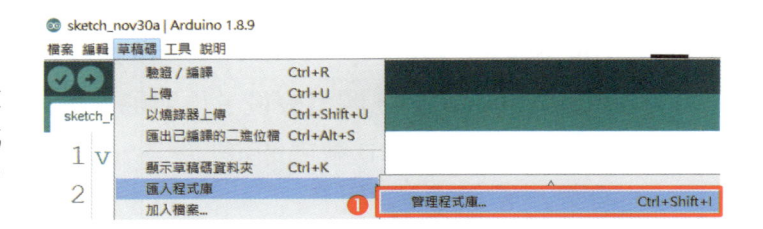

8-3

STEP 2

1. 在搜尋欄位中輸入「fingerprint」。
2. 點選並安裝「Adafruit Fingerprint Sersor Library」。

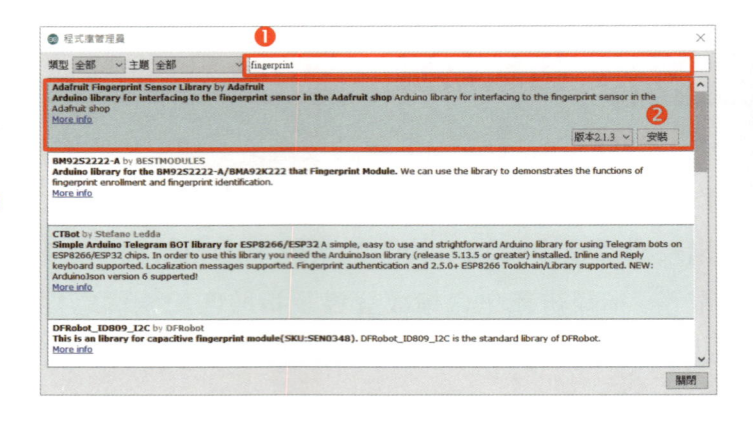

▶ 動手做：AS608 模組指紋登錄

一 功能說明

　　如圖 8-3 所示 AS608 模組指紋登錄電路接線圖，使用 Arduino Uno 開發板控制 AS608 指紋辨識模組，登錄個人指紋圖像。在 Arduino IDE 軟體中，點選「**檔案→範例→Adafruit Fingerprint Sensor Library→enroll**」，開啟指紋特徵圖像登錄程式 enroll.ino。上傳 enroll.ino 至 Arduino Uno 開發板後，再開啟「序列埠監控視窗」並且設定傳輸率為 9600bps。輸入要登錄的 ID 號碼（例如 1），依指示登錄兩次相同的指紋，建立指紋圖像特徵模型。

　　如果要確認是否成功建立指紋圖像特徵模型，則點選「**檔案→範例→Adafruit Fingerprint Sensor Library→fingerprint**」，開啟指紋特徵圖像辨識程式 fingerprint.ino。上傳 fingerprint.ino 至 Arduino Uno 開發板後，再開啟「序列埠監控視窗」並且設定傳輸率為 9600bps。手指輕觸 AS608 指紋辨識窗口，本例已登錄 ID 號碼 1 的指紋圖像，會出現「Found ID #1 with confidence of 96」，意思是找到 ID 號碼 1 的指紋，可信度 96，可信度的數字愈大愈好。

　　如果要刪除已登錄的指紋圖像特徵模型，則點選「**檔案→範例→Adafruit Fingerprint Sensor Library→delete**」，開啟指紋特徵圖像刪除程式 delete.ino。上傳 delete.ino 至 Arduino Uno 開發板後，再開啟「序列埠監控視窗」並且設定傳輸率為 9600bps，輸入要刪除的 ID 號碼即可。

二 電路接線圖

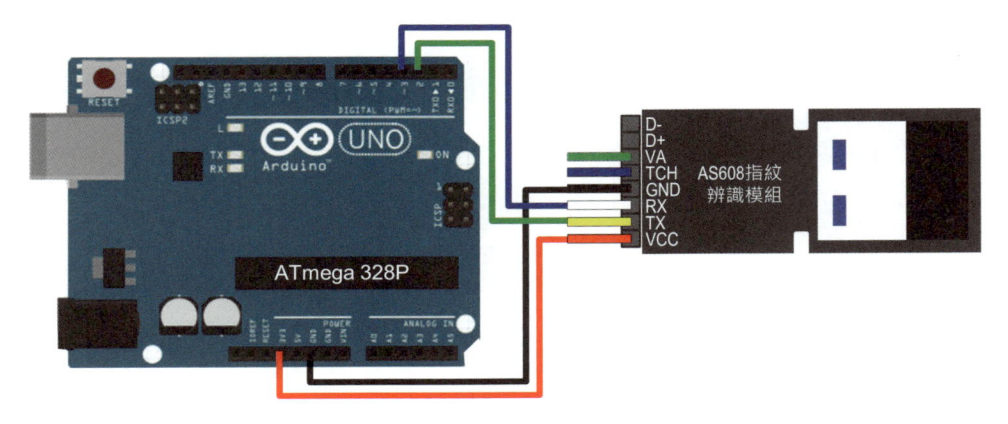

圖 8-3　AS608 模組指紋登錄電路接線圖

三 程式：enroll.ino

Arduino IDE/檔案/範例/Adafruit Fingerprint Sensor Library/enroll.ino。

四 指紋登錄（enroll.ino）：

STEP 1

1. 開啟「序列埠監控視窗」，開始初始化 AS608 指紋辨識模組。
2. 等待使用者輸入 ID 號碼 1~127。此例輸入 ID 號碼 1。
3. 將手指輕觸於 AS608 模組的指紋辨識窗口，開始取樣。

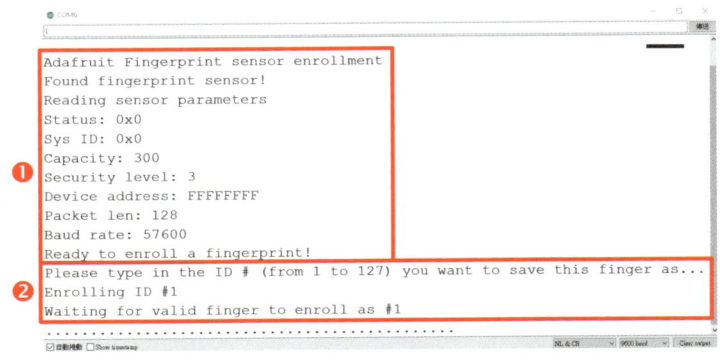

STEP 2

1. 生成第一次指紋圖像特徵後，依指示移開手指。
2. 依指示 Place same finger again，使用相同手指再次輕觸指紋辨識窗口，生成第二次指紋圖像特徵。
3. 兩次指紋圖像特徵相同，表示指紋特徵模型建立成功。

五 指紋辨識（fingerprint.ino）

STEP 1

1. 點選開啟「檔案 → 範例 →Adafruit Fingerprint Sensor Library→fingerprint.ino」
2. 上傳程式碼至 Arduino Uno 開發板。

STEP 2

1. 手指未輕觸時顯示 No finger detected。
2. 使用已登錄指紋輕觸 AS608 模組，辨識成功會顯示 ID#1 及可信度。
3. 使用未登錄指紋輕觸 AS608 模組，會顯示 Did not find a match，表示指紋錯誤。

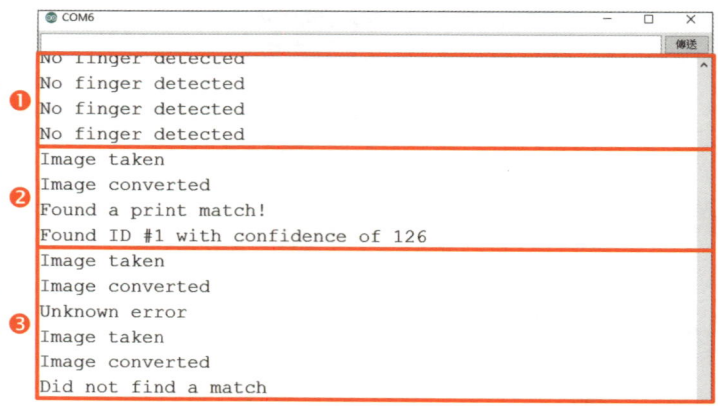

六 指紋刪除（delete.ino）：

STEP 1

1. 點選開啟「檔案 → 範例 →Adafruit Fingerprint Sensor Library→delete.ino」。
2. 上傳程式碼至 Arduino Uno 開發板。

STEP 2

1. 開啟「序列埠監控視窗」。
2. 輸入要刪除的指紋 ID 號碼 2。
3. ID #2 指紋圖像特徵模型刪除成功。

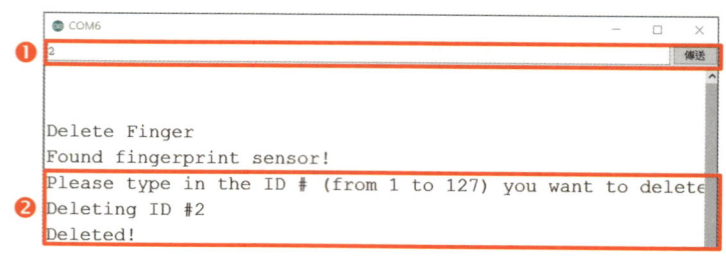

8 人工智慧應用

▶ 動手做：指紋門鎖

一 功能說明

如圖 8-4 所示指紋門鎖電路接線圖，使用 Arduino Uno 開發板配合 AS608 指紋辨識模組，控制電子門鎖開關。輸入指紋正確則長嗶一聲、點亮綠色 LED 燈並且開啟電子門鎖，2 秒後自動熄滅綠色 LED 燈並且關閉電子門鎖。如果是使用未登錄的指紋，蜂鳴器會短嗶兩聲、熄滅綠色 LED 燈並且關閉電子門鎖。

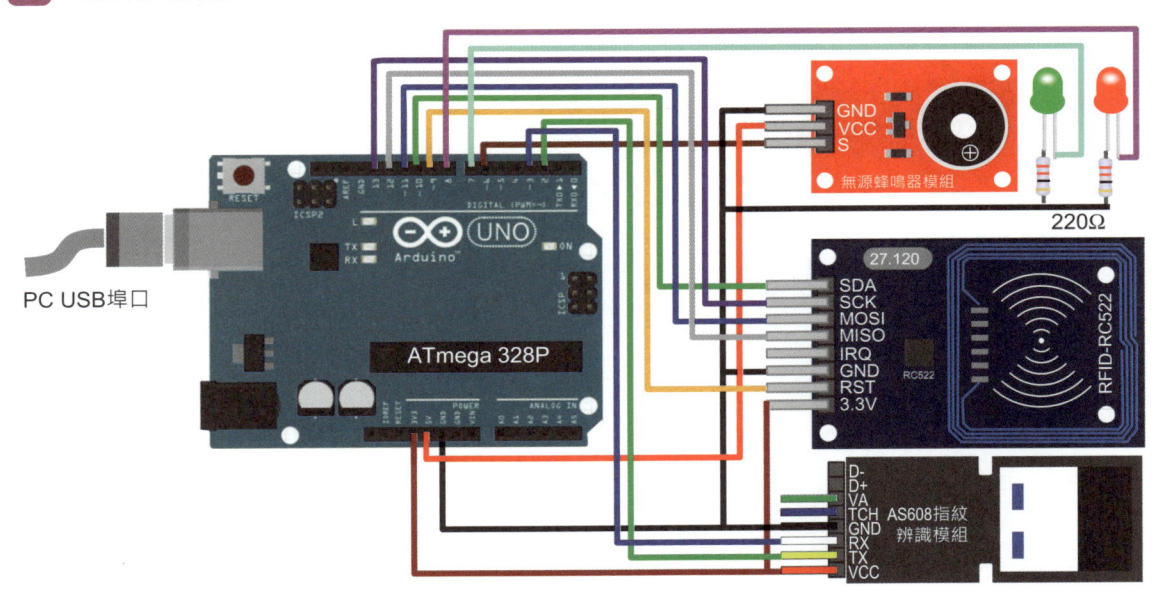

二 電路接線圖

圖 8-4　指紋門鎖電路接線圖

三 程式：ch8-1.ino

```
#include <Adafruit_Fingerprint.h>              //載入Adafruit_Fingerprint函式庫。
SoftwareSerial mySerial(2,3);                  //設定D2為RX，D3為TX。
Adafruit_Fingerprint finger = Adafruit_Fingerprint(&mySerial);//建立物件。
const int sp=6;                                //D6連接蜂鳴器輸出。
const int led=7;                               //D7連接綠色LED。
int i;                                         //迴圈變數。
bool lock=true;                                //電子門鎖開關：true上鎖，false解鎖。
unsigned long timeout=0;                       //門鎖開啟時間計時器。
```

```cpp
//初值設定
void setup()
{
    pinMode(led,OUTPUT);                                    //設定D7為輸出埠。
    digitalWrite(led,LOW);                                  //熄滅LED燈。
    Serial.begin(9600);                                     //設定序列埠傳輸率9600bps。
    while(!Serial);                                         //序列埠接收到資料?
    delay(100);                                             //延遲100ms。
    Serial.println("\n\nAdafruit finger detect test");
    finger.begin(57600);                                    //設定指紋模組傳輸率。
    delay(5);                                               //延遲5ms。
    if (finger.verifyPassword()) {                          //指紋模組已接妥?
        Serial.println("Found fingerprint sensor!");        //顯示訊息。
    }
    else {                                                  //指紋模組未接妥。
        Serial.println("Did not find fingerprint sensor");
        while(1) { delay(1); }
    }
    finger.getTemplateCount();                              //取得已登錄指紋總數。
    if (finger.templateCount == 0) {                        //未登錄任何指紋?
        Serial.print("Please run the 'enroll' example.");   //請登錄指紋。
    }
    else                                                    //已登錄指紋。
    {
        Serial.print("Sensor contains ");                   //顯示訊息。
        Serial.print(finger.templateCount);                 //顯示訊息:已登錄指紋總數。
        Serial.println(" templates");                       //顯示訊息。
    }
}
//主迴圈
void loop()
{
    uint8_t pp = getFingerprintID();                        //取得指紋ID號碼。
    if(pp == FINGERPRINT_OK)                                //指紋辨識成功?
    {
```

```
        digitalWrite(led,HIGH);              //點亮 LED 燈、開啟電子門鎖。
        tone(sp,1000);                       //蜂鳴器長嗶一聲(1kHz)。
        delay(1000);                         //1 秒。
        noTone(sp);                          //關閉蜂鳴器。
        lock=false;                          //解鎖。
        timeout=millis();                    //開始計時解鎖時間。
    }
                                             //指紋錯誤?
    else if(pp == FINGERPRINT_FEATUREFAIL || pp == FINGERPRINT_NOTFOUND)
    {                                        //未登錄的指紋。
        for(i=0;i<2;i++)                     //短嗶兩聲。
        {
            tone(sp,500);                    //500Hz。
            delay(200);                      //延遲 0.2 秒。
            noTone(sp);                      //關閉蜂鳴器。
        }
        lock=true;                           //上鎖。
        digitalWrite(led,LOW);               //熄滅綠色 LED 燈、上鎖電子門鎖。
    }
    delay(50);                               //延遲 50ms。
    if(lock==false)                          //已解鎖?
    {
        if(millis()-timeout>=2000)           //門鎖已開啟 2 秒鐘?
        {
            lock=true;                       //上鎖。
            digitalWrite(led,LOW);           //熄滅綠色 LED 燈。
        }
    }
}
//指紋辨識函式
uint8_t getFingerprintID()
{
    uint8_t p = finger.getImage();           //讀取指紋圖像?
    switch(p)
    {
```

```
        case FINGERPRINT_OK:                           //偵測並取得指紋圖像。
            Serial.println("Image taken");             //顯示訊息：取得指紋圖像。
            break;                                     //離開 switch 迴圈。
        case FINGERPRINT_NOFINGER:                     //未檢測到指紋圖像?
            Serial.println("No finger detected");      //顯示訊息：未檢測到指紋圖像。
            return p;                                  //傳回錯誤代碼。
        case FINGERPRINT_IMAGEFAIL:                    //指紋圖像錯誤?
            Serial.println("Imaging error");           //顯示訊息：指紋圖像錯誤。
            return p;                                  //傳回錯誤代碼。
        default:                                       //預設值。
            Serial.println("Unknown error");           //未知的錯誤。
            return p;                                  //傳回錯誤代碼。
    }
    p = finger.image2Tz();                             //生成指紋圖像特徵。
    switch(p)
    {
        case FINGERPRINT_OK:                           //成功生成指紋圖像特徵。
            Serial.println("Image converted");         //顯示訊息：圖像特徵轉換完成。
            break;                                     //離開 switch 迴圈。
        case FINGERPRINT_FEATUREFAIL:                  //無法生成指紋圖像特徵。
            Serial.println("Could not find fingerprint features");
            return p;                                  //傳回錯誤代碼。
        case FINGERPRINT_INVALIDIMAGE:                 //無法生成指紋圖像特徵。
            Serial.println("Could not find fingerprint features");
            return p;                                  //傳回錯誤代碼。
        default:                                       //預設值。
            Serial.println("Unknown error");           //顯示訊息：未知錯誤。
            return p;                                  //傳回錯誤代碼。
    }
    p = finger.fingerSearch();                         //1:N 指紋搜尋。
    if (p == FINGERPRINT_OK) {                         //搜尋成功?
        Serial.println("Found a print match!");        //顯示訊息：找到符合指紋。
    }
    else if (p == FINGERPRINT_NOTFOUND) {              //沒有找到符合指紋?
        Serial.println("Did not find a match");        //顯示訊息：沒找到符合指紋。
```

```
        return p;                                    //傳回錯誤代碼。
    }
    else {                                           //指紋搜尋失敗。
        Serial.println("Unknown error");             //顯示訊息:未知錯誤。
        return p;                                    //傳回錯誤代碼。
    }
    Serial.print("Found ID #");                      //顯示訊息:發現 ID#。
    Serial.print(finger.fingerID);                   //顯示指紋 ID 號碼。
    Serial.print(" with confidence of ");            //顯示訊息:指紋可信度。
    Serial.println(finger.confidence);               //顯示已找到指紋的可信度。
    return p;                                        //傳回正確代碼。
}
```

練習

1. 接續範例，如圖 8-4 所示新增連接於 D8 的紅色 LED 燈，指紋正確則長嗶一聲、點亮綠色 LED 燈、熄滅紅色 LED，並且開啟門鎖。門鎖開啟 2 秒後，熄滅綠色 LED 燈、點亮紅色 LED 燈，並且自動關閉門鎖。指紋錯誤則短嗶兩聲、熄滅綠色 LED、點亮紅色 LED 燈，門鎖仍然保持上鎖狀態。

2. 接續範例，如圖 8-4 所示新增 RFID 卡開鎖功能。

8-2 手勢辨識

手勢（gesture）辨識一般是指辨識手部的運動，可視為一種 **AI 視覺技術**，透過大量的訓練資料，建立各種手勢的資料庫，再利用機器學習，訓練出 AI 手勢模型。常用的手勢辨識有**影像偵測**及**肌電圖**（Electromyography，簡稱 EMG）兩種。

影像偵測是利用相機捕捉使用者的手勢動作，鏡頭與手之間不能有遮蔽物或陽光、紅外線等環境光源干擾，否則會影響辨識的準確度。肌電圖是測量肌肉活動的一種技術，當肌肉收縮時，肌肉纖維會產生微弱的電訊號，經由 EMG 檢測並記錄電訊號，分析肌肉收縮的強度與模式，辨識使用者的手勢動作。手勢辨識技術常應用於智慧家庭、平板電腦、智慧手機、車用電子、體感遊戲、互動玩具及機器人等控制系統。

8-2-1　PAJ7620U2 手勢辨識模組

如圖 8-5 所示 PAJ7620U2 手勢辨識模組，使用原相手勢辨識晶片，由手勢辨識 PAJ7620U2 感測器、紅外線 LED 及光學鏡頭組合而成。內建環境光源濾波器，在低光源或黑暗的環境下工作，仍然能夠正確檢測手勢。PAJ7620U2 模組工作電壓 3.3V 或 5V，抗環境光線干擾最大為 100k Lux。內建穩壓器可將 5V 穩壓為 3.3V，再供電給 PAJ7620U2 晶片。

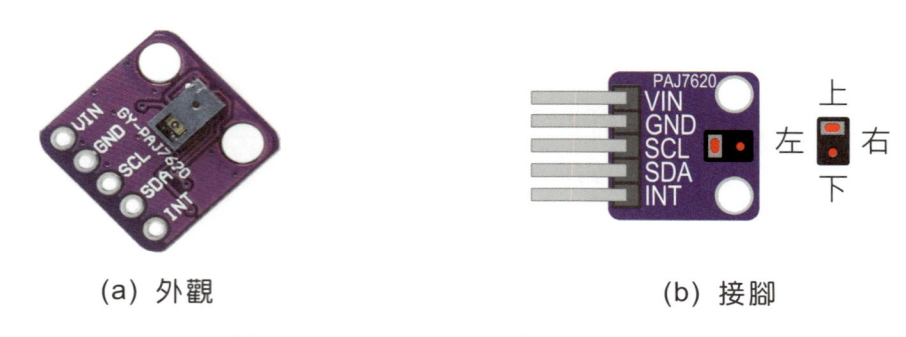

(a) 外觀　　　　　　　　　(b) 接腳

圖 8-5　PAJ7620U2 手勢辨識模組

PAJ7620U2 手勢辨識晶片可以辨識向上移動（move up）、向下移動（move down）、向左移動（move left）、向右移動（move right）、向前移動（move forward）、向後移動（move backward）、順時針轉圈（circle-clockwise）、逆時針轉圈（circle-counter clockwise）及揮手（wave）等九種手勢。這些手勢可以透過內置的 I2C 介面讀取，I2C 介面位址 0x73，傳輸率可達 400Kbps。

PAJ7620U2 手勢檢測距離 5~15 公分、檢測視角 60°。正常模式下，手勢更新速率 120Hz，手勢速度 60°/秒~600°/秒，工作電流 3~10mA，待機電流 15μA。遊戲模式下，手勢更新速率 240Hz，手勢速度 60°/秒~1200°/秒。另外，PAJ7620U2 內建近接（proximity）偵測功能，可以用來偵測物體接近或離開。

在使用 PAJ7620U2 手勢辨識模組之前，必須先下載 **Gesture** 函式庫，下載網址 https://github.com/Seeed-Studio/Grove_Gesture。下載完成後，開啟 Arduino IDE 並且點選「草稿碼→匯入程式庫→加入匯入.ZIP 程式」，將 Gesture 函式庫加入 Arduino IDE 的 libraries 函式庫資料夾中。

人工智慧應用

▶ 動手做：PAJ7620U2 手勢辨識電路

一 功能說明

如圖 8-6 所示 PAJ7620U2 手勢辨識電路接線圖，使用 Arduino Uno 開發板控制 PAJ7620U2 手勢辨識模組，辨識上移、下移、左移、右移、前移、後移、順時針轉圈、逆時針轉圈及揮手等九種手勢。手勢辨識結果顯示於「序列埠監控視窗」中。

順時針轉圈及逆時針轉圈的手勢，手指必須靠近 PAJ7620U2 模組轉動才能有效辨識。PAJ7620U2 對於揮手（Wave）的辨識靈敏度不是很高，可以改用兩個連續手勢「左移→右移」或「左移→右移」來取代揮手的辨識。請依據實際情況調整手勢辨識的反應時間。

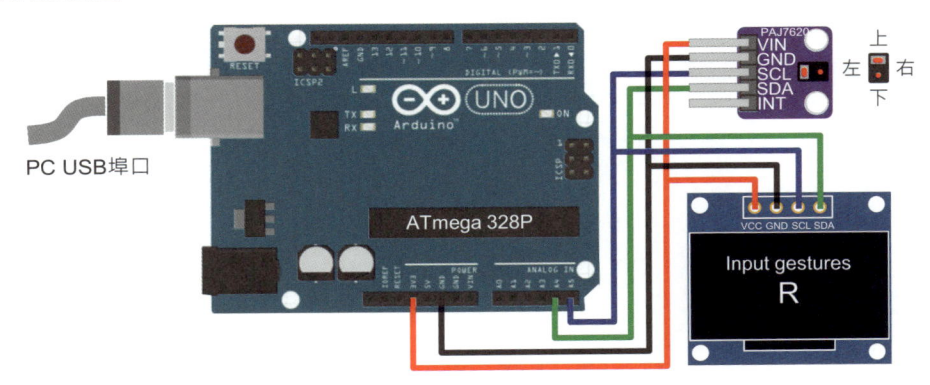

二 電路接線圖

圖 8-6　PAJ7620U2 手勢辨識電路接線圖

三 程式：ch8-2.ino

```
#include "Gesture.h"                //載入 Gesture 函式庫。
#define GES_REACTION_TIME 500       //手勢辨識的反應時間。
paj7620 Gesture;                    //建立 PAJ7620 模組物件。
//初值設定
void setup()
{
    Serial.begin(9600);             //設定序列埠傳輸率為 9600bps。
    while(!Serial)                  //序列埠已備妥?
    {
```

```cpp
        delay(100);                              //等待序列埠備妥。
    }
    if(Gesture.init())                           //PAJ7620 模組初始化成功?
    {
        Serial.println("PAJ7620U2 initialization success");//初始化成功。
    }
    else                                         //初始化失敗。
    {
        Serial.println("PAJ7620U2 initialization failed");
    }
    Serial.println("Please input your gestures:\n");  //顯示訊息：輸入手勢。
}
//主迴圈
void loop()
{
    paj7620_gesture_t result;                    //傳回的手勢代碼。
    if (Gesture.getResult(result))               //已有輸入手勢?
    {
        switch(result)
        {
            case UP:                             //向上移動的手勢?
                delay(GES_REACTION_TIME);        //等待手勢辨識的反應時間。
                Serial.println("Up");            //顯示訊息：上。
                break;                           //離開 switch 迴圈。
            case DOWN:                           //向下移動的手勢?
                delay(GES_REACTION_TIME);        //等待手勢辨識的反應時間。
                Serial.println("Down");          //顯示訊息：下。
                break;                           //離開 switch 迴圈。
            case LEFT:                           //向左移動的手勢?
                delay(GES_REACTION_TIME);        //等待手勢辨識的反應時間。
                Serial.println("Left");          //顯示訊息：左。
                break;                           //離開 switch 迴圈。
            case RIGHT:                          //向右移動的手勢?
                delay(GES_REACTION_TIME);        //等待手勢辨識的反應時間。
                Serial.println("Right");         //顯示訊息：右。
```

```
            break;                              //離開 switch 迴圈。
        case PUSH:                              //向前移動的手勢?
            delay(GES_REACTION_TIME);           //等待手勢辨識的反應時間。
            Serial.println("Forward");          //顯示訊息:前。
            break;                              //離開 switch 迴圈。
        case POLL:                              //向後移動的手勢?
            delay(GES_REACTION_TIME);           //等待手勢辨識的反應時間。
            Serial.println("Backward");         //顯示訊息:後。
            break;                              //離開 switch 迴圈。
        case CLOCKWISE:                         //順時針轉圈的手勢?
            Serial.println("Clockwise");        //顯示訊息:順時針。
            break;                              //離開 switch 迴圈。
        case ANTI_CLOCKWISE:                    //逆時針轉圈的手勢?
            Serial.println("anti-clockwise");   //顯示訊息:逆時針。
            break;                              //離開 switch 迴圈。
        case WAVE:                              //揮手的手勢?
            Serial.println("wave");             //顯示訊息:揮手。
            break;
        default:                                //預設值。
            break;                              //離開 switch 迴圈。
    }
  }
    delay(100);                                 //延遲 0.1 秒。
}
```

練習

1. 接續範例,使用「右移→左移」或「左移→右移」取代揮手的手勢辨識。

2. 接續範例,新增如圖 8-6 所示 OLED 顯示器顯示手勢。上移手勢顯示 U、下移手勢顯示 D、左移手勢顯示 L、右移手勢顯示 R、前移手勢顯示 F、後移手勢顯示 B、順時針轉動手勢顯示 C、逆時針轉動手勢顯示 A、揮手手勢顯示 W。

▶ 動手做：手勢調光燈

一 功能說明

如圖 8-7 所示手勢調光燈電路接線圖，使用 Arduino Uno 開發板配合 PAJ7620U2 手勢辨識模組，控制串列 16 位全彩 LED 模組。使用上移手勢開燈、下移手勢關燈，右移手勢依序改變顯示顏色為：紅→橙→黃→綠→藍→靛→紫→白，左移手勢依序改變顯示顏色為：白→紫→靛→藍→綠→黃→橙→紅。

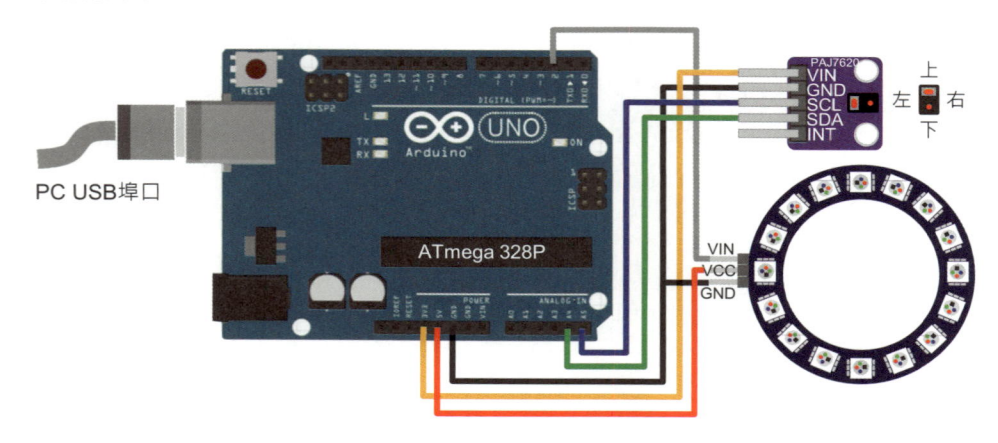

二 電路接線圖

圖 8-7　手勢辨識電路接線圖

三 程式：ch8-3.ino

```
#include <Adafruit_NeoPixel.h>           //載入 Adafruit_NeoPixel 函式庫。
#define PIN 2                            //D2 連接全彩 LED 模組的 VIN 腳。
#define NUMPIXELS 16                     //16 位全彩 LED 模組。
#include "Gesture.h"                     //載入 Gesture 函式庫。
#define GES_REACTION_TIME 500            //手勢辨識的反應時間。
paj7620 Gesture;                         //建立 PAJ7620 模組物件。
int pos=0;                               //顏色索引值。
char lamp[9]="KROYGBIVW";                //黑紅橙黃綠藍靛紫白。
int rgb[9][3]={  {0,0,0},{255,0,0},{255,127,0},         //黑、紅、橙。
                 {255,255,0},{0,255,0},{0,0,255},       //黃、綠、藍。
                 {75,0,130},{143,0,255},{255,255,255}}; //靛、紫、白。
```

```
Adafruit_NeoPixel pixels = \
Adafruit_NeoPixel(NUMPIXELS, PIN, NEO_GRB + NEO_KHZ800);   //建立LED模組物件
//初值設定
void setup()
{
    Serial.begin(9600);                    //設定序列埠傳輸率為9600bps。
    pixels.begin();                        //全彩LED模組初始化。
    disp('K',0);                           //關閉LED模組。
    while(!Serial) {                       //序列埠已備妥?
        delay(100);                        //等待序列埠連線。
    }
    if(Gesture.init()) {                   //PAJ7620模組初始化成功?
        Serial.println("PAJ7620U2 initialization success");
    }
    else {                                 //PAJ7620模組初始化失敗。
        Serial.println("PAJ7620U2 initialization failed");
    }
    Serial.println("Please input your gestures:\n");//等待輸入手勢。
}
//主迴圈
void loop()
{
    paj7620_gesture_t result;              //PAJ7620模組傳回的手勢代碼。
    if(Gesture.getResult(result))          //檢測到手勢動作?
    {
        switch(result)
        {
            case UP:                       //上移手勢?
                delay(GES_REACTION_TIME);  //等待手勢辨識的反應時間。
                Serial.println("Up");      //顯示訊息:上。
                disp('W',255);             //開啟全彩LED模組:全亮白光。
                break;                     //離開switch迴圈。
            case DOWN:                     //下移手勢?
                delay(GES_REACTION_TIME);  //等待手勢辨識的反應時間。
                Serial.println("Down");    //顯示訊息:下。
```

```
                disp('K',0);                    //關閉全彩LED模組。
                break;                          //離開switch迴圈。
            case LEFT:                          //左移手勢?
                delay(GES_REACTION_TIME);       //等待手勢辨識的反應時間。
                Serial.println("Left");         //顯示訊息:左。
                pos--;                          //顏色索引值減1。
                if(pos<1)                       //小於1?
                    pos=8;                      //重設為8。
                disp(lamp[pos],255);            //設定全彩LED模組的顏色。
                break;                          //離開switch迴圈。
            case RIGHT:                         //右移手勢?
                delay(GES_REACTION_TIME);       //等待手勢辨識的反應時間。
                Serial.println("Right");        //顯示訊息:右。
                pos++;                          //顏色索引值加1。
                if(pos>8)                       //大於8?
                    pos=1;                      //重設為1
                disp(lamp[pos],255);            //設定全彩LED模組的顏色。
                break;                          //離開switch迴圈。
            default:                            //預設值。
                break;                          //離開switch迴圈。
        }
    }
    delay(100);                                 //延遲0.1秒。
}
//全彩LED模組顯示函式
void disp(char color,int brightness){
    int i,j=0;                                  //迴圈變數。
    pixels.setBrightness(brightness);           //設定全彩LED模組的亮度。
    for(i=0;i<9;i++)
    {
        if(color==lamp[i])                      //取得顏色索引值。
            j=i;                                //儲存顏色索引值。
    }
    for(i=0;i<NUMPIXELS;i++)                    //16個LED。
        pixels.setPixelColor(i,rgb[j][0],rgb[j][1],rgb[j][2]);//設定顏色。
```

```
        pixels.show();                          //更新顯示。
        delay(50);                              //延遲50ms。
}
```

練習

1. 接續範例,新增兩種手勢控制功能,順時針轉動手勢可增加 LED 模組的亮度,逆時針轉動手勢可減少 LED 模組的亮度。

8-3 語音辨識

語音(speech)辨識,可視為一種 **AI 聽覺技術**,透過大量的訓練資料,建立各種語音資料庫,再利用機器學習,訓練出 AI 語音模型。AI 語音模型可以將所檢測的語音轉成文字訊息或命令,用來控制智慧裝置。語音辨識技術常應用在智能玩具、語音導航、語音撥號、智慧家電等。

8-3-1 LD3320 語音辨識模組

如圖 8-8 所示 LD3320 語音辨識模組,使用 ICRoute 公司設計生產的 LD3320 晶片,工作電壓 3.3V,省電模式工作電流 1μA。LD3320 晶片整合語音辨識處理器、16 位元 A/D 及 D/A 轉換器、20mW 立體聲麥克風輸入及 550mW 單音功率放大器輸出。不需外接 Flash 及 RAM 記憶體,就可以實現語音辨識、聲控及人機對話功能。另外,LD3320 晶片支援 MP3 播放功能,但是辨識功能與播放功能不能同時進行。

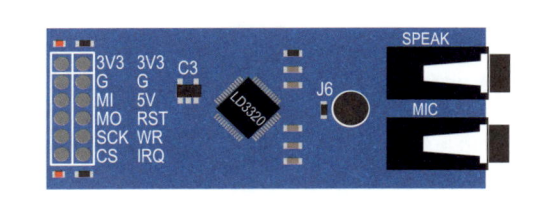

(a)外觀　　　　　　　　　　　　(b) 接腳

圖 8-8　LD3320 語音辨識模組

LD3320 晶片使用非特定人語音辨識技術（Speaker-Independent Automatic Speech Recognition，簡稱 SI-ASR），使用者**不需事先進行錄音訓練**，辨識準確率可達 95%。LD3320 晶片使用辨識詞來辨識語音，最多可以設定 50 個自由編輯的辨識詞，每個辨識詞長度不超過 10 個漢字或是 79 個字元。辨識詞使用如表 8-1 所示漢語拼音表，例如「開燈」注音為ㄎㄞ、ㄉㄥ，查表可得漢語拼音為「kai deng」，同理「關燈」注音為ㄍㄨㄢ、ㄉㄥ，查表可得漢語拼音為「guan deng」。也可以上官網 https://crptransfer.moe.gov.tw/，直接輸入中文字轉換漢語拼音。

表 8-1　漢語拼音表

注音符號	漢語拼音	注音符號	漢語拼音	注音符號	漢語拼音	注音符號	漢語拼音
ㄅ	b	ㄆ	p	ㄇ	m	ㄈ	f
ㄉ	d	ㄊ	t	ㄋ	n	ㄌ	l
ㄍ	g	ㄎ	k	ㄏ	h	ㄐ	j
ㄑ	q	ㄒ	x	ㄓ	zh,zhi	ㄔ	ch,chi
ㄕ	sh,shi	ㄖ	r,ri	ㄗ	z,zi	ㄘ	c,ci
ㄙ	s,si	ㄚ	a	ㄛ	o	ㄜ	e
ㄝ	ê	ㄞ	ai	ㄟ	ei	ㄠ	ao
ㄡ	ou	ㄢ	an	ㄣ	en	ㄤ	ang
ㄥ	eng	ㄦ	er	ㄧ	yi,i	ㄨ	wu,u
ㄩ	yu,u	ㄨㄥ	ong				

▶ 動手做：語音控制情境燈

■ 功能說明

如圖 8-9 所示 LD3320 語音控制情境燈電路接線圖，使用 Arduino Uno 開發板配合 LD3320 辨識模組，控制全彩 LED 模組開燈及關燈動作。當使用者對 LD3320 模組說出「開燈」時，LED 模組全亮（白光），當使用者對 LD3320 模組說出「關燈」時，LED 模組全暗（不亮）。

使用 Arduino IDE 開啟 ch8-6.ino 檔案時,會同時載入 **PinMap.h**、**ld3320.cpp** 及 **ld3320.h** 三個檔案,此三個檔案是由 William Greiman 開發設計。PinMap.h 定義 Arduino 開發板的 I2C、SPI 及數位腳的腳位。ld3320.cpp 及 ld3320.h 是 LD3320 函式庫,主要功用是 LD3320 模組初始化,語音輸入、辨識及輸出結果。因為是使用漢語拼音建立的辨識詞,所以使用者發音的正確性會影響 LD3320 模組辨識的正確性。

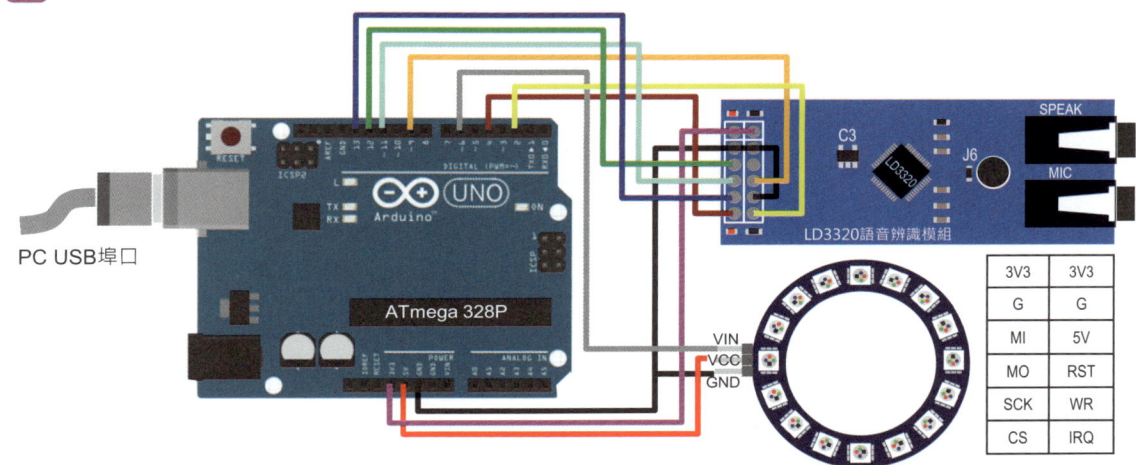

二 電路接線圖

圖 8-9　LD3320 語音控制情境燈電路接線圖

三 程式:ch8-4.ino

```
#include <Adafruit_NeoPixel.h>           //載入 Adafruit_NeoPixel 函式庫。
#include "ld3320.h"                      //載入 ld3320 函式庫。
#define PIN 6                            //D6 連接全彩 LED 模組輸入腳 VIN。
#define NUMPIXELS 16                     //16 位全彩 LED 模組。
#define n 2                              //顏色索引值。
VoiceRecognition Voice;                  //建立 LD3320 物件。
Adafruit_NeoPixel pixels = \
Adafruit_NeoPixel(NUMPIXELS, PIN, NEO_GRB + NEO_KHZ800);   //建立全彩 LED 物件。
char lamp[n]="KW";                       //黑(black)、白(white)兩種顏色。
int rgb[n][3]={{0,0,0},{255,255,255}};   //黑、白顏色值。
//初值設定
void setup()
{
```

8-21

```
    pixels.begin();                              //LED 模組初始化。
    Voice.init();                                //LD3320 模組初始化。
    Voice.addCommand("kai deng",0);              //建立 ID=0 的語音辨識詞:開燈。
    Voice.addCommand("guan deng",1);             //建立 ID=1 的語音辨識詞:關燈。
    Voice.start();                               //啟動 LD3320 語音辨識功能。
}
//主迴圈
void loop()
{
    switch(Voice.read())                         //讀取語音辨識結果(傳回 ID 代碼)。
    {
        case 0:                                  //ID=0?
            disp('W',255);                       //開燈。
            break;                               //結束 switch 迴圈。
        case 1:                                  //ID=1?
            disp('B',0);                         //關燈。
            break;                               //結束 switch 迴圈。
        default:                                 //ID 非 0 或 1,執行預設動作。
            break;                               //結束 switch 迴圈。
    }
}
//全彩 LED 模組顯示函式
void disp(char color,int brightness){
    int i,j=0;                                   //迴圈變數。
    pixels.setBrightness(brightness);            //設定全彩 LED 模組的亮度。
    for(i=0;i<n;i++)                             //選擇設定的顏色。
    {
        if(color==lamp[i])                       //已找到所設定的顏色?
            j=i;                                 //儲存顏色設定索引值。
    }
    for(i=0;i<NUMPIXELS;i++)                     //16 位。
        pixels.setPixelColor(i,rgb[j][0],rgb[j][1],rgb[j][2]);//設定顏色。
    pixels.show();                               //更新顯示。
    delay(50);                                   //延遲 50ms。
}
```

人工智慧應用 **8**

練習

1. 接續範例，新增「小燈」及「大燈」語音辨識詞，控制 LED 模組的亮度。「小燈」的 ID=2，設定 LED 模組 25% 亮度，「大燈」的 ID=3，設定 LED 模組 100% 亮度。
2. 接續範例，新增「紅燈」、「綠燈」、「藍燈」及「白燈」四種語音辨識詞，控制 LED 模組的顏色。紅燈的 ID=4，設定模組亮紅光燈，綠燈的 ID=5，設定模組亮綠光燈，藍燈的 ID=6，設定模組亮藍光燈，白燈的 ID=7，設定模組亮白光燈。

8-4　影像辨識

　　影像（image）辨識，可視為一種 **AI 視覺技術**，是機器用來自動辨識影像並且準確有效描述影像的技術。透過大量的訓練資料，建立各種影像資料庫，再利用機器學習，訓練出 AI 影像模型。影像辨識技術常應用於車牌辨識、門禁管理、智慧解鎖、智慧家庭、智慧交通、庫存管理等。

8-4-1　AMB82-MINI 影像辨識模組

　　如圖 8-10 所示 Ameba 系列物聯網開發板 AMB82-MINI 影像辨識模組，由瑞昱（Realtek）公司開發設計，系統核心晶片（System on a Chip，簡稱 SoC）型號 RTL8735B，工作頻率達 500MHz。RTL8735B 晶片內建 128MB DDR2 記憶體、高畫質（Full High Definition，簡稱 FHD）攝影鏡頭、音訊編解碼器、視訊處理器（Image Signal Processor，簡稱 ISP）、H.264 / H.265 編碼器及 Wi-Fi（支援 802.11a/b/g/n）、BLE 5.1 聯網功能。模組外部 16MB Flash 記憶體用來儲存程式碼及已註冊人臉影像。

圖 8-10　AMB82-MINI 影像辨識模組

　　如圖 8-11 所示 AMB82-MINI 模組的接腳配置，包含 22 支 GPIO 腳（全部支援外部中斷）、8 個 12 位元 ADC、8 個 PWM、三組 UART、兩組 SPI、兩組 I2C 等。

8-23

如圖 8-11(a) 所示模組正面配置，內建 micro SD 卡槽用來儲存 JPEG 圖檔，500 萬畫素、可視角 130 度的 FHD 鏡頭模組用來辨識影像，麥克風（Microphone，簡稱 MIC）用來辨識語音。模組內建一個 LED-B（藍，blue）連接於 GPIO23，一個 LED-G（綠，green）連接於 GPIO24，以及一個紅色電源（POWER）指示燈。

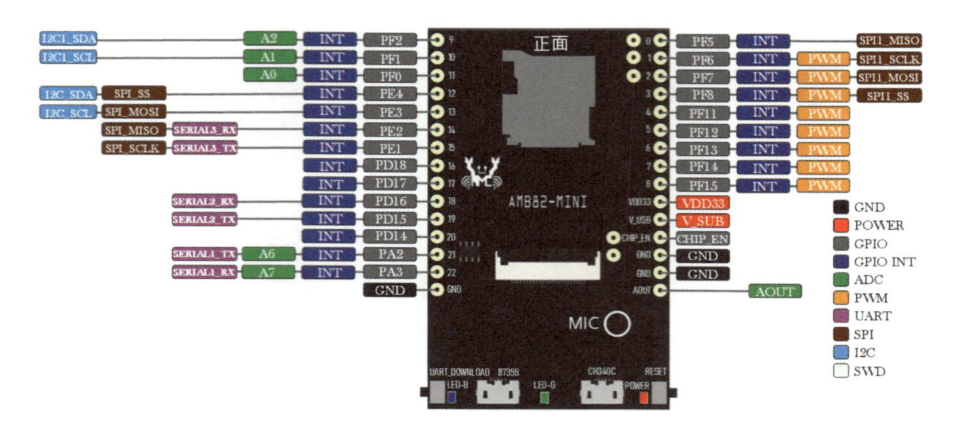

(a) 正面配置

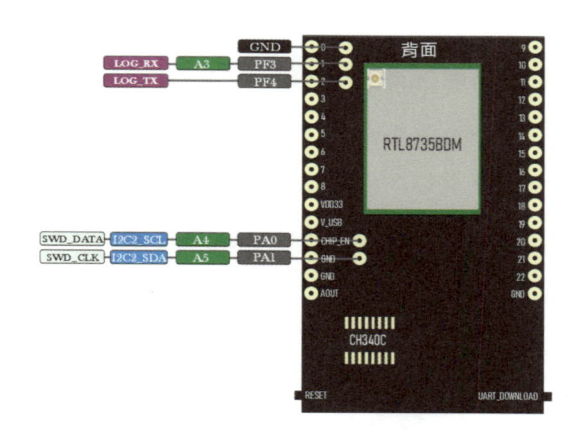

(b) 背面配置

圖 8-11　AMB82-MINI 模組的接腳配置

UART 按鍵的功用是下載（download）程式碼到 RTL8735B 晶片，RESET 按鍵的功用是系統重置。另外，有兩個 micro USB，一個連接 RTL8735B 晶片支援 OTG（On The Go）裝置連接，一個連接 CH340C 晶片進行轉換。如圖 8-11(b) 所示模組背面配置，包含一個 RTL8735B 晶片及一個 CH340C 晶片。相關 AMB82-MINI 文檔及範例請參考官網 https://www.amebaiot.com/zh/ameba-arduino-summary/。

人工智慧應用

　　AMB82-MINI 開發板具有**音頻編解碼器**、**視頻編解碼器**，以及內建 NPU 的**神經網路**（Neural Network，簡稱 NN）三大主要功能，並且支援 Windows、Linux、MacOS 三大作業系統。

8-4-2　安裝 AMB82-MINI 開發板環境

　　AMB82-MINI 官方 Arduino 範例，提供人臉檢測（Face Detection）、人臉識別（Face Recognition）、物件偵測（Object Detection）等神經網路模型範例。要在 Arduino IDE 環境中上傳程式碼到 AMB82-MINI 開發板，必須先安裝 Realtek Ameba 開發板環境，安裝步驟說明如下：

STEP 1

1. 將 AMB82-MINI 開發板連接到電腦，電腦會自動安裝 CH340C 驅動程式，如已在第 4 章安裝 ESP32 開發板，可略過。

2. 開啟 Arduino IDE 並點選【檔案/偏好設定】，開啟「偏好設定」視窗。在額外的開發板管理員網址中輸入下列 URL：
https://github.com/ambiot/ambpro2_arduino/raw/main/Arduino_package/package_realtek_amebapro2_index.json。

3. 按下 確定 鈕關閉視窗。

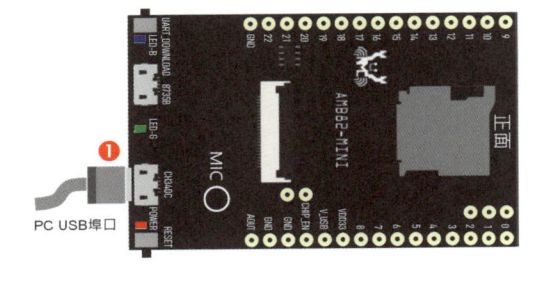

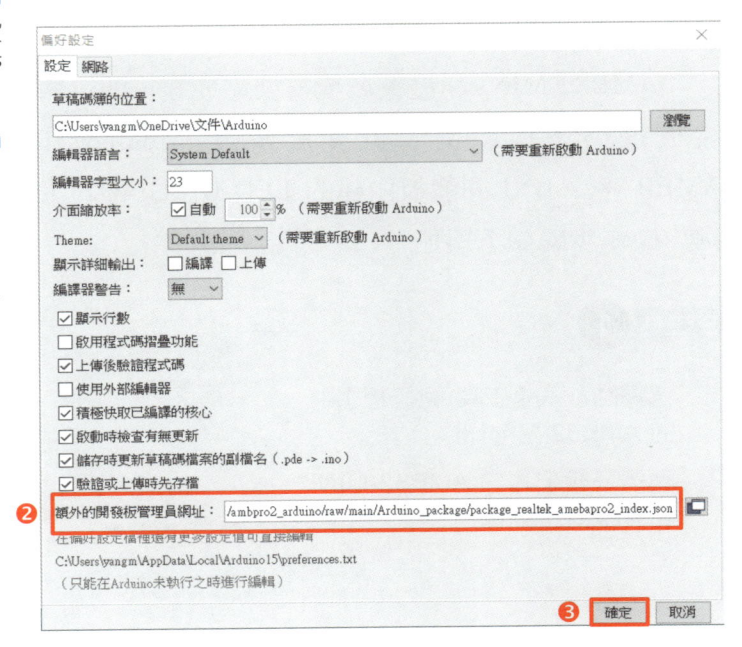

8-25

STEP 2

1. 點選【工具/開發板/開發板管理員】，開啟「開發板管理員」視窗。大約需要 10~20 秒來更新所有硬件文件。

2. 輸入 ameba，在列表中找到 Realtek Ameba Boards，點選 安裝 ，Arduino IDE 自動開始下載包含 AMB82-MINI 所需的文件。

3. 按下 關閉 鈕結束。

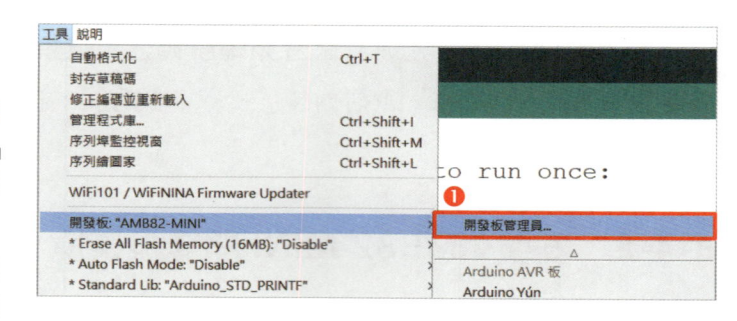

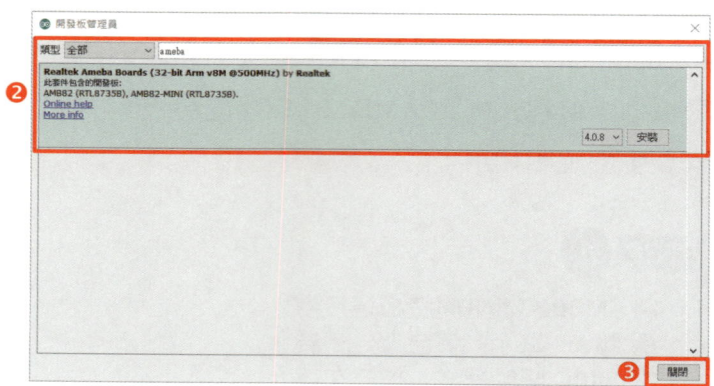

8-4-3 執行第一個 AMB82-MINI 應用程式

AMB82-MINI 開發板環境安裝完成後，即可開始編寫程式。AMEBA82-MINI 開發板提供多樣範例，也支援多數 Arduino IDE 的內建範例。我們以驅動 AMEBA82-MINI 開發板內建的 LED-B（GPIO23）持續閃爍（亮 1 秒、暗 1 秒）為例，操作步驟如下所述。

STEP 1

1. 選擇功能表【工具/開發板】中的 AMB82-MINI。

2. 點選系統配置給 AMB82-MINI 開發板的序列埠。

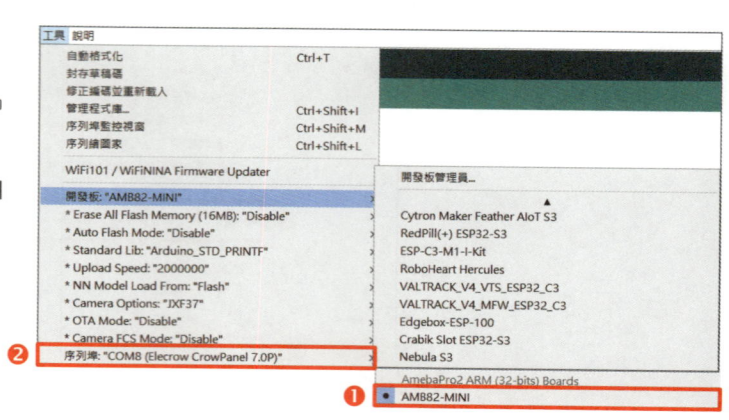

人工智慧應用 **8**

STEP 2

1. 點選【檔案/範例/01.Basics/Blink】，開啟 Arduino IDE 內建範例程式 Blink.ino。

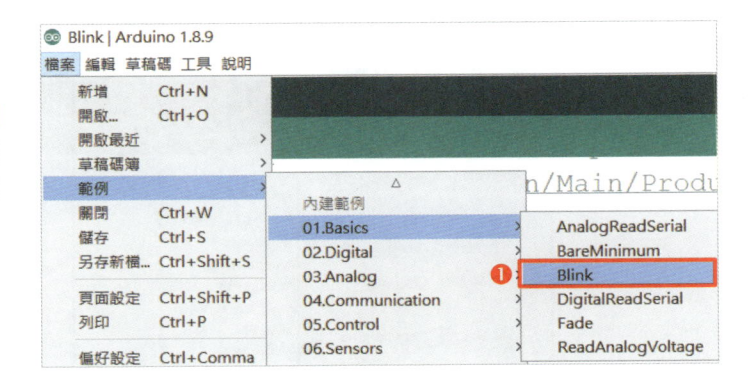

STEP 3

1. 將開發板連接到電腦。
2. 先按住 UART 鍵不放，然後按下並釋放 RESET 按鈕，最後釋放 UART 按鍵。進入此板的上傳模式。
3. AMB82-MINI 開發板定義 LED_BUILTIN 使用內建 LED-B（GPIO23）。
4. 按下 鈕，上傳程式碼到開發板中，Arduino IDE 顯示訊息「Enter Flash Mode!」。如果上傳成功，Arduino IDE 顯示訊息「upload success」。
5. 按下並釋放 RESET 鍵，進入此板的工作模式。如果成功，開發板 LED-B 會持續閃爍。

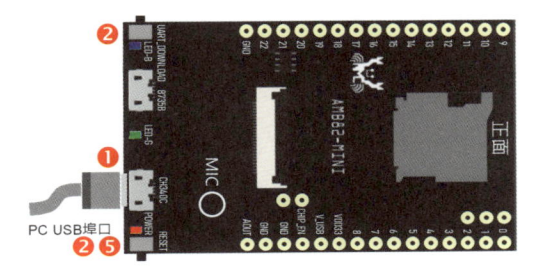

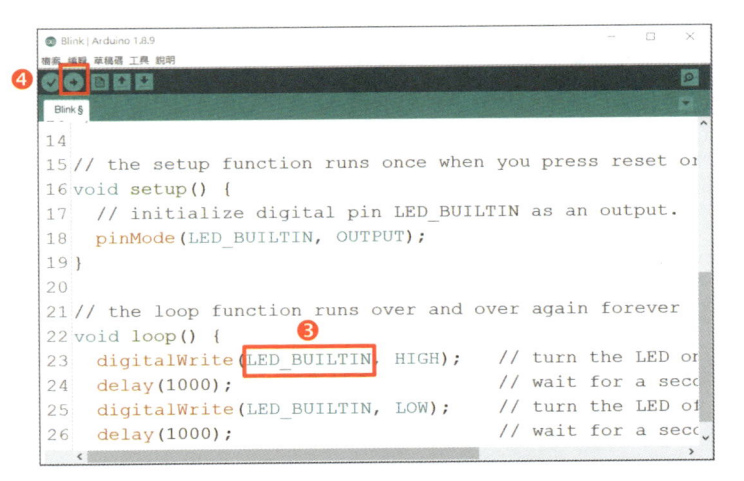

▶ 動手做：人臉辨識門鎖

一、功能說明

開啟本書範例程式 ch8-5.ino 或是如圖 8-12 所示點選「**檔案 → 範例 → AmebaNN → DoorUnlockWithFaceRecognition**」，開啟 AMB82-MINI 官方提供的人臉辨識門鎖範例程式 DoorUnlockWithFaceRecognition.ino。

8-27

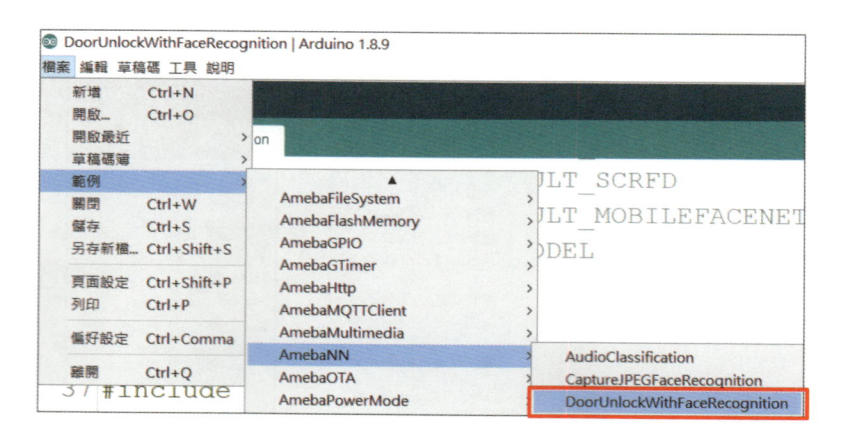

圖 8-12　開啟人臉辨識門鎖範例程式 DoorUnlockWithFaceRecognition

　　如圖 8-13 所示人臉辨識門鎖電路接線圖，使用兩個按鍵切換工作模式：**註冊模式**及**辨識模式**，兩個 LED 燈指示工作模式及人臉辨識結果，一個標準型（0~180°）伺服馬達 Tower Pro SG90 控制門鎖的開關、一片 microSD 卡保存解鎖的註冊人臉照片。伺服馬達包含三條線：電源線、接地線及信號線，雖然顏色不同，但排列順序大致相同。電源線通常是紅色、橙色，接地線通常是黑色或棕色，信號線通常是橙色、黃色、白色。**伺服馬達如果無法正常工作，請使用外部電源供電。**

　　按下「註冊鍵（EN_REGMODE）」進入註冊模式，**兩個 LED 同時點亮**。您可以在「序列埠監控視窗」中輸入命令 REG={Name} 註冊指定的人臉，輸入命令 DEL={Name} 刪除指定的註冊人臉，輸入命令 RESET 刪除所有已註冊的人臉，輸入命令 BACKUP 將已註冊人臉的副本保存到內部 Flash 記憶體中，或是輸入命令 RESTORE 從 Flash 記憶體中載入已註冊的人臉。上述的 Name 是人臉名稱，以註冊人臉名稱 JESSICA 為例，輸入命令 REG=JESSICA。註冊完成後，按住「保存鍵（BACKUP_FACE）」3 秒鐘，**兩個 LED 閃爍三次**，並且將指定的註冊人臉保存到內部快閃（Flash）記憶體後，再返回辨識模式。

　　在辨識模式下，如果檢測到**多張已註冊人臉或一張未知人臉**，則點亮紅色 LED，並且門鎖保持鎖定狀態（馬達轉至 0 度位置）。如果只檢測到**一張已註冊人臉**，則點亮綠色 LED、解鎖 10 秒（馬達轉至 180 度位置）、拍攝快照且命名為 {registeredName}{counter}.jpg，再回存到 SD 卡中。registeredName 是註冊人臉的名稱，counter 是快照的序號，由 1 開始。例如辨識到已註冊人臉 JESSICA 第一次開鎖，拍照攝快照並命名為 JESSICA1.jpg，第二次開鎖成功則命名為 JESSICA2.jpg。

8-28

檢測到未知人臉，人臉會以紅框標記，並且在框上方顯示「Face：unknown」。
檢測到已註冊人臉 JESSICA，人臉則以綠色標記，並且上方顯示「Face：JESSICA」。

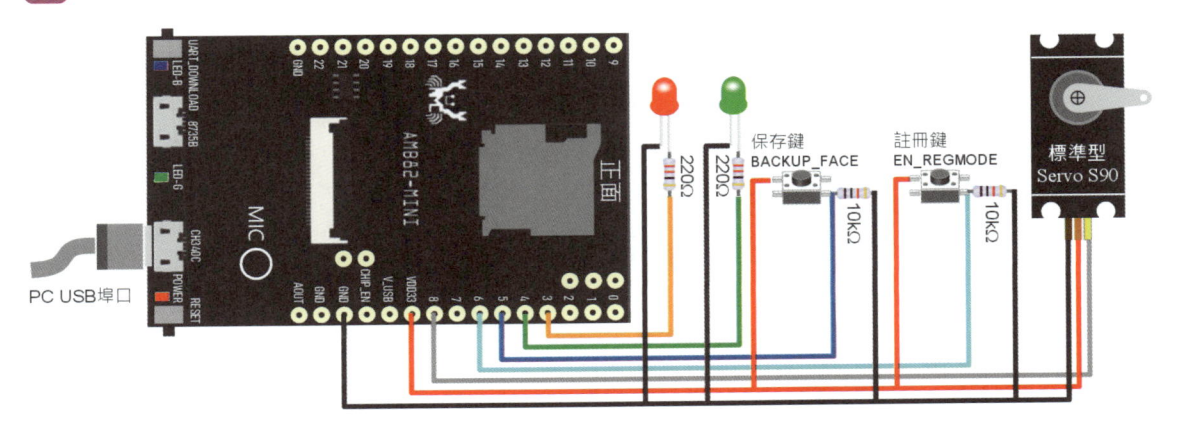

二 電路接線圖

圖 8-13　人臉辨識門鎖電路接線圖

三 程式：ch8-5.ino

```cpp
#include <WiFi.h>                            //載入 WiFi 函式庫。
#include <StreamIO.h>                        //載入串流影像 I/O 函式庫。
#include <VideoStream.h.h>                   //載入配置相機感測器參數函式庫。
#include <RTSP.h>                            //載入即時串流協定(RTSP)函式庫。
#include <NNFaceDetectionRecognition.h>      //載入人臉辨識神經網路(NN)函式庫。
#include <VideoStreamOverlay.h>              //載入串流螢幕顯示(OSD)函式庫。
#include <AmebaServo.h>                      //載入伺服馬達函式庫。
#include <AmebaFatFS.h>                      //載入 FatFS 檔案管理函式庫。
#define CHANNELVID  0                        //RTSP 串流通道。
#define CHANNELJPEG 1                        //拍攝快照 JPEG 通道。
#define CHANNELNN   3                        //NN 通道。
#define NNWIDTH  576                         //NN 解析度：寬 576 像素。
#define NNHEIGHT 320                         //NN 解析度：高 320 像素。
#define RED_LED 3                            //GPIO3 連接紅色 LED。
#define GREEN_LED 4                          //GPIO4 連接綠色 LED。
#define BACKUP_FACE_BUTTON_PIN 5             //GPIO5 連接保存鍵(保存人臉)。
#define EN_REGMODE_BUTTON_PIN 6              //GPIO6 連接註冊鍵(註冊人臉)。
#define SERVO_PIN 8                          //GPIO8 連接伺服馬達訊號輸入腳。
```

8-29

```cpp
VideoSetting configVID(VIDEO_FHD, 30, VIDEO_H264, 0);           //設定串流影像參數。
VideoSetting configJPEG(VIDEO_FHD, CAM_FPS, VIDEO_JPEG, 1);     //設定 JPEG 參數
VideoSetting configNN(NNWIDTH, NNHEIGHT, 10, VIDEO_RGB, 0);     //設定 NN 參數
NNFaceDetectionRecognition facerecog;       //建立 NN 人臉辨識物件。
RTSP rtsp;                                  //建立 RTSP 物件。
StreamIO videoStreamer(1, 1);               //建立串流影像通道。
StreamIO videoStreamerRGBFD(1, 1);          //建立 NN 通道。
AmebaServo myservo;                         //建立伺服器物件。
char ssid[] = "輸入您的AP名稱";              //AP 名稱。
char pass[] = "輸入您的AP密碼";              //AP 密碼。
int status = WL_IDLE_STATUS;                //Wi-Fi 連線狀態。
bool doorOpen = false;                      //門鎖為關閉狀態。
bool backupButtonState = false;             //保存鍵的初始狀態。
bool RegModeButtonState = false;            //註冊鍵的初始狀態。
bool regMode = false;                       //false 辨識模式, true:註冊模式
uint32_t img_addr = 0;                      //JPEG 圖檔的開始儲存位址。
uint32_t img_len = 0;                       //JPEG 圖檔的長度。
String fileName;                            //字串物件。
long counter = 0;                           //JPEG 檔案編號序。
AmebaFatFS fs;                              //建立 FAT 檔案系統(FatFS)物件。
//初值設定
void setup()
{
    pinMode(RED_LED, OUTPUT);                           //設定 GPIO3 為輸出埠。
    pinMode(GREEN_LED, OUTPUT);                         //設定 GPIO4 為輸出埠。
    pinMode(BACKUP_FACE_BUTTON_PIN, INPUT);             //設定 GPIO5 為輸入埠。
    pinMode(EN_REGMODE_BUTTON_PIN, INPUT);              //設定 GPIO6 為輸入埠。
    myservo.attach(SERVO_PIN);                          //設定伺服馬達輸入訊號腳。
    Serial.begin(115200);                               //設定序列埠傳輸率 115200bps。
    while (status != WL_CONNECTED)                      //Wi-Fi 未連線?
    {
        Serial.print("Attempting to connect to WPA SSID: ");    //顯示訊息。
        Serial.println(ssid);                           //顯示 AP 名稱。
        status = WiFi.begin(ssid, pass);                //開始連線。
        delay(2000);                                    //等待連線。
```

```
    }
    Camera.configVideoChannel(CHANNELVID, configVID);    //建立串流通道。
    Camera.configVideoChannel(CHANNELJPEG, configJPEG);  //建立 JPEG 通道。
    Camera.configVideoChannel(CHANNELNN, configNN);      //建立 NN 通道。
    Camera.videoInit();                                  //攝像鏡頭初始化。
    rtsp.configVideo(configVID);                         //設定 RTSP 參數。
    rtsp.begin();                                        //開啟 RTSP。
    facerecog.configVideo(configNN);                     //設定 NN 參數。
    facerecog.modelSelect(FACE_RECOGNITION, \            //設定 NN 模式。
            NA_MODEL, DEFAULT_SCRFD, DEFAULT_MOBILEFACENET);
    facerecog.begin();                                   //啟動人臉偵測及辨識。
    facerecog.setResultCallback(FRPostProcess);          //人臉辨識回調函式。
    videoStreamer.registerInput(Camera.getStream(CHANNELVID));//串流輸入。
    videoStreamer.registerOutput(rtsp);                  //串流輸出。
    if (videoStreamer.begin() != 0) {                    //啟動串流失敗?
        Serial.println("StreamIO link start failed");    //顯示訊息:失敗。
    }
    Camera.channelBegin(CHANNELVID);                     //啟動串流視訊通道。
    Camera.channelBegin(CHANNELJPEG);                    //啟動 JPEG 通道。
    videoStreamerRGBFD.registerInput(Camera.getStream(CHANNELNN));//NN 輸入
    videoStreamerRGBFD.setStackSize();                   //配置 NN 可用記憶體。
    videoStreamerRGBFD.setTaskPriority();                //配置 NN 任務優先權。
    videoStreamerRGBFD.registerOutput(facerecog);        //NN 輸出。
    if(videoStreamerRGBFD.begin() != 0) {                //開啟 NN 失敗?
        Serial.println("StreamIO link start failed");    //顯示訊息。
    }
    Camera.channelBegin(CHANNELNN);                      //啟動 NN 通道。
    OSD.configVideo(CHANNELVID, configVID);              //設定 OSD 參數。
    OSD.begin();                                         //開啟 OSD。
    facerecog.restoreRegisteredFace();                   //載入已註冊的人臉資料。
    myservo.write(180);                                  //關閉門鎖。
}
//主迴圈
void loop()
{
```

```cpp
        backupButtonState = digitalRead(BACKUP_FACE_BUTTON_PIN);//讀取保存鍵值。
        RegModeButtonState = digitalRead(EN_REGMODE_BUTTON_PIN);//讀取註冊鍵值。
        if((backupButtonState == HIGH) && (regMode == true))    //按下保存鍵,
        {                                                       //且已按過註冊鍵?
            for(int count = 0; count < 3; count++)              //閃爍三次。
            {
                digitalWrite(RED_LED, HIGH);                    //點亮紅色 LED。
                digitalWrite(GREEN_LED, HIGH);                  //點亮綠色 LED。
                delay(500);                                     //延遲 0.5 秒。
                digitalWrite(RED_LED, LOW);                     //熄滅紅色 LED。
                digitalWrite(GREEN_LED, LOW);                   //熄滅綠色 LED。
                delay(500);                                     //延遲 0.5 秒。
            }
            facerecog.backupRegisteredFace();                   //儲存註冊人臉。
            regMode = false;                                    //返回辨識模式。
        }
        if(Serial.available() > 0)                              //序列埠輸入命令。
        {
            String input = Serial.readString();                 //讀取命令字串。
            input.trim();                                       //刪除頭尾空格。
            if(regMode == true)                                 //註冊模式?
            {
                if(input.startsWith(String("REG="))){           //REG 命令?
                    String name = input.substring(4);           //讀取人臉名字。
                    facerecog.registerFace(name);               //註冊人臉。
                }
                else if(input.startsWith(String("DEL="))){      //DEL 命令?
                    String name = input.substring(4);           //讀取人臉名字。
                    facerecog.removeFace(name);                 //刪除指定註冊人臉
                }
                else if(input.startsWith(String("RESET"))){     //RESET 命令?
                    facerecog.resetRegisteredFace();            //刪除所有註冊人臉
                }
                else if (input.startsWith(String("BACKUP"))){   //BACKUP 命令?
                    facerecog.backupRegisteredFace();           //保存人臉。
```

```cpp
            }else if(input.startsWith(String("RESTORE"))){//RESTORE 命令?
                facerecog.restoreRegisteredFace();      //載入人臉
            }
        }
    }
    if(regMode == false)                                //辨識模式?
    {
        digitalWrite(RED_LED, LOW);                     //熄滅紅色 LED。
        digitalWrite(GREEN_LED, LOW);                   //熄滅綠色 LED。
        if((RegModeButtonState == HIGH))                //按下註冊鍵?
        {
            regMode = true;                             //設定為註冊模式。
            digitalWrite(RED_LED, HIGH);                //點亮紅色 LED。
            digitalWrite(GREEN_LED, HIGH);              //點亮綠色 LED。
        }
    }
    else                                                //註冊模式。
    {
        digitalWrite(RED_LED, HIGH);                    //點亮紅色 LED。
        digitalWrite(GREEN_LED, HIGH);                  //點亮綠色 LED。
    }
    if (( doorOpen == true) && (regMode == false))     //辨識到註冊人臉?
    {
        fs.begin();                                     //啟動 FatFS。
        File file = fs.open(String(fs.getRootPath())\
         + fileName + String(++counter) + ".jpg");      //建立 JPEG 檔。
        delay(1000);                                    //延遲 1 秒。
        Camera.getImage(CHANNELJPEG, &img_addr, &img_len);//拍照註冊人臉。
        file.write((uint8_t *)img_addr, img_len);       //儲存 JPEG 照片。
        file.close();                                   //關閉 JPEG 檔。
        fs.end();                                       //關閉 FatFS。
        myservo.write(0);                               //開門。
        Serial.println("Opening Door!");                //顯示訊息：開門。
        delay(10000);                                   //開門 10 秒。
        myservo.write(180);                             //關門。
```

```cpp
            digitalWrite(RED_LED, LOW);                    //熄滅紅色 LED。
            digitalWrite(GREEN_LED, HIGH);                 //點亮綠色 LED。
            doorOpen = false;                              //關門。
        }
        delay(2000);                                       //延遲 2 秒。
        OSD.createBitmap(CHANNELVID);                      //產生 OSD 的 BMP 圖。
        OSD.update(CHANNELVID);                            //更新 OSD 的 BMP 圖。
}
//人臉辨識回調函式
void FRPostProcess(std::vector<FaceRecognitionResult > results)
{
    uint16_t im_h = configVID.height();                    //串流影像高度。
    uint16_t im_w = configVID.width();                     //串流影像寬度。
    printf("Total number of faces detected = %d\r\n",\
            facerecog.getResultCount());                   //取得人臉。
    OSD.createBitmap(CHANNELVID);                          //產生 OSD 的 BMP 圖。
    if(facerecog.getResultCount() > 0)                     //偵測到人臉?
    {
        if(regMode == false)                               //辨識模式?
        {
            if(facerecog.getResultCount() > 1) {           //偵測到多張人臉?
                doorOpen = false;                          //關閉門鎖。
                digitalWrite(RED_LED, HIGH);               //點亮紅色 LED。
                digitalWrite(GREEN_LED, LOW);              //熄滅綠色 LED。
            }
            else                                           //偵測到一張人臉。
            {
                FaceRecognitionResult face=results[0];     //保存人臉資料。
                if(String(face.name()) == String("unknown")) //人臉未註冊?
                {
                    doorOpen = false;                      //關閉門鎖。
                    digitalWrite(RED_LED,HIGH);            //點亮紅色 LED。
                    digitalWrite(GREEN_LED,LOW);           //熄滅綠色 LED。
                }
                else                                       //人臉已註冊。
```

```
                {
                    doorOpen = true;                        //開門。
                    digitalWrite(RED_LED,LOW);              //熄滅紅色 LED。
                    digitalWrite(GREEN_LED,HIGH);           //點亮綠色 LED。
                    fileName = String(face.name());         //保存人臉名稱。
                }
            }
        }
    }
    for (int i = 0; i < facerecog.getResultCount(); i++)    //偵測到多張人臉。
    {
        FaceRecognitionResult item = results[i];            //建立人臉物件。
        int xmin = (int)(item.xMin() * im_w);               //取得人臉左上 x 位置。
        int xmax = (int)(item.xMax() * im_w);               //取得人臉右下 x 位置。
        int ymin = (int)(item.yMin() * im_h);               //取得人臉左上 y 位置。
        int ymax = (int)(item.yMax() * im_h);               //取得人臉右下 y 位置。
        uint32_t osd_color;                                 //OSD 外框顏色。
        if(String(item.name()) == String("unknown")){
            osd_color = OSD_COLOR_RED;                      //未知人臉紅框標記。
        }
        else {
            osd_color = OSD_COLOR_GREEN;                    //註冊人臉綠框標記。
        }
        printf("Face %d name %s:\t%d %d %d %d\n\r", \       //顯示 OSD 文字及外框。
            i, item.name(), xmin, xmax, ymin, ymax);
        OSD.drawRect(CHANNELVID, xmin, ymin, xmax, ymax, 3, osd_color);
        char text_str[40];
        snprintf(text_str, sizeof(text_str), "Face:%s", item.name());
        OSD.drawText(CHANNELVID, \
            xmin, ymin-OSD.getTextHeight(CHANNELVID),text_str, osd_color);
    }
    OSD.update(CHANNELVID);                                 //更新 OSD 顯示。
}
```

四 註冊人臉

STEP 1

1. 按住 UART 鍵不放，按下釋放 RESET 鍵，最後再釋放 UART 鍵，進入此板上傳模式。
2. 開啟並上傳 ch8-5.ino 檔案程式碼到 AMB82-MINI 開發板。
3. 上傳成功會顯示「upload success」訊息。
4. 開啟「序列埠監控視窗」，設定序列埠傳輸率為 115200bps。

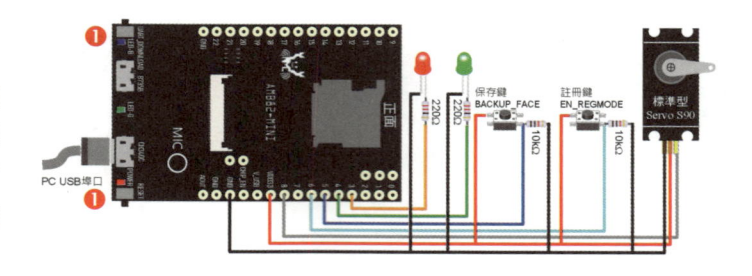

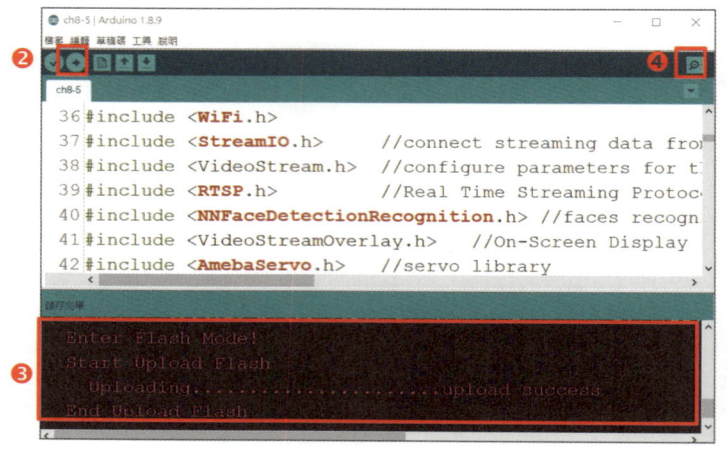

STEP 2

1. 按下釋放 RESET 鍵，返回辨識模式。等待 Wi-Fi 連線建立成功後，記錄 IP 位址，本例為 192.168.1.107。

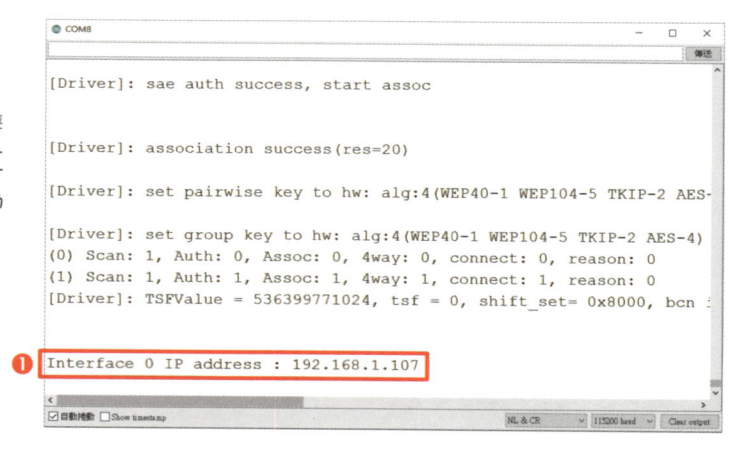

STEP 3

1. 輸入官網的網址 https://www.videolan.org/vlc/ 下載並安裝 VLC 媒體播放器。
2. 點選「開啟網路串流(N)」。

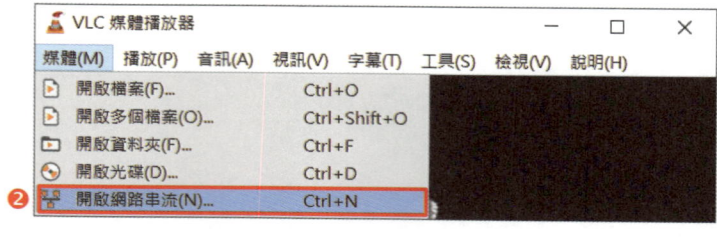

8-36

人工智慧應用

STEP 4

1. 輸入在「序列埠監控視窗」中顯示的 RTSP 埠位址，本例為 192.168.1.107。預設的 RTSP 埠號是 554。

2. 按下 播放(P)，開啟 RTSP 串流傳輸，顯示來自鏡頭的視頻。

STEP 5

1. 系統重置時，開發板預設的工作模式是辨識模式。人臉識別神經網路模型，最初檢測到的人臉以紅框及 unknown 標記，需先註冊姓名才能識別。

2. 按下「註冊鍵」，紅色及綠色 LED 同時亮起，進入註冊模式。

3. 開啟 Arduino IDE「序列埠監控視窗」，輸入 REG=JESSICA 再按下 傳送 鍵註冊人臉。

4. 按住「保存鍵」三秒，紅色及綠色 LED 閃爍三次，並且將註冊人臉保存到 Flash 記憶體。

5. 已經註冊的人臉，會以綠框及註冊名字 JESSICA 標記。

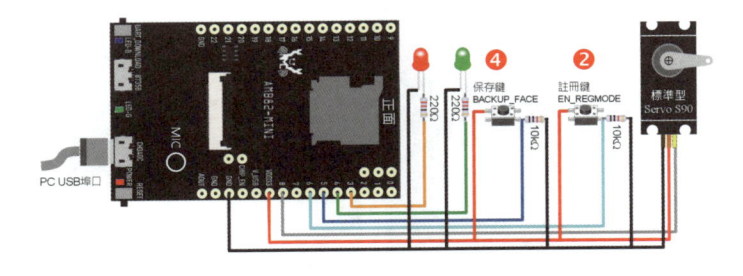

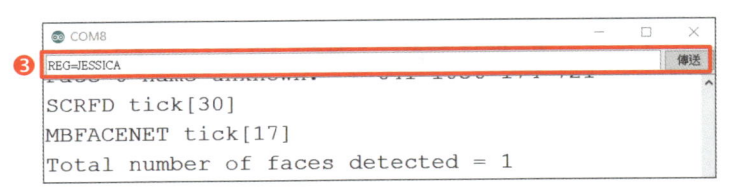

8-37

STEP 6

1. 在輸入所有命令之前，必須先按下「註冊鍵」進入註冊模式，輸入命令完成後，再按住「保存鍵」三秒，輸入的命令才會生效。
2. 輸入命令 DEL=JESSICA，可以刪除指定的已註冊人臉。
3. 輸入命令 RESET，可以刪除全部的已註冊人臉。
4. 輸入命令 BACKUP，可以將已註冊的人臉副本保存到 Flash 記憶體中。
5. 輸入命令 RESTORE，可以從 Flash 記憶體中載入已註冊的人臉副本。

練習

1. 接續範例，註冊兩個可以開鎖的人臉。

▶ 動手做：AMB82-MINI 控制 LCD 顯示文字

一 功能說明

如圖 8-14 所示 LCD 顯示電路接線圖，使用 AMB82-MINI 開發板控制 I2C LCD 在第 0 列顯示「Hello,World!」。Reaktek 官方所提供的 I2C LCD 函式庫，儲存在 C:\Users\Administrator\AppData\Local\Arduino15\packages\realtek\hardware 資料夾中。

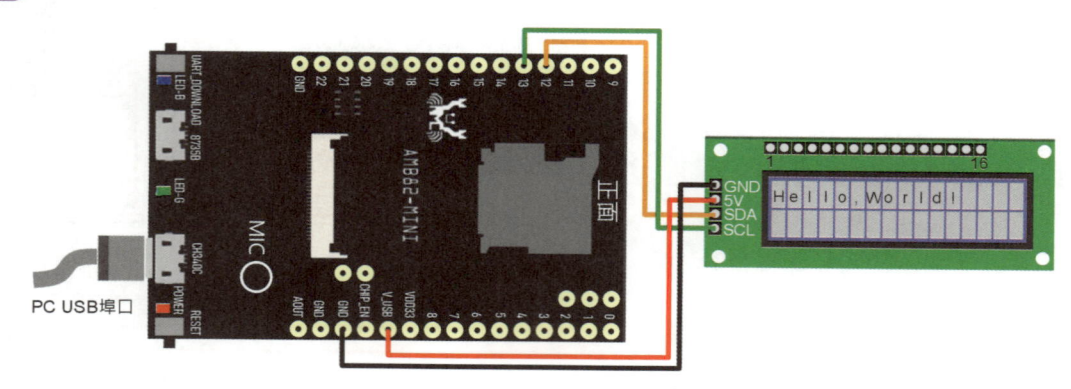

二 電路接線圖

圖 8-14　LCD 顯示電路接線圖

三 程式：ch8-6.ino

```
#include <Wire.h>                                         //載入Wire函式庫。
#include <I2C_LCD_libraries/LiquidCrystal_I2C.h>  //載入I2C-LCD函式庫。
//LCD建構函式Addr,En,Rw,Rs,d4,d5,d6,d7,backlighPin,pol接腳所對應的位元
LiquidCrystal_I2C lcd(0x27, 2, 1, 0, 4, 5, 6, 7, 3, POSITIVE);
//初值設定
void setup()
{
    lcd.begin(16, 2, LCD_5x8DOTS, Wire);           //初始化1602 I2C LCD模組。
    lcd.backlight();                                //開啟LCD模組背光。
    lcd.setCursor(0, 0);                            //設定座標在第0行、第0列。
    lcd.print("Hello World!");                      //LCD顯示文字。
}
//主迴圈
void loop(){
}
```

練習

1. 接續 ch8-6.ino 範例，開啟「序列埠監控視窗」輸入文字並且按下「傳送」鈕，將文字顯示在 I2C LCD 第 1 列中。
2. 接續 ch8-5.ino 範例，將辨識人臉名稱顯示在 I2C LCD 中，第 0 列顯示門鎖狀態，關門顯示「Close the door」，開門則顯示「Open the door」。第 1 列顯示人臉名字，偵測到多張人臉或未知人臉顯示「Face:unknown」，偵測到單張人臉顯示「Face:名字」。

· APPENDIX ·

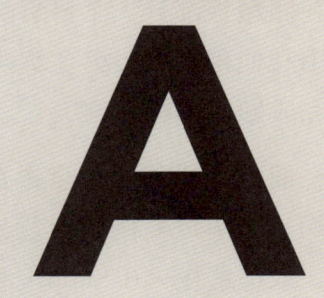

A
實習材料表

A-1　如何購買本書材料
A-2　全書實習材料表

A-1 如何購買本書材料

在**開發板**部分，全書實驗使用 Arduino Uno 開發板及 ESP32 開發板完成，也可以使用其他相容板，第 8 章使用瑞昱（Realtek）公司開發設計的 AMB82-MINI 開發板，完成影像辨識專案。

在**周邊模組**部分，全書實驗使用市售元件或模組完成，可以到電子材料行或是相關網站上購買。例如台北光華商場、台中電子街、高雄長明街等實體店面電子材料行，或是蝦皮、ICShop、淘寶網等相關電子網站也可選購。

A-2 全書實習材料表

如表 A-1 所示全書實習材料表，可以使用副廠模組價格較便宜，規格與原廠模組相容。但是原廠模組的解析度、精確度及穩定性比副廠好。全書實習材料表依元件或模組的功能區分，並且標示使用章節，方便讀者選購學習。

表 A-1　全書實習材料表

序號	模組或元件名稱	規格	數量	章節
1	Arduino 開發板	Uno R3	1	2~7
2	Arduino Uno 原型擴充板	Uno R3 適用，含 mini 麵包板	1	2~7
3	Arduino Uno 感測器擴充板	Uno R3 適用，Sensor Shield V5.0	1	2~7
4	ESP32 開發板	NodeMCU ESP32-S	1	4~7
5	ESP32 擴充板	NodeMCU ESP32-S 適用，38pin，DIP	1	4~7
6	ESP8266 模組	ESP-01S	1	5~7
7	Ameba 開發板	AMB82-MINI	1	8
8	Android 手機	Android 系統	1	4~7
9	杜邦線	1pin/20cm，公對公	5	2~8
10	杜邦線	1pin/20cm，公對母	5	2~8
11	杜邦線	2pin/20cm，公對公	5	2~8

實習材料表

序號	模組或元件名稱	規格	數量	章節
12	杜邦線	2pin/20cm，公對母	5	2~8
13	杜邦線	4pin/20cm，公對公	5	2~8
14	杜邦線	4pin/20cm，公對母	5	2~8
15	高頻 RFID 模組	13.56MHz，SPI 介面	1	2,8
16	RFID 卡片	13.56MHz，ISO/IEC14443A	5	2,8
17	NFC 模組	13.56MHz，I2C、SPI 介面	1	2
18	蜂鳴器模組	無源	1	2~4,8
19	LCD 模組	I2C 串列式	1	2~8
20	熱敏電阻模組	負溫度係數 NTC-NF52-103/3950	1	3
21	熱電偶模組	K 型，MAX6675 晶片	1	3
22	溫度感測模組	LM35	1	3
23	溫度感測模組	DS18B20	1	3
24	溫度感測模組	DHT11	2	3~6,8
25	瓦斯感測模組	MQ-2	1	3
26	瓦斯感測模組	TGS800	1	3
27	PM2.5 灰塵感測器	GP2Y1010AU0F	1	3
28	加速度計模組	MMA7361	1	3
29	加速度計模組	ADXL345	1	3
30	陀螺儀模組	L3G4200	1	3
31	電子羅盤模組	GY-271	1	3
32	光敏電阻模組	類比輸出 AO、數位輸出 DO	1	3~4
33	紅外線光感測模組	避障感測模組	2	3
34	串列式七段顯示模組	TM1637，四位，小數點版	1	3~4
35	紫外線感測模組	UVM30A，檢測波長 200~370nm	1	3
36	土壤溼度感測模組	輸出電壓 0~2.3V	1	3

序號	模組或元件名稱	規格	數量	章節
37	雨滴感測模組	含 LM393 轉換板	1	3
38	霍爾感測模組	SS49E	1	3
39	壓力感測模組	FSR402	1	3
40	重量感測模組	含 HX711 模組及 5kg load cell	1	3
41	OLED 顯示模組	I2C 介面，0.96 吋	1	3~4,8
42	全彩 LED 模組	串列式，16 位，WS2812B	1	3~4,8
43	全彩 LED 模組	串列式，24 位，WS2812B	1	7
44	藍牙模組	HC-05	2	4、7
45	電池	9V，含電池扣	2	4
46	霍爾電流感測模組	WCS1800	1	7
47	一路繼電器模組	輸入 110VAC/10A，輸出 28VDC/10A	1	7
48	LED 電源模組	輸入 110VAC，輸出 12VDC/1A	1	7
49	指紋辨識模組	AS608 晶片	1	8
50	手勢辨識模組	PAJ7620U2 晶片	1	8
51	語音辨識模組	LD3320 晶片	1	8
52	伺服馬達	Tower Pro SG90，0~180°	1	8
53	電阻器	色碼電阻，150Ω	1	3
54	電阻器	色碼電阻，220Ω	6	2,4~5,8
55	電容器	電解電容，220μF/16V	1	3
56	可變電阻	10kΩ，B 型	6	4~5
57	按鍵開關	TACK	2	4,8
58	發光二極體	紅，5mm	2	2~8
59	發光二極體	綠，5mm	5	2~8

· APPENDIX ·

B

名詞索引

A
AI 人工智慧 8-1

I
IoT 物聯網 1-2

J
JavaScript 物件表示法 JSON 6-11

M
Mifare 卡 PICC 2-36
MEMS 微機電系統 3-42

N
NFC 資料交換格式 NDEF 2-46

R
RFID 模組 PCD 2-36

四劃
天然氣 natural gas,NG 3-22
方位角 Azimuth 3-49
公用雲 Public Cloud 6-3
手勢辨識 gesture 8-11

五劃
正溫度係數 PTC 3-2
半導體式 MOS 3-20
加速度計 g-sensor 3-32
用戶端 Client 5-16
平台即服務 PaaS 6-2
可延伸標記語言 XML 6-16

六劃
交換器 Switch 1-6
安全元件 Security Element,SE 2-46

光通量 Luminous flux 7-58

七劃
快速回應碼 QR Code 2-15
串列周邊介面 SPI 2-24
冷接點 cold-junction 3-6
伺服器 Server 5-8
私用雲 Private Cloud 6-3
社群雲 Community Cloud 6-3

八劃
物聯網 Internet of Things,IoT 1-2
近場通訊技術 NFC 1-6
空氣品質指標 AQI 3-28
陀螺儀 gyroscope 3-32
使用者資料包協定 UDP 5-18

九劃
紅外線 IrDA 1-6
負溫度係數 NTC 3-3
重力加速度 g 3-29
架構即服務 IaaS 6-2
指紋辨識 fingerprint 8-3

十劃
條碼 Barcode 1-5
射頻辨識技術 RFID 1-5
射頻場域 RF-Field 2-17
席貝克效應 Seebeck effect 3-5
俯仰 pitch 3-42
高斯 Gauss,G 3-48
特斯拉 Tesla,T 3-48

十一劃
通用產品碼 UPC 2-2
通用非同步串列介面 UART 2-24

接觸通過 Touch and Go 2-46
接觸確認 Touch and Confirm................. 2-46
接觸連接 Touch and Connect................ 2-46
接觸瀏覽 Touch and Explore 2-46
液化石油氣 LPG 3-22
粒狀懸浮微粒 PM 3-28
旋轉角速度 angular velocity 3-42
偏航 yaw 3-42
軟磁 Soft Iron.. 3-50
異向磁阻 AMR 3-51
區域網路 Local Area Network,LAN 5-6
通訊埠 Port 5-8
軟體即服務 SaaS 6-2
逗號分隔值 CSV 6-16

十二劃

集線器 HUB.. 1-6
硬磁 Hard Iron 3-50
紫外線指數 UV index 3-66
勞倫茲 Lorentz..................................... 3-72
無線個人區域網路 WPAN 4-2
無線區域網路 WLAN 5-2
無線基地台 Access Point,AP 5-7
雲端 Cloud 6-2
雲端運算 Cloud Computing 6-2
混合雲 Hybrid Cloud 6-3
凱氏絕對溫度 Kelvin,K 7-57

十三劃

感知層 Perception layer 1-4
唯一識別碼 UID 2-17
電阻式溫度感測器 RTD 3-2
電化學式 electro-chemical 3-20
電子羅盤 e-compass 3-32
跳頻展頻 FHSS 4-3
傳輸控制協定 TCP 5-2

發光效率 Luminous Efficacy 7-58

十四劃

網際網路 Internet 1-2
網路層 Network layer............................. 1-4
滾動 roll 3-42
網路協定 Internet Protocol,IP 5-2
網路通訊協定第 4 版 IPv4 5-3
網路通訊協定第 6 版 IPv6 5-3
語音辨識 speech.................................. 8-19

十五劃

歐洲商品碼 EAN 2-2
熱敏電阻 thermistor 3-2
熱電偶 thermocouple............................. 3-2
廣域網路 Wide Area Network,WAN 5-6
影像辨識 image.................................... 8-23

十六劃

積體電路匯流排 I^2C 2-24
霍爾效應 Hall effect............................. 3-72

十七劃

應用層 Application layer........................ 1-4
壓力感測器 FSR................................... 3-85
藍牙 Bluetooth....................................... 4-3

廿劃

觸媒燃燒式 catalytic combustion.......... 3-20

廿三劃

顯色指數 Ra 7-59

Arduino+ESP32 智慧聯網最佳入門與應用｜打造 AIoT 輕鬆學

作　　者：楊明豐
企劃編輯：江佳慧
文字編輯：江雅鈴
設計裝幀：張寶莉
發 行 人：廖文良

發 行 所：碁峰資訊股份有限公司
地　　址：台北市南港區三重路 66 號 7 樓之 6
電　　話：(02)2788-2408
傳　　真：(02)8192-4433
網　　站：www.gotop.com.tw
書　　號：AEH005200
版　　次：2025 年 04 月初版
建議售價：NT$720

商標聲明：本書所引用之國內外公司各商標、商品名稱、網站畫面，其權利分屬合法註冊公司所有，絕無侵權之意，特此聲明。

版權聲明：本著作物內容僅授權合法持有本書之讀者學習所用，非經本書作者或碁峰資訊股份有限公司正式授權，不得以任何形式複製、抄襲、轉載或透過網路散佈其內容。
版權所有‧翻印必究

本書是根據寫作當時的資料撰寫而成，日後若因資料更新導致與書籍內容有所差異，敬請見諒。若是軟、硬體問題，請您直接與軟、硬體廠商聯絡。

國家圖書館出版品預行編目資料

Arduino+ESP32 智慧聯網最佳入門與應用：打造 AIoT 輕鬆學 / 楊明豐著. -- 初版. -- 臺北市：碁峰資訊, 2025.04
　　面；　公分
　　ISBN 978-626-425-020-7(平裝)

1.CST：物聯網 2.CST：人工智慧 3.CST：感測器

448.7　　　　　　　　　　　　　　　　114001774